2023 최신개정판

전기기능장 실기

필답형

검정연구회 편저

머리말

현대 산업의 가장 중요한 원동력인 전기는 어느 분야에서나 필수적인 에너지원으로써 날로 그 중요성이 증대되고 있습니다. 이러한 시대적인 요구와 맞물려 전기 기술 인력의 최고 기술자 과정인 전기기능장의 위상도 점차 높아지고 있습니다. 따라서 2018년도부터 새롭게 적용되는 전기기능장 2차 실기 시험은 복합형 시험으로 개정이 되어서 100점 만점에 PLC 포함 작업형이 50점, 필답형 시험이 50점 비율로 조정이 되었습니다. 하지만 아직까지는 필답형 시험이 시행 된지 얼마 되지 않다 보니 수험생들 입장에서는 충분한 자료가 없는 것이 사실입니다. 또한 전기기능장 1차 필기시험 과목이 2차 실기 필답형 대비를 위한 이론적인 내용이 부족한 것도 사실입니다. 그래서 본 저자는 이러한 사항들을 고려하여 다음과 같이 교재를 편집하였습니다.

1. 2022년도부터 시행되는 새로운 출제 기준을 분석하여 그 기준에 충실하게 집필하였습니다.
2. 출제기준에 의거한 광범위한 핵심이론을 단원별로 상세하고도 간결하게 정리를 하였습니다.
3. 각 단원별 출제 예상문제를 상세하게 풀이하여 초보자도 쉽게 이해할 수 있도록 하였습니다.
4. 2018년도 제63회, 제69회 기출문제를 추가하여 2차 필답형 시험의 유형을 알 수 있도록 하였습니다.

전기기능장을 취득하기 위해 공부하시는 수험생들의 실력 향상 및 합격을 위한 필수 지침서가 되도록 지속적으로 수정 보완할 것을 약속드립니다. 끝으로 이 책을 펴내는데 오랜 인내와 도움을 주신 도서출판 이나무 가족 여러분께 감사드립니다.

2022년 3월

저자

직무분야	전기·전자	중직무분야	전기	자격종목	전기기능장	적용기간	2021.1.1.~2023.12.31.

○ 직무내용 : 전기에 관한 최상급 숙련기능을 가지고 산업현장에서 작업관리와 소속 기능자의 지도 및 감독, 현장훈련, 경영계층과 생산계층을 유기적으로 결합시켜주는 현장의 중간 관리 등의 업무를 수행하는 직무이다.
○ 수행준거 : 1. 전기설비의 시공도면을 해독하고 설치, 제작, 시운전 및 유지보수 할 수 있다.
           2. 자동제어시스템의 종류와 특성을 이해하고, 시스템의 분석, 제어판의 제작, 설치 및 시운전 할 수 있다.
           3. 전기설비에 관한 최상급의 숙련기능을 가지고 현장의 중간 관리 등의 직무를 수행할 수 있다.

실기검정방법	복합형	시험시간	6시간 30분정도(필답형:1시간30분, 작업형:5시간 정도)

실기과목명	주요항목	세부항목	세세항목
전기에 관한 실무	1. 자동제어시스템	1. 자동제어 시스템 설계 및 유지관리하기	1. PC기반, PLC 제어기기의 요소들을 이해하고 적합한 기기들을 선정 할 수 있다. 2. 자동제어시스템의 도면 등을 분석 할 수 있다. 3. 시퀀스 및 PLC 제어회로를 구성 및 설치 할 수 있다. 4. 제어기기 간의 통신시스템을 구축할 수 있다. 5. 제어시스템의 공정을 확인하고 연동제어회로의 각종 신호변화에 따른 정상동작 유무를 판단할 수 있다. 6. 논리회로 구성을 이해하고 간략화 할 수 있으며, 유접점, 무접점 회로를 상호 변환하여 구성할 수 있다. 7. 자동제어시스템을 관련규정에 따라 유지보수 계획을 수립하고 계획에 준하여 유지보수 할 수 있다.
	2. 수변전 설비공사	1. 수변전 설비 공사하기	1. 수변전 설비에 대한 설계도서 등의 적정성을 검토할 수 있다. 2. 수변전 설비 설치공사를 설계 도면 등에 의하여 시공 할 수 있다. 3. 변압기의 규격을 파악하고, 결선방식, 냉각방식, 탭 절환의 취부상태 등을 파악할 수 있다. 4. 개폐기 제작도면을 검토하여 규격을 파악하고, 제어회로, 결선상태 등을 확인할 수 있다. 5. 수전설비용으로 설치되는 주변압기, 콘서베이터, 방열기, LA, DS, CB, ES, IS, COS, PF등의 기능과 역할을 이해하고 설치할 수 있다. 6. 수변전용 CT, PT, ZCT, GPT 등의 기능과 역할을 이해하고 설치할 수 있다.

실기과목명	주요항목	세부항목	세세항목
전기에 관한 실무		2. 수변전 설비 안전 및 유지관리	1. 수변전 설비를 안전관리규정에 따라 유지보수 계획을 수립하고 계획에 준하여 유지보수 및 관리할 수 있다. 2. 검교정 기준에 따라 계측장비의 검교정 계획을 수립하고 계획에 준하여 실시할 수 있다. 3. 계기류의 설치위치 및 연결상태에 따라 동작상태, 오류, 편차, 이상신호 여부 등을 판단할 수 있다. 4. 계측장비 관리 절차서에 따라 계측장비를 관리할 수 있다.
	3. 동력설비 공사	1. 동력 설비 및 제어반 공사하기	1. 전동기가 외부요인으로부터 영향을 받지 않고 유지보수가 용이하게 될 수 있도록 전기 및 기계 설계도 등을 검토할 수 있다. 2. 전동기가 과전류로 인하여 문제가 발생하지 않도록 동력 제어반에 설치된 차단기 정정, 보호계전기용량, 케이블 및 전선규격을 검토하여 시공할 수 있다. 3. 전동기의 기동방식을 검토하여 적합한 방법으로 시공 할 수 있다. 4. 동력설비의 작동 및 운전이 용이하기 위하여 운전, 감시, 제어방식 등을 이해하고 적용할 수 있다.
		2. 전력간선 동력설비 공사하기	1. 설계도서를 확인하고 부하불평형, 전압불평형, 허용전류, 전압강하 등 기술계산서를 검토할 수 있다. 2. 단락, 지락, 과전류보호를 이해하고 MCCB, ELB, EOCR등 보호장치를 설치할 수 있다.
		3. 동력설비 안전 및 유지관리하기	1. 동력설비를 안전관리규정에 따라 유지보수 계획을 수립하고 계획에 준하여 유지보수 할 수 있다.
	4. 전력변환 설비 공사	1. 무정전전원(UPS) 설비공사하기	1. 설계도서에 따라 설비를 구매, 시공할 수 있도록 건축물에서 요구하는 무정전전원의 종류, 전력량, 및 무정전전원 공급방법, 시스템 구성 등을 검토할 수 있다. 2. 무정전전원 운영에 문제가 없도록 무정전전원과 상시전원의 연결 방법 등을 검토할 수 있다.
		2. 전기저장장치 설비공사하기	1. 인버터를 포함한 AC-DC변환, DC-DC 변환모듈 등 계통연계를 위해 사용되는 전기설비의 용량, 전기설비의 사양 등을 확인하여 계통과의 안정적인 운전을 위해 케이블, 보호기기, 차단기 등과의 연계에 문제가 없는지 검토할 수 있다. 2. 인버터의 정격용량이 발전기 정격출력이며 인버터의 입력전압 범위 내에 발전기 출력 전압이 들어가는지 시스템 구성, 설계도서 등을 검토하여 확인 할 수 있다. 3. PMS, EMS, ESS 등의 구성을 이해하고 배터리 설치용 가대 등을 설계도서 준하여 설치할 수 있다.

실기과목명	주요항목	세부항목	세세항목
전기에 관한 실무	5. 피뢰 및 접지공사	1. 피뢰설비 검사 및 공사하기	1. 수뢰부는 낙뢰로부터 구조체를 확실하게 보호하기 위하여 규격에 적합한 피뢰침이나 수평도체를 사용하여 보호범위 안에 구조체가 포함되도록 견고하게 시공할 수 있다. 2. 낙뢰 보호구역 경계에 낙뢰환경에 적합한 SPD를 올바른 배선과 유지보수가 용이하도록 시공할 수 있다.
		2. 접지설비 검사 및 공사하기	1. 법적으로 요구되는 접지저항 값을 만족하는지 확인하기 위하여 올바른 접지저항을 측정할 수 있다. 2. 인하도선이 낙뢰전류를 효율적으로 흘려 보낼 수 있도록 최단거리로 시공되었는지 여부를 확인할 수 있다. 3. 접지설비 등을 시공할 수 있다. 4. 접지저항을 계산할 수 있다. 5. 접지선 굵기를 선정할 수 있다.
	6. 배선·배관 및 기타 전기공사	1. 배선·배관 공사하기	1. 내선공사 견적산출 및 자재를 선정할 수 있다. 2. 배선 및 배관 등을 설계 도면에 의하여 시공할 수 있다.
		2. 외선 공사하기	1. 외선공사 견적산출 및 자재를 선정할 수 있다. 2. 배전기기 및 외선공사를 시공할 수 있다. 3. 외선공법을 선정하고 현장관리, 공정관리, 안전관리, 품질관리계획 등 작업수행에 필요한 시공계획서를 작성할 수 있다. 4. 이도를 측정하고, 간선공사에 쓰이는 각종 부품들을 규정에 준하여 활용할 수 있다.
		3. 조명 및 전열공사하기	1. 조명기구의 설계도면을 이해하고 시설장소 및 용도에 적합하게 설치할 수 있다. 2. 전등의 규격, 점등방식, 사용조건, 조명기구의 외형, 조명기구의 설치방법 등을 고려하여 설계도서, 전문시방서 또는 공사시방서 등을 검토하여 적용할 수 있다. 3. 콘센트 및 전열기구를 설계도면에 의하여 시공할 수 있다.
		4. 기타 전기설비 공사하기	1. 보호설비, 피난설비, 소화활동설비 등을 이해하고 시공 할 수 있다. 2. 설계도면에 표기된 방폭지역, 방폭등급, 위험물 지역을 고려하여 비교 검토하여 방폭자재 등을 선정할 수 있다. 3. 비상콘센트 및 제연설비를 이해하고 설계도서에 따라 시공할 수 있다. 4. 유도등, 누설동축케이블, 분배기, 증폭기등 피난설비를 이해하고 검토할 수 있다. 5. 신재생발전설비를 설계도서에 준하여 설치할 수 있다. 6. 태양광, 풍력, 연료전지등 신재생발전 설비의 각 부품을 관련 규정에 충족하는지 검토할 수 있다. 7. 축전지설비를 설계도서에 따라 구매, 시공할 수 있도록 건축물에서 요구하는 축전지의 종류, 전력량 및 축전지 공급방법, 시스템구성 등을 검토할 수 있다. 8. 축전지설비를 그 사용 용도에 따라 구분하여 설치하며, 설계도서를 검토하여 용도에 맞게 구성되어 있는지 확인 후 시공할 수 있다.

차 례

Chapter 1 용어의 정의 ········· 11
1. 기본적인 용어의 정의 ········· 13
2. 전등 및 저압배선방법에 관한 용어 ········· 15
3. 수전설비에 관한 용어 ········· 16
4. 한국전기설비(KEC)에 관한 용어 ········· 17

Chapter 2 전기설비의 개요 ········· 21
1. 설비불평형률 ········· 23
2. 전압강하 ········· 29
3. 전선의 병렬사용 및 허용전류 ········· 50
4. 전로의 절연저항과 접지공사 ········· 56
5. 지락 및 혼촉 사고시 지락전류와 대지전압 ········· 71
6. 인입구 장치 및 심야 전력기기 ········· 80
7. 전로의 보호 ········· 83
8. 저압전로 중의 개폐기 및 과전류차단기의 시설 ········· 86
9. 저압 옥내 간선 및 분기선의 시설 ········· 89
10. 부하의 상정 및 배선설계 ········· 109

Chapter 3 조명 설계와 예비전원 설비 ········· 115
1. 조명 설계 ········· 117
2. 각종 광원의 특성 비교 ········· 123
3. 조명방식 및 조명설계 ········· 126
4. 축전지 설비 ········· 145
5. 무정전 전원 공급 장치 ········· 159
6. 자가용 발전 설비 ········· 167
7. 전동기 설비 ········· 181

차례

Chapter 4 전력 설비 ········· **195**
1. 전력 퓨즈 및 개폐기 ········· 197
2. 단로기와 차단기 ········· 204
3. 계기용변성기 ········· 218
4. 보호용 계전기 ········· 242
5. 변압기 ········· 257
6. 진상용 콘덴서(전력용 콘덴서) ········· 285
7. 피뢰기 ········· 304
8. 서지에 대한 보호 ········· 312

Chapter 5 수전설비 계통도 ········· **315**
1. 수변전설비의 개요 ········· 317
2. 수변전설비 표준결선도 ········· 325

Chapter 6 전선 및 저압배선공사 ········· **367**
1. 전선 ········· 369
2. 저압배선의 시설 ········· 374

Chapter 7 송배전공학 핵심 정리 ········· **391**
1. 전선로 ········· 393
2. 중성점 접지 방식 ········· 403
3. 유도장해 ········· 407
4. 안정도 ········· 411
5. 지중전선로 ········· 413
6. 배전방식 ········· 415
7. 분산형 전원 ········· 418
8. 기타 사항 ········· 421

Chapter 8 시험 및 측정 ··· 411
1. 지시계기의 종류 ··· 425
2. 배율기, 분류기 ··· 427
3. 저항의 측정 ··· 429
4. 전로의 보호 절연내력 시험 ··· 440
5. 절연저항 및 접지저항의 측정 ··· 446

Chapter 9 심벌 및 기타 ··· 453
1. 변압기 결선 심벌과 옥내배선 심벌 ··· 455
2. 기기심벌 ··· 461
3. 전등기구 및 전력설비 심벌 ··· 462
4. 피뢰 설비 심벌 ··· 467

Chapter 부록 심벌 및 기타 ··· 469
- 제63회 전기기능장 필답형 복원문제 ··· 471
- 제64회 전기기능장 필답형 복원문제 ··· 476
- 제65회 전기기능장 필답형 복원문제 ··· 481
- 제66회 전기기능장 필답형 복원문제 ··· 486
- 제67회 전기기능장 필답형 복원문제 ··· 490
- 제68회 전기기능장 필답형 복원문제 ··· 497
- 제69회 전기기능장 필답형 복원문제 ··· 502

PART 01 용어의 정의

1. 기본적인 용어의 정의
2. 전등 및 저압배선방법에 관한 용어
3. 수전설비에 관한 용어
4. 한국전기설비(KEC)에 관한 용어

용어의 정의

1 기본적인 용어의 정의

1) 시설 장소에 관한 용어

① 전기 사용 장소 : 전기를 사용하기 위하여 전기설비를 시설한 장소
② 수용 장소 : 전기 사용 장소를 포함하여 전기를 사용하는 구내 전체
③ 우선 내 : 옥측의 처마 또는 이와 유사한 것의 선단에서 연직선에 대하여 45°각도로 그은 선 내 옥측 부분으로서, 통상의 강우 상태에서 비를 맞지 아니하는 부분
④ 우선 외 : 옥 측에서 우선 내 이외의 부분

2) 회로에 관한 용어

① 정격전압 : 전기사용 기계기구·배선기구 등에서 사용상 기준이 되는 전압
  ㉮ 저압 : 직류 1.5[kV] 이하, 교류 1[kV] 이하의 전압
  ㉯ 고압
     ○ 직류 : 1.5[kV] 초과 ~ 7[kV] 이하의 전압
     ○ 교류 : 1[kV] 초과 ~ 7[kV] 이하의 전압
  ㉰ 특고압 : 직류, 교류 모두 7[kV] 초과의 전압
② 최대 사용전압 : 보통의 사용 상태에서 그 회로에 가하여지는 선간전압의 최대치
③ 대지전압 :
  ⓐ 접지식 전로 : 전선과 대지사이의 전압.
  ⓑ 비접지식 전로 : 전선과 그 전로중의 임의의 다른 전선 사이의 전압
④ 접촉전압 : 지락이 발생된 전기 기계기구의 금속제 외함 등에 인축이 닿을 때 생체에 가하여지는 전압
⑤ 간선 : 인입구에서 분기 과전류차단기에 이르는 배선으로서 분기회로의 분기점에서 전원 측의 부분
⑥ 분기회로 : 간선에서 분기하여 분기 과전류 차단기를 거쳐 부하에 이르는 배선
⑦ 인입구 장치 : 인입구 이후의 전로에 설치하는 전원 측으로부터의 최초의 개폐기 및 과전류차단기 (배선용차단기 또는 누전차단기 사용)

⑧ **주개폐기** : 간선에 설치하는 개폐기(개폐기를 겸하는 배선용차단기 포함) 중에서 인입구 장치 이외의 것.
⑨ **분기개폐기** : 간선과 분기회로와의 분기점에서 전원 측으로부터 부하 측에 설치하는 최초 개폐기
⑩ **조작개폐기** : 전동기, 가열장치, 전력장치 등의 기동이나 정지를 위하여 사용하는 개폐기
⑪ **수전반** : 특고압 또는 고압수용가의 수전용 배전반
⑫ **배전반** : 대리석 판, 강판, 목판 등에 개폐기, 과전류차단기, 계기 등을 장비한 집합체
⑬ **제어반** : 전동기, 가열장치, 조명 등의 제어를 목적으로 개폐기, 과전류차단기, 전자개폐기, 제어용기구 등을 집합하여 설치한 것.
⑭ **분전반** : 분기과전류차단기 및 분기개폐기를 집합하여 설치한 것.
⑮ **캐비닛(분기 회로용 배전반)** : 분전반 등을 넣은 문이 달린 금속제 또는 합성수지제의 함.
⑯ **수구** : 소켓, 리셉터클, 콘센트 등의 총칭
⑰ **접지 측 전선** : 저압전로에서 기술상 필요에 따라 접지한 중성선 또는 접지된 선
⑱ **본딩 선** : 금속관 등 상호 또는 이들과 금속박스를 전기적으로 접속하는 금속선
⑲ **중성선** : 다선식 전로에서 전원의 중성극에 접속된 전선
⑳ **전압 측 전선** : 저압전로에서 접지 측 전선 이외의 전선
㉑ **뱅크(Bank)** : 전로에 접속된 변압기 또는 콘덴서의 결선 상 단위

3) 과전류보호 및 누전차단기에 관한 용어

① **과전류** : 과부하 전류 및 단락전류
② **과부하 전류** : 기기에 대하여는 그 정격전류, 전선에 대하여는 그 허용전류를 어느 정도 초과하여 계속 되는 시간을 합하여 생각하였을 때, 기기 또는 전선의 손상 방지를 위해 자동 차단을 필요로 하는 전류
③ **단락전류** : 전로의 선간이 임피던스가 적은 상태로 접촉 되었을 경우에, 그 부분을 통하여 흐르는 큰 전류
④ **지락전류** : 지락에 의하여 전로의 외부로 유출되어 화재, 인축의 감전 또는 전로나 기기의 손상 등 사고를 일으킬 우려가 있는 전류
⑤ **누설전류** : 전로 이외를 흐르는 전류로서 전로의 절연체의 내부 및 표면과 공간을 통하여 선간 또는 대지 사이를 흐르는 전류
⑥ **과전류차단기** : 배선용차단기, 퓨즈, 기중차단기(ACB)와 같이 과부하전류 및 단락 전류를 자동 차단하는 기능을 가지는 기구
⑦ **분기 과전류차단기** : 분기회로마다 시설하는 것으로서 그 분기회로 배선을 보호하는 과전류차단기
⑧ **누전차단장치** : 전로에 지락이 생겼을 경우에 부하기기, 금속제 외함 등에 발생하는 고장전압 또는 지락 전류를 검출하는 부분과 차단기 부분을 조합하여 자동적으로 전로를 차단하는 장치

⑨ 누전차단기 : 누전 차단장치를 일체로 하여 용기 속에 넣어서 제작한 것으로서 용기 밖에서 수동으로 전로의 개폐 및 자동 차단 후에 복귀가 가능한 것.

⑩ 누전경보장치 : 전로에 지락이 생겼을 경우에 부하기기, 금속제 외함 등에 발생하는 고장 전압 또는 지락전류를 검출하는 부분과 경보를 내는 부분을 조합하여 자동으로 소리, 빛 및 기타 방법으로 경보를 내는 장치

⑪ 누전경보기 : 누전경보장치를 일체로 하여 용기 안에 넣는 것.

⑫ 배선용차단기 : 전자 작용 또는 바이메탈 작용에 의하여 과전류를 검출하고 자동으로 차단하는 과전류 차단기로서 그 최소 동작전류(동작하고 아니하는 한계 전류)가 정격전류의 100[%] ~ 125[%]사이에 있고 또 외부에서 수동, 전자적 또는 전동적으로 조작할 수 있는 것.

⑬ 정격차단용량 : 과전류차단기가 어떠한 정해진 조건하에서 차단할 수 있는 차단용량의 한계 값.

⑭ A종 퓨즈 : 저압 배선용의 고리퓨즈, 통형퓨즈 또는 플러그퓨즈로서 그 특성이 배선용차단기에 가깝고 그 최소 용단전류(끊어지고 안 끊어지는 한계 전류) 정격전류의 110[%] ~135[%] 사이에 있는 것.

⑮ B종 퓨즈 : 저압 배선용의 고리퓨즈, 통형퓨즈 또는 플러그퓨즈로서 최소 용단전류가 정격전류의 130[%]~160[%]사이에 있는 것.

⑯ 고리퓨즈 : 연합금의 선 또는 판의 양단에 동의 고리를 납땜이나 기타의 방법으로 접착한 것 또는 아연판을 타공하여 그 양단에 고리 형으로 한 것.

⑰ 포장퓨즈 : 가용체를 절연물 또는 금속으로 충분히 포장한 구조의 통형퓨즈 또는 플러그퓨즈로서 정격차단용량 이내의 전류를 용융금속 또는 아크를 방출하지 아니하고 안전하게 차단할 수 있는 것.

⑱ 비포장퓨즈 : 포장퓨즈 이외의 퓨즈

⑲ 한류퓨즈 : 단락전류를 신속히 차단하며 또한 흐르는 단락전류의 값을 제한하여 줄열에 의한 발열 작용의 억제 기능을 가지는 것.

⑳ 전동기용 퓨즈 : 전동기의 보호에 적합한 퓨즈

2 전등 및 저압배선방법에 관한 용어

① 소형 전기기계기구 : 정격 소비전력 3[kW] 미만의 가정용 전기기계기구
② 대형 전기기계기구 : 정격 소비전력 3[kW] 이상의 가정용 전기기계기구
③ 금속관 : 전기용품안전관리법의 적용을 받는 금속제의 것 및 황동 혹은 동으로 견고하게 제조된 파이프
④ 합성수지관 : 전기용품안전관리법의 적용을 받는 합성수지제 전선관 및 합성수지제 가요전선관 (PE관) 및 CD관

⑤ 1종 금속제 가요전선관 : 대 철판을 나선모양으로 감아 제작한 가요성이 있는 전선관
⑥ 2종 금속제 가요전선관 : 테이프 모양의 금속편과 파이버(Fiber)라는 절연물을 조합하여 내수성 및 가요성을 가지도록 제작한 전선관
⑦ 금속몰드 : 전기용품안전관리법의 적용을 받는 금속제의 것 (폭이 4[cm] 미만의 것을 1종 금속제 몰드, 4[cm] 이상 5[cm] 이하의 것을 2종 금속제 몰드라 함) 또는 황동 혹은 동으로 견고하게 제작된 폭 5[cm] 이하의 것.
⑧ 합성수지몰드 : 전기용품 규정에 적합한 합성수지제의 몰드
⑨ 플로어(Floor)덕트 : 마루 밑에 매입하는 배선용의 홈통으로 마루위로의 전선인출을 목적으로 하는 것.
⑩ 셀룰라덕트 : 건조물의 바닥콘크리트의 가설 틀 또는 바닥 구조재의 일부로서 사용되는 덱크 플레이트(Deck Plate) 등의 홈을 폐쇄하여 전기배선용 덕트로 사용하는 것.
⑪ 금속덕트 : 절연전선 케이블 등을 넣는 폭 5[cm]를 초과하는 금속제 홈통으로서 주로 다수의 배선을 넣는 것.
⑫ 버스덕트 : 나모선 및 절연모선을 금속제의 함 내에 넣는 것.
⑬ 라이팅덕트 : 절연물로 지지한 도체를 금속제 또는 합성수지제의 덕트 안에 넣고 플러그 또는 어댑터의 수구를 덕트 전장에 이르도록 연속하여 시설되어 있는 것으로서 조명기구 또는 소형 전기기계기구에의 급전용으로 사용하는 것.
⑭ 박스(Box) : 강제 및 합성수지제의 각형 또는 환형의 함으로서 아웃트렛 박스, 스위치박스, 콘크리트박스 등 그 내부로부터 전선을 인출하여 배선기구, 조명기구, 등과 접속하거나 전선 상호를 접속할 목적으로 사용하는 것.
⑮ 풀 박스 : 전선의 통선을 쉽게 하기 위하여 배관의 도중에 설치하는 대형 박스
⑯ 평형보호층 : 상부 보호 층, 상부 접지용 보호 층 및 하부 보호 층에 의하여 구성되어 있는 것
⑰ 케이블트레이 : 케이블을 지지하기 위하여 사용하는 금속제 또는 불연성 재료로 제작된 유니트 또는 유니트의 집합체 및 그에 부속하는 부속제 등으로 구성된 견고한 구조물
⑱ 액서스 바닥(Movable Floor 또는 OA Floor) : 컴퓨터실, 통신기계실, 사무실 등에서 배선, 기타의 용도를 위한 2중 구조의 바닥

3 수전설비에 관한 용어

① 고압 또는 특고압 수전설비 : 고압 또는 특고압 배전반 · 변압기 · 보안 개폐장치 · 계측장치 등의 고압 또는 특고압 수전장치 및 이들을 넣은 수전실 또는 큐비클
② 수전실 : 옥내에 고압 또는 특고압 수전 장치를 시설하는 곳.
③ 큐비클 : 배전반, 보안 개폐장치 등을 집합체로 조합하여 금속제의 함 내에 넣은 단위 폐쇄형의 수전장치

④ 고압 또는 특고압 컷아웃스위치 : 절연내력이 높은 재질로 만들어진 개폐기 내부에 퓨즈를 장착할 수 있는 장치가 있으며 비교적 큰 차단능력을 가지는 소형단극의 개폐기
⑤ 애자형 개폐기 : 절연내력이 높은 재질로 만들어진 관부와 전부의 2부분으로 구성된 개폐기로 전부에 퓨즈를 장착하고 이를 꽂거나 빼 개폐할 수 있는 소형단극 개폐기
⑥ 지락차단장치 : 전로에 지기가 생겼을 경우 이를 검출 신속하게 차단하기 위한 장치

4 한국전기설비(KEC)에 관한 용어

① 계통연계 : 둘 이상의 전력계통 사이를 전력이 상호 융통될 수 있도록 선로를 통하여 연결하는 것으로 전력계통 상호간을 송전선, 변압기 또는 직류-교류 변환설비 등에 연결하는 것.
② 계통 외 도전 부(Extraneous Conductive Part) : 전기설비의 일부는 아니지만 지면에 전위 등을 전해줄 위험이 있는 도전성 부분
③ 노출 도전 부(Exposed Conductive Part) : 충전부는 아니지만 고장 시에 충전될 위험이 있고, 사람이 쉽게 접촉할 수 있는 기기의 도전성 부분
④ 고장보호(간접접촉에 대한 보호, Protection Against Indirect Contact) : 고장 시 기기의 노출 도전부에 간접 접촉함으로써 발생할 수 있는 위험으로부터 인축을 보호하는 것.
⑤ 기본보호(직접접촉에 대한 보호, Protection Against Direct Contact) : 정상 운전 시 기기의 충전부에 직접 접촉함으로써 발생할 수 있는 위험으로부터 인축을 보호하는 것.
⑥ 접촉범위(Arm's Reach) : 사람이 통상적으로 서있거나 움직일 수 있는 바닥면상의 어떤 점에서라도 보조 장치의 도움 없이 손을 뻗어서 접촉이 가능한 접근구역
⑦ 충전부(Live Part) : 통상적인 운전 상태에서 전압이 걸리도록 되어 있는 도체 또는 도전 부로, 중성 선은 포함하지만 PEN 도체, PEM 도체 및 PEL 도체는 포함하지 않는 부분
⑧ 접지시스템(Earthing System) : 기기나 계통을 개별적 또는 공통으로 접지하기 위하여 필요한 접속 및 장치로 구성된 설비
⑨ 접지전위 상승(EPR, Earth Potential Rise) : 접지 계통과 기준 대지 사이의 전위차
⑩ 계통 접지(System Earthing) : 전력계통에서 돌발적으로 발생하는 이상 현상에 대비하여 대지와 계통을 연결하는 것으로, 중성점을 대지에 접속하는 것.
⑪ 보호접지(Protective Earthing) : 고장 시 감전에 대한 보호를 목적으로 기기의 한 점 또는 여러 점을 접지하는 것.
⑫ 등 전위 본딩(Equipotential Bonding) : 등 전위를 형성하기 위해 도전 부 상호간을 전기적으로 연결하는 것.
⑬ 등 전위 본딩 망(Equipotential Bonding Network) : 구조물의 모든 도전부와 충전도체를 제외한 내부설비를 접지 극에 상호 접속하는 망

⑭ 보호 등 전위 본딩(Protective Equipotential Bonding) : 감전에 대한 보호 등과 같은 안전을 목적으로 하는 등 전위 본딩
⑮ 보호 본딩 도체(Protective Bonding Conductor) : 등 전위 본딩을 확실하게하기 위한 보호도체
⑯ 스트레스전압(Stress Voltage) : 지락 고장 중에 접지 부분 또는 기기나 장치의 외함과 기기나 장치의 다른 부분 사이에 나타나는 전압
⑰ 임펄스내전압(Impulse Withstand Voltage) : 지정된 조건하에서 절연 파괴를 일으키지 않는 규정된 파형 및 극성의 임펄스 전압의 최대 파고 값 또는 충격내전압
⑱ 리플프리(Ripple-Free) 직류 : 교류를 직류로 변환할 때 리플 성분 실효값이 10[%] 이하로 포함된 직류
⑲ 특별 저압(ELV, Extra Low Voltage) : 인체에 위험을 초래하지 않을 정도의 저압
  ㉮ SELV(Safety Extra Low Voltage) : 비 접지회로에 적용
  ㉯ PELV(Protective Extra Low Voltage) : 접지회로에 적용
⑳ 보호도체(PE, Protective Conductor) : 감전 방지와 같은 안전을 위해 준비된 도체
  ㉮ PEN 도체(protective earthing conductor and neutral conductor) : 교류회로에서 중성선 겸용 보호도체
  ㉯ PEM 도체(protective earthing conductor and a mid-point conductor) : 직류회로에서 중간선 겸용 보호도체
  ㉰ PEL 도체(protective earthing conductor and a line conductor) : 직류 회로에서 선 도체 겸용 보호도체
㉑ 서지보호 장치(SPD, Surge Protective Device) : 과도 과전압을 제한하고 서지전류를 분류하기 위한 장치
㉒ 피뢰 시스템(LPS, lightning protection system) : 구조물 뇌격으로 인한 물리적 손상을 줄이기 위해 사용되는 전체 시스템.(외부 피뢰시스템과 내부 피뢰시스템으로 구성)
㉓ 외부 피뢰시스템(External Lightning Protection System) : 수뢰부 시스템, 인하도선 시스템, 접지 극 시스템으로 구성된 피뢰 시스템의 일종
㉔ 내부 피뢰시스템(Internal Lightning Protection System) : 등 전위 본딩 또는 외부 피뢰시스템의 전기적 절연으로 구성된 피뢰시스템의 일부
㉕ 수뢰부 시스템(Air-termination System) : 낙뢰를 포착할 목적으로 피뢰침, 망상도체, 피뢰선 등과 같은 금속 물체를 이용한 외부 피뢰시스템의 일부
㉖ 인하도선 시스템(Down-conductor System) : 뇌 전류를 수뢰시스템에서 접지 극으로 흘리기 위한 외부 피뢰시스템의 일부
㉗ 피뢰 등 전위 본딩(Lightning Equipotential Bonding) : 뇌 전류에 의한 전위차를 줄이기 위해 직접적인 도전 접속 또는 서지보호 장치를 통하여 분리된 금속 부를 피뢰시스템에 본딩하는 것.
㉘ 분산형 전원 : 중앙 급전 전원과 구분되는 것으로서 전력소비 지역 부근에 분산하여 배치 가능한 전원. (상용전원 정전 시 사용하는 비상용 예비전원은 제외하며, 신·재생에너지 발전설비, 전기저장장치 등을 포함)

㉙ **단독운전** : 전력계통의 일부가 전력계통의 전원과 전기적으로 분리된 상태에서 분산형전원에 의해서만 운전되는 상태

㉚ **접속설비** : 공용 전력계통으로부터 특정 분산형전원 전기설비에 이르기까지의 전선로와 이에 부속하는 개폐장치, 모선 및 기타 관련 설비

㉛ **단순 병렬운전** : 자가용 발전설비 또는 저압 소용량 일반용 발전설비를 배전계통에 연계하여 운전하되, 생산한 전력의 전부를 자체적으로 소비하기 위한 것으로서 생산한 전력이 연계계통으로 송전되지 않는 병렬 형태

PART 02 전기설비의 개요

1. 설비불평형률
2. 전압강하
3. 전선의 병렬사용 및 허용전류
4. 전로의 절연저항과 접지공사
5. 지락 및 혼촉 사고시 지락전류와 대지전압
6. 인입구 장치 및 심야 전력기기
7. 전로의 보호
8. 저압전로 중의 개폐기 및 과전류차단기의 시설
9. 저압 옥내 간선 및 분기선의 시설
10. 부하의 상정 및 배선설계

전기설비의 개요

1 설비불평형률

1) 단상 3선식 전로의 설비 불평형률

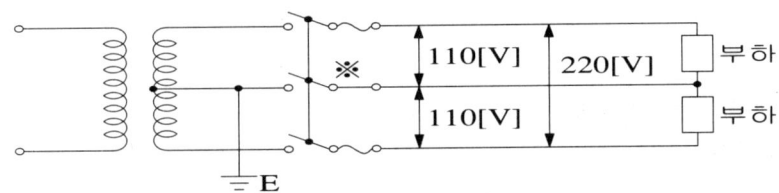

(1) 단상 3선식 선로의 장점
단상 3선식의 장점 및 단점은 단상 2선식에 비교한 것이다.
① 전압과 전류가 일정할 경우 1선당 공급전력이 1.33배 만큼 증가한다.
② 전압 및 전력손실이 일정할 경우 전선 전체소요량이 $\frac{3}{8}$배 만큼 감소한다.
③ 2종류의 전압을 얻을 수 있다
④ 공급전력이 일정할 경우 전압강하 및 전력손실이 감소하므로 효율이 좋다.

(2) 단상3선식 선로의 단점

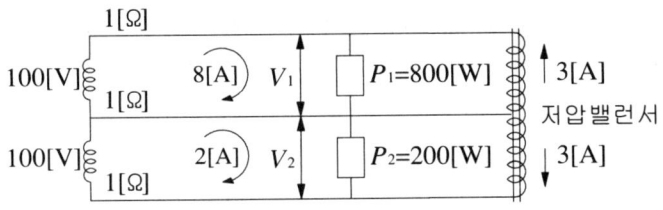

① 부하 불 평형 시 단자전압의 불 평형이 발생한다.
 $V_1 = 100 - (1 \times 8 + 1 \times 6) = 86[\mathrm{V}]$
 $V_2 = 100 - (1 \times (-6) + 1 \times 2) = 104[\mathrm{V}]$
② 부하 불 평형 시 중성선의 단선 등에 의한 단자전압의 불 평형 발생으로 부하가 소손될 우려가 있다.

$$V_1 = \frac{R_1}{R_1+R_2} \times V = \frac{P_2}{P_1+P_2} \times V = \frac{200}{200+800} = 40[\text{V}]$$

$$V_2 = \frac{R_2}{R_1+R_2} \times V = \frac{P_1}{P_1+P_2} \times V = \frac{800}{800+200} = 160[\text{V}]$$

③ 방지 대책 : 부하 말단에 저압 밸런서를 설치한다.
  ⇨ 저압 밸런서 : 누설 임피던스는 적고 여자 임피던스는 큰 권수비 1:1의 단권변압기

(3) 단상 3선식 선로의 시설 원칙
① 혼촉 사고 등으로 인한 저압 측 전위 상승 방지를 위해 중성 선에는 계통접지 공사를 실시한다.
② 중성 선에 시설하는 개폐기는 개폐 시 전압 불 평형이 발생하는 것을 방지하기 위하여 3극이 동시에 개폐 되는 것으로 시설한다.
③ 중성 선에는 부하 불 평형에 의한 중성선 단선 시 부하 양측 단자전압의 심한 불 평형이 발생할 수 있으므로 중성 선에는 과전류차단기를 시설하지 않고 동선으로 직결한다.

(4) 단상 3선식 전로의 설비불평형률
저압수전의 단상 3선식에서 중성선과 각 전압 측 전선간의 부하는 평형이 되게 하는 것을 원칙으로 하지만, 부득이한 경우 발생하는 설비불평형률은 40[%]까지 할 수 있다.

[주] 계약 전력 5[kW] 정도 이하의 설비에서 소수의 전열 기구 류를 사용할 경우 등 완전한 평형을 얻을 수 없을 경우에는 설비불평형률 40[%]를 초과할 수 있다.

- 설비불평형률 = $\dfrac{\text{중성선과 각 전압 측 선간에 접속되는 부하설비용량[VA]의 차}}{\text{총 부하설비용량[VA]의 }\frac{1}{2}} \times 100[\%]$

【보기】

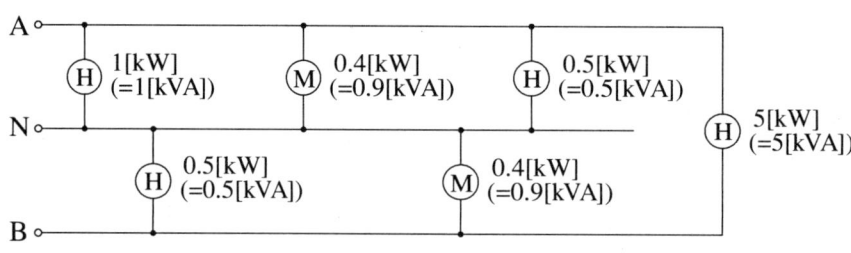

- 설비 불평 형률 = $\dfrac{(1+0.9+0.5)-(0.5+0.9)}{(1+0.9+0.5+0.5+0.9+5) \times \dfrac{1}{2}} \times 100 = 22.73[\%]$

예제문제

예제 1 그림과 같은 100/200[V] 2종류의 전압을 얻을 수 있는 단상 3선식회로를 보고 다음 각 물음에 답하시오.

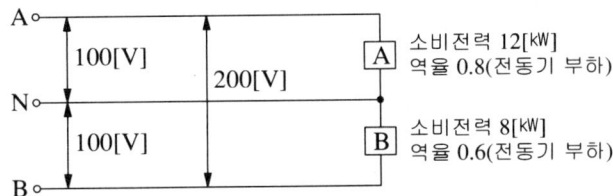

(1) 중성선 N에 흐르는 전류는 몇 [A]인가?
(2) 중성선의 굵기를 결정하는 전류는 몇[A]인가?
(3) 부하는 저압 전동기이다. 이 전동기는 제 몇 종 절연을 하는가?
(단, 이 전동기의 허용온도는 105[℃]라고 한다.)
(4) A 전동기의 용량으로 양수를 하다면 양정 10[m], 펌프 효율 80[%] 정도에서 매분 당 양수 량[m³]은? (단, 여유 계수는 1.1로 한다)

해설과 정답

(1) 역률이 다를 경우 : 유효분, 무효분으로 분류하여 해석한다.
- $I_A = 150(0.8 - j0.6) = 120 - j90$
- $I_B = 133.33(0.6 - j0.8) = 80 - j106.67$
- $I_N = (120 - j90) - (80 - j106.67) = 40 + j16.67 = \sqrt{40^2 + 16.67^2}$
  $= 43.33 \, [\text{A}]$
- 정답 : 43.33[A]

(2) 정답 : 150[A]
(3) 정답 : A종
(4) $P = \dfrac{9.8QH}{\eta}K\,[\text{kW}]$ 에서 $Q = \dfrac{12 \times 0.8}{9.8 \times 10 \times 1.1} \times 60 = 5.34\,[\text{m}^3]$
- 정답 : 5.34[m³]

예제 2 그림과 같은 단상 3선식 배전선 a, b, c 각 선간에 부하가 접속되어 있다. 전선의 저항은 3선이 같고, 각각 0.06[Ω]이라고 한다. ab, bc, ca 간의 전압을 구하시오.(단, 부하 역률은 변압기의 2차 전압에 대한 것으로 하고, 또 선로의 리액턴스는 무시한다.)

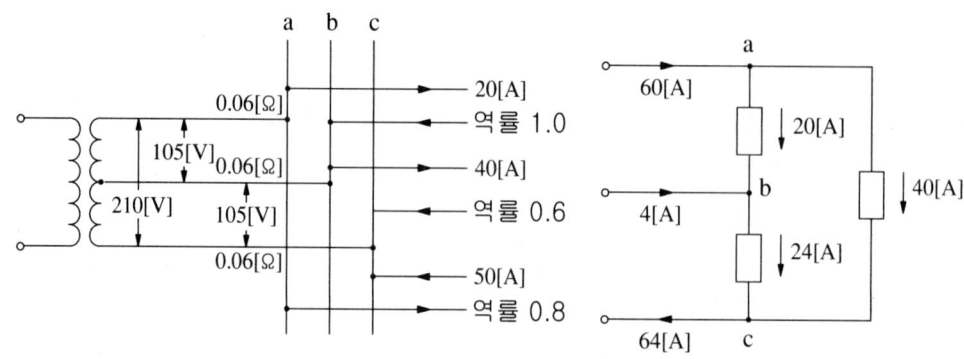

해설과 정답

전압강하 $e = I(R\cos\theta + X\sin\theta) = I\cos\theta \cdot R + I\sin\theta \cdot X$ 식에서 전로 리액턴스를 무시하였으므로, 오른편 등가회로는 전로 리액턴스와 전압강하가 성립하는 무효분 전류는 생략하고, 전로 저항 R과 전압강하가 성립하는 유효분 전류 $I\cos\theta$만을 표현한 등가회로이다.

- $V_{ab} = 105 - (60 \times 0.06 + (-4) \times 0.06) = 101.64\,[\mathrm{V}]$ • 답 : 101.64[V]
- $V_{bc} = 105 - (4 \times 0.06 + 64 \times 0.06) = 100.92\,[\mathrm{V}]$ • 답 : 100.92[V]
- $V_{ca} = 210 - (60 \times 0.06 + 64 \times 0.06) = 202.56\,[\mathrm{V}]$ • 답 : 202.56[V]

2) 3상 3선식 · 4선식 선로의 설비 불평형률

저·고압 및 특고압수전의 3상 3선식, 3상 4선식 선로에서 불평형 부하의 한도는 단상접속 부하로 계산하여 설비 불평형률을 30[%]이하로 하는 것이 원칙이지만 다음의 경우에 대해서는 예외로 한다.

(1) 설비불평형률 30[%] 초과 가능의 경우
① 저압수전에서 전용변압기 등으로 수전하는 경우
② 고압 및 특고압 수전에서는 100[kVA]이하의 단상부하인 경우
③ 특고압 및 고압수전에서는 단상 부하용량의 최대와 최소 차가 100[kVA]이하인 경우
④ 특고압 수전에서는 100[kVA]이하의 단상변압기 2대로 역 V결선하는 경우

(2) 3상 3선식 수전의 경우 설비불평형률

- 설비불평형률 = $\dfrac{\text{각 선간에 접속되는 단상부하 총설비용량[VA]의 최대와 최소의차}}{\text{총 부하설비용량[VA]의 } \dfrac{1}{3}} \times 100[\%]$

【보기】 3상 3선식 380[V] 수전의 경우

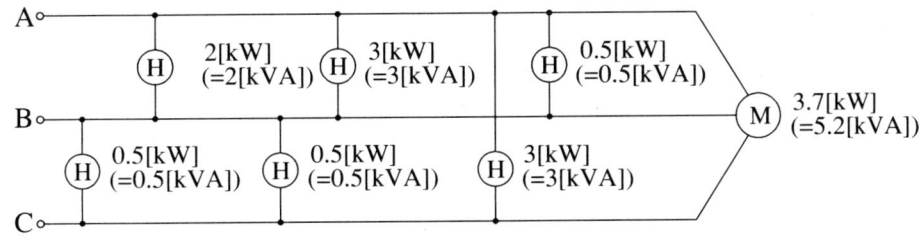

- 설비불평형률 = $\dfrac{(2+3+0.5)-(0.5+0.5)}{(2+3+0.5+0.5+0.5+3+5.2) \times \dfrac{1}{3}} \times 100 = 91.84[\%]$

(3) 3상 4선식 수전의 경우 설비불평형률

- 설비불평형률 = $\dfrac{\text{각 간선에 접속되는 단상부하 총설비용량[VA]의 최대와 최소의차}}{\text{총 부하설비용량[VA]의 } \dfrac{1}{3}} \times 100[\%]$

【보기】 3상 4선식 380[V] 수전의 경우

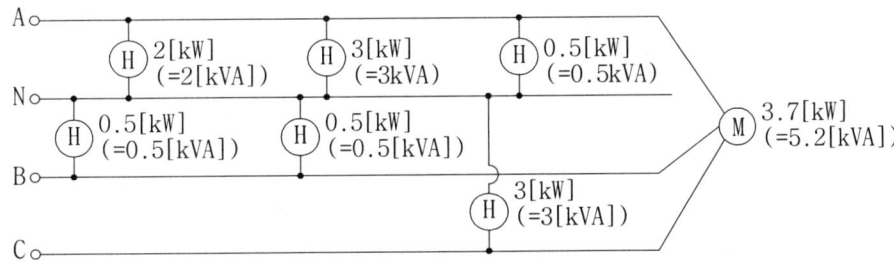

- 설비불평형률 = $\dfrac{(2+3+0.5)-(0.5+0.5)}{(2+3+0.5+0.5+0.5+3+5.2) \times \dfrac{1}{3}} \times 100 = 91.84[\%]$

(4) 고압 및 특고압 수전에서 대용량 단상전기로 사용으로 30[%] 제한에 따르기 어려운 경우

① 단상 부하 1개의 경우는 2차 역 V접속에 의할 것. (단, 300[kVA]를 초과하지 말 것)
② 단상 부하 2개의 경우는 스코트 접속에 의할 것. (단, 1개 용량이 200[kVA] 이하인 경우는 부득이한 경우에 한하여 보통의 변압기 2대를 사용하여 별개의 선간에 부하를 접속할 수 있다)
③ 단상부하 3개 이상의 경우는 가급적 선로전류가 평형이 되도록 각 선간에 부하를 접속할 것.

예제문제

예제 1 그림과 같은 3상 3선식 220[V] 수전회로가 있다. Ⓗ는 전열기이고, Ⓜ는 역률 0.8의 전동기이다. 이 그림을 보고 다음 각 물음에 답하시오.

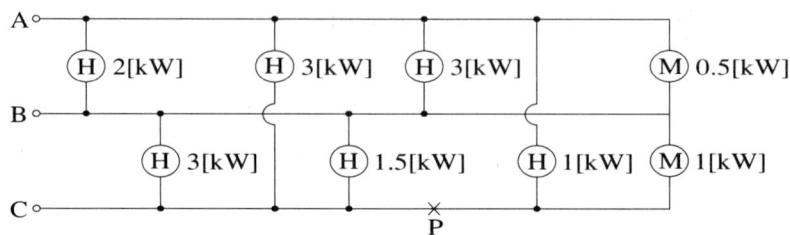

(1) 저압 수전의 3상 3선식 설비불평형률은 몇[%] 이하로 제한하는가?
(2) 그림의 회로에서 설비불평형률은 몇[%]인가? (단, P점은 단선이 아닌 것으로 계산한다.)
(3) P점에서 단선이 되었다면 설비불평형률은 몇 [%]가 되겠는가?

해설과 정답

(1) 정답 : 30[%]

(2) 설비불평형율 $\delta = \dfrac{\left(3+1.5+\dfrac{1}{0.8}\right)-(3+1)}{\dfrac{1}{3}\left(2+3+\dfrac{0.5}{0.8}+3+1.5+\dfrac{1}{0.8}+3+1\right)} \times 100 = 34.15\,[\%]$

- 정답 : 34.15[%]

(3) P점이 단선되면 P점 오른편 1[kW] 전열기와 1[kW] 전동기가 AB 선간에 대해 직렬접속이 된다.

- 1[kW] 전열기 : $P = \dfrac{V^2}{R_H} \Rightarrow R_H = \dfrac{V^2}{P} = \dfrac{220^2}{1000} = 48.4\,[\Omega]$

- 1[kW] 전동기 :

$P = VI\cos\theta = \dfrac{V^2}{Z}\cos\theta \Rightarrow Z = \dfrac{V^2\cos\theta}{P} = \dfrac{220^2 \times 0.8}{1,000} = 38.72\,[\Omega]$

전동기 저항 성분 $R_M = Z\cos\theta = 38.72 \times 0.8 = 30.98\,[\Omega]$

전동기 리액턴스 성분 $X_M = Z\sin\theta = 38.72 \times 0.6 = 23.23\,[\Omega]$

- 전열기, 전동기 전체 임피던스 $Z_o = (48.4 + 30.98) + j23.23$
- 전열기, 전동기 전체 피상전력

$P_a = \dfrac{V^2}{Z_o} = \dfrac{220^2}{\sqrt{(48.4+30.98)^2 + 23.23^2}} = 585.18\,[\mathrm{VA}] = 0.585\,[\mathrm{kVA}]$

- 설비불평형율 $\delta = \dfrac{\left(2+3+\dfrac{0.5}{0.8}+0.585\right)-3}{\dfrac{1}{3}\left(2+3+3+3+1.5+\dfrac{0.5}{0.8}+0.585\right)} \times 100 = 70.24\,[\%]$

- 정답 : 70.24[%]

2 전압강하

1) 전압강하 기본 식에 의한 전선의 굵기

회로의 리액턴스를 무시하고 역률을 1로 보아도 무방한 경우에 한하여 표준 연동선에 대한 고유 저항을 $\frac{1}{58}[\Omega \cdot \text{mm}^2/\text{m}]$, 전선의 도전율을 97[%]로 보면 다음과 같은 전압강하에 대한 간략한 계산식을 얻을 수 있다.

(1) 단상 2선식

$$e = E_s - E_r = 2I(R\cos\theta + X\sin\theta)$$
$$= 2IR \mid R = \rho\frac{L}{A}$$
$$= 2I \times \frac{1}{58} \times \frac{L}{A} \times \frac{100}{97}$$

$$e = \frac{35.6LI}{1000A}[\text{V}] \Rightarrow A = \frac{35.6LI}{1000e}[\text{mm}^2]$$

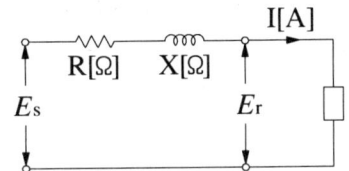

여기서, $e[\text{V}]$는 전압강하, $A[\text{mm}^2]$은 도체의 단면적, $L[\text{m}]$는 선로의 길이이다.

(2) 3상 3선식

$$e = V_s - V_r = \sqrt{3}\,I(R\cos\theta + X\sin\theta)$$
$$= \sqrt{3}\,IR \mid R = \rho\frac{L}{A}$$
$$= \sqrt{3}\,I \times \frac{1}{58} \times \frac{L}{A} \times \frac{100}{97}$$

$$e = \frac{30.8LI}{1000A}[\text{V}] \Rightarrow A = \frac{30.8LI}{1000e}[\text{mm}^2]$$

여기서, $e[\text{V}]$는 전압강하, $A[\text{mm}^2]$은 도체의 단면적, $L[\text{m}]$는 선로의 길이이다.

(3) 단상 3선식, 3상 4선식

부하가 평형이 되어 중성 선에는 전류가 흐르지 않는다고 보고 계산한 값이므로, 전압 강하 e는 중성선과 외측 선(전압선) 전압인 상 전압(대지전압) 기준 전압강하이다.

$$e = E_s - E_r = I(R\cos\theta + X\sin\theta)$$
$$= IR \mid R = \rho\frac{L}{A}$$
$$= I \times \frac{1}{58} \times \frac{L}{A} \times \frac{100}{97}$$

$$e = \frac{17.8LI}{1000A}[V] \Rightarrow A = \frac{17.8LA}{1000e}[\text{mm}^2]$$

여기서, $e[\text{V}]$는 전압강하, $A[\text{mm}^2]$은 도체의 단면적, $L[\text{m}]$는 선로의 길이이다.

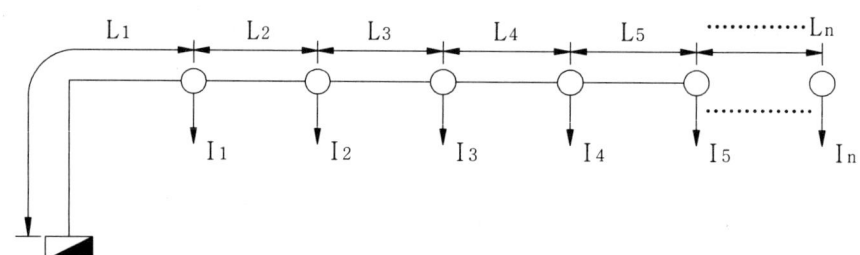

(4) 유효 전류, 무효 전류

일반적인 지상 부하에 위상각 0인 전압을 인가하면 θ만큼 뒤진 전류가 흐르는데, 그 전류를 분석하면 다음과 같다.

- 피상전력 : $P_a = EI[\text{VA}]$ • 유효전력 : $P = EI\cos\theta[\text{W}]$
- 무효전력 : $P_r = EI\sin\theta[\text{Var}]$

① 유효 분 전류 : $I_e = I\cos\theta$ (전압과 동위상인 전류)

② 무효 분 전류 : $I_r = I\sin\theta$ (전압보다 90° 뒤진 전류)

③ 전압 강하 : $e = I(R\cos\theta + X\sin\theta) = R \cdot I\cos\theta + X \cdot I\sin\theta$

④ 전압강하도 저항에서는 전류의 유효분이, 리액턴스에서는 전류의 무효분이 전압강하를 발생시킨다.

(5) 부하 중심점의 거리

① $L = \dfrac{\sum I_i L_i}{\sum I_i} = \dfrac{I_1 L_1 + I_2(L_1+L_2) + I_3(L_1+L_2+L_3) + \cdots I_n(L_1+L_2+L_3+\cdots+L_n)}{I_1+I_2+I_3+\cdots I_n}[\text{m}]$

② $L = L_1 + \dfrac{L_2 \times (n-1)}{2}[\text{m}]$ (단, $I_1 = I_2 = \cdots = I_n$, $L_2 = L_3 = \cdots = L_n$인 경우)

【정리】 전기방식에 따른 전압강하 및 전선단면적 계산식

전기 공급 방식	전압 강하	전선 단면적
단상 2선식	$e = \dfrac{35.6LI}{1000A}$	$A = \dfrac{35.6LI}{1000e}$
3상 3선식	$e = \dfrac{30.8LI}{1000A}$	$A = \dfrac{30.8LI}{1000e}$
단상 3선식 3상 4선식	$e = \dfrac{17.8LI}{1000A}$	$A = \dfrac{17.8LI}{1000e}$

(6) 수용가 설비에서의 전압강하

수용가 설비의 인입구로부터 기기까지의 전압강하는 다음 [표]에서 정한 이하이어야 한다.

설비의 유형	조명[%]	기타[%]
A-저압으로 수전하는 경우	3	5
B-고압 이상으로 수전하는 경우	6	8
※ 가능한 한 최종회로 내 전압강하가 A유형의 값을 넘지 않도록 하는 것이 바람직하다. 사용자 배선설비가 100[m]를 넘는 부분의 전압강하는 미터 당 0.005[%] 증가할 수 있으나 이러한 증가분은 0.5[%]를 넘지 않아야 한다.		

예제문제

예제 1 교류 3상 4선식 $380[V]$, $50[kVA]$ 부하가 변전실 배전반에서 $270[m]$ 떨어져 설치되어 있다. 허용 전압강하는 얼마이며, 이 경우 배전용 케이블의 최소 굵기는 얼마로 하여야 하는지를 계산하여 선정하시오. 단, 전기사용 장소 내 시설한 변압기이며 케이블은 IEC 규격에 의한다.)

해설과 정답

- 100[m] 초과 부분 전압강하 : $(270-100) \times 0.005 = 0.85[\%]$ 이지만 0.5[%]를 적용한다.
- 허용 전압강하 : $e = (0.05+0.005) \times 380 = 20.9[V]$
- 부하전류 : $I = \dfrac{P_a}{\sqrt{3}\,V} = \dfrac{50 \times 10^3}{\sqrt{3} \times 380} = 75.97[A]$
- 케이블의 굵기 : $A = \dfrac{17.8LI}{1000e} = \dfrac{17.8 \times 270 \times 75.97}{1000 \times (220 \times 0.055)} = 30.17[\mathrm{mm}^2]$
- 정답 : 허용전압강하 20.9[V], 케이블의 굵기 $35[\mathrm{mm}^2]$ 선정

[참고] KSC, IEC 전선 규격 $[\mathrm{mm}^2]$
1.5, 2.5, 4, 6, 10, 16, 25, 35, 50, 70, 95, 120, 150, 185, 240, 300 · · ·

예제 2 전원 측 전압이 380[V]인 3상 3선식 옥내 배선이 있다. 그림과 같이 250[m] 떨어진 곳에서부터 10[m] 간격으로 용량 5[kVA]의 3상 동력을 5대 설치하려고 한다. 부하 말단까지의 전압 강하를 5[%] 이하로 유지하려면 동력선의 굵기를 얼마로 선정하면 좋은지 표에서 산정하시오. 단, 전선은 도전율 97[%], 고유저항 $\dfrac{1}{58}[\Omega \cdot \mathrm{mm}^2/m]$인 450/750[V] 일반용 단심 비닐 절연전선을 사용하여 금속관 내에 설치하였으며, 표의 허용전류는 금속관 공사에 따른 허용전류 감소를 고려한 값이고, 부하 말단까지 동일한 굵기의 전선을 사용한다고 한다.

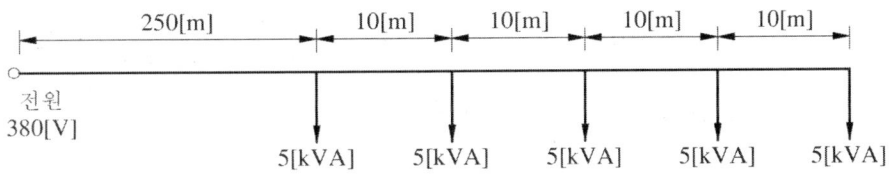

[참고 자료] 전선의 굵기 및 허용 전류

전선의 굵기[mm²]	10	16	25	35	50	70
전선의 허용 전류[A]	42	60	80	100	135	150

해설과 정답

- 부하 중심점 거리 : $L = \ell_1 + \dfrac{\ell_2 \times (n-1)}{2} = 250 + \dfrac{10 \times 4}{2} = 270\,[\text{m}]$
- 전압강하를 고려한 부하 측 전압 : $V_r = \dfrac{100\,V_s}{(100+\varepsilon)} = \dfrac{100 \times 380}{100+5} = 361.9\,[\text{V}]$
- 전압 강하 : $e = 380 - 361.9 = 18.1\,[\text{V}]$
- 전 부하전류 : $I = \dfrac{5 \times 10^3 \times 5}{\sqrt{3} \times 361.9} = 39.88\,[\text{A}]$
- 전선의 굵기 : $A = \dfrac{30.8\,LI}{1000\,e} = \dfrac{30.8 \times 270 \times 39.88}{1000 \times 18.1} = 18.32\,[\text{mm}^2]$
- $25\,[\text{mm}^2]$의 허용전류 80[A]가 동력부하 부하전류 39.88[A]를 만족하므로 전선 굵기 $25\,[\text{mm}^2]$을 선택하면 된다.
- 정답 $25\,[\text{mm}^2]$ 선정

예제 3 송전단 전압이 3,300[V]인 변전소로부터 5[km] 떨어진 곳에 역률 0.8(지상) 400[kW]의 3상 동력부하에 대하여 지중 송전선을 설치하여 전력을 공급하고자 한다. 케이블의 허용전류 범위 내에서 전압강하가 10[%]를 초과하지 않도록 심선의 굵기를 결정하시오. (단, 케이블 심선 굵기에 대한 허용 전류는 다음 표와 같으며 도체(동선)의 고유저항은 $\dfrac{1}{55}$ [$\Omega \cdot \text{mm}^2/\text{m}$]로 하고, 케이블 정전용량 및 리액턴스 등은 무시한다.)

심선의 굵기[mm²]	25	35	50	70	95	120	150
허용전류	50	70	110	125	140	160	180

해설과 정답

- 전압강하율 : $\varepsilon = \dfrac{V_s - V_r}{V_r} \times 100\,[\%]$에서 수전단 전압

$V_r = \dfrac{100\,V_s}{\varepsilon + 100} = \dfrac{100 \times 3300}{10 + 100} = 3000\,[\text{V}]$

- 전압강하 : $e = 3,300 - 3,000 = 300\,[\text{V}]$
- 전압강하 : $e = \sqrt{3}\,I(R\cos\theta + X\sin\theta)\,[\text{V}]$에서 리액턴스를 무시하면

  전압강하 : $e = \sqrt{3}\,IR\cos\theta = \sqrt{3}\,I \cdot \rho \dfrac{L}{A} \cdot \cos\theta\,[\text{V}]$이므로

- 케이블 부하전류 : $I = \dfrac{P_r}{\sqrt{3}\,V_r \cos\theta} = \dfrac{400 \times 10^3}{\sqrt{3} \times 3000 \times 0.8} = 96.23\,[\text{A}]$
- 케이블 굵기 : $A = \dfrac{\sqrt{3}\,I\rho L \cos\theta}{e}$

$$= \frac{\sqrt{3} \times \frac{400 \times 10^3}{\sqrt{3} \times 3000 \times 0.8} \times \frac{1}{55} \times 5 \times 10^3 \times 0.8}{300} = 40.4\,[\mathrm{mm}^2]$$

- 케이블 $50\,[\mathrm{mm}^2]$의 허용전류 110[A]가 동력부하 부하전류 96.23[A]를 만족하므로 케이블 굵기 $50\,[\mathrm{mm}^2]$을 선택하면 된다.
- 정답 $50\,[\mathrm{mm}^2]$ 선정
- ※ 만약 계산에 의해 선정한 케이블 굵기가 부하전류보다 작은 허용전류인 경우 부하전류를 만족할 수 있는 상위 굵기의 케이블을 선정한다.

예제 4 선로 긍장 50[km]의 3상 3선식 송전 선로에 60[kV], 10,000[kW], 역률 80[%]인 3상 평형부하에 전력을 공급하는 경우 송전 선로 손실률을 10[%] 이하로 하기 위한 전선의 굵기를 선정하시오. (단, 전선의 저항은 굵기 1[mm^2], 길이 1[m]당 $\frac{1}{55}[\Omega]$으로 한다.)

[참고 자료] 심선의 굵기와 허용 전류

심선의 굵기[mm^2]	25	35	50	70	95	120	155
허용전류	50	70	100	125	140	160	180

해설과 정답

- 수전전력 : $P_r = \sqrt{3}\,V_r I\cos\theta\,[\mathrm{W}]$에서 $I = \frac{P_r}{\sqrt{3}\,V_r \cos\theta}$ 이고

- 전력손실 : $P_\ell = 3I^2 R = 3 \times (\frac{P_r}{\sqrt{3}\,V_r\cos\theta})^2 \times \rho\frac{L}{A} = \frac{P_r^2}{V_r^2 \cos^2\theta} \times \rho\frac{L}{A}$ 이므로

- 전선굵기 : $A = \dfrac{\dfrac{P_r^2}{V_r^2\cos^2\theta} \times \rho L}{P_\ell} = \dfrac{\dfrac{(10{,}000\times 10^3)^2}{(60\times 10^3)^2 \times 0.8^2} \times \dfrac{1}{55} \times 50 \times 10^3}{1000 \times 10^3}$

$= 39.46\,[\mathrm{mm}^2]$

- 부하전류 : $I = \dfrac{10000 \times 10^3}{\sqrt{3} \times 60 \times 0.8} = 120.28\,[\mathrm{A}]$

- 전선 굵기 $50\,[\mathrm{mm}^2]$ 허용전류 100[A]는 부하전류 120.28[A]를 만족하지 못하므로 부하전류를 만족할 수 있는 전선 굵기 $70\,[\mathrm{mm}^2]$를 선정하면 된다.
- 정답 : $70\,[\mathrm{mm}^2]$ 선정

예제 5 다음 그림에서 AD는 간선이다. AD는 A, B, C, D 중에서 어느 점에 전원을 공급하면 간선의 전력손실이 최소로 될 수 있는지 계산하여 공급 점을 선정하시오. (단, 각 지점간의 저항은 각각 $R[\Omega]$로 한다.)

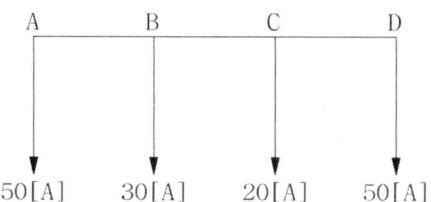

해설과 정답

전력공급을 A점에서 하는 경우 AB 간에는 $30+20+50[A]$가 흐르고, BC 간에는 $20+50[A]$가 흐르며, CD 간에는 $50[A]$만 흐르게 된다. 각 구간의 저항을 R이라 하면 전력 손실 $P_\ell = I^2 R\,[W]$에서 각각의 점에서 전력 공급 시 다음과 같이 전력손실을 구할 수 있다.

- A점 급전점 :
$$P_{A\ell} = (30+20+50)^2 R + (20+50)^2 R + 50^2 R = 17400\,R\,[W]$$
- B점 급전점 : $P_{B\ell} = 50^2 R + (20+50)^2 R + 50^2 R = 9900\,R\,[W]$
- C점 급전점 : $P_{C\ell} = 50^2 R + (50+30)^2 R + 50^2 R = 11400\,R\,[W]$
- D점 급전점 :
$$P_{D\ell} = (50+30+20)^2 R + (50+30)^2 R + 50^2 R = 18900\,R\,[W]$$
- 정답 : ① 전력 손실이 최대가 되는 공급 점 : D 점
  ② 전력 손실이 최소가 되는 공급 점 : B 점

예제 6 선로 길이 2[km]인 주상 배전선에서 전선 저항 0.3[Ω/km], 리액턴스 0.4[Ω/km]라 한다. 지금 송전단전압 V_s를 3,450[V]로 하고 송전단에서 거리 1[km]인 점에 I_1 = 100[A], 역률 0.8(지상), 1.5[km]인 지점에 I_2 = 100[A], 역률 0.6(지상), 부하 접속 종단점에 I_3 = 100[A], 역률 0(진상)인 부하가 있다면 종단점에서 진상부하를 접속하기 전 1.5[km] 지점에 걸리는 선간전압과 종단점에서 진상부하를 접속한 이후 종단점에서의 선간 전압은 몇 [V]가 되는가?

해설과 정답

전압강하 $e = \sqrt{3}\,I(R\cos\theta + X\sin\theta) = \sqrt{3}\,(I\cos\theta R + I\sin\theta X)[V]$에서 즉, 전압강하도 유효 분은 유효 분끼리, 무효 분은 무효 분끼리만 성립하므로 먼저, 각 구간에 흐르는 전 전류를 유효 분과 무효 분으로 분류 해석한다. 송전단을 a, 1[km]지점을 b, 1.5[km]지점을 c, 2[km]지점을 d라 하면 다음과 같이 전류 관계를 분석할 수 있다.

- 2[km] 종단점에 콘덴서 설치 전 전류 분석

전류 분류	$\cos\theta$=0.8	$\cos\theta$=0.6	ab간 전류	bc간 전류
$I\cos\theta$(유효 분)	80	60	140	60
$I\sin\theta$(무효 분)	60	80	140(지상)	80(지상)
전 전류	100	100	197.99	100

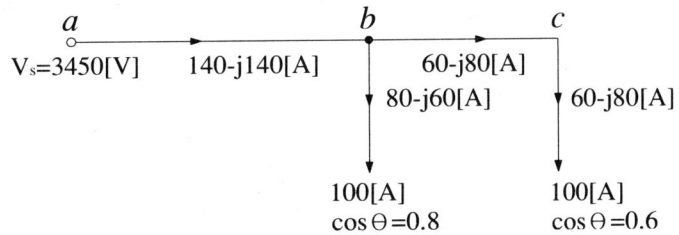

- 2[km] 종단점에 콘덴서 설치 후 전 전류 분석

전류 분류	cosθ=0.8	cosθ=0.6	cosθ=1	ab간 전류	bc간 전류	cd간 전류
$I\cos\theta$(유효 분)	80	60	0	140	60	0
$I\sin\theta$(무효 분)	60	80	100(진상)	40(지상)	-20(진상)	-100(진상)
전 전류	100	100	100	145.60	63.25	100(진상)

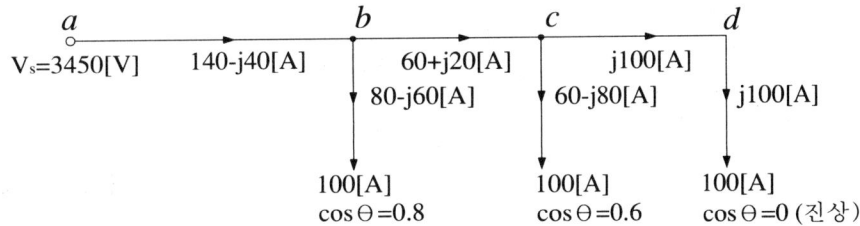

해설과 정답

- 2[km] 종단점에 콘덴서 설치 전 전압
- $V_b = 3450 - \sqrt{3}(140 \times 0.3 + 140 \times 0.4) = 3280.26\,[V]$
- $V_c = 3280.26 - \sqrt{3}(60 \times 0.3 \times 0.5 + 80 \times 0.4 \times 0.5) = 3236.96\,[V]$
- 정답 : 3236.96[V]
- 2[km] 종단점에 콘덴서 설치 후 전압
- $V_b = 3450 - \sqrt{3}(140 \times 0.3 + 40 \times 0.4) = 3349.54\,[V]$
- $V_c = 3349.54 - \sqrt{3}(60 \times 0.3 \times 0.5 + (-20) \times 0.4 \times 0.5) = 3340.88\,[V]$
- $V_d = 3340.88 - \sqrt{3}(0 + (-100) \times 0.4 \times 0.5) = 3375.52\,[V]$
- 정답 : 3375.52[V]

예제 7 다음 그림과 같은 3상 3선식 배전선로가 있다. 각 물음에 답하시오. (단, 전선 1가닥의 저항은 0.5[Ω/km]라고 한다.)

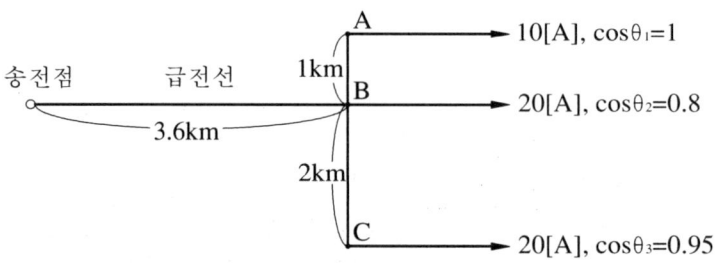

(1) 급전선에 흐르는 전류는 몇 [A]인가?
(2) 전체 선로 손실은 몇 [W]인가?

해설과 정답

(1) 역률이 다를 경우 유효 분, 무효 분으로 분류하여 구한다.

전류 분류	10[A], $\cos\theta=1$	20[A] $\cos\theta=0.8$	20[A] $\cos\theta=0.95$	급전선 전류[A]
$I\cos\theta$(유효 분)	10	$20\times0.8=16$	$20\times0.95=19$	45
$I\sin\theta$(무효 분)	0	$20\times0.6=12$	$20\times\sqrt{1-0.95^2}=6.24$	18.24

- 급전선 전류 :
$$\dot{I}=\dot{I_1}+\dot{I_2}+\dot{I_3}=I_1\cos\theta_1+I_2(\cos\theta_2-j\sin\theta_2)+I_3(\cos\theta_3-j\sin\theta_3)$$
$$=10+20(0.8-j0.6)+20(0.95-\sqrt{1-0.95^2})$$
$$=10+16+19-j12-j6.24=45-j18.24[A]$$
- 전류의 크기 $I=\sqrt{45^2+18.24^2}=48.56[A]$
- 정답 : 48.56[A]

(2) 선로 저항 $R=$ 선로 길이[km]$\times0.5$[Ω/km]에서
- 급전선 저항 $R=3.6\times0.5=1.8$[Ω],
  AB간 저항 $R_{AB}=1\times0.5=0.5$[Ω], BC간 저항 $R_{BC}=2\times0.5=1$[Ω]
- 전력손실 : $P_\ell=3I^2R+3I_{AB}^2R_{AB}+3I_{BC}^2R_{BC})$
  $=3\times48.56^2\times1.8+3\times10^2\times0.5+3\times20^2\times1=14{,}083.60[kW]$
- 정답 : 14,083.60[kW]

2) 전선의 최대 길이

전압강하 식에 의한 전선 굵기 계산은 전압강하 기본식 ①의 (1),(2),(3)에 의하여 계산하는 것이 원칙이지만 다음과 같은 전선 최대 긍장 계산식과 도표의 전압강하 및 부하전류에 의하여 구할 수 있다.

- 전선최대긍장[m] = $\dfrac{\text{배선설계의 긍장[m]} \times \dfrac{\text{부하의 최대 사용전류[A]}}{\text{표의 전류[A]}}}{\dfrac{\text{배선설계의 전압강하[V]}}{\text{표의 전압강하[V]}}}$

[표 1] 전선 최대길이 (단상 2선식, 전압강하 2.2[V], 동선)

전류[A]	전선의 굵기[mm^2]												
	2.5	4	6	10	16	25	35	50	95	150	185	240	300
	전선 최대 길이[m]												
1	154	247	371	618	989	1545	2163	3090	5871	9270	11433	14831	18539
2	77	124	185	309	494	772	1081	1545	2935	4635	5716	7416	9270
3	51	82	124	206	330	515	721	1030	1957	3090	3811	4944	6180
4	39	62	93	154	247	386	541	772	1468	2317	2858	3708	4635
5	31	49	74	124	198	309	433	618	1174	1854	2287	2966	3708
6	26	41	62	103	165	257	360	515	978	1545	1905	2472	3090
7	22	35	53	88	141	221	309	441	839	1324	1633	2119	2648
8	19	31	46	77	124	193	270	386	734	1159	1429	1854	2317
9	17	27	41	69	110	172	240	343	652	1030	1270	1648	2060
12	13	21	31	51	82	129	180	257	489	772	953	1236	1545
14	11	18	26	44	71	110	154	221	419	662	817	1059	1324
15	10	16	25	41	66	103	144	206	391	618	762	989	1236

[비고 1] 전압강하가 2[%] 또는 3[%]의 경우, 전선길이는 각각 이 표의 2배 또는 3배가 된다.
[비고 2] 전류가 20[A] 또는 200[A] 경우의 전선길이는 각각 이 표의 전류 2[A] 경우의 1/10 또는 1/100이 된다.
[비고 3] 이 표는 역률 1로 하여 계산한 것이다.

【보기】 배선설계 긍장 40[m], 부하 최대 사용전류 80[A], 배선설계 전압강하 4.4[V]인 단상 2선식 저압회로의 전선(동선)굵기를 산정하시오.

해설과 정답

- 전선최대긍장 = $\dfrac{\text{배선설계의 긍장[m]} \times \dfrac{\text{부하의 최대 사용전류[A]}}{\text{표의 전류[A]}}}{\dfrac{\text{배선설계의 전압강하[V]}}{\text{표의 전압강하[V]}}}$

$= \dfrac{40 \times \dfrac{80}{8}}{\dfrac{4.4}{2.2}} = 200[m]$

⇨ 전선 굵기 선택 : 임의 선택한 8[A] 행에서 전선 최대 긍장 200[m]를 만족할 수 있는 270[m]란과 만나는 35[mm^2]의 전선을 선택하여 전선 굵기를 구할 수 있다.
- 정답 : 35[mm^2]

[표 2] 전선 최대길이(3상 4선식, 3상 380[V], 전압강하 3.8[V], 동선)

전류 [A]	전선의 굵기[mm²]												
	2.5	4	6	10	16	25	35	50	95	150	185	240	300
	전선 최대 길이[m]												
1	534	854	1281	2135	3416	5337	7472	10674	20281	32022	39494	51236	64045
2	267	427	640	1067	1708	2669	3736	5337	10140	16011	19747	25618	32022
3	178	285	427	712	1139	1779	2491	3558	6760	10674	13165	17079	21348
4	133	213	320	534	854	1334	1868	2669	5070	8006	9874	12809	16011
5	107	171	256	427	683	1067	1494	2135	4056	6404	7899	10247	12809
6	89	142	213	356	569	890	1245	1779	3380	5337	6582	8539	10674
7	76	122	183	305	488	762	1067	1525	2897	4575	5642	7319	9149
8	67	107	160	267	427	667	934	1334	2535	4003	4937	6404	8006
9	59	95	142	237	380	593	830	1186	2253	3558	4388	5693	7116
12	44	71	107	178	285	445	623	890	1690	2669	3291	4270	5337
14	38	61	91	152	244	381	534	762	1449	2287	2821	3660	4575
15	36	57	85	142	228	356	498	712	1352	2135	2633	3416	4270

[비고 1] 전압강하가 2[%] 또는 3[%]의 경우, 전선길이는 각각 이 표의 2배 또는 3배가 된다.
[비고 2] 전류가 20[A] 또는 200[A] 경우의 전선길이는 각각 이 표의 전류 2[A] 경우의 1/10 또는 1/100이 된다.
[비고 3] 이 표는 평형부하의 경우에 대한 것이다.
[비고 4] 이 표는 역률 1로 하여 계산한 것이다.

【보기】 전선 도체는 구리이며, 배선설계 길이 50[m], 부하최대사용전류 300[A], 배선설계 전압강하 7.6[V]인 3상 4선식 회로에서의 전선의 굵기를 구하시오.

- 전선최대긍장 $= \dfrac{\text{배선설계의 긍장[m]} \times \dfrac{\text{부하의 최대 사용전류[A]}}{\text{표의 전류[A]}}}{\dfrac{\text{배선설계의 전압강하[V]}}{\text{표의 전압강하[V]}}}$

$= \dfrac{50 \times \dfrac{300}{3}}{\dfrac{7.6}{3.8}} = 2500 [\text{m}]$

⇨ 전선 굵기 선택 : 임의 선택한 3[A] 행에서 전선 최대 긍장 2,500[m]를 만족할 수 있는 3558[m]란과 만나는 50[mm²]의 전선을 선택하여 전선 굵기를 구할 수 있다.
- 정답 : 50[mm²]

예제문제

예제 1 그림의 적산 전력계에서 간선 개폐기까지의 거리는 10[m]이고, 간선 개폐기에서 전동기, 전열기, 전등까지의 분기 회로의 거리를 각각 20[m]라 한다. 간선과 분기선의 전압 강하를 각각 2[V]로 할 때 참고자료 표를 이용하여 간선과 전동기 분기선의 전선 굵기를 구하시오. 단, 모든 역률은 1로 가정한다.

[참고자료] [표 2] 전선 최대길이(3상 4선식, 3상 380[V], 전압강하 3.8[V], 동선)
[조건]

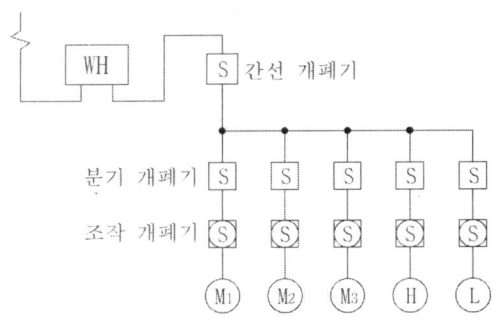

- M_1 : 380[V] 3상 전동기 10[kW]
- M_2 : 380[V] 3상 전동기 15[kW]
- M_3 : 380[V] 3상 전동기 20[kW]
- H : 220[V] 단상 전열기 3[kW]
- L : 220[V] 형광등 40[W]×2등용, 10개

해설 및 정답

(1) 간선

- $I_{M1} = \dfrac{10}{\sqrt{3} \times 0.38} = 15.19[\text{A}]$, $I_{M2} = \dfrac{15}{\sqrt{3} \times 0.38} = 22.79[\text{A}]$,
- $I_{M3} = \dfrac{20}{\sqrt{3} \times 0.38} = 30.39[\text{A}]$ $I_H = \dfrac{3000}{220} = 13.64[\text{A}]$,
- $I_L = \dfrac{(40 \times 2) \times 10}{220} = 3.64[\text{A}]$

- 간선에 흐르는 전류의 합 = 15.19 + 22.79 + 30.39 + 13.64 + 3.64 = 85.65[A]

- 전선 최대 긍장 : $L = \dfrac{\text{배선설계의 긍장} \times \dfrac{\text{부하의 최대사용전류}}{\text{표의 전류}}}{\dfrac{\text{배선설계의 전압강하}}{\text{표의 전압강하}}}$

$$= \dfrac{10 \times \dfrac{85.65}{8}}{\dfrac{2}{3.8}} = 203.42[\text{m}]$$

- 임의 선택한 8[A] 행에서 전선 최대 긍장 203.42[m]를 만족할 수 있는 267[m]란과 만나는 10[mm²]의 전선을 선택하여 전선 굵기를 구할 수 있다.
- 정답 : 10[mm²]

(2) 분기선
 - 전동기 M_1 :

$$L_{M1} = \frac{\text{배선설계의 긍장} \times \frac{\text{부하의 최대사용전류}}{\text{표의 전류}}}{\frac{\text{배선설계의 전압강하}}{\text{표의 전압강하}}} = \frac{20 \times \frac{15.19}{1}}{\frac{2}{3.8}} = 577.22[\text{m}]$$

· 정답 : 4[mm²] 선정

· 전동기 M_2 :

$$L_{M2} = \frac{\text{배선설계의 긍장} \times \frac{\text{부하의 최대사용전류}}{\text{표의 전류}}}{\frac{\text{배선설계의 전압강하}}{\text{표의 전압강하}}} = \frac{20 \times \frac{22.79}{1}}{\frac{2}{3.8}} = 866.02[\text{m}]$$

· 정답 : 6[mm²] 선정
· 전동기 M_3 :

$$L_{M3} = \frac{\text{배선설계의 긍장} \times \frac{\text{부하의 최대사용전류}}{\text{표의 전류}}}{\frac{\text{배선설계의 전압강하}}{\text{표의 전압강하}}} = \frac{20 \times \frac{30.39}{1}}{\frac{2}{3.8}} = 1154.82[\text{m}]$$

· 정답 : 6[mm²]

예제 2 사무실로 사용하는 건물에 220/440[V] 단상 3선식을 채용하고 변압기가 설치된 수전실에서 60[m]되는 곳의 부하를 다음 표와 같이 배분하는 분전반을 시설하고자 한다. 다음 조건을 이용하여 물음에 답하시오.
[조건]
① 전압강하율은 2[%]이하가 되도록 하고, 부하의 수용률은 100[%]로 적용할 것.
② 후강전선관 내 전선의 점유율은 48[%] 이하로 할 것.
[부하 집계 표]

회로번호	부하 명칭	총 부하[VA]	부하 분담[VA]		NFB 크기			비고
			A 선	B 선	극수	AF	AT	
1	전등 1	4920	4920		1	50	30	
2	전등 2	3920		3920	1	30	20	
3	전열기 1	4000	4000(AB간)		2	30	20	
4	전열기 2	2000	2000(AB간)		2	30	20	
합계		14840						

【참고자료 1】 전선의 단면적(피복 절연물을 포함)

도체 단면적[mm²]	절연체 두께[mm]	평균완성 바깥지름[mm]	전선의 단면적[mm²]
2.5	0.8	4.0	13
4	0.8	4.6	17
6	0.8	5.2	21
10	1.0	6.7	35
16	1.0	7.8	48
25	1.2	9.7	74
35	1.2	10.9	93
50	1.4	12.8	128
70	1.4	14.6	167
95	1.6	17.1	230

[비고 1] 전선의 단면적은 평균완성 바깥지름의 상한 값을 환산한 값이다.
[비고 2] KS C IEC 60227-3의 450/750[V] 일반용 단심 비닐절연전선(연선)을 기준한 것이다

【참고자료 2】 절연전선을 금속관 내에 넣을 경우의 보정계수

도체 단면적[mm²]	보정계수
2.5, 4	2.0
6, 10	1.2
16 이상	1.0

【참고자료 3】 후강 전선관의 내 단면적의 32[%] 및 48[%]

관의 호칭	내 단면적의 32[%][mm²]	내 단면적의 48[%][mm²]
16	67	101
22	120	180
28	201	301
36	342	513
42	460	690
54	732	1,098
70	1,216	1,825
82	1,701	2,552
92	2,205	3,308
104	2,843	4,265

(1) 간선으로 사용하는 전선(동도체)의 단면적은 몇 [mm²]인지 선정하시오.
(2) 금속관공사 시 이곳에 사용되는 후강전선관의 지름은 몇 [mm]인가?
(3) 분전반의 복선 결선도를 완성하시오.
(4) 설비불평형률을 구하시오.

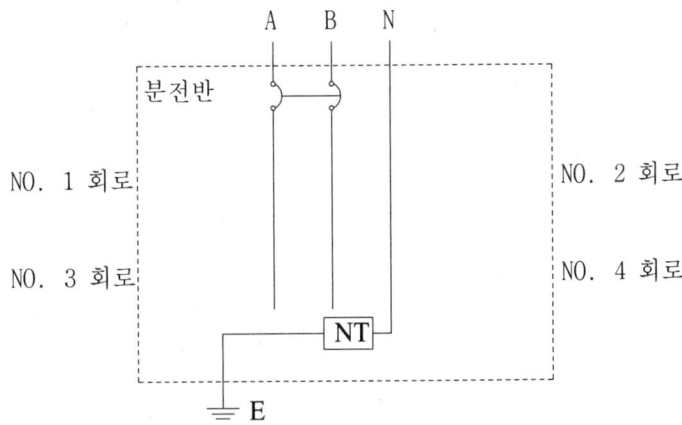

해설과 정답

(1) 전압선 전류를 구하여 큰 전류를 기준으로 전선 굵기를 선정한다.

- A선 전류 : $I_A = \dfrac{4,920}{220} + \dfrac{4000+2000}{440} = 36[A]$

- B선 전류 : $I_B = \dfrac{3,920}{220} + \dfrac{4000+2000}{440} = 31.45[A]$

- 간선의 굵기 : $A = \dfrac{17.8LI_A}{1,000e} = \dfrac{17.8 \times 60 \times 36}{1,000 \times 220 \times 0.02} = 8.74[mm^2]$

- 정답 : 10[mm²] 선정

(2) 금속관 굵기 선정
- 참고자료 1 : 10[mm^2] 전선의 피복 포함 총 단면적 35[mm^2]
- 참고자료 2 : 절연전선을 금속관내에 넣을 경우의 보정계수 1.2
- 보정계수를 고려한 총 단면적 : $(35 \times 3) \times 1.2 = 126[mm^2]$
- 참고자료 3 : 48[%] 란에서 126[mm^2]을 만족할 수 있는 22[mm] 전선관 선정
- 정답 : 22[mm] 전선관

(3) 분전반 복선도

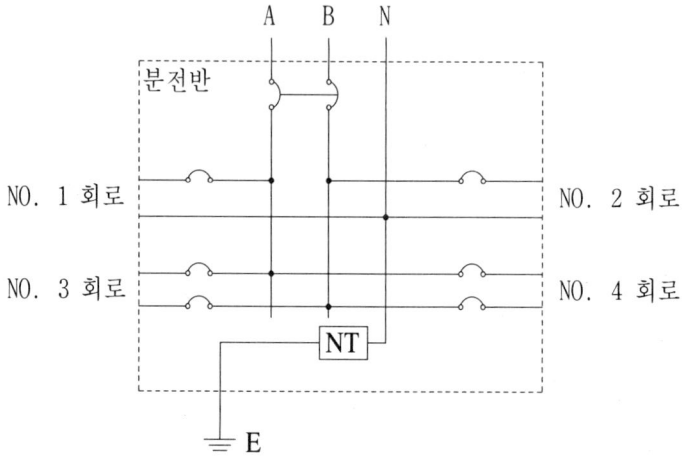

(4) 설비불평형률 $= \dfrac{4,920 - 3,920}{14,840 \times \dfrac{1}{2}} \times 100 = 13.48[\%]$

- 정답 : 13.48[%]

예제 3 도면은 어느 건물의 구내 간선 계통도이다. 주어진 조건과 참고 자료를 이용하여 다음 각 물음에 답하시오.

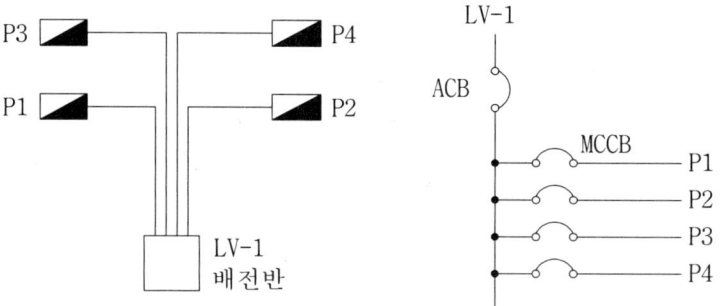

[산출 조건]
① 전압은 380[V]/220[V]이며 3상 4선식이다.
② Cable은 TRAY배선으로 한다.(공중, 암거 포설)
③ 전선은 가교폴리에틸렌 절연 비닐 외장 케이블이다.
④ 허용 전압 강하는 2[%]이다.
⑤ 분전반간 부등률은 1.1이다.
⑥ Cable 배선 거리 및 부하 용량 표

분전반	거리[m]	연결부하[kVA]	수용률[%]
P1	50	240	65
P2	80	320	65
P3	210	180	70
P4	150	60	70

(1) P_1의 전 부하 시 전류를 구하고, 여기에 사용될 배선용차단기(MCCB) 규격을 선정하시오.
(2) P_1에 사용될 케이블의 굵기는 몇 [mm^2]인가?
(3) 배전반에 설치된 ACB의 최소 규격을 산정하시오.
(4) 0.6/1[kV] 가교 폴리에틸렌 절연 비닐 시스 케이블의 영문 약호는?

[참고자료 1] 배선용 차단기(MCCB)

Frame	100[AF]			225[AF]			400[AF]		
기본형식	A11	A12	A13	A21	A22	A23	A31	A32	A33
극수	2	3	4	2	3	4	2	3	4
정격전류[AT]	60, 75, 100			125, 150, 175, 200, 225			250, 300, 350, 400		

[참고자료 2] 전선 최대길이 (3상 4선식, 3상 380[V], 전압강하 3.8[V], 동선)

전류[A]	전선의 굵기[mm^2]												
	2.5	4	6	10	16	25	35	50	95	150	185	240	300
	전선 최대 길이[m]												
1	534	854	1281	2135	3416	5337	7472	10674	20281	32022	39494	51236	64045
2	267	427	640	1067	1708	2669	3736	5337	10140	16011	19747	25618	32022
3	178	285	427	712	1139	1779	2491	3558	6760	10674	13165	17079	21348
4	133	213	320	534	854	1334	1868	2669	5070	8006	9874	12809	16011
5	107	171	256	427	683	1067	1494	2135	4056	6404	7899	10249	12809
6	89	142	213	356	569	890	1245	1779	3380	5337	6582	8539	10674
7	76	122	183	305	488	762	1067	1525	2897	4575	5642	7319	9149
8	67	107	160	267	427	667	934	1334	2535	4003	4937	6404	8006
9	59	95	142	237	380	593	830	1186	2253	3558	4388	5693	7116
12	44	71	107	178	285	445	623	890	1690	2669	3291	4270	5337
14	38	61	91	152	244	381	534	762	1449	2287	2821	3660	4575
15	36	57	85	142	228	356	498	712	1352	2135	2633	3416	4270

[비고 1] 전압강하가 2[%] 또는 3[%]의 경우, 전선길이는 각각 이 표의 2배 또는 3배가 된다. 다른 경우에도 이 예에 따른다.
[비고 2] 전류가 20[A] 또는 200[A] 경우의 전선길이는 각각 이 표의 전류 2[A] 경우의 1/10 또는 1/100이 된다. 다른 경우에도 이 예에 따른다.
[비고 3] 이 표는 평형부하의 경우에 대한 것이다.
[비고 4] 이 표는 역률 1로 하여 계산한 것이다.

[참고자료 3] 기중 차단기(ACB)

TYPE	G1	G2	G3	G4
정격전류[A]	600	800	1000	1250
정격 절연전압[V]	1000	1000	1000	1000
정격 사용전압[V]	660	660	660	660
극수	3, 4	3, 4	3, 4	3, 4
과전류 트립 장치 정격전류	200,400,630	400,630,800	630,800,1000	800,1000,1250

해설과 정답

(1) 전 부하 전류 $= \dfrac{\text{부하설비용량} \times \text{수용률}}{\sqrt{3} \times \text{선간전압}} = \dfrac{(240 \times 10^3) \times 0.65}{\sqrt{3} \times 380} = 237.02[\text{A}]$

또한, 배선용차단기 규격은 [표 1]에서 표준용량을 선정하면

- 정답 : • 전 부하 전류 : 237.02[A]
  - 배선용차단기 규격 : 프레임의 크기 전류 400[AF], 정격 트립 전류 250[A]

[참고] AT 및 AF

- AF(프레임의 크기 전류) : 같은 형명으로 제작할 수 있는 최대 정격전류(단락 등의 사고 시 화재, 폭발 등이 발생하지 않고 흘릴 수 있는(견딜 수 있는) 최대 용량의 전류.
- AT(정격 트립 전류) : 과전류 트립의 기준치로 정격 사용전류(안전하게 통전 시킬 수 있는 최대용량의 전류)
- AF은 차단기가 정격사용전류에 견디는 Frame의 정격전류이므로 일반적으로 AT 상위 값을 선정한다.

(2) 전선 최대 긍장 $= \dfrac{50 \times \dfrac{237.02}{5}}{\dfrac{380 \times 0.02}{3.8}} = 1185.1[\text{m}]$

따라서, 케이블의 굵기는 [표 2]에서 임의 선택한 5[A] 행에서 1185.1[m]를 만족할 수 있는 1494[m] 열에 있는 전선 굵기 35[mm²]을 선정한다.

- 정답 : 35[mm²] 선정

(3) 전 부하 전류 :

$\text{I} = \dfrac{(240 \times 0.65 + 320 \times 0.65 + 180 \times 0.7 + 60 \times 0.7) \times 10^3}{\sqrt{3} \times 380 \times 1.1} = 734.81[\text{A}]$

따라서, [표 3]에서 기중차단기 규격을 선정하면

- G2 Type, 정격전류 800[A] 선정.

[참고] 3상 4선식 전로에서 주개폐기(ACB)는 4극, 분기개폐기(MCCB)는 3극을 사용한다.

(4) 정답 : CV1

3) 전선로의 전기적 특성

(1) 전선의 저항

- 전선 저항 : $R = \rho \dfrac{\ell}{A}$ [Ω]

여기서, $\rho[\Omega \cdot \text{mm}^2/\text{m}]$는 고유저항, $\ell[\text{m}]$는 전선의 길이, $A[\text{m}^2]$은 전선의 단면적이다.

① 경동선 : $\rho = \dfrac{1}{55}[\Omega \cdot \text{mm}^2/\text{m}]$

② 연동선 : $\rho = \dfrac{1}{58}[\Omega \cdot \text{mm}^2/\text{m}]$

③ 도선의 온도변화에 의한 저항의 변화 : $R_T = R_t[1+a_t(T-t)][\Omega]$

- $R_t[\Omega]$: 기준 온도 t[℃]에서의 저항
- $a_t = \dfrac{1}{234.5+t}$: 기준 온도 t[℃]에서의 저항 온도 계수

(2) 전압강하율

수전단 선간 전압 V_r을 기준으로 한 전압강하의 백분율 비.

- 전압강하율 : $\varepsilon = \dfrac{V_s - V_r}{V_r} \times 100[\%]$

여기서, V_s는 송전단 전압이다.

(3) 수전전력(3상)

- 3상 수전전력 : $P_r = \sqrt{3}\,V_r I\cos\theta[\text{kW}]$에서 부하전류 $I = \dfrac{P}{\sqrt{3}\,V_r \cos\theta}[\text{A}]$이므로

- 전압강하 $e = V_s - V_r = \sqrt{3}\,I(R\cos\theta + X\sin\theta)[\text{V}]$에서

$$e = \sqrt{3} \times \dfrac{P_r}{\sqrt{3}\,V_r \cos\theta} \times (R\cos\theta + X\sin\theta) = \dfrac{P_r}{V_r}\left(R\cdot\dfrac{\cos\theta}{\cos\theta} + X\cdot\dfrac{\sin\theta}{\cos\theta}\right)$$

$$= \dfrac{P_r}{V_r}(R + X\tan\theta)\text{이므로}$$

- 3상 수전전력 : $P_r = \dfrac{eV_r}{R + X\tan\theta} \times 10^{-3}[\text{kW}]$

(4) 전압변동률

전 부하 시 수전단 선간전압 V_{rn}을 기준으로 한 전압변동의 백분율 비.

- 전압변동률 : $\delta = \dfrac{V_{ro} - V_{rn}}{V_{rn}} \times 100[\%]$

여기서, V_{ro}는 무 부하 시 수전단 선간전압이다.

(5) 전력손실률

- 수전단 전력 P_r을 기준으로 한 전력 손실률의 비
- 수전단 전력 $P_r = 3E_r I\cos\theta_r = \sqrt{3}\,V_r I\cos\theta_r[\text{V}]$
- 송전단 전력 $P_s = P_r + P_\ell = 3E_r I\cos\theta_r + 3I^2 R[\text{W}]$

여기서, E_r은 수전단 대지전압, V_r은 수전단 선간전압, P_ℓ은 3상 전체 전력손실이다.

- 전력손실률 : $\eta = \dfrac{P_\ell}{P_r} \times 100\,[\%]$

(6) 전력손실

- 전력 손실 : $P_\ell = 3I^2R\,[\text{W}]$에서

$$P_\ell = 3I^2R = 3\left(\dfrac{P_r}{\sqrt{3}\,V_r\cos\theta_r}\right)^2 \cdot \rho\dfrac{\ell}{A} = \dfrac{P_r^2\,\rho\,\ell}{A\,V_r^2\cos^2\theta_r}\,[\text{W}]$$

- 전력손실 : $P_\ell \propto \dfrac{1}{\cos^2\theta}\,[\text{W}]$

- 전력손실은 전압 및 역률의 제곱에 반비례한다.

예제문제

 3상 3선식 송전선에서 수전단의 선간전압이 30[kV], 부하 역률이 0.8(지상)인 경우 전압강하율이 10[%]라 하면 이 송전선은 몇 [kW]까지 수전할 수 있는가? (단, 전선 1선의 저항은 15[Ω], 리액턴스는 20[Ω]이라 하고 기타의 선로 정수는 무시하는 것으로 한다.)

해설』정답

- 전압강하율 : $\varepsilon = \dfrac{V_s - V_r}{V_r} \times 100 = \dfrac{e}{V_r} \times 100\,[\%]$에서
- 전압강하 : $e = \dfrac{\varepsilon V_r}{100} = \dfrac{10 \times (30 \times 10^3)}{100} = 3000\,[\text{V}]$ 이므로
- 3상 수전전력 :

$$P_r = \dfrac{eV_r}{R + X\tan\theta} \times 10^{-3} = \dfrac{3000 \times (30 \times 10^3)}{15 + 20 \times \dfrac{0.6}{0.8}} \times 10^{-3} = 3{,}000\,[\text{kW}]$$

- 정답 : 수전전력 $3{,}000\,[\text{kW}]$

4) 전압의 n배 승압

전압의 n배 승압의 경우 그 특성은 다음과 같다.

- 공급 전력 $P = VI\cos\theta\,[\text{W}]$에서 전류 $I = \dfrac{P}{V\cos\theta}\,[\text{A}]$
- 전력 손실 $P_\ell = I^2R\,[\text{W}]$
- 전압 강하 $e = IR\,[\text{V}]$
  여기서, R[Ω]은 전선 2가닥 전체 분 저항이다.

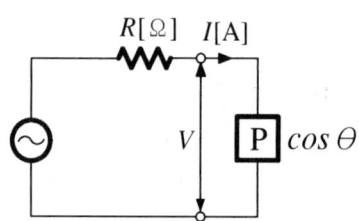

(1) 전력손실

$$P_\ell = I^2 R = \left(\frac{P}{V\cos\theta}\right)^2 \times R = \frac{P^2 R}{V^2 \cos^2\theta} \Rightarrow P_\ell \propto \frac{1}{V^2},\ P_\ell \propto \frac{1}{\cos^2\theta}$$

- 전력손실은 전압 및 역률의 제곱에 반비례한다.

(2) 전력손실률

$$K = \frac{P_\ell}{P} = \frac{\frac{P^2 R}{V^2 \cos^2\theta}}{P} = \frac{PR}{V^2 \cos^2\theta}\bigg|_{R=\rho\frac{\ell}{A}} = \frac{P\rho\ell}{V^2 \cos^2\theta A} \Rightarrow K \propto \frac{1}{V^2}$$

- 전력손실률은 전압의 제곱에 반비례한다.

(3) 공급 전력

$$P = \frac{KV^2 \cos^2\theta}{R} \Rightarrow P \propto V^2$$

- 전압의 n배 승압 시 공급능력 증대는 n^2배가 된다.
  단, 『전선 굵기가 일정하면서 전력손실이 일정한 경우』 즉, 전선의 저항과 전류가 일정할 경우 전압을 n배 승압하면 승압된 전압 $V' = nV$가 되므로 전력 공급능력 증대 $k = \frac{V'I}{VI} = \frac{nVI}{VI} = n$ 이 되므로 공급 능력 증대는 n배가 된다.
- 전압의 n배 승압 시 전선 저항 및 전력손실이 일정할 경우 공급능력 증대는 n배가 된다.

(4) 전선의 단면적

$$A = \frac{P\rho\ell}{KV^2 \cos^2\theta} \Rightarrow A \propto \frac{1}{V^2}$$

- 전선 단면적은 전압의 제곱에 반비례한다.

(5) 공급거리

$$\ell = \frac{KV^2 \cos^2\theta A}{P\rho} \Rightarrow \ell \propto V^2$$

- 전력 공급거리는 전압의 제곱에 비례한다.

(6) 전압강하, 전압강하율

- 공급전력 P가 일정한 경우 전압 V를 n배 승압하면 전류 I는 $\frac{1}{n}$배로 감소한다.

- 전압강하 $e = IR \Rightarrow e_0 = \frac{1}{n}IR = \frac{1}{n}e$

- 전압변동률 $\varepsilon = \frac{e}{V} \Rightarrow \epsilon_0 = \frac{\frac{1}{n}e}{nV} = \frac{1}{n^2} \times \frac{e}{V} = \frac{1}{n^2}$

- 전압의 n배 승압 시 전압강하는 $\frac{1}{n}$배로 감소하고, 전압강하율은 $\frac{1}{n^2}$배로 감소한다.

【정리】전압의 n배 승압 시 효과

• 공급전력(능력)	$P \propto V^2$ (n^2배로 증가)
• 공급전력(능력)	$k \propto V$ (n배로 증가 : 전선 저항과 전력손실이 일정한 경우)
• 전력공급 거리	$\ell \propto V^2$ (n^2배로 증가)
• 전력손실	$P_\ell \propto \frac{1}{V^2}$ ($\frac{1}{n^2}$배로 감소)
• 전력손실율	$\eta \propto \frac{1}{V^2}$ ($\frac{1}{n^2}$배로 감소)
• 전압강하	$e \propto \frac{1}{V}$ ($\frac{1}{n}$배로 감소)
• 전압강하율	$\varepsilon \propto \frac{1}{V^2}$ ($\frac{1}{n^2}$배로 감소)
• 전선의 단면적	$A \propto \frac{1}{V^2}$ ($\frac{1}{n^2}$배로 감소)

예제문제

예제 1 송전선로 전압을 154[kV]에서 345[kV]로 승압할 경우 송전선로에 나타나는 효과로서 다음 물음에 답하시오.
(1) 공급 전력 및 공급 거리 증대는 몇 배인가?
(2) 전력손실이 일정할 경우 공급 능력 증대는 몇 배인가?
(3) 손실 전력의 감소는 몇 [%]인가?
(4) 전압강하율의 감소는 몇 [%]인가?
(5) 전압강하의 감소는 몇 [%]인가?

해설과 정답

(1) $\frac{345}{154}$배 승압이므로 공급전력 및 공급거리는 $(\frac{345}{154})^2$=5.02배 만큼 증가한다.
 • 정답 : 5.02배
(2) 전력손실이 일정하면, 전로 전류는 일정이라는 것을 의미하므로 전압을 $(\frac{345}{154})$배 만큼 승압하면 공급능력 증대 분은 $\frac{345}{154}$=2.24배 만큼 증가한다.
 • 정답 : 2.24배
(3) $\frac{345}{154}$배 승압이므로 전력손실은 $\frac{1}{(\frac{345}{154})^2}$=0.2배 만큼으로 감소하므로 손실 전력의 감소는 약 80[%]가 된다.

- 정답 : 80[%]

(4) $\frac{345}{154}$배 승압이므로 전력손실은 $\frac{1}{(\frac{345}{154})^2}$=0.2배 만큼으로 감소하므로 손실 전력의 감소는 약 80[%]가 된다.
- 정답 : 80[%]

(5) $\frac{345}{154}$배 승압이므로 전압강하는 $\frac{1}{\frac{345}{154}}$=0.44 만큼으로 감소하므로 전압강하의 감소는 약 56[%]가 된다.
- 정답 : 56[%]

5) 배선의 극성표식

(1) 전선의 식별

① 전선의 색별 표식은 다음과 같이 할 것.

상(문자)	색상
전압선 L1(A상)	갈색
전압선 L2(B상)	흑색
전압선 L3(C상)	회색
중선선 N	청색
보호도체	녹색-노란색

② 색상 식별이 종단 및 연결 지점에서만 이루어지는 나 도체 등은 전선 종단부에 색상이 반영구적으로 유지될 수 있는 도색, 밴드, 색 테이프 등의 방법으로 표시할 것.

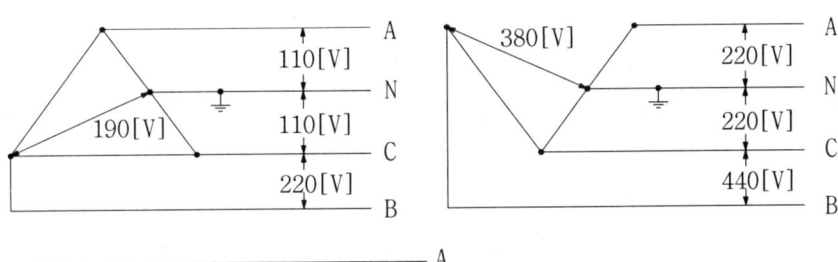

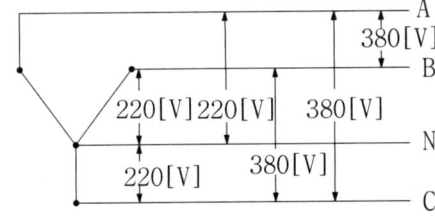

- A상 : 갈색   • B상 : 흑색   • C상 : 회색   • N상 : 청색

(2) 전선의 접속

① 나전선 상호 또는 나전선과 절연전선 또는 캡타이어 케이블과 접속하는 경우에는 다음에 의

할 것.
- 전선의 세기[인장하중으로 표시]를 20[%] 이상 감소시키지 아니할 것.
- 접속부분은 접속 관 기타의 기구를 사용할 것.

② 절연전선 상호·절연전선과 코드, 캡타이어 케이블과 접속하는 경우에는 접속 부분을 그 부분의 절연전선의 절연물과 동등 이상의 절연효력이 있는 것으로 충분히 피복할 것.

③ 코드 상호, 캡타이어 케이블 상호 또는 이들 상호간을 접속하는 경우에는 코드 접속기·접속함 기타의 기구를 사용할 것. 단, 공칭단면적 10[mm²] 이상인 캡타이어케이블 상호를 접속하는 경우에는 접속부분을 제 ① 및 제 ②의 규정에 준하여 시설할 것.

④ 도체에 알루미늄(알루미늄 합금 포함)을 사용하는 전선과 동(동합금 포함)을 사용하는 전선을 접속하는 등 전기 화학적 성질이 다른 도체를 접속하는 경우에는 접속부분에 전기적 부식이 생기지 않도록 할 것.

3 전선의 병렬사용 및 허용전류

1) 전선의 병렬사용

전선의 병렬사용이란 예를 들어 100[mm²] 전선 4가닥을 각각 2가닥씩 조합하여 단상 2선식 회로에 사용하는 것을 말하며, 다음과 같은 시설 원칙에 의한다.

① 각 전선의 굵기는 동 50[mm²], 알루미늄 70[mm²]이상으로 하고, 전선은 같은 도체, 같은 재료, 같은 길이 및 같은 굵기의 것을 사용할 것.
② 같은 극의 각 전선은 동일한 터미널러그에 완전히 접속할 것.
③ 같은 극인 각 전선의 터미널 러그는 동일한 도체에 2개 이상의 리벳 또는 2개 이상의 나사로 접속할 것.
④ 병렬로 사용하는 전선에는 각각의 퓨즈를 설치하지 말 것.
⑤ 교류회로에서 병렬로 사용하는 전선은 금속관 안에 전자적 불평형이 생기지 않도록 시설할 것.

2) 저압 옥내배선 전력케이블 등의 허용전류

저압 옥내배선에 사용하는 450/750[V] 이하 염화비닐절연전선, 450/750[V] 이하 고무 절연전선, 1[kW]부터 3[kW]까지의 압출 성형 절연 전력케이블의 허용전류 및 보정 계수는 다음 규정에 따른다.

[표 1] 전류 용량 확보를 위한 공사 설치법

항목 번호	설치 방법	설명	전류 용량 확보를 위한 표준 설치법
1		단열성 벽면에 매입한 전선관 내의 절연전선 또는 단심케이블	A1
2		단열성 벽면에 매입한 전선관 내의 다심케이블	A2
3		목재 벽면 또는 석재 벽면에 직접 접촉하였거나 벽에서 전선관 직경의 0.3배미만의 거리에 배관된 전선관 내의 절연전선 또는 단심케이블	B1
4		목재 벽면 또는 석재 벽면에 직접 접촉하였거나 벽에서 전선관 직경의 0.3배미만의 거리에 배관된 전선관 내의 절연전선 또는 다심케이블	B2
5		지중 매설한 전선관 또는 케이블 덕트 내의 다심케이블	D1

[표 2] 공사 방법에 따른 전선의 허용전류

- PVC 절연전선, 2개 부하전선, 동 또는 알루미늄, 전선 온도(절연물의 최고 허용온도) 70[℃], 주위 온도 기중 30[℃], 지중 20[℃] 기준 허용전류

전선의 공칭 단면적 [mm²]	표1 공사방법				
	A1	A2	B1	B2	D1
동 1.5	14.5	14	17.5	16.5	22
2.5	19.5	18.5	24	23	28
4	26	25	32	30	37
6	34	32	41	38	46
10	46	43	57	52	60
16	61	57	76	69	78
25	80	75	101	90	99
35	99	92	125	111	119
50	119	110	151	133	140
70	151	139	192	168	173
95	182	167	232	201	204
120	210	192	269	232	231
150	240	219	300	258	261

⇨ 표에서 알루미늄 전선의 허용전류는 생략하였음.

[표 3] 공사 방법에 따른 전선의 허용전류

- XLPE 또는 EPR 절연전선, 2개 부하전선, 동 또는 알루미늄, 전선 온도(절연물의 최고허용온도) 90[℃], 주위 온도 기중 30[℃], 지중 20[℃] 기준 허용전류

전선의 공칭 단면적 [mm²]	표1 공사방법				
	A1	A2	B1	B2	D1
동					
1.5	19	18.5	23	22	25
2.5	26	25	31	30	33
4	35	33	42	40	43
6	45	42	54	51	53
10	61	57	75	69	71
16	81	76	100	91	91
25	106	99	133	119	116
35	131	121	164	146	139
50	158	145	198	175	164
70	200	183	253	221	203
95	241	220	306	265	239
120	278	253	354	305	271
150	318	290	393	334	306

⇨ 표에서 알루미늄 전선의 허용전류는 편집 생략하였음.

[표 4] 공사 방법에 따른 전선의 허용전류

- PVC 절연전선, 3개 부하전선, 동 또는 알루미늄, 전선 온도(절연물의 최고 허용온도) 70[℃], 주위 온도 기중 30[℃], 지중 20[℃] 기준 허용전류

전선의 공칭단면적 [mm²]	표1 공사방법				
	A1	A2	B1	B2	D1
동					
1.5	13.5	13	15.5	15	18
2.5	18	17.5	21	20	24
4	24	23	28	27	30
6	31	29	36	34	38
10	42	39	50	46	50
16	56	52	68	62	64
25	73	68	89	80	82
35	89	83	110	99	98
50	108	99	134	118	116
70	136	125	171	149	143
95	164	150	207	179	169
120	188	172	239	206	192
150	216	196	262	225	217

⇨ 표에서 알루미늄 전선의 허용전류는 편집 생략하였음

[표 5] 공사 방법에 따른 전선의 허용전류

• XLPE 또는 EPR 절연전선, 3개 부하전선, 동 또는 알루미늄, 전선 온도(절연물의 최고허용온도) 90[℃], 주위 온도 기중 30[℃], 지중 20[℃] 기준 허용전류

전선의 공칭 단면적 [mm²]	표1 공사방법				
	A1	A2	B1	B2	D1
동					
1.5	17	16.5	20	19.5	22
2.5	23	22	28	26	29
4	31	30	37	35	37
6	40	38	48	44	44
10	54	51	66	60	61
16	73	68	88	80	79
25	95	89	117	105	101
35	117	109	144	128	122
50	141	130	175	154	144
70	179	164	222	194	178
95	216	197	269	233	211
120	249	227	312	268	240
150	285	259	342	300	271

⇨ 표에서 알루미늄 전선의 허용전류는 편집 생략하였음

[표 6] 주위의 대기온도가 30[℃] 이외인 경우의 보정 계수(기중 케이블)

주위온도 [℃]	절연체			
	PVC	XLPE 또는 EPR	무기*	
			PVC 피복 또는 노출로 접촉할 우려가 있는 것 (70[℃])	노출로 접촉할 우려가 없는 것 (105[℃])
10	1.22	1.15	1.26	1.14
15	1.17	1.12	1.20	1.11
20	1.12	1.08	1.14	1.07
25	1.06	1.04	1.07	1.04
35	0.94	0.96	0.93	0.96
40	0.87	0.91	0.85	0.92
45	0.79	0.87	0.87	0.88
50	0.71	0.82	0.67	0.84
55	0.61	0.76	0.57	0.80
60	0.50	0.71	0.45	0.75
65	–	0.65	–	0.70
70	–	0.58	–	0.65
75	–	0.50	–	0.60
80	–	0.41	–	0.54

[비고] 이 표에서 PVC절연전선 및 XLPE, EPR절연전선의 허용전류 보정계수는 각각 주위온도 30[℃]인 장소에서는 전선의 허용전류가 변화하지 않지만, 주위온도가 30[℃]를 초과 상승하거나, 30[℃] 미만인 장소에서의 허용전류 감소, 증가를 나타내는 보정계수로 그 계산법은 다음 식에 의한다.

① PVC 절연전선 : $R = \sqrt{\dfrac{\text{절연물의 최고허용온도}(70) - \text{주위온도}}{\text{기준온도}(40)}}$

② XPLE, EPR 절연전선 : $R = \sqrt{\dfrac{\text{절연물의 최고허용온도}(90) - \text{주위온도}}{\text{기준온도}(60)}}$

【보기 1】 전선 굵기가 2.5[mm²]인 PVC 절연전선 2가닥을 주위온도 30[℃]인 장소에서 A1공사 방법으로 기중 배선할 경우 전선의 허용전류는?

해설과 정답

주위온도 30[℃]인 경우이므로
- 허용전류 보정계수
  $R = \sqrt{\dfrac{\text{절연물의 최고허용온도} - \text{주위온도}}{\text{기준온도}}} = \sqrt{\dfrac{70-30}{40}} = 1$ (표 2)
- 전선의 허용전류 = 19.5(표 2) × 1 = 19.5[A]
- 정답 : 19.5[A]

【보기 2】 전선 굵기가 2.5[mm²]인 PVC 절연전선 2가닥을 주위온도 40[℃]인 장소에서 A1공사 방법으로 기중 배선할 경우 전선의 허용전류는?

해설과 정답

주위온도 40[℃]인 경우이므로
- 허용전류 감소계수 $R = \sqrt{\dfrac{\text{절연물의 최고허용온도} - \text{주위온도}}{\text{기준온도}}} = \sqrt{\dfrac{70-40}{40}} = 0.87$ (표 6)
- 전선의 허용전류 = 19.5(표 2) × 0.87 = 16.97[A]
- 정답 : 16.97[A]

【보기 3】 전선 굵기가 6[mm²]인 XPLE 절연전선 3가닥을 주위온도 50[℃]인 장소에서 A1공사 방법으로 기중 배선할 경우 전선의 허용전류는?

해설과 정답

주위온도 50[℃]인 경우이므로
- 허용전류 감소계수 $R = \sqrt{\dfrac{\text{절연물의 최고허용온도} - \text{주위온도}}{\text{기준온도}}} = \sqrt{\dfrac{90-50}{60}} = 0.82$ (표 6)
- 전선의 허용전류 = 40(표 5) × 0.82 = 32.8[A]
- 정답 : 32.8[A]

[표 7] 주위의 지중 온도가 20[℃] 이외인 경우의 보정 계수(지중 케이블)

지중온도[℃]	절연체	
	PVC	XLPE 또는 EPR
10	1.10	1.07
15	1.05	1.04
25	0.95	0.96
30	0.89	0.93
35	0.84	0.89
40	0.77	0.85
45	0.71	0.80
50	0.63	0.76
55	0.55	0.71
60	0.45	0.65
65	–	0.60
70	–	0.53

[비고] 이 표에서 PVC절연전선 및 XLPE, EPR절연전선의 허용전류 보정계수는 각각 주위온도 20[℃]인 장소에서는 전선 허용전류가 변화하지 않지만 주위온도가 20[℃]를 초과 상승하거나 20[℃] 미만인 장소에서의 허용전류 감소, 증가를 나타내는 보정계수로 그 계산법은 다음 식에 의한다.

① PVC 절연전선 : $R = \sqrt{\dfrac{절연물의 최고허용온도(70) - 주위온도}{기준온도(50)}}$

② XPLE, EPR 절연전선 : $R = \sqrt{\dfrac{절연물의 최고허용온도(90) - 주위온도}{기준온도(70)}}$

【보기 4】 전선 굵기 2.5[mm²]인 PVC 절연 3심 다심케이블을 주위온도 20[℃]인 장소에서 D1 공사 방법으로 지중 배선할 경우 전선의 허용전류는?

주위온도 10[℃]인 경우이므로
- 허용전류 보정계수 $R = \sqrt{\dfrac{절연물의 최고허용온도 - 주위온도}{기준온도}} = \sqrt{\dfrac{70-20}{50}} = 1$(표 4)
- 전선의 허용전류 = 24(표 4) × 1 = 24[A]
- 정답 : 24[A]

【보기 5】 전선 굵기 2.5[mm²]인 PVC 절연 3심 다심케이블을 주위온도 10[℃]인 장소에서 D1 공사 방법으로 지중 배선할 경우 전선의 허용전류는?

주위온도 10[℃]인 경우이므로

- 허용전류 감소계수 $R = \sqrt{\dfrac{절연물의 최고허용온도 - 주위온도}{기준온도}} = \sqrt{\dfrac{70-10}{50}} = 1.10$(표 7)
- 전선의 허용전류 = 24(표 4) × 1.10 = 26.4[A]
- 정답 : 26.4[A]

【보기 6】 전선 굵기가 6[mm²]인 XPLE 절연 3심 다심케이블을 주위 온도 30[℃]인 장소에서 D1 공사 방법으로 지중 배선할 경우 전선의 허용전류는?

주위온도 30[℃]인 경우이므로
- 허용전류 감소계수 $R = \sqrt{\dfrac{절연물의 최고허용온도 - 주위온도}{기준온도}} = \sqrt{\dfrac{90-30}{70}} = 0.93$(표 7)
- 전선의 허용전류 = 44(표 5) × 0.93 = 40.92[A]
- 정답 : 40.92[A]

4 전로의 절연저항과 접지공사

1) 전로의 절연저항

(1) 전로의 절연
전로는 다음 경우를 제외하고는 대지로부터 절연하여야 한다.
① 모든 접지공사 접지 점
② 절연을 하는 것이 기술적으로 어려워 절연할 수 없는 부분
　㉮ 시험용 변압기, 전기울타리용 전원장치, 엑스선발생장치, 전기부식방지용 양극, 단선식 전기철도의 귀선 등 전로의 일부를 대지로부터 절연하지 아니하고 전기를 사용하는 것이 부득이한 것.
　㉯ 전기욕기, 전기로, 전기보일러, 전해조 등 대지로부터 절연하는 것이 기술상 곤란한 것.

(2) 저압전로의 절연저항

- 절연저항 = $\dfrac{정격전압}{누설전류}$

① 저압 전로에서 정전이 어려운 경우 등 절연저항 측정이 곤란한 경우 저항성분의 누설전류가 1[mA] 이하일 것.
② 저압전로의 절연 성능
　전기사용장소의 사용전압이 저압인 전선로의 전선 상호간 및 대지 사이의 절연저항은 개폐기 또는 과전류차단기로 구분할 수 있는 전로마다 다음 표에서 정한 값 이상일 것.

전로의 사용전압[V]	DC시험전압[V]	절연저항[MΩ]
SELV 및 PELV	250	0.5
FELV, 500V 이하	500	1.0
500V 초과	1,000	1.0

[주] 특별저압(Extra Low Voltage : 2차 전압이 AC 50[V], DC 120[V] 이하의 전압.
- SELV(비 접지회로 구성) 및 PELV(접지회로 구성) : 1차와 2차가 전기적으로 절연된 회로.
- FELV : 1차와 2차가 전기적으로 절연되지 않은 회로.

③ 절연저항 측정 시 서지보호장치(SPD) 또는 기타 기기 등은 측정 전에 분리시켜야 하고, 부득이하게 분리가 어려운 경우는 시험전압을 DC 250[V]로 낮추어 측정할 수 있지만 절연저항 값은 1[MΩ] 이상일 것.

2) 접지설비

(1) 접지공사의 목적
① 전로의 대지전압 저하에 의한 감전 사고의 방지
② 이상전압의 억제에 의한 기기류의 손상 방지 및 절연보호
③ 지락 사고 시 보호 계전기 등의 확실한 동작 확보

(2) 접지공사의 구분 및 종류

접지 목적	① 계통접지 ② 보호접지 ③ 피뢰시스템 접지 ④ 기능접지
시설 종류	① 단독접지 ② 공통접지 ③ 통합접지
구성 요소	① 접지 극 ② 접지도체 ③ 보호도체 ④ 기타설비 (접지 극은 접지도체를 사용하여 주 접지단자에 연결하여야 한다.)

① 계통 접지 : 전원(전력 계통)과 대지 간의 접지를 말하는 것으로, 변압기에서는 고·저압 혼촉에 의한 재해 예방을 위하여 혼촉방지판이나 변압기 2차 측 중성점을 접지하는 것.
② 보호 접지 : 전기기기 절연이 파괴되어 금속제 외함이나 철대에 누전되는 사고가 발생한 경우 대지 간 전압을 억제하여 감전사고 등을 예방하기 위해 전기기기 외함 등에 접지하는 것.
③ 피뢰시스템 접지 : 전기전자설비가 설치된 건축물 또는 인화성 물질 저장 창고 등의 낙뢰로 인한 인화 방지 목적으로 등으로 접지하는 것.
  ㉮ 직격뢰로 부터 대상물을 보호하기 위한 외부피뢰시스템
  ㉯ 간접뢰 및 유도뢰로부터 대상물을 보호하기 위한 내부피뢰시스템
④ 기능 접지 : 전기적 안전이 아닌 기능상의 목적으로 시스템이나 설비, 장비 내 한 점 또는 여러 점에 접지를 하는 것.

⑤ 단독접지 : 특고압 및 고압, 저압 전기설비 또는 피뢰설비, 통신설비 등을 개별적으로 접지하는 것.
⑥ 공통 접지 : 특고압 및 고압, 저압 전기설비를 모두 묶어서 접지를 하는 것.
⑦ 통합 접지 : 특고압 및 고압, 저압 전기 설비 또는 피뢰설비, 통신설비 등을 모두 묶어서 접지하는 것.

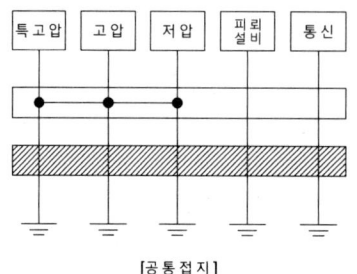
[공통접지]

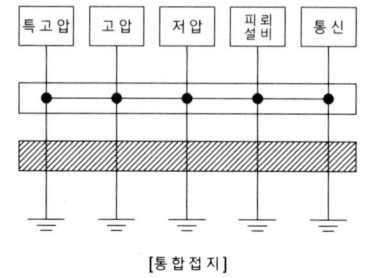
[통합접지]

(3) 접지극의 시설 및 접지저항

① 접지극의 종류
  ㉮ 콘크리트에 매입 된 기초 접지 극
  ㉯ 토양에 매설된 기초 접지 극
  ㉰ 토양에 수직 또는 수평으로 직접 매설된 금속전극(봉, 전선, 테이프, 배관, 판 등)
  ㉱ 케이블의 금속외장 및 그 밖에 금속피복
  ㉲ 지중 금속구조물(배관 등)
  ㉳ 대지에 매설된 철근콘크리트의 용접된 금속 보강재.
     ⇨ 접지극의 규격 :
     - 동판 : 두께 0.7[mm]이상, 단면적 900[cm^2] 편면(片面) 이상의 것
     - 동봉, 동피복강봉 : 지름 8[mm]이상, 길이 0.9[m] 이상의 것
     - 철관 : 외경 25[mm]이상, 길이 0.9[m]이상 아연도금 가스철관 또는 후강전선관일 것
     - 철봉 : 지름 12[mm]이상, 길이 0.9[m]이상의 아연 도금한 것
     - 동피복판 : 두께 1.6[mm]이상, 길이 0.9[m]이상, 단면적 250[cm^2] 편면(片面) 이상의 것
     - 탄소피복강봉 : 지름 8[mm]이상의 동심이고, 길이 0.9[m]이상의 것

② 접지극의 매설
  ㉮ 접지 극은 매설하는 토양을 오염시키지 않아야 하며, 가능한 다습한 부분에 설치할 것.
  ㉯ 접지 극은 지표면으로부터 지하 0.75[m] 이상으로 하되 동결 깊이를 감안할 것.
  ㉰ 접지도체를 철주, 기타 금속체를 따라서 시설하는 경우 접지 극을 철주의 밑면으로부터 0.3[m] 이상의 깊이에 매설하는 경우 이외에는 접지 극을 지중에서 그 금속체로부터 1[m] 이상 떼어 매설할 것.
  ㉱ 접지공사 시 대지 저항률이 큰 경우에는 접지극 2~3개를 상호 2[m]이상 이격하여 병렬 접속함으로써 대지의 전기저항을 낮출 것.

③ 수도관 등의 접지극 사용

지중에 매설되어 있고 대지와의 전기저항 값이 3[Ω] 이하의 값을 유지하고 있는 금속제 수도 관로가 다음에 따르는 경우 접지 극으로 사용할 수 있다.

㉮ 접지도체와 금속제 수도 관로 접속은 안지름 75[mm] 이상인 부분 또는 여기에서 분기한 안지름 75[mm] 미만인 분기점으로부터 5[m] 이내 부분에서 실시할 것.

㉯ 금속제 수도 관로와 대지 사이 전기저항 값이 2[Ω] 이하인 경우에는 분기점으로부터의 거리는 5[m]를 넘을 수 있다.

④ 건축물·구조물의 철골 기타의 금속제 접지극 사용

지중에 매설되어 있고 대지와의 사이에 전기저항 값이 2[Ω] 이하인 값을 유지하는 경우 다음의 접지극으로 사용할 수 있다.

㉮ 비접지식 고압전로에 시설하는 기계기구의 철대 또는 금속제 외함의 접지공사

㉯ 비접지식 고압전로와 저압전로를 결합하는 변압기의 저압전로의 접지공사의 접지극

(4) 접지도체

① 접지도체의 최소 단면적 선정

㉮ 접지도체에 큰 고장전류가 흐르지 않을 경우 구리 6[mm^2] 이상, 철제 50[mm^2] 이상으로 할 것.

㉯ 접지도체에 피뢰시스템이 접속되는 경우, 그 접지도체 단면적은 구리 16[mm^2] 또는 철 50[mm^2] 이상으로 할 것.

㉰ 고장 시 흐르는 전류를 안전하게 통할 수 있는 것은 다음에 의할 것.

구분		접지도체 단면적
특고압·고압 전기설비용 접지도체		6[mm^2] 이상 연동선
중성점 접지용 접지도체	· 7[kV] 이하 전로 · 사용전압 25[kV] 이하 특고압 중성선 다중접지식 가공전선로로 지락 발생 시 2초 이내에 자동적으로 이를 전로로부터 차단하는 장치가 되어 있는 것.	6[mm^2] 이상 연동선
	· 그 외 경우	16[mm^2] 이상 연동선

㉱ 이동하여 사용하는 전기기계기구의 금속제 외함 등의 접지시스템의 경우는 다음의 것을 사용할 것.

구분	접지도체 단면적
특고압 및 고압 전기설비용 접지도체 중성점 접지용 접지도체	클로로프렌 캡타이어케이블(3종 및 4종)의 1개 도체 또는 다심 캡타이어케이블의 차폐 또는 기타의 금속체로 단면적이 10[mm^2] 이상인 것
저압전기설비용 접지도체	다심 코드 또는 다심 캡타이어케이블 1개 도체 단면적이 0.75[mm^2] 이상인 것 (단, 연동연선은 1개 도체의 단면적이 1.5[mm^2]이상인 것)

② 접지도체와 접지극의 접속 및 보호

㉮ 접속은 견고하고 전기적인 연속성이 보장되도록, 접속부는 발열성 용접, 압착접속, 클램프

또는 그 밖에 적절한 기계적 접속장치에 의할 것.
㉯ 접지도체는 지하 0.75[m]부터 지표 상 2[m]까지 부분은 합성수지관(두께 2[mm] 이상) 또는 이와 동등 이상의 절연효과와 강도를 가지는 몰드로 덮어 보호할 것.
㉰ 특고압·고압 전기설비 및 변압기 중성점 접지시스템의 경우 접지도체가 사람이 접촉할 우려가 있는곳에 시설되는 고정설비인 경우 접지도체는 절연전선(옥외용 비닐절연전선은 제외) 또는 케이블을 사용할 것.

(5) 보호도체

① 보호도체의 최소 단면적
보호도체의 최소 단면적은 다음 표에 따라 선정해야 하며, 보호도체용 단자도 이 도체의 크기에 적합하여야 한다. 단, 다음 ② 보호도체의 단면적 계산식에 따라 계산한 값 이상이어야 한다. 단, TT 계통에서 전력공급 계통의 접지극과 노출도전부의 접지극이 독립한 경우 보호도체의 단면적은 다음 값을 초과할 필요는 없다.

㉮ 구리 25[mm^2]
㉯ 알루미늄 35[mm^2]

상 도체의 단면적 S ([mm^2], 구리)	보호도체의 최소 단면적([mm^2], 구리)	
	보호도체 재질이 상 도체와 같은 경우	보호도체 재질이 상 도체와 다른 경우
S ≤ 16	S	$\frac{k_1}{k_2} \times S$
16 < S ≤ 35	16^a	$\frac{k_1}{k_2} \times 16$
S > 35	$\frac{S^a}{2}$	$\frac{k_1}{k_2} \times \frac{S}{2}$

- k_1 : 도체 및 절연의 재질에 따라 KSC, IEC 규정에서 선정된 상 도체에 대한 k 값
- k_2 : 도체 및 절연의 재질에 따라 KSC, IEC 규정에서 선정된 보호 도체에 대한 k 값
- a : PEN선의 경우 최소 단면적은 중성선과 동일하게 적용한다.

② 보호도체의 단면적 계산 식
차단 시간이 5초 이하인 경우에만 다음 계산식을 적용하며, 보호도체의 단면적은 다음 식으로 계산한 값 이상으로 한다.

- 보호선의 최소 단면적 : $S = \frac{\sqrt{t}}{k} I_s [\mathrm{mm}^2]$

  ○ $t[\sec]$: 자동차단을 위한 보호 장치 동작 시간
  ○ $I_s[A]$: 보호 장치를 통해 흐를 수 있는 예상 고장 전류 실효값
  ○ k : 보호도체, 절연 및 기타 부위의 재료 및 초기온도와 최종온도로 정해지는 계수

③ 보호도체가 케이블의 일부가 아니거나 상 도체와 동일 외함에 설치되지 않을 경우 단면적

구분	구리	알루미늄
기계적 손상에 대한 보호가 되는 경우	2.5[mm²] 이상	16[mm²] 이상
기계적 손상에 대한 보호가 되지 않는 경우	4.0[mm²] 이상	16[mm²] 이상

　④ 보호도체의 종류
　　㉮ 다심케이블의 도체
　　㉯ 충전도체와 같은 트렁킹에 수납된 절연도체 또는 나도체
　　㉰ 고정된 절연도체 또는 나도체
　　㉱ 금속케이블 외장, 케이블 차폐, 케이블 외장, 전선 묶음(편조전선), 동심도체, 금속관

(6) 보호도체와 계통도체 겸용
　① 보호도체와 계통도체를 겸용하는 겸용도체
　　㉮ 중성선과 겸용(PEN)
　　㉯ 상 도체와 겸용(PEL)
　　㉰ 중간도체와 겸용(PEM)
　② 겸용도체는 고정 전기설비에서만 사용하면서, 단면적은 구리 10[mm²] 또는 알루미늄 16[mm²]이상일 것.

(7) 주 접지단자
　① 접지시스템은 주 접지단자를 설치하고, 다음의 도체들을 접속할 것.
　　㉮ 등전위 본딩 도체
　　㉯ 접지도체
　　㉰ 보호도체
　　㉱ 기능성 접지도체
　② 여러 개의 접지단자가 있는 장소는 접지단자를 상호 접속할 것.

(8) 주 등전위 본딩 도체
　① 주 접지단자에 접속하기 위한 등전위본딩 도체는 설비 내에 있는 가장 큰 보호접지도체 단면적의 $\frac{1}{2}$ 이상의 단면적을 가져야 하고 다음의 단면적 이상일 것.
　　㉮ 구리도체 6[mm²]
　　㉯ 알루미늄 도체 16[mm²]
　　㉰ 강철 도체 50[mm²]
　② 주 접지단자에 접속하기 위한 보호 본딩도체의 단면적은 구리도체 25[mm²] 또는 다른 재질의 동등한 단면적을 초과할 필요는 없다

(9) 보조 등전위 본딩 도체

① 두 개의 노출 도전부를 접속하는 경우 도전성은 노출 도전부에 접속된 더 작은 보호도체 도전성보다 클 것.
② 노출 도전부를 계통 외 도전부에 접속하는 경우 도전성은 같은 단면적을 갖는 보호도체의 $\frac{1}{2}$ 이상일 것.
③ 케이블 일부가 아닌 경우 또는 선로도체와 함께 수납되지 않은 본딩 도체는 다음 값 이상일 것.
　㉮ 기계적 보호가 된 것은 구리도체 2.5[mm^2], 알루미늄 도체 16[mm^2]
　㉯ 기계적 보호가 없는 것은 구리도체 4[mm^2], 알루미늄 도체 16[mm^2]

【참고】 접지설비의 시설 예

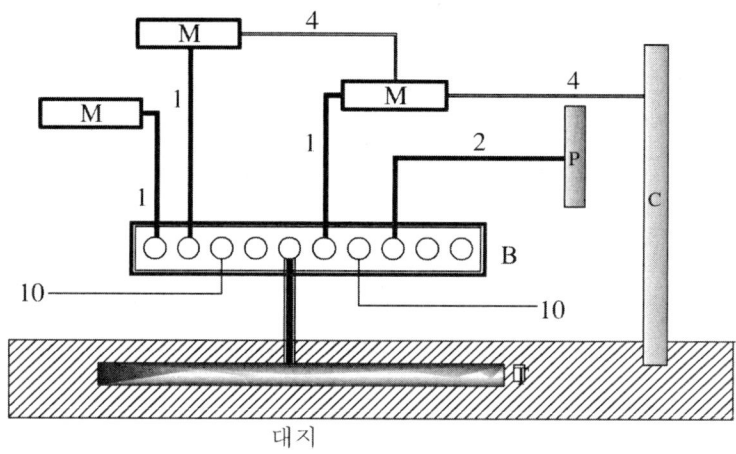

1 : 보호선, 보호도체(PE)　　　　B : 주 접지 단자
2 : 주 등전위본딩용 도체　　　　M : 전기기구의 노출 도전성 부분
3 : 접지선, 접지도체　　　　　　C : 철골, 금속덕트의 계통 외 도전성 부분
4 : 보조 등전위본딩용 도체　　　P : 수도관, 가스관 등 금속 배관
10 : 기타 기기(예 : 통신설비)　　T : 접지 극

① 보호선, 보호도체(PE) : 안전을 목적(가령, 감전예방)으로 설치된 전선.
② 접지선, 접지도체 : 주 접지단자나 접지 모선을 접지극에 접속한 전선.
③ 중성선(N) : 전력계통의 중성점에 접속되고 전력전송에 사용되는 전선.
④ PEN선 : 보호선과 중성선의 기능을 겸한 전선.
　• PEN선은 고정설비에서만 사용하고, 기계적으로 단면적 10[mm^2] 이상 동선 또는 16[mm^2] 이상의 알루미늄선을 사용할 것.
⑤ 주 접지단자, 접지모선 : 접지하는 것을 목적으로 보호선(등 전위 본딩 선 및 기능접지가 있게 되면 그 전선을 포함)의 접속에 사용되는 단자 또는 모선
⑥ 접지극 : 대지에 확실히 접촉되고 전기적 접속을 제공하는 하나의 전선 또는 전선의 집합.

⑦ 등전위 본딩 : 등전위성을 얻기 위해 전선 간을 전기적으로 접속 조치를 취하는 것.
  • 노출 도전성 부분과 계통 외 도전성 부분을 전기적으로 접속하는 것.
  • 다른 계통 외 도전성 부분을 전기적으로 접속하는 것.
  ㉮ 주 등전위 본딩(보호 등전위 본딩)
  ㉯ 보조 등전위 본딩(보조 보호 등전위 본딩, 국부적 본딩)
  ㉰ 비접지 등전위 본딩(비접지 국부 등전위 본딩)
⑧ 보호 본딩 전선 : 등전위 본딩을 하기 위한 보호선
⑨ 계통 외 도전성 부분 : 전기설비의 일부분을 형성하지 않으며 일반적으로 대지전위를 띨 가능성이 있는 도전성 부분

3) 접지공사

(1) 저압수용가 인입구 접지

① 수용장소 인입구 부근에서 다음의 것을 접지 극으로 사용하여 변압기 중성점 접지를 한 저압 전선로의 중성선 또는 접지 측 전선에 추가로 접지공사를 할 수 있다.
  ㉮ 지중에 매설되어 있고 대지와의 전기저항 값이 3[Ω] 이하의 값을 유지하고 있는 금속제 수도관로
  ㉯ 대지 사이의 전기저항 값이 3[Ω] 이하인 값을 유지하는 건물의 철골
② 접지도체는 공칭단면적 6[mm²] 이상의 연동선 또는 이와 동등 이상의 세기 및 굵기의 쉽게 부식하지 않는 금속선으로서 고장 시 흐르는 전류를 안전하게 통할 수 있는 것으로 할 것.

(2) 변압기 중성점 접지

① 변압기의 중성점접지 저항 값은 다음에 의할 것.
  ㉮ 변압기의 고압·특고압 측 전로 1선 지락전류로 150[V]를 나눈 값과 같은 저항 값 이하일 것.
  ㉯ 변압기 고압, 특고압 측 전로 또는 사용전압 35[kV] 이하의 특고압전로가 저압 측 전로와 혼촉하고 저압전로의 대지전압이 150[V]를 초과하는 경우 저항 값은 다음에 의할 것.
  • 1초 초과 2초 이내에 전로를 자동으로 차단하는 장치를 설치할 때는 300[V]를 나눈 값 이하일 것.
  • 1초 이내에 전로를 자동으로 차단하는 장치를 설치할 때는 600[V]를 나눈 값 이하일 것.
② 전로의 1선 지락전류는 실측값에 의할 것. 단, 실측이 곤란한 경우에는 선로정수 등으로 계산한 값에 의할 것.

【정리】 변압기 중성점 접지 시 접지저항
  • 지락 고장의 경우 자동 차단장치 유무 및 동작 시간에 따라 다음과 같이 분류할 수 있다.

자동 차단장치가 없는 경우	자동 차단장치 동작이 1초 넘고 2초 이내인 경우	자동 차단장치 동작이 1초 이내인 경우
$R = \dfrac{150[\text{V}]}{1\text{선 지락전류}[\text{A}]}[\Omega]$	$R = \dfrac{300[\text{V}]}{1\text{선 지락전류}[\text{A}]}[\Omega]$	$R = \dfrac{600[\text{V}]}{1\text{선 지락전류}[\text{A}]}[\Omega]$

(3) 공통접지 및 통합접지

① 고압 및 특고압과 저압 전기설비의 접지 극이 서로 근접하여 시설되어 있는 변전소 또는 이와 유사한 곳에서는 다음과 같은 공통접지시스템으로 할 것.
  ㉮ 저압 전기설비의 접지 극이 고압 및 특고압 접지 극의 접지저항 형성영역에 완전히 포함되어 있다면 위험전압이 발생하지 않도록 이들 접지 극을 상호 접속할 것.
  ㉯ 접지시스템에서 고압 및 특고압 계통의 지락사고 시 저압 계통에 가해지는 상용주파 과전압은 다음 [표]에서 정한 값을 초과하지 않도록 할 것.

고압계통에서 지락고장시간(초)	저압설비 허용 상용주파 과전압[V]	비고
>5	$U_0 + 250$	중성선 도체가 없는 계통에서
≤5	$U_0 + 1,200$	U_0는 선간전압을 말한다.

② 전기설비의 접지설비, 건축물의 피뢰설비·전자통신설비 등의 접지 극을 공용하는 통합접지시스템으로 하는 경우는 다음에 의할 것.
  ㉮ 통합접지시스템은 제①항 공통접지시스템 규정에 의할 것.
  ㉯ 낙뢰에 의한 과전압 등으로부터 전기전자기기 등을 보호하기 위해 서지보호장치를 설치할 것.

(4) 접지선의 굵기 계산식

보통 접지선의 굵기를 결정하는 경우 "기계적 강도, 내식성, 전류 용량"과 3가지 요소를 고려하지만 전류용량에 중점을 두고 정하고 있다.

① 접지선의 온도상승 계산식
  동선에 단시간전류가 흘렀을 경우 온도 상승은 다음 식에 의하여 구한다.

- $\theta = 0.008\left(\dfrac{I}{A}\right)^2 t\,[\text{℃}]$

  ° θ : 동선의 온도 상승[℃]　　° I[A] : 고장(지락)전류
  ° t[sec] : 전류 통전시간　　° $A\,[\text{mm}^2]$: 접지선의 굵기

② 계산 조건
  ㉮ 접지선에 흐르는 고장전류 값은 전원 측 과전류차단기 정격전류의 20배로 한다.
  ㉯ 과전류차단기는 정격전류의 20배 전류에서는 0.1초 이하에서 끊어지는 것으로 한다.
  ㉰ 고장전류가 흐르기 전 접지선의 온도는 30[℃]로 한다.

㉰ 고장전류가 흘렀을 때 접지선의 허용온도는 160[℃]로 한다. 따라서 허용 온도상승은 130[℃]로 한다.

③ 접지선의 허용온도 상승 값 130[℃]를 기준으로 한 접지선의 굵기
접지선의 굵기를 결정하기 위한 다음 계산 조건을 대입하여 얻은 접지선의 굵기는 다음 식에 의하여 구한다.
- 접지선 굵기 : $A = 0.0496\, I_n\, [\mathrm{mm}^2]$
  ◦ $I_n\,[\mathrm{A}]$: 과전류차단기의 정격전류

(5) 피뢰기용 접지선의 굵기

- 접지선 굵기 : $A = \dfrac{\sqrt{t}}{k} I_s\, [\mathrm{mm}^2]$
  ◦ $t\,[\sec]$: 고장 계속시간 (단, 22[kV]급에서는 1.1로 적용)
  ◦ $I_s\,[\mathrm{A}]$: 고장(단락)전류
  ◦ k : 도체 절연물 등 재료에 따른 계수
    ㉮ $k = 143$: 절연전선(케이블 제외) 또는 케이블에 접촉되는 나동선 사용의 경우
    ㉯ $k = 228$: 인접한 재료가 지시온도에 의해 위험할 우려가 없는 경우 나동선 사용의 경우

예제 1 단상 변압기 3대를 △-Y결선하여 전압을 22900/380~220[V]로 변성하는 용량 400[kVA] 변압기 2차 측에 계통 접지공사를 실시할 때 다음과 같은 참고 사항과 조건을 이용하여 온도 상승 식에 의한 접지선의 굵기를 선정하시오.

[참고 사항 및 조건]
① 접지선은 GV전선을 사용하고 표준 굵기[mm^2]는 6, 10, 16, 25, 35, 50, 70으로 한다.
② GV전선 허용 최고온도는 160[℃]이고 고장전류가 흐르기 전 접지선의 온도는 30[℃]로 한다.
③ 접지선에 흐르는 고장전류 값은 전원 측 과전류차단기 정격전류의 20배로 한다.
④ 과전류차단기는 정격전류의 20배 전류에서는 0.1초 이하에서 끊어지는 것으로 한다.
⑤ 변압기 2차 측 과전류 차단기의 정격전류는 변압기 정격전류의 1.5배로 한다.

해설과 정답

- 변압기 정격전류 : $I_n = \dfrac{P_a}{\sqrt{3}\,V} = \dfrac{400 \times 10^3}{\sqrt{3} \times 380} = 607.74\,[\mathrm{A}]$

- 접지선의 온도 상승 : $\theta = 0.008 \left(\dfrac{I}{A}\right)^2 t$ 에서
  동선의 온도 상승 $\theta = 160 - 30 = 130\,[℃]$, 고장(지락)전류 $20 I_n\,[\mathrm{A}]$, 전류통전시간

$t = 0.1[\text{sec}]$를 온도 상승 식에 대입하면 $130 = 0.008 \times \left(\dfrac{20I_n}{A}\right)^2 \times 0.1$이므로

$A = 0.0496\, I_n\, [\text{mm}^2]$

- 접지선의 굵기 : $A = 0.0496\, I_n\, [\text{mm}^2]$에서
  변압기 2차 측 과전류차단기 정격전류는 변압기 정격전류 1.5배이므로
  접지선의 굵기 $A = 0.0496\, I_n = 0.0496 \times (607.74 \times 1.5) = 45.22\, [\text{mm}^2]$
- 정답 : $50\, [\text{mm}^2]$

4) 접지공사의 종류

(1) 접지 목적에 따른 분류

① 계통 접지 : 전원(전력 계통)과 대지 간의 접지를 말하는 것.
  ㉮ 변압기에서는 고·저압 혼촉 발생에 의한 재해 예방을 위하여 혼촉방지판이나 변압기 2차 측 중성점을 접지하는 것.
  ㉯ 접지계통의 종류를 나타내는 제1 문자에 따라 표시하고, 한 점을 대지에 직접 또는 임피던스를 삽입하여 접지하는 것.

② 보호 접지 : 전기기기 절연이 파괴되어 금속제 외함이나 철대에 누전되는 사고가 발생한 경우 대지 간 전압을 억제하여 감전사고 등을 예방하기 위해 전기기기 외함 등의 한 점 또는 여러 점을 묶어 접지하는 것.

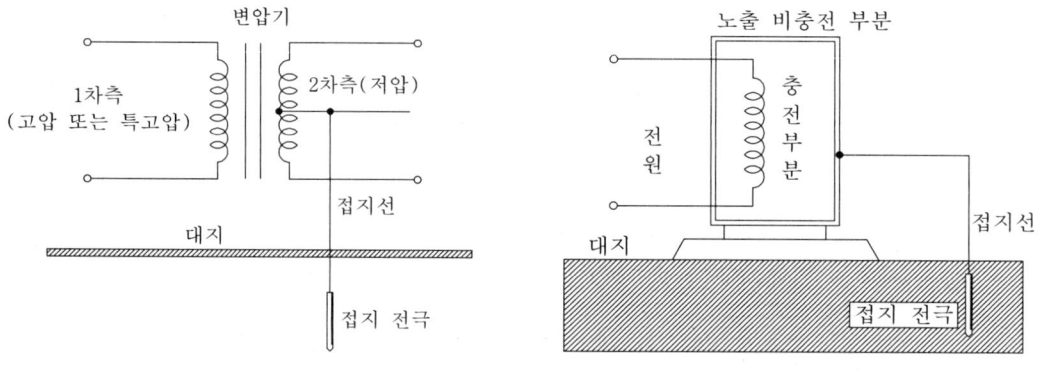

[계통접지]   [보호접지]

③ 피뢰시스템 접지 : 전기전자설비가 설치된 건축물 또는 인화성 물질 저장 창고 등의 낙뢰로 인한 인화 방지 목적으로 등으로 접지하는 것.
  ㉮ 직격뢰로 부터 대상물을 보호하기 위한 외부피뢰시스템
  ㉯ 간접뢰 및 유도뢰로부터 대상물을 보호하기 위한 내부피뢰시스템

④ 기능 접지 : 전기적 안전이 아닌 기능상의 목적으로 시스템이나 설비, 장비 내 한 점 또는 여러 점에 접지를 하는 것.

(2) 접지 형태 및 시설 종류에 따른 분류

① 독립 접지(단독 접지)

접지 공사를 실시하는 각각의 설비마다 개별적으로 접지공사를 하는 방식

㉮ 독립접지의 장점
- 다른 기기류나 계통에 미치는 영향이 적다.
- 접지 전극 성능 악화나 손상 시 독립적으로 장비나 설비를 보호할 수 있다.
- 선로 노이즈를 피할 수 있다.

㉯ 독립접지의 단점
- 목표 접지저항 값을 얻기가 어렵다.
- 접지 공사비용이 상승한다.
- 서지나 노이즈 전류 유입 시 설비 간에 전위차가 발생하여 설비 손상 및 오동작을 유발할 수 있다.

㉰ 적용 대상 : 피뢰기, 피뢰침 설비, 컴퓨터 시스템 설비

② 공통 접지(공용 접지)

1개 또는 수 개소에 시공한 공통의 접지 극에 여러 개의 기기나 설비를 모아 접속하여 접지를 공용하는 방식.

㉮ 공용접지의 장점(단독접지 비교)
- 접지 전극의 병렬시공으로 합성 접지저항 값이 감소한다.
- 접지선이 짧아져 접지계통이 단순화되므로 보수, 점검이 용이하다.
- 접지극의 연접으로 접지극의 신뢰도가 향상된다.
- 접지 전극의 수량이 감소하므로 경제적이다.
- 여러 접지 전극을 연결하므로 서지나 노이즈 전류 방전이 용이하다.
- 철골 구조물의 연접을 통해 거대한 접지 전극 효과를 얻을 수 있다.
- 여러 설비가 공통의 접지 전극에 접속되므로 등전위가 구성되어 장비 간 전위차가 발생하지 않는다.

㉯ 공용접지의 단점
- 접지 전극의 성능 악화나 손상 시 접속된 모든 설비에 동시에 영향이 파급된다.
- 다른 계통에 전위상승 파급의 위험성이 있다.
- 설비 간 접속된 접지 배선 길이가 너무 길어지면 설비간의 접지 전위차가 발생할 수 있다.
- 계통 접지의 이상 전압 발생 시 유기전압이 상승한다.

㉰ 적용 대상 : 초고층 빌딩

5) 접지계통의 종류

다음 접지계통에서 사용하는 문자가 갖는 의미는 다음과 같다.

① 제1문자 : 전력계통과 대지와의 관계
  • T : 한 점을 대지에 직접 접속하는 것.
  • I : 모든 충전부를 대지(접지)로부터 절연시키거나 임피던스를 삽입하여 한 점을 대지에 직접 접속하는 것.
② 제2문자 : 설비의 노출 도전성 부분과 대지와의 관계
  • T : 전력계통의 접지와는 무관하며 노출 도전성 부분을 대지로 직접 접속하는 것.
  • N : 노출 도전성 부분을 전력계통의 접지 점(교류 계통에서 통상적으로 중성점 또는 중성점이 없을 경우는 단상 선 도체)에 직접 접속하는 것.
③ 제3, 제4문자 : 중성선과 보호선의 조치를 나타낸 것.
  • S : 보호선 기능을 중성선 또는 접지 측 전선(또는 교류 계통에서 접지 측 상)과 분리된 전선으로 실시 하는 것.
  • C : 중성선 및 보호선의 기능을 한 개의 전선으로 겸용하는 것.
④ 접지 계통에서의 기호 의미

	중성선(N), 중간도체(M)
	보호도체(PE)
	중성선과 보호도체 겸용(PEN)

(1) TN계통의 접지

전원의 한 점을 직접접지하고 설비의 노출 도전성 부분을 보호선(PE)을 이용하여 전원의 한 점에 접속하는 접지 계통으로 중성선 및 보호선의 배치에 따라 TN-S계통 및 TN-C-S계통, TN-C계통 3종류가 있다.

① 계통 내에서 별도의 중성선과 보호도체가 있는 TN-S 계통 : 계통 전체의 중성선과 보호선을 접속하여 사용한다

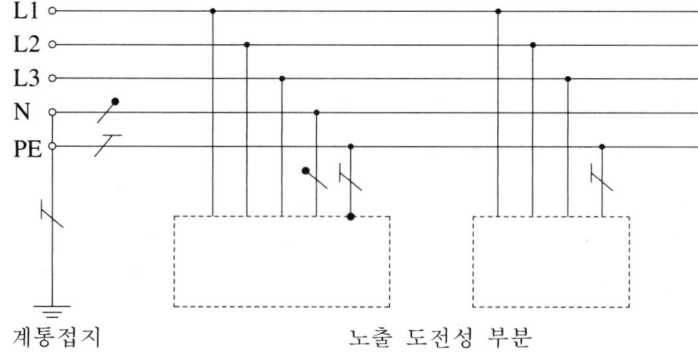

② 계통 내에서 별도의 접지된 선(상) 도체와 보호도체가 있는 TN-S 계통 : 계통 전체의 접지된 상전선과 보호선을 접속하여 사용한다.

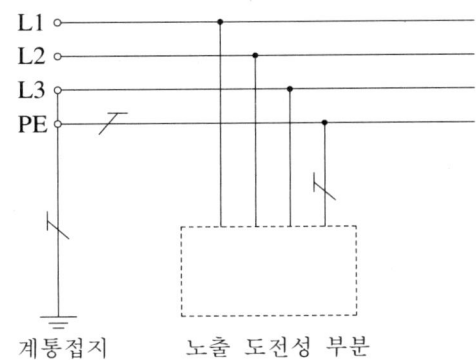

③ 계통 내에서 PEN 도체를 사용한 TN-C 계통 : 계통 전체의 중성선과 보호선을 동일 전선으로 사용한다.

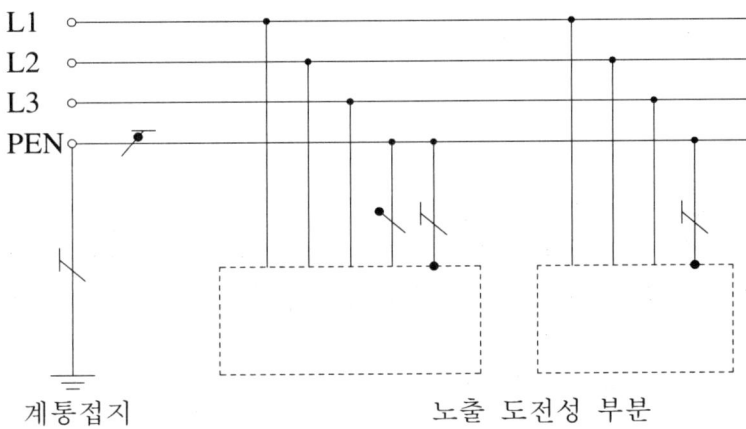

④ 계통 내에서 PEN 도체와 PE 도체를 사용하는 TN-C-S 계통 : 계통 일부에서는 중성선과 보호선을 동일 도체로 하고, 나머지 부분에서는 중성선과 별도의 PE 도체를 사용한다.

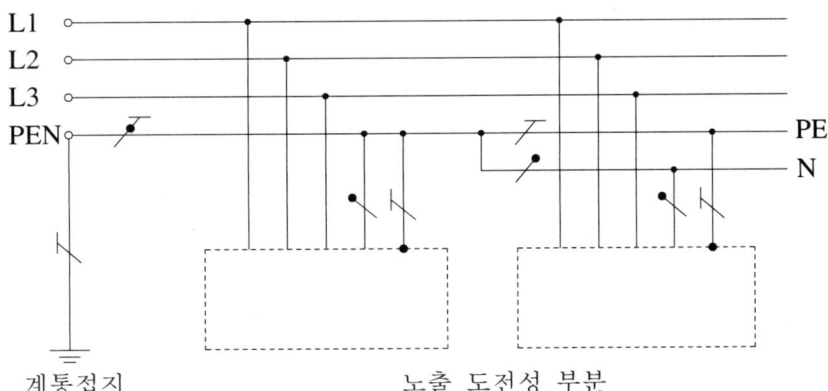

(2) TT계통의 접지

전원의 한 점을 직접접지하고 설비의 노출 도전성 부분을 전원 계통의 접지극과는 전기적으로 독립한 접지극에 접지하는 접지계통을 말한다.

① 설비 전체에서 별도의 중성선과 보호도체가 있는 TT 계통

② 설비 전체에서 접지된 보호도체가 있으나 배전용 중성선이 없는 TT 계통

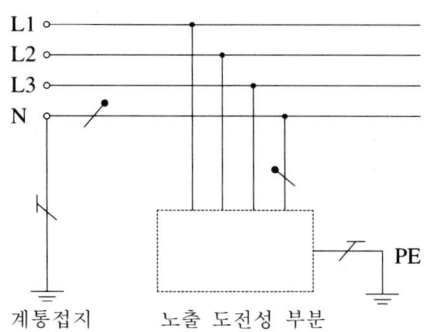
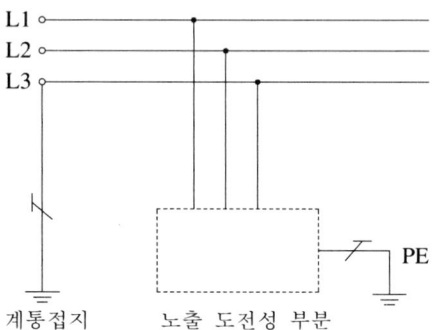

(3) IT계통의 접지

① 충전부 전체를 대지로부터 절연시키거나, 한 점을 임피던스를 통해 대지에 접속시키고, 전기 설비의 노출 도전 부를 단독 또는 일괄적으로 계통의 PE 도체에 접속시킨다. 배전계통에서 추가접지가 가능하다.

② 계통은 충분히 높은 임피던스를 통하여 접지할 수 있다. 이 접속은 중성점, 인위적 중성점, 선 도체 등에서 할 수 있다. 중성 선은 배선할 수도 있고, 배선하지 않을 수도 있다.

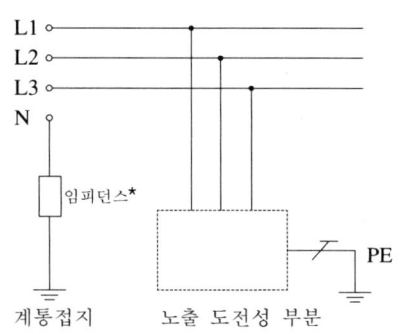
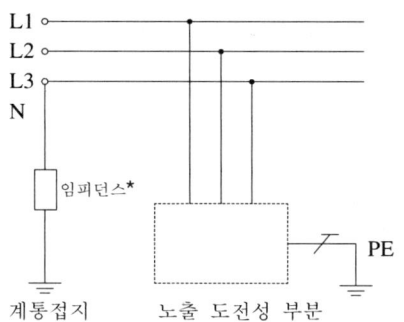

5   지락 및 혼촉 사고시 지락전류와 대지전압

1) 지락전류 및 접촉(대지) 전압

(1) 저압 측에 설치한 기계 기구에서 지락(누전) 사고가 발생할 경우

변압기 2차 측 저압전로에 접속되어 있는 저압용 기기에서 누전 사고 등이 발생한 경우 그 지락전류의 크기 및 대지전압을 다음과 같이 구할 수 있다.

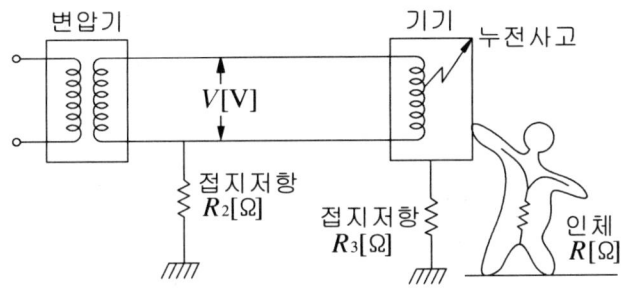

① 인체가 접촉하지 않은 경우 등가회로

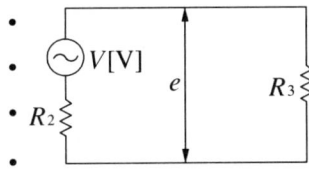

- $V\,[\mathrm{V}]$: 2차 측 전압
- $e\,[\mathrm{V}]$: 지락(누전) 사고 점의 대지전압
- $I_g\,[\mathrm{A}]$: 지락전류
- $R_2\,[\Omega],\ R_3\,[\Omega]$: 각각의 계통접지, 보호접지 접지저항

② 지락 전류 : $I_g = \dfrac{V}{R_2 + R_3}\,[\mathrm{A}]$

③ 지락(누전) 사고 점의 대지전압 : $e = \dfrac{R_3}{R_2 + R_3}\,V\,[\mathrm{V}]$

(2) 지락(누전) 사고가 발생한 저압 측 기계 기구에 인체가 접촉한 경우

① 인체가 접촉한 경우 등가회로

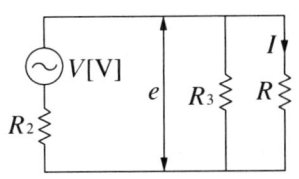

- $I\,[\mathrm{A}]$: 인체에 흐르는 전류
- $R\,[\Omega]$: 인체의 저항

② 지락 전류 : $I_g = \dfrac{V}{R_2 + \dfrac{R_3 \cdot R}{R_3 + R}}$ [A]

③ 인체에 흐르는 전류 : $I = \dfrac{R_3}{R_3 + R} I_g$ [A]

④ 인체에 흐르는 전류를 감소시키기 위해서는 인체와 병렬회로가 구성되는 보호 접지공사를 실시한 접지저항 $R_3 [\Omega]$을 감소시켜야 한다.

(3) 접지저항 저감법

지락 사고 시 대지전위 상승을 억제, 감소시키기 위한 접지저항 저감법에는 다음과 같은 방법이 있다.

① 물리적 접지저항 저감법
  ㉮ 접지봉의 길이, 접지 판의 면적과 같은 접지극의 크기를 크게 한다.
  ㉯ 접지극의 매설 깊이(지표면 하 0.75[m]이상)를 깊게 한다.
  ㉰ 접지 극을 상호 2[m]이상 이격하여 병렬 접속한다.
  ㉱ 메쉬 공법이나 매설지선 공법 등에 의한 접지극의 형상을 변경한다.

② 화학적 접지저항 저감법
  ㉮ 접지저항 저감제와 같은 화학적 재료를 사용하여 토지를 개량한다.
  ㉯ 수분 함량, 유기질 함유량이 높은 토양을 혼합하여 접지 극 주위 토양을 개량한다.

③ 접지 저감제 구비 조건
  ㉮ 저감 효과가 클 것   ㉯ 안전할 것
  ㉰ 전기적으로 양도체일 것   ㉱ 저감 효과가 지속성이 있을 것
  ㉲ 접지 전극을 부식시키지 않을 것.

[참고] 접지저항 결정 저항 요소
 ① 접지선의 저항
 ② 접지극의 저항
 ③ 전극표면과 토양과의 접하는 부분의 접촉저항
 ④ 전극 주위의 토양이 접지전류에 대해 나타나는 저항

(4) 감전사고

감전이란 인체 일부 또는 전체에 전류가 흘렀을 때 인체 내에서 발생하는 생리적인 현상으로 그 위험도는 다음과 같은 요소 순으로 발생한다.

① 통전전류의 크기   ② 통전의 시간과 전격의 위상
③ 통전 경로   ④ 전원의 종류
⑤ 인체의 감전 조건   ⑥ 주변 환경

(5) 인체의 허용전류

① 최소감지전류 : 통전전류의 크기가 어느 한계 값 이하일 경우 인체가 고통을 느끼지 못하면서 전류가 흐르는 것을 느낄 때의 전류 값.
- 직류 : 2 ~ 5[mA]
- 교류 : 0.5 ~ 1[mA]

② 이탈전류(가수전류, 고통한계전류) : 통전전류가 감지전류 한계를 넘게 될 경우 점차 고통을 느끼고, 그 고통을 참을 수는 있지만 생명에는 위험이 없으면서 인체가 자력으로 이탈할 수 있는 한계 전류.
- 직류 : 30 ~ 50[mA]
- 교류 : 7 ~ 8[mA]

③ 경련전류(불수전류, 마비한계전류) : 통전전류가 이탈전류의 한계를 넘게 될 경우 인체의 근육이 경련을 일으키거나 신경이 마비되어 자력으로 위험 지역을 벗어날 수 없는 한계전류
- 직류 : 60 ~ 90[mA]
- 교류 : 10 ~ 15[mA]

④ 심실세동전류(치사전류) : 인체의 통전전류가 일정값을 넘게 될 경우 외부에서 심장에 별도의 전압이 가해져 심장 제어계가 교란 또는 파괴되어 심장이 불규칙한 세동을 일으키면서 결국 그 기능을 상실하여 사망에 이르게 하는 전류

⇨ 심실세동전류의 크기 별 특성

전류크기	특징
30~50[mA]	심장 고동의 불규칙 및 경련 발생 수초까진 견딜 수 있지만 수분 통과 시 심장 정지
50~100[mA]	강력한 쇼크 발생과 수초 통과 시 심실 세동
100[mA] 이상	심실 세동 발생

(6) 감전사고 방지 대책

감전사고는 작업자 또는 대중의 과실, 기계기구류 내의 전로의 절연불량 등에 의해 발생하는데 전동기나 세탁기 등에서 전로 절연불량 등으로 인해 발생하는 감전 사고를 방지하기 위한 그 대책으로는 ① 외함접지(보호접지) ② 누전차단기 설치 ③ 저전압법 ④ 2중절연기기의 채용 등이 있으며 설비적인 측면, 안전장비 측면, 인적 측면에 따른 그 방지 대책은 다음과 같다.

설비적 측면	안전장비 측면	인적 측면
① 전로를 전기적으로 절연 ② 충전부로부터 격리 ③ 설비의 적법시공 및 운용 ④ 고장 시 전로의 신속 차단	① 보호구 및 방호구 사용 ② 검출용구 및 접지용구 사용 ③ 경고표지 및 구획로프 설치 ④ 활선 접근 경보기 설치	① 기능 숙달 ② 교육으로 안전지식 습득 ③ 안전거리 유지

예제문제

예제 1 그림과 같은 계통에서 기기의 A점에서 완전 지락이 발생할 경우 다음 물음에 답하시오.

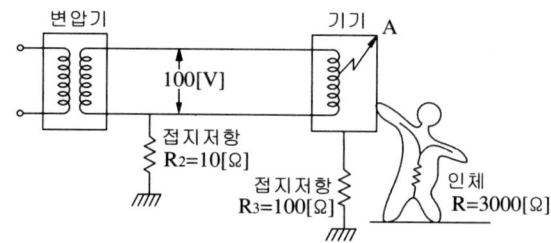

(1) 기기 외함에 인체가 접촉하지 않을 경우 외함의 대지 전압[V]은?
(2) 기기 외함에 인체가 접촉하였을 경우 인체에는 몇[mA]의 전류가 흐르는가?
(3) 인체 접촉 시 인체에 흐르는 전류를 10[mA]이하로 하려면 기기 외함에 시공된 접지공사의 접지저항 $R_3[\Omega]$의 값은 얼마의 것으로 바꾸어 주어야 하는가?

(1) 대지전압 : $e = \dfrac{100}{10+100} \times 100 = 90.91\,[\text{V}]$

- 정답 : 90.91[V]

(2) 인체전류 : $I_m = \dfrac{100}{100+3000} \times I_g$ 이므로

$$I_m = \dfrac{100}{100+3000} \times \dfrac{100}{10+\dfrac{100 \times 3000}{100+3000}} \times 10^3 = 30.21\,[\text{mA}]$$

- 정답 : 30.21[mA]

(3) 인체 감소전류 : $I_m{'} = \dfrac{R_3}{R_3+3000} \times \dfrac{100}{10+\dfrac{R_3 \times 3000}{R_3+3000}} \leq 10 \times 10^{-3}$ 에서

$R_3 \leq 4.29\,[\Omega]$ 이하

- 정답 : $R_3 \leq 4.29\,[\Omega]$ 이하

예제 2 다음 그림은 저압 전로에 있어서의 지락 고장을 표시한 그림이다. 그림의 전동기 (M₁)(단상, 110[V])의 내부와 외함 간에 누전으로 지락사고를 일으킨 경우 변압기 저압 측 전로의 1선은 한국전기설비규정(KEC)에 의하여 고·저압 혼촉 시의 대지전위 상승을 억제하기 위한 접지공사를 하도록 규정하고 있다. 아래 물음에 답하시오.

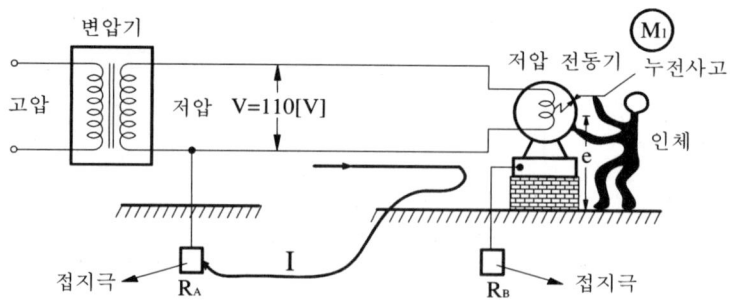

(1) 위 그림에 대한 등가회로를 그리면 아래와 같다. 다음 물음에 답하시오.

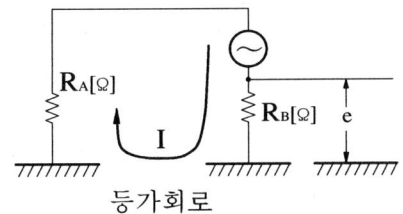
등가회로

① 등가회로 상의 e는 무엇을 의미하는가 ?
② 등가회로 상의 e의 값을 표시하는 수식을 표시하시오.
③ 저압회로의 지락전류 $I = \dfrac{V}{R_A + R_B}[A]$로 표시할 수 있다. 고압 측 전로의 중성점이 비접지식인 경우 고압 측 전로의 1선 지락전류가 4[A]라고 하면 변압기 2차 측 (저압 측)에 대한 접지저항 값(R_A)은 얼마인가?
④ 위에서 구한 접지저항 값 R_A을 기준하였을 때 접지저항 R_B의 값을 구하고, 위 등가회로 상의 1선 지락전류를 구하시오.(단, e의 값은 25[V]로 제한하도록 한다.)
(2) 접지극의 매설 깊이는 지표면으로부터 지하 몇 [m] 이상으로 하여야 하는가?
(3) 변압기 2차 측 접지도체의 굵기는 몇 [mm²] 이상의 연동선이나 이와 동등 이상의 세기 및 굵기의 것을 사용하여야 하는가?

해설과 정답

(1) 등가회로
  ① 정답 : 접촉전압
  ② 정답 : $e = \dfrac{R_B}{R_A + R_B} \times V \,[\text{V}]$
  ③ 접지저항 $R_A = \dfrac{150}{1선\ 지락전류} = \dfrac{150}{4} = 37.5[\Omega]$
  • 정답 : 37.5[Ω]
  ④ 접촉전압 $e = \dfrac{R_B}{R_A + R_B} \times V \,[\text{V}]$에서 $25 = \dfrac{R_B}{37.5 + R_B} \times 110\,[\text{V}]$이므로
  $R_B = 11.03[\Omega]$
  1선 지락전류 $I = \dfrac{V}{R_A + R_B} = \dfrac{110}{37.5 + 11.03} = 2.27[\text{A}]$
  • 정답 : 접지저항 $R_B = 11.03[\Omega]$, 1선 지락전류 2.27[A]
(2) 정답 : 0.75[m]
(3) 정답 : 6[mm²]

2) 누전차단기

전로에 지락이 생겼을 경우에 부하기기, 금속제 외함 등에 발생하는 고장 전압 또는 지락 전류를 검출하는 부분과 차단기 부분을 조합하여 자동적으로 전로를 차단하기 위한 장치를 일체로 하여 용기 속에 넣어 제작한 것으로 용기 밖에서 수동으로 전로의 개폐 및 자동차단 후 복귀가 가능한 차단기이다.

(1) 누전차단기의 설치

① 금속제 외함을 가지는 사용전압이 50[V]를 초과하는 저압의 기계 기구로서 사람이 쉽게 접촉할 우려가 있는 곳에 시설하는 것에 전기를 공급하는 전로.
② 주택의 인입구 등 누전차단기 설치를 요구하는 전로
③ 누전차단기를 저압전로에 사용하는 경우 일반인이 접촉할 우려가 있는 장소에는 주택용 누전차단기를 시설할 것.

전로의 대지전압 \ 기계기구의 시설장소	옥 내		옥 측		옥 외	물기가 있는 장소
	건조한 장소	습기가 많은 장소	우선 내	우선 외		
150V이하	—	—	—	□	□	○
150V초과 300V이하	△	○	—	○	○	○

[기호의 의미]
○ : 누전차단기를 시설할 것.
△ : 주택에 기계기구를 시설하는 경우에는 누전차단기를 시설할 것(5항 참조)
□ : 주택 구내 또는 도로에 접한 면에 룸에어컨디셔너, 아이스박스, 자동판매기 등 전동기를 부품으로 한 기계기구를 시설하는 경우에는 누전차단기를 시설하는 것이 바람직하다.

(2) 누전차단기의 종류

① 누전차단기 종류는 다음 표에 표시된 것 중 어느 하나일 것.
② 인입구 장치 등에 시설하는 누전차단기는 충격파 부동작형일 것.
③ 누전차단기 조작용 손잡이 또는 누름 단추는 트립프리(Trip Free) 기구일 것.
④ 누전경보기 음성경보장치는 원칙적으로 벨식 또는 버저식인 것으로 할 것.

구 분		정격감도전류[mA]	동 작 시 간
고감도형	고속형	5, 10, 15, 30	• 정격감도전류에서 0.1초 이내, • 인체 감전 보호형은 0.03초 이내
	시연형		• 정격감도전류에서 0.1초를 초과하고 2초 이내
	반한시형		• 정격감도전류에서 0.2초를 초과하고 1초 이내 • 정격감도전류 1.4배 전류에서 0.1초 초과하고 0.5초 이내 • 정격감도전류 4.4배 전류에서 0.05초 이내
중감도형	고속형	50, 100, 200, 500, 1000	• 정격감도전류에서 0.1초 이내
	시연형		• 정격감도전류에서 0.1초를 초과하고 2초 이내
저감도형	고속형	3,000, 5000, 10,000, 20,000	• 정격감도전류에서 0.1초 이내
	시연형		• 정격감도전류에서 0.1초를 초과하고 2초 이내

[비고] 누전차단기의 최소 동작전류는 일반적으로 정격감도전류의 50[%] 이상이므로 선정에 주의할 것.
단 정격감도전류가 10[mA] 이하인 것은 60[%] 이상으로 할 것.

(3) 누전차단기의 시설 방법

누전차단기 등의 시설 장소는 당해 기계 기구에 내장되는 경우를 제외하고는 배전반 또는 분전반 내에 시설하는 것이 원칙이나 당해 전로가 보호되는 경우에 한하여 다음 그림에 따를 수 있다.

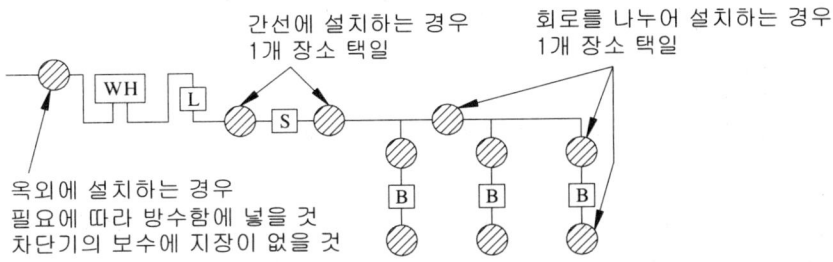

(4) 전류동작형 누전차단기 등의 시설

전류동작형 누전차단기 등을 시설하는 경우에는 보호하는 전로의 전원 측에 다음 사항에 의하여 시설한다.

① 전로에 접지전용선이 있는 경우에는 변류기에 접지전용선을 관통하지 않도록 할 것
② 전로에 시설하는 변류기에는 접지선을 관통하지 않도록 할 것
③ 변류기는 전기방식이 서로 다른 2회로 이상 배선을 일괄하여 관통하지 않도록 할 것

예제문제

예제 1 다음 그림은 누전차단기 구조를 나타낸 결선도이다. 물음에 답하시오.

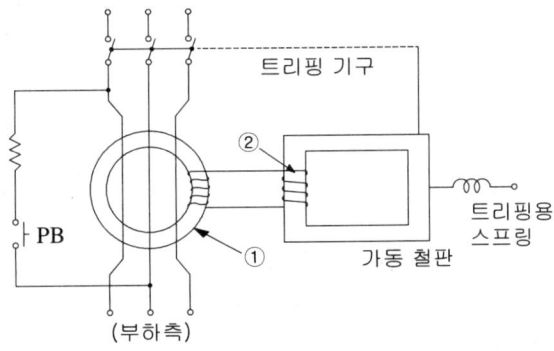

(1) 누전 차단기의 사용 목적은?
(2) 그림에서 ①, ②의 명칭을 쓰시오.
(3) 이 그림은 무슨 형 누전차단기인가?
(4) 전류동작형 누전 차단기를 시설할 경우 전로의 전원 측에 시설하는 변류기는 무엇을 관통하지 아니하도록 하는가?
(5) 욕실 등 인체가 물에 젖어있는 상태에서 물을 사용하는 장소에 콘센트를 시설하는 경우에 설치해야 하는 인체감전보호용 누전차단기의 정격감도전류와 동작시간은 얼마 이

하를 사용하여야 하는가?

해설과 정답

(1) 누전에 의한 지락 사고 시 감전사고 및 화재 발생 방지
(2) ① 영상변류기 ② 트립코일
(3) 전류 동작형 차단기
(4) 접지선
(5) 정격감도전류 : 15[mA] 이하, 동작시간 : 0.03[sec]

예제 2 그림은 누전 차단기를 적용하는 것으로 CVCF 출력단의 접지용 콘덴서 $C_0=6[\mu F]$이고, 부하 측 라인필터의 대지 정전 용량 $C_1 = C_2 = 0.1[\mu F]$, 누전 차단기 ELB_1에서 지락점까지의 케이블 대지 정전 용량 $C_{L1}=0$(ELB_1의 출력 단에 지락 발생 예상), ELB_2에서 부하 2까지의 케이블 대지 정전 용량 $CL_2 = 0.2[\mu F]$이다. 지락 저항은 무시하며, 사용전압은 200[V], 주파수가 60[Hz]인 경우 다음 각 물음에 답하시오.

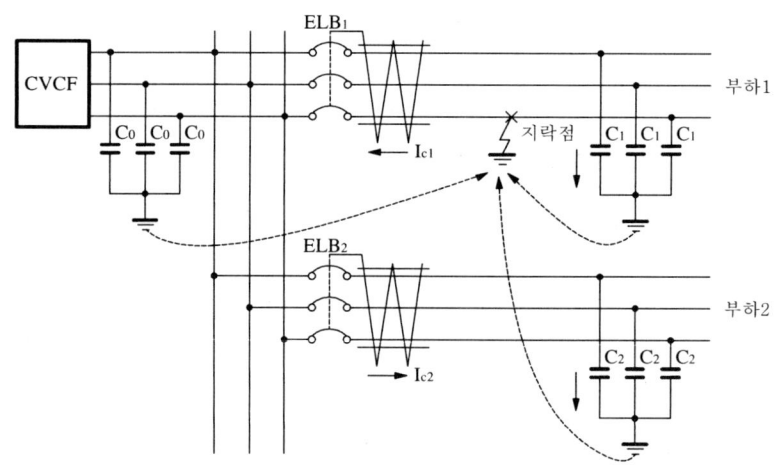

[조건]
① ELB_1에 흐르는 지락 전류 I_{c1}은 약 796[mA] ($I_{c1} = 3 \times 2\pi f CE$에 의하여 계산)이다.

② 누전차단기는 지락 시 지락 전류의 $\frac{1}{3}$에 동작 가능하여야 하며, 부동작 전류는 건전피더에 흐르는 지락전류의 2배 이상의 것으로 한다.

③ 누전차단기의 시설 구분에 대한 표시 기호는 다음과 같다.
○ : 누전차단기를 시설할 것
△ : 주택에 기계 기구를 시설하는 경우에는 누전차단기를 시설할 것
□ : 주택 구내 또는 도로에 접한 면에 룸 에어컨디셔너, 아이스박스, 진열장, 자동판매기 등 전동기를 부품으로 한 기계 기구를 시설하는 경우에는 누전차단기를 시설하는 것이 바람직하다.
※ 사람이 조작하고자 하는 기계 기구를 시설한 장소보다 전기적인 조건이 나쁜 장소에서 접촉할 우려가 있는 경우에는 전기적 조건이 나쁜 장소에 시설된 것으로 취급한다.

(1) 도면에서 CVCF는 무엇인지 우리말로 그 명칭을 쓰시오.

(2) 건전피더 ELB_2에 흐르는 지락전류 I_{c2}는 몇 [mA]인가?

(3) 누전 차단기 ELB_1, ELB_2가 불필요한 동작을 하지 않기 위해서는 정격 감도전류 몇 [mA] 범위의 것을 선정하여야 하는가?

(4) 누전 차단기의 시설 예에 대한 표의 빈 칸에 ○, △, □를 표현하시오.

전로의 대지전압 \ 기계기구의 시설장소	옥 내		옥 측		옥 외	물기가 있는 장소
	건조한 장소	습기가 많은 장소	우선 내	우선 외		
150V이하						
150V초과 300V이하						

(1) 정답 : 정전압 정주파수 공급 장치
(2) 건전피더 ELB_2에 흐르는 지락 전류

$$I_{c2} = 3 \times 2\pi f(C_2 + C_{L2}) \times \frac{V}{\sqrt{3}} [A]$$
$$= 3 \times 2\pi \times 60 \times (0.1 + 0.2) \times 10^{-6} \times \frac{200}{\sqrt{3}} \times 10^3 = 39.18 [mA]$$

• 정답 : 39.18[mA]

(3) 정격 감도 전류의 범위

• 동작 전류 = 지락전류 $\times \frac{1}{3}$

  ◦ ELB_1에 흐르는 지락 전류 $I_{c1} = 796 [mA]$

  ELB_1 동작전류 $= 796 \times \frac{1}{3} = 265.33 [mA]$

  ◦ ELB_2에 흐르는 지락 전류

  $$I_{c2} = 3 \times 2\pi f(C_0 + C_1 + C_2 + C_{L2}) \times \frac{V}{\sqrt{3}}$$
  $$= 3 \times 2\pi \times 60 \times (6 + 0.1 + 0.1 + 0.2) \times 10^{-6} \times \frac{200}{\sqrt{3}} \times 10^3 = 835.8 [mA]$$

  ELB_2 동작전류 $= 835.8 \times \frac{1}{3} = 278.6 [mA]$

• 부 동작 전류 = 건전피더 지락전류 × 2

  ◦ Cable ① 지락 시 Cable ②에 흐르는 지락 전류

  $$I_{c2} = 3 \times 2\pi f \times (C_2 + C_{L2}) \times \frac{V}{\sqrt{3}}$$
  $$= 3 \times 2\pi \times 60(0.1 + 0.2) \times 10^{-6} \times \frac{200}{\sqrt{3}} \times 10^3 = 39.18 [mA]$$

  ELB_2 부동작전류 $= 39.18 \times 2 = 78.36 [mA]$

  ◦ Cable ② 지락 시 Cable ①에 흐르는 지락 전류

$$I_{c1} = 3 \times 2\pi f \times (C_1 + C_{L1}) \times \frac{V}{\sqrt{3}}$$
$$= 3 \times 2\pi \times 60 \times 0.1 \times 10^{-6} \times \frac{200}{\sqrt{3}} \times 10^3 = 13.06[\mathrm{mA}]$$
$$\mathrm{ELB}_1 \ 부동작전류 = 13.06 \times 2 = 26.12[\mathrm{mA}]$$

- 정답 : ELB_1 정격감도전류 $26.12 \sim 265.33[\mathrm{mA}]$
  ELB_2 정격감도전류 $78.36 \sim 278.6[\mathrm{mA}]$

[참고] 정격감도전류, 정격부동작전류
- 정격감도전류 : 소정조건(소정조건이란 일상적인 사용 상태에서 전압이 정격치의 80~110[%]의 범위 내에 들어있는 것)에서 영상변류기의 1차 측의 지락전류에 의하여 누전차단기가 반드시 트립 동작을 하는 1차 측의 지락전류
- 정격부동작전류 : 소정조건(소정조건이란 일상적인 사용 상태에서 전압이 정격치의 80~110[%]의 범위 내에 들어있는 것)에서 영상변류기의 1차 측 지락전류가 있어도 누전차단기가 트립 동작을 하지 않는 1차 측 지락전류

(4) 누전차단기 설치 장소

전로의 대지전압	기계기구의 시설장소	옥 내		옥 측		옥 외	물기가 있는 장소
		건조한 장소	습기가 많은 장소	우선 내	우선 외		
150V이하		—	—	—	□	□	○
150V초과 300V이하		△	○	—	○	○	○

6 인입구 장치 및 심야 전력기기

1) 인입구장치

(1) 인입구장치의 시설

① 인입선 접속점에서 인입구 장치까지의 전선은 절연전선이나 케이블로 단면적 $4[\mathrm{mm}^2]$이상의 동전선으로서 접속되는 간선과 동등 이상의 허용전류를 갖는 것일 것.

② 인입구 장치는 습기 및 먼지가 많은 장소, 고온의 장소, 진동이 매우 심한 장소를 피하고, 그 밑에 쉽게 도달할 수 있는 위치를 선정하고 공사상 부득이한 경우를 제외하고는 바닥에서 1.8[m] 이상 2.2[m] 이하 높이에 수직으로 설치할 것.

③ 인입구부터 인입구 장치까지의 전선 길이는 8[m] 이하로 할 것.

④ 전력량계 및 전류제한기등과 같은 수급 계기류를 옥외에 시설하는 경우에는 인입선 접속점과 인입구 사이에 지표상 1.5[m] 이상 2.0[m] 이하의 높이에 설치할 것.

⑤ 전력량계 및 전류제한기등과 같은 수급 계기류를 옥내에 시설하는 경우에는 인입구 근처 바닥에서 1.5[m] 이상 2.0[m] 이하의 높이로 설치할 것.

⑥ 전력량계 등의 부속 변류기를 옥외에 설치하는 경우에는 지표상 2.5[m] 이상으로 하고, 옥내에 설치하는 경우에는 바닥에서 2.2[m] 이상의 높이에 시설할 것.

(2) 인입구장치 부근의 배선
① 인입구 장치로서 시설되는 개폐기는 분기개폐기를 겸용할 수 있으며, 전류제한기를 부착하는 경우에는 인입구 장치의 직전에 설치한다.
② 인입구 장치를 설치해야 할 장소에서 개폐기의 합계가 6개 이상이고 또한 이들 개폐기를 집합하여 시설하는 경우에는 전용의 인입개폐기를 생략할 수 있다.

2) 심야전력기기의 시설

(1) 심야전력의 이용
① 정액제의 경우

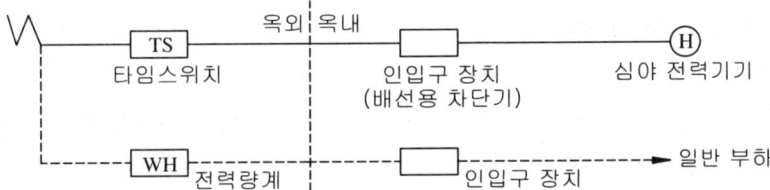

② 종량제의 경우

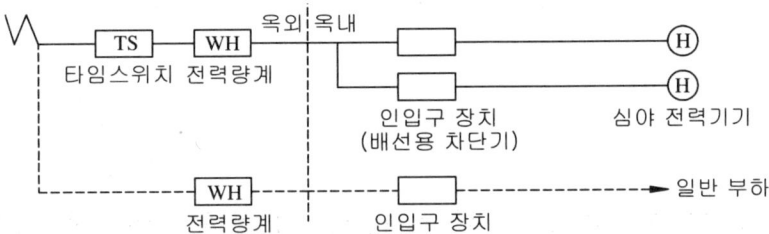

③ 정액제, 종량제 병용 경우

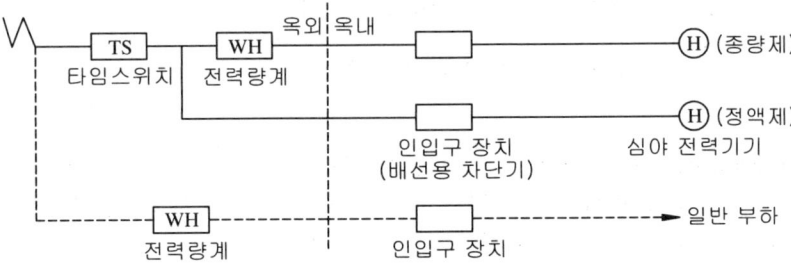

(2) 인입선 접속점에서 인입구 장치까지의 배선
① 사용전압은 대지전압 300[V]이하로 할 것.
② 배선은 전용회로로 하고 또한 인입선 접속점에서 일반 부하용 전력량계의 전원 단자까지의

사이 또는 일반 부하용 전력량계의 전원 단자에서 분기할 것

③ 일반 부하와 심야전력 부하를 공용하는 부분의 전선은 다음 계산식에 의하여 산출한 값 이상의 허용전류를 가지는 것일 것.

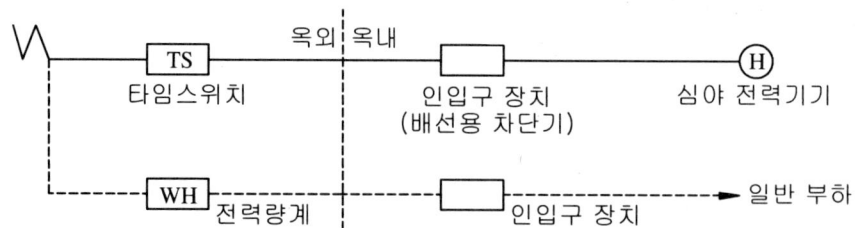

- $I = I_1 + I_0 \times$ 중첩률 (일반부하와 심야전력부하를 공용하는 부분의 부하전류)
- I_1 : 심야전력부하의 부하전류
- I_0 : 일반부하의 부하전류
- 중첩률 : 전등부하는 0.7, 전력부하는 0.2이상으로 할 것.

(3) 인입구장치에서 심야전력기기까지의 배선
① 심야전력기기의 배선은 기기마다 전용의, 분기회로로 할 것.
② 전용의 분기회로로 하면서 금속관배선, 합성수지관배선, 금속제 가요전선관배선 또는 케이블 배선등에 의하여 시설할 것.
③ 분기개폐기에서 심야전력기기까지의 도중에는 접속개소를 만들거나 개폐기, 콘센트류의 배선기구를 시설하지 않고 심야전력기기와 직접 접속할 것.

예제문제

예제 1 심야 전력과 기기를 정액제로 하는 경우 인입구 장치 배선은 다음과 같다. 물음에 답하여라.

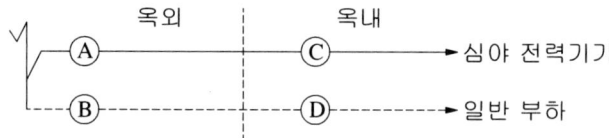

(1) Ⓐ~Ⓓ의 명칭은?
(2) 인입구 장치에서 심야 전력 기기까지 배선 공사 방법은?
(3) 인입구 장치는 습기 및 먼지가 많은 장소 등을 피하면서 공사상 부득이한 경우를 제외하고는 바닥에서 어느 정도 높이에 시설하는가?
(4) 심야 전력 기기로 보일러를 사용하며 부하 전류가 30[A], 일반부하가 25[A]이다. 오후 22시부터 오전 6시까지 중첩률이 0.6이다. 부하 공용 부분 전선의 허용 전류는 몇 [A] 이상이어야 하는가?

> **해설과 정답**

(1) Ⓐ 타임스위치   Ⓑ 전력량계
    Ⓒ 인입구장치(배선용 차단기)   Ⓓ 인입구장치(배선용 차단기)
(2) 금속관 공사, 합성수지관 공사, 가요전선관 공사, 케이블 공사
(3) $1.8 \, [\text{m}]$ 이상 $2.2 \, [\text{m}]$ 이하
(4) $I = I_1 + I_0 \times 중첩률 = 30 + 25 \times 0.6 = 45 \, [\text{A}]$
정답 : 45[A]

7 전로의 보호

1) 과부하전류에 대한 보호

(1) 도체와 과부하 보호 장치 사이의 협조
과부하에 대해 케이블(전선)을 보호하는 장치의 동작특성은 다음의 조건을 충족할 것.

① $I_B \leq I_n \leq I_Z$

② $I_2 \leq 1.45 \times I_Z$

- I_B : 회로의 설계전류나 또는 함유율이 높은 영상분 및 제3고조파 같이 지속적으로 중성선에 흐르는 전류
- I_Z : 케이블의 허용전류
- I_n : 보호장치의 정격전류
- I_2 : 보호장치가 규약시간 이내에 유효하게 동작하는 것을 보장하는 전류

③ 과부하 보호 설계 조건도

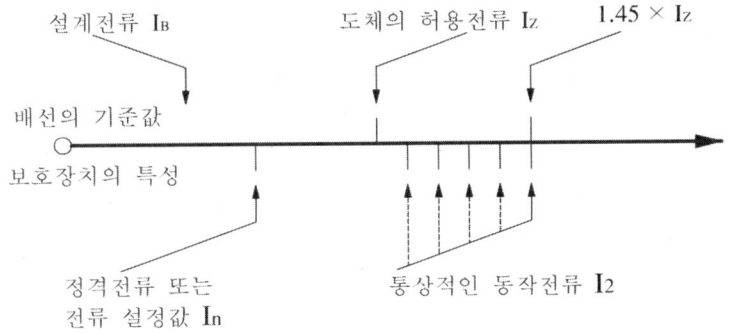

(2) 과부하 보호장치의 설치 위치
① 과부하보호 장치 설치 위치
과부하보호 장치는 도체의 허용전류 값이 줄어드는 곳인 분기점에 설치할 것.

② 과부하보호 장치의 설치 위치의 예외
  ㉮ 분기회로의 분기점에서 3[m] 이하에 설치된 분기회로 과부하보호장치
    분기회로(S_2)의 보호장치(P_2)는 보호장치(P_2)의 전원 측에서 분기점(O) 사이에 "다른 분기회로 또는 콘센트의 접속이 없고, 단락의 위험과 화재 및 인체에 대한 위험성이 최소화 되도록 시설된 경우" 분기회로의 보호장치(P_2)는 분기회로의 분기점(O)으로부터 3[m] 까지 이동하여 설치할 수 있다.

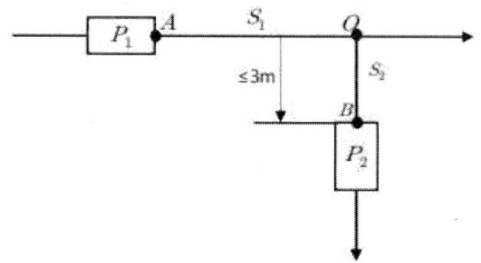

  ㉯ 분기회로 과부하보호 장치의 생략됫
    분기회로(S_2)의 과부하 보호장치(P_2) 전원 측에서 분기점(O) 사이에 "다른 분기회로 또는 콘센트의 접속이 없고, 전원 측에 설치되는 보호 장치(P_1)에 의해 분기회로에 대한 단락보호가 이루어지고 있는 경우" P_2는 분기회로의 분기점(O)으로부터 부하 측으로 거리에 구애받지 않고 이동하여 설치할 수 있다.

(3) 과부하 보호장치의 생략
① 분기회로의 과부하 보호장치를 생략할 수 있는 경우
  ㉮ 분기회로의 전원 측에 설치된 보호장치에 의하여 분기회로에서 발생하는 과부하에 대해 유효하게 보호되고 있는 분기회로
  ㉯ 단락전류에 대한 단락보호가 되고 있으며, 부하에 설치된 과부하보호 장치가 유효하게 동작하여 과부하 전류가 분기회로에 전달되지 않도록 조치를 하는 경우
  ㉰ 통신회로용, 제어회로용, 신호회로용 및 이와 유사한 설비
② IT 계통에서 과부하 보호장치 설치 위치 변경 또는 생략
  ㉮ 이중 절연 또는 강화절연에 의한 보호수단을 적용하는 경우
  ㉯ 2차 고장이 발생할 때 즉시 작동하는 누전차단기로 각 회로를 보호하는 경우
  ㉰ 지속적으로 감시되는 절연 감시 장치를 사용하는 경우
  ㉱ 중성선이 없는 IT 계통에서 각 회로에 누전차단기가 설치된 경우에는 선 도체 중의 어느 1개
③ 안전을 위해 과부하 보호장치를 생략할 수 있는 경우
  ㉮ 회전기의 여자회로
  ㉯ 전자석 크레인의 전원회로
  ㉰ 전류변성기의 2차회로

㉣ 소방설비의 전원회로
㉤ 안전설비(주거침입경보, 가스누출경보 등)의 전원회로
④ 하나의 보호 장치가 여러 개의 병렬도체를 보호할 경우, 병렬도체는 분기회로, 분리, 개폐장치를 사용하지 않도록 할 것.

2) 단락전류에 대한 보호

(1) 단락보호 장치의 설치 위치
① 단락전류 보호장치는 분기점(O)에 설치할 것.
② 단락보호 장치의 설치 위치의 예외
  ㉮ 분기회로의 분기점에서 3[m] 이하에 설치된 분기회로 단락보호장치
    분기회로의 단락보호 장치 설치 점(B)과 분기점(O) 사이에 "다른 분기회로 또는 콘센트 접속이 없고 단락, 화재 및 인체에 대한 위험이 최소화되도록 시설 한 경우" 분기회로 단락보호 장치P_2는 분기점(O)으로부터 3[m] 까지 이동하여 설치할 수 있다.

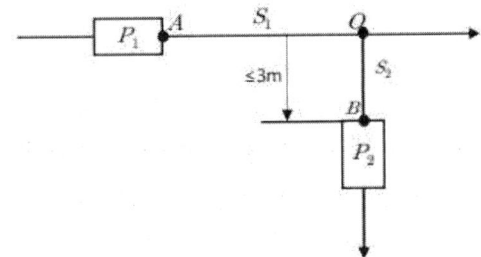

  ㉯ 분기회로 단락보호 장치의 생략등
    분기회로의 시작점(O)과 이 분기회로의 단락보호 장치(P_2) 사이에 있는 도체가 "전원 측에 설치되는 보호 장치(P_1)에 의해 단락보호가 되는 경우"에, P_2의 설치위치는 분기점(O)로부터 거리제한 없이 설치할 수 있다.

(2) 단락보호 장치의 생략
① 발전기, 변압기, 정류기, 축전지와 보호장치가 설치된 제어반을 연결하는 도체
② 위 "(3)과부하 보호 장치의 생략의 ③" 안전을 위해 과부하 보호 장치를 생략할 수 있는 경우와 같이 전원차단이 설비의 운전에 위험을 가져올 수 있는 회로
③ 특정 측정회로

(3) 단락보호 장치의 특성
① 차단용량
  정격차단용량은 단락전류 보호 장치 설치 점에서 예상 최대 단락전류보다 크도록 할 것.

② 케이블 등의 단락전류

회로의 임의의 지점에서 발생한 모든 단락전류는 케이블 및 절연도체의 허용 온도를 초과하지 않는 시간 내에 차단되도록 할 것. 또한 단락 지속시간이 5초 이하인 경우, 통상 사용 조건에서의 단락전류에 의해 절연체의 허용온도에 도달하기까지의 시간 t는 다음과 같이 계산할 것.

- $t = (\dfrac{kS}{I})^2$
- t : 단락전류 지속시간[초]
- S : 도체의 단면적[mm^2]
- I : 유효 단락전류[A]
- k : 도체 재료의 저항률, 온도계수, 열용량, 해당 초기온도와 최종온도를 고려한 계수

8 저압전로 중의 개폐기 및 과전류차단기의 시설

1) 개폐기의 시설

(1) 저압전로 중에 시설하는 개폐기는 다음 사항을 제외하고는 각 극마다 설치할 것
① 저압 분기회로용 개폐기로서 접지공사를 실시한 중성선 또는 접지 측 전선
② 사용전압 400[V] 미만의 옥내전로로서 다른 옥내전로(정격전류 16[A] 이하인 과전류차단기 또는 16[A] 초과 20[A] 이하인 배선용차단기로 보호되고 있는 것)에 접속하는 길이 15[m] 이하의 전로에서 전기를 공급 받는 것.
  시설하는 점멸용 개폐기 (단극 시설)
③ 사용전압 400[V] 미만의 저압 2선식 전로에 시설하는 저압용 개폐기로서 간선에 시설하는 것.
④ 제어 회로 등에 시설하는 조작용 개폐기의 1극.

(2) 고압 및 특고압용 개폐기 시설
① 고압용 및 특고압용 개폐기는 그 개폐 상태를 표시하는 장치가 되어 있는 것일 것.
② 고압 및 특고압용 개폐기로서 중력 등에 의해 자연 작동할 우려가 있는 것은 자물쇠장치 기타 이를 방지하는 장치를 시설할 것.
③ 고압 및 특고압용 개폐기로 부하전류를 차단하기 위한 것이 아닌 개폐기는 부하전류가 흐르고 있을 때 개폐할 수 없도록 시설할 것

(3) 저압 수전의 경우 개폐기 시설

① 3상 4선식

② 단상 3선식

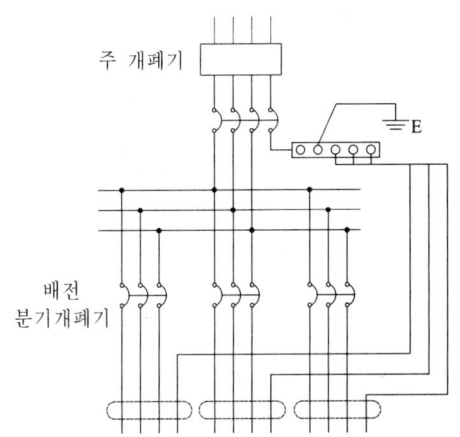
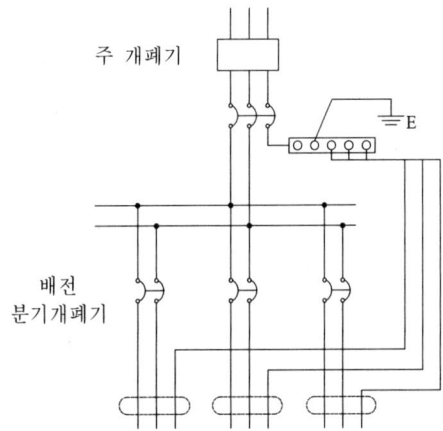

【주 1】 주개폐기로 누전 차단기를 사용하는 경우 누전 검지 장치에 중선선도 함께 관통 시켜야 한다.
【주 2】 중성선 접속 단자(SN)에 접속하는 모든 전선은 개별로 접속하여야 하고 쉽게 분리할 수 있어야 한다.

2) 과전류차단기의 시설

(1) 과전류 차단기의 시설제한 개소
다음의 경우에는 과전류차단기를 설치하지 않도록 할 것.
① 접지공사의 접지도체,
② 다선식 전로의 중성선
③ "고압 또는 특고압과 저압의 혼촉에 의한 위험방지 시설" 규정에 의하여 전로의 일부에 접지공사를 한 저압 가공전선로의 접지 측 전선

(2) 저압 전로 중의 과전류 차단용 시설
① 과전류차단기로 저압전로에 사용하는 퓨즈는 다음 [표]에 적합한 것일 것.

정격전류의 구분	시간	정격전류의 배수	
		불 용단전류	용단전류
4[A] 이하	60분	1.25배	2.1배
4[A] 초과 16[A] 미만	60분	1.25배	1.9배
16[A] 이상 63[A] 이하	60분	1.25배	1.6배
63[A] 초과 160[A] 이하	120분	1.25배	1.6배
160[A] 초과 400[A] 이하	180분	1.25배	1.6배
400[A] 초과	240분	1.25배	1.6배

② 과전류차단기로 저압전로에 사용하는 산업용 및 주택용 배선용 차단기는 다음 [표] 에 적합한 것일 것.
단, 일반인이 접촉할 우려가 있는 장소에는 주택용 배선차단기를 시설할 것.

㉮ 과전류트립 동작시간 및 특성(산업용 배선용차단기)

정격전류의 구분	시간	정격전류의 배수(모든 극에 통전)	
		부 동작전류	동작전류
63[A] 이하	60분	1.05배	1.3배
63[A] 초과	120분	1.05배	1.3배

㉯ 순시 트립에 따른 구분(주택용 배선용차단기)

형	순시 트립 범위
B	$3 I_n \sim 5 I_n$
C	$5 I_n \sim 10 I_n$
D	$10 I_n \sim 20 I_n$

[비고] 1. B, C, D : 순시 트립전류에 따른 차단기 분류
2. I_n : 차단기 정격전류

㉰ 과전류 트립 동작시간 및 특성(주택용 배선용차단기)

정격전류의 구분	시간	정격전류의 배수(모든 극에 통전)	
		부 동작전류	동작전류
63[A] 이하	60분	1.13배	1.45배
63[A] 초과	120분	1.13배	1.45배

(3) 고압 전로 중의 과전류차단기 시설

① 포장 퓨즈는 정격전류의 1.3배의 전류에 견디고 또한 2배의 전류로 120분 안에 용단되는 것일 것.
② 비포장 퓨즈는 정격전류의 1.25배의 전류에 견디고 또한 2배의 전류로 2분 안에 용단되는 것일 것.

9 저압 옥내 간선 및 분기선의 시설

1) 간선 설계 시 고려 사항

간선 설계 시 여러 가지 요소가 있으므로 사전에 충분한 협의가 필요하며, 다음과 같은 사항을 고려한다.

(1) 시공주와의 협의 사항
① 전기 방식, 배선 방식
② 공장 등일 때에는 부하의 사용 상태나 수용률
③ 장래 증축 계획의 유무와 이것에 대한 배려의 필요성

(2) 건축 설계자와의 협의 사항
① 간선 경로에 대한 위치와 넓이
② 점검 구에 대한 사항

(3) 설비 설계자와의 협의 사항
① 설비 동력의 전기 방식, 용량, 운전 시간
② 동력제어 방식, 제어반의 위치
③ 전기 간선이 설비의 배관 및 덕트와 동일한 샤프트 내에 함께 설치되는 경우에 위치 및 점검 구에 대한 사항

2) 간선의 허용전류 및 과전류 차단기 시설

(1) 간선의 허용전류 및 과전류차단기 시설
① 전선은 저압 옥내 간선의 각 부분마다 그 부분을 통하여 공급되는 전기사용 기계기구의 설계전류(정격전류)의 합계 이상인 허용전류가 있는 것일 것.
② 저압 간선에는 그 전선을 보호하기 위하여 전원 측에 과전류 차단기를 "7. 전로의 보호에서 과부하 보호 설계 조건도" 규정에 의거 설치할 것.
③ 위 "①"의 경우에 수용률, 역률 등이 명확한 경우에는 이에 따라 적당히 수정된 부하전류 값 이상인허용전류의 전선을 사용할 수 있다. 단, 전등 및 소형 전기기계기구의 용량 합계가 10[kVA]를 초과하는 것은 그 초과 용량에 대하여 다음 표의 수용률을 적용할 것.

[간선의 수용률]

건축물의 종류	수용률[%]
주택, 기숙사, 여관, 호텔, 병원, 창고	50
학교, 사무실, 은행	70

【보기】 표1에 의하여 계산한 여관 부하인 경우의 적용 예
- 전등 및 소형 전기기계기구 : 30[kVA]
- 대형 전기계기구 : 5[kVA]

① 적용 수용률 : 50[%]
② 최대 사용 부하 $= (30-10) \times 0.5 + 10 + 5 = 25 [kVA]$

(2) 저압 전로 중의 전동기 보호용 과전류차단기 시설

① 과전류차단기로 저압전로에 시설하는 전동기 보호용 "과부하 보호 장치와 단락보호 전용차단기" 또는 "과부하 보호 장치와 단락보호 전용퓨즈"를 조합한 장치는 전동기에만 연결하는 저압전로에 사용하고 다음 각각에 적합한 것일 것.

㉮ 과부하보호 장치, 단락보호 전용차단기 및 단락보호 전용 퓨즈는 다음에 따라 시설할 것.
- 과부하보호 장치로 전자접촉기를 사용할 경우 반드시 과부하계전기가 부착되어 있을 것.
- 단락보호전용 차단기의 단락동작설정 전류 값은 전동기의 기동방식에 따른 기동돌입전류를 고려할 것.
- 단락보호 전용 퓨즈는 다음 [표] 용단 특성에 적합한 것일 것.

정격전류의 배수	불 용단시간	용단 시간
4배	60초 이내	-
6.3배	-	60초 이내
8배	0.5초 이내	-
10배	0.2초 이내	-
12.5배	-	0.5초 이내
19배	-	0.1초 이내

㉯ 과부하보호 장치와 단락보호 전용 차단기 또는 단락보호 전용 퓨즈를 하나의 전용함 속에 넣어 시설할 것.

㉰ 과부하보호 장치가 단락전류에 의하여 손상되기 전에 그 단락전류를 차단하는 능력을 가진 단락보호 전용 차단기 또는 단락보호 전용 퓨즈를 시설한 것일 것.

㉱ 과부하보호 장치와 단락보호 전용 퓨즈를 조합한 장치는 단락보호 전용 퓨즈의 정격전류가 과부하보호 장치의 설정전류 값 이하가 되도록 시설한 것일 것.

② 옥내에 시설하는 보호장치의 정격전류 또는 전류 설정 값은 전동기 등이 접속되는 경우 그 전동기 기동방식에 따른 기동전류와 다른 전기사용기계기구의 정격전류를 고려하여 선정할 것.

③ 옥내에 시설하는 전동기에는 그 소손 방지를 위해 ㉮ 전동기용 퓨즈, ㉯ 열동계전기, ㉰ 전동기보호용 배선용차단기, ㉱ 유도형 계전기, ㉲ 정지형계전기(전자식계전기, 디지털계전기 등) 등의 전동기용 과부하 보호장치를 사용하여 자동적으로 이를 저지하거나 이를 경보하는 장치

를 할 것.
④ 저압 전로 중의 전동기 보호용 과전류차단기 생략(KEC 규정)
  ㉮ 정격 출력이 0.2[kW] 이하인 것.
  ㉯ 전동기를 운전 중 상시 취급자가 감시할 수 있는 위치에 시설하는 경우.
  ㉰ 전동기의 구조나 부하의 성질로 보아 전동기가 손상될 수 있는 과전류가 생길 우려가 없는 경우.
  ㉱ 단상전동기로써 그 전원 측 전로에 시설하는 과전류 차단기의 정격전류가 16[A](배선용 차단기는 20[A]) 이하인 경우.
⇨ 전동기 과부하 보호 장치를 생략할 수 있는 경우(내선규정)
  ㉮ 전동기의 출력이 0.2[kW] 이하일 경우.
  ㉯ 전동기 자체에 유효한 과부하 손상 방지장치가 있는 경우.
  ㉰ 전동기 권선의 임피던스가 높고 기동 불능 시에도 전동기가 손상될 우려가 없을 경우.
  ㉱ 전동기 출력이 4[kW] 이하이고, 그 운전 상태를 취급자가 전류계 등으로 상시 감시할 수 있을 경우
  ㉲ 일반 공작 기계용 전동기 또는 호이스트 등과 같이 취급자가 상주하여 운전할 경우.
  ㉳ 부하의 성질상 전동기가 과부하가 될 우려가 없을 경우
  ㉴ 단상전동기로써 그 전원 측 전로에 시설하는 과전류 차단기의 정격전류가 16[A](배선용 차단기는 20[A]) 이하인 경우

3) 분기회로의 시설

분기회로는 과부하전류 및 단락전류에 대한 보호는 "7. 전로의 보호에서 ①과부하전류에 대한 보호의 과부하보호 장치의 설치 위치 및 과부하보호 장치의 생략, ②단락전류에 대한 보호의 단락보호 장치의 설치 위치 및 단락보호 장치의 생략"규정에 준하여 시설할 것.

예제문제

예제 1 전동기 Ⓜ과 전열기 Ⓗ가 그림과 같이 접속되어 있는 경우 저압 옥내 간선 굵기를 결정하는 전류는 최소 몇 [A] 이상이어야 하는가? 단, 수용률은 80[%]를 반영하여 전류 값을 계산하도록 한다.

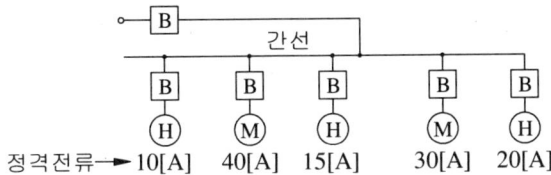

해설과 정답

- 전동기 정격전류의 합 $\Sigma I_M = 40 + 30 = 70[\text{A}]$
- 전열기 정격전류의 합 $\Sigma I_M = 10 + 15 + 20 = 45[\text{A}]$
- 간선 설계전류 $I_B = (70 + 45) \times 0.8 = 92[\text{A}]$
- 정답 : 92[A]

예제 2 3상 3선식 380[V] 회로에 그림과 같이 부하가 연결되었다. 간선의 최소 허용 전류를 구하시오.(단, 전동기의 역률은 0.90이고, 수용률은 80[%]로 한다)

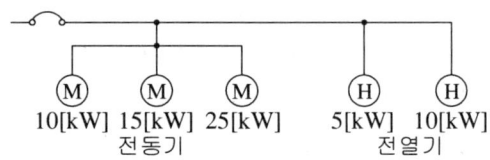

해설과 정답

역률이 다를 경우 유효 분, 무효 분으로 분류하여 해석한다.
- 전동기 정격전류 :
$$I_M = \frac{(10+15+25) \times 10^3 \times 0.8}{\sqrt{3} \times 380 \times 0.9} \times (0.9 - j\sqrt{1-0.9^2}) = 60.77 - j29.43$$
- 전열기 정격전류 : $I_H = \dfrac{15 \times 10^3}{\sqrt{3} \times 380} = 22.79$
- 간선의 설계전류 : $I_B = (60.77 - j29.43) + 22.79 = 83.56 - j29.43$
$$= \sqrt{83.56^2 + 29.43^2} = 88.59[\text{A}]$$
- 정답 : 88.59[A]

예제 3 정격전류 15[A]인 전동기 2대, 정격전류 10[A]인 전열기 1대에 전기를 공급하는 간선이 있다. 옥내 간선을 보호하는 과전류차단기의 정격전류는 최소 몇 [A], 최대 몇 [A]인지를 구하시오. 단, 간선의 허용전류는 61[A]이며, 간선의 수용률은 100[%]로 한다.

해설과 정답

- 간선의 설계전류 : $I_B = (15 \times 2) + 10 = 40[\text{A}]$
- 보호장치 정격전류 $I_B \leq I_n \leq I_Z$에서 $40[\text{A}] \leq I_n \leq 61[\text{A}]$이므로 보호장치 정격전류 I_n은 최소 40[A] 이상, 최대 61[A] 이하이어야 한다.
- 정답 : 최소 정격전류 40[A], 최대 정격전류 60[A]

예제 4 정격전압 380[V]인 3상 농형 유도전동기의 출력이 33[kW]이다. 이것을 시설한 분기회로 전선의 굵기와 과전류 차단기의 정격 전류를 계산하여 그 정격을 선정하시오.(단, 역률은

85[%]이고, 효율은 80[%]이며 전선의 허용전류는 다음 표와 같다.

동선의 단면적[mm^2]	허용전류[A]
6	49
10	61
16	88
25	115
35	162

(1) 과전류차단기 정격전류   (2) 분기선 전선의 굵기

해설과 정답

(1) 과전류차단기 정격전류

- 전동기 설계전류(정격전류) : $I_B = \dfrac{33 \times 10^3}{\sqrt{3} \times 380 \times 0.85 \times 0.8} = 73.73\,[\text{A}]$
- 보호장치 정격전류 $I_B \leq I_n \leq I_Z$에서 $I_n \geq 73.73\,[\text{A}]$이므로
  과전류차단기 정격전류 I_n은 최소 73.73[A] 이상인 80[A]를 선정한다.
- 정답 : 과전류차단기 정격전류 80[A]

(2) 분기선 전선의 굵기

- 보호장치 정격전류 $I_B \leq I_n \leq I_Z$에서 $I_Z \geq 80\,[\text{A}]$를 만족하여야 하므로
  허용전류 88[A]인 $16\,[\text{mm}^2]$ 굵기를 선정한다.
- 정답 : $16\,[\text{mm}^2]$ 선정

 단상 3선식 110/220[V]을 채용하고 있는 어떤 건물이 있다. 변압기가 설치된 수전실로부터 60[m] 되는 곳에 부하 집계 표와 같은 분전반을 시설하고자 한다. 다음 표를 참고하여 전압변동율 2[%] 이하, 전압강하율 2[%] 이하가 되도록 다음 사항을 구하시오. 공사 방법 B1이며 전선은 PVC 절연전선이다.

[조건] ① 후강 전선관 공사로 한다. ② 3선 모두 같은 굵기로 한다.
       ③ 부하의 수용률은 100[%]로 적용한다.
       ④ 후강 전선관 내 전선의 점유율은 48[%] 이내를 유지한다.

[부하 집계 표]

회로번호	부하명칭	부하[VA]	부하 분담[VA]		MCCB 크기			비 고
			A	B	극수	AF	AT	
1	전등	2,400	1,200	1,200	2	50	20	
2	전등	1,400	700	700	2	50	20	
3	콘센트	1,000	1,000	–	2	50	20	
4	콘센트	1,400	1,400	–	2	50	20	
5	콘센트	600	–	600	2	50	20	
6	콘센트	1,000	–	1,000	2	50	20	
7	팬코일	700	700	–	2	30	20	
8	팬코일	700	–	700	2	30	20	
		9,200	5,000	4,200				

[참고자료] 전선(피복 절연물을 포함)의 단면적

도체 단면적[mm²]	허용전류[A]	전선관 3본 이하 수용 시[A]	전선 피복 포함 단면적[mm²]
6	54	48	32
10	75	66	43
16	100	88	58
25	133	117	88
35	164	144	104
50	198	175	163

(1) 간선의 굵기를 선정하시오.
(2) AT 및 AF의 최대 용량을 선정하시오.
 (단, AF은 30, 50, 60, 100, AT은 20, 30, 40, 50, 60, 75, 100에서 선택하여 선정할 것.)
(3) 후강 전선관의 굵기를 선정하시오.
(4) 분전반의 복선 결선도를 완성하시오.

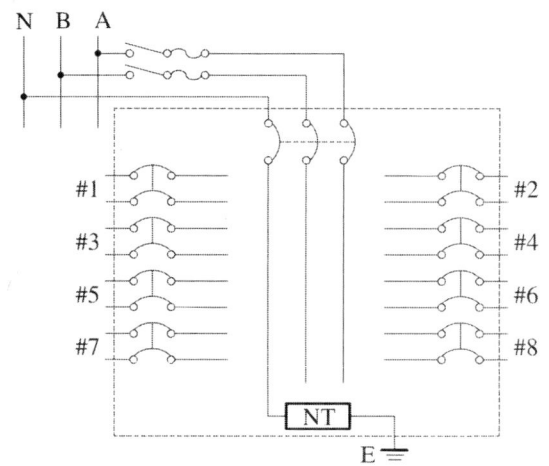

(5) 설비 불평형률은 몇 [%]인지 구하시오.

해설과 정답

(1) 간선의 굵기
- A선의 전류 : $I_A = \dfrac{5,000}{110} = 45.45[A]$
- B선의 전류 : $I_B = \dfrac{4,200}{110} = 38.18[A]$
- I_A, I_B 중 큰 전류인 45.45[A]를 기준으로 전선의 굵기를 선정한다.
- 간선의 굵기 : $A = \dfrac{17.8LI}{1,000e} = \dfrac{17.8 \times 60 \times 45.45}{1,000 \times 110 \times 0.02} = 22.06[\text{mm}^2]$
- 정답 : 25[mm²] 선정

(2) AT 용량 및 AF 용량
- I_A, I_B 중 큰 전류인 45.45[A]를 기준으로 AT, AF 용량을 선정한다.
- 보호장치 정격전류 $I_B \leq I_n \leq I_Z$에서
 설계 전류 $I_B = 45.45[A]$, 25[mm²] 전선의 허용전류 $I_Z = 117[A]$이므로

정격전류 $I_n = 100[\text{A}]$의 과전류차단기를 선정한다.
- 정답 : AF 100[A], AT 100[A] 선정

(3) 후강전선관의 굵기
- 25[mm²] 전선의 피복 포함 단면적이 88[mm²]이므로 전선의 총 단면적 $A = 88 \times 3 = 264[\text{mm}^2]$
- 전선관 단면적 $A = \dfrac{1}{4}\pi d^2 \times 0.48 \geq 264$ 에서
- 전선관 안지름 $d = \sqrt{\dfrac{264 \times 4}{0.48 \times \pi}} = 26.46[\text{mm}]$
- 정답 : 28[mm] 후강전선관 선정

(4) 분전반 복선 결선도

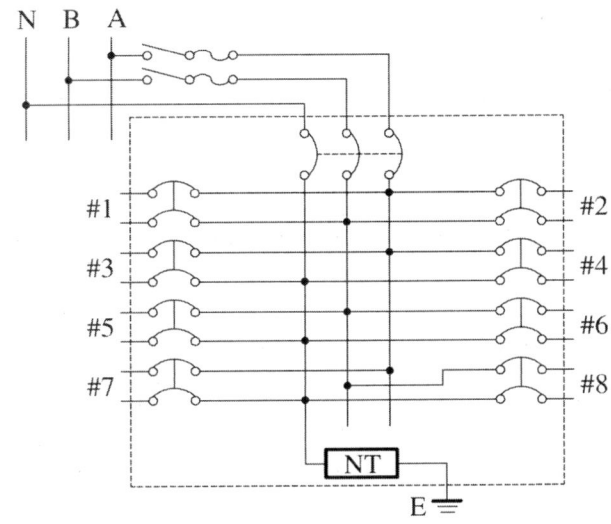

(5) 설비 불평형률 = $\dfrac{3,100 - 2,300}{\dfrac{1}{2}(5,000 + 4,200)} \times 100 = 17.39[\%]$

- 정답 : 17.39[%]

4) 전동기회로의 간이 설계

(1) 간선 및 분기회로 계통도

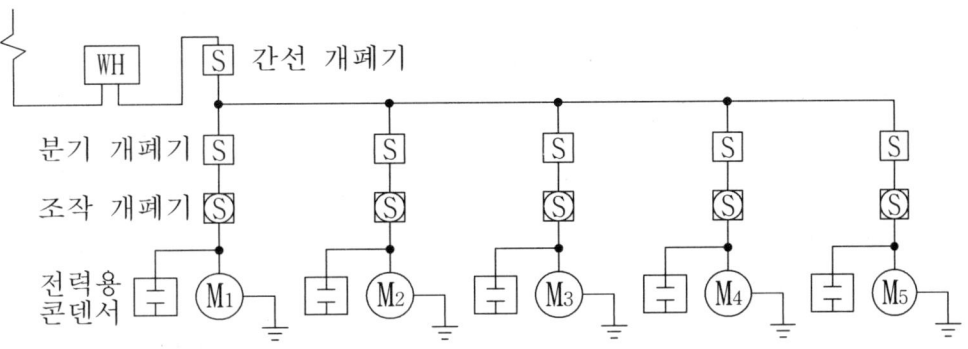

여기서, Ⓦ는 전력량계, Ⓢ는 개폐기, Ⓢ는 전류계 붙이 개폐기, ⊞는 전동기 역률을 개선하기 위한 진상용 콘덴서이다.

(2) 전동기회로의 간이 설계

220[V]급 또는 380[V] 3상 유도전동기(승강기 · 냉방장치 · 냉동기 등 특수한 용도의 전동기 및 인버터를 사용한 전동기는 제외) 1대의 경우의 분기회로 및 220[V] 또는 380[V] 3상 유도전동기의 간선 굵기와 기구의 용량을 각각 [표 1]부터 [표 6]까지 시설하는 경우는 전동기회로 배선설계 해당 조항(단, ⑥ 전동기의 과부하 보호 장치의 시설, ⑥ 전등 및 전력장치 등을 병용하는 간선의 굵기는 제외)에 적합한 것일 것.

[표 1] 200[V] 3상유도전동기 1대인 경우의 분기회로(배선용 차단기의 경우)

정격 출력 [kW]	전부하 전류 [A]	배선종류에 의한 동 전선의 최소 굵기[mm²]						과전류 차단기 (배선용차단기) [A]		전동기용 초과눈금 전류계 정격전류 [A]	접지선 최소 굵기 [mm²]
		공사방법 A1 3개선		공사방법 B1 3개선		공사방법 C 3개선		직입 기동	기동기 사용 (Y-△기동)		
		PVC	XLPE.EPR	PVC	XLPE.EPR	PVC	XLPE.EPR				
0.2	1.8	2.5	2.5	2.5	2.5	2.5	2.5	15	-	3	2.5
0.4	3.2	2.5	2.5	2.5	2.5	2.5	2.5	15	-	5	2.5
0.75	4.8	2.5	2.5	2.5	2.5	2.5	2.5	15	-	5	2.5
1.5	8	2.5	2.5	2.5	2.5	2.5	2.5	30	-	10	2.5
2.2	11.1	2.5	2.5	2.5	2.5	2.5	2.5	30	-	15	2.5
3.7	17.4	2.5	2.5	2.5	2.5	2.5	2.5	50	-	20	2.5
5.5	26	6	4	4	2.5	4	2.5	75	40	30	4
7.5	34	10	6	6	4	6	4	100	50	30	6
11	48	16	10	10	6	10	6	125	75	60	10
15	65	25	16	16	10	16	10	125	100	60	10
18.5	79	35	25	25	16	25	16	125	125	100	10
22	93	50	25	35	25	25	16	150	125	100	10
30	124	70	50	50	35	50	35	200	175	150	10
37	152	95	70	70	50	70	50	250	225	200	16

[비고 1] 최소 전선 굵기는 1회선에 대한 것이며, 2회선 이상일 경우는 부록 500-2의 복수회로 보정계수를 적용하여야 한다.
[비고 2] 공사방법 A1은 벽 내의 전선관에 공사한 절연전선 또는 단심케이블, B1은 벽면의 전선관에 공사한 절연전선 또는 단심케이블, 공사방법 C는 벽면에 공사한 단심 또는 다심케이블을 시설하는 경우의 전선 굵기를 표시하였다.
[비고 3] 전동기 2대 이상을 동일회로로 할 경우는 간선의 표를 적용할 것
[비고 4] 이 표는 일반용의 배선용차단기를 사용하는 경우의 표시이지만 전동기보호겸용 배선용 차단기(모터브레이크)는 전동기의 정격출력에 적합한 것을 사용할 것
[비고 5] 배선용차단기의 정격전류는 해당 조항에 규정되어 있는 범위에서 실용상 거의 최대값을 표시함.
[비고 6] 배선용차단기를 배·분전반, 제어반 등의 내부에 시설한 경우는 그 반 내의 온도상승에 주의할 것

[표 2] 200[V] 3상유도전동기 1대인 경우의 분기회로(B종 퓨즈의 경우)

정격출력 [kW]	전부하 전류[A]	배선종류에 의한 동 전선의 최소 굵기[mm²]					
		공사방법 A1		공사방법 B1		공사방법 C	
		3개선		3개선		3개선	
		PVC	XLPE. EPR	PVC	XLPE. EPR	PVC	XLPE. EPR
0.2	1.8	2.5	2.5	2.5	2.5	2.5	2.5
0.4	3.2	2.5	2.5	2.5	2.5	2.5	2.5
0.75	4.8	2.5	2.5	2.5	2.5	2.5	2.5
1.5	8	2.5	2.5	2.5	2.5	2.5	2.5
2.2	11.1	2.5	2.5	2.5	2.5	2.5	2.5
3.7	17.4	2.5	2.5	2.5	2.5	2.5	2.5
5.5	26	6	4	4	2.5	4	2.5
7.5	34	10	6	6	4	6	4
11	48	16	10	10	6	10	6
15	65	25	16	16	10	16	10
18.5	79	35	25	25	16	25	16
22	93	50	25	35	25	25	16
30	124	70	50	50	35	50	35
37	152	95	70	70	50	70	50

정격출력 [kW]	개폐기 용량[A]				과전류 차단기 (B종 퓨즈)[A]				전동기용 초과눈금 전류계 정격전류 [A]	접지선 최소 굵기 [mm²]
	직입기동		기동기 사용		직입기동		기동기 사용			
	현장조작	분기	현장조작	분기	현장조작	분기	현장조작	분기		
0.2	15	15			15	15			3	2.5
0.4	15	15			15	15			5	2.5
0.75	15	15			15	15			5	2.5
1.5	15	30			15	20			10	2.5
2.2	30	30			20	30			15	2.5
3.7	30	60			30	50			20	2.5
5.5	60	60	30	60	50	60	30	50	30	4
7.5	100	100	60	100	75	100	50	75	30	6
11	100	200	100	100	100	150	75	100	60	10
15	100	200	100	100	100	150	100	100	60	10
18.5	200	200	100	200	150	200	100	150	100	10
22	200	200	100	200	150	200	100	150	100	10
30	200	400	200	200	200	300	150	200	150	16
37	200	400	200	200	200	300	150	200	200	16

[비고 1] 최소 전선 굵기는 1회선에 대한 것이며, 2회선 이상일 경우는 부록 500-2의 복수회로 보정계수를 적용하여야 한다.

[비고 2] 공사방법 A1은 벽 내의 전선관에 공사한 절연전선 또는 단심케이블, B1은 벽면의 전선관에 공사한 절연전선 또는 단심케이블, 공사방법 C는 벽면에 공사한 단심 또는 다심케이블을 시설하는 경우의 전선 굵기를 표시하였다.

[비고 3] 전동기 2대 이상을 동일회로로 할 경우는 간선의 표를 적용할 것

[비고 4] 전동기용 퓨즈 또는 모터브레이커를 사용하는 경우는 전동기의 정격출력에 적합한 것을 사용할 것.

[비고 5] 이 표의 현장조작개폐의 과전류차단기는 3115-5(전동기의 과부하 보호장치의 시설)의 규정에 적합한 것은 아니다.

[비고 6] 전류차단기 용량은 해당 조항에서 규정된 범위에서 실용상 거의 최대값을 표시한다.

[비고 7] 개폐기 용량이 [kW]로 표시된 것은 이것을 초과하는 정격출력 전동기에 사용하지 말 것.

[표 3] 380[V] 3상유도전동기 1대인 경우의 분기회로(배선용 차단기의 경우)

정격 출력 [kW]	전부하 전류 [A]	배선종류에 의한 동 전선의 최소 굵기[mm²]						배선용 차단기[A]		접지선의 최소 굵기 [mm²]
		공사방법A1 3개선		공사방법B1 3개선		공사방법 C 3개선		직입 기동	기동기 사용 (Y-△ 기동)	
		PVC	XLPE EPR	PVC	XLPE EPR	PVC	XLPE EPR			
0.2	0.95	2.5	2.5	2.5	2.5	2.5	2.5	15	-	2.5
0.4	1.68	2.5	2.5	2.5	2.5	2.5	2.5	15	-	2.5
0.75	2.53	2.5	2.5	2.5	2.5	2.5	2.5	15	-	2.5
1.5	4.21	2.5	2.5	2.5	2.5	2.5	2.5	15	-	2.5
2.2	5.84	2.5	2.5	2.5	2.5	2.5	2.5	15	-	2.5
3.7	9.16	2.5	2.5	2.5	2.5	2.5	2.5	30	-	2.5
5.5	13.68	2.5	2.5	2.5	2.5	2.5	2.5	40	20	2.5
7.5	17.89	2.5	2.5	2.5	2.5	2.5	2.5	50	30	2.5
11	25.26	6	4	4	2.5	4	2.5	75	40	4
15	34.21	10	6	6	4	6	4	100	50	6
18.5	41.58	10	10	10	6	10	6	100	60	6
22	48.95	16	10	10	10	10	6	125	75	10
30	65.26	25	16	16	10	16	10	125	100	10
37	80	35	25	25	16	25	16	150	125	10
45	100	50	35	35	25	35	25	200	150	10
55	121	70	50	50	35	50	35	200	175	10
75	163	95	70	70	50	70	50	300	250	16

[비고 1] 최소 전선 굵기는 1회선에 대한 것이며, 2회선 이상일 경우는 부록 500-2의 복수회로 보정계수를 적용하여야 한다.
[비고 2] 공사방법 A1은 벽 내의 전선관에 공사한 절연전선 또는 단심케이블, B1은 벽면의 전선관에 공사한 절연전선 또는 단심케이블, 공사방법 C는 벽면에 공사한 단심 또는 다심케이블을 시설하는 경우의 전선 굵기를 표시하였다.
[비고 3] 전동기 2대 이상을 동일회로로 할 경우는 간선의 표를 적용할 것
[비고 4] 이 표는 일반용의 배선용차단기를 사용하는 경우의 표시이지만 전동기보호겸용 배선용 차단기(모터브레이크)는 전동기의 정격출력에 적합한 것을 사용할 것
[비고 5] 배선용차단기의 정격전류는 해당 조항에 규정되어 있는 범위에서 실용상 거의 최대값을 표시함.
[비고 6] 배선용차단기를 배전반. 분전반, 제어반 등의 내부에 시설한 경우는 그 반 내의 온도상승에 주의할 것
[비고 7] 교류엘리베이터, 에어컨디셔너, 수냉각기 및 냉동기는 부록 300-10, 300-11, 300-12 (전동기의 전선 굵기 및 배선용차단기 정격, 전원설비 용량)를 참조할 것.

[표 4] 200[V] 3상유도전동기의 간선의 굵기 및 기구의 용량(배선용 차단기의 경우)

전동기 [kW] 수 총계 ①[kW] 이하	최대사용 전류①' [A]이하	배선종류에 의한 간선의 최소 굵기[mm²]②					
		공사방법 A1 (3개선)		공사방법 B1 (3개선)		공사방법 C (3개선)	
		PVC	XLPE. EPR	PVC	XLPE. EPR	PVC	XLPE. EPR
3	15	2.5	2.5	2.5	2.5	2.5	2.5
4.5	20	4	2.5	2.5	2.5	2.5	2.5
6.3	30	6	4	6	4	4	2.5
8.2	40	10	6	10	6	6	4
12	50	16	10	10	10	10	6
15.7	75	35	25	25	16	16	16
19.5	90	50	25	35	25	25	16
23.2	100	50	35	35	25	35	25
30	125	70	50	50	35	50	35
37.5	150	95	70	70	50	70	50
45	175	120	70	95	50	70	50
52.5	200	150	95	95	70	95	70

전동기 [kW]수 총계 ① [kW] 이하	직입기동 전동기 중 최대용량의 것												
	0.75 이하	1.5	2.2	3.7	5.5	7.5	11	15	18.5	22	30	37	45	55
	Y-△ 기동기 사용 전동기 중 최대 용량의 것												
	-	-	-	-	5.5	7.5	11	15	18.5	22	30	37	45	55
	과전류 차단기(배선용 차단기) 용량[A]					직입기동 … (칸 위 숫자) Y-△ 기동 … (칸 아래 숫자)							
3	20 / -	30 / -	30 / -	-	-	-	-	-	-	-	-	-	-	-
4.5	30 / -	30 / -	40 / -	50 / -	-	-	-	-	-	-	-	-	-	-
6.3	40 / -	40 / -	40 / -	50 / -	75 / 40	-	-	-	-	-	-	-	-	-
8.2	50 / -	50 / -	50 / -	60 / -	75 / 50	100 / 50	-	-	-	-	-	-	-	-
12	75 / -	75 / -	75 / -	75 / -	75 / 75	100 / 75	125 / 75	-	-	-	-	-	-	-
15.7	100 / -	100 / -	100 / -	100 / -	100 / 100	100 / 100	125 / 100	125 / 100	-	-	-	-	-	-
19.5	125 / -	125 / -	125 / -	125 / -	125 / 125	125 / 125	125 / 125	125 / 125	125 / 125	-	-	-	-	-
23.2	125 / -	125 / -	125 / -	125 / -	125 / 125	125 / 125	125 / 125	125 / 125	125 / 125	150 / 125	-	-	-	-
30	175 / -	175 / -	175 / -	175 / -	175 / 175	175 / 175	175 / 175	175 / 175	175 / 175	175 / 175	-	-	-	-
37.5	200 / -	200 / -	200 / -	200 / -	200 / 200	200 / 200	200 / 200	200 / 200	200 / 200	200 / 200	200 / 200	-	-	-
45	225 / -	225 / -	225 / -	225 / -	225 / 225	225 / 225	225 / 225	225 / 225	225 / 225	225 / 225	225 / 225	250 / 225	-	-
52.5	250 / -	250 / -	250 / -	250 / -	250 / 250	250 / 250	250 / 250	250 / 250	250 / 250	250 / 250	250 / 250	250 / 250	300 / 300	-

【표 4】 200[V] 3상유도전동기의 간선의 적용 예
【보기 1】 전동기(직입기동)의 경우

부 하	0.75[kW] …… 직입기동 4.8[A] 1.5[kW] …… 직입기동 8.0[A] 3.7[kW] …… 직입기동 17.4[A] 3.7[kW] …… 직입기동 17.4[A]	
부하의 총계	**9.65[kW]**	**47.6[A]**

[kW]수 총계의 경우는 ①의 12[kW] 이하의 란, 사용전류 총계의 경우는 ①'의 50[A]이하 란(欄)을 사용
(1) 간선의 최소 굵기(3개선 XLPE)는 ②의
- 공사방법 A1의 경우는 10[mm^2]
- 공사방법 B1의 경우는 10[mm^2]
- 공사방법 C의 경우는 6[mm^2]로 함.

(2) 과전류차단기의 용량은 직입기동 3.7[kW]의 열(列)을 적용 75[A]로 함

【보기 2】 3상 200[V] 전동기(직입기동과 기동기 사용의 병용)의 경우

부 하	1.5[kW] …… 직입기동 8.0[A] 3.7[kW] …… 직입기동 17.4[A] 3.7[kW] …… 직입기동 17.4[A] 7.5[kW] …… 기동기사용 34.0[A]	
부하의 총계	**16.4[kW]**	**76.8[A]**

[kW]수 총계의 경우는 ①의 19.5[kW] 이하의 란, 사용전류 총계의 경우는 ①'의 90[A]이하 란(欄)을 사용
(1) 간선의 최소 굵기(3개선 XLPE)는 ②의
- 공사방법 A1의 경우는 25[mm^2]
- 공사방법 B1의 경우는 25[mm^2]
- 공사방법 C의 경우는 16[mm^2]로 함

(2) 과전류차단기의 용량은 직입기동 하는 최대의 것과 기동기를 사용하는 최대의 것을 비교하여 큰 쪽의 기동기사용 7.5[kW]의 열(列)을 적용 125[A]로 함.

【보기 3】 3상 200[V] 전동기 및 전열기 병용의 경우

부 하	전동기 1.5[kW] …… 직입기동 8.0[A] 전동기 3.7[kW] …… 직입기동 17.4[A] 전동기 3.7[kW] …… 직입기동 17.4[A] 전동기 15[kW] …… 기동기사용 65.0[A] 전열기 3[kW] …… (3상) 9.0[A]	
부하의 총계 (전동기[kW] 수의 총계 23.9[kW])	**26.9[kW]**	**116.8[A]**
①의 최대사용전류 125[A] 이하의 란을 적용		

(1) 간선의 최소 굵기(3개선 XLPE)는 ②의
 - 공사방법 A1의 경우는 $50[\text{mm}^2]$
 - 공사방법 B1의 경우는 $35[\text{mm}^2]$
 - 공사방법 C의 경우는 $35[\text{mm}^2]$로 함
(2) 과전류차단기의 용량은 직입기동 3.7[kW]의 열 및 기동기 사용의 15[kW]의 열과 전동기 [kW] 수의 총계 30[kW] 이하의 란을 사용 175[A]로 함.

[표 5] 200[V] 3상유도전동기의 간선의 굵기 및 기구의 용량(B종 퓨즈의 경우)(동선)

전동기 [kW] 수 총계 ①[kW]이하	최대사용 전류①' [A]이하	배선종류에 의한 간선의 최소 굵기[㎟]②					
		공사방법 A1		공사방법 B1		공사방법 C	
		3개선		3개선		3개선	
		PVC	XLPE.EPR	PVC	XLPE.EPR	PVC	XLPE.EPR
4.5	20	4	2.5	2.5	2.5	2.5	2.5
6.3	30	6	4	6	4	4	2.5
8.2	40	10	6	10	6	6	4
12	50	16	10	10	10	10	6
15.7	75	35	25	25	16	16	16
19.5	90	50	25	35	25	25	16
23.2	100	50	35	35	25	35	25
30	125	70	50	50	35	50	35
37.5	150	95	70	70	50	70	50
45	175	120	70	95	50	70	50
52.5	200	150	95	95	70	95	70
63.7	250	240	150	–	95	120	95

전동기 [kW] 수 총계 ①[kW] 이하	직입기동 전동기 중 최대용량의 것										
	0.75 이하	1.5	2.2	3.7	5.5	7.5	11	15	18.5	22	30	37~55
	기동기 사용 전동기 중 최대 용량의 것										
	–	–	–	5.5	7.5	11 15	18.5 22	–	30 37	–	45	55
	과전류 차단기[A] …… (칸 위 숫자) ③ 개폐기 용량[A] …… (칸 아래 숫자) ④										
4.5	20 30	20 30	30 30	50 60	–	–	–	–	–	–	–
6.3	30 30	30 30	50 60	50 60	75 100	–	–	–	–	–	–
8.2	50 60	50 60	50 60	75 100	75 100	100 100	–	–	–	–	–
12	50 60	50 60	50 60	75 100	75 100	100 100	150 200	–	–	–	–

15.7	75 100	75 100	75 100	75 100	100 100	100 100	150 200	150 200	–	–	–	–
19.5	100 100	100 100	100 100	100 100	100 100	150 200	150 200	200 200	200 200	–	–	–
23.2	100 100	100 100	100 100	100 100	100 100	150 200	150 200	200 200	200 200	200 200	–	–
30	150 200	150 200	150 200	150 200	150 200	150 200	150 200	200 200	200 200	200 200	–	–
37.5	150 200	150 200	150 200	150 200	150 200	150 200	150 200	200 200	300 300	300 300	300 300	–
45	200 200	200 200	200 200	200 200	200 200	200 200	200 200	300 300	300 300	300 300	300 300	
52.5	200 200	200 200	200 200	200 200	200 200	200 200	200 200	300 300	300 300	400 400	400 400	
63.7	300 300	300 300	300 300	300 300	300 300	300 300	300 300	300 300	400 400	400 400	500 600	

【표 5】 200[V] 3상 유도전동기의 간선의 적용 예

【보기 1】 전동기(직입기동)의 경우

부 하	0.75[kW] …… 직입기동 4.8[A] 1.5[kW] …… 직입기동 8.0[A] 3.7[kW] …… 직입기동 17.4[A] 3.7[kW] …… 직입기동 17.4[A]	
부하의 총계	9.65[kW]	47.6[A]

[kW]수 총계의 경우는 ①의 12[kW] 이하의 란, 사용전류 총계의 경우는 ①′의 50[A]이하 란(欄)을 사용
(1) 간선의 최소 굵기(3개선 XLPE)는 ②의
- 공사방법 A1의 경우는 $10[\mathrm{mm}^2]$
- 공사방법 B1의 경우는 $10[\mathrm{mm}^2]$
- 공사방법 C의 경우는 $6[\mathrm{mm}^2]$로 함

(2) 개폐기 및 과전류차단기의 용량은 직입기동 3.7[kW]의 열(列)을 사용
- 과전류차단기 용량은 ③ 75[A]
- 개폐기 용량은 ④ 100[A]를 사용함

【보기 2】 3상 200[V] 전동기(직입기동과 기동기 사용의 병용)의 경우

부 하	1.5[kW] …… 직입기동 8.0[A] 3.7[kW] …… 직입기동 17.4[A] 3.7[kW] …… 직입기동 17.4[A] 7.5[kW] …… 기동기사용 34.0[A]	
부하의 총계	16.4[kW]	76.8[A]

[kW]수 총계의 경우는 ①의 19.5[kW] 이하의 란, 사용전류 총계의 경우는 ①′의 90[A]이하 란(欄)을 사용
(1) 간선의 최소 굵기(3개선 XLPE)는 ②의
- 공사방법 A1의 경우는 $25[\mathrm{mm}^2]$
- 공사방법 B1의 경우는 $25[\mathrm{mm}^2]$

- 공사방법 C의 경우는 $16[\text{mm}^2]$로 함
(2) 개폐기 및 과전류차단기의 용량은 직입기동하는 최대의 것과 기동기를 사용하는 최대의 것을 비교하여 큰 쪽의 기동기 사용 7.5[kW]의 열(列)을 적용
- 과전류기 용량은 ③ 100[A]
- 개폐기용량은 ④ 100[A]를 사용함.

【보기 3】 3상 200[V] 전동기 및 전열기 병용의 경우

부 하	전동기 1.5[kW] ······ 직입기동 8.0[A] 전동기 3.7[kW] ······ 직입기동 17.4[A] 전동기 3.7[kW] ······ 직입기동 17.4[A] 전동기 15[kW] ······ 기동기사용 65.0[A] 전열기 3[kW] ······ (3상) 9.0[A]
부하의 총계 26.9[kW] (전동기[kW] 수의 총계 23.9[kW])	116.8[A]
①의 최대사용전류 125[A] 이하의 란을 적용	

(1) 간선의 최소 굵기(3개선 XLPE)는 ②의
- 공사방법 A1의 경우는 $50[\text{mm}^2]$
- 공사방법 B1의 경우는 $35[\text{mm}^2]$
- 공사방법 C의 경우는 $35[\text{mm}^2]$로 함

(2) 과전류차단기의 용량은 직입기동 3.7[kW]의 열 및 기동기 사용의 15[kW]의 열과 전동기 [kW] 수의 총계 30[kW] 이하의 란을 사용
- 과전류차단기 용량은 ③ 150[A]
- 개폐기 용량은 ④ 200[A]로 함

[표 6] 380[V] 3상유도전동기의 간선의 굵기 및 기구의 용량(배선용 차단기 경우)(동선)

전동기 [kW]수 총계① [kW]이하	최대사용 전류①' [A]이하	배선종류에 의한 간선의 최소 굵기[㎟]②					
		공사방법 A1 3개선		공사방법 B1 3개선		공사방법 C 3개선	
		PVC	XLPE.EPR	PVC	XLPE.EPR	PVC	XLPE.EPR
3	7.9	2.5	2.5	2.5	2.5	2.5	2.5
4.5	10.5	2.5	2.5	2.5	2.5	2.5	2.5
6.3	15.8	2.5	2.5	2.5	2.5	2.5	2.5
8.2	21	4	2.5	2.5	2.5	2.5	2.5
12	26.3	6	4	4	2.5	4	2.5
15.7	39.5	10	6	10	6	6	4
19.5	47.4	16	10	10	6	10	6
23.2	52.6	16	10	16	10	10	10
30	65.8	25	16	16	10	16	10
37.5	78.9	35	25	25	16	25	16
48	92.1	50	25	35	25	25	16
52.5	105.3	50	35	35	25	35	25

전동기 [kW]수 총계① [kW]이하	직입기동 전동기 중 최대용량의 것											
	0.75 이하	1.5	2.2	3.7	5.5	7.5	11	15	18.5	22	30	37	45	55
	Y-△ 기동기 사용 전동기 중 최대 용량의 것											
	-	-	-	-	5.5	7.5	11	15	18.5	22	30	37	45	55
	과전류 차단기(배전용 차단기) 용량[A]											
	직입기동 … (칸 위 숫자), Y-△ 기동 … (칸 아래 숫자)											
3	15 / -	15 / -	15 / -	-	-	-	-	-	-	-	-	-	-	-
4.5	15 / -	15 / -	20 / -	30 / -	-	-	-	-	-	-	-	-	-	-
6.3	20 / -	20 / -	30 / -	30 / -	40 / 30	-	-	-	-	-	-	-	-	-
8.2	30 / -	30 / -	30 / -	40 / -	40 / 30	50 / 30	-	-	-	-	-	-	-	-
12	40 / -	40 / -	40 / -	40 / -	40 / 40	50 / 40	75 / 40	-	-	-	-	-	-	-
15.7	50 / -	50 / -	50 / -	50 / -	50 / 50	60 / 50	75 / 50	100 / 60	-	-	-	-	-	-
19.5	60 / -	60 / -	60 / -	60 / -	60 / 60	75 / 60	75 / 60	100 / 60	125 / 75	-	-	-	-	-
23.2	75 / -	75 / -	75 / -	75 / -	75 / 75	75 / 75	100 / 75	100 / 75	125 / 75	125 / 100	-	-	-	-
30	100 / -	100 / -	100 / -	100 / -	100 / 100	100 / 100	100 / 100	125 / 100	125 / 100	125 / 100	-	-	-	-
37.5	100 / -	100 / -	100 / -	100 / -	100 / 100	100 / 100	100 / 100	125 / 100	125 / 100	125 / 100	125 / 125	-	-	-
45	125 / -	125 / -	125 / -	125 / -	125 / 125	125 / 125	125 / 125	125 / 125	125 / 125	125 / 125	125 / 125	-	-	-
52.5	125 / -	125 / -	125 / -	125 / -	125 / 125	125 / 125	125 / 125	125 / 125	125 / 125	125 / 125	150 / 150	150 / 150	-	-

【표 6】 380[V] 3상 유도전동기의 간선의 적용 예

【보기 1】 전동기(직입기동)의 경우

부 하	0.75[kW] …… 직입기동 2.53[A] 1.5[kW] …… 직입기동 4.21[A] 3.7[kW] …… 직입기동 9.16[A] 3.7[kW] …… 직입기동 9.16[A]	
부하의 총계	9.65[kW]	25.06[A]

[kW]수 총계의 경우는 ①의 12[kW] 이하의 란, 사용전류 총계의 경우는 ①' 의 26.3[A]이하의 란(欄)을 사용

(1) 간선의 최소 굵기(3개선 XLPE)는 ②의
- 공사방법 A1의 경우는 $4[\mathrm{mm}^2]$

- 공사방법 B1의 경우는 $4[\text{mm}^2]$
- 공사방법 C의 경우는 $2.5[\text{mm}^2]$로 함

(2) 과전류차단기의 용량은 직입기동 3.7[kW]의 열(列)을 적용 40[A]로 함.

【보기 2】 전동기(직입기동과 기동기 사용의 병용)의 경우

부 하	1.5[kW] …… 직입기동 4.21[A] 3.7[kW] …… 직입기동 9.16[A] 3.7[kW] …… 직입기동 9.16[A] 7.5[kW] …… 기동기사용 17.89[A]	
부하의 총계	16.4[kW]	40.42[A]

[kW]수 총계의 경우는 ①의 19.5[kW] 이하의 란, 사용전류 총계의 경우는 ①' 의 47.4[A] 이하의 란(欄)을 사용

(1) 간선의 최소 굵기(3개선 XLPE)는 ②의
- 공사방법 A1의 경우는 $10[\text{mm}^2]$
- 공사방법 B1의 경우는 $10[\text{mm}^2]$
- 공사방법 C의 경우는 $6[\text{mm}^2]$로 함

(2) 과전류차단기의 용량은 직입 기동하는 최대의 것과 기동기를 사용하는 최대의 것을 비교하여 큰 쪽의 기동기사용 7.5[kW]의 열(列)을 적용 60[A]로 함.

예제문제

예제 1 3.7[kW]와 7.5[kW]의 직입기동 농형전동기 및 22[kW] 권선형 전동기 등 3대를 그림과 같이 접속하였다. 이때 다음 참고자료를 이용하여 각 물음에 답하시오. (단, 전동기 정격전압은 200[V]이고, 간선 및 분기회로에 사용되는 전선은 모두 같은 PVC절연전선, 공사방법은 B1, 간선 및 분기선 보호 장치는 B종 퓨즈로 한다.)

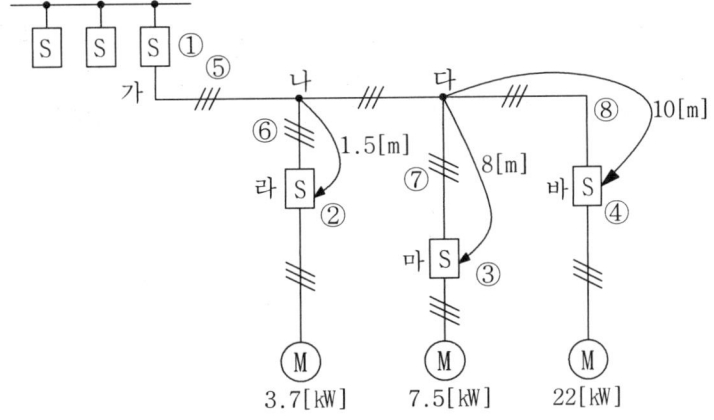

[참고자료 1] [표2] 200[V] 3상유도전동기 1대인 경우의 분기회로(B종 퓨즈의 경우)

[참고자료 2] [표5] 200[V] 3상 유도전동기의 간선의 굵기 및 기구의 용량(B종 퓨즈의 경우)
(1) 간선에 사용되는 ①의 최소 용량은 몇 [A]인가?
(2) 분기선에 사용되는 분기 개폐기 ②, ③, ④의 최소 용량은 몇 [A]인가?
(3) 간선의 최소 굵기는 몇 $[\mathrm{mm}^2]$인가?
(4) 7.5[kW] 직입기동 농형유도전동기의 분기용 과전류차단기 용량은 몇 [A]인가?

해설과 정답

(1) 간선 해석 : 전동기 용량의 합을 구하여 "[표5] 200[V] 3상 유도전동기의 간선의 굵기 및 기구의 용량(B종 퓨즈의 경우)"를 이용, 해석한다.
- 전동기 용량의 총합 : $P = 3.7 + 7.5 + 22 = 33.2\,[\mathrm{kW}]$
- [표 5] 37.5[kW] 행에서 직입기동 최대의 것 7.5[kW], 기동기 사용 최대의 것 22[kW] 해당 열에서 개폐기 및 과전류차단기 용량을 찾아 더 큰 것을 선택 선정한다.
- 정답 : 개폐기 200[A], 과전류 차단기 150[A]

(2) 분기선 해석 : 각각의 전동기 용량에 대한 값을 "[표2] 200[V] 3상유도전동기 1대인 경우의 분기회로(B종 퓨즈의 경우)"를 이용, 해석한다.
- 3.7[kW] 직입기동 전동기의 경우 개폐기 용량은 현장 조작용 30[A], 분기용 60[A] 선정
- 7.5[kW] 직입기동 전동기의 경우 개폐기 용량은 현장 조작용 100[A], 분기용 100[A] 선정
- 22[kW] 기동기(2차 저항 기동법) 사용 전동기의 경우 개폐기 용량은 현장 조작용 100[A], 분기용 200[A] 선정
- 정답 : ② 개폐기 60[A] ③ 개폐기 100[A] ④ 개폐기 200[A]

(3) 간선 굵기 : 전동기 용량의 합을 구하여 "[표5] 200[V] 3상 유도전동기의 간선의 굵기 및 기구의 용량(B종 퓨즈의 경우)"를 이용, 해석한다.
- 전동기 용량의 총합 : $P = 3.7 + 7.5 + 22 = 33.2\,[\mathrm{kW}]$
- [표 5] 37.5[kW] 행에서 PVC절연, 공사 방법 B1 열을 읽어 $70\,[\mathrm{mm}^2]$ 전선을 선택, 선정할 수 있다.
- 정답 : $70\,[\mathrm{mm}^2]$

(4) 분기선 해석 : 각각의 전동기 용량에 대한 값을 "[표2] 200[V] 3상유도전동기 1대인 경우의 분기회로(B종 퓨즈의 경우)"를 이용, 해석한다.
- 7.5[kW] 직입기동 전동기 경우 분기 개폐기 정격 100[A], 분기 과전류차단기 정격 100[A], 전동기용 초과 눈금 전류계 정격 30[A], 접지선의 최소 굵기 $6\,[\mathrm{mm}^2]$을 선택 선정한다.
- 정답 : 100[A]

예제 2 전동기 $M_1 \sim M_5$의 사양이 주어진 조건과 같고 이것을 그림과 같이 배치하여 금속관 공사로 시설하고자 한다. 간선 및 분기회로의 설계에 필요한 자료를 주어진 참고자료 표를 이용하여 각 물음에 답하시오. 단, 공사방법은 $B1$, XLPE 절연전선을 사용한다.

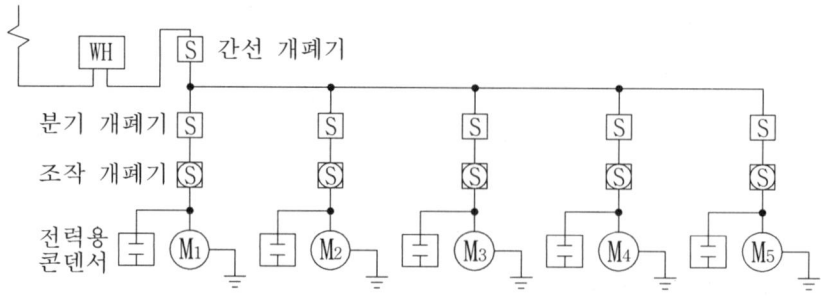

[조건]
- M_1 : 3상 200[V], 0.75[kW] 농형 유도전동기 (직입기동)
- M_2 : 3상 200[V], 3.7[kW] 농형 유도전동기 (직입기동)
- M_3 : 3상 200[V], 5.5[kW] 농형 유도전동기 (직입기동)
- M_4 : 3상 200[V], 15[kW] 농형 유도전동기 (Y-△ 기동)
- M_5 : 3상 200[V], 30[kW] 농형 유도전동기 (기동보상기 기동)

(1) 각 전동기 분기회로의 설계에 필요한 자료를 답란에 기입하시오.

구 분		M_1	M_2	M_3	M_4	M_5
규 약 전 류[A]						
전 선	최소 굵기[mm²]					
개폐기 용량[A]	분 기					
	현 장 조 작					
과전류 보호기[A]	분 기					
	현 장 조 작					
초과눈금 전류계[A]						
접지선의 굵기[mm²]						
금속관의 굵기 [mm]						
콘덴서 용량 [μF]						

(2) 간선의 설계에 필요한 자료를 답란에 기입하시오.

전선 최소 굵기[mm²]	개폐기 용량[A]	과전류차단기 용량[A]	금속관의 굵기[mm]

[참고자료 1] [표 2] 200[V] 3상유도전동기 1대인 경우의 분기회로(B종 퓨즈의 경우)
[참고자료 2] [표 5] 200[V] 3상 유도전동기의 간선의 굵기 및 기구의 용량(B종 퓨즈의 경우)
[참고자료 3] 후강전선관 굵기 선정

도체 단면적 [mm²]	전선 본수									
	1	2	3	4	5	6	7	8	9	10
	전선관의 최소 굵기[mm]									
2.5	16	16	16	16	22	22	22	28	28	28
4	16	16	16	22	22	22	28	28	28	28
6	16	16	22	22	22	28	28	28	36	36
10	16	22	22	28	28	36	36	36	36	36
16	16	22	28	28	36	36	36	42	42	42
25	22	28	28	36	36	42	54	54	54	54
35	22	28	36	42	54	54	54	70	70	70
50	22	36	54	54	70	70	70	82	82	82
70	28	42	54	54	70	70	70	82	82	82
95	28	54	54	70	70	82	82	92	92	104
120	36	54	54	70	70	82	82	92		
150	36	70	70	82	92	92	104	104		
185	36	70	70	82	92	104				
240	42	82	82	92	104					

[비고 1] 전선 1본수는 접지선 및 직류회로의 전선에도 적용한다.
[비고 2] 이 표는 KS C IEC 60227-3의 450/750[V] 일반용 단심 비닐절연전선을 기준한 것이다.

[참고자료 4] 콘덴서 설치 용량 기준표(200[V], 380[V] 3상 유도전동기)

정격출력 [kW]	설치하는 콘덴서 용량 (90[%] 까지)					
	220[V]		380[V]		440[V]	
	μF	kVA	μF	kVA	μF	kVA
0.2	15	0.2262	-	-	-	-
0.4	20	0.3016	-	-	-	-
0.75	30	0.4524	-	-	-	-
1.5	50	0.754	10	0.544	10	0.729
2.2	75	1.131	15	0.816	15	1.095
3.7	100	1.508	20	1.088	20	1.459
5.5	175	2.639	50	2.720	40	2.919
7.5	200	3.016	75	4.080	40	2.919
11	300	4.524	100	5.441	75	5.474
15	400	6.032	100	5.441	75	5.474
22	500	7.54	150	8.161	100	7.299
30	800	12.064	200	10.882	175	12.744
37	900	13.572	250	13.602	200	14.598

[비고 1] 220[V]용과 380[V]용은 전기 공급 약관 시행 세칙에 의함.
[비고 2] 440[V]용은 계산하여 제시한 값으로 참고용임.
[비고 3] 콘덴서가 일부 설치되어 있는 경우는 무효전력[kVar] 또는 용량[kVA 또는 μF] 합계에서 설치되어 있는 콘덴서의 용량[kVA 또는 μF]의 합계를 뺀 값을 설치하면 된다.

(1) 분기선 해석 : 각각의 전동기 용량에 대한 값을 "[표2] 200[V] 3상유도전동기 1대인 경우의 분기회로 (B종 퓨즈의 경우)"를 이용, 해석한다.
• 정답 : 분기회로 설계

구 분		M_1	M_2	M_3	M_4	M_5
규약 전류[A]		4.8	17.4	26	65	124
전 선	최소 굵기[mm^2]	2.5	2.5	2.5	10	35
개폐기 용량[A]	분 기	15	60	60	100	200
	현 장 조 작	15	30	60	100	200
과전류 보호기[A]	분 기	15	50	60	100	200
	현 장 조 작	15	30	50	100	150
초과눈금 전류계[A]		5	20	30	60	150
접지선의 굵기[mm^2]		2.5	2.5	4	10	16
금속관의 굵기 [mm]		16	16	16	22	36
콘덴서 용량 [μF]		30	100	175	400	800

(2) 간선 해석 : 전동기 용량의 합을 구하여 "[표5] 200[V] 3상 유도전동기의 간선의 굵기 및 기구의 용량(B종 퓨즈의 경우)"를 이용, 해석한다.
• 전동기 [kW] 수의 총계 = 0.75+3.7+5.5+15+30 = 54.95[kW]
• 사용전류의 총계= 4.8+17.4+26+65+124 = 237.2[A]
• 전동기 [kW] 수의 총계의 경우는 [표 5]의 63.7[kW] 이하의 난, 사용 전류의 총계의 경우는 [표 5]의 250[A]이하의 난을 사용하여 XLPE 절연전선, 공사 방법 B1의 경우에 해당하는 각각의 값을 구하면 된다.

전선 최소 굵기[mm^2]	개폐기 용량[A]	과전류차단기 용량[A]	금속관의 굵기[mm]
95	300	300	54

10 부하의 상정 및 배선설계

1) 부하의 상정

(1) 부하의 상정

① 배선설계를 위한 전등 및 소형전기기계기구 부하용량 산정은 다음 [표 1, 2]에 표시하는 『건축물의 종류 및 그 부분에 해당하는 표준부하』에 『바닥 면적』을 곱한 후 [표 3]에 표시하는 『건축물 등에 대응하는 표준 가산 부하[VA]』를 더한 값으로 한다.

[보기] 설비부하용량[VA] = PA + QB + C

- $P[m^2]$: [표 1]의 건축물 바닥 면적(단 Q부분 제외)
- $Q[m^2]$: [표 2]의 건축물 부분의 바닥 면적
- $A, B[VA/m^2]$: [표 1, 2]의 표준 부하
- $C[VA]$: [표 3] 적용 가산 부하

[표 1] 건축물의 종류에 대응한 표준 부하

건축물의 종류	표준 부하
공장, 공회당, 사원, 교회, 극장, 영화관, 연회장 등	$10[VA/m^2]$
기숙사, 여관, 호텔, 병원, 음식점, 다방, 대중목욕탕, 학교	$20[VA/m^2]$
사무실, 은행, 상점, 이발소, 미용원	$30[VA/m^2]$
주택, 아파트	$40[VA/m^2]$

[비고 1] 건축물이 음식점과 주택 부분 2종류로 될 때에는 각각 그에 따른 표준부하를 사용할 것
[비고 2] 학교와 같이 건축물의 일부분이 사용되는 경우에는 그 부분만을 적용한다.

[표 2] 건축물(주택, 아파트를 제외)중 별도 계산할 부분의 표준부하

건축물의 부분	표준 부하$[VA/m^2]$
복도, 계단, 세면장, 창고, 다락	5
강당, 관람석	10

[표 3] 표준 부하에 따라 산출한 수치에 가산하여야 할 [VA]수

건 축 물 의 종 류
㉮ 주택, 아파트(1세대마다) 500~1000[VA]
㉯ 상점의 쇼윈도우 폭 1[m]에 대하여 300[VA]
㉰ 옥외의 광고등, 전광사인, 네온사인등의 VA수
㉱ 극장, 댄스홀 등의 무대 조명, 영화관 등의 특수전등부하의 VA수

② 위 (1)에 표시한 수치는 일반적으로 적용하는 수치이므로 실제 설비되는 부하가 그 이상일 경우에는 그 수치에 의할 것. 이 때 예상이 곤란한 콘센트, 틀어 끼우는 접속기, 소켓 등이 있을 경우 다음 [표 4]의 수치 이상의 값으로 한다.

[표 4] 예상이 곤란한 콘센트 및 전등 수구의 예상 부하

수구의 종류	예상 부하[VA/개]
소형 전등수구(공칭 지름이 26[mm]의 베이스인 것), 콘센트	150
대형 전등수구(공칭 지름이 39[mm]의 베이스인 것)	300

[비고] 콘센트는 1구이든 2구이든 몇 개의 구로 되어 있더라도 1개 본다.

2) 분기회로

(1) 분기회로 수 결정

분기회로 수는 『부하의 상정』에 따라 상정한 설비부하 용량(전등 및 소형 전기기계기구에 한함)을 분기회로 정격전압 및 분기회로 정격전류, 분기회로 정격용량 등을 고려하여 다음과 같은 계산식을 통해 구하는 것을 원칙으로 하면서 다음 사항에 따를 것.

- 분기회로수 = $\dfrac{\text{부하 상정용량[VA]}}{\text{정격전압[V]} \times \text{분기회로 정격전류[A]} \times \text{분기회로 정격용량}}$

① 분기회로 수 산정 계산의 경우 소수점 이하가 발생하면 무조건 절상할 것.
② 3[kW] 이상의 룸 에어컨디셔너, 에어컨 등과 같은 대형 전기기계기구에 대해서는 별도의 전용분 기회로를 만들어 시설할 것.
③ 연속부하(상시 3시간 이상 연속 사용하는 것)가 있는 분기회로의 부하 용량은 그 분기회로를 보호하는 과전류차단기의 정격전류의 80[%]를 초과하지 않을 것.

【보기】 분기회로 정격전류가 16[A]인 분기회로 수 결정의 계산 예

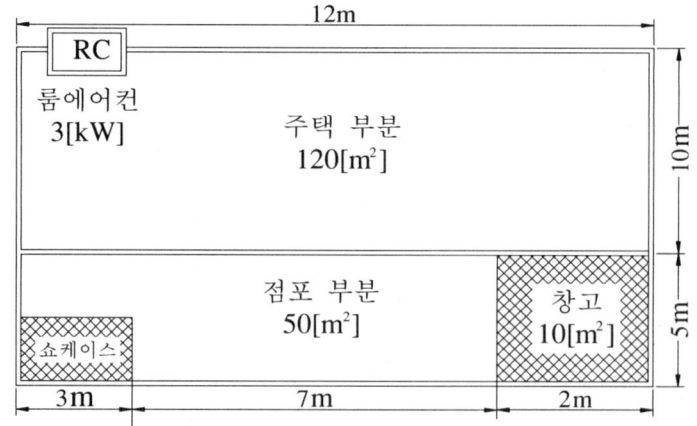

① 설비부하용량의 상정
- 상정 설비부하용량[VA] $= (120 \times 40) + (50 \times 30) + (10 \times 5) + 1000 + (3 \times 300) + 3,000$
  $= 11,250 [VA]$
- 설비부하용량 상정의 경우에는 대형전기기계기구인 룸에어컨도 포함이 되지만, 분기회로 산정의 경우에는 대형전기기계기구인 룸에어컨은 전용의 분기회로로 한다.

② 분기회로 수 결정
- 사용 전압이 220[V]인 경우 : 분기회로 수 = $\dfrac{11,250 - 3,000}{220 \times 16} = 2.34$ [회로]가 되어 단수를 절상하면 3회로가 된다.
- 16[A] 분기회로 3회로, 룸 에어컨 전용 분기회로 1회로

(2) 주택 분기회로

주택의 분기회로 수는 다음 [표 5]를 참고할 것. 또한 표의 분기회로 수는 표준적인 것을 나타내는 것으로 설계에서는 적절히 증가시켜도 된다.

[표 5] 일반주택의 분기회로

주택 면적 [㎡]	바람직한 분기회로 수								α (개별로 산출한 분기 회로 수)
	계		내 역						
			전등용		일반콘센트용				
					부엌용		부엌용 이외		
	110[V]	220[V]	110[V]	220[V]	110[V]	220[V]	110[V]	220[V]	
50(15평)이하	4+α	3+α	1	1	2	1	1	1	- α의 값은 주방용 대형기기(정격소비전력이 공칭전압 220[V]는 3[kW]이상, 110[V]는 1.5[kW]이상)인 냉난방 장치용 등을 필요에 따라서 증가되는 분기회로 수
70(20평)이하	5+α	3+α	1	1	2	1	2	1	
100(30평)이하	6+α	4+α	2	1	2	1	2	2	
130(40평)이하	8+α	5+α	2	1	2	2	4	2	
170(50평)이하	10+α	6+α	3	2	2	2	5	2	
170(50평)이하	11+α	7+α	3	2	2	2	6	3	

[주 1] 주택의 면적은 전용의 연 면적을 말한다.

(3) 주택의 콘센트 수

방의 크기	표준적인 설치 수	바람직한 설치 수
5[m²]	1	2
5[m²]이상 10[m²]미만	2	3
10[m²]이상 15[m²]미만	3	4
15[m²]이상 20[m²]미만	3	5
부엌	2	4

예제문제

예제 1 그림과 같은 평면도의 2층 건물에 대한 배선설계를 하기 위하여 주어진 조건을 이용하여 1층 및 2층을 분리하여 분기회로수를 결정하려고 한다. 다음 각 물음에 답하시오.

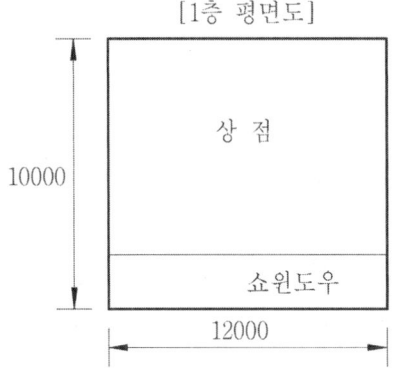
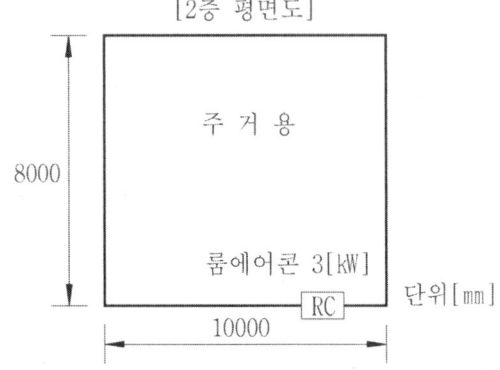

[조건]
- 분기회로는 16[A] 분기 회로로 하고 80[%] 정격이 되도록 한다.
- 배전 전압은 단상 220[V]를 기준으로 하여 적용 가능한 최대 부하를 상정한다.
- 주택 및 상점의 표준 부하는 $30[VA/m^2]$으로 한다
- 주택 1세대의 가산부하는 1층, 2층을 분리하여 분기 회로수를 결정하므로 상점과 주거용에 각각 1,000[VA]를 가산하여 적용한다.
- 상점의 쇼윈도우에 대해서는 길이 1[m] 당 300[VA]를 적용한다.
- 옥외 광고등 500[VA] 2등은 상점에 있는 것으로 하며, 하나의 전용분기회로로 한다..
- 룸에어콘은 하나의 전용 분기회로로 한다.
- 예상이 곤란한 콘센트, 접속기, 소켓 등이 있을 경우 이를 상정하지 않는다.
- 도면에 나타난 치수의 단위는 [mm]이다.

(1) 1층의 표준 부하용량은 몇 [VA]인지 계산하시오.
(2) 1층의 분기회로 수를 계산하시오.
(3) 2층의 표준 부하용량은 몇 [VA]인지 계산하시오.
(4) 2층의 분기회로 수를 계산하시오.

해설과 정답

(1) 1층 표준부하 용량 :
$P = (12 \times 10) \times 30 + 12 \times 300 + 2 \times 500 + 1000 = 9200[VA]$
- 정답 : 9,200[VA]

(2) 1층 분기회로 수 : $N = \dfrac{9200 - (2 \times 500)}{220 \times 16 \times 0.8} = 2.91[회로]$
- 16[A] 분기회로 3회로, 옥외 광고등 전용 분기회로 1회로
- 정답 : 4회로

(3) 2층 표준 부하 용량 : $P = (10 \times 8) \times 30 + 3000 + 1000 = 6400[VA]$

(4) 2층 분기회로 수 : $N = \dfrac{6400 - 3000}{220 \times 16 \times 0.8} = 1.21\,[회로]$

- 16[A] 분기회로 2회로, 룸에어콘 전용 분기회로 1회로
- 정답 : 3회로

예제 2 단상2선식 220[V]옥내 배선에서 용량 100[VA], $\cos\theta = 0.8$인 형광등 50개와 소비전력 60[W]인 백열전등 50개를 설치할 경우 최소 분기회로 수는? (단, 분기회로는 16[A]분기회로로 하며, 수용률은 80[%]로 한다.)

해설과 정답

형광등 부하와 백열전등 부하의 역률이 다르므로 반드시 유효 분, 무효 분으로 분류하여 구하여야 한다.
- 100[VA] 형광등 부하
  - 유효 전력 : $P_1 = 100 \times 50 \times 0.8 = 4000\,[W]$
  - 무효전력 : $P_{r1} = 100 \times 50 \times 0.6 = 3000\,[W]$
- 60[W] 백열전등 : 유효전력 $P_2 = 60 \times 50 = 3000\,[W]$
- 전체   피상전력 :
  $P_a = \sqrt{(P_1 + P_2)^2 + P_{r1}^2} = \sqrt{(4000 + 3000)^2 + 3000^2} = 7615.77\,[VA]$
- 분기회로 수 : $N = \dfrac{7615.77 \times 0.8}{220 \times 16} = 1.73$
- 정답 : 16[A] 분기 2회로

예제 2 그림과 같이 20[kVA]의 단상 변압기 3대를 사용하여 45[kW], 역률 0.8(지상)인 3상 전동기 부하에 전력을 공급하는 배전선이 있다. 지금 변압기 a, b의 중간 탭 n에 1선을 접속하여 an, nb 사이에 같은 수의 전구를 점등하고자 한다. 60[W] 전구를 사용할 경우 이 변압기가 과부하 되지 않는 한도 내에서 몇 등까지 점등할 수 있겠는가?

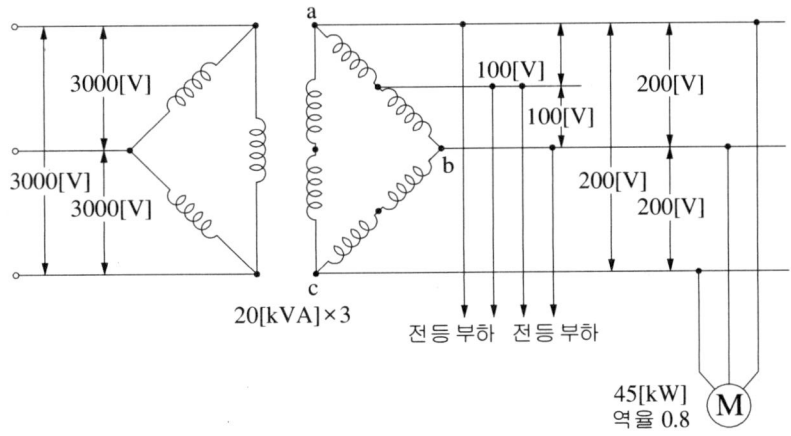

해설과 정답

- 단상 변압기 1대 유효전력 : $P = \dfrac{45}{3} = 15\,[\text{kW}]$

- 단상 변압기 1대 무효전력 : $P_r = \dfrac{15}{0.8} \times 0.6 = 11.25\,[\mathrm{kVar}]$
- 단상 변압기 1대 피상전력 : $P_a = \dfrac{15}{0.8} = 18.75\,[\mathrm{kVA}]$
- 백열전구는 $\cos\theta = 1$이므로 유효분만 적용하여 피상전력을 구하면
- 단상변압기 1대 용량(피상전력) $20 = \sqrt{(15+P')^2 + 11.25^2}\,[\mathrm{kVA}]$ 에서
- 단상변압기 1대 여유분 유효전력 : $P' = 1.53\,[\mathrm{kW}]$
- 변압기 전체 여유분 유효전력 : $P_0 = 1.53 \times \dfrac{3}{2} = 2.295\,[\mathrm{kW}]$
- 점등 개수 : $n = \dfrac{2.295 \times 10^3}{60} = 38.25$
- 정답 : 38등

PART 03 조명 설계와 예비전원 설비

1. 조명 설계
2. 각종 광원의 특성 비교
3. 조명방식 및 조명설계
4. 축전지 설비
5. 무정전 전원 공급 장치
6. 자가용 발전 설비
7. 전동기 설비

조명 설계와 예비전원 설비

1 조명 설계

1) 조명의 기초량

(1) 광속
광원에서 나오는 복사속을 눈으로 보아 빛으로 느끼는 크기를 나타낸 것

- 광속 : $F = \dfrac{1}{M}\displaystyle\int_{380}^{360} \phi(\lambda)\, J(\lambda)\, d\lambda\ [\mathrm{lm}]$

여기서, $\phi(\lambda)[\mathrm{W}]$는 스펙트럼복사속, $J(\lambda)$는 비시감도, M은 빛의 최소 일 당량이다.

(2) 조도
광속이 투사된 피조면의 단위면적당 입사광속의 크기를 타나낸 것

- 조도 : $E = \dfrac{F}{S}[\mathrm{lx}]$
- 단위 : $[\mathrm{lx}] = [\mathrm{lm/m^2}],\ [\mathrm{Ph}] = [\mathrm{lm/cm^2}]$

여기서, $F[\mathrm{lm}]$은 광원에서 발산되는 광속 중 피조 면에 입사되는 광속, $S[\mathrm{m^2}]$은 피조면의 면적이다.

(3) 광속발산도
발광면의 단위면적당 발산하는 광속밀도

- 광속발산도 : $R = \dfrac{F}{S}[\mathrm{rlx} = \mathrm{lm/m^2}]$ (S : 광원의 발산 면적 $[\mathrm{m^2}]$)

여기서, $F[\mathrm{lm}]$은 광원에서 발산되는 전체 발산 광속, $S[\mathrm{m^2}]$은 광원의 발광 면 표면적이다.

(4) 광도
광원의 어느 방향에 대한 단위 입체각 당 발산 광속 밀도

- 광도 : $I = \dfrac{F}{\omega}[\mathrm{cd} = \mathrm{lm/sr}]$

여기서, $F[\mathrm{lm}]$은 광원에서 발산되는 광속, $\omega[\mathrm{sr}]$은 입체각이다.
① 입체각 : $\omega = 2\pi(1 - \cos\theta)[\mathrm{sr}]$

② 평면 입체각 : $\omega = \pi$[sr]이므로 광속 $F = \omega I = \pi I$[lm]
③ 구면 입체각 : $\omega = 4\pi$[sr]이므로 광속 $F = \omega I = 4\pi I$[lm]

(5) 휘도
광원을 어떠한 방향에서 바라볼 때 단위투영 면적당 빛이 나는 정도

- 휘도 : $B = \dfrac{I(\theta)}{S(\theta)}$[nt] ($I(\theta)$: 광원의 θ방향 광도, $S(\theta)$: θ방향에서 바라본 광원의 면적)
- 단위 : [nt] = [cd/m^2], [Sb] = [cd/cm^2]

  여기서, $I(\theta)$는 광원의 θ 방향 광도, $S(\theta)$는 θ방향에서 바라본 광원의 면적이다.
  ⇨ 완전 확산 면 : 어느 방향에서나 휘도가 동일한 표면

(6) 평균 구면 광도
광원의 종류에 관계없이 광원의 전 광속 F[lm]을 4π로 나눈 것

- $I_0 = \dfrac{F}{4\pi}$[cd]

2) 조도계산

(1) 거리 역 제곱 법칙
광원에 의한 조도는 광원의 광도에 비례하고, 거리의 제곱에 반비례한다.

- $E = \dfrac{F}{S} = \dfrac{4\pi I}{4\pi R^2} = \dfrac{I}{R^2}$[lx]

(2) 조도의 분류
조도는 피조면에 입사하는 빛의 방향에 따라서 세 가지로 분류할 수 있다. 먼저 빛의 진행 방향에 대해서 수직인 면에 대한 조도를 법선조도라 하며, 상 방향에서 하 방향으로 빛이 입사될 때 바닥면이나 책상 면에서 형성되는 조도를 수직면 조도, 또한 상 방향에서 하 방향으로 빛이 입사될 때 나란한 방향으로 형성되는 수평면 조도로 분류할 수 있다.

① 법선 조도 : $E_n = \dfrac{I}{R^2}$[lx]

② 수평면 조도 : $E_h = E_n \cos\theta = \dfrac{I}{R^2}\cos\theta$[lx]

③ 수직면 조도 : $E_v = E_n \sin\theta = \dfrac{I}{R^2}\sin\theta$[lx]

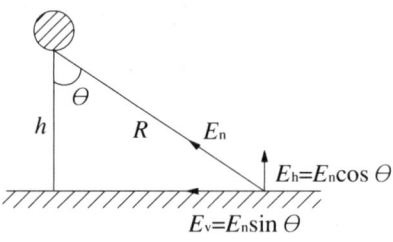

【보기】 그림과 같은 점광원으로부터 원뿔 밑면까지의 거리가 h[m]이고 밑면의 반지름이 r[m]인 원형 면 위에 투사되는 조도 및 광도를 구하시오.

- 조도 : $E = \dfrac{F_0}{S} = \dfrac{F_0}{\pi r^2}$ [lx]

- 점광원 광도 : $I = \dfrac{F}{\omega}$ [cd]

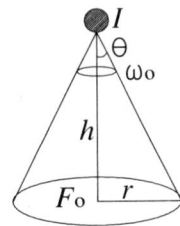

해설과 정답

점(구) 광원의 입체각 : $\omega = 4\pi$ [sr]

입체각 : $\omega_0 = 2\pi(1-\cos\theta)$ [sr]이므로

점(구) 광원과 원뿔 밑면 광속을 입체각에 의한 비례식으로 구하면

$4\pi : \omega_0 = 4\pi I : F_0$ 에서 $F_0 \times 4\pi = \omega_0 \times 4\pi I$ 이므로

원뿔 밑면 광속 $F_0 = \omega_0 I = 2\pi(1-\cos\theta)I$ [lm]

① 조도 : $E = \dfrac{F_0}{\pi r^2} = \dfrac{2\pi(1-\cos\theta)I}{\pi r^2} = \dfrac{2I(1-\cos\theta)}{r^2}$ [lx]

② 광도 : $I = \dfrac{Er^2}{2(1-\cos\theta)}$ [cd]

예제문제

예제 1 다음 그림과 같이 완전확산형의 조명 기구가 설치되어 있을 경우 A점에서의 수평면 조도 수직면 조도를 계산하시오. (단, 조명기구의 전 광속은 15,000[lm]이다.)

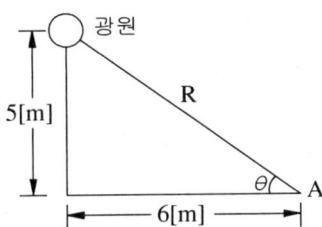

해설과 정답

- 완전확산형 광원의 입체각 : $\omega = 4\pi$ [sr]
- 광원의 광도 $I = \dfrac{F}{\omega} = \dfrac{15000}{4\pi} = 1193.66$ [cd]
- $R = \sqrt{5^2 + 6^2} = \sqrt{61}$ [m]
- 수평면 조도 : $E_h = E_n \sin\theta = \dfrac{I}{R^2}\sin\theta = \dfrac{1193.66}{(\sqrt{61})^2} \times \dfrac{5}{\sqrt{61}} = 12.53$ [lx]
- 수직면 조도 : $E_h = E_n \cos\theta = \dfrac{I}{R^2}\cos\theta = \dfrac{1193.66}{(\sqrt{61})^2} \times \dfrac{6}{\sqrt{61}} = 15.03$ [lx]
- 정답 : 수평면 조도 12.53 [lx], 수직면 조도 15.03 [lx]

예제 2 그림과 같이 높이 5[m]의 점에 있는 백열전등에서 광도 12,500[cd]의 빛이 수평거리 7.5[m]의 점 P에 주어지고 있다. 다음 각 물음에 답하시오

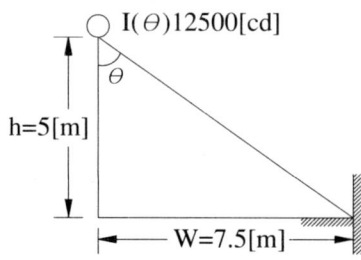

(1) P점의 수평면 조도를 구하시오
(2) P점의 수직면 조도를 구하시오

[참고자료 1] W/h에서 구한 $\cos^2\theta \cdot \sin\theta$

W	0.6h	0.7h	0.8h	0.9h	1.0h	1.5h	2.0h	3.0h	4.0h	5.0h
$\cos^2\theta\sin\theta$	0.378	0.385	0.381	0.370	0.354	0.256	0.179	0.095	0.067	0.038

[참고자료 2] W/h에서 구한 $\cos^3\theta$의 값

W	0.6h	0.7h	0.8h	0.9h	1.0h	1.5h	2.0h	3.0h	4.0h	5.0h
$\cos^3\theta$	0.631	0.550	0.476	0.411	0.354	0.171	0.089	0.032	0.014	0.008

해설 및 정답

(1) $\cos\theta = \dfrac{h}{R}$ 에서 $R = \dfrac{h}{\cos\theta}$ 이므로

- 수평면 조도 $E_h = E_n \cos\theta = \dfrac{I}{R^2}\cos\theta = \dfrac{I}{h^2}\cos^3\theta\,[\text{lx}]$ 이고

- $\dfrac{W}{h} = \dfrac{7.5}{5}$ 에서 $W = 1.5h$ 이므로 [표 2]에서 $\cos^3\theta = 0.171$을 구할 수 있다.

- 수평면 조도 $E_h = \dfrac{I}{h^2}\cos^3\theta = \dfrac{12500}{5^2} \times 0.171 = 85.5\,[\text{lx}]$

- 정답 : 85.5[lx]

(2) $\cos\theta = \dfrac{h}{R}$ 에서 $R = \dfrac{h}{\cos\theta}$ 이므로

- 수직면 조도 $E_v = E_n \sin\theta = \dfrac{I}{R^2}\sin\theta = \dfrac{I}{h^2}\cos^2\theta\sin\theta\,[\text{lx}]$ 이고

- $\dfrac{W}{h} = \dfrac{7.5}{5}$ 에서 $W = 1.5h$ 이므로 [참고자료1]에서 $\cos^2\theta\sin\theta = 0.256$을 구할 수 있다.

- 수직면 조도 $E_h = \dfrac{I}{h^2}\cos^2\theta\sin\theta = \dfrac{12500}{5^2} \times 0.256 = 128\,[\text{lx}]$

- 정답 : 128[lx]

예제 3 다음과 그림과 같은 배광곡선을 갖는 반삿갓형 수은등 400[W], 22,000[lm]을 사용할 경우 기구 직하 7[m]점에서 수평으로 5[m] 떨어진 점에서의 수평면 조도를 구하여라. (단, $\cos^{-1}0.814 = 35.5°$,
$\cos^{-1}0.814 = 35.5°$, $\cos^{-1}0.707 = 45°$, $\cos^{-1}0.593 = 54.3°$

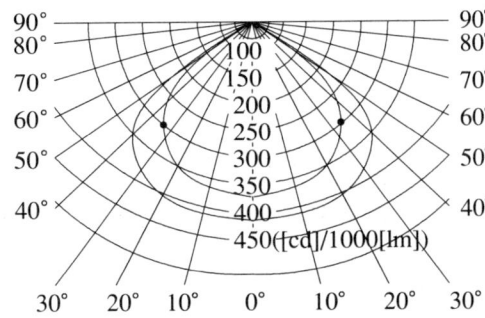

해설과 정답

- $R = \sqrt{7^2 + 5^2} = \sqrt{74}$
- $\cos\theta = \dfrac{7}{\sqrt{74}} = 0.814$에서 $\theta = \cos^{-1}0.814 = 35.5°$ 이므로
- 광도의 분포를 나타낸 배광곡선에서 광도를 구하면 $I = 300 \times \dfrac{22000}{1000} = 6600\,[\text{cd}]$를 구할 수 있다.
- 수평면 조도 $= \dfrac{I}{R^2}\cos\theta = \dfrac{6600}{(\sqrt{74})^2} \times \dfrac{7}{\sqrt{74}} = 72.6\,[\text{lx}]$
- 정답 : 72.6[lx]

예제 4 그림과 같은 점광원으로부터 수직거리가 $h = 4[m]$, $r = 3[m]$인 바닥 원형면 평균조도가 $100[lx]$일 때 원형면 위에 이 점광원의 평균 광도[cd]는 얼마인가?

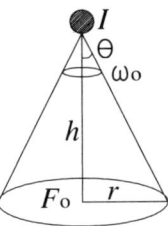

해설과 정답

- 평균 광도 $I = \dfrac{Er^2}{2(1-\cos\theta)} = \dfrac{100 \times 3^2}{2\left(1 - \dfrac{4}{5}\right)} = \dfrac{100 \times 3^2}{2 \times \dfrac{1}{5}} = \dfrac{4500}{2} = 2250\,[\text{cd}]$
- 정답 : 2,250[cd]

3) 전등 효율 및 발광 효율

(1) 전등 효율 및 발광 효율
① 전등 효율 : 광원의 단위 소비전력에 대한 광원의 전체 발산 광속의 비율
- 전등 효율 : $\eta = \dfrac{F}{P}$ [lm/W]

여기서, F[lm]은 발산광속, P[W]는 소비전력이다.

② 조명기구 효율 : $\eta = \dfrac{\text{조명기구로부터 방사되는 광속의 양[lm]}}{\text{조명기구에 부착된 램프로부터 방사되는 광속의 양[lm]}}$

③ 발광 효율 : 광원에서 방사되는 전 방사속에 대한 광속의 비율
- 발광 효율 : $\eta = \dfrac{F}{\Phi}$ [lm/W]

여기서, F[lm]은 광속, Φ[W]는 방사속이다.

④ 색온도 : 어느 광원의 광색이 어느 온도의 흑체(입사하는 모든 복사선을 완전히 흡수하는 물체) 광색과 같을 때 흑체의 온도.
⑤ 연색성 : 빛의 분광 특성이 색의 보임에 미치는 효과.
⑥ 균제도 : 일정 공간에서 빛의 균일한 분포 정도.

(2) 눈부심 요소
① 순응이 안 되거나 지연되는 경우
② 광원의 휘도가 너무 높은 경우
③ 광원이 시야의 중심에서 가까운 경우
④ 눈에 입사하는 광속이 큰 경우
⑤ 광원의 겉보기 면적이 작은 경우
⑥ 광원의 수가 너무 많은 경우
⑦ 눈의 위치에서 수직면 조도가 너무 큰 경우

(3) 눈부심 방지 대책
① 등 기구의 배광과 배치를 적절하게 조절한다.
② 광속을 상방 광속(간접, 반간접)으로 한다.
③ 등 기구 높이를 조절한다.

2 각종 광원의 특성 비교

발광 원리	광원의 종류	
온도복사에 의한 백열 발광	백열전구, 특수전구, 할로겐전구	
온도방사에 의한 연소발광	섬광전구	
루미네슨스에 의한 방전발광	저압 방전램프	형광램프, 저압나트륨램프
	고압 방전램프	고압수은램프, 고압나트륨램프
	초고압 방전램프	초고압수은램프, 크세논램프
일렉트로 루미네슨스에 의한 전계발광	EL램프, 발광다이오드	
유도방사에 의한 레이저 발광	레이저	

1) 백열전구

① 점등시간이 빠르다. ② 연색성이 좋다
③ 배광제어가 용이하다 ④ 광속 저하가 적다
⑤ 휘도가 높다 ⑥ 열방사가 크다
⑦ 수명이 짧다 ⑧ 효율이 낮다

2) 형광등

(1) 일반 형광등의 특성

① 효율이 높다 ② 광속이 크다
③ 수명이 길다 ④ 희망 광색을 얻을 수 있다
⑤ 휘도가 낮다 ⑥ 열 발생이 적다

⇨ 형광방전 램프의 점등회로

점등회로 종류	점등 원리
글로우 기동회로 (예열 기동회로)	점등관(글로우 스타터) 방전을 이용하여 필라멘트를 가열하고 열전자를 방출한 후 초크코일에서의 발생 고전압을 이용하여 램프를 점등시키는 것.
속시 기동회로	안정기에 부설된 전극 가열용 권선으로 램프 전극을 예열하여 전극이 전자 방출에 필요한 충분한 온도 도달 했을 때 전극 간에 충분한 전압을 가하여 램프를 즉시 점등시키는 것.
순시 기동회로 (슬림라인 형광램프)	자기 누설변압기를 사용하여 램프 양쪽 전극 간에 충분히 높은 전압을 가하여 필라멘트의 예열 없이 순간적으로 점등시키는 것.
고주파 기동회로	반도체 소자와 변압기, 쵸크 코일, 커패시터 등의 전부 또는 일부를 조합한 인버터에 의해 20~50[kHz]의 고조파를 발생시켜 점등시키는 것.
수동식 기동회로	예열 기동회로와 같은 구조로서 예열 기동회로에서의 바이메탈 대신 수동식 누름스위치를 이용하여 램프를 점등시키는 것.

(2) 슬림라인 형광등의 특성
열음극 형광등과 비교하여 다음과 같은 장점과 단점이 있다.
① 슬림라인 형광등의 장점
　㉮ 순시 기동이므로 점등시간이 짧다.
　㉯ 필라멘트 예열이 필요 없으므로 기동장치가 필요 없다.
　㉰ 양광주가 길어 효율이 좋다.
　㉱ 점등 불량 등으로 인한 고장이 적다.
　㉲ 베이스 핀이 1개이므로 부착 및 철거가 간단하다.
② 슬림라인 형광등의 단점
　㉮ 전력손실이 크다.
　㉯ 2차 전압이 높으므로 점등장치가 비싸다.
　㉰ 기동 시 고전압이 전극에 걸리므로 수명이 짧다.
　㉱ 발열이 심하다.

(3) T-5형광등의 특성
관경이 15.5~16[mm]로 작아진 최신형 세관형 램프로 기존 일반 형광등에 비해 다음과 같은 특성이 있다.
① 기존 형광램프에 비해 에너지 절약은 25[%], 광속은 15[%] 향상된다.
② 연색성이 우수하다.
③ 플리커 현상이 적다.
④ 수명은 기존 형광램프보다 1.5배 상승한다. (약 1,600시간)
⑤ 열 발생이 적다.
⑥ 발광 효율이 높다. (T-8 대비 약 10[%] 증가)
⑦ 소형화할 수 있다. (직경 25[mm]인 기존 FL 32[W] 램프보다 40[%] 소형화)
⑧ 경제성이 높고, 친환경적이다.

(4) LED 램프의 특성
① 에너지 효율이 높다.
② 전력 소모가 적다.
③ 수명이 길다.
④ 발열 및 자외선이 적다.
⑤ 친환경적이다.
⑥ 높은 내구성으로 외부 충격에 강하다.

3) 고 휘도 방전램프(HID램프)

(1) 고 휘도 방전램프(HID램프)의 비교

종류	고압수은등	고압나트륨등	메탈할라이드등
효율[lm/W]	40 ~ 55	100 ~ 170	70 ~ 105
수명[h]	1000 ~ 1200	6000 ~ 9000	6000
점등부속장치	안정기 등 부속장치가 필요하다.		
특징	• 가격이 저렴하다 • 광속이 크다. • 수명이 길다 • 휘도가 높다. • 배광제어가 용이하다. • 연색성이 떨어진다. • 시동·재시동에 수 분간의 시간이 걸린다. • 보수 금액이 많이 든다.	• 효율이 좋다. • 광속이 크다. • 수명이 길다. • 미관상 좋다. • 점등방향이 자유롭다. • 연색성이 떨어진다. • 수은등에 비해 고가이다. • 시력장애 및 피로감을 유발하므로 해롭다.	• 광속이 크다. • 연색성이 좋다. • 수명이 길다. • 효율이 높다. • 점등 방향이 자유롭다. • 수은등에 비해 고가이다. • 시동전압이 크다. • 점등 시간이 수은등과 비슷하다.
용도	가로등, 높은 천장 공장, 공원, 광장 실내·외 경기장	터널, 공항, 교량 안개지역, 해안지역 기타 미관상 필요 지역	높은 천장, 옥외조명 야간 운동경기장 · 실내조명

(2) 각종 광원의 효율

① 고압나트륨등 : 100 ~ 170[lm/W]
② 저압나트륨등 : 80 ~ 110[lm/W]
③ 메탈할라이드등 : 75 ~ 105[lm/W]
④ 형광등 : 48 ~ 80[lm/W]
⑤ 수은등 : 30 ~ 55[lm/W]
⑥ 할로겐램프 : 20 ~ 22[lm/W]
⑦ 백열전구 : 7 ~ 22[lm/W]

4) 기타광원

(1) 할로겐램프

① 용량 : 20 ~ 1500[W]
② 효율 : 20 ~ 22[lm/W]
③ 수명 ; 2,000 ~ 3,000[h]
④ 용도 : 경기장, 광장 등의 투광조명, 영사기용 조명
⑤ 할로겐램프의 특성 :
  • 초소형, 경량의 전구이다.
  • 단위 광속이 크고 수명이 길다.
  • 배광제어가 용이하며, 흑화가 거의 일어나지 않는다.
  • 점등 부속장치(안정기)가 필요 없다.

(2) 적외선전구
① 용량 : 250[W], 375[W] ② 효율 : 75[%]
③ 필라멘트 온도 : 2,200 ~ 2,500[°K] ④ 빛의 파장 : 1~3[μm]
⑤ 용도 : 적외선에 의한 가열 및 건조

5) 플리커 현상의 방지 대책

(1) 플리커 현상의 발생원인(백열전구)
① 공급전압이 정격전압 이하로 낮아지는 경우
② 공급전압 및 전류에 고조파 성분이 포함된 경우
③ 점등상태에서 필라멘트의 온도가 내려간 경우
④ 외부 진동이나 자장의 변화로 인한 필라멘트의 진동

(2) 플리커 현상 방지 대책

구분	방지 대책
전력 공급 측	① 전용 계통으로 공급 ② 단락용량이 큰 계통에서 공급 ③ 전용 변압기로 공급 ④ 공급 전압의 승압
수용가 측	① 전원 계통에 리액턴스 성분을 보상 : 직렬콘덴서, 3권선 변압기 채용 ② 전압강하를 보상 : 부스터, 상호보상리액터 설치 ③ 단주기 전압변동에 대한 무효전력 흡수 : 동기조상기와 사이리스터용 리액터 채용 ④ 플리커 부하전류의 변동분 억제 : 직렬리액터, 직렬리액터 가포화방식 채용
전동기 부하	① 시동장치의 채용 ② 플라이휠의 채용

3 조명방식 및 조명설계

1) 조명방식의 종류

(1) 천장에 설치하는 것
① 광 천장 조명 : 천장 면에 확산 투과재인 메탈 아크릴수지판 등을 붙이고 그 내부에 광원을 배치하여 조명하는 방식.
② 루버 조명 : 천장 면에 루버 판을 부착하고 그 내부에 광원을 배치하여 시야 범위 내에 광원이 노출되지 않도록 조명하는 방식.

③ 코브 조명 : 천장 면에 플라스틱 등을 이용하여 활 모양으로 굽힌 곳에 램프를 감추고 간접조명을 이용하여 그 반사광으로 채광하는 조명하는 방식.

(2) 천장에 매입하는 것
① 광량 조명 : 일종의 라인라이트 조명으로 연속 열 등 기구를 천장에 매입 설치하여 조명하는 방식.
② 코퍼 조명 : 천장 면을 여러 형태의 사각, 동그라미 등으로 오려내고 다양한 형태의 매입 기구를 취부하여 실내의 단조로움을 피하는 조명 방식.
③ 다운라이트 조명 : 천장 면에 작은 구멍을 뚫어 그 속에 여러 형태의 매입 기구를 아래쪽 면으로의 개방형, 루버형, 확산형, 반사형 전구 등의 등 기구를 매입하여 조명하는 방식.

(3) 벽면에 설치하는 것
① 코니스 조명 : 코너 조명과 같은 벽면 상방 모서리에 건축적으로 둘레 턱을 만들어 그 내부에 등 기구를 배치하여 조명하는 방식
② 밸런스 조명 : 벽면을 밝은 광원으로 조명하는 방식으로 숨겨진 램프의 직사 광속이 하향 광속은 아래쪽 벽의 커튼을, 상향 광속은 천장 면을 조명하므로 분위기 조성에 효과적인 조명 방식.
③ 광벽 조명 : 지하실 또는 자연광이 들어오지 않는 실내에 조명하는 방식.

2) 조명의 분류

구분	종류
배광에 의한 분류	직접조명 방식, 반직접조명 방식, 전반확산조명 방식, 간접조명 방식, 반간접조명 방식
기구 의장에 따른 분류	단등 방식, 다등 방식, 연속열 방식, 평면 방식
기구 배치에 따른 분류	전반조명, 국부조명, 전반·국부 병용조명, 중점배열 전반조명

(1) 기구 배광에 의한 조명방식의 분류
① 직접 조명 : 발산 광속 중 90 ~ 100[%]가 작업 면을 직접 조명하는 기구
② 간접 조명 : 발산 광속 중 상향 광속이 90 ~ 100[%]가 되고 하향 광속이 10[%] 정도로 하여 거의 대부분의 광속을 상 방향으로 확산시키는 방식.
③ 반직접 조명 : 발산 광속 중 상향 광속이 10 ~ 40[%]가 되고 하향 광속이 60 ~ 90[%] 정도로 하여 하향 광속은 작업 면에 직사시키고, 상향 광속은 천장, 벽 면 등에 반사되고 있는 반사광으로 작업 면의 조도를 증가시키는 방식.

④ 반간접 조명 : 광속 중 상향 광속이 60 ~ 90[%]가 되고 하향 광속이 10 ~ 40[%] 정도인 조명방식.
⑤ 전반 확산 조명 : 상향 광속과 하향 광속이 거의 동일하므로 하향 광속은 직접 작업 면에 직사시키고, 상향 광속의 반사광으로 작업면의 조도를 증가시키는 방식.

(2) 기구 배치에 의한 조명방식 분류
① 전반 조명 : 조명 기구를 일정한 높이 및 간격으로 배치하여 방 전체의 조도를 균일하게 조명하는 방식.
② 국부조명 : 작업 면상의 필요한 장소, 즉 어떤 특별한 면을 부분 조명하는 방식.

3) 실지수(방지수)

조명률 산출 시 필요한 실지수란 방의 크기와 형태를 나타내는 척도로서 그 계산법은 다음과 같은 3가지 방법이 있다.

(1) 실지수 계산식
방의 크기와 모양에 대한 광속의 이용 척도로 광원에서 피조면상까지의 높이 H에 반비례한다.

① 실지수 $= \dfrac{\text{천장 바닥 넓이}}{\text{벽 넓이}} = \dfrac{2XY}{2H(X+Y)} = \dfrac{XY}{H(X+Y)}$

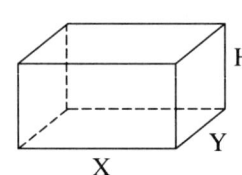

- $X[\text{m}]$: 방의 폭
- $Y[\text{m}]$: 방의 길이
- $H[\text{m}]$: 광원에서 피조면(작업 면)상까지의 높이
- 천장, 바닥의 넓이 : 2XY
- 벽의 넓이 : 2XY + 2YH = 2H(X+Y)

② 실계수 $= \dfrac{XY}{Z(X+Y)}$

여기서, $Z[\text{m}]$는 방바닥에서 광원까지의 높이, $X[\text{m}]$는 방의 폭, $Y[\text{m}]$는 방의 길이이다.

(2) 실지수도에 의한 계산
① 실지수도 해석법

$\dfrac{X}{H}$, $\dfrac{Y}{H}$의 값을 계산하고 다음 그래프에 의하여 실지수를 구할 수 있다. 예를 들어 $\dfrac{X}{H} = 6$이고, $\dfrac{Y}{H} = 5$라면 $\dfrac{X}{H} = 6$인 점과 $\dfrac{Y}{H} = 5$인 점간에 파선을 그어 파선이 자르고 지나는 점의 기호를 읽어 구하면 된다. 파선이 실지수 기호를 정확히 자르지 않는 경우는 파선에 가까운 곳에 위치한 기호를 읽어 구하면 된다. 또한 실지수를 기호를 계산식에 의하여 구할 경우에는 그 계산식 결과 값에 더 근접한 값을 기준으로 하여 실지수 기호를 선정한다.

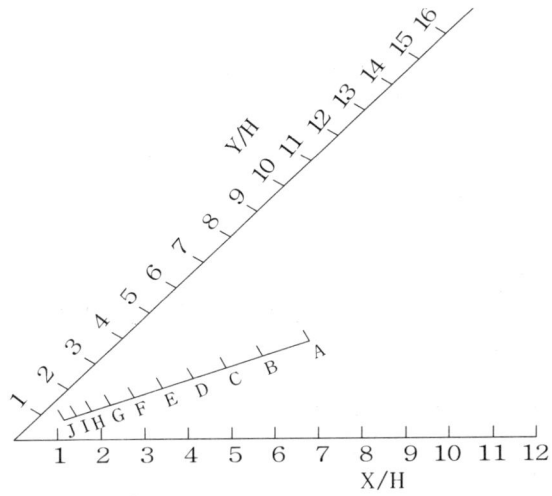

② 실지수와 분류 기호 표

기호	A	B	C	D	E	F	G	H	I	J
실지수	5.0	4.0	3.0	2.5	2.0	1.5	1.25	1.0	0.8	0.6
범위	4.5 이상	4.5~3.5	3.5~2.75	2.75~2.25	2.25~1.75	1.75~1.38	1.38~1.12	1.12~0.9	0.9~0.7	0.7 이하

(3) 구역 공간 법에 의한 실지수 계산

어떠한 방을 천장과 조명 기구 사이의 천장 공간, 조명 기구와 작업 면 사이의 방 공간, 작업 면과 바닥 사이의 바닥 공간을 구분하여 다음과 같이 구할 수 있다.

- 실지수 $= \dfrac{5H(X+Y)}{XY}$

여기서, X [m]는 방의 폭, Y [m]는 방의 길이, H [m]는 천장 공간, 방 공간, 바닥 공간의 높이이다.

4) 조명설계 기본 식

조명 설계의 기본은 피조면이 정해진 후 원하는 조도를 얻기 위해서 필요한 광속을 증가시키는 것이다.

따라서 광원 하나에서 발산되는 광속이 부족할 경우 광원의 개수를 늘려서 총 광속을 증가시키면 된다.

그런데 광속의 이용률이나 감광보상율 등을 고려하여야 하므로 다음과 같은 기본 식이 성립한다.

① 조명설계 기본 식 : $NFU = ESD$
- N [개] : 광원의 등수

- F [lm] : 광원의 광속
- U : 조명률(광속 이용률) = $\dfrac{\text{피조면의 입사광속}}{\text{광원의 총 광속}}$
- E [lx] : 피조면의 조도
- S [m²] : 피조면(작업 면)의 넓이
- D : 감광보상율 = $\dfrac{1}{\text{광원의 광속유지율(보수율)}}$

➡ 감광보상율 : 광원의 광속이 시간의 경과 및 먼지 등으로 인한 광속의 감소 정도를 예상하여 광원 소요 광속에 어느 정도의 여유를 주는 것이므로 초기 조도 계산 시에는 고려하지 않는 것에 주의할 것.

② 등기구의 수(N) = $\dfrac{\text{필요한 총광속}}{\text{등기구당 광속}} = \dfrac{ESD}{FU}$ [등]

예제문제

예제 1 폭 20[m], 길이 30[m], 천장높이 4.85[m]인 실내에서 작업 면 평균조도를 300[lx]로 하려고 한다. 실내 조명률이 50[%], 유지율 70[%]이고 32[W] 형광등의 전 광속은 2,890[lm]이며, 작업 면 높이가 0.85[m]일 경우 실지수와 등 기구 수량을 구하시오. 또한 이상적인 등 기구 배열을 위해서는 몇 등이 필요한가? 단, 32[W] 형광등은 2등용으로 한다.

해설 · 정답

① 실지수
- 작업 면 높이 : $H = \text{천장 높이} - \text{작업면 높이} = 4.85 - 0.85 = 4$ [m]
- 실지수 : $G = \dfrac{XY}{H(X+Y)} = \dfrac{20 \times 30}{4(20+30)} = 3$
- 정답 : 3

② 등 기구 수
- 조명설계 기본 식 : $NFU = SED$
- 등 기구 수 : $N = \dfrac{ESD}{FU} = \dfrac{300 \times (20 \times 30) \times \dfrac{1}{0.7}}{(2890 \times 2) \times 0.5} = 88.98$ [등]
- 정답 : 89등

③ 실내 폭과 길이가 각각 20[m], 30[m]이므로 이에 비례한 등 기구 배열을 위해서는 폭과 길이 비율이 2대 3이므로 8×12 배열이 합당하다. 따라서 7등을 추가한 96등을 배치하는 것이 이상적이다.
- 정답 : 96등

예제 2 가로 12[m], 세로 18[m], 천장높이 3[m], 작업면 높이 0.8[m]인 사무실이 있다. 여기에 천장 직부 형광등기구 (T5 22[W] × 2등용)를 설치하고자 한다. 다음 각 물음에 답하시오.

[조건]
- 작업면 요구 조도 500[lx], 천장 반사율 50[%], 벽면 반사율 50[%], 바닥반사율 10[%]

이고, 보수율 0.7, T5 22[W] 1등의 광속은 2500[lm]으로 본다.
- 조명률 기준 표

반사율	천장	70[%]				50[%]				30[%]			
	벽	70	50	30	20	70	50	30	20	70	50	30	20
	바닥	10				10				10			
실지수		조명율[%]											
1.5		64	55	49	43	58	51	45	41	52	46	42	38
2.0		69	61	55	50	62	56	51	47	57	52	48	44
2.5		72	66	60	55	65	60	56	52	60	55	52	48
3.0		74	69	64	59	68	63	59	55	62	58	55	52
4.0		77	73	69	65	71	67	64	61	65	62	59	56
5.0		79	75	72	69	73	70	67	64	67	64	62	60

(1) 비상용 조명을 건축기준법에 따른 형광등으로 하고자 할 때 이것을 일반적인 경우의 그림 기호로 표현하시오.
(2) 일반용 조명으로 HID등(수은등으로서 용량 400W)을 사용한다고 할 때 그 그림 기호를 그리시오
(3) 실지수를 구하시오.
(4) 조명률을 구하시오.
(5) 설치 등기구의 최소 수량을 구하시오.
(6) 형광등의 입력과 출력은 같다. 1일 10시간 연속 점등할 경우 30일간의 최소 소비전력량을 구하시오

해설과 정답

(1) 정답 :

(2) 정답 : ◯H400

(1) 실지수
- 작업면 높이 : $H = 3 - 0.8 = 2.2 [\text{m}]$
- 실지수 $= \dfrac{XY}{H(X+Y)} = \dfrac{12 \times 18}{2.2 \times (12+18)} = 3.27$
- 정답 : 3.27

(2) 실지수가 3.27이므로 실지수 3.0에서 천장 반사율 50[%], 벽면 반사율 50[%], 바닥 반사율 10[%]를 고려하여 조명률을 구하면 된다.
- 정답 : 63[%]

(3) 등 기구 수량
- 전등 수 $N = \dfrac{ESD}{FU} = \dfrac{500 \times (12 \times 18) \times \dfrac{1}{0.7}}{(2500 \times 2) \times 0.63} = 48.98$
- 정답 : 49등

(4) 소비전력량
- 소비 전력량 : $W = Pt = 22 \times 2 \times 49 \times 10 \times 30 \times 10^{-3} = 646.8 [\text{kWh}]$
- 정답 : 646.8[kWh]

3) 시설도로조명의 계산식

(1) 도로 조명 시 성능 상 고려 사항
① 노면 조도 및 평균 휘도가 충분히 높고 일정할 것.
② 조명 기구의 눈부심이 충분히 제한되어 있을 것.
③ 노면 휘도의 균제도가 좋을 것.
④ 유도성을 높여 도로 진행 방향, 굴곡 상황, 위험 개소를 예고할 수 있도록 할 것.
⑤ 조명 시설이 도로나 그 주변 경관을 해치지 않도록 할 것.
⑥ 조명의 광원 색, 연색성이 적절할 것.

(2) 도로조명 설계 시 고려 사항
① 노면 평균 휘도
② 램프 광속
③ 기구 배열에 의한 계수
④ 차도 폭
⑤ 조명기구 설치 간격
⑥ 평균 조도 환산 계수
⑦ 조명률
⑧ 보수율

(3) 도로조명 방법
① 한쪽 배열
② 중앙 배열
③ 양쪽 배열(대칭 배열, 마주보기 배열, 컷오프형)
 ⇨ 컷 오프(Cut Off)형 : 주행하는 차량의 운전자에게 눈부심을 주지 않도록 눈부심을 제한한 배광 형식
④ 지그재그 배열

(4) 컷오프형 등기구별 차도 폭(W)에 따른 높이 및 간격

구분	한쪽배열	중앙배열	양쪽배열	지그재그배열
등주 높이 H	1.0W 이상	0.7W 이상	0.5W 이상	0.5W 이상
등주 간격 S	3H 이하	3H 이하	3H 이하	3H 이하

(5) 등주가 도로 중앙이나 한쪽에만 배치된 경우
도로 폭과 등 기구 간격이 일정하므로 등 기구 수 $N=1$에 대한 피조면의 면적 $S=ab[\text{m}^2]$만을 고려하여 계산하면 된다.

- 1등 당 소요 광속 : $F = \dfrac{EabD}{NU} = \dfrac{EabD}{U}[\text{lm}]$
- $E\,[\text{lx}]$: 노면의 평균조도
- $a\,[\text{m}]$: 광원의 간격
- $b\,[\text{m}]$: 도로의 폭,

- D : 광원의 감광보상율 = $\dfrac{1}{\text{광원의 광속 유지율(보수율)}}$
- U : 조명률(광속 이용률) = $\dfrac{\text{피조면의 입사 광속}}{\text{광원의 총광속}}$

(6) 등주가 양쪽이나 지그재그식과 같이 도로 양쪽에 배치된 경우

도로 폭과 등 기구 간격이 일정하면서 등 기구가 2배가 되므로 등 기구 수 $N=1$에 대한 피조면의 면적

$S = \dfrac{1}{2}ab\,[\text{m}^2]$을 고려하여 계산하면 된다.

- 1등 당 소요광속 : $F = \dfrac{E\dfrac{1}{2}abD}{NU} = \dfrac{EabD}{2U}\,[\text{lm}]$

예제문제

예제 1 폭 30[m]인 도로 양쪽에 지그재그식으로 300[W]의 고압 수은등을 배치하여 도로 평균 조도를 5[lx]로 하려고 한다. 각 등의 간격 a[m]를 구하시오. (단, 조명률은 0.32, 감광보상율은 1.3, 수은등의 광속은 5500[lm]이며, 소수 점 이하는 버린다.)

해설과 정답

- 지그재그 식 배열 : $S = \dfrac{1}{2}ab\,[\text{mm}^2]$
- 조명설계 기본 식 : $NFU = ESD = E\dfrac{1}{2}abD$
- 광원 간격 : $a = \dfrac{2NFU}{EbD} = \dfrac{2 \times 1 \times 5500 \times 0.32}{5 \times 30 \times 1.3} = 18.05\,[\text{m}]$
- 정답 : 18[m]

예제 2 차도 폭이 20[m]인 도로에 250[W] 메탈할라이드 램프와 10[m] 등주를 양측에 대칭배열로 설치하여 조도를 22.5[lx]로 유지하고자 한다. 다음 각 물음에 답하시오. 단, 조명률 0.5, 감광보상율은 1.5, 250[W] 메탈할라이드 램프의 광속은 20,000[lm]으로 적용한다.
(1) 등주 간격을 구하시오. 단, 소수점 이하는 버린다.
(2) 차량의 눈부심 방지를 위하여 등 기구를 컷오프형으로 선정할 경우 이 도로의 등주 간격을 구하시오.
(3) 보수율을 구하시오.

해설과 정답

(1) 등주 간격

- 조명설계 기본 식 : $NFU = ESD = E\dfrac{1}{2}abD$

- 등주 간격 : $a = \dfrac{2NFU}{EbD} = \dfrac{2 \times 1 \times 20{,}000 \times 0.5}{22.5 \times 20 \times 1.5} = 29.63\,[\mathrm{m}]$

- 정답 : 29[m]

(2) 컷오프형 등주 간격

- 컷오프형 배열의 경우 등주 간격 S는 등주 높이 H에 대해 3H 이하이므로
- 등주 간격 $S = 3\mathrm{H} = 3 \times 10 = 30\,[\mathrm{m}]$
- 정답 : 30[m]

(3) 감광보상율 = $\dfrac{1}{\text{광원의 광속 유지율(보수율)}}$

- 보수율 = $\dfrac{1}{\text{감광보상률}} = \dfrac{1}{1.5} = 0.67$

- 정답 : 0.67

예제 ③ 폭 24[m] 공장 내 도로 양쪽에 30[m]의 간격마다 지그재그 식으로 가로등을 배치하여 노면 평균 조도를 5[lx]로 하자면, 수은등은 몇 [W]의 것을 사용하면 되는가? (단, 노면 광속 이용률 30[%], 등 기구 유지율은 76[%]로 하고 수은등의 광속 표는 다음과 같다)

크기 [W]	램프 전류 [A]	전 광속 [lm]
100	1.0	3,200~4,000
200	1.9	7,700~8,500
250	2.1	10,000~11,000
300	2.5	13,000~14,000
400	3.7	18,000~20,000

해설과 정답

- 지그재그 식 배열이므로 등 기구 1개당 피조면의 면적이 $\dfrac{1}{2}$ 이 된다.

- 조명설계 기본 식 : $NFU = ESD = E\dfrac{1}{2}abD$

- 광속 $F = \dfrac{ESD}{NU} = \dfrac{5 \times \dfrac{1}{2} \times 24 \times 30 \times \dfrac{1}{0.76}}{1 \times 0.3} = 7894.74\,[\mathrm{lm}]$

- 정답 : 200[W] 선정

4) 조명기구의 배치 결정

(1) 광원의 높이

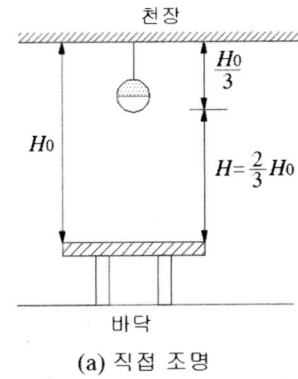
(a) 직접 조명

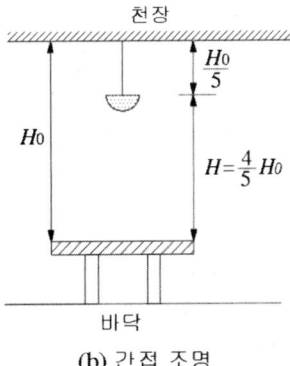
(b) 간접 조명

① 직접조명

- 광원 높이 : $H = \dfrac{2}{3}H_0 \,[\text{m}]$

   여기서, H_0는 피조면(작업 면)에서 천장까지의 높이이다.

- 광원의 간격 : $S \leq H \,[\text{m}]$

② 간접조명

- 광원 높이 : $H = \dfrac{4}{5}H_0 \,[\text{m}]$

   여기서, H_0는 피조면(작업 면)에서 천장까지의 높이이다.

- 광원의 간격 : $S \leq 1.5H_0 \,[\text{m}]$

- 간접 및 반간접 조명 시 천장과 등 기구 간 거리 : $H_1 \leq \dfrac{1}{5}S \,[\text{m}]$

(2) 전반 조명 시 광원의 간격

① 광원 상호간의 간격 : $S \leqq 1.5H_0 \,[\text{m}]$

   여기서, H_0는 피조면(작업면)에서 광원까지의 높이이다.

② 벽과 광원 사이의 간격

- 벽 측을 사용하지 않을 경우 : $S_0 \leq \dfrac{H_0}{2} \,[\text{m}]$

- 벽 측을 사용할 경우 : $S_0 \leq \dfrac{H_0}{3} \,[\text{m}]$

예제문제

예제 1 간접조명 방식에서 천장 밑의 휘도를 일정하게 유지하기 위한 조명설계를 하고자 한다. 다음 각 물음에 답하시오. 단, 천장 높이 2.85[m], 작업 면 높이 0.85[m]인 실내이다.
(1) 등 기구 간의 간격을 구하시오.
(2) 조명설계 시 적용하는 광원의 높이를 쓰시오
(3) 천장과 등 기구 간의 거리를 구하시오.

해설과 정답

(1) 등 기구 사이의 간격
- $S \leq 1.5H_0 = 1.5 \times 2 = 3[m]$
- 정답 : 3[m]

(2) 직접조명의 경우 작업 면에서 광원까지의 높이를 광원의 높이로 하지만, 간접 조명의 경우 광원의 위치에 관계없이 천장에서 반시되어 내려오는 빛을 이용하므로 작업 면에서 천장까지의 높이를 광원의 높이로 한다.
- 정답 : 2[m]

(3) 간접 조명의 경우 천장과 광원 간의 높이는 $H_1 = \dfrac{1}{5}S[m]$로 한다.
- $H_1 = \dfrac{1}{5}S = \dfrac{1}{5} \times 3 = 0.6[m]$
- 정답 ; 0.6[m]

예제 2 다음 도면과 같은 철골 공장에 백열등 전반 조명 시 작업면의 평균 조도 200[lx]를 얻기 위한 광원의 소비 전력[W]을 구하려고 한다. 주어진 조건과 참고자료를 이용하여 다음 각 물음에 답하고 순차적으로 구하도록 하시오.

[도면]

[조건]
- 천장, 벽면의 반사율은 30[%]이다.
- 조명 기구는 금속 반사갓 직부형이다.
- 감광보상률은 보수 상태 "양"으로 적용한다.
- 광원은 천장 면 하 1[m]에 부착한다.
- 천장의 높이는 9[m]이다.
- 배광은 직접 조명으로 한다

[참고자료 1] 전등의 용량에 따른 광속

용 량[W]	광속[lm]
100	3,200 ~ 3,500
200	7,700 ~ 8,500
300	10,000 ~ 11,000
400	13,000 ~ 14,000
500	18,000 ~ 20,000
1000	21,000 ~ 23,000

[참고자료 2] 실지수 분류 기호

기 호	A	B	C	D	E	F	G	H	I	J
실지수	5.0	4.0	3.0	2.5	2.0	1.5	1.25	1.0	0.8	0.6
범 위	4.5 이상	4.5~3.5	3.5~2.75	2.75~2.25	2.25~1.75	1.75~1.38	1.38~1.12	1.12~0.9	0.9~0.7	0.7 이하

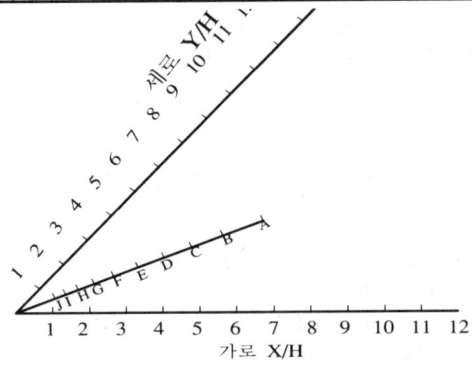

[실지수 도표]
[주] 여기서, 가로는 방의 폭 50[m], 세로는 방의 길이 25[m]를 나타낸다.

[참고자료 3] 조명률, 감광 보상률 및 설치 간격

번호	배광 설치간격	기구의 예	감광보상률 (D) 보수 상태 양 중 부	반사율 천장 벽 실지수	0.75 0.5 0.3 0.1	0.50 0.5 0.3 0.1	0.30 0.3 0.1
(1)	간접 ↑0.80 ↓0 s≤1.2H	전 구 1.5 1.7 2.0 형광등 1.7 2.0 2.5	J0.6 I0.8 H1.0 G1.25 F1.5 E2.0 D2.5 C3.0 B4.0 A5.0	16 13 11 20 16 15 23 20 17 28 23 20 29 26 22 32 29 26 36 32 30 38 35 32 42 39 36 44 41 39	12 10 08 15 13 11 17 14 13 20 17 15 22 19 17 24 21 19 26 24 22 28 25 24 30 29 27 33 30 29	06 05 08 07 10 08 11 10 12 11 13 12 15 14 16 15 18 17 19 18
(2)	직접 ↑0 ↓0.75 s≤1.3H	전 구 1.3 1.5 1.8 형광등 1.4 1.7 2.0	J0.6 I0.8 H1.0 G1.25 F1.5 E2.0 D2.5 C3.0 B4.0 A5.0	34 29 26 43 38 35 47 43 40 50 47 44 52 50 47 58 55 52 62 58 56 64 61 58 67 64 62 68 66 64	32 29 27 39 36 35 41 40 38 44 43 41 46 44 43 49 48 46 52 51 49 54 52 51 55 53 52 56 54 53	29 27 36 34 40 38 42 41 44 43 47 46 50 49 51 50 52 52 54 52

(1) 광원의 높이는 몇 [m]인지 구하시오.
(2) 실지수의 기호와 실지수를 구하시오.
(3) 조명률을 선정하시오.
(4) 감광보상률을 선정하시오.
(5) 전 광속[lm]을 구하시오.
(6) 전등 한 등의 광속[lm]을 구하시오.
(7) 전등 한 등의 용량[W]을 선정하시오.

해설과 정답

(1) 광원 높이 : H = 9−1 = 8[m]

(2) 실지수 : $G = \dfrac{XY}{H(X+Y)} = \dfrac{50 \times 25}{8(50+25)} = 2.08$

- 참고자료 1에서 실지수 기호는 E
- 정답 : 실지수 2.08, 실지수 기호 E

⇨ 실지수 도표 이용 실지수 기호 산출

- $\dfrac{X}{H} = \dfrac{50}{8} = 6.25$, $\dfrac{Y}{H} = \dfrac{25}{8} = 3.13$
- $\dfrac{X}{H} = 6.25$인 점과 $\dfrac{Y}{H} = 3.13$인 점간에 실선을 그어 실선이 자르는 점의 기호 E를 읽어 구할 수 있다.

(3) 참고자료 [표 3]에서 직접조명, 전구, 실지수 E, 천장, 벽 반사율 30[%]란에서 조명률 47[%] 선정
- 정답 : 조명률 47[%]

(4) 참고자료 [표 3]에서 직접조명, 전구, 보수 상태 양이므로 감광보상률 1.3 선정
- 정답 : 감광보상률 1.3

(5) 전 광속 : $NF = \dfrac{ESD}{U} = \dfrac{200 \times (50 \times 25) \times 1.3}{0.47} = 691489.36 [\text{lm}]$
- 정답 : 691,489.36[lm]

(6) 1등 당 광속
- 등수 N = 32개이므로 $F = \dfrac{691489.36}{32} = 21609.04 [\text{lm}]$
- 정답 : 21,609.04[lm]

(7) 백열전구의 크기
- 참고자료 [표 1]의 전등 특성 표에서 21000±2100[lm]인 1000[W] 선정
- 정답 : 1,000[W]

(3) 조명기구 배치 설계 순서

① 조명설계 기본 식에 의한 등기구의 개수를 구한다.
② 피조면의 가로, 세로 길이에 비례하여 등 기구를 비례 분배한다.
③ 피조면의 가로, 세로 길이를 등 기구 개수로 나누어 등 기구 간의 간격을 설정한다.
④ 위 ③에 의한 등 기구 배치가 배광방식에 따른 "광원간의 간격, 광원과 벽간의 간격" 조건을 만족 하는 경우는 ③에 의한 배치를 하지만, 조건을 만족하지 않을 경우는 적당히 가감 조절 하여 등 기구를 배치한다.

[보기 1] F40[W] 32등을 가로 20[m], 세로 10[m]인 실내에 배치할 때 광원간의 간격 및 광원과 벽간의 간격을 설정하시오.(단, 피조 면에서 광원까지의 높이는 3[m]로 하고 등기구 심벌은 ○로 한다.)

해설과 정답

① 피조면의 가로, 세로 길이에 비례하여 분배한 광원 배열 : 8(가로)× 4(세로)배열
② 피조면의 길이에 비례 분배한 광원 간, 광원과 벽간의 간격
- 광원간의 간격 : $S_{가로} = \dfrac{20}{8} = 2.5[m]$ $S_{세로} = \dfrac{10}{4} = 2.5[m]$
- 광원과 벽간의 간격 : $S_{0가로} = \dfrac{2.5}{2} = 1.25[m]$ $S_{0세로} = \dfrac{2.5}{2} = 1.25[m]$

③ 배광방식 조건에 의한 광원 간, 광원과 벽간 간격
- 광원간의 간격 : $S \leq 1.5H = 1.5 \times 3 = 4.5[m]$
- 광원과 벽간의 간격 : $S_0 \leq 0.5H = 0.5 \times 3 = 1.5[m]$

④ ②에 의한 등 기구 배치가 배광방식에 따른 "광원간의 간격, 광원과 벽간 간격"에 대한 3)의 조건을 만족하므로 광원 간 간격 및 광원 벽간 간격은 다음과 같이 설정할 수 있다.

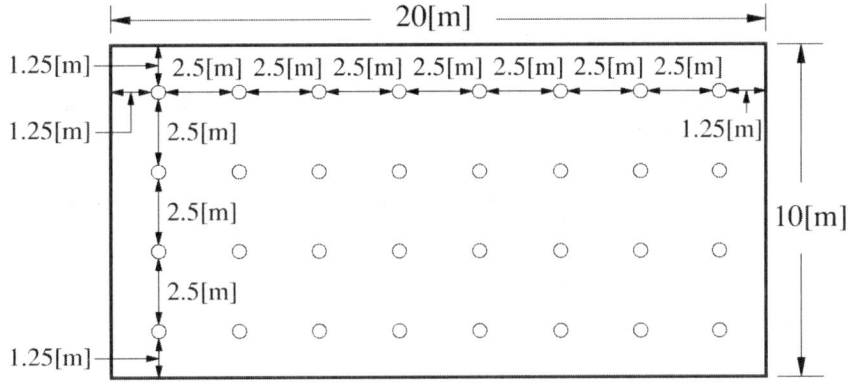

[보기 2] F40[W]×2 12등을 가로 20[m], 세로 10[m]인 실내에 배치할 때 광원간의 간격 및 광원과 벽간의 간격을 설정하시오.(단, 피조 면에서 광원까지의 높이는 2.8[m]로 하고 등기구 심벌은 ○로 한다.)

해설과 정답

① 피조면의 가로, 세로 길이에 비례하여 분배한 광원 배열 : 4(가로)× 3(세로)배열
② 피조면의 길이에 비례 분배한 광원 간, 광원과 벽간의 간격
- 광원간의 간격 : $S_{가로} = \dfrac{20}{4} = 5[m]$ $S_{세로} = \dfrac{10}{3} = 3.33[m]$
- 광원과 벽간의 간격 : $S_{0가로} = \dfrac{5}{2} = 2.5[m]$ $S_{0세로} = \dfrac{3.33}{2} = 1.67[m]$

③ 배광방식 조건에 의한 광원 간, 광원과 벽간 간격
- 광원간의 간격 : $S \leq 1.5H = 1.5 \times 2.8 = 4.2[m]$
- 광원과 벽간의 간격 : $S_0 \leq 0.5H = 0.5 \times 2.8 = 1.4[m]$

④ ②에 의한 등기구 배치가 배광방식에 따른 "광원간의 간격, 광원과 벽간 간격"에 대한 3)의 조건을

전기기능장 실기

만족하지 않으므로 적당히 가감 조절하여 다음과 같이 광원 간 간격 및 광원과 벽간 간격을 설정할 수 있다.

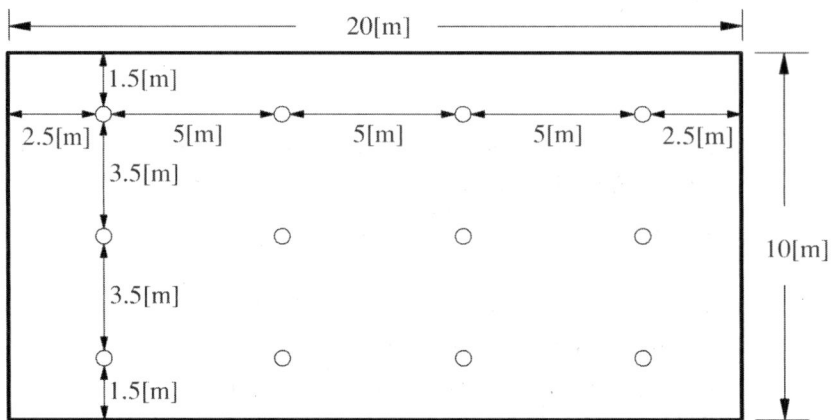

예제문제

예제 1 다음 그림과 같은 사무실이 있다. 이 사무실의 평균 조도를 200[lx]로 하고자 할 때 다음 각 물음에 답하시오.

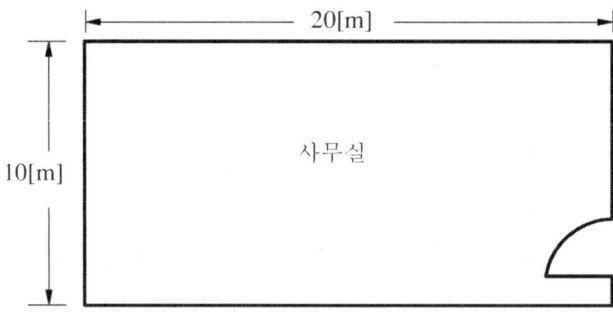

[조건]
- 형광등은 40[W]를 사용하며, 광속은 형광등 40[W] 사용 시 2,500[lm]으로 한다.
- 조명률은 0.6으로 하며, 감광보상률은 1.2로 한다.
- 사무실 내부에 기둥은 없는 것으로 하고, 간격은 등기구 센터를 기준으로 한다.
- 건물의 천장 높이는 3.85[m], 작업 면은 0.85[m]로 한다.
- 등 기구는 ○로 표현하도록 한다.

(1) 여기에 필요한 형광등 개수를 구하시오.
(2) 등 기구를 답안지에 배치하시오.
(3) 등간의 간격과 최외각에 설치된 등기구와 건물 벽간의 간격 (A, B, C, D)은 몇 [m]인가?

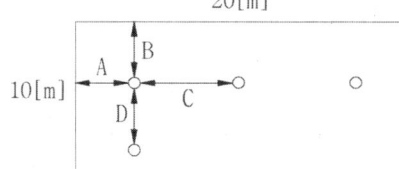

(4) 양호한 전반 조명이라면 등 간격은 등 높이의 몇 배 이하로 해야 하는가?
(5) 만일 주파수 60[Hz]에 사용하는 형광방전등을 50[Hz]에서 사용한다면 광속과 점등 시간은 어떻게 되는가? (단, 증가, 감소, 빠름, 늦음 등으로 표현할 것.)

해설과 정답

(1) 형광등 개수 : $N = \dfrac{EAD}{FU} = \dfrac{200 \times 10 \times 20 \times 1.2}{2500 \times 0.6} = 32[등]$

• 정답 : 32[등]

(2) 정답 : 광원의 배치

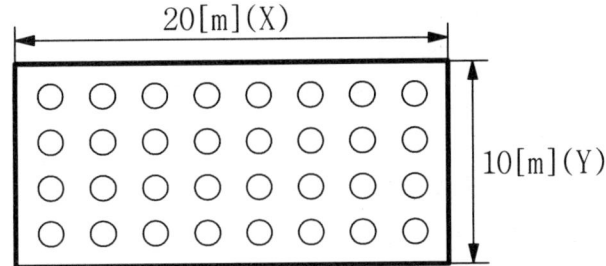

(3) 등 기구와 건물 벽 간 간격

• 광원간의 간격 : $S_{가로} = \dfrac{20}{8} = 2.5[m]$ $S_{세로} = \dfrac{10}{4} = 2.5[m]$

• 광원과 벽간의 간격 : $S_{0가로} = \dfrac{2.5}{2} = 1.25[m]$ $S_{0세로} = \dfrac{2.5}{2} = 1.25[m]$

• 정답 :   A : 1.25[m]   B : 1.25[m]   C : 2.5[m]   D : 2.5[m]

(4) 정답 : 1.5배

(5) 정답 : 광속 : 증가, 점등시간 : 늦음

예제 2 어느 실내에서 폭이 22[m], 길이 16[m], 천장 높이 3.3[m]인 사무실의 평균조도를 500[lx]로 유지하기 위해 40[W] 2등용 램프를 천장 직부 펜던트를 이용하여 노출 시설할 경우 등 기구 수를 계산하고, 실제 램프 설치 시 이상적인 배치를 위해서는 몇 행, 몇 열, 몇 등을 설치하여야 하는가?

[조건]
• 펜던트의 길이는 0.6[m], 책상 면의 높이는 0.85[m]로 한다.
• 램프 광속은 한 등당 3,300[lm]이고, 보수율은 0.75, 조명률은 0.63으로 한다.
• 광원 간 배치 간격은 1.4H를 적용하기로 한다.(단, H는 광원에서 피조면까지의 높이)

해설과 정답

① 조도 기준 등 기구 수 : $N = \dfrac{ESD}{FU} = \dfrac{500 \times (22 \times 16) \times \dfrac{1}{0.75}}{(3300 \times 2) \times 0.63} = 56.44[등]$

② 등 기구 배치 기준에 의한 등 기구 수

• 광원 간 간격 : $S \leq 1.4H = 1.4 \times (3.3 - 0.6 - 0.85) = 2.59[m]$

• 폭 22[m] : $S_{22} = \dfrac{22}{2.59} = 8.49$에서 9등 배치

- 길이 16[m] : $S_{16} = \dfrac{16}{2.59} = 6.17$에서 7등 배치

따라서, 7행 9열 63등을 배치한다.
- 정답 : 7행 9열 63

(4) 조명설비의 소비전력 감소 대책
① 고효율 광원의 이용 ② 고역률 광원의 이용
③ 고효율 조명기구의 채택
④ 적절한 조명기구의 배치
⑤ 적절한 조명방식의 채택
⑥ 적절한 조광장치의 채택
⑦ 자연채광의 최대 이용 ⑧ 정격전압 공급
⑨ 노후된 광원의 조기 교환 및 청소
⑩ 타임 스케줄에 의한 조명제어
⑪ 공조조명설비의 적용 ⑫ 실내 반사율의 개선
⑬ 조명률 및 보수율의 향상
⑭ 유도등의 적정 점멸

(5) 공장조명 설계 시 에너지 절감 대책
① 자연 채광 검토
② 점멸회로의 합리적 배치
③ 고효율 광원 선정
④ 조명기구 적정 배치 및 선정
⑤ 주변 환경을 고려한 보수 및 청소 주기의 결정

5) 전기요금 산출

(1) 전기요금 산출
전기요금의 기본 구성은 "기본요금 + 사용전력량 요금"을 합산한 후 세금인 "부가가치세와 전력산업기반기금"을 더하면 된다. 기본요금 및 사용전력량 요금 단가는 전기 공급방식(저압, 고압)과 계약 종별(주택용, 일반용, 산업용, 교육용, 농사용)에 따라 달라진다. 주택용 전력은 "누진제"를 적용하고 나머지 계약 종별의 기본요금 적용은 일반적으로 "최대전력"을 기초로 한 "계약전력"을 기준으로 한다.

단, 최대수요전력계를 설치한 수용가에 대해서는 계약전력을 기준으로 하지 않고, 검침 당월을 포함한 직전 12개월 중 가장 큰 최대수요전력을 기본요금 산정 기준으로 한다.

① 전기 요금의 기본 구조 : 전기요금 = 기본요금 + 사용전력량 요금
- 기본요금 = 계약전력[kW] × 월 기본요금[원/kW]

- 사용전력량 요금 = 사용전력량[kWh] × 월 사용전력요금[원/kWh]
② 세금을 고려한 경우 : 전기요금 = 기본요금 + 사용전력량 요금 + 부가가치세 + 전력산업기반기금

(2) 역률을 고려한 전기요금 산출

기본 전기요금은 위 (1)의 산출 방법에 의하지만 수용가의 역률을 고려한 경우에는 기본 역률 90[%]를 기준으로 하여 수용가 역률이 90[%]를 초과하여 상승하는 경우 95[%]까지는 "계약전력"을 기초로 하여 산정한 "기본요금"을 역률이 1[%] 증가할 때마다 1[%] 할인해 주지만, 수용가 역률이 90[%] 밑으로 떨어지는 경우에는 1[%] 떨어질 때마다 1[%]의 할증요금을 지불해야 한다. 따라서, 어떤 수용가의 평균역률이 95[%]인 경우와 85[%]인 경우 기본요금 산출은 다음과 같이 구할 수 있다.

① 평균역률이 95[%]인 경우 기본요금
- 기본요금 = 계약전력[kW] × 월 기본요금[원/kW] × (1 − 0.05)

② 평균역률이 85[%]인 경우 기본요금
- 기본요금 = 계약전력[kW] × 월 기본요금[원/kW] × (1 + 0.05)

③ 전기요금 = 계약전력[kW] × 월 기본요금[원/kW] × (1 ± α) + 사용전력량[kWh] × 월 사용전력요금[원/kWh]

여기서, α는 수용가 평균역률 90[%]를 기준으로 하여 정한 할증, 할인 계수이다.

예제문제

예제 1 전구를 수용가가 부담하는 종량 수용가에서 A, B 어느 전구를 사용하는 편이 유리한가를 다음 표를 이용하여 산정하시오. (단, 1시간 당 점등 비용으로 산정할 것)

전구 종류	전구 수명	1[cd]당 소비전력[W] (수명 중의 평균)	평균구면광도 [cd]	1[kWh]당 전력요금(원)	전구 값(원)
A	1500시간	1.0	38	70	1900
B	1800시간	1.1	40	70	2000

해설과 정답

- A전구 사용의 경우(1시간 기준)
  - 전기요금 : $1 \times 38 \times 10^{-3} \times 70 = 2.66$원
  - 전구값 : $\dfrac{1900}{1500} = 1.27$원
  - 전기요금 + 전구값 = 2.66 + 1.27 = 3.93원
- B전구 사용의 경우(1시간 기준)
  - 전기요금 : $1.1 \times 40 \times 10^{-3} \times 70 = 3.08$원

- 전구값 : $\frac{2000}{1800} = 1.11$원
- 전기요금 + 전구값 = 3.08 + 1.11 = 4.19원
- 정답 : A전구 사용이 더 유리하다.

예제 2 60[W] 전구 8개를 점등하는 수용가가 있다. 정액제 요금은 60[W] 1등 당 1개월(30일)에 205원, 종량제 요금은 기본요금 100원에 1[kWh]당 10원이 추가되고, 전구 값은 수용가 부담일 때, 정액제 요금과 같은 점등료를 종량제 요금으로 지불하기 위한 일당 평균 점등 시간을 구하시오. (단, 전구 값은 1개 65원이고, 수명은 1,000[h]이며, 정액제의 경우는 수용가가 전구 값을 부담하지 않는다.)

해설과 정답

- 정액제 요금 $= 8 \times 205 = 1,640$원
- 종량제 요금 $=$ 기본요금 + 사용량 요금 + 전구값
  - 기본요금 $= 100$원
  - 사용량 요금 $= 8 \times (60 \times 10^{-3}) \times h(점등시간) \times 10 = 4.8h$[원]
  - 시간 당 전구 값 $= \frac{65}{1,000} \times 8 = 0.52$[원]
- "정액제 요금 = 종량제 요금"에서 $1,640 = 100 + 4.8h + 0.52h$이므로
- 1개월 총 점등 시간 $h_{30} = \frac{1,540}{5.32} = 289.47$[h]
- 1일 점등 시간 $h_1 = \frac{289.47}{30} = 9.65$[h]
- 정답 : 9.65[h]

예제 3 주어진 조건에 의하여 1년 이내 최대 전력 3,000[kW], 월 기본요금 6,490[원/kW], 월간 평균역률이 95[%]일 때 1개월의 기본요금을 구하시오. 또한 1개월의 사용 전력량이 54만 [kWh], 전력요금 89[원/kWh]라 할 때 1개월의 총 전력요금은 얼마인지 계산하시오.
[조건] 역률의 값에 따라 전력요금은 할인 또는 할증되며, 역률 90[%]를 기준으로 하여 역률이 1[%] 늘 때마다 기본요금이 1[%] 할인되며, 1[%] 나빠질 때마다 1[%]의 할증요금을 지불해야 한다.
(1) 기본요금을 구하시오.
(2) 1개월의 총 전력 요금을 구하시오.

해설과 정답

(1) 기본요금 : $3000 \times 6,490 \times (1 - 0.05) = 18,496,500$원
- 정답 : 18,496,500원
(2) 총 전력요금 : $18,496,500 + 540,000 \times 89 = 66,556,500$원
- 정답 : 66,556,500원

예제 4 계약전력 3,000[kW]인 자가용설비 수용가가 있다. 1개월간 사용 전력량이 540[MWh], 1개월간 무효전력량이 350[MVarh]이다. 기본요금이 4,045[원/kWh], 전력량 요금이 51[원/kWh]라 할 때 1개월간의 사용 전기요금을 구하시오. 단, 역률에 따른 추가 또는 감액은 시간대에 관계없이 역률 90[%]에 미달하는 경우 미달하는 60[%]까지 매 1[%]당 기본요금의 0.2[%]를 추가하고, 90[%]를 초과하는 경우 95[%]까지 초과하는 매 1[%]당 기본요금의 0.2[%]를 감액한다.

해설 정답

- 기본요금 $= 3,000 \times 4,045 = 12,135,000$[원]
- 사용량 요금 $= 540 \times 10^3 \times 51 = 27,540,000$[원]
- 역률 $\cos\theta = \dfrac{P}{\sqrt{P^2 + P_r^2}} = \dfrac{540}{\sqrt{540^2 + 350^2}} \times 100 = 83.92$[%]
- 역률 미달 분 $= 90 - 83.92 = 6.08$[%]
- 역률 미달에 따른 기본요금 추가 분 $= 7 \times 0.002 \times 3,000 \times 4,045 = 169,890$[원]
- 총 전기사용요금 $= 12,135,000 + 27,540,000 + 169,890 = 39,844,890$[원]
- 정답 : 39,844,890[원]

4 축전지 설비

1) 축전지 설비의 시설

(1) 축전지 설비의 구성
① 축전지 ② 충전장치
③ 제어장치 ④ 보안장치

(2) 축전지실 설치 시 주의사항
① 축전지와 벽면과의 치수는 1[m]이상을 이격할 것.
② 천장 높이는 2.6[m]이상으로 할 것.
③ 진동이 없는 장소일 것.
④ 충전 중 발생하는 수소 가스를 통풍하기 위한 배기설비를 할 것.

(3) 개폐기 및 과전류 차단기
축전지에서 부하에 이르는 전로에는 개폐기 및 과전류 차단기를 시설할 것.

(4) 개방형 축전지의 절연대
예비전원으로 시설하는 단자전압 16[V]를 넘는 개방형 축전지는 전해액에 의하여 잘 침식되지 아니하는 절연물질의 프레임대에 자기제, 유리제 등의 애자로 지지하여 시설할 것.

⇨ 축전지 전압은 연축전지는 1단위당 2[V], 알칼리 축전지는 1.2[V]로 계산할 것.

2) 축전지의 종류 및 특성

(1) 납축전지

① 화학 반응 식

$$\underset{(양극)}{PbO_2} + \underset{(전해액)}{2H_2SO_4} + \underset{(음극)}{Pb} \quad \underset{\text{충전}}{\overset{\text{방전}}{\rightleftarrows}} \quad \underset{(양극)}{PbSO_4} + \underset{(전해액)}{2H_2O} + \underset{(음극)}{PbSO_4}$$

② 축전지의 양극판 형성에 의한 분류
  ㉮ 클래드식(CS : 완방전형) : 납 합금으로 만든 심금 속에 유리섬유 등의 미세한 구멍이 많은 튜브를 삽입하여 그 속에 양극 작용물질을 채운 것.
  ㉯ 페이스트식(HS : 급방전형) : 납 합금 격자에 연분을 묽은 황산으로 이긴 양극 작용물질을 채운 것.
  (CVCF, 디젤, 가스터빈 엔진 시동과 같은 단시간 대 전류를 필요로 하는 경우 채용)

③ 1셀 당 공칭전압 : 2[V]

④ 전해액 비중 (20℃ 기준)
  ㉮ 클래드식(CS형) : 1.215
  ㉯ 페이스트식(HS형) : 1.240

⑤ 정격방전율 : 10시간

⑥ 설페이션(sulfation) 현상
  ㉮ 설페이션 현상 : 연축전지 등을 방전상태로 오래 방치할 경우, 극판 상에 백색의 황산납 미립자가 응집하여 비교적 큰 결정의 불활성 백색 황산납을 생성하는 현상.
  ㉯ 설페이션 현상 발생 결과
    • 백색 황산납으로 인한 작용물질의 면적이 감소하므로 축전지의 용량이 감소하고 수명이 단축된다.
    • 충전 중 전해액의 온도 상승이 높고, 황산의 비중 상승이 낮으며 가스의 발생이 심하다.
  ㉰ 설페이션현상 방지 대책
    • 가벼울 경우 : 균등 충전
    • 심할 경우 : 묽은 황산 중에서 장시간 충전한다.

(2) 알칼리 축전지

① 화학 반응 식

$$\underset{(양극)}{2NiOOH} + \underset{(음극)}{Cd} + 2H_2O \quad \underset{\text{충전}}{\overset{\text{방전}}{\rightleftarrows}} \quad \underset{(수산화니켈)}{2Ni(OH)_2} + \underset{(수산화카드뮴)}{Cd(OH)_2}$$

제3장 조명 설계와 예비전원 설비

② 축전지의 양극판 형식에 의한 분류
  ㉮ 포켓식 : 구멍을 뚫은 니켈 도금 강판의 포켓 속에 양극 작용물질을 채운 구조의 것
  ㉯ 소결식 : 니켈을 주성분으로 한 금속 분말을 소결해서 만든 다공성 기판의 가는 구멍 속에 양극 작용 물질을 채운 구조의 것
③ 1셀 당 공칭전압 : 1.2[V]
④ 전해액 비중 : 1.2
⑤ 정격방전율 : 5시간
⑥ 알칼리 축전지의 특징(연축전지 비교)

장 점	단 점
• 극판의 기계적 강도가 강하다. • 과 방전, 과전류에 대해 강하다. • 고율 방전 특성이 좋다. • 저온 특성이 좋다. • 부식성 가스를 발생하지 않는다. • 수명이 길다.(기대 수명 12 ~ 20년)	• 연축전지에 비하여 기전력이 낮다. • 연축전지에 비하여 고가이다. • 방치 중의 전압변동률이 크다.

(3) 연축전지와 알칼리축전지의 비교

구분		연축전지	알칼리축전지
작용물질	양극 음극 전해액	이산화납(PbO2) 납(Pb) 황산(H2SO4)	수산화니켈(NiOOH) 카드뮴(Cd) 가성칼륨(KOH)
전해액 비중		• CS형 : 1.215 • HS형 : 1.240	1.2
기전력		2.05~2.08[V]	1.32[V]
공칭전압		2.0[V/cell]	1.2[V/cell]
정격 방전율		10[h]	5[h]

3) 축전지의 충전방식

(1) 보통 충전
• 필요할 때마다 표준 시간률로 소정의 충전을 하는 방식

(2) 급속 충전
• 비교적 단시간에 보통 전류의 2~3배 정도의 전류로 충전하는 방식

(3) 부동 충전
• 축전지와 부하를 충전장치(정류기)에 병렬로 접속하여 사용하는 충전방식으로 축전지의 자기

방전을 보충함과 동시에 상용부하에 대한 전력공급은 충전장치가 부담하도록 하되 충전장치가 부담하기 어려운 일시적인 대 전류 부하는 축전지로 하여금 부담하게 하는 방식

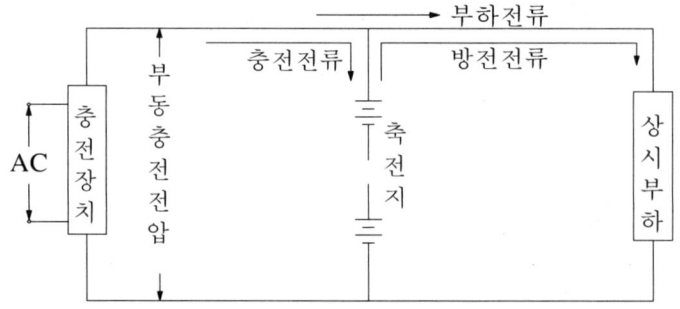

① 부동충전 전압

축전지 종류	부동충전 전압	
납축전지	• 클래드식(CS형) : 2.15[V/cell]	• 페이스트식(HS형) : 2.18[V/cell]
알칼리 축전지	• 포켓식 : 1.45[V/cell]	• 소결식 : 1.35[V/cell]

② 부동충전 방식 동작 원리
  ㉮ 정상 운전 시 : 상시 부하전류는 모두 충전장치(정류기)가 부담하고 축전지에는 자기방전을 보충할 정도의 충전전류가 흐른다.
  ㉯ 정상 운전 시(대 전류 부하) : 충전장치(정류기)는 일반적으로 전류 제한회로를 설치하고 있으므로 단시간 대 전류 부하는 축전지가 그 일부를 부담하고 단시간 대 전류 부하가 종료된 후 축전지의 방전 분은 충전장치(정류기)에서 보충한다.
  ㉰ AC(소 내 전원) 정전 시 : 축전지가 전체 부하전류를 부담한다.
  ㉱ AC(소 내 전원) 회복 시 : 충전장치에서 상시 부하 전류를 부담하면서 축전지에 회복 충전 전류를 공급한다.

③ 부동충전방식의 2차 전류[A]
  • 부동 충전방식에서의 2차 전류란 충전장치에 의해 공급되는 부하전류와 축전지에 의한 방전 전류를 더한 것을 말한다.
  ㉮ 2차 전류 : $I_2[A] = \dfrac{축전지\ 정격용량[Ah]}{축전지\ 정격방전율[h]} + \dfrac{정상(상시)부하[kW]}{표준전압[V]}$ [A]
  ㉯ 축전지의 정격 방전율(정격 시간율)
   • 연축전지 10[h]
   • 알칼리 축전지 5[h]

예제문제

예제 1 알칼리축전지의 정격용량은 100[Ah], 상시 부하 5[kW], 표준 전압 100[V]인 부동 충전방식 충전기의 2차 전류는 몇 [A]인가?

해설 및 정답

부동충전 2차 전류 : $I_2[A] = \dfrac{100[Ah]}{5[h]} + \dfrac{5 \times 10^3[kW]}{100[V]} = 70[A]$

(4) 균등 충전

- 상시 부동충전 되고 있는 축전지를 장시간 사용할 때 직렬로 접속된 축전지 각 셀의 단자전압이나 비중에 편차가 발생하여 충전부족이 발생하는 것을 시정하고 성능을 균일화하기 위해 1~3개월마다 1회 정 전압으로 10~12시간 충전하여 전해조의 용량을 균일화하는 일종의 과충전 방식.

축전지 종류	균등충전 전압	
납축전지	• 클래드식(CS형) : 2.3[V/cell]	• 페이스트식(HS형) : 2.3[V/cell]
알칼리 축전지	• 포켓식 : 1.52[V/cell]	• 소결식 : 1.47[V/cell]

(5) 세류 충전(트리클 충전)

- 자기 방전량 만을 항시 충전하는 부동충전방식의 일종

(6) 회복 충전

- 충전장치(정류기)측이 정전되고 축전지가 방전했을 경우 다음 사용에 대비하여 가능한 한 빨리 방전량을 보충하기 위하여 최초에는 정 전류로 충전하고 규정전압에 도달하면 균등충전이나 그 이상의 정 전압을 가하여 충전하는 충전방식.

(7) 과 충전

- 축전지의 고장을 미연에 방지하거나 또는 이미 고장이 발생한 것을 회복시킬 목적으로 비교적 적은 전류로 보통의 충전을 완료한 후 수 시간 계속 충전하는 것

(8) 초 충전

- 새 축전지를 사용하기 전 극판을 활동 상태로 하기 위해 보통 10~20시간률 방전전류로 40~80 시간 정도 충전하는 것.

[참고] 초 충전 시 주의 사항 : 초 충전 완료 직전의 비중은 1.210±0.005(20℃)로 조정, 액면은 극판위 15[mm] 정도로 조정할 것.

예제 2 변전소에 셀 수 55개, 용량 200[Ah]의 연축전지가 설치되어 있다. 다음 물음에 답하시오
(1) 묽은 황산의 농도는 표준이고, 액면이 저하하여 극판이 노출되었다. 어떤 조치를 취하여야 하는가?
(2) 부동충전 시에 알맞은 전압은? 단, CS형과 HS형으로 구분하여 답하시오.
(3) 충전 시에 발생하는 가스의 종류는?
(4) 가스 발생 시의 주의 사항을 쓰시오.
(5) 충전이 부족할 때 극판에 발생하는 현상을 무엇이라고 하는가?

해설 및 정답

(1) 정답 : 증류수를 보충한다.(극판 위 $15\,[mm]$ 정도)
(2) 부동충전전압
  · CS형 : $2.15\,[V/cell]$이므로 부동충전전압 $= 2.15 \times 55 = 118.25\,[V]$
  · HS형 : $2.18\,[V/cell]$이므로 부동충전전압 $= 2.18 \times 55 = 119.9\,[V]$
  · 정답 : CS형 118.25[V], HS형 119.9[V]
(3) 정답 : 수소가스
(4) 정답 : 환기에 유의하면서 화기 등에 주의한다.
(5) 정답 : 설페이션 현상

4) 축전지의 용량 산출 조건

(1) 방전전류

방전전류는 최대 부하전류를 사용한다.

· 방전 전류$[A] = \dfrac{\text{부하용량}[VA]}{\text{정격전압}[V]}$

(2) 방전시간

예상되는 최대 부하 시간으로 한다.

(3) 예상 되는 축전지 최저 온도

축전지는 온도가 낮아지면 방전특성이 낮고, 일반적으로 온도가 높아지면 방전 특성이 양호해지만 $45[℃]$ 이상이 되면 다시 방전 특성이 저하된다.

(4) 축전지 셀 수

셀 수는 부하의 정격전압과 허용 최저전압을 고려하여 다음과 같이 결정한다. 즉, 부하의 정격전압이 제시된 경우에는 1셀 당 공칭전압을 부하의 허용 최저전압이 제시된 경우에는 1셀 당 허용 최저전압을 이용하여 셀 수를 구한다.

· 축전지 셀 수$(N[cell]) = \dfrac{\text{부하 정격전압}[V]}{\text{1셀 당 공칭전압}[V/Cell]}$

- 축전지 셀 수 $(N[cell]) = \dfrac{\text{부하의 허용 최저전압[V]}}{\text{1셀 당 허용 최저전압[V/Cell]}}$

【보기】 연축전지에서 부하의 정격전압이 100[V]이고, 축전지 1셀 당 허용최저전압이 1.8[V/Cell] 인 경우

필요한 셀 수를 구하시오.

- 축전지 셀 수 $(N[cell]) = \dfrac{\text{부하 정격전압[V]}}{\text{1셀 당 공칭전압[V/Cell]}} = \dfrac{100}{2} = 50[Cell]$

(5) 축전지의 허용 최저전압

허용 최저전압은 부하 측 각 기기에서 요구하는 최저 전압 중에서 최고의 값에 축전지와 부하 간 접속선 전압강하를 합한 것으로 한다.

① 허용 최저전압$[V/cell] = \dfrac{\text{부하의 허용 최저전압[V]} + \text{축전지와 부하간 접속선의 전압강하[V]}}{\text{직렬접속된 축전지의 셀수(N[cell])}}$

② 정격방전율 : 어느 축전지를 일정 전류로 소정의 방전종지전압까지 방전했을 때 일정 시간 방전을 지속할 수 있는 전류의 크기.

(6) 방전 종지전압

- 축전지를 일정 전압 이하로 방전하면 극판 열화 등이 발생하므로 축전지 방전을 정지시켜야 할 전압

(7) K-팩터(K-Factor)

① 정해진 온도 및 셀 방전종지전압 조건 하에서 백 업 타임(Back-Up Time)에 대응하는 K 커브(Curve) 값
② 방전시간 T와 축전지 최저온도 및 허용 최저전압으로 결정 되어지는 용량 환산 시간[h]

(8) 축전지 용량

- 축전지의 용량 : $C = \dfrac{1}{L} KI [Ah]$

  ◦ C : 25[℃]에 있어서의 정격 방전율 환산 용량[Ah]
  ◦ L : 보수율 (사용 연수의 경과 및 사용조건의 변동 등에 의한 용량 변화 보정 값 : 0.8)
  ◦ K : 방전시간 T와 축전지 최저온도 및 허용 최저전압으로 결정 되어지는 용량 환산 시간계수
  ◦ I : 방전전류[A]

예제문제

예제 1) 비상용 조명부하 110[V]용 100[W] 77[등], 60[W] 55[등]이 있다. 방전시간 30분, 축전지 HS형 54[cell], 허용 최저전압 100[V], 최저 축전지 온도 5[℃]일 때 축전지 용량은 몇 [Ah]인지 계산하시오.
(단, 경년 용량 저하율 0.8, 용량환산시간 K=1.2이다.)

해설과 정답

- 부하용량[VA] = $100 \times 77 + 60 \times 55 = 11000$ [VA]
- 축전지 방전전류 : $I = \dfrac{부하용량}{정격전압} = \dfrac{11000}{110} = 100$ [A]
- 축전지 용량 : $C = \dfrac{1}{L} KI = \dfrac{1}{0.8} \times 1.2 \times 100 = 150$ [Ah]
- 정답 : 150[Ah]

5) 축전지의 용량산출

(1) 방전전류가 시간의 경과와 함께 증가하는 경우

각각의 방전전류가 지속되는 방전시간 T와 축전지의 최저온도 및 허용되는 최저전압에 의해 정해지는 용량환산시간을 구하여 축전지의 용량을 계산한다.

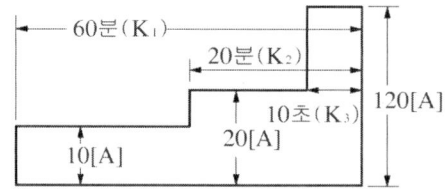

- 최저 축전지 온도 : 5[℃]
- 허용 최저전압 : 1.06[V/cell]
- $I_1 = 10$ [A], $I_2 = 20$ [A], $I_3 = 120$ [A]
- $T_1 = 60$ [분], $T_2 = 20$ [분], $T_3 = 10$ [초]
- $K_1 = 1.40$, $K_2 = 0.70$, $K_3 = 0.225$
- 축전지용량 : $C = \dfrac{1}{L}[K_1 I_1 + K_2(I_2 - I_1) + K_3(I_3 - I_2)]$

$$= \dfrac{1}{0.8}[1.4 \times 10 + 0.7 \times (20-10) + 0.225(120-20)] = 54.375 \text{[Ah]}$$

(2) 방전전류가 시간의 경과와 함께 증가하는 경우

각각의 방전전류가 지속되는 방전시간 T와 축전지의 최저온도 및 허용되는 최저전압에 의해 정해지는 용량환산시간을 구하여 축전지의 용량을 계산한다.

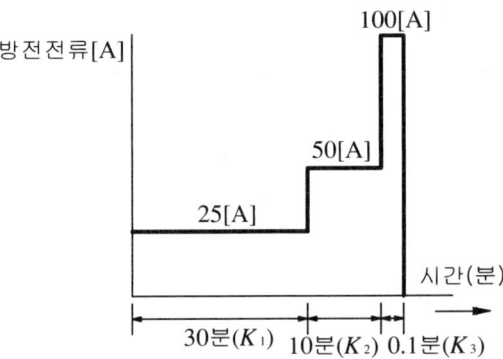

- 최저 축전지 온도 : 5[℃]
- 허용 최저전압 : 1.06[V/cell]
- $I_1 = 25[A]$, $I_2 = 50[A]$, $I_3 = 100[A]$
- $T_1 = 30[분]$, $T_2 = 10[분]$, $T_3 = 0.1[분]$
- $K_1 = 0.77$, $K_2 = 0.45$, $K_3 = 0.20$
- 축전지 용량 : $C = \dfrac{1}{L}[K_1 I_1 + K_2 I_2 + K_3 I_3]$
  $= \dfrac{1}{0.8}[0.77 \times 25 + 0.45 \times 50 + 0.20 \times 100] = 77.2[Ah]$

(3) 방전전류가 시간의 경과와 함께 증감하는 경우

방전전류가 감소하는 각각의 단계에서의 방전전류가 지속되는 방전시간 T와 축전지의 최저온도 및 허용 최저전압에 의해 정해지는 용량환산시간에 의한 축전지의 용량을 계산한 후, 가장 큰 상위 값을 축전지의 용량으로 선정한다.

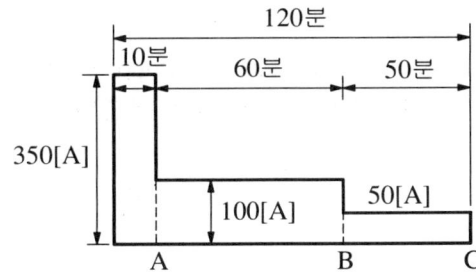

- 최저 축전지 온도 : 5[℃]
- 허용 최저전압 : 1.7[V/cell]

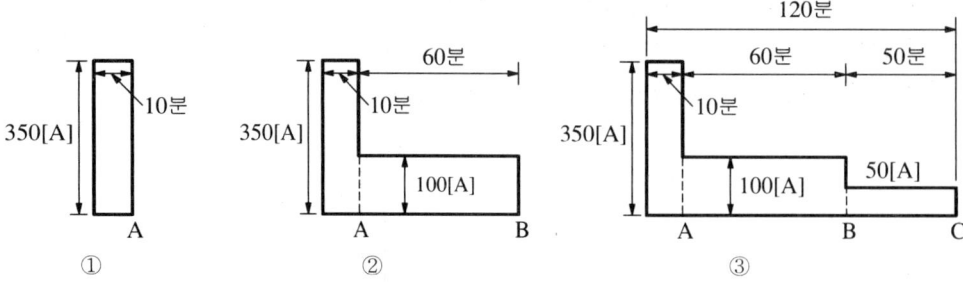

①의 경우 : $I = 350[A]$, $T = 10[분]$, $K_1 = 0.68$

$$C_A = \frac{1}{L}KI = \frac{1}{0.8} \times 0.68 \times 350 = 297.5[Ah]$$

②의 경우 : $I_1 = 350[A]$, $I_2 = 100[A]$

$T_1 = 70[분]$, $T_2 = 60[분]$, $K_1 = 2.25$, $K_2 = 2.05$

$$C_B = \frac{1}{L}[K_1 I_1 + K_2(I_2 - I_1)]$$

$$= \frac{1}{0.8}[2.25 \times 350 + 2.05(100 - 350)] = 343.75[Ah]$$

③의 경우 : $I_1 = 350[A]$, $I_2 = 100[A]$, $I_3 = 50[A]$

$T_1 = 120[분]$, $T_2 = 110[분]$, $T_3 = 50[분]$

$K_1 = 3.0$, $K_2 = 2.8$, $K_3 = 1.6$

$$C_C = \frac{1}{L}[K_1 I_1 + K_2(I_2 - I_1) + K_3(I_3 - I_2)]$$

$$= \frac{1}{0.8}[3.0 \times 350 + 2.8(100 - 350) + 1.6(50 - 100)] = 337.5[Ah]$$

- 정답 : ⓑ의 경우에서의 용량 343.75[Ah]를 선정한다.

예제문제

예제 1 축전지 설비의 부하 특성 곡선이 그림과 같을 때 주어진 조건을 이용하여 필요한 축전지의 용량을 산정하고 축전지 설비에 관련된 다음 각 물음에 답하시오.

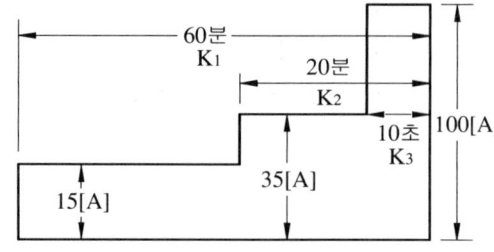

[축전지 용량 및 셀 수 산정 조건]

- 사용축전지 : 보통형 소결식 알칼리 축전지
- 경년 용량 저하 율 : 0.8
- 최저 축전지 온도 : 5[℃]
- 허용 최저 전압 : 1.06[V/셀]
- 소결식 알칼리 축전지의 표준특성(표준형 5HR 환산)

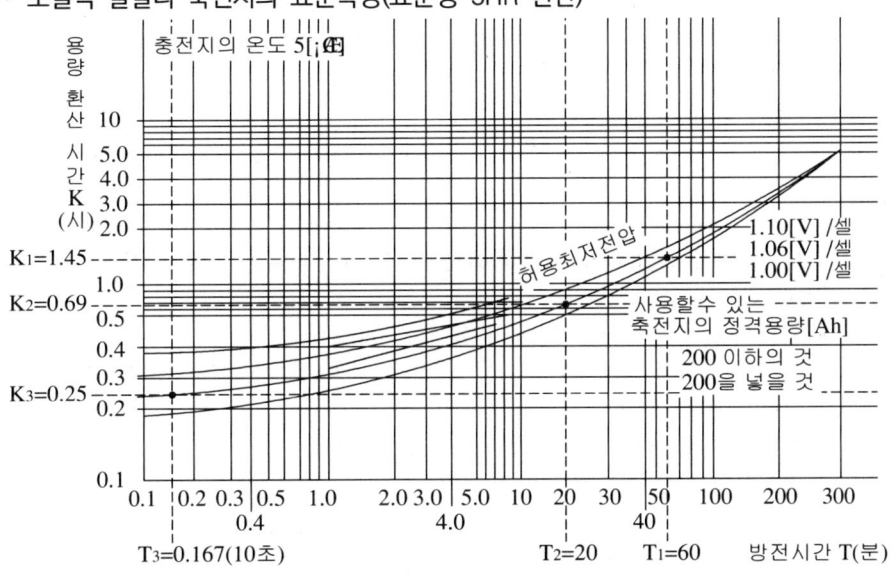

계산 ($T_1=60$, $K_1=1.45$)　($T_2=20$, $K_2=0.69$)　($T_3=0.617$, $K_3=0.25$)

(1) 주어진 조건과 도면 등을 이용하여 축전지 용량을 산정하시오.
(2) 전압 24[V]의 알칼리 축전지를 이용한다면 셀 수는 몇 개가 필요한가?
(3) 주어진 표의 빈칸에 연축전지와 알칼리 축전지 특성을 비교하여 기록하시오.

구 분	연 축전지	알칼리 축전지	비 고
공칭전압			수치로 기록할 것
기전력			수치로 기록할 것
과 충·방전에 대한 전기적 강도			강, 약으로 표기
수 명			길다, 짧다로 표현
가 격			싸다, 비싸다로 표현

(1) $C = \dfrac{1}{L}[K_1 I_1 + K_2(I_2 - I_1) + K_3(I_3 - I_2)]$

　　$= \dfrac{1}{0.8}[1.45 \times 15 + 0.69(35-15) + 0.25(100-35)] = 64.75 [\text{Ah}]$

- 정답 : 64.75[Ah]

(2) $N = \dfrac{24}{1.2} = 20 [\text{Cell}]$

- 정답 : 20 ~ 21[Cell]

(3) 정답

구 분	연 축전지	알칼리 축전지	비 고
공칭전압	2[V/cell]	1.2[V/cell]	수치로 기록할 것
기전력	2.05~2.08[V/cell]	1.32[V/cell]	수치로 기록할 것
과 충·방전에 대한 전기적 강도	약하다.	강하다.	강, 약으로 표기
수 명	짧다.	길다.	길다, 짧다로 표현
가 격	싸다.	비싸다.	싸다, 비싸다로 표현

예제 2 축전지설비에 대한 다음 조건과 표를 이용하여 각 물음에 답하시오.
[조건]
- 축전지 형식은 AH를 이용하고 셀 수는 80으로 한다.
- 축전지 설비의 허용 최고전압은 120[V], 허용 최저전압은 88[V], 부하 정격전압은 100[V]이다.
- 최저 축전지 온도가 6[℃]이면 보수율은 0.8이다.
- 방전전류 시간 특성 곡선은 다음과 같다.

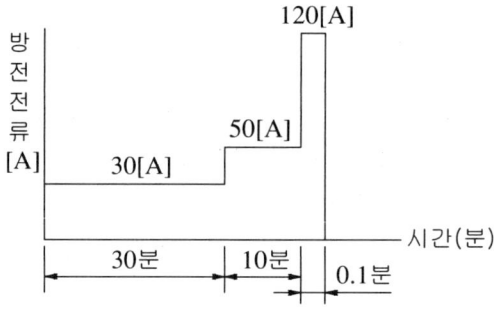

[참고 자료] 용량환산시간 계수 K(온도 5[℃] 기준)

	최저허용전압 [V/cell]	0.1분	1분	5분	10분	20분	30분	60분	120분	비고
AH	1.10	0.30	0.46	0.56	0.66	0.87	1.04	1.56	2.60	
	1.06	0.24	0.33	0.45	0.63	0.70	0.85	1.40	2.45	
	1.00	0.20	0.37	0.37	0.45	0.60	0.77	1.30	2.30	
AM	1.10	0.97	1.23	0.62	1.70	1.92	2.10	2.75	3.80	
	1.06	0.75	0.92	1.15	1.28	1.50	1.85	2.23	3.30	
	1.00	0.63	0.76	0.95	1.05	1.26	1.43	1.90	2.90	

(1) 방전종지전압은 몇 [V]인가?
(2) 용량 환산시간 K_1, K_2, K_3는 얼마인가?
(3) 축전지 용량 C는 몇[Ah]인가?
(4) 보수율에 대한 의미를 설명하시오.

해설 정답

(1) 방전종지전압(허용 최저전압) = $\dfrac{\text{부하의 허용 최저전압}}{\text{전체 셀 수}} = \dfrac{88}{80} = 1.1\,[\text{V/Cell}]$

- 정답 : 1.1[V/Cell]

(2) AH형, 허용 최전전압 1.1[V/Cell]에서 각각의 방전시간에 대한 계수를 읽으면 된다.

- 정답 : $K_1 = 1.04\,(30분),\ K_2 = 0.66\,(10분),\ K_3 = 0.30\,(0.1분)$

(3) 축전지 용량
$$C = \dfrac{1}{L}[K_1 I_1 + K_2 I_2 + K_3 I_3] = \dfrac{1}{0.8}[1.04 \times 30 + 0.66 \times 50 + 0.30 \times 120] = 125.25\,[\text{Ah}]$$

- 정답 : 125.25[Ah]

(4) 정답 : 사용연수의 경과 및 사용조건 등에 의한 용량 변화 보정 값.

예제 3 다음 그림과 같은 방전특성을 갖는 부하에 대한 축전지 용량[Ah]은? (단, 방전전류[A] $I_1 = 500,\ I_2 = 300,\ I_3 = 80,\ I_4 = 100$, 방전시간[분] $T_1 = 120,\ T_2 = 119,\ T_3 = 50,\ T_4 = 1$, 용량 환산 시간 $K_1 = 2.49,\ K_2 = 2.49,\ K_3 = 1.46,\ K_4 = 0.57$, 보수율은 0.8을 적용한다.)

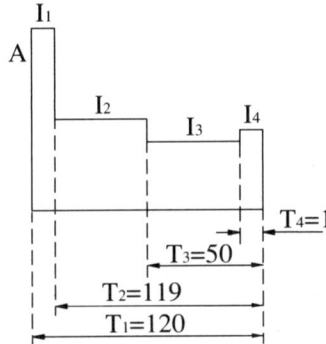

해설 정답

- $C = \dfrac{1}{L}[K_1 I_1 + K_2(I_2 - I_1) + K_3(I_3 - I_2) + K_4(I_4 - I_3)]$

$= \dfrac{1}{0.8}[2.49 \times 500 + 2.49 \times (300 - 500) + 1.46(80 - 300) + 0.57(100 - 80)] = 546.5\,[\text{Ah}]$

- 정답 : 546.5[Ah]

6) 축전지의 고장원인과 추정원인

(1) 연축전지

구분	고 장 현 상	고장의 추정원인
초기 고장	전체 셀의 전압불균형이 크고 비중이 낮다	사용 개시 시의 초 충전 부족
	단전지전압의 비중저하 및 전압계의 역전	역 접속
우발 고장	전체 셀의 전압불균형이 크고 비중이 낮다	① 부동충전전압이 낮다 ② 균등충전 및 방전 후의 회복충전 부족
	전체 셀의 비중이 높고 전압은 정상이다	액면이 낮거나 보수 시에 묽은 황산 주입
	어느 셀의 전압 및 비중이 극히 낮다	국부단락
	충전 중 비중 낮고, 전압이 높다 방전 중 전압이 낮고 용량이 감퇴	① 방전 상태로 장기간 방치 ② 충전부족 상태로 장기간 사용 ③ 보수 지연으로 극판 노출 ④ 불순물 혼입
	전해액의 감소가 빠르다	① 부동충전전압이 높다 ② 실온이 높다
	전해액이 변색하고, 충전하지 않고 정지 중에도 다량의 가스발생	불순물의 혼입
	축전지의 현저한 온도상승 및 소손 발생	① 충전장치의 고장 ② 과 충전 ③ 액면저하로 인한 극판의 노출 ④ 교류분 전류의 유입이 크다

(2) 알칼리축전지

구분	고 장 현 상	고장의 추정원인
초기 고장	전체 셀의 전압불균형이 크다	사용 개시 시의 초 충전 부족
	단전지전압 저하, 전압계의 역전	역 접속
우발 고장	전체 셀의 전압불균형이 크다	① 부동충전전압이 낮다 ② 균등충전 및 방전후의 회복충전 부족
	어느 셀의 전압이 극히 낮다	국부단락
	전압이 저하되고 용량이 감퇴	불순물의 혼입
	전해액의 감소가 빠르다	① 부동충전전압이 높다 ② 실온이 높다
	축전지의 현저한 온도상승 및 소손발생	① 충전장치의 고장 ② 과 충전 ③ 액면 저하에 의한 극판의 노출 ④ 교류분 전류 유입 과다

(3) 기타 축전지의 고장 및 대책

고장	원인	증상	대책
불활성 유산연 생성	① 방전 후 충전하지 않고 장시간 방전할 때 ② 과도방전을 반복할 때, 단락이 일어났을 때 ③ 전해액 중에 불순물이 있을 경우, 극판이 액면 상에 노출한 때 ④ 비중이 낮거나 충전이 불충분한 상태에서 계속사용	① 극판에 백색 반점이 나타난다. ② 비중저하, 용량감소 ③ 충전 중에 온도가 다른 것보다 높다 ④ 충전 중 전압이 높다.	① 정도가 약한 것은 균등충전으로 회복 가능 ② 황산납 정도가 심한 것은 떼어내어 브러시로 닦은 후 전해액을 5 ~ 8배 묽게 한 묽은 황산 중에서 회복충전 시행 전압을 2[V] 전후로 하면 백색 황산납은 작용물질로 복귀한다. ③ 백색 황산납의 부착이 내부까지 침투되었으면 극판을 신품으로 대체

5 무정전 전원 공급 장치

1) 무정전 전원공급 장치

무 정전 전원공급 장치(UPS: Uninterruptible Power Supply)란, 선로에서 정전이나 순시전압강하 또는 입력전원의 이상 상태 발생 시 부하에 대한 교류 입력전원의 연속성을 확보할 수 있는 무정전 전력공급 시스템으로 그 구성은 CVCF장치에 축전지를 결합한 장치로 다음과 같다.

(1) 무 정전 전원장치의 본질적 기능
① 무 정전일 것
② 정전압 정주파수 공급(안정되고 질 좋은 전력 공급)

(2) 무 정전 전원장치의 구성

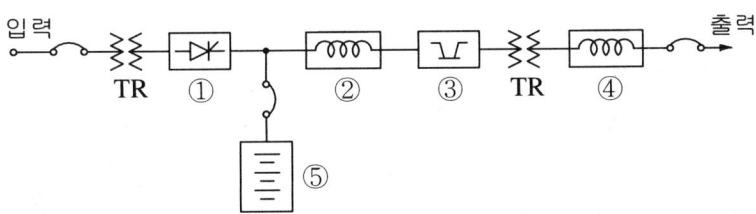

① 정류기(Converter) : 상시 전원 정전 시 교류 입력 전압을 직류로 변환하기 위한 순 변환 장치.
② 직류필터(DC Filter) : 정류기에서 변환된 직류전압의 리플을 제거하여 파형을 개선하기 위한 것.
③ 인버터(Inverter) : 직류필터를 통과한 직류를 정전압 정주파수의 교류로 변환하기 위한 역변환 장치

④ 교류필터(AC Filter) : 직류에서 교류로 변환된 출력 전압에 포함된 고조파를 제거하여 정현파 교류 전원을 만들기 위한 것.
⑤ 축전지(Battery) : 상시 전원의 정전 및 순시 전압 강하 시 충전된 직류 전원을 공급하기 위한 것.
⑥ 바이패스전환 회로 : UPS 및 축전지의 점검 또는 만일의 고장에 대해서 절환 스위치를 이용하여 중요 부하에 응급적으로 상용 교류 전력을 공급하기 위한 회로.

(3) UPS시스템의 동작 원리

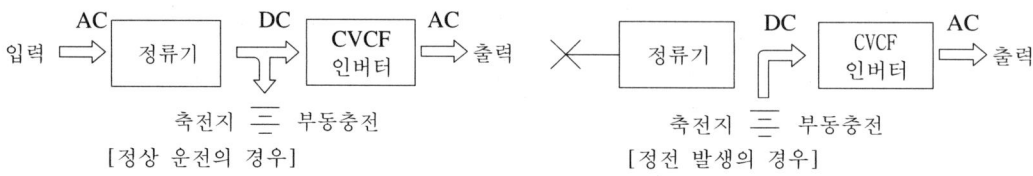

(4) 비상전원으로 사용하는 UPS 블록다이어그램

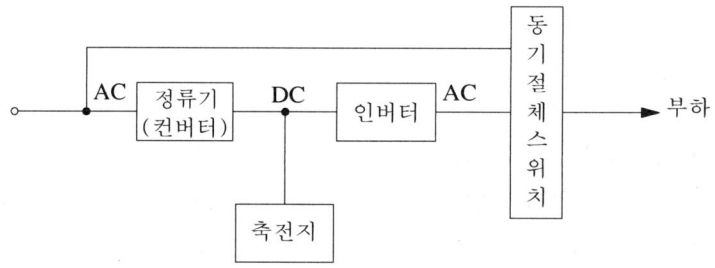

① 동기 절체 : 인버터의 고장이나 임의 조작에 의해 입력(상용)전원으로 절체 하는 경우 입력전원과 인버터 부 상호 간의 동기(위상차)를 일치시켜 절체 하는 것.
② 절체스위치(Static Switch) : 상용전원(Bypass 전원)에서 인버터로 전환하는 과정에서 출력의 끊어짐이 없도록 하기 위해 반도체(SCR) 등을 사용한 스위치.
③ 동기절체스위치 부 : 인버터 부의 과부하 및 이상 시 예비 상용전원((Bypass 전원)으로 절체 시켜주는 스위치.

(5) UPS 2차회로의 보호

① UPS 2차회로의 단락 보호 : 2차 회로에서 단락 발생 시 바이패스 회로를 이용 공급 전환하여 고장 회로를 분리하여 단락 보호를 한다.
② UPS 2차 측 단락회로의 분리 보호 : UPS 2차 측 단락사고 발생 시 UPS로부터 고장회로를 분리하는 방식으로는 다음과 같은 방법이 있다.
 ㉮ 배선용차단기에 의한 보호
 ㉯ 속단퓨즈에 의한 보호(개폐기능이 없어 MCCB와 조합하여 사용)
 ㉰ 반도체 차단기에 의한 보호.
③ UPS 2차 측 지락보호 : 영상변류기(ZCT)를 이용한 누전보호계전기(ELR)를 사용 지락 보호를 한다.

2) 각 종 전원 장치의 비교 및 특성

항목		UPS	CVCF	VVVF		
주회로 방식		전압형 인버터	전압형 인버터	전류형 인버터	전압 형 인버터	
스위치 방식	컨버터	PWM제어	PWM제어	점호위상 제어	제어하지 않음	제어하지 않음
	인버터	PWM제어	PWM제어	PWM제어	PWM제어	높은 캐리어 주파수, PWM제어
주회로 디바이스	컨버터	IGBT	IGBT	사이리스터	다이오드	다이오드
	인버터	IGBT	IGBT	트랜지스터	트랜지스터	IGBT
출력전원	무 정전	○	×	×		
	정전압 정주파수	○	○	×		
	가변전압 가변주파수	×	×	○		

(1) CVCF(정전압 정주파수 전원장치)
• 상시 전원의 이상 시 정 전압, 정주파수의 교류 전력을 안정되게 공급하기 위한 전원장치.

(2) VVVF(가변전압 가변주파수 전원장치)
컨버터(순 변환 장치)와 인버터(역 변환 장치)로 구성된 가변전압, 가변주파수의 교류 전력 발생 장치로 전류 형 인버터와 전압 형 인버터로 구분되며, 인버터 장치 내부는 크게 ① 컨버터 부, ② 평활 회로 부, ③인버터 부로 이루어져 있다.

구분	전류형인버터	전압형인버터
회로 상 차이점	① 평활 회로부에 리액터를 사용한 것 ② 컨버터 부에 SCR을 사용 ③ 인버터 부에 SCR을 사용	① 평활 회로부에 콘덴서를 사용한 것 ② 컨버터 부에 다이오드 모듈을 사용 ③ 인버터 부에 IGBT를 사용
출력 파형 상 차이점	① 전압 : 정현파 ② 전류 : 구형파	① 전압 : PWM 구형파 ② 전류 : 정현파

(3) AVR(자동전압조절장치)
- 교류 전압을 일정하게 유지하는 장치로 유도전압조정기와 정지형 자동전압조정기가 있다.

(4) 스위칭 방식 및 주회로 디바이스
① PWM제어 : 트랜지스터나 사이리스터로 구성된 컨버터를 이용 일정 직류전압을 얻은 후 인버터를 이용하여 가변 전압, 가변 주파수를 얻는 제어 방식.
② PAM제어 : 트랜지스터나 사이리스터로 구성된 컨버터를 이용 직류 전압을 가변시키고 인버터를 이용하여 주파수만 가변 제어하는 방식.
③ IGBT(절연게이트 양극성 트랜지스터) : 금속 산화 막 반도체 전계효과 트랜지스터(MOSFET)를 게이트부에 짜 넣은 접합 형 트랜지스터로 게이트-이미터 간에 전압을 인가하여 온 오프 할 수 있는 대전력 고속 스위칭이 가능한 반도체 소자.

예제문제

예제 1 다음은 컴퓨터 등의 중요한 부하에 대한 무정전 전원공급을 위한 그림이다. ①~⑤에 적당한 전기시설물의 명칭을 쓰시오.

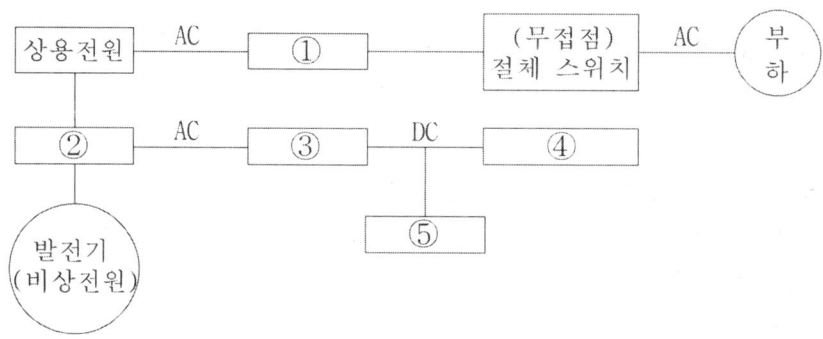

해설과 정답

(1) UPS(무정전전원장치) : CVCF(정전압 정주파수 전원장치)에 축전지를 결합한 장치
① 자동전압조정기 : 부하변동과 전원 전압의 변동 시에도 출력 전압을 일정하게 유지하기 위한 장치
② 절체용 개폐기 : 상용 전원과 발전기 전원의 연결점에서 전원 투입 종별에 따라 자동으로 해당 전원 쪽으로 절체 되는 기능을 가진 개폐기로 주로 ATS(자동 전환개폐기)를 이용한다.
③ 정류기(Converter) : 상시 전원 정전 시 교류 입력 전압을 직류로 변환하기 위한 순 변환 장치.
④ 인버터(Inverter) : 직류필터를 통과한 직류를 정전압 정주파수의 교류로 변환하기 위한 역변환 장치
[정답]

①	②	③	④	⑤
자동전압조정기	절체용 개폐기	정류기(컨버터)	인버터	축전지

예제 2 컴퓨터나 마이크로프로세서에 사용하기 위하여 전원장치로 UPS를 구성하려고 한다. 주어진 그림을 보고 다음 각 물음에 답하시오.

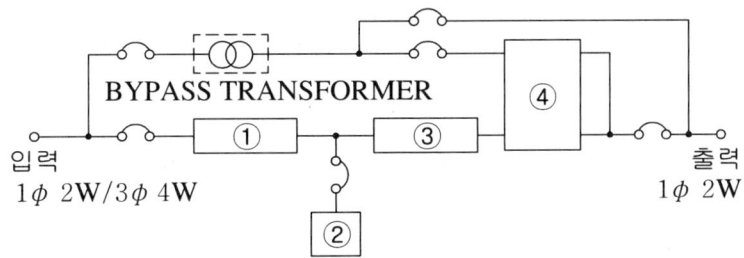

(1) ①~④에 들어갈 기기 또는 명칭을 쓰고, 그 역할에 대하여 간단히 설명하시오.
(2) Bypass Transformer를 설치하여 회로를 구성하는 이유를 설명하시오.
(3) 사용 중인 UPS의 2차 측에 단락사고 등이 발생 했을 경우 UPS와 고장 회로를 분리하는 방식 3가지를 쓰시오.
(4) 전원장치인 UPS, CVCF, VVVF 장치에 대한 비교표를 다음과 같이 구성할 때 빈칸을 채우시오. (단, 출력 전원에 대하여 가능은 ○, 불가능은 ×로 표시하시오.)

구분	장치	UPS	CVCF	VVVF
우리말 명칭				
주회로 방식				
스위칭방식	컨버터			
	인버터			
주회로 디바이스	컨버터			
	인버터			
출력전원	무 정전			
	정 전압 정주파수			
	가변전압 가변주파수			

해설과 정답

(1) 기기 명칭 및 역할
① 정류기(컨버터) : 교류를 직류로 변환하는 장치
② 축전지 : 충전장치에 의하여 변환된 직류 전력을 저장하는 장치
③ 인버터 : 직류를 다시 사용 주파수의 교류로 변환하는 장치
④ 동기절체스위치 : 인버터 부의 과부하 및 이상 시 예비 상용전원((Bypass 전원)으로 절체 시켜 부하에 무 정전으로 전력을 공급하기 위한 장치
(2) UPS나 축전지 등의 점검, 보수 및 고장 발생의 경우 예비 상용전원을 이용하여 부하에 연속적으로 전력을 공급하기 위한 변압기.
(3) UPS와 고장 회로 분리 방식
① MCCB(배선용 차단기)에 의한 방식
② 반도체 차단기에 의한 방식
③ 반도체용 한류형 퓨즈에 의한 방식
(4) UPS, CVCF, VVVF 장치 비교 표

항목		UPS	CVCF	VVVF
우리말 명칭		무 정전 전원 공급 장치	정전압 정주파수 전원장치	가변전압 가변주파수 전원장치
주회로 방식		전압형 인버터	전압형 인버터	전류형 인버터
스위치 방식	컨버터	PWM 제어	PWM 제어	점호위상 제어
	인버터	PWM 제어	PWM 제어	PWM 제어
주회로 디바이스	컨버터	IGBT	IGBT	사이리스터
	인버터	IGBT	IGBT	트랜지스터
출력 전원	무 정전	○	×	×
	정 전압 정주파수	○	○	×
	가변전압 가변주파수	×	×	○

3) 정류회로

(1) 단상 반파 정류회로(반파 정현파)

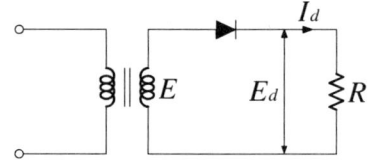

① 직류 분 전압 : $E_d = \dfrac{E_m}{\pi} = \dfrac{\sqrt{2}}{\pi}E = 0.45E\,[\mathrm{V}]$

② 직류분 전압 : 다이오드 전압강하를 고려한 경우

- 직류분 전압 : $E_d = \dfrac{\sqrt{2}}{\pi}E - e\,[\mathrm{V}]$

(2) 단상 전파 정류회로(전파 정현파)

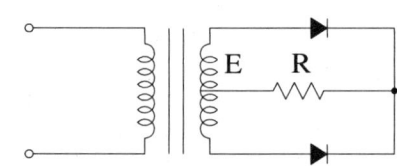

① 직류분 전압 : $E_d = \dfrac{2}{\pi}E_m = \dfrac{2\sqrt{2}}{\pi}E = 0.9E\,[\mathrm{V}]$

② 직류분 전압 : 다이오드 전압 강하를 고려한 경우

- 직류분 전압 : $E_d = \dfrac{2\sqrt{2}}{\pi}E - e\,[\mathrm{V}]$

(3) 브리지 회로 이용 단상 전파 정류회로

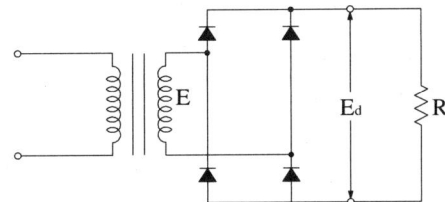

- 직류분 전압 : $E_d = \dfrac{2}{\pi} E_m = \dfrac{2\sqrt{2}}{\pi} E = 0.9E\,[\text{V}]$

[참고] 3상 정류회로

① 3상 반파 정류회로 직류분 전압 : $E_d = \dfrac{3\sqrt{6}}{2\pi} E = 1.17E\,[\text{V}]$

② 3상 전파 정류회로 직류분 전압 : $E_d \dfrac{3\sqrt{2}}{\pi} E = 1.35E\,[\text{V}]$

(4) 사이리스터 단상 반파 정류 회로

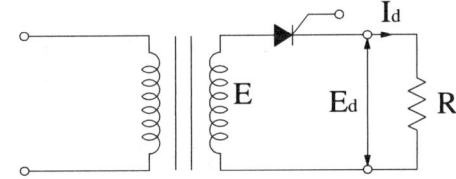

① 직류분 전압 : $E_d = \dfrac{\sqrt{2}}{\pi} E \left(\dfrac{1+\cos\alpha}{2}\right)[\text{V}]$

여기서, α는 제어각이다.

② 유도성 부하인 경우 전류가 역률각 θ만큼 뒤진 전류가 흐르므로 반드시 제어각은 역률각보다 커야 전류 제어가 가능하다.

(5) 사이리스터 단상 전파정류 회로

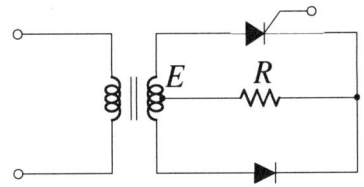

① 저항만의 부하 직류분 전압 : $E_d = \dfrac{2\sqrt{2}}{\pi} E \left(\dfrac{1+\cos\alpha}{2}\right)[\text{V}]$

② 유도성 부하 직류분 전압 : $E_d = \dfrac{2\sqrt{2}}{\pi} E \cos\alpha = 0.9E\cos\alpha\,[\text{V}]$

예제문제

예제 1) 220[V], 60[Hz]의 정현파 전원에 정류기를 그림과 같이 연결하여 20[Ω]의 부하에 전류를 통한다. 이 회로에 직렬로 접속한 가동코일형 전류계 A_1과 가동철편형 전류계 A_2는 각각 몇 [A]를 지시하는지 구하시오. 단, 정류기는 전압강하가 없는 이상적인 정류기이고, 전류계 내부 저항은 무시한다.

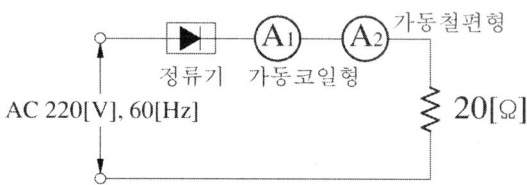

(1) 가동 코일형 전류계 A_1 지시 값
(2) 가동 철편형 전류계 A_2 지시 값

(1) 가동 코일형 계기는 평균값(직류분)을 지시하고, 가동 철편형 계기는 실효값을 지시한다.
- 전파정현파, 반파정현파의 최대값 $E_m = \sqrt{2}\,E\,[\mathrm{V}]$에 대한 실효값, 평균값(직류분)의 비율은 다음과 같다.

파형의 종류	실효값	평균값
반파정현파	$E = \dfrac{1}{2}E_m$	$E_{av} = \dfrac{1}{\pi}E_m = \dfrac{\sqrt{2}}{\pi}E = 0.45E$
전파정현파	$E = \dfrac{1}{\sqrt{2}}E_m$	$E_{av} = \dfrac{2}{\pi}E_m = \dfrac{2\sqrt{2}}{\pi}E = 0.9E$

- 직류분 전압 : $E_{av} = \dfrac{1}{\pi}E_m = \dfrac{220\sqrt{2}}{\pi}\,[\mathrm{V}]$
- 직류분 전류 : $A_1 = \dfrac{E_{av}}{R} = \dfrac{\frac{220\sqrt{2}}{\pi}}{20} = \dfrac{11\sqrt{2}}{\pi} = 4.95\,[\mathrm{A}]$
- 정답 : $4.95\,[\mathrm{A}]$

(2) 반파정현파의 실효값
- 실효값 전압 : $E = \dfrac{1}{2}E_m = \dfrac{220\sqrt{2}}{2} = 110\sqrt{2}\,[\mathrm{V}]$
- 전류 : $A_2 = \dfrac{E}{R} = \dfrac{110\sqrt{2}}{20} = 5.5\sqrt{2} = 7.78\,[\mathrm{A}]$
- 정답 : $7.78\,[\mathrm{A}]$

6 자가용 발전 설비

1) 자가용 발전기

(1) 발전기실 설계 시 고려 사항
① 발전기실의 크기(넓이 및 높이, 기기 배치 공간)
② 발전기실 기초
③ 발전기실의 구조
④ 발전기실의 환경 대책(소음 및 진동, 대기 오염 방지 대책)
⑤ 부속 기기의 위치

(2) 발전기실 위치 선정 시 고려 사항
① 기기 반입, 반출 및 운전, 보수가 용이한 장소일 것
② 엔진 배기 배출구에 가까이 위치할 것
③ 실내 환기가 용이한 장소일 것
④ 급배수가 용이할 것
⑤ 연료유의 보급이 편리할 것
⑥ 변전실에 가까울 것

(3) 발전기 용량 산출 시 고려 사항
① 단상 부하
② 감 전압 시동기
③ 정류기 부하(고조파 발생 부하)

(4) 자가용 발전기의 정격용량 선정
① 단순 부하인 경우
  • 전 부하 정상 운전 시의 소요 입력에 의한 용량으로 다음과 같이 구할 수 있다.
  ㉮ 발전기 정격용량[kVA] ≥ 부하설비용량의 총합 × 수용률 × 여유율
  ㉯ 발전기 정격용량[kVA] ≥ $\dfrac{\Sigma P_L \times H \times K}{\eta_L \times \cos\theta}$

  여기서, 문자 의미는 다음과 같다.
  • $P_L[\mathrm{kW}]$: 부하출력
  • H : 수용률
  • K : 여유율
  • η_L : 부하 효율

② 기동용량이 큰 전동기 부하인 경우
  자가 발전기에서 갑자기 전동기에 전압이 걸리면서 기동하는 경우 발전기 단자전압이 순간적

으로 저하하여 개폐기가 개방되거나 엔진이 정지하는 등의 사고를 유발할 수 있으므로 발전기 과도리액턴스 및 허용전압강하를 고려하여 다음과 같이 구할 수 있다.

㉮ 발전기

$$\text{용량[kVA]} \geq \left(\frac{1}{\text{기동시 허용전압강하}} - 1 \right) \times \text{기동용량[kVA]} \times \text{과도리액턴스}(X_d)$$

㉯ 발전기 과도리액턴스는 보통 25~30[%], 허용 전압강하는 20~30[%] 정도이며, 허용 전압강하가 크면 클수록 발전기 용량은 감소한다.

③ 단순 부하와 기동용량이 큰 전동기 부하가 있는 경우

전 부하 운전 중인 단순 부하와 기동 운전 중인 전동기 부하의 합에 새로이 기동하는 전동기 기동용량을 고려하여 순간적으로 발전기에 최대 부하가 걸리는 순시 최대 부하에 의한 용량으로 다음과 같이 구할 수 있다.

㉮ 발전기 용량 $P[\text{kVA}] \geq \dfrac{\Sigma P_L[\text{kW}] + [\Sigma Q_L[\text{kVA}] \times \cos\theta_{Q_L}]}{K \times \cos\theta_G}$

㉯ 발전기 용량 식에서 문자 의미는 다음과 같다.
- $\Sigma P_L[\text{kW}]$: 전 부하 운전 중인 단순 부하와 전동기 부하의 합계 용량
- $\Sigma Q_L[\text{kVA}]$: 새로이 기동하는 전동기 돌입 부하의 합계 용량
- K : 원동기 기관 과부하 내량
- $\cos\theta_{Q_L}$: 전동기 기동 시 역률
- $\cos\theta_G$: 발전기 역률

[참고] 부하 중에서 [기동(kW)-입력(kW)]의 값이 최대로 되는 전동기 군을 최후에 기동할 때의 발전기 용량

$$PG \geq \left(\frac{\Sigma P_L - P_m}{\eta_L} + P_m \times \beta \times C \times \cos\theta_m \right) \times \frac{1}{\cos\theta_G} [\text{kVA}]$$

여기서, 문자 의미는 다음과 같다.
- $\Sigma P_L[\text{kW}]$: 부하의 출력 합계
- $P_m[\text{kW}]$: [기동(kW)-입력(kW)]의 값이 최대로 되는 전동기 또는 전동기 군의 출력
- η_L : 부하의 종합 효율 (불 분명 시 0.85)
- β : 전동기 출력 1[kW] 당 기동 용량[kVA] (불 분명 시 7.2)
- C : 기동방식에 따른 계수 (직입기동 1, $Y-\Delta$ 기동 0.67)
- $\cos\theta_m$: $P_m[\text{kW}]$ 전동기 기동 시 역률(불 분명 시 0.4)
- $\cos\theta_G$: 발전기 역률(불 분명 시 0.8)

제3장 조명 설계와 예비전원 설비

예제문제

예제 1 어떤 공장에 예비 전원설비로 발전기를 설계하고자 한다. 다음 조건을 이용하여 각 물음 답하시오.

【부하】
- 부하는 전동기 부하 150[kW] 2대, 100[kW] 3대, 50[kW] 2대이며, 전등 부하는 40[kW]이다.
- 전동기 부하의 역률은 모두 0.9이고, 전등 부하의 역률은 1이다.
- 동력부하의 수용률은 용량이 최대인 전동기 1대는 100[%], 나머지 전동기는 그 용량의 합계를 80[%]로 계산하며, 전등 부하는 100[%]로 계산한다.
- 발전기 용량 여유율은 10[%]를 주도록 한다.
- 발전기 과도리액턴스는 25[%]를 적용한다.
- 허용 전압강하는 20[%]를 적용한다.
- 시동 용량(기동 용량)은 750[kVA]를 적용한다.
- 기타 주어지지 않은 조건은 무시하고 계산하도록 한다.
- 발전기 표준 용량[kVA]은 500, 600, 750, 875, 900, 1000 등이 있다.

(1) 발전기에 접속되는 부하 합계로부터 발전기 용량을 구하시오.
(2) 부하 중 가장 큰 전동기 기동 시 용량으로부터 발전기 용량을 구하시오.
(3) 다음 "(1)"과 "(2)"에서 계산된 값 중 어느 쪽 값을 기준하여 발전기 용량을 정하는지 그 값을 쓰고 실제 필요한 발전기 용량을 정하시오.

(1) 발전기 정격용량[kVA] $\geq \dfrac{\Sigma P_L \times H \times K}{\cos\theta}$

$$\geq \left(\dfrac{150 + (150 + 100 \times 3 + 50 \times 2) \times 0.8}{0.9} + 40\right) \times 1.1 = 765.11 [\text{kVA}]$$

- 정답 : 765.11[kVA]

(2) 발전기 정격용량[kVA] $\geq \left(\dfrac{1}{\varepsilon} - 1\right) \times$ 기동용량[kVA] $\times X_d \times$ 여유율

$$\geq \left(\dfrac{1}{0.2} - 1\right) \times 750 \times 0.25 \times 1.1 = 825 [\text{kVA}]$$

- 정답 : 825[kVA]

(3) 발전기 용량은 825[kVA]를 기준으로 정하며 표준용량 875[kVA]를 적용한다.

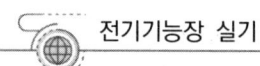

예제 2 주어진 표는 어떤 부하의 데이터이다. 이 부하 데이터를 수용할 수 있는 발전기 용량을 산정하시오. (단, 발전기 표준 역률은 0.8, 허용전압강하 25[%], 발전기 리액턴스 20[%], 원동기 기관 과부하 내량은 1.2이다.)

전압 주파수	부하의 종류	출력 [kW]	전 부하특성				기동특성		기동 순서	비고
			역률 [%]	효율 [%]	입력 [kVA]	입력 [kW]	역률 [%]	입력 [kVA]		
200[V] 60[Hz]	조명	10	100		10	10	–	–	1	
	스프링클러	55	86	90	71.1	61.1	40	142.2	2	Y-△ 기동
	소화전 펌프	15	83	87	21.0	17.2	40	42	3	Y-△ 기동
	양수 펌프	7.5	83	86	10.5	8.7	40	63	3	직입기동

(1) 전 부하 정상 운전 시 입력[kVA]은 얼마인가?

(2) 전동기 기동에 필요한 용량[kVA]은 얼마인가?

(3) 순시 최대 부하에 의한 용량[kVA]은 얼마인가?

해설과 정답

(1) 발전기
$$용량[kVA] = \frac{전\ 부하\ 특성\ 입력[kW]}{\cos\theta}$$
$$= \frac{10+61.1+17.2+8.7}{0.8} = 121.25[kVA]$$
- 정답 : 121.25[kVA]

(2) 발전기
$$용량[kVA] \geq \left(\frac{1}{기동시\ 허용전압강하}-1\right) \times 기동용량[kVA] \times 과도리액턴스(X_d)$$
- 발전기 용량$[kVA] \geq \left(\frac{1}{0.25}-1\right) \times 142.2 \times 0.2 = 85.32[kVA]$
- 정답 : 85.32[kVA]

(3) 발전기 용량 $[kVA] = \dfrac{(10+61.1)+(42+63) \times 0.4}{1.2 \times 0.8} = 117.81[kVA]$
- 정답 : 117.81[kVA]

예제 3 다음 참고자료를 보고 각 물음에 답하시오.

구 분	전등 및 전열	일반 동력	비상동력
설비용량 및 효율	합계 350[kW] 100[%]	합계 635[kW] 85[%]	유도전동기1 7.5[kW] 2대 85[%] 유도전동기2 11[kW] 1대 85[%] 유도전동기3 15[kW] 1대 85[%] 비상조명 8[kW] 100[%]
평균(종합)역률	80[%]	90[%]	90[%]
수용률	45[%]	45[%]	100[%]

(1) 부하집계 및 입력 환산표를 완성하시오.(단, 입력 환산[kVA]의 계산에서 소수점 둘째자리 이하는 버린다.)

구 분		설비용량[kW]	효율[%]	역률[%]	입력환산[kVA]
전등 및 전열		350			
일반동력		635			
비상동력	유도전동기1	7.5×2			
	유도전동기2	11			
	유도전동기3	15			
	비상조명	8			
	소계				

(2) 비상 동력부하 중에서 [기동(kW)-입력(kW)]의 값이 최대로 되는 전동기를 최후에 기동하는데 필요한 발전기 용량은 몇 [kVA]인지 구하시오.
[참고사항]
① 유도전동기의 출력 1[kW] 당 기동 [kVA]는 7.2로 한다.
② 유도전동기의 기동방식은 모두 직입기동방식이다. 따라서 기동방식에 따른 계수는 1로 한다.
③ 부하의 종합효율은 0.85를 적용한다.
④ 발전기의 역률은 0.9로 한다.
⑤ 전동기의 기동 시 역률은 0.4로 한다.

해설과 정답

(1) 부하 집계 및 입력 환산[kVA]

- 입력 환산[kVA] $= \dfrac{\text{설비용량[kW]}}{\text{효율} \times \text{역률}}$

구 분		설비용량[kW]	효율[%]	역률[%]	입력환산[kVA]
전등 및 전열		350	100[%]	80[%]	$\dfrac{350}{1 \times 0.8} = 437.5 [\text{kVA}]$
일반동력		635	85[%]	90[%]	$\dfrac{635}{0.85 \times 0.9} = 830 [\text{kVA}]$
비상동력	유도전동기1	7.5×2	85[%]	90[%]	$\dfrac{7.5 \times 2}{0.85 \times 0.9} = 19.6 [\text{kVA}]$
	유도전동기2	11	85[%]	90[%]	$\dfrac{11}{0.85 \times 0.9} = 14.3 [\text{kVA}]$
	유도전동기3	15	85[%]	90[%]	$\dfrac{15}{0.85 \times 0.9} = 19.6 [\text{kVA}]$
	비상조명	8	100[%]	90[%]	$\dfrac{8}{1 \times 0.9} = 8.8 [\text{kVA}]$
	소계	─	─	─	62.3 [kVA]

(2) 발전기 용량[kVA]
- 부하 중에서 [기동(kW)-입력(kW)]의 값이 최대로 되는 전동기 군을 최후에 기동할 때의 발전기 용량

$$PG \geq \left(\frac{\sum P_L - P_m}{\eta_L} + P_m \times \beta \times C \times \cos\theta_m\right) \times \frac{1}{\cos\theta_G} [\text{kVA}]$$

여기서, $\sum P_L [\text{kW}]$: 부하의 출력 합계

$P_m [\text{kW}]$: [기동(kW)-입력(kW)]의 값이 최대로 되는 전동기 또는 전동기 군의 출력

η_L : 부하의 종합 효율 (불 분명 시 0.85)

β : 전동기 출력 l[kW] 당 기동 용량[kVA] (불 분명 시 7.2)

C : 기동방식에 따른 계수 (직입기동 1, $Y-\Delta$ 기동 0.67)

$\cos\theta_m$: $P_m [\text{kW}]$ 전동기 기동 시 역률(불 분명 시 0.4)

$\cos\theta_G$: 발전기 역률(불 분명 시 0.8)

- $\sum P_L = 7.5 \times 2 + 11 + 15 + 8 = 49 [\text{kW}]$, $P_m = 15 [\text{kW}]$, $\beta = 7.2$이므로

- 발전기 용량 $PG \geq \left(\frac{\sum P_L - P_m}{\eta_L} + P_m \times \beta \times C \times \cos\theta_m\right) \times \frac{1}{\cos\theta_G} [\text{kVA}]$

$$\geq \left(\frac{49-15}{0.85} + 15 \times 7.2 \times 1 \times 0.4\right) \times \frac{1}{0.9} = 92.44 [\text{kVA}]$$

- 정답 : $92.44 [\text{kVA}]$

예제 4 어느 빌딩의 수용가가 자가용 디젤 발전기 설비를 계획하고 있다. 발전기의 용량 산출에 필요한 부하 종류 및 특성이 다음과 같을 때 주어진 조건과 참고 자료를 이용하여 전 부하로 운전하는데 필요한 발전기 용량은 몇 [kVA]인지를 빈칸을 채우면서 선정하시오.

부하의 종류	출력[kW]	극수[극]	대수[대]	적용 부하	기동 방법
전동기	37	6	1	소화전 펌프	리액터 기동
	22	6	2	급수 펌프	리액터 기동
	11	6	2	배풍기	Y-△ 기동
	5.5	4	1	배수 펌프	직입기동
전등, 기타	50	-	-	비상 조명	-

[조건]
- 참고 자료의 수치는 최소치를 적용한다.
- 전동기 기동 시에 필요한 용량은 무시한다.
- 수용률 적용
  ○ 동력 : 적용 부하에 대한 전동기 대수가 1대인 경우에는 100[%], 2대인 경우에는 80[%]를 적용한다.
  ○ 전등, 기타 : 100[%]를 적용한다.
- 부하의 종류가 전등, 기타인 경우의 역률은 100[%]를 적용한다.
- 자가용 디젤발전기 용량은 50, 100, 150, 200, 300, 400, 500에서 선정한다. (단위 : [kVA])

	효율[%]	역률[%]	입력[kVA]	수용률[%]	수용률 적용값[kVA]
37×1					
22×2					
11×2					
5.5×1					
50					
합계					
		필요한 발전기 용량 :		[kVA]	

제3장 조명 설계와 예비전원 설비

[참고자료 1] 전동기 전 부하 특성 표

정격 출력 [kW]	극수	동기 회전 속도 [rpm]	전 부하특성		참고 값		
			효율 η[%]	역률 P·F[%]	무부하전류 I_o[A] (각상의 평균치)	전부하전류 I[A] (각상의 평균치)	전부하 슬립 s[%]
2.2	4	1800	81.0 이상	77.0 이상	5.0	9.1	7.0
3.7			83.0 이상	78.0 이상	8.2	14.6	6.5
5.5			85.0 이상	77.0 이상	11.8	21.8	6.0
7.5			86.0 이상	78.0 이상	14.5	29.1	6.0
11			87.0 이상	79.0 이상	20.9	40.9	6.0
15			88.0 이상	79.5 이상	26.4	55.5	5.5
5.5	6	1200	84.5 이상	72.0 이상	13.6	23.6	6.0
7.5			85.5 이상	73.0 이상	17.3	30.9	6.0
11			86.5 이상	74.5 이상	23.6	43.6	6.0
15			87.5 이상	75.5 이상	30.0	58.2	6.0
18.5			88.0 이상	76.0 이상	37.3	71.8	5.5
22			88.5 이상	77.0 이상	40.0	82.7	5.5
30			89.0 이상	78.0 이상	50.9	111.8	5.5
37			90.0 이상	78.5 이상	60.9	136.4	5.5

해설과 정답

발전기 용량 선정

부하의 종류	출력 [kW]	극수	전 부하 특성			수용률 [%]	수용률을 적용한 [kVA]용량
			효율[%]	역률[%]	입력[kVA]		
전동기	37×1	6	90	78.5	$\dfrac{37\times1}{0.9\times0.785}=52.37$	100%	52.37
	22×2	6	88.5	77	$\dfrac{22\times2}{0.885\times0.77}=64.57$	80%	$\dfrac{22\times2}{0.885\times0.77}\times0.8=51.65$
	11×2	6	86.5	74.5	$\dfrac{11\times2}{0.865\times0.745}=34.14$	80%	$\dfrac{11\times2}{0.865\times0.745}\times0.8=27.31$
	5.5×1	4	85	77	$\dfrac{5.5\times1}{0.85\times0.77}=8.40$	100%	8.40
전등, 기타	50	–	–	100	50	100%	50
합 계	158.5	–	–	–	209.48	–	189.73
			필요한 발전기 용량 : 200[kVA]				

(5) 디젤발전기 용량 및 연료소비량

① 발전기 용량 : $P[\text{kVA}] \geq \dfrac{B\times H\times \eta_t \times \eta_g}{860\times t\times \cos\theta}$

여기서, 문자 의미는 다음과 같다.

- B[kg] : 연료소비량
- H[kcal/kg] : 연료의 발열량

- η_t : 기관 효율
- $t[h]$: 발전기 운전 시간
- η_g : 발전기 효율
- $\cos\theta$: 부하 역률

예제 5 정격출력 500[kW]의 디젤엔진 발전기를 발열량 10,000[kcal/ℓ]인 중유 250[ℓ]을 사용하여 $\frac{1}{2}$ 부하에서 운전하는 경우 몇 시간동안 운전이 가능한지 구하시오.(단, 발전기의 열효율을 34.4[%]로 한다.)

해설과 정답

발전소의 열효율 : $\eta = \dfrac{860W}{BH} \times 100 = \dfrac{860Pt}{BH} \times 100\,[\%]$

- 시간 $t = \dfrac{BH\eta}{860P \times \frac{1}{2}} = \dfrac{250 \times 10000 \times 0.344}{860 \times 500 \times \frac{1}{2}} = 4\,[\text{시간}]$

[정답] 4[시간]

② 디젤기관 연료소비량(Q)

㉮ 연료소비량 : $Q\,[\text{kg/h}] = \dfrac{P[\text{kVA}] \times \cos\theta}{\eta_G}[\text{kW}] \times \dfrac{1}{0.7355}[\text{ps}] \times \dfrac{b}{1000}\left[\dfrac{\text{g}}{\text{ps}\cdot\text{h}}\right]$

㉯ 연료소비량 : $Q\,[\ell/\text{h}] = \dfrac{P[\text{kVA}] \times \cos\theta}{\eta_G}[\text{kW}] \times \dfrac{1}{0.7355}[\text{ps}] \times \dfrac{b}{1000}\left[\dfrac{\text{g}}{\text{ps}\cdot\text{h}}\right] \times \dfrac{1}{s}\left[\dfrac{\ell}{\text{kg}}\right]$

여기서, 문자 의미는 다음과 같다.
- $P[\text{kVA}]$: 발전기 출력
- η_g : 발전기 효율
- $s\,[\text{kg}/\ell]$: 연료의 비중
- $\cos\theta$: 발전기 역률
- $b\,[\text{g}/\text{ps}\cdot\text{h}]$: 연료소비율

[참고] 1[ps] = 735.5[W]

예제 6 용량 $1000\,[\text{kVA}]$인 발전기를 역률 $80\,[\%]$로 운전할 때 시간 당 연료소비량 $[\ell/h]$을 구하시오. (단, 발전기 효율은 0.93, 엔진의 소비 율은 190$[\text{g}/\text{ps}\cdot\text{h}]$, 연료의 비중은 0.92 이다.)

해설과 정답

- 발전기 입력 $= \dfrac{1000 \times 0.8}{0.93} = 860.22\,[\text{kW}] = \dfrac{860.22 \times 10^3}{735.5}\,[\text{ps}]$

- 연료소비량 $= \dfrac{860.22 \times 10^3}{735.5}\,[\text{ps}] \times \dfrac{190}{1000}\left[\dfrac{\text{g}}{\text{ps}\cdot\text{h}}\right] = 222.22\,[\text{kg}/\text{h}]$

- 부피로 환산한 연료소비량 $= 222.22\,[\text{kg}/\text{h}] \times \dfrac{1}{0.92}\,[\ell/\text{kg}] = 241.54\,[\ell/\text{h}]$

[정답] 241.54[ℓ/h]

③ 수력발전 발전기 출력 : $P = 9.8QH\eta_T\eta_G\,[\text{kW}]$

여기서, 문자 의미는 다음과 같다.

- $Q\,[\text{m}^3/\text{sec}]$: 사용 수량
- $H\,[\text{m}]$: 유효 낙차
- η_T : 수차 효율
- η_G : 발전기 효율

예제 7 유효낙차 100[m], 최대사용 수량 10[㎥/sec]의 수력발전소에 발전기 1대를 설치하는 경우 적당한 발전기의 용량[kVA]을 구하시오.(단, 수차와 발전기의 종합 효율 및 부하역률은 각각 85[%]로 한다.)

해설과 정답

수력 발전소의 출력 : $P = 9.8QH\eta\,[\text{kW}] = \dfrac{9.8QH\eta}{\cos\theta}\,[\text{kVA}]$

$= \dfrac{9.8 \times 10 \times 100 \times 0.85}{0.85} = 9{,}800\,[\text{kVA}]$

[정답] 9,800[kVA]

④ 기력발전 열효율 : $\eta = \dfrac{860W}{BH} = \dfrac{860Pt}{BH}$

여기서, 문자 의미는 다음과 같다.

- $W\,[\text{kWh}]$: 발생 전력량
- $P\,[\text{kW}]$: 발생 전력
- $t\,[\text{h}]$: 운전 시간
- $B\,[\text{kg}]$: 연료소비량
- $H\,[\text{kcal/kg}]$: 연료의 발열량

⑤ 풍력발전 출력 : $P = \dfrac{1}{2}\rho A V^3 k_1 k_2\,[\text{W}]$

여기서, 문자 의미는 다음과 같다.

- $\rho\,[\text{kg}/\text{m}^3]$: 공기 밀도
- $A = \pi r^2\,[\text{m}^2]$: 공기 흐름 단면적
- $r\,[\text{m}]$: 회전자인 로터(풍차) 반경
- $V\,[\text{m/sec}]$: 풍속
- k_1 : 날개의 효율,
- k_2 : 기계의 효율

예제 8 로터의 지름이 31[m]인 프로펠러형 수차가 풍속이 16.5[m/sec]이고, 공기 밀도가 1.225[kg/m³]일 때, 풍력발전기의 출력을 구하시오.

해설과 정답

풍력발전 출력 :
$$P = \frac{1}{2}\rho A V^3 = \frac{1}{2} \times 1.225 \times \pi \times (\frac{31}{2})^2 \times 16.5^3 \times 10^{-3} = 2076.69[kW]$$

[정답] 2076.69[kW]

⑥ 전열기 열효율 : $\eta = \dfrac{C m \theta}{860 P t}$

여기서, 문자 의미는 다음과 같다.
- $C[\text{kcal}/℃\cdot\text{kg}]$: 비열
- $\theta[℃]$: 온도 차
- $t[\text{h}]$: 운전 시간
- $m[\text{kg}]$: 질량
- $P[\text{kW}]$: 발생 전력

⇨ 순수한 물은 비열은 1이고, 1[ℓ]=1[kg]이 된다.

예제 9 4[ℓ]의 물을 15[℃]에서 90[℃]로 온도를 높이는데 1[kW]의 전열기로 30분간 가열하였다. 이 전열기의 효율을 계산하시오.

해설과 정답

효율 $\eta = \dfrac{C m \theta}{860 P t} = \dfrac{1 \times 4 \times 75}{860 \times 1 \times \dfrac{30}{60}} \times 100 == 69.77[\%]$

[정답] 69.77[%]

(6) 발전기용 차단기의 차단용량

- 정격차단용량[kVA] = $\dfrac{발전기\ 출력[kVA]}{과도리액턴스(X_d)} \times 1.25$

예제 10 발전기 출력이 4000[kVA]일 때 발전기용 차단기 용량을 구하시오. 단, 변전소 회로 측의 차단 용량은 30[MVA]이며, 발전기 과도리액턴스는 0.25로 한다.

해설과 정답

- 변전소 측 차단기 용량 : $P_{ST} = 30[MVA]$
- 발전기용 차단기 용량 :
$$P_{SG} = \dfrac{발전기\ 출력[kVA]}{과도리액턴스(X_d)} \times 1.25 = \dfrac{4000}{0.25} \times 1.25 \times 10^{-3} = 20[MVA]$$

제3장 조명 설계와 예비전원 설비

• 변전소 측과 발전소 측을 비교하여 차단 용량이 더 큰 차단기를 기준으로 선정한다.
[정답] 30[MVA] 선정

(7) 발전기실의 넓이, 높이

① 발전기실의 넓이 : $S \geq 1.7\sqrt{원동기출력[ps]}\,[m^2]$
　⇨ 권장 면적 : $S \geq 3\sqrt{원동기출력[ps]}\,[m^2]$
[참고] 1[ps] = 75[kg·m/sec] → 1[ps] = 735.5[W]
② 발전기실의 높이 : 4 ~ 5[m]정도
③ 발전기 실 높이 선정 시 고려 사항
　㉮ 피스톤이 움직이는 높이
　㉯ 체인블록장치와 천장과의 거리
　㉰ 체인블록 취부에 소요되는 높이
④ 발전기 실 높이 : H = (8 ~ 17)D + (4 ~ 8)D[m]
　㉮ D : 실린더 지름
　㉯ 8 ~ 17 : 실린더 상부까지의 엔진 높이(속도에 따라 결정)
　㉰ 4 ~ 8 : 실린더 해체 및 조립에 필요한 높이(체인블록에 따라 결정)
[참고] 체인블록 : 체인을 조작하여 중량물을 권상하는 장치

예제 11 주어진 표는 어떤 부하의 데이터이다. 이 데이터를 수용할 수 있는 발전기 용량을 산정하시오.

[출력산정에 사용되는 부하 표]

	부하의 종류	출력[kW]	전 부하 특성			
			역률[%]	효율[%]	입력[kVA]	입력[kW]
No.1	유도 전동기	6대×37	87.0	81	6대×52.5	6대×45.7
No.2	유도 전동기	1대×11	84.0	77.0	17	14.3
No.3	전등·기타	30	100	-	30	30
	합계	263	88.0	-	-	-

(1) 전 부하로 운전하는데 필요한 정격용량[kVA]은 얼마인가? (단, 부하의 종합역률은 88[%]라 한다.)
(2) 전 부하로 운전하는데 필요한 엔진 출력은 몇 [PS]인가? (단, 발전기 효율은 92[%] 본다.)

(1) 발전기 정격용량 : $P_{Q1} \geq \dfrac{45.7 \times 6 + 14.3 + 30}{0.88} = 361.93 [kVA]$

• 정답 : 361.93[kVA]

(2) 엔진 출력 : $P_{51} \geq \dfrac{45.7 \times 6 + 14.3 + 30}{0.92 \times 0.7355} = 470.69 [PS]$

• 정답 : 470.699[PS]

2) 동기발전기의 단락비 특성

(1) 단락 비

① 단락비 : $K_s = \dfrac{I_s}{I_n} = \dfrac{100}{\%Z} = \dfrac{1}{\%Z} [\text{p.u}]$

여기서, I_s는 단락전류, I_n은 정격전류이다.

② %임피던스 : $\%Z = \dfrac{ZP_n}{10V^2} [\%]$

여기서, 정격전압은 선간전압 V[kV], $P_n = \sqrt{3}\,VI_n [kVA]$인 3상 전체 정격용량이다.

(2) 단락비가 크다

① 동기임피던스가 작다.   ② 전기자반작용이 작다.
③ 전압변동률이 작다.   ④ 안정도가 좋다.
⑤ 공극이 크다.   ⑥ 중량이 무겁고 값이 비싸다.
⑦ 계자기자력이 크다.   ⑧ 선로의 충전용량이 크다.
⑨ 철손이 증가한다.   ⑩ 효율이 떨어진다.

(3) 단락비의 크기

① 수차발전기(철 기계) : $K_s = 0.9 \sim 1.2$
② 터빈발전기(동 기계) : $K_s = 0.6 \sim 1.0$

예제 12 교류 동기발전기에 대한 다음 물음에 답하시오.
(1) 정격전압 6,000[V], 정격용량 5,000[kVA]인 교류발전기에서 계자전류가 30[A], 그 무부하 단자전압이 6,000[V]이고, 이 계자전류에 있어서의 3상 단락전류가 700[A]라고 한다. 이 발전기 단락비를 구하시오.
(2) 괄호 ①~⑥에 다음에 제시한 용어 중 적절한 용어를 선택하여 쓰시오.
[제시 용어] 증가, 감소, 크다(고), 작다(고), 높다(고), 낮다(고)

> 단락비가 큰 교류 발전기는 일반적으로 전기자 권선의 권수가 적고 자속 수가 (①), 기계의 치수가 (②), 가격이 (③), 풍손, 마찰 손, 철손이 (④), 효율은 (⑤), 전압 변동률은 (⑥), 안정도는 (⑦)

해설과 정답

(1) 단락비
- 정격전류 : $I_n = \dfrac{P_n}{\sqrt{3}\,V_n} = \dfrac{5000 \times 10^3}{\sqrt{3} \times 6000} = 481.13[\text{A}]$
- 단락비 : $K_s = \dfrac{I_s}{I_n} = \dfrac{700}{481.13} = 1.45$
- 정답 : 단락비 $K_S = 1.45$

(2) 단락비가 큰 특성

①	②	③	④	⑤	⑥	⑦
크고	크고	높고	크고	낮고	작고	높다

3) 동기발전기의 병렬운전조건

병렬운전 조건	불일치 시 순환전류	순환전류 발생 결과
① 기전력의 크기가 같을 것	무효순환전류	• 저항손 증가　• 전기자 권선의 가열 • 역률 변동　• 발전기 전압의 균등화
② 기전력의 위상이 같을 것	동기화전류 (유효횡류)	• 동기화력 작용　• 출력 변동 • 발전기 위상의 일치
③ 기전력의 주파수가 같을 것	동기화전류	• 단자전압의 진동 발생 • 주파수 차가 크면 병렬 운전 불능
④ 기전력의 파형이 같을 것	고조파순환전류	• 전기자 저항손 증가 및 과열

⇨ 3상 동기발전기의 경우 상 회전 방향이 같을 것.

4) 예비전원용 고압발전기의 시설

예비전원으로 시설하는 고압발전기에서 부하에 이르는 전로에는 발전기 가까운 곳에 「개폐기, 과전류 차단기, 전압계 및 전류계」를 다음 규정에 의하여 시설할 것.
① 각 극에 개폐기 및 과전류차단기를 시설할 것.
② 전압계는 각 상의 전압을 읽을 수 있도록 시설할 것.
③ 전류계는 각 선(중성선 제외)의 전류를 읽을 수 있도록 시설할 것.

5) ATS, ALTS

(1) ATS(Automatic Transfer Switch : 자동 전환 개폐기)

상시 전원 수전용 차단기와 비상용 발전기 간에는 인터록을 구성하여 상시 전원과 비상용 전원인 발전기의 동시 투입을 방지하면서, 상시 전원 정전 시 비상용 발전기가 운전되면서 상시 전원에 연결되어 있던 개폐기가 발전기 전원 단자 쪽으로 절체 되는 기능을 가진 것으로 기본적인 특성은 비상용 발전기가 운전하여 반드시 필요한 설비에 우선적으로 전력을 공급하는 경우이므로 일반적으로 상시 전원을 이용하여 전력을 공급하는 경우에 비하여 접속 부하가 현저히 감소한다. 다음 그림은 전원 교체 방식의 한 보기로 사이리스터식 정지 여자 방식 교류발전기 회로도이다.

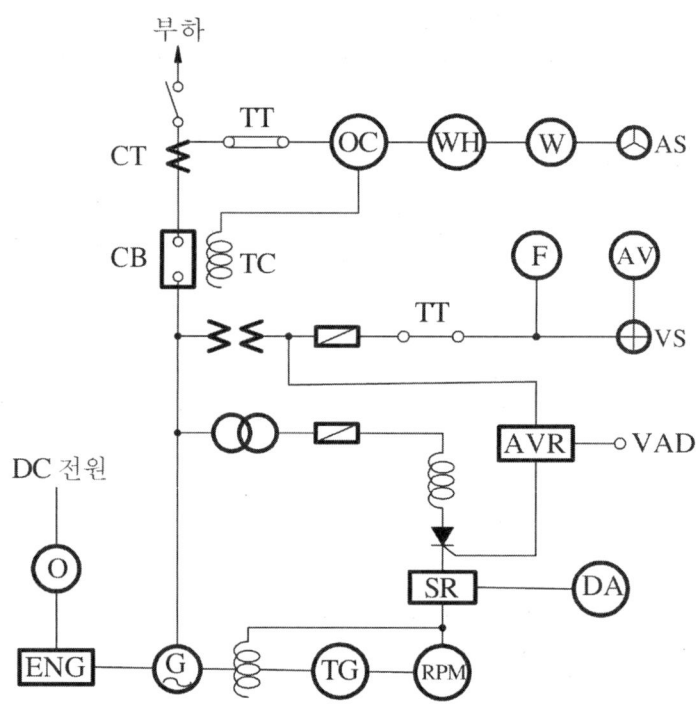

약호	명칭	약호	명칭	약호	명칭
ENG	전기 기동식 디젤엔진	G	정지자여자식 교류발전기	TG	타코 제너레이터
AVR	자동전압조정기	VAD	사이리스터조정기	VA	교류전압계
CR	사이리스터정류기	SR	가포화리액터	AA	교류전류계
CT	변류기	PT	계기용 변압기	W	지시전력계
Fuse	퓨즈	F	주파수계	TrE	여자용변압기
RPM	회전수계	CB	차단기	DA	직류전류계
TC	트립 코일	OC	과전류계전기	DS	단로기
WH	지시전력량계	SH	분류기	◎	엔진기동용 푸시버튼

(2) ALTS(Automatic Load Transfer Switch : 자동 부하 전환 개폐기)

주 전원과 예비전원을 설치하여 이중 전원을 확보한 수용가 인입구에 설치되어 주 전원 정전 시 또는 전압이 기준치 이하로 떨어질 경우 예비전원으로 자동 전환됨으로써 수용가에서 항상 일정한 전원 공급을 받을 수 있도록 양전원의 접속점에 설치한 개폐기로 기본적인 특성으로는 그 접속하는 부하 및 배선이 동일하다는 것이다.

7 전동기 설비

1) 직류전동기(분권전동기)

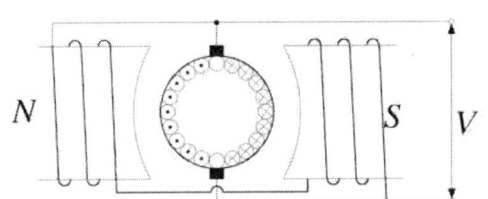 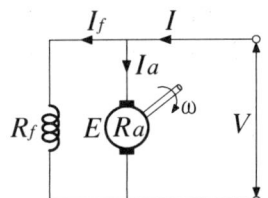

- R_f : 계자저항
- R_a : 전기자 저항
- I_f : 계자전류
- I_a : 전기자 전류
- I : 부하전류
- E : 역기전력
- V : 정격전압
- $\omega[\text{rad/sec}]$: 각속도

① 토크 정의 식 : $\tau = F \cdot r \, [\text{N} \cdot \text{m}]$

　　　여기서, $F[\text{N}]$은 전자력이고 $r[\text{m}]$는 회전자 반지름이다.

② 역기전력 : $E = V - I_a R_a \, [\text{V}]$

③ 전기적 출력 : $P_0 = EI_a = \omega \tau$

③ 토크 : $\tau = \dfrac{EI_a}{\omega} = \dfrac{\dfrac{PZ}{60a}\phi NI_a}{\dfrac{2\pi N}{60}} = \dfrac{PZ}{2\pi a}\phi I_a \, [\text{N} \cdot \text{m}]$

④ 토크 : $\tau = \dfrac{EI_a}{\omega} = \dfrac{EI_a}{\dfrac{2\pi N}{60}} = \dfrac{60}{2\pi} \times \dfrac{EI_a}{N} = 9.55 \dfrac{P_o}{N} \, [\text{N} \cdot \text{m}]$

⑤ 토크 : $\tau = 9.55 \dfrac{P}{N} \times \dfrac{1}{9.8} = 0.975 \dfrac{P}{N} \, [\text{kg} \cdot \text{m}]$

⑥ 최대 효율 조건 : 고정 손(무 부하 손)=가변 손(부하 손)

예제문제

예제 1 그림과 같은 직류 분권전동기가 있다. 단자전압 220[V], 보극을 포함한 전기자 회로 저항이 0.06[Ω], 계자 회로 저항이 180[Ω], 무 부하 공급전류가 4[A], 전 부하 시 공급전류가 40[A], 무 부하 시 회전속도가 1800[rpm]이라고 한다. 이 전동기에 대하여 다음 각 물음에 답하시오.

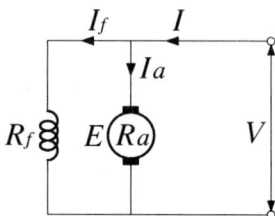

(1) 전 부하 시의 출력은 몇 [kW]인지 구하시오.
(2) 전부하시 효율[%]을 구하시오.
(3) 전 부하 시 회전속도[rpm]를 구하시오.
(4) 전부하시 토크[N·m]를 구하시오.

해설 정답

분권전동기 특성

(1) 분권전동기 전 부하 시 출력 : $P_0 = EI_a$ [W]
- 전기자전류 : $I_a = I - I_f = 40 - \dfrac{220}{180} = 38.78$ [A]
- 유도기전력 : $E = V - I_a R_a = 220 - 38.78 \times 0.06 = 217.67$ [V]
- 전동기 출력 : $P_0 = EI_a = 217.67 \times 38.78 \times 10^{-3} = 8.44$ [kW]
- 정답 : 8.44 [kW]

(2) 효율 $\eta = \dfrac{출력}{입력} \times 100 = \dfrac{P_o}{VI} \times 100 = \dfrac{8.44}{220 \times 40 \times 10^{-3}} \times 100 = 95.91$ [%]
- 정답 : 95.91 [%]

(3) 전 부하 시 회전속도
- 무 부하 시 전기자전류 $I_a' = 무부하전류 - I_f = 4 - 1.22 = 2.78$ [A]
- 무 부하 시 역기전력 $E' = V - I_a' R_a = 220 - 2.78 \times 0.06 = 219.83$ [V]
- 전동기 회전속도 $N = k \dfrac{V - I_a R_a}{\phi}$ [rpm]으로서 역기전력에 비례관계이므로
  전 부하 시 회전속도 N, 무 부하 시 회전속도 N'라 하면 $E : E' = N : N'$가 성립한다.
- 따라서 $217.67 : 219.83 = N : 1800$ 이므로
- 전 부하 시 회전속도 $N = \dfrac{E}{E'} \times N' = \dfrac{217.67}{219.83} \times 1800 = 1782.31$ [rpm]
- 정답 : 1782.31 [rpm]

(4) 전 부하 시 토크
- $\tau = \dfrac{60}{2\pi} \times \dfrac{EI_a}{N} = 9.55 \dfrac{P_o}{N} = 9.55 \times \dfrac{217.67 \times 38.78}{1782.31} = 45.23[\text{N} \cdot \text{m}]$
- 정답 : $45.23[\text{N} \cdot \text{m}]$

2) 단상 유도전동기의 기동법

단상 유도전동기 권선에서는 교번자기장이 발생되고, 회전자기장이 발생되지 못하므로 정지 상태에서 자기기동을 할 수 없다. 따라서 단상유도전동기를 기동하기 위해서는 기동기 역할을 하는 보조권선인 기동권선을 이용하여 회전자기장을 얻어 기동한다.

① 분상기동형 : 위상이 서로 다른 두 전류를 주권선과 보조권선에 흘려 이때 발생하는 회전자계를 이용하여 기동하는 방식
　⇨ 역회전법 : 주권선과 기동권선의 어느 한쪽의 단자접속을 반대로 한다.
② 콘덴서 기동형 : 전동기 기동 시 보조권선에 진상용 콘덴서를 접속하여 이때 흐르는 90° 앞선 전류를 이용 회전자계를 발생시켜 기동하는 방식
③ 영구콘덴서 기동형 : 전동기 기동 및 운전 시 보조권선에 항상 영구콘덴서를 부착, 접속시켜 기동하는 방식
④ 반발기동형 : 회전자 권선의 전부 혹은 일부를 브러쉬를 통해 단락시켜 기동하는 방식
　⇨ 역회전법 : 브러시의 위치를 변경하여 역 회전을 할 수 있다.
⑤ 반발유도형 : 반발 기동형의 회전자 권선(기동용)에 농형 권선(운전용)을 병렬로 설치하여 기동하는 방식
⑥ 셰이딩코일형 : 자극에 슬롯을 만들어 단락된 셰이딩 코일을 끼워 넣어 기동하는 방식(역회전 불가)
⑦ 모노사이클릭형 : 단상 전원을 불 평형 3상 전원으로 변환하여 회전자계를 얻어 기동하는 방식

【참고 1】 기동토크의 크기 순서 :
- 반발기동형 > 반발유도형 > 콘덴서기동형 > 영구콘덴서형 > 분상기동형 > 셰이딩코일형

【참고 2】 전동기 기동 방식 선정 시 고려 사항
① 전압 변동 허용 값에 대한 기동 시의 전압강하의 확인
② 부하 소요 토크에 대한 전동기 토크 확인
③ 전동기 및 기동기의 시간 내량의 확인

3) 3상 유도전동기의 기동법

(1) 직입 기동방식(전전압 기동방식)
① 5[kW] 이하 용량의 농형전동기에서 적용하는 기동 방식
② 전동기 기동 시 전동기에 직접 전원 전압을 인가하여 기동하는 방식

(2) Y-△ 기동방식 :
① 5 ~ 15[kW] 이하 용량의 농형전동기에서 적용하는 기동 방식
② 전동기 기동 시 △결선에 비하여 기동전류를 $\frac{1}{3}$ 배 이하로 제한할 수 Y결선으로 일정시간 기동한 후다시 △결선으로 전환하여 운전하는 방식
③ 기동전류가 $\frac{1}{3}$ 배 감소로 감소한다.
④ 기동토크가 $\frac{1}{3}$ 배 감소로 감소한다.
⑤ 소비전력이 $\frac{1}{3}$ 배 감소로 감소한다.
⑥ Y − △결선의 비교 : 전동기 감전압기동법 중의 하나인 Y − △기동 결선법은 다음과 같은 2가지 결선법이 있는데, 현재는 Ⅰ형 결선 법을 주로 이용한다. 그 이유는 전동기 권선 유도 기전력의 위상이 전동기 인가 상간 전압보다 약 30°만큼의 위상이 앞서게 되므로 전동기 권선을 Y결선에서 △결선으로 전환할 때 기동회로가 열려 전동기 회전 속도가 늦어져 슬립이 발생하여도 전압의 위상차는 30°보다 작아지는 방향으로 변화하기 때문에 △결선으로 전환 시 개로 시간이 짧아지고 또한 △결선으로 전환한 직후 과도전류 및 돌입전류가 작아지는 특성이 있다.

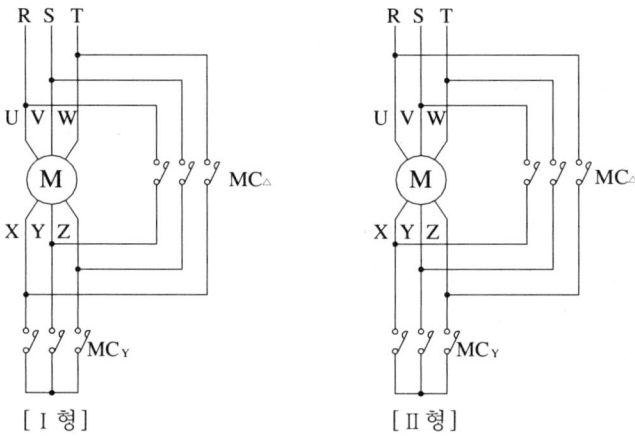

[Ⅰ형]   [Ⅱ형]

(3) 리액터 기동방식
• 전동기의 전원 측에 직렬로 삽입한 리액터에서 발생하는 전압강하를 이용하여 기동하는 방식

(4) 기동보상기 기동방식
① 20[kW]이상의 대용량 농형전동기 적용
② 전동기의 전원 측에 탭 변압기를 설치하여 기동 시 전압을 감압 조정하여 기동하는 방식

(5) 2차 저항 기동법(권선형)
① 권선형 전동기에서 기동 시 전동기 2차 측에 외부저항을 삽입하여 저항이 증가하는 만큼 슬립이 비례 증가하면서 기동토크는 증가하고 기동전류가 감소하는 비례추이 원리를 이용한 기동방식
② 비례추이 원리 : 전동기 기동 시 회전자 권선 저항 r_2에 외부 저항 R을 직렬로 접속하여 회전자 전체 저항을 2배, 3배로 증가시키면 슬립도 2배, 3배로 비례하여 증가한 점에서 전동기는 낮은 속도로 운전하지만 같은 크기의 토크를 발생하는 원리로 기동 토크는 증가하고 기동전류는 감소하지만 최대 토크의 크기는 2차 저항이나 슬립과 관계없으므로 최대 토크 $\tau_{\max}$는 항상 일정하다.

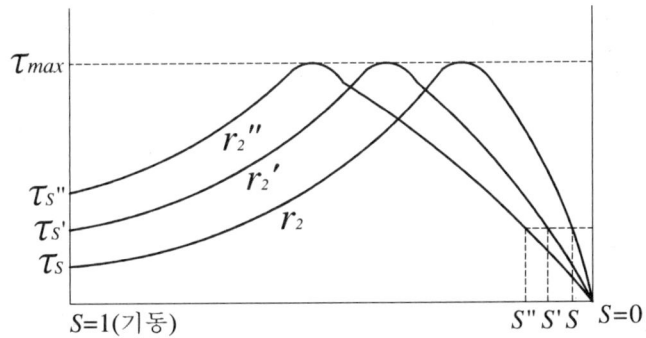

여기서, 문자 의미는 다음과 같다.
- $r_2[\Omega]$: 2차회로 저항
- $R[\Omega]$: 2차 회로에 접속한 외부저항
- s : 외부저항 없을 경우 전 부하 슬립
- s' : 외부저항 접속 후 전 부하 슬립
- s_t : 외부저항 없을 경우 최대토크 슬립
- s_t' : 외부저항 접속 후 최대토크 슬립

① 전 부하 슬립의 비례추이 : $r_2 : r_2 + R = s : s'$
② 최대 토크 슬립의 비례추이 : $r_2 : r_2 + R = s_t : s_t'$
③ 기동 시 전 부하 토크와 같은 토크로 기동하기 위한 외부저항 : $R = \dfrac{1-s}{s}r_2[\Omega]$
④ 기동 시 최대 토크와 같은 토크로 기동하기 위한 외부저항
$$R = \dfrac{1-s_t}{s_t}r_2 = \sqrt{r_1^2 + (x_1 + x_2')^2} - r_2' \fallingdotseq (x_1 + x_2') - r_2'[\Omega]$$

(6) 2차 임피던스 기동법

회전자 회로에 저항과 리액터 또는 가포화 리액터를 병렬로 삽입하여 기동 초기 소 전류, 대 토크로 기동하고 서서히 2차 회로를 단락상태로 하여 정상 운전하는 방식

예제문제

예제 1 4극 10[HP], 200[V], 60[Hz]의 3상 권선형 유도전동기가 35[kg·m]의 부하를 걸고 슬립 3[%]로 회전하고 있다. 여기에 1.2[Ω]의 외부저항 3개를 Y결선으로 하여 2차에 삽입하니 1530[rpm]로 되었다. 2차 권선의 저항[Ω]은 얼마인가?

- 동기속도 : $N_s = \dfrac{120f}{P} = \dfrac{120 \times 60}{4} = 1800[\text{rpm}]$
- 외부저항 접속 시 슬립 : $s' = \dfrac{N_s - N}{N_s} = \dfrac{1800 - 1530}{1800} = 0.15$
- 비례추이 원리 : $r_2 : r_2 + R = s : s'$ 에서 $r_2 : r_2 + 1.2 = 0.03 : 0.15$ 이므로 r_2 =0.3[Ω]
- 정답 : 0.3[Ω]

4) 유도전동기 특성

유도전동기에서 전압 일정 시 주파수가 감소 60[Hz]에서 50[Hz]로 감소하는 경우 다음과 같은 특성을 갖는다.

① 무 부하전류(여자전류) : $I_0 \propto \dfrac{V}{f}$ 이므로 증가한다.

② 철손(히스테리시스손) : $P_i \propto \dfrac{V^2}{f}$ 이므로 증가한다.

③ 온도 : 철손이 증가하므로 온도가 상승한다.

④ 속도(회전수) : $N = (1-s)\dfrac{120f}{P}$ 이므로 속도는 감소한다.

⑤ 역률 : 여자전류(자화전류)가 증가하므로 역률이 떨어진다.

⑥ 효율 : 여자전류가 증가하여 동손 및 철손이 증가하므로 효율이 떨어진다.

⑦ 기동전류 : 리액턴스가 감소하므로 증가한다.

⑧ 최대토크 : $T_m \propto \dfrac{V^2}{f}$ 이므로 증가한다.

⑨ 유효전류(출력 불변) : $I_i \propto \dfrac{1}{V}$ 이므로 감소한다.

5) 유도전동기의 속도제어

유도전동기 속도	$\bullet\ N = (1-s)N_s = (1-s)\dfrac{120f}{P}[\text{rpm}]$
농형전동기 속도제어	• 극수변환법 • 주파수제어법 • 전원전압제어법
권선형 전동기 속도제어	• 2차저항제어법(슬립제어) • 2차여자제어법(슬립제어)

(1) 극수 변환법
- 고정자 권선의 접속 상태를 변경하여 극수를 조절하는 방식

(2) 주파수 제어법
- SCR 등을 이용하여 전동기 전원의 주파수를 변환하여 속도를 조정하는 방식

(3) 전원 전압 제어법
- 유도전동기의 토크가 전압의 2승에 비례하는 특성을 이용하여 부하 운전 시 슬립을 변화시켜 속도를 제어하는 방식
- 슬립과 전압과의 관계 : $s \propto \dfrac{1}{V^2}$

(4) 종속법
- 극수가 서로 다른 전동기 2대를 전기적, 기계적으로 종속시켜 전체 극수를 변화시킴으로써 속도를 제어하는 방식

(5) 2차 저항 제어법(슬립제어)
- 비례추이의 원리를 이용한 것으로 2차 회로에 저항을 넣어 같은 토크에 대한 슬립 s를 변화시켜 속도를 제어하는 방식
 ① 장점 :
  - 구조가 간단하고 제어 조작이 용이하다.
  - 속도 제어용 저항기를 기동용으로 사용할 수 있다.
 ② 단점 :
  - 저항을 이용하므로 속도 변화량에 비례하여 효율이 저하된다.
  - 부하변동에 대한 속도 변동이 크다.

(6) 2차 여자법(슬립 제어)
- 유도전동기 회전자의 외부에서 슬립링을 통하여 슬립주파수 전압을 인가하여 회전자 슬립에 의한 속도를 제어하는 방식.

⇨ E_c(슬립 주파수 전압)의 공급 방식에 의한 분류
① 크레머 방식 : 직류 전동기의 계자를 제어하여 회전수를 변환하는 방식(정출력 제어)
② 세르비어스 방식 : 직류전동기 대신 역변환부(인버터)의 제어각을 변화시켜 회전수를 변환하는 방식

(7) VVVF속도제어
- 가변전압 가변주파수 변환 장치로 상용전원으로부터 공급된 전압과 주파수를 변환시켜 전동기에 공급함으로써 속도를 제어하는 방식

6) 전동기의 제동

(1) 기계적 제동(마찰 제동)
- 기계적인 마찰에 의하여 마찰 부분에서의 에너지를 흡수함으로써 전동기를 제동하는 방식

(2) 전기적 제동
① 발전제동 : 전동기를 발전기로 작용시켜 회전부에 축적된 기계적 에너지를 전기적 에너지로 변환시켜 이것을 저항기 내에서 열로써 소비시켜 제동하는 방식
② 회생제동 : 권상기 등을 통해 물건을 내릴 때 전동기가 가지고 있는 운동에너지를 이용 전동기를 발전기로 동작시켜 발생한 전력을 전원에 반환하면서 속도를 감소시키는 제동 방식
③ 역상제동 : 전동기가 운전 중 전원을 차단함과 동시에 역전 운전을 즉시 투입하여 역 토크를 발생함으로써 전동기를 급제동 시키는 제동 방식
④ 와류제동 : 전동기 축 끝에 철판 등을 붙이고, 이것을 직류 전자석 자극 사이에서 회전하도록 하여 전자석을 여자 시킬 때 금속판 중에 와전류가 유기 제동력이 발생하는 제동 방식

7) 전동기 출력

(1) 펌프용 전동기
① $P = \dfrac{9.8QHK}{\eta}[\text{kW}]$

여기서, 문자의 의미는 다음과 같다.
- $Q[\text{m}^3/\text{sec}]$: 양수량
- $H[\text{m}]$: 총 양정
- K : 여유도(손실계수)
- η : 효율

② $P = \dfrac{QHK}{6.12\eta}[\text{kW}]$

여기서, 문자의 의미는 다음과 같다.
- $Q[\text{m}^3/\text{min}]$: 양수량
- $H[\text{m}]$: 총 양정

- K : 여유도(손실계수)
- η : 효율

③ $P = \dfrac{9.8QHK}{\eta}[\text{kW}]$ 에서 $Q[\text{m}^3/\text{min}]$인 경우

$$P = \dfrac{9.8 \times \dfrac{Q}{60} \times HK}{\eta} = \dfrac{QHK}{\dfrac{60}{9.8} \times \eta} = \dfrac{QHK}{6.12\eta}[\text{kW}]$$ 로 환산할 수 있다.

따라서, 계산 문제를 풀 때는 원칙상 ①번식을 이용하는 것이 오차를 줄일 수 있다.

예제문제

예제 1 매분 10[m³]의 물을 높이 15[m]인 탱크에 양수하는데 필요한 전력을 V 결선한 변압기로 공급하기 위해서 단상 변압기 2대를 V 결선 하였다. 펌프와 전동기의 합성 효율은 65[%]이고, 전동기의 전 부하 역률은 90[%]이며, 펌프의 축동력은 15[%]의 여유를 주는 경우 다음 각 물음에 답하시오.
(1) 펌프용 전동기의 소요 동력은 몇 [kW]인가?
(2) 변압기 1대의 용량은 몇 [kVA]인가?

해설과 정답

(1) 전동기 출력 : $P = \dfrac{9.8QHK}{\eta} = \dfrac{9.8 \times (10 \times \dfrac{1}{60}) \times 15 \times 1.15}{0.65} = 43.35[\text{kW}]$

- 정답 : 43.35[kW]

(2) 전체 피상전력 : $P_a = \dfrac{9.8QHK}{\eta \cos\theta} = \dfrac{9.8 \times (10 \times \dfrac{1}{60}) \times 15 \times 1.15}{0.65 \times 0.9} = 48.16[\text{kVA}]$

변압기 V결선 시 출력은 단상변압기 1대 용량의 $\sqrt{3}$ 배이므로

변압기 1대 용량 : $P_{a1} = \dfrac{P_a}{\sqrt{3}} = \dfrac{48.16}{\sqrt{3}} = 27.81[\text{kVA}]$

- 정답 : 27.81[kVA]

예제 2 5[HP]의 전동기를 사용하여 지상 5[m], 용량 400[m³]의 저수조에 물을 채우려한다. 펌프의 효율 70[%], $K = 1.2$ 라면 몇 분 후에 물이 가득 차겠는가?

해설과 정답

- 펌프용 전동기 출력 : $P = \dfrac{QHK}{6.12\eta} = \dfrac{\dfrac{V}{t}HK}{6.12\eta}[\text{kW}]$ (단, $Q = \dfrac{V}{t}[\text{m}^3/\text{min}]$)이므로

- 시간 : $t = \dfrac{VHK}{P \times 6.12\eta} = \dfrac{400 \times 5 \times 1.2}{5 \times 0.746 \times 6.12 \times 0.7} = 150.19[\text{분}]$

• 정답 : 150.19[분]

(2) 권상기용 전동기

- $P = \dfrac{WV}{6.12\eta}[\text{kW}]$

  여기서, 문자의 의미는 다음과 같다.
  - $W[\text{ton}]$: 중량,
  - $V[\text{m/min}]$: 속도
  - η : 효율

예제 3 권상기용 전동기의 출력이 50[kW]이고, 분당 회전속도가 950[rpm]일 때, 그림을 참고하여 물음에 답하시오. (단, 기중기의 기계 효율은 100[%]이다.)

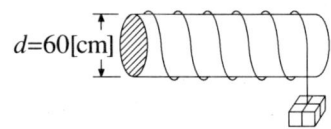

(1) 권상 속도는 몇 [m/min]인가?
(2) 권상기의 권상 중량은 몇 [kg·f]인가?

[정답]
(1) 권상속도 : $V = \pi DN = \pi \times 0.6 \times 950 = 1{,}790.71[\text{m/min}]$
- 정답 : 1,790[m/min]
(2) 권상기 출력 : $P = \dfrac{WV}{6.12\eta}[\text{kW}]$ 에서
- 권상 중량 : $W = \dfrac{6.12P\eta}{V} = \dfrac{6.12 \times 50 \times 1}{1{,}790.71} \times 1{,}000 = 170.88[\text{kg}\cdot\text{f}]$
- 정답 : 170.88[kg·f]

예제 4 【예제 3】 그림과 같은 2:1 로핑의 기어레스 엘리베이터에서 적재하중 1,000[kg], 속도는 150[m/min]이다. 구동로프 바퀴의 직경은 760[mm]이며, 기체의 무게는 1,500[kg]인 경우 다음 각 물음에 답하시오. (단, 평형율은 0.6, 엘리베이터 효율은 기어레스에서 1:1 로핑인 경우 85[%], 2:1 로핑인 경우는 80[%]이다)

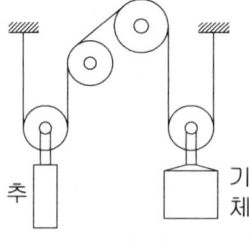

(2:1 로핑)

(1) 전동기의 회전수는 몇 [rpm]인지 계산하시오.
(2) 권상소요 동력은 몇 [kW]인지 계산하시오.

해설과 정답

(1) 전동기 회전 수

- 2:1 로핑 : 로프 장력 = $\frac{1}{2}$ ×부하 측 장력, 부하 측 속도 = $\frac{1}{2}$ ×로프 속도
- 로프 속도 : 케이지 속도 $150[\mathrm{m/min}]$일 때 로프 속도 $V = 300[\mathrm{m/min}]$
- 로프 속도 : $V = \pi DN[\mathrm{m/min}]$
- 전동기 회전 수 : $N = \dfrac{V}{\pi D} = \dfrac{300}{\pi \times 0.76} = 125.65\,[\mathrm{rpm}]$
- 정답 : 125.65[rpm]

(2) 권상기 출력 : $P = \dfrac{WVK}{6.12\eta} = \left(\dfrac{1000 \times 10^{-3}) \times 150 \times 0.6}{6.12 \times 0.8}\right) = 18.38\,[\mathrm{kW}]$

- 정답 : 18.38[kW]
- K (평형률) : 물체에 몇 가지 힘이 작용하였을 때 그 물체가 이동이나 회전하지 않고 정지 상태에 있으려는 정도를 나타낸 비율.

(3) 송풍기용 전동기

- $P = \dfrac{QHK}{6120\eta}[\mathrm{kW}]$

  여기서, 문자의 의미는 다음과 같다.

  - $Q[\mathrm{m^3/min}]$: 풍량 • $H[\mathrm{mmAq}]$: 풍압 • K : 여유도 • η : 효율

(4) 엘리베이터용 전동기

- $P = \dfrac{WV}{6.12\eta}[\mathrm{kW}]$

  여기서, 문자의 의미는 다음과 같다.

  - $W[\mathrm{ton}]$: 중량 • $V[\mathrm{m/min}]$: 속도 • η : 효율

(5) 에스컬레이터용 전동기

① $P = \dfrac{9.8WV}{\eta}\sin\theta\,\beta[\mathrm{kW}]$

여기서, 문자의 의미는 다음과 같다.

- $W[\mathrm{ton}]$: 중량 • $V[\mathrm{m/sec}]$: 속도 • $\sin\theta$: 경사도 • β : 승객 유입률

② $P = \dfrac{WV}{6.12\eta}\sin\theta\,\beta[\mathrm{kW}]$

여기서, 문자의 의미는 다음과 같다.

- $W[\mathrm{ton}]$: 중량 • $V[\mathrm{m/min}]$: 속도 • $\sin\theta$: 경사도 • β : 승객 유입률

③ $P = \dfrac{9.8WV}{\eta}\sin\theta\,\beta[\mathrm{kW}]$에서 $V[\mathrm{m/min}]$인 경우

$P = \dfrac{9.8W \times \dfrac{V}{60}}{\eta}\sin\theta\,\beta = \dfrac{WV}{\dfrac{60}{9.8} \times \eta}\sin\theta\,\beta = \dfrac{WV}{6.12\eta}\,[\mathrm{kW}]$로 환산할 수 있다.

따라서, 계산 문제를 풀 때는 원칙 상 ①번식을 이용하는 것이 오차를 줄일 수 있다.

예제 5 다음 조건에 맞는 에스컬레이터 전동기 용량[kW]을 구하시오.
[조건]
속도 30[m/sec], 경사 각 30°, 적재하중 1,500[kg·f], 총 효율 0.7, 승객 승입률 0.8

해설과 정답

$$P = \frac{9.8\,WV}{\eta}\sin\theta\,\beta = \frac{(1500\times 10^{-3})\times 30}{0.7}\times \sin 30 \times 0.8 = 252\,[\text{kW}]$$

• 정답 : 252[kW]

8) 전동기의 진동과 소음

(1) 전동기의 진동
① 기계적 원인 :
  ㉮ 회전자의 정적, 동적 불 평형   ㉯ 베어링의 불평등
  ㉰ 상대 기기와의 연결 불량 및 설치 불량   ㉱ 기계적 각부의 이완
  ㉲ 기계의 공진   ㉳ 부하 기계의 이상
② 전자적 원인 :
  ㉮ 회전자의 편심   ㉯ 에어 갭(공극)의 회전 시 변동
  ㉰ 회전자 철심의 자기적 성질의 불평등   ㉱ 고주파 자계에 의한 자기력의 불평등
  ㉲ 불 평형 전압 및 권선 고장   ㉳ 단상 운전

(2) 전동기 소음
① 기계적 소음 : 진동, 브러쉬의 습동, 롤러베어링 등을 원인으로 하여 소음을 발생하는 것.
② 전자적 소음 : 철심의 여러 부분이 주기적인 자력, 전자력 때문에 진동하여 소음을 발생하는 것.
③ 통풍 소음 : 팬, 회전자의 에어 덕트 등의 팬 작용으로 발생하는 소음을 발생하는 것.

(3) 전동기 소손 원인
① 전류의 과대 : 전동기의 정격이 부하의 입력에 대하여 부적당한 경우
② 전원 전압 저하 : 전압 저하에 의한 토크 감소를 보충하기 위한 부하전류가 증가하는 경우
③ 전원 전압의 불 평형 발생 : 단상 운전하는 경우
④ 부하 기계의 고장이나 베어링 불량에 의해 전동기가 구속 운전이 된 경우
⑤ 층간 단락이나 권선의 단락, 지락 등의 고장에 의한 것

(4) 전동기 소손 방지 대책
① 전동기용 퓨즈   ② 열동 계전기
③ 전동기보호용 배선용 차단기   ④ 유도형 계전기
⑤ 정지형계전기(전자식계전기, 디지털계전기)

(5) 전동기 시동 불능 추정 원인

① 3선 중 1선이 단선인 경우
② 기동토크의 부족 및 부하 과대
③ 기동장치 고장 및 불량
④ 결선의 오 접속
⑤ 공극의 불균등
⑥ 회전자 도체의 접촉 불량
⑦ 전동기 코일의 단선 및 소손

(6) 전동기 고장 별 보호 장치

고장의 종류		보호 장치	
고정자 권선 또는 회전자 권선	단락, 층간 단락	• 비율차동계전기	• 과전류계전기
	구속	• 정한시 과전류계전기	• 열동계전기
	과부하	• 정한시 과전류계전기	• 열동계전기
	불 평형, 결상	• 불평형계전기	• 3E계전기
	역상	• 역상계전기	• 3E계전기
	지락	• 지락계전기	
	부족전압	• 부족전압계전기	
	탈조	• 탈조보호계전기	
	계자 상실	• 계자상실보호계전기	
	과열	• 고정자온도계전기	
베어링	과열	• 베어링온도계전기	• 다이얼온도계

9) 동력설비 에너지 절감 대책

(1) 고효율 전동기의 채용
• 전동기에서 발생하는 동손 및 철손, 기계손을 절감하는 것.

(2) VVVF(가변전압가변주파수장치)운전방식의 채용
• 전동기 특성에 따라 적당한 전압 및 주파수를 공급하여 절감하는 것.

(3) 진상용 콘덴서의 채용
• 전동기 운전 시 발생하는 무효전력을 보상하여 선로 및 기기 손실을 절감하는 것.

(4) 빙축열시스템
• 심야 시간대 잉여전력을 이용 냉동기를 가동 얼음을 얼린 후 축열조에 저장하였다가 전력소비가 큰 주간의 최대부하 시 이용함으로써 냉방전력 사용을 절감하는 것.

(5) 히트펌프의 채용
• 여름철에는 냉동기, 겨울철에는 난방기로 이용하여 기계실 면적 감소 및 부하율 증가 등을 이룸으로서 에너지 손실을 절감하는 것.

예제문제

예제 1 【예제 45】 그림과 같이 3상 농형 유도전동기 4대가 있다. 이에 대한 MCC반을 구성하고자 할 때 다음 각 물음에 답하시오.

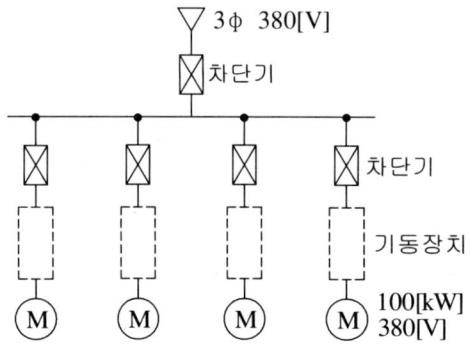

(1) MCC(Motor Control Center)의 기기 구성에 대한 대표적인 장치를 3가지만 쓰시오.
(2) 전동기 기동방식을 기기 수명과 경제적인 면을 모두 고려한다면 어떠한 방식이 적합한가?
(3) 진상용 콘덴서 설치 시 제 5고조파를 제거하고자 한다. 그 대책에 대해 간단히 설명하시오.
(4) 차단기는 보호계전기의 4가지 요소에 의해 동작되도록 하는데 그 4가지 요소를 쓰시오

해설과 정답

[정답]
(1) MCC(Motor Control Center) 기기 구성
 ① 보호장치(배선용차단기, 누전차단기, EOCR, THR)
 ② 제어장치(전자접촉기, 파워릴레이, 계전기류, 조작스위치)
 ③ 감시장치(지시계기, 적산계기, 표시등)
(2) 기동보상기법
(3) 콘덴서 용량의 6[%] 정도의 직렬리액터를 설치한다.
(4) 동작 요소에 따른 분류
 ① 전류형(OCR, OCGR)
 ② 전압형(OVR, UVR, POR)
 ③ 전력형(PR, GR, SGR)
 ④ 온도 및 주파수(온도계전기, 주파수계전기)

PART 04 전력 설비

1. 전력 퓨즈 및 개폐기
2. 단로기와 차단기
3. 계기용변성기
4. 보호용 계전기
5. 변압기
6. 진상용 콘덴서(전력용 콘덴서)
7. 피뢰기
8. 서지에 대한 보호

전력 설비

1 전력 퓨즈 및 개폐기

1) 전력 퓨즈(PF : Power Fuse)

(1) 전력 퓨즈의 역할
① 부하전류의 안전한 통전
② 단락전류 차단(과부하 전류에는 용단되지 않을 것)

(2) 설치장소
① 수전 실 구내 인입구
② 변압기 1차 측 보호 장치(변압기 용량 300[kVA]이하의 경우 PF 대신 COS 설치 가능)

(3) 전력 퓨즈의 장·단점

장 점	단 점
① 소형 경량이고 가격이 싸다.	① 재투입할 수 없다.
② 차단 용량이 크며 고속 차단할 수 있다.	② 과도전류에서 용단될 수 있다.
③ 계전기나 변성기가 필요 없다.	③ 동작 시간-전류 특성 조정이 불가능하다.
④ 보수가 간단하다.	④ 한류형 퓨즈에서 용단되어도 차단되지 않는 전류 범위를 가지는 것이 있다.
⑤ 현저한 한류 특성을 가진다.	⑤ 한류형은 차단 시 과전압이 발생할 수 있다.
⑥ 스페이스가 작아 장치 전체가 소형이다.	⑥ 비보호 영역이 있어 사용 중 열화 해 동작하면 결상을 일으킬 우려가 있다.
⑦ 한류형은 차단 시, 무소음, 무방출 특성을 가진다.	⑦ 고임피던스 접지계통 지락보호가 불가능하다.
⑧ 후비보호에 완벽하다.	

➩ 한류형과 비한류형의 차이점
- 한류형 : 전압 0에서 차단을 하는 퓨즈
- 비한류형 : 전류 0에서 차단을 하는 퓨즈

(4) 전력퓨즈의 주요 특성
① 단시간 허용 전류-시간 특성(단시간 허용 특성) : 퓨즈에 어느 일정 시간 동안 전류를 흘릴 때 퓨즈의 열화 없이 흘릴 수 있는 최대 허용전류 한계와 시간의 관계를 나타낸 것.

② 적당한 용단 전류-시간특성(용단 특성) : 퓨즈에 과전류가 흐르기 시작한 순간부터 퓨즈가 용단되어 아크가 발생하기까지의 시간과 과전류의 관계를 나타낸 것
③ 차단전류-시간특성(전 차단 특성) : 퓨즈에 과전류가 흐르기 시작한 순간부터 퓨즈가 용단되어 아크가 소멸하여 차단이 완료될 때까지의 시간과 과전류의 관계를 나타낸 것.

(5) 전력퓨즈의 구입 시 고려 사항
① 정격 전압
② 정격 전류
③ 정격 차단 전류
④ 정격차단용량
⑤ 설치 장소
⑥ 전류-차단 시간 특성

(6) 전력퓨즈의 정격연속전류 및 특성 선정
① 예상되는 과부하 전류에는 동작하지 아니하는 것일 것
② 주 변압기의 여자 돌입 전류나 모터 및 축전지의 기동 돌입전류와 같은 과도적 서지 전류에는 동작하지 아니하는 것일 것
③ 타 보호 기기와의 협조가 가능 할 것

(7) 변압기용 전력퓨즈의 정격 선정
① 전력퓨즈의 정격 전류[A] = 전 부하 전류[A] × 2배 (용단되지 않도록 할 것)
단, 주 차단장치에 한류형 퓨즈를 차단기와 조합하여 사용하는 경우의 정격 선정은 전 부하전류의 4~5배로 한다.
② 전력 퓨즈의 정격 전류

정격 전류의 표준 값
1, 2, 3, 5, 7, 10, 15, 20, 25, 30, 40, 50 65, 80, 100, 125, 150, 200, 250, 300, 400

③ 전력퓨즈의 정격전압 : 전력퓨즈의 정격 전압 선정은 그 계통의 접지, 비접지에 관계없이 계통 최고선간전압에 의한다.

계통전압[kV]	퓨즈정격	
	퓨즈정격전압[kV]	최대설계전압[kV]
6.6	6.9 또는 7.5	- 8.25
6.6/11.4Y	11.5 또는 15.0	- 15.5
13.2	15.0	15.5
22, 22.9	23.0	25.8
66	69.0	72.5
154	161.0	169.0

(8) 전력퓨즈와 개폐기의 비교

종류 \ 능력	회로분리		사고차단	
	무 부하	부하	과부하	단락
전력퓨즈	○			○
차단기	○	○	○	○
개폐기	○	○	○	
단로기	○			
전자접촉기	○	○	○	

예제문제

예제 1 22.9[kV] / 380 ~ 220[V]로 변성하는 150[kVA] 단상변압기 3대를 Y-Δ결선한 변압기 1차 측에 단락 사고 시 그 보호를 위해 PF를 설치할 경우 그 정격을 선정하시오.

해설 및 정답

PF 정격 선정
- PF는 전 부하전류의 2배에 용단되지 않을 것.
- 전력퓨즈 정격 전류 : $I = \dfrac{150 \times 3}{\sqrt{3} \times 22.9} \times 2 = 22.69\,[\mathrm{A}]$
- 정답 : 25[A] 선정

2) 고압 또는 특고압 컷아웃스위치(COS : Cut Out Switch)

절연내력이 높은 재료로 만들어진 개폐기 내부에 퓨즈를 가진 소형 단극 개폐기

(1) 설치 장소
① 부하설비용량 300[kVA] 이하 변압기의 1차 측 개폐기
② 50[kVA]이하의 콘덴서용 개폐기로 채용(과부하 보호)
- 고압 : 퓨즈를 제거한 후 6[mm²] 이상의 나동선으로 직결 사용할 것.
- 특고압 : 정격전류의 2배인 퓨즈를 삽입하여 사용할 것.

(2) COS의 정격 선정
① COS의 정격 전류[A] = 전 부하 전류[A]×1.5배 (용단되지 않도록 할 것)
② COS의 정격

정격 전압[kV]	7.2, 25
정격 전류[A]	1, 2, 3, 5, 7, 10, 12, 15, 20, 25, 30, 50, 75, 100

3) 단로기(DS : Disconnecting Switch)

부하전류 개폐 능력이 없으므로 부하전류를 개폐하지 않는 장소에서 사용하는 개폐기로 고압이나 특고압 수전설비 계통에서는 수용가 인입구에서 차단기와 조합하여 사용하며 설비 계통의 보수, 점검 시 차단기를 개방한 후 전로를 완전히 개방, 분리하거나 그 접속을 변경할 때 사용하는 것으로 정상적인 부하전류 개폐는 할 수 없지만 전로의 충전전류나 변압기 여자전류 등과 같은 소 전류는 개폐할 수 있다.

4) 선로개폐기(LS : Line Switch)

부하전류 개폐 능력이 없으므로 부하전류를 개폐하지 않는 장소에 사용하는 개폐기로 보안상 책임 분계점 등에서 선로의 보수, 점검의 경우 반드시 무 부하 상태에서 개폐하여 전로를 개방, 분리하기 위한 것으로 정상적인 부하전류 개폐는 할 수 없지만 전로의 충전전류나 변압기 여자전류 같은 소 전류는 개폐할 수 있다. 또한 66[kV]이상의 특고압 수전설비 계통에서 단로기 대용 인입구 개폐기로 사용한다.

5) 부하개폐기(LBS : Load Breaker Switch)

정상 상태에서는 전로의 부하전류 및 여자전류, 충전전류 등은 개폐 및 통전할 수 있지만 고장전류는 차단할 수 없는 개폐기로 특고압 배전선로의 정상적인 부하전류를 수동으로 개폐하여 사고 구간의 분리 및 정상 구간의 절체, 정전 작업 구간의 분리에 사용된다. 또한 전력퓨즈와 조합하여 단락사고 방지 및 결상 방지 목적으로 사용하기도 하는 개폐기이다.

6) 기중부하 개폐기(IS : Interrupter Switch)

수동조작이나 자동동작으로 정상적인 부하전류 및 여자전류, 충전전류 등은 개폐 및 통전할 수 있지만 고장전류는 차단할 수 없는 개폐기로 수전실 구내 인입구나 구내 선로 간선 및 분기선과 같은 부하전류만을 개폐하는 곳에 설치, 사용하는 개폐기이다.

7) 자동고장 구분개폐기(ASS : Automatic Section Switch)

22.9[kV-Y] 부하용량 4,000[kVA]이하의 분기점 또는 7,000kVA] 이하의 수전실 인입구에 설치하여 과부하 또는 고장전류 발생 시 전기사업자 측 공급선로의 타보호기기(리클로저, 차단기 등)와 협조하여 고장구간을 자동 개방하여 사고가 파급 확산되는 것을 방지하는 보호 장치로 전 부하 상태에서 자동 또는 수동 투입 및 개방이 가능한 개폐기이다.

(1) 자동고장 구분개폐기의 특성
① 전 부하 상태에서 자동 또는 수동 투입 및 개방 가능
② 과부하 및 고장 전류 보호 기능
③ 과도 고장 및 영구 고장 판별 기능
④ 돌입 전류로 인한 오동작 방지 기능
⑤ 과전류 락(Lock) 기능
⑥ 순간적인 무 전압 개방 기능

(2) 자동고장 구분개폐기 설치 전 확인 사항
① 최소 동작전류
② 돌입전류 억제 기능
③ 타보호기기와의 동작 협조
④ 외부 제어전원의 연결 상태

[참고] 제조사 별 자동고장 구분개폐기의 약호
- ASBS (Automatic Breaking Section Switch)
- ASBRS (Automatic Sectionalizing Breaking Reclosing Switch)
- ASFS (Automatic Sectionalizing Fault Switch)
- GASS (Gas Auto Section Switch)

(3) 자동고장 구분개폐기와 인터럽터스위치의 비교

특성	ASS	인터럽터 스위치
부하 전류 개폐 기능	있다	있다
고장 구간 자동 분리 기능	있다	없다
과부하 및 고장 전류 검출 기능	있다	없다
돌입전류 억제 기능	있다	없다

8) 자동선로 구분개폐기(Sectionalizer)

22.9[kV-Y] 다중접지 특고압 배전선로용 개폐기의 일종으로 사고 전류를 직접 차단할 수 없으므로 후비에 반드시 재폐로 계전기가 장치된 차단기나 리클로저와 조합하여 사용하며, 부하 측에서 선로 사고가 발생하면 사고 횟수를 감지하여 "선로의 무 전압 상태에서 접점을 개방, 고장 구간을 분리하는 기능을 가진 개폐기"로, 리클로저 동작 시 리클로저의 차단 동작 횟수를 기억하여 정정된 횟수에 도달 시 접점을 자동으로 개방하여 리클로저가 완전 개방되기 전 먼저 선로를 개방하여 리클로저의 완전 개방에 따른 보수를 절약할 수 있는 장점이 있다. 또한 특고압 수전설비 계통에서는 수전용량 7,000[kVA] 초과의 경우 인입구 개폐기인 단로기나 자동고장 구분개폐기 대용으로 사용할 수 있다.

9) 리클로저(Recloser)

자체 탱크 내에 보호계전기와 차단기의 기능을 종합적으로 수행할 수 있는 장치를 보유하여, "사고의 검출 및 자동 차단 기능이 있을 뿐만 아니라 재폐로까지 할 수 있는 보호 장치"로 가공 배전선로에서 지락 고장이나 단락 고장 사고가 발생하였을 때 고장을 검출하여 선로를 차단한 후 일정 시간이 경과하면 자동적으로 재투입 동작을 반복함으로써 순간 고장을 제거할 수 있다. 단, 영구 고장 발생의 경우에는 정해진 재투입 동작을 반복한 후 사고 구간만을 계통에서 완전 개방 분리하여 전체 선로에 파급되는 정전 범위를 최소한으로 억제하는 역할을 한다.

10) 각 종 개폐기의 특성 비교

명 칭	특 징
전력퓨즈(PF)	◦ 일정치 이상의 과부하 전류에서 단락전류까지 대 전류 차단 ◦ 전로의 개폐 능력은 없음 ◦ 고압 개폐기와 조합하여 사용
단로기(DS)	◦ 전로의 접속을 바꾸거나 끊는 목적으로 사용 ◦ 부하전류 차단 능력은 없고 무 부하 상태에서 전로 개폐 ◦ 변압기, 차단기 등의 보수 점검을 위한 회로 분리용 및 전력 계통 변환을 위한 회로 분리용으로 사용
부하개폐기(LBS)	◦ 정상적인 부하전류 개폐는 가능하지만 과부하, 단락전류 차단 기능은 없음 ◦ 개폐 빈도가 적은 부하의 개폐용 스위치로 사용 ◦ 전력퓨즈와 사용 시 결상 방지 목적
전자접촉기(MC)	◦ 정상적인 부하전류 또는 과부하 전류까지 안전하게 개폐 ◦ 부하의 개폐·제어가 주목적이고, 개폐 빈도가 많은 부하의 조작이나 제어용 스위치로 이용 ◦ 전력퓨즈와의 조합에 의해 Combination Switch로 널리 사용
자동고장구분개폐기(ASS)	◦ 전 부하 상태에서 자동 또는 수동 투입 및 개방이 가능 ◦ 과부하 및 고장전류 보호 기능 ◦ 타 보호 기기와 협조하여 고장 구간을 자동 개방 분리하여 사고가 파급, 확산되는 것을 방지
차단기(CB)	◦ 정상적인 부하전류 및 과부하, 단락전류, 지락전류 같은 사고 시대 전류를 지장 없이 개폐 가능 ◦ 회로 보호가 주 목적이며 기구, 제어 회로가 Tripping 우선으로 되어 있음

11) 가스절연 개폐설비(GIS)

가스절연 개폐장치(GIS ; Gas Insulated Switchgear)는 차단기, 단로기 등의 개폐설비와 변성기, 피뢰기, 주회로 모선 등을 금속제 탱크 내에 일괄 수납하여 충전부는 고체 절연물로 지지하고 있으며, 탱크 내부에는 절연 성능과 소호 능력이 뛰어난 SF_6 가스를 절연 매체로 하여 충진, 밀봉한 개폐설비 시스템으로 그 구성 및 특성은 다음과 같다.

(1) GIS의 주요 기기
① 가스차단기　　　　② 단로기
③ 접지개폐기　　　　④ 계기용변압기
⑤ 계기용 변류기

(2) GIS의 장점
① 설치 면적이 축소되므로 소형화할 수 있다.
② 충전부가 밀폐되므로 안정성이 높다
③ 대기 오염 영향을 받지 않으므로 신뢰성이 높다.
④ 유지 보수 및 점검이 용이하다.
⑤ 설치비용 절감 및 설치 기간을 단축할 수 있다.
⑥ 저소음 및 환경 조화를 기할 수 있다.

(3) SF_6 가스의 특성
① 무색, 무취, 무독성이고 불활성이다.
② 절연능력이 공기의 약 2~3배로 좋다.
③ 소호능력이 공기의 약 100배 정도이다.
④ 열전도성이 뛰어나다.
⑤ 절연내력이 뛰어나며, 난연성 기체이다.

12) 가스절연 변전소

가스(SF_6) 절연 변전소는 종래의 대기 절연 방식을 대신하여 SF_6 가스를 사용한 밀폐형 방식의 가스절연 개폐설비(GIS)를 주체로 한 축소형 변전소로 그 부지 면적이나 소요 공간을 축소화시킨 변전소로 다음과 같은 특성이 있다.

장 점	단 점
① 대기절연에 비해 현저하게 소형화 할 수 있다. ② 충전부가 완전 밀폐되기 때문에 안정성이 높다. ③ 대기 중의 오염물 영향을 받지 않기 때문에 신뢰도가 높고, 보수가 용이하다. ④ 소음이 적고 환경 조화를 이룰 수 있다. ⑤ 공사 기간을 단축할 수 있다.	① 내부를 눈으로 직접 볼 수 없다. ② 가스 압력, 수분 등을 엄중하게 감시할 필요가 있다. ③ 한랭지, 산악 지역에서는 액화 방지 대책이 필요하다. ④ 내부 점검, 부품 교환이 어렵다. ⑤ 비교적 고가이다

2 단로기와 차단기

1) 단로기(DS : Disconnecting Switch)

(1) 단로기의 정격
① 정격전압 : 규정된 조건에 따라 사용할 수 있는 사용 회로 전압의 상한 값으로 특별한 조건이 없는 경우 차단기의 정격전압과 동일한 정격 특성을 가진다.
② 정격전류 : 규정된 조건 하에서 연속적으로 통전할 수 있는 전류의 상한 값.
③ 정격 단시간전류 : 사용회로의 단락전류가 2초간 통전 시 이상을 일으키지 않는 전류의 상한 값.

(2) 단로기의 접속법
① 표면 접속(F-F : Front-Front) : 단로기의 접속단자가 베이스 표면에 있는 구조의 것.
② 이면 접속(B-B : Back-Back) : 단로기의 접속단자가 베이스 뒤쪽에 있는 구조의 것.

2) 차단기(CB : Circuit Breaker)

전로에 정상적인 부하전류가 흐르고 있는 상태에서 그 회로를 개폐 또는 차단기 부하 측에서 과부하 및 단락사고, 지락사고 발생 시 신속하게 회로를 차단하여 회로에 접속된 전기기기 및 전선류를 보호하고 안전하게 유지하기 위한 개폐기.

(1) 소호매질에 의한 차단기의 분류

명 칭	약호	소호원리
기중차단기	ACB	대기 중에서 아크를 길게 하여 소호 실에서 냉각 차단
유입차단기	OCB	소호 실에서 아크에 의한 절연유 분해가스의 흡부력을 이용하여 차단
공기차단기	ABB	10기압 이상의 압축 공기를 아크에 불어 넣어서 차단
진공차단기	VCB	고진공 중에서 전자의 고속도 확산을 이용하여 차단
가스차단기	GCB	고성능 절연 특성을 가진 SF_6(육플루오르황) 가스를 흡수해서 차단
자기차단기	MBB	대기 중에서 전자력을 이용하여 아크를 소호 실 내로 유도하여 냉각 차단

(2) 표준 동작책무에 의한 차단기의 분류
- 표준 동작 책무 : 차단기가 계통에서 사용될 때 차단-투입-차단의 동작을 반복하는 그 동작 시간 간격을 나타낸 일련의 동작 규정
① 일반용 :
- A형 : O - 3분 - C.O - 3분 - C.O
- B형 : C.O - 15초 - C.O

② 고속도 재투입용(R형) : O - θ초 - C.O - 3분 - C.O
여기서, O(Open)는 차단동작, C(Close)는 투입 동작, C.O(Close and Open)는 투입 동작에 이어 즉시 차단 동작, θ는 재투입까지의 시간으로 보통 0.3초 정도이다.

(3) 차단기 정격전압 및 정격전류

① 정격전압 : 규정된 조건에 따라 그 계통에 설치 된 차단기에 부과될 수 있는 사용 회로 전압의 상한 값. (계통 최고 선간 전압)

- 차단기 정격전압$[kV] = \dfrac{1.2}{1.1} \times$공칭전압

공칭 전압[kV]	정격 전압[kV]
3.3	3.6
6.6	7.2
22	24
22.9	25.8
66	72.5
154	170
345	362
765	800

② 정격전류 : 정격전압 및 정격주파수 하에서 일정한 온도 상승 한도를 초과하지 않고 그 차단 기에 흘릴 수 있는 전류의 한도.(사용상 기준 전류)

③ 정격 차단전류 : 정격전압 하에서 규정된 표준 동작 책무 및 동작 상태에 따라 차단할 수 있는 차단 전류의 한도.(단락 전류)

정격 차단전류의 표준 값 [kA]	12.5, 20, 25, 31.5, 40, 50, 63

④ 정격 단시간전류 : 규정된 조건하에서 차단기에 1초 동안 흘렸을 때 이상이 발생하지 않는 최대 전류의 한도 (최대 파고 값의 크기는 정격의 2.5배)

⑤ 정격 차단시간 : 정격전압 하에서 규정된 표준 동작 책무 및 동작 상태에 따라 차단할 때의 차단시간 한도로서, 트립 코일 여자로부터 아크의 소호까지의 시간 (개극시간+아크시간)

공칭전압[kV]	차단기 정격전압[kV]	정격차단시간[Cycle]
6.6	7.2	5
22	24	5
22.9	25.8	5
66	72.5	5
154	170	3
345	362	3
765	800	2

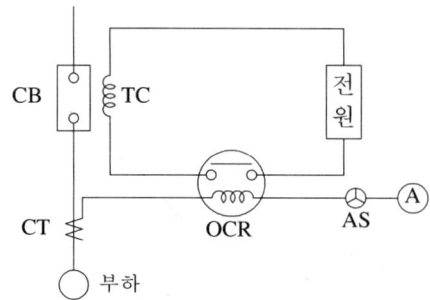

⇨ 과전류계전기의 전류 탭(최소 동작전류) 선정 :

차단기가 투입된 상태에서 위 부하에 흐를 수 있는 전 부하 전류 $I_1 = 15[A]$라 하면 CT의 2차 측에 흐르는 전류 I_2는 CT 전류 변성비가 20/5[A]라 하면 3.75[A]가 된다. 그러나 과부하나 단락사고 등에 의한 과전류가 CT에 유입되면 CT의 2차 전류 I_2 또한 3.75[A]보다 큰 과전류가 OCR에 흐르게 되어 평상시 무 여자 상태에 있던 OCR이 여자 되어 OCR의 접점이 폐로 되므로 직류전원에 의한 트립 코일이 여자 되어 차단기는 동작, 개방하게 된다.

① 과전류계전기의 전류 탭 = 전 부하전류 ÷ 변류 비 × 탭 설정 값(최소 동작전류 설정 배수)
② OCR의 동작 탭 : 4, 5, 6, 7, 8, 10, 12[A]

예제문제

예제 1 154/22.9[kV]로 변성하는 용량 2000[kVA]인 3상 변압기 2차 측에 설치한 CT 변류비가 100/5[A]인 경우 CT 2차 측에 접속된 과전류계전기가 전 부하전류의 1.6배에서 동작하여 차단기를 동작시키려면 과전류계전기의 전류 탭은 몇 [A]인가?

과전류계전기 전류 탭 선정
- CT최대부하전류 $I = \dfrac{2000}{\sqrt{3} \times 22.9} = 50.42[A]$
- 과전류계전기 전류 탭 : $I_{Tap} = 50.42 \times \dfrac{5}{100} \times 1.6 = 4.03\,[A]$
- 정답 : 4 [A] 탭 선정

(4) 차단기의 트립 방식
① 직류전압 트립방식 : 별도로 설치된 축전지 등의 제어용 직류전원 에너지에 의하여 트립 되는 방식
② 과전류 트립방식 : 차단기 주 회로에 접속된 변류기 2차 전류에 의하여 트립 되는 방식
③ 콘덴서 트립방식 : 충전된 콘덴서의 에너지에 의하여 트립 되는 방식
④ 부족전압 트립방식 : 부족 전압 트립 장치에 인가되어 있는 전압의 저하에 의하여 트립 되는 방식

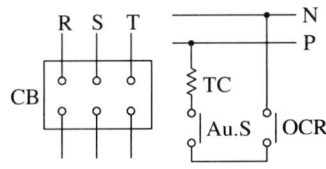

[직류전압 트립 방식]

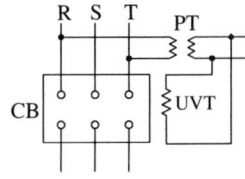

[과전류 트립 방식]

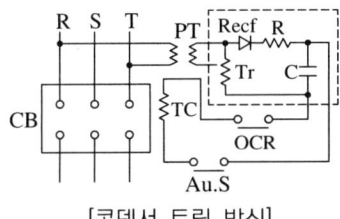

[콘덴서 트립 방식]

[부족전압 트립 방식]

(5) 단로기, 선로개폐기, 차단기 조합에 의한 조작순서

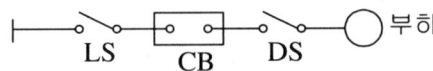

① 급전(투입)의 경우 : 항상 부하 측 부하전류 개폐능력이 없는 개폐기를 먼저 ON한 후 전원 측의 부하전류 개폐 능력이 없는 개폐기를 ON하고 마지막으로 부하전류 개폐능력이 있는 차단기를 ON한다.
- 개폐 순서 : DS ON → LS ON → CB ON

② 정전(차단)의 경우 : 항상 부하전류 개폐능력이 있는 차단기를 먼저 OFF한 후 부하 측의 부하전류 개폐능력이 없는 개폐기를 OFF하고 마지막으로 전원 측의 부하개폐능력이 없는 개폐기를 OFF한다.
- 개폐 순서 : CB OFF → DS OFF → LS OFF

예제 2 DS 및 CB로 된 선로와 접지 금구에 대한 다음그림을 보고 각 물음에 답하시오.

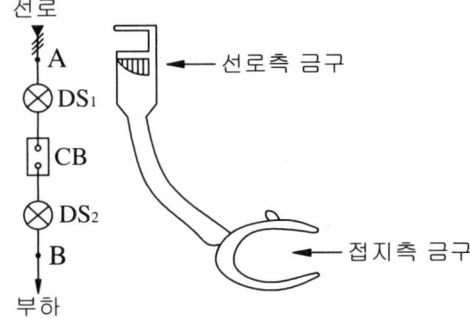

(1) 접지용구를 사용하여 접지를 하고자 할 때 접지 순서 및 접지 개소에 대하여 설명하시오.

(2) 부하 측에서 휴전 작업을 할 때의 조작순서를 설명하시오.
(3) 휴전 작업이 끝난 후 부하 측에 전력을 공급하는 조작 순서를 설명하시오.
   (단, 접지되지 않은 상태에서 작업한다고 가정한다)
(4) 긴급할 때 DS로 개폐 가능한 전류의 종류 2가지만 쓰시오.

[정답]
(1) 접지 순서 및 접지 개소
   ① 접지 순서 : 먼저 접지 측 금구를 대지에 접속한 후 선로 측 금구를 선로에 접속한다.
   ② 접지 개소 : A, B
(2) CB OFF → DS_2 OFF → DS_1 OFF
(3) DS_2 ON → DS_1 ON → CB ON
(4) ① 무 부하 충전전류   ② 변압기 등에서의 여자 전류

(6) %임피던스 법에 의한 단락 계산

- %임피던스란 부하가 아닌 임피던스인 전로의 임피던스로 인해 발생하는 전압강하를 백분율 비로 나타낸 것.

- $\%Z = \dfrac{ZI_n}{E} \times 100[\%]$ (단, 정격전압이 대지전압 E[V]인 경우)

- $\%Z = \dfrac{ZP_n}{10V^2}[\%]$ (단, 정격전압이 선간전압 V[kV], $P_n = \sqrt{3}\,VI_n$[kVA]인 경우)

① 단락전류(차단전류) :

- 단상 : $I_s = \dfrac{E}{Z} = \dfrac{E}{\dfrac{\%ZE}{100I_n}} = \dfrac{100}{\%Z}I_n$ [A]

- 3상 : $I_s = \dfrac{100}{\%Z}I_n = \dfrac{100}{\%Z} \times \dfrac{P_n}{\sqrt{3}\,V}$ [A] (단, P_n은 정격용량)

② 단락용량(차단용량) :

- 단상 : $P_s = EI_s = E\dfrac{100}{\%Z}I_n = \dfrac{100}{\%Z}P_n$ [kVA]

- 3상 : $P_s = \sqrt{3}\,VI_s = \sqrt{3}\,V \cdot \dfrac{100}{\%Z}I_n = \dfrac{100}{\%Z}P_n$ [kVA]

③ 차단기의 정격차단용량
   ㉮ 정격 차단전류(단락전류)에 의한 경우

제4장 전력 설비

- $P_s = \sqrt{3} \times$ 차단기 정격전압 $\times$ 정격차단전류 [MVA]
㉯ 백분율 임피던스 (%Z)에 의한 경우
- $P_s = \dfrac{100}{\%Z} P_n [\mathrm{MVA}]$ (단, $\%Z = \sqrt{(\%R)^2 + (\%X)^2}$)

예제 3 어느 수용가 인입구 전압이 22.9[kV], 주차단기의 차단 용량이 250[MVA]이다. 10[MVA], 22.9/3.3[kV] 변압기 임피던스가 5.5[%]일 때, 다음 각 물음에 답하시오.
(1) 기준용량은 10[MVA]로 정하고 임피던스 맵을 그리고 합성 %임피던스를 구하시오.
(2) 변압기 2차 측 단락용량을 구하여 변압기 2차 측에 필요한 차단기 용량을 다음 표에서 선정하시오.

차단기 정격 용량 [MVA]											
10	20	30	50	75	100	150	250	300	400	500	750	1000

해설과 정답

(1) 임피던스 맵 및 합성임피던스
- 전원 측 $\%Z_s$
  단락용량 $P_s = \dfrac{100}{\%Z} P_n = 250\,[\mathrm{MVA}]$에서 전원 측 $\%Z_s = \dfrac{10}{250} \times 100 = 4\,[\%]$
- 정답 : 임피던스 맵

  전원측   부하측   단락점
  ─⌇⌇⌇⌇─⌇⌇⌇⌇─×
  $\%Z_S=4[\%]$ $\%Z_{TR}=5.5[\%]$

- 합성 %임피던스 : $\%Z = \%Z_s + \%Z_{TR} = 4 + 5.5 = 9.5\,[\%]$
- 정답 : 9.5[%]
(2) 단락용량 $P_s = \dfrac{100}{4+5.5} \times 10 = 105.26\,[\mathrm{MVA}]$
- 정답 : 150 [MVA] 선정

예제 4 어느 수용가의 수전전압 6,600[V], 가공전선로의 %임피던스가 58.5[%]일 때 수전 점의 3상 단락전류가 7,000[A]인 경우 기준용량과 수전용 차단기의 차단용량은 얼마인가?

차단기의 정격차단용량[MVA]										
10	20	30	50	75	100	150	200	250	300	400

해설과 정답

(1) 기준용량
- 단락전류 $I_s = \dfrac{100}{\%Z} I_n\,[\mathrm{A}]$에서 정격전류 $I_n = \dfrac{\%Z}{100} I_s = \dfrac{58.5}{100} \times 7,000 = 4,095\,[\mathrm{A}]$
- 기준용량 $P_n = \sqrt{3}\,V_n I_n = \sqrt{3} \times 6,600 \times 4,096 \times 10^{-6} = 46.81\,[\mathrm{MVA}]$
- 정답 : 46.81[MVA]
(2) 차단기 용량 $P_s = \sqrt{3}\,V_s I_s = \sqrt{3} \times 7,200 \times 7,000 \times 10^{-6} = 87.3\,[\mathrm{MVA}]$
- 정답 : 100[MVA] 선정

예제 5 66/6.6[kV], 6,000[kVA]의 3상변압기 1대를 설치한 배전 변전소로부터 긍장 1.5[km]의 1회선 고압 배전선로에 의해 공급되는 수용가 인입구에서 3상 단락고장이 발생하였다. 선로 전압강하를 고려하여 다음 물음에 답하시오. (단, 변압기 1상당 리액턴스 0.4[Ω] 배전선 1선당 저항은 0.9[Ω/km], 리액턴스 0.4[Ω/km] 그 밖의 정수는 무시한다.)

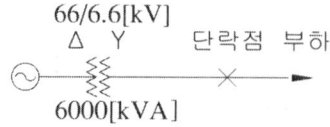

(1) 1상에 대한 단락(등가)회로를 그리시오.
(2) 수용가 인입구에서의 3상 단락 전류를 구하시오.
(3) 이 수용가에서 사용하는 차단기로서는 몇 [MVA] 것이 적당하겠는가?

차단기 정격 용량 [MVA]												
10	20	30	50	75	100	150	250	300	400	500	750	1000

해설과 정답

(1) 선로 긍장이 1.5[km]이므로
- 선로 배전선 1선당 저항은 $0.9 \times 1.5 = 1.35[\Omega]$, 1선당 리액턴스는 $0.4 \times 1.5 = 6[\Omega]$
- 정답 : 등가회로

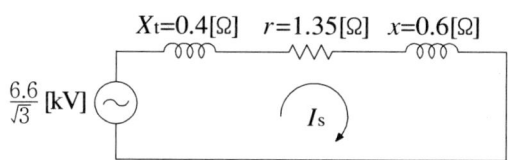

(2) 배전선 1선당 임피던스 $Z = \sqrt{R^2 + X^2} = \sqrt{1.35^2 + 1^2} = 1.68[\Omega]$
- %임피던스 : $\%Z = \dfrac{PZ}{10V^2} = \dfrac{6,000 \times 1.68}{10 \times 6.6^2} = 23.14[\%]$
- 단락전류 $I_s = \dfrac{100}{\%Z}I_n = \dfrac{100}{23.14} \times \dfrac{6,000}{\sqrt{3} \times 6.6} = 2,268.21[A]$
- 정답 : 2,268.21[A]

(3) $P_s = \sqrt{3}\,V_s I_s = \sqrt{3} \times 7200 \times 2268.21 \times 10^{-6} = 28.29[MVA]$
- 정답 : 30[MVA] 선정

예제 6 다음과 같은 전력시스템의 A점에서 고장이 발생하였을 경우 이 지점에서의 3상 단락전류를 옴 법과 %임피던스 법에 의하여 구하시오. (단, 발전기 G_1, G_2 및 변압기의 %리액턴스는 자기용량 기준으로 각각 30[%], 30[%] 및 8[%]이며, 선로의 저항은 0.5[Ω/km]이다.)

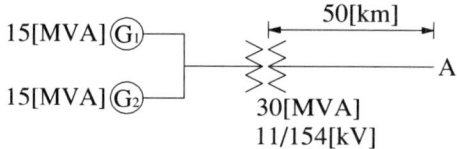

해설과 정답

(1) 옴 법
- 선로 측 전압 154[kV] 기준으로 발전기 및 변압기 리액턴스를 [Ω]으로 환산한다.
- $\%Z = \dfrac{ZP_n}{10V^2}[\%]$ 에서 $Z = \dfrac{\%Z\, 10V^2}{P_n}[\Omega]$ 이므로
  - 발전기 G_1, G_2 리액턴스 $X_{G1} = X_{G2} = \dfrac{\%Z\, 10V^2}{P_n} = \dfrac{30 \times 10 \times 154^2}{15000} = 474.32[\Omega]$
  - 변압기 리액턴스 $X_{TR} = \dfrac{\%Z\, 10V^2}{P_n} = \dfrac{8 \times 10 \times 154^2}{30000} = 63.24[\Omega]$
- 고장 점까지의 선로 임피던스
  $\dot{Z} = R + jX = (0.5 \times 50) + j\left(\dfrac{474.32}{2} + 63.24\right) = 25 + j300.4[\Omega]$
- 3상 단락전류 : $I_s = \dfrac{E}{Z} = \dfrac{\dfrac{154 \times 10^3}{\sqrt{3}}}{\sqrt{25^2 + 300.4^2}} = 294.96[A]$
- 정답 : $294.96[A]$

(2) %Z 법
- 용량이 서로 다른 경우 단락전류 및 단락용량 계산은 기준용량으로 정하여 각각의 값을 환산한 후 구할 수 있다. 따라서 변압기 용량 30[MVA]를 기준용량으로 하여 발전기 %Z를 환산한 후 구한다.
- 발전기 %임피던스 :
  $\%Z_{G1} = \%Z_{G2} = \%Z(\text{자기용량}) \times \dfrac{\text{기준용량}}{\text{자기용량}} = 30 \times \dfrac{30}{15} = 60[\%]$
- 선로 측 %임피던스 :
  - 선로 정격전류 $I_n = \dfrac{P_n}{\sqrt{3}\,V} = \dfrac{30 \times 10^3}{\sqrt{3} \times 154} = 112.47[A]$
  - 선로 %임피던스 : $\%R = \dfrac{RI_n}{V/\sqrt{3}} \times 100 = \dfrac{(0.5 \times 50) \times 112.47}{154,000/\sqrt{3}} \times 100 = 3.16[\%]$

  [별해] $\%R = \dfrac{RP_n}{10V^2} = \dfrac{(0.5 \times 50) \times 30 \times 10^3}{10 \times 154^2} = 3.16[\%]$
- 고장 점까지의 합성 $\%Z = 3.16 + j\left(\dfrac{60}{2} + 8\right) = 3.16 + j38 = \sqrt{3.16^2 + 38^2} = 38.13[\%]$
- 3상 단락전류 : $I_s = \dfrac{100}{\%Z}I_n = \dfrac{100}{38.13} \times 112.47 = 294.96[A]$
- 정답 : $294.96[A]$

예제 7 다음 그림과 같은 발전소에서 각 차단기의 차단 용량을 구하시오.

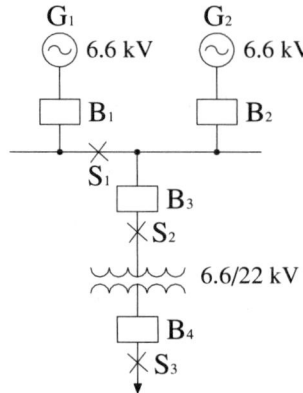

[조건]
- 발전기 G_1 : 용량 10,000[kVA], %리액턴스 $X_{G_1} = 10[\%]$
- 발전기 G_2 : 용량 20,000[kVA], %리액턴스 $X_{G_2} = 14[\%]$
- 변압기 TR : 용량 30,000[kVA], %리액턴스 $X_{TR} = 12[\%]$
- S_1, S_2, S_3는 단락 사고 발생 지점이며, 선로 측으로부터의 단락전류는 고려하지 않는다.

(1) S_1지점에서 단락사고가 발생했을 때 B_1, B_2차단기의 차단용량 [MVA]을 계산하시오.
(2) S_2지점에서 단락사고가 발생했을 때 B_3차단기의 차단용량 [MVA]을 계산하시오.
(3) S_3지점에서 단락사고가 발생했을 때 B_4차단기의 차단전류, 차단용량 [MVA]을 계산하시오.

해설과 정답

용량이 서로 다른 경우 단락전류 및 단락용량 계산은 기준용량으로 정하여 각각의 값을 환산한 후 구할 수 있다. 따라서 변압기 용량 30[MVA]를 기준용량으로 하여 발전기 %Z를 다음과 같은 환산 식을 이용하여 환산한다.

- 발전기 %Z 환산 : $\%Z_G = \%Z(자기용량) \times \dfrac{기준용량}{자기용량}[\%]$

(1) S_1 지점 차단용량

- 발전기 G_1 %임피던스 : $\%X_{G1} = 10 \times \dfrac{30}{10} = 30[\%]$
- B_1차단기 차단용량 : $P_{S1} = \dfrac{100}{\%Z} P_n = \dfrac{100}{30} \times 30 = 100[\mathrm{MVA}]$

[별해] $P_{S1} = \dfrac{100}{\%Z} P_n = \dfrac{100}{10} \times 10 = 100[\mathrm{MVA}]$

- 발전기 G_2 %임피던스 : $\%X_{G2} = 14 \times \dfrac{30}{20} = 21[\%]$
- B_2차단기 차단용량 : $P_{S1} = \dfrac{100}{\%Z} P_n = \dfrac{100}{21} \times 30 = 142.86[\mathrm{MVA}]$

제4장 전력 설비

[별해] $P_{S2} = \dfrac{100}{\%Z} P_n = \dfrac{100}{14} \times 20 = 142.86 [\text{MVA}]$

- 정답 : B_1차단기 차단용량 100[MVA], B_2차단기 차단용량 142.86[MVA]

(2) S_2 지점 차단용량

- G_1, G_2 발전기 병렬 합성 $\%X_G = \dfrac{\%X_{G1} \times \%X_{G2}}{\%X_{G1} + \%X_{G2}} = \dfrac{30 \times 21}{30 + 21} = 12.35[\%]$

- B_3차단기 차단용량 : $P_{S3} = \dfrac{100}{\%Z} P_n = \dfrac{100}{12.35} \times 30 = 242.91 [\text{MVA}]$

- 정답 : B_3차단기 차단용량 242.91[MVA]

(3) S_3 지점 차단전류, 차단용량

- S_3 점까지의 합성 %리액턴스 : $\%X = \%X_G + \%X_{TR} = 12.35 + 12 = 24.35[\%]$

- S_3 지점 차단전류 : $I_{S3} = \dfrac{100}{\%Z} I_n = \dfrac{100}{24.35} \times \dfrac{30 \times 10^3}{\sqrt{3} \times 22} = 3233.25 [\text{A}]$

- S_3 지점 차단용량 : $P_{S4} = \dfrac{100}{\%Z} P_n = \dfrac{100}{24.35} \times 30 = 123.20 [\text{MVA}]$

- 정답 : B_4차단기 차단전류 3233.25[A], B_4차단기 차단용량 123.20[MVA]

예제 8 다음의 조건과 임피던스 맵을 보고, 다음 각 물음에 답하시오

[조건]
- $\%Z_s$: 한전 모선 154[kV] 인출 측의 전원 측 정상임피던스 1.2[%] (100[MVA] 기준)
- Z_{TL} : 154[kV] 송전 선로의 임피던스 1.83[Ω]
- 변압기 $\%Z$: $\%Z_{TR1}$=10[%] (15[MVA] 기준), $\%Z_{TR2}$=10[%] (30[MVA] 기준)
- 직렬콘덴서 $\%Z$: $\%Z_C$=50[%] (100[MVA] 기준)

[임피던스 맵]

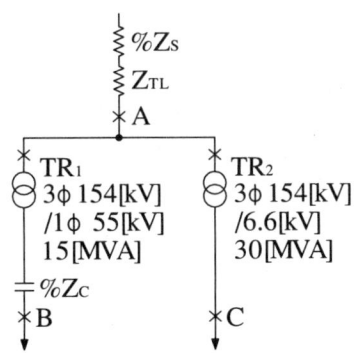

(1) 다음 임피던스의 100[MVA] 기준 %임피던스를 구하시오.
  ① $\%Z_{TL}$ ② $\%Z_{TR1}$ ③ $\%Z_{TR2}$

(2) A, B, C 각 점에서의 합성 %임피던스를 구하시오.
  ① $\%Z_A$ ② $\%Z_B$ ③ $\%Z_C$

(3) A, B, C 각 점에서의 차단기의 소요 차단전류는 몇 [kA]가 되겠는가?
(단, 비대칭 분을 고려한 상승계수는 1.6으로 한다.)
① I_A ② I_B ③ I_C

용량이 서로 다른 경우의 차단용량 계산은 각각의 %Z를 임의의 정격용량을 기준용량(100[MVA])으로 하여 각각 환산한 %Z를 구하여 차단용량을 구한다.

[정답]
(1) 100[MVA] 기준 %임피던스

① 송전선로 임피던스 : $\%Z_{TL} = \dfrac{Z_{TL}P_n}{10V^2} = \dfrac{1.83 \times 100 \times 10^3}{10 \times 154^2} = 0.77[\%]$

② TR_1 변압기 : $\%Z_{TR_1} = \dfrac{100}{15} \times 10 = 66.67[\%]$

③ TR_2 변압기 : $\%Z_{TR_2} = \dfrac{100}{30} \times 10 = 33.33[\%]$

- 정답 : $\%Z_{TL} = 0.77[\%]$, $\%Z_{TR1} = 66.67[\%]$, $\%Z_{TR2} = 33.33[\%]$

(2) 합성 %임피던스

① $\%Z_A = 1.2 + 0.77 = 1.97[\%]$
② $\%Z_B = 1.2 + 0.77 + 66.67 - 50(용량성) = 18.64[\%]$
③ $\%Z_C = 1.2 + 0.77 + 33.33 = 35.3[\%]$

- 정답 : $\%Z_A = 1.97[\%]$, $\%Z_B = 18.64[\%]$, $\%Z_C = 35.3[\%]$

(3) 차단전류

① $I_A = \dfrac{100}{\%Z}I_n = \dfrac{100}{1.97} \times \dfrac{100 \times 10^3}{\sqrt{3} \times 154} \times 1.6 \times 10^{-3} = 30.45[kA]$

② $I_B = \dfrac{100}{\%Z}I_n = \dfrac{100}{18.64} \times \dfrac{100}{55(단상)} \times 1.6 = 15.61[kA]$

③ $I_C = \dfrac{100}{\%Z}I_n = \dfrac{100}{35.3} \times \dfrac{100}{\sqrt{3} \times 6.6} \times 1.6 = 39.65[kA]$

- 정답 : $I_A = 30.45[kA]$, $I_B = 15.61[kA]$, $I_C = 39.65[kA]$

예제 9 다음 계통도를 보고 각 물음에 답하시오. (단, 기준 Base를 100[MVA]로 지정하며, 소수점 5째 자리에서 반올림한다.)

KEPCO 1,000MVA(X/R 비: 10)

CNCV 100mm²(0.234+j0.162[Ω/km])
3[km]

22.9kV/380V
3φ 2,500kVA
%X=7%
X/R비:8

✕ 단락지점

(1) 전원 측 임피던스 (%Z, %R, %X)를 구하시오.
(2) 케이블 임피던스 (%Z, %R, %X)를 구하시오.
(3) 변압기 임피던스 (%Z, %R, %X)를 구하고 기준 Base로 환산한 $\%Z_T$를 구하시오.
(4) 합성 임피던스를 구하시오.
(5) 단락전류를 구하시오.

해설과 정답

(1) 전원 측 임피던스
- $\%Z = \dfrac{P_n}{P_s} \times 100 = \dfrac{100}{1000} \times 100 = 10[\%]$, $\dfrac{\%X}{\%R} = 10$에서 $\%X = 10\%R$
- $\%Z = \sqrt{\%R^2 + \%X^2} = \sqrt{\%R^2 + (10 \cdot \%R)^2} = \sqrt{101} \times \%R$이므로
- $\%R = \dfrac{\%Z}{\sqrt{101}} = 0.0995\%Z = 0.09950 \times 10 = 0.9950[\%]$
- $\%X = 10\%R = 10 \times \dfrac{\%Z}{\sqrt{101}} = 10 \times \dfrac{10}{\sqrt{101}} = 9.9504[\%]$
- 정답 : $\%Z = 10[\%]$, $\%R = 0.9950[\%]$, $\%X = 9.9504[\%]$

(2) 케이블 임피던스
- $\%R = \dfrac{RP_n}{10V^2} = \dfrac{3 \times 0.234 \times 100 \times 10^3}{10 \times 22.9^2} = 13.3865[\%]$
- $\%X = \dfrac{XP_n}{10V^2} = \dfrac{3 \times 0.162 \times 100 \times 10^3}{10 \times 22.9^2} = 9.2676[\%]$
- $\%Z = \sqrt{13.3865^2 + 9.2676^2} = 16.2815[\%]$
- 정답 : $\%Z = 16.2815[\%]$, $\%R = 13.3865[\%]$, $\%X = 9.2676[\%]$

(3) 변압기 임피던스
- $\dfrac{\%X}{\%R} = 8$에서 $\%X = 8\%R$
- $\%Z = \sqrt{\%R^2 + \%X^2} = \sqrt{\%R^2 + (8\%R)^2} = \sqrt{65} \times \%R$
- $\%R = \dfrac{\%Z}{\sqrt{65}} = \dfrac{7}{\sqrt{65}} = 0.8682[\%]$
- $\%X = 8\%R = 8 \times \dfrac{\%Z}{\sqrt{65}} = 8 \times \dfrac{7}{\sqrt{65}} = 6.9459[\%]$
- 정답 : $\%Z = 7[\%]$, $\%R = 0.8682[\%]$, $\%X = 6.9459[\%]$
- 기준 Base 100[MVA]로 환산한 변압기 $\%Z_T$
- 3상 변압기 1대 용량이 $2,500[\text{kVA}] = 2.5[\text{MVA}]$이므로 $\%Z_T = \dfrac{100}{2.5} \times 7 = 280[\%]$
- 정답 : $\%Z_T = 280[\%]$

(4) 합성 임피던스
- $\%R = 0.9950 + 13.3865 + \dfrac{100}{2.5} \times 0.8682 = 49.1095[\%]$

- $\%X = 9.9504 + 9.2676 + \dfrac{100}{2.5} \times 6.9459 = 297.054\,[\%]$
- $\%Z = \sqrt{\%R^2 + \%X^2} = \sqrt{49.1095^2 + 297.054^2} = 301.0861\,[\%]$
- 정답 : $301.0861\,[\%]$

(5) 단락전류
- $I_s = \dfrac{100}{\%Z} I_n = \dfrac{100}{\%Z} \times \dfrac{P_n}{\sqrt{3}\,V} = \dfrac{100}{301.0861} \times \dfrac{100{,}000 \times 10^3}{\sqrt{3} \times 380} = 50{,}462.0709\,[A]$
- 정답 : $50{,}462.0709\,[A]$

예제 10 그림과 같은 송전계통에서 S점에서 3상 단락사고가 발생하였다. 주어진 도면과 조건을 참고하여 다음 각 물음에 답하시오.

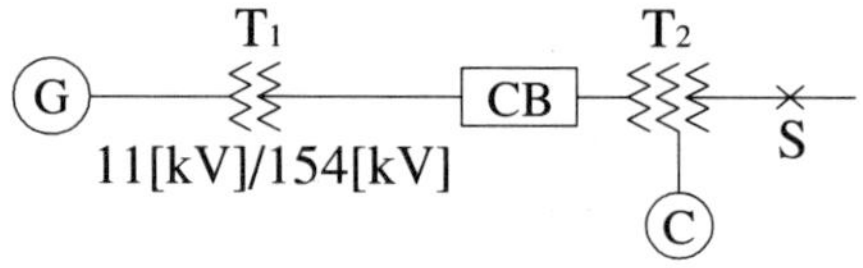

```
  G ——T₁——[CB]——T₂——×
     11[kV]/154[kV]       S
                    |
                    C
```

[조건]

번호	기기 명	용량	전압	%X
1	G : 발전기	50[MVA]	11[kV]	30
2	T1 : 변압기	50[MVA]	11/154[kV]	12
3	송전선		154[kV]	10(10[MVA])
4	T2 : 변압기	1차 25[MVA]	154[kV]	12(25[MVA] 기준, 1차-2차)
		2차 30[MVA]	77[kV]	15(25[MVA] 기준, 2차-3차)
		3차 10[MVA]	11[kV]	10.8(10[MVA] 기준, 3차-1차))
5	C : 조상기	10[MVA]	11[kV]	20

(1) 발전기, 변압기 T_1, 송전선 및 조상기 %리액턴스를 기준 출력 100[MVA]로 환산하시오.
(2) 변압기 T_2의 각각의 %리액턴스를 100[MVA] 출력으로 환산하고 1차(P), 2차(T), 3차(S)의 %리액턴스를 구하시오.
(3) 고장 점과 차단기를 통과하는 각각의 단락전류를 구하시오.
(4) 차단기의 단락 용량은 몇 [MVA]인가?

해설과 정답

용량이 서로 다른 경우의 차단용량 계산은 각각의 %Z를 임의의 정격용량을 기준용량(100[MVA])으로 하여 각각 환산한 %Z를 구하여 차단용량을 구한다.

(1) 고장 점의 단락전류 : 100[MVA] 기준 %Z 환산하면
- 발전기 : $\%X_G = \dfrac{100}{50} \times 30 = 60\,[\%]$
- 변압기(T_1) : $\%X_{T_1} = \dfrac{100}{50} \times 12 = 24\,[\%]$
- 송전선 : $\%X_L = \dfrac{100}{10} \times 10 = 100\,[\%]$

- 조상기 : $\%X_C = \dfrac{100}{10} \times 20 = 200\,[\%]$
- 정답 : 발전기 60[%], 변압기 T_1 24[%], 송전선 100[%], 조상기 200[%]

(2) 100[MVA] 기준 T_2 변압기의 환산 1차, 2차, 3차 임피던스

- 1차 ~ 2차 간 : $\%X_P + \%X_T = \dfrac{100}{25} \times 12 = 48\,[\%]$ ~ ⓐ
- 2차 ~ 3차 간 : $\%X_T + \%X_S = \dfrac{100}{25} \times 15 = 60\,[\%]$ ~ ⓑ
- 3차 ~ 1차 간 : $\%X_S + \%X_P = \dfrac{100}{10} \times 10.8 = 108\,[\%]$ ~ ⓒ

ⓐ ⓑ ⓒ 3개식을 연립방정식으로 풀면
- 1차 : $X_P = 48\,[\%]$ • 2차 : $X_T = 0\,[\%]$ • 3차 : $X_S = 60\,[\%]$
- 정답 : 1차 48[%], 2차 0[%], 3차 60[%]

(3) 단락 점까지의 합성임피던스

%X_G=60[%]   %X_{T1}=24[%]   %X_L=100[%] $\%X_P = 48[\%]$ $\%X_T = 0[\%]$
154[kV]   77[kV]
11[kV] $\%X_T = 0[\%]$

- 발전기에서 T_2 변압기 1차까지 $\%X_1 = 60 + 24 + 100 + 48 = 232\,[\%]$
- 조상기에서 T_2 변압기 3차까지 $\%X_2 = 200 + 60 = 260\,[\%]$
- 합성 $\%Z = \dfrac{\%X_1 \times \%X_2}{\%X_1 \times \%X_2} + X_S = \dfrac{232 \times 260}{232 + 260} + 0 = 122.6\,[\%]$
- 고장 점의 단락전류 : $I_s = \dfrac{100}{\%Z} \times I_n = \dfrac{100}{122.6} \times \dfrac{100{,}000}{\sqrt{3} \times 77} = 611.59\,[\mathrm{A}]$
- 정답 : 611.59[A]
- 차단기의 단락전류 : $I_{S1} = I_S \times \dfrac{\%X_2}{\%X_1 + \%X_2} = 611.59 \times \dfrac{260}{232 + 260} = 323.2\,[\mathrm{A}]$

 이를 154[kV]로 환산하면 $I_{S154} = 323.2 \times \dfrac{77}{154} = 161.6\,[\mathrm{A}]$

- 정답 : 161.6[A]

(4) 차단기 단락용량

- 단락용량 $P_s = \dfrac{100}{\%Z} \times P_n = \dfrac{100}{122.6} \times 100\,[\mathrm{MVA}] = 81.57\,[\mathrm{MVA}]$ 에서

 이를 154[kV]로 환산하면(단락용량은 임피던스에 반비례하므로)

- 차단기 단락용량 $P_{s154} = \dfrac{260}{232 + 260} \times 81.57\,[\mathrm{MVA}] = 43.1\,[\mathrm{MVA}]$

 [별해] $P_s = \sqrt{3}\,VI_{s154} = \sqrt{3} \times 154 \times 161.6 \times 10^{-3} = 43.1\,[\mathrm{MVA}]$

- 정답 : 43.1[MVA]

[참고] 차단기 정격차단용량 : 154[kV] 계통에 설치하는 차단기는 계통 최고 선간전압인 170
[kV]에서도 동작하여야 하므로 차단기 차단용량 선정 시에는 차단기 정격전압인 170
[kV]를 기준으로 구하여야 한다.

• 차단기 정격차단용량 : $P_S = \sqrt{3}\,VI_{s154} = \sqrt{3} \times 170 \times 161.6 \times 10^{-3} = 47.58[\text{MVA}]$

(7) 단락전류 계산 목적
① 계통의 차단기 및 퓨즈의 차단 용량 선정
② 계통 기기류나 선로의 기계적, 열적 강도 선정
③ 보호계전방식 및 계전기 동작 정정치 선정
④ 순시 전압강하 검토

(8) 단락전류 경감 대책
① 단락전류 저감을 위한 계통 구성
  ㉮ 계통 분할 방식 : 변전소 모선을 분할하여 계통을 분리하는 것.
  ㉯ 직류 연계(HVDC연계)
  ㉰ 계통 전압의 격상
② 단락전류 저감을 위한 설비 차원에서의 대책
  ㉮ 고 임피던스 기기의 채용
  ㉯ 한류리액터 설치
  ㉰ 고장전류 제한기 : SCR, GTO 등 전력전자 기기를 응용한 것으로 평상 시 저 임피던스 회로에 접속되어 있다가 단락사고 시 고 임피던스 역할을 함으로써 단락전류를 억제시키는 것.

3 계기용변성기

1) 계기용변압기(PT : Potential Transformer)

고압 및 특고압회로의 높은 전압을 이에 비례하는 낮은 전압으로 변성하여 배전반의 측정 계기나 OVR, UVR 같은 보호계전기의 전원으로 사용하는 전압 변성기.

(1) PT의 권수비
• 권수 비(전압 변성 비) : $a = \dfrac{N_1}{N_2} = \dfrac{E_1}{E_2}$

- N_1, N_2 : 1, 2차 권수
- $E_1[V]$: 1차 정격전압 (단, Y결선에서는 선간전압을 $\sqrt{3}$ 으로 나눈 상 전압)
- $E_2[V]$: 2차 정격전압(110[V])

(2) PT의 보호
① 1차 측 채용 퓨즈(PF, COS) : PT의 고장이 PT 1차 측 전체 선로에 파급, 확산되는 것을 방지
② 2차 측 채용 퓨즈 : PT의 오 접속이나 부하 고장 등으로 인한 2차 측 단락 발생 시 그 사고가 PT로 파급, 확산되는 것을 방지.

(3) PT의 2차 부담[VA]
2차 회로에서 오차 범위를 유지할 수 있는 부하(계전기 입력 회로) 임피던스

- 부담[VA] = $\dfrac{V_2^2}{Z}$
  - V_2 : 정격 2차 전압
  - Z : 계전기, 계측기 및 2차 케이블을 포함한 전체 부하임피던스

2) 계기용변류기(CT : Current Transformer)

고압회로에 흐르는 큰 전류를 이에 비례하는 적은 전류로 변성하여 배전반의 측정계기나 보호계전기의 전원으로 사용하는 전류변성기

(1) CT 점검 시 주의 사항
① 변류기 사용 중 2차 측에 접속된 전류계 등을 교체할 때에는 반드시 먼저 CT 2차 측을 단락한 다음 전류계 같은 측정 계기를 교체하여야 한다.
② 변류기 2차 측을 개방시키면 1차 부하전류가 모두 여자전류로 변화하여 변류기 2차 단자 간에 대단히 큰 고전압이 유기되어 절연이 파괴되고, 권선이 소손될 위험이 있다.

(2) CT의 선정
부하 설비계통에서의 최대 부하전류에 25 ~ 50[%] 정도의 여유를 주어 계산한 값에 적합한 CT를 다음 정격 용량 표에 의하여 선정할 것.
① 1차 전류(I_1) : 부하설비 계통에서 CT 1차 측에 흐를 수 있는 최대 부하전류.
② 정격 1차 전류(I_{1n}) : CT 1차 측에 흐르는 최대 부하전류에 1.25 ~ 1.5배 정도 여유를 주어 선정한 CT의 1차 측 표준 정격용량.
③ 2차 전류(I_2) : CT의 변류비($I_{1n}/5$)에 의하여 변성되어 CT 2차 측에 흐르는 부하전류
④ 정격 2차 전류(I_{2n}) : 5[A]

CT	1차 정격전류[A]	10, 15, 20, 30, 40, 50, 60, 75, 100, 150, 200, 250,300 ,400 500, 600, 750, 1000, 1200, 1500, 2000, 2500, 3000
	2차 정격전류[A]	5
	정격 부담[VA]	5, 10, 15, 25, 40, 100 (일반적으로 고압 40[VA], 저압 15[VA])

예제문제

예제 1 부하용량 500[kW]이고, 전압이 3상 380[V]인 전기설비의 계기용 변류기 1차 전류는 몇 [A]용을 사용하는 것이 적합하겠는가?
[조건] ① 수용가의 인입회로나 전력용 변압기의 1차 측에 설치하는 것임
② 실제 사용하는 1차 전류용량을 산정하고 부하역률은 1로 한다.

CT 선정 법
- CT 1차 측 최대부하전류 : $I_1 = \dfrac{500 \times 10^3}{\sqrt{3} \times 380} = 759.67\,[\mathrm{A}]$
- 여유계수 고려 : $759.67 \times (1.25 \sim 1.5) = 949.59 \sim 1139.51$
- CT비 : 1000/5 선정
- 정답 : 변류기 1차 전류 $1,000\,[\mathrm{A}]$

(3) CT의 정격부담
변류기의 2차 단자 간에 접속되는 부하가 정격 2차 전류에서 소비하는 피상전력
- 정격부담 : $P = VI = I^2 Z\,[\mathrm{VA}]$
  ◦ $I[\mathrm{A}]$: 변류기 2차 권선의 정격 전류 5[A]
  ◦ $Z[\Omega]$: 변류기 2차 측에 접속되는 계전기, 계기 및 전선을 포함한 전체 부하 임피던스

(4) 계기용 변류기(CT) 비 오차
① 비 오차 : 공칭 변류비와 측정(실제) 변류비 사이에서 얻어진 백분율 오차.
- 비 오차 $= \dfrac{공칭\ 변류비 - 측정\ 변류비}{측정(실제)\ 변류비} \times 100\,[\%]$

② 비 보증 계수(Ratio Correction Factor) : 비 오차 표시 방법
- $R.C.F = \dfrac{측정\ 변류비}{공칭\ 변류비}$

예제 2 변류비가 100/5[A]인 변류기 1차 측에 250[A]가 흐를 때 2차 측에 실제로 흐르는 전류가 5[A]일 경우 이 변류기의 비오차를 계산하시오.

해설·정답

$$비\ 오차 = \frac{공칭\ 변류비 - 측정\ 변류비}{측정\ 변류비} \times 100[\%] = \frac{\frac{100}{5} - \frac{250}{5}}{\frac{250}{5}} \times 100 = -20[\%]$$

- 정답 : -20[%]

(5) 계기용 변류기(CT) 강도 관계식

① 열적 과전류 강도 : CT에 손상을 주지 않고 1초간 1차 측에 흘릴 수 있는 최대 전류

- 열적 과전류 강도 : $S = \dfrac{S_n}{\sqrt{t}}[kA]$

여기서, $S_n[kA]$는 정격 과전류 강도, $t[sec]$는 통전 시간이다.

② 기계적 과전류 강도 : CT가 전자력에 의하여 전기적으로나 기계적으로 손상되지 않는 1차 측 전류의 파고치(열적 과전류 강도의 2.5배)

- 기계적 과전류 강도 : $S_m = \dfrac{최대\ 고장전류(단락전류)}{정격\ 1차전류}$

(6) 옥내용 변류기의 습도 상태

옥내용 변류기의 습도 상태	1일(24시간)	1개월(30일)
상대습도의 평균값	95[%] 이하일 것.	90%] 이하일 것.
수증기압의 평균값	2.2[kPa] 이하일 것.	1.8[kPa] 이하일 것.

(7) CT의 접속법

① CT 접속법 : CT 1차 측에는 K, L, 2차 측에는 k, ℓ 의 단자 번호가 기록되어 있으며, 그 접속은 반드시 K 단자를 전원 측에, L 단자를 부하 측에 접속한다.

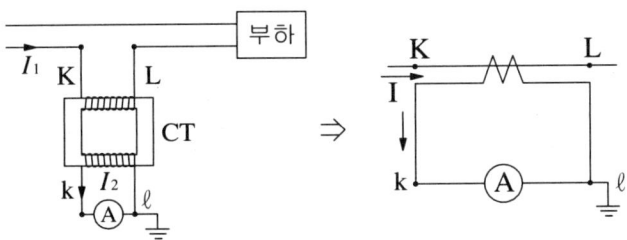

② CT 2개의 V결선 접속법

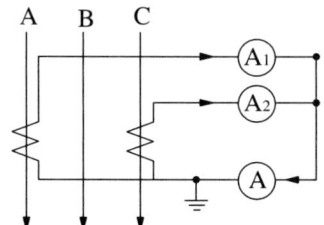 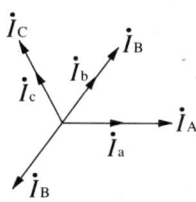

3상 3선식 평형인 상태에서 1차 전류 I_A, I_B, I_C 라 하면
$I_A + I_B + I_C = 0$, $I_A + I_C = -I_B$가 성립한다.
각각의 CT 2차 측에 흐르는 전류를 I_a, I_c라면

$I_a = \dfrac{1}{a}I_A$, $I_c = \dfrac{1}{a}I_C$ (단, a는 변류 비)

$I_{Ⓐ} = I_a + I_c = \dfrac{1}{a}(I_A + I_C) = \dfrac{1}{a}(-I_B)$

㉮ 전류계 Ⓐ에 흐르는 전류 크기(b상전류) : $I_{Ⓐ} = \dfrac{1}{a}I_A$ [A]

㉯ CT 1차 측에 흐르는 전류 크기 : $I_1 = aI_{Ⓐ}$ [A]

③ CT 2개 교차 결선 접속법

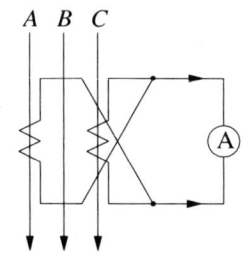 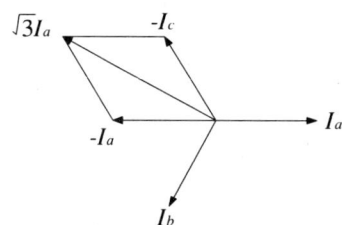

3상 3선식 평형인 상태에서 CT의 1차 전류를 I_A, I_B, I_C라 하면
$I_A + I_B + I_C = 0$이 성립한다.
각각의 CT 2차 측에 흐르는 전류를 I_a, I_c라면

$I_a = \dfrac{1}{a}I_A$, $I_c = \dfrac{1}{a}I_C$ (단, a는 변류 비)

$I_{Ⓐ} = (-I_a) + I_c = \sqrt{3}\,I_a$

㉮ 전류계 Ⓐ에 흐르는 전류 크기 : $I_{Ⓐ} = \sqrt{3}\,I_a = \sqrt{3} \times \dfrac{I_A}{a}$ [A]

㉯ CT 1차 측에 흐르는 전류 크기 : $I_1 = aI_a = a \times \dfrac{I_{Ⓐ}}{\sqrt{3}}$ [A]

예제 3 변류비 50/5[A]인 CT 2개를 그림과 접속할 때 전류계에 2[A]가 흐른다면 CT 1차 측에 흐르는 전류는 몇 [A]인가?

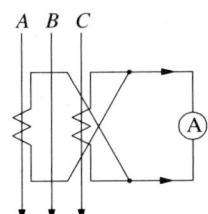

해설 정답

- CT 2대를 교차결선 시 2차 측 전류계 지시 값 : $\sqrt{3}$ 배
- 전류계 지시 값 : $I_{\text{Ⓐ}} = I_1 \div 변류비 \times \sqrt{3}$
- CT 1차 측 전류 : $I_1 = 2 \times \dfrac{50}{5} \times \dfrac{1}{\sqrt{3}} = 11.55\,[\text{A}]$
- 정답 : 11.55[A]

④ CT 3개 Y 결선 접속법

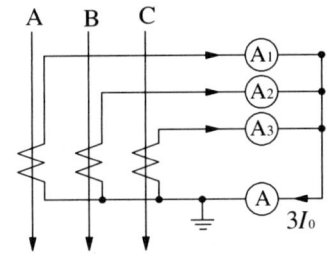 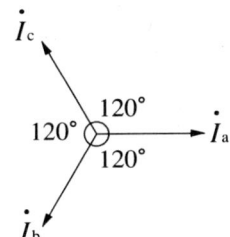 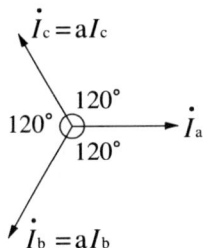

㉮ 3상평형의 경우

$I_A + I_B + I_C = 0$

$I_a = \dfrac{1}{a}I_A$, $I_b = \dfrac{1}{a}I_B$, $I_c = \dfrac{1}{a}I_C$ (단, a는 변류비)

$I_{\text{Ⓐ}} = I_a + I_b + I_c = \dfrac{1}{a}(I_A + I_B + I_C) = 0\,[\text{A}]$

- 전류계 Ⓐ에 흐르는 전류 크기 : $I_{\text{Ⓐ}} = 0\,[A]$

㉯ 3상 불평형인 경우

$I_A + I_B + I_C \neq 0$

$I_a = \dfrac{1}{a}I_A$, $I_b = \dfrac{1}{a}I_B$, $I_c = \dfrac{1}{a}I_C$ (단, a는 변류비)

- $I_{\text{Ⓐ}} = I_a + I_b + I_c = I_a + a^2 I_b + a I_c$ (단, a는 벡터 연산자)

  $= I_a + (-\dfrac{1}{2} - j\dfrac{\sqrt{3}}{2})I_b + (-\dfrac{1}{2} + j\dfrac{\sqrt{3}}{2})I_c$

예제 4 CT 2대를 V결선하여 OCR 3대를 그림과 같이 접속하였다. 다음 각 물음에 답하시오.

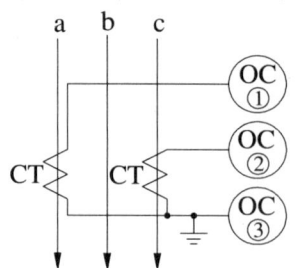

(1) 일반적으로 우리나라에서 사용하는 CT의 극성은?
(2) 변류기의 2차 측에 접속하는 외부 부하 임피던스를 무엇이라 하는가?
(3) ③번 OCR에 흐르는 전류는 어떤 상의 전류인가?
(4) OCR은 어떤 고장(사고)이 발생했을 때 동작하는가?
(5) 변류기 2차 전류가 언제나 3[A]이었다. 이때 수전 전력은 몇 [kW]인가?
 (단, 수전 전압은 3300[V], 변류 비 40/5[A], 역률 80[%]이다.)

(1) 정답 : 감극성   (2) 정답 : 부담[VA]   (3) 정답 : b상 전류
(4) 정답 : 단락사고   (5) 정답 : 3상 3선식 비접지 방식
(6) CT 1차 측 선 전류 : $I_1 = 3 \times \dfrac{40}{5} = 24\,[\mathrm{A}]$ 이므로

- 수전 전력 : $P = \sqrt{3} \times 3300 \times \left(3 \times \dfrac{40}{5}\right) \times 0.8 \times 10^{-3} = 109.74\,[\mathrm{kW}]$
- 정답 : 109.74[kW]

예제 5 다음과 같이 154[kV]/22.9[kV] 배전용 변전소의 2차 측에 그림과 같이 변류기를 통해서 계전기를 설치했을 때 다음 물음에 답하시오

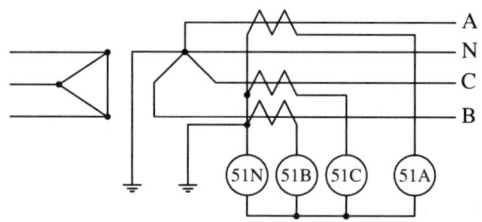

[조건]
① CT비 100/5[A] 감극성   ② OCR(51)의 전류 탭 정정치 : 5[A]
③ OCGR(51N)의 전류 탭 정정치: 0.5[A]   ④ 부하 전류 역률은 100[%]로 본다.
⑤ CT 2차회로의 각 계전기에 흐르는 전류는 각각 I_a, I_b, I_c, I_N이라 한다.
(1) 부하전류가 각상에 50[A]로 평형 되어 흐를 때 계전기에 흐르는 전류는 각 몇[A]인가?
(2) 부하 전류가 A상 60[A], B상에 40[A], C상에 80[A]가 흐를 때
 ① 각 계전기에 흐르는 전류는 각각 몇 [A]인가?
 ② 이때 동작하는 계전기는 어느 것인가?

(3) "(1)"항과 같은 조건에서 B상의 CT 결선이 반대로 되었다면
 ① 계전기에 흐르는 전류는 각각 몇 [A]인가?
 ② 이때 동작하는 계전기는 어느 것인가?
(4) 위 그림에서 부하전류가 각 상에 50[A]로 평형 되어 흐를 때, B상 CT 2차회로가 단선되어 회로가 분리되었을 때 51N 계전기에 흐르는 전류[A]는?

해설과 정답

(1) 3상평형인 경우

$51A = 50 \times \dfrac{5}{100} = 2.5[A]$ $\qquad$ $51B = 50 \times \dfrac{5}{100} = 2.5[A]$

$51C = 50 \times \dfrac{5}{100} = 2.5[A]$ $\qquad$ $51N = \dot{I}_a + \dot{I}_b + \dot{I}_c = 0[A]$

- 정답 : $51A = 2.5[A]$, $51B = 2.5[A]$, $51C = 2.5[A]$, $51N = 0[A]$

(2) 3상 불 평형인 경우

① $51A = 60 \times \dfrac{5}{100} = 3[A]$ $\qquad$ $51B = 40 \times \dfrac{5}{100} = 2[A]$

$51C = 80 \times \dfrac{5}{100} = 4[A]$

$51N = 3 + a^2 I_b + a I_c = 3 + \left(-\dfrac{1}{2} - j\dfrac{\sqrt{3}}{2}\right) \times 2 + \left(-\dfrac{1}{2} + j\dfrac{\sqrt{3}}{2}\right) \times 4$

$= j\sqrt{3} = j1.73[A]$

- 정답 : $51A = 3[A]$, $51B = 2[A]$, $51C = 4[A]$, $51N = 1.73[A]$
② 정답 : $51N$

(3) B상 CT가 반대로 결선된 경우 : $-\dot{I}_b = -a^2 I_b$

$51A = 50 \times \dfrac{5}{100} = 2.5[A]$ $\qquad$ $51B = 50 \times \dfrac{5}{100} = 2.5[A]$

$51C = 50 \times \dfrac{5}{100} = 2.5[A]$

$51N = \dot{I}_a + (-\dot{I}_b) + \dot{I}_c = I_a + (-a^2) I_b + a I_c$

$= 2.5 + 2.5 \times \left(\dfrac{1}{2} + j\dfrac{\sqrt{3}}{2}\right) + 2.5\left(-\dfrac{1}{2} + j\dfrac{\sqrt{3}}{2}\right)$

$= 2.5 + j2.5\sqrt{3} = 2.5\sqrt{1 + \sqrt{3}^2} = 5[A]$

- 정답 : $51A = 2.5[A]$, $51B = 2.5[A]$, $51C = 2.5[A]$, $51N = 5[A]$
② 정답 : $51N$

(4)

$51N = \dot{I}_a + \dot{I}_c = 2.5 + 2.5\left(-\dfrac{1}{2} + j\dfrac{\sqrt{3}}{2}\right) = 1.25 + j1.25\sqrt{3} = \sqrt{1.25^2 + (1.25\sqrt{3})^2} = 2.5[A]$

- 정답 : 2.5[A]

예제 6 다음 회로는 변류기를 영상 접속시켜 그 잔류 회로에 지락 계전기 DG를 삽입시킨 것이다. 선로 전압은 66[kV]이고, 중성점에 300[Ω]의 저항 접지를 하였으며, 변류기의 변류비는 300/5[A]이다, 송전 전력 20,000[kW], 역률이 0.8(지상)일 때 a상에 완전 지락 사고가 발생하였다. 다음 각 물음에 답하시오, 단, 부하의 정상·역상 임피던스, 기타의 정수는 무시한다.

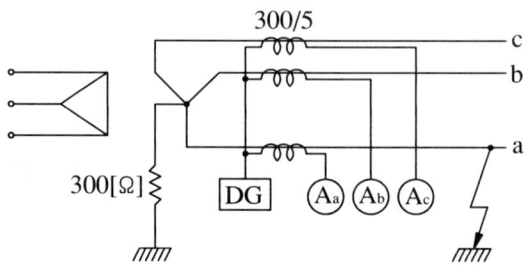

(1) 지락 계전기 DG에 흐르는 전류[A]값은?
(2) 각 상 전류계 A_a, A_b, A_c에 흐르는 전류[A]값은?

(1) 지락계전기 전류

- 각 상 부하전류 : $\dot{I_L} = \dfrac{20,000}{\sqrt{3} \times 66 \times 0.8} = 218.69\,[\text{A}]$

- a상 지락 시 지락전류 : $I_g = \dfrac{\dfrac{V}{\sqrt{3}}}{R} = \dfrac{\dfrac{6600}{\sqrt{3}}}{300} = 127.02\,[\text{A}]$ (유효분 전류)

- 부하전류 : $\dot{I_L} = \dfrac{20,000}{\sqrt{3} \times 66 \times 0.8}(0.8 - j0.6) = 174.95 - j131.22\,[\text{A}]$

- a상전류(지락전류+부하전류) : $I_a = (174.95 - j131.22) + 127.02 = 301.97 - j131.22$
  $= \sqrt{301.97^2 + 131.22^2} = 329.25\,[\text{A}]$

- DGR에 흐르는 전류 : $I_{DG} = 127.02 \times \dfrac{5}{300} = 2.12\,[\text{A}]$

- 정답 : 2.12[A]

(2) 각 상 전류계에 흐르는 전류

- a상 전류계 지시 값 : $A_a = 329.25 \times \dfrac{5}{300} = 5.49\,[\text{A}]$

- b상, c상 전류계 지시 값 : $A_b = 218.69 \times \dfrac{5}{300} = 3.65\,[\text{A}]$,
  $A_c = 218.69 \times \dfrac{5}{300} = 3.65\,[\text{A}]$

- 정답 : $A_a = 5.49\,[\text{A}]$, $A_b = 3.65\,[\text{A}]$, $A_c = 3.65\,[\text{A}]$

예제 7 3상 4선식에서 역률 100[%]의 부하가 각 상과 중성선 간에 연결되어 있다. a상, b상, c상에 흐르는 전류가 각각 110[A], 86[A], 95[A]이다. 중성 선에 흐르는 전류의 크기 I_N을 구하시오.

해설과 정답

전류의 크기만 다른 3상 불 평형인 경우 중성선 전류는 각 상 전류 위상차만 고려하면 되므로 벡터 연산자 a와 a^2을 이용하여 다음과 같이 구할 수 있다.

- 중성선 전류 :
$$\dot{I}_N = \dot{I}_a + \dot{I}_b + \dot{I}_c = I_a + a^2 I_b + a I_c$$
$$= I_a + (-\frac{1}{2} - j\frac{\sqrt{3}}{2})I_b + (-\frac{1}{2} + j\frac{\sqrt{3}}{2})I_c [A]$$

- 계산과정 : $\dot{I}_N = I_a + (-\frac{1}{2} - j\frac{\sqrt{3}}{2})I_b + (-\frac{1}{2} + j\frac{\sqrt{3}}{2})I_c$
$$= 110 + 86\left(-\frac{1}{2} - j\frac{\sqrt{3}}{2}\right) + 95\left(-\frac{1}{2} + j\frac{\sqrt{3}}{2}\right)$$
$$= 110 - 43 - 47.5 - j43\sqrt{3} + j47.5\sqrt{3} = 19.5 + j7.79 [A]$$

- 중성 선 전류 크기 : $I_N = \sqrt{19.5^2 + 7.79^2} = 20.998 ≒ 21[A]$
- 정답 : $21[A]$

3) 접지 형 계기용변압기

(1) 단상 계기용변압기 3대에 의한 법

단상 계기용변압기 3대를 1차 측은 Y결선 중성점 접지하고, 2차 측을 오픈 델타결선 접속하면 PT 2차 측에는 각 상의 대지전압에 상당한 2차 전압이 유기되므로, 각 상의 전압이 평형이 되어 있으면 2차 개방 단자에는 전압이 나타나지 않는다. 그러나 지락 고장 등에 의한 중성점의 전위가 발생되면 개방 3각 결선 양 단자에는 평상시 각 상 2차 전압의 3배인 영상전압이 나타난다. 또한 1선(a상)이 완전 지락 되었을 때 중성점의 대지가 a상이 되므로 다른 건전 상에는 평상 시 전압의 $\sqrt{3}$ 배 전압이 발생한다.

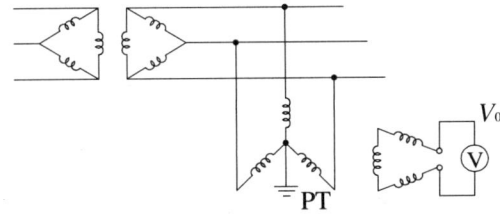

① 정상운전의 경우 : 각 상 램프에는 $\frac{110}{\sqrt{3}}[V]$ 전압이 인가되어 램프 밝기가 모두 같으면서 영상 전압계의 지시 값은 0이 된다.

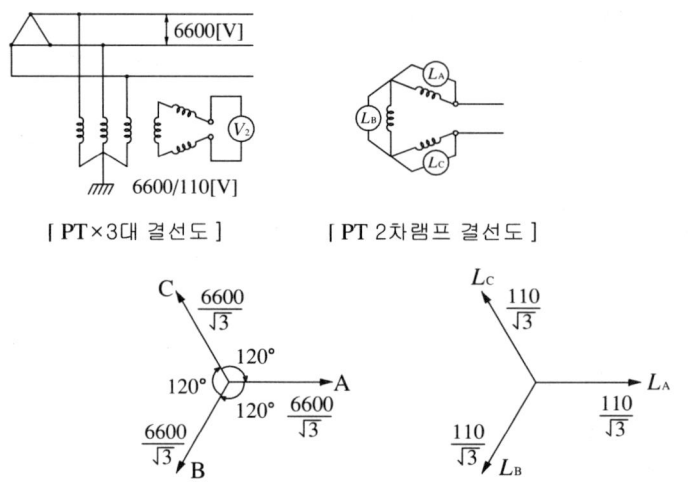

[PT×3대 결선도]   [PT 2차램프 결선도]

[1차측 대지전압]   [2차측 램프인가 전압]

② A 상에서 완전 지락이 발생한 경우 : 지락이 발생한 A상이 대지가 되므로 a상에 접속한 램프에는 전압이 인가되지 않으므로 램프가 소등되지만, 지락이 발생하지 않은 건전 상에는 $\sqrt{3}$ 배 상승한 110[V] 전압이 인가되므로 램프의 밝기가 더 밝아진다.

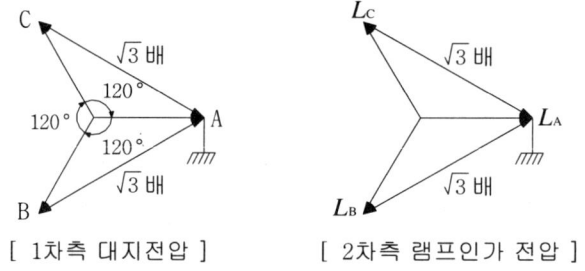

[1차측 대지전압]   [2차측 램프인가 전압]

⇨ 전류제한저항기(CLR : Current Limit Resistor) :
  GPT 2차 측에 접속하여 "① SGR을 동작시키기 위한 유효전류를 발생시키고, ② 개방 삼각 결선 각 상 전압에서의 제3고조파 전압의 발생을 방지하여 중성점 이상전위 진동 및 중성점 불안정 현상 등과 같은 이상 현상을 방지"하는 역할을 한다.

예제문제

예제 1 고압선로에서의 접지사고 검출 및 경보장치를 그림과 같이 시설하였다. A선에 누전이 발생하였을 때 다음 각 물음에 답하시오. (단, 전원이 인가되고 경보 벨의 스위치는 닫혀있는 상태라고 한다.)

제4장 전력 설비

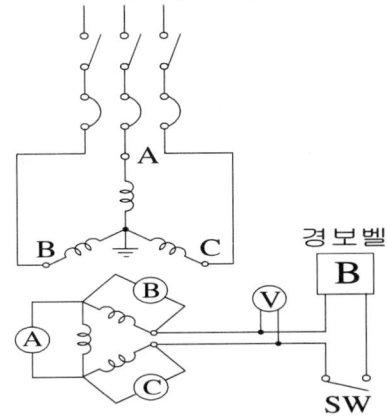

(1) 1차 측 A, B, C선의 대지전압은 몇 V 인가?
   ① A선의 대지전압 :   ② B선의 대지전압 :   ③ C선의 대지전압 :
(2) 2차 측 A, B, C의 전구 전압과 전압계 Ⓥ의 지시 전압, 경보 벨 B에 걸리는 전압은 몇 V 인가?
   ① A 전구의 전압   ② B 전구의 전압   ③ C 전구의 전압
   ④ 전압계 지시 전압 :   ⑤ 경보 벨 B에 걸리는 전압 :

해설과 정답

[정답]
(1) 정답 : ① 0 [V]   ② 6600 [V]   ③ 6600 [V]
(2) 정답 : ① 0 [V]   ② 110 [V]   ③ 110 [V]
         ④ 190 [V]   ⑤ 190 [V]

(2) 3상 접지형계기용 변압기에 의한 법

3상 접지계기용 변압기의 1차 측은 Y결선으로 하여 중성점 접지하면서, 2차 측은 Y결선 접속하여 정상전압을 얻고 3차 권선은 개방 3각 결선 접속하여 영상전압을 얻을 수 있으면서, 2차 측에는 단락계전기 및 계기를 접속하고 3차 측에는 지락계전기, 영상전압계, 전류제한 저항기 등을 접속하는 외에 지락 상 표시 램프를 접속할 수 있다.

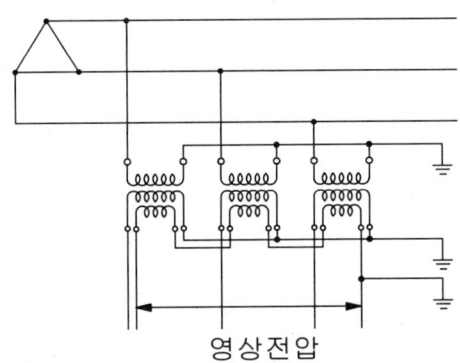

영상전압

229

예제 2 다음 그림은 22.9[kV] 수전설비에서 접지형 계기용변압기(GPT)의 미완성 결선도이다. 다음 각 물음에 답하시오.(단, GPT의 1차 및 2차 보호 퓨즈는 생략한다.)

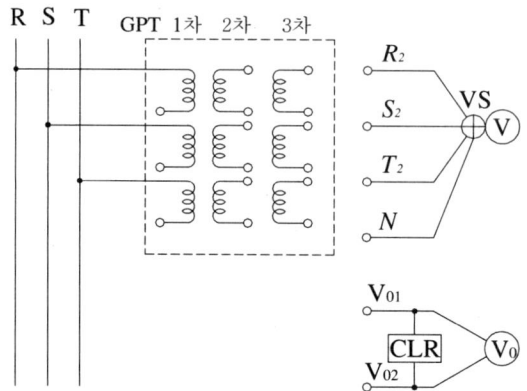

(1) GPT를 활용하여 주회로의 전압 등을 나타내는 회로이다. 회로도에서 활용 목적에 알맞도록 미완성 부분을 직접 그리시오. (단, 접지 개소는 반드시 표시하여야 한다.)
(2) GPT 사용 용도를 쓰시오.
(3) GPT 정격 1차 전압, 2차 전압, 3차 전압을 각각 쓰시오.
(4) GPT 3차권선 각상에 전압 110[V] 램프를 접속 하였을 때, 어느 한 상에서 지락사고가 발생하였다면 램프의 점등 상태는 어떻게 변화하는지 설명하시오.

해설과 정답

(1) 정답 : GPT 결선 도

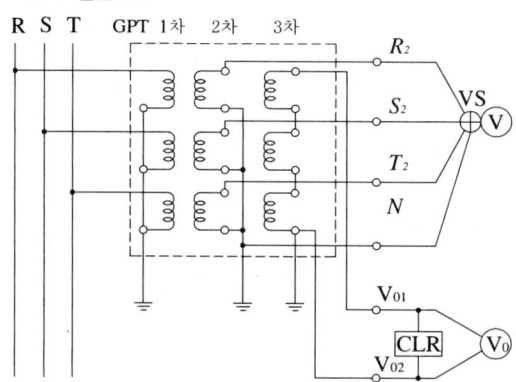

(2) 정답 : 비접지식 전로에서의 영상전압을 검출하여 지락과전압계전기를 동작시킨다.
(3) 정답 : GPT 정격 1차, 2차, 3차 전압
 • 1차 전압 : $\dfrac{22900}{\sqrt{3}}[V]$ • 2차 전압 : $\dfrac{110}{\sqrt{3}}[V]$ • 3차 전압 : $\dfrac{190}{3}[V]$
(4) 정답 : 지락 사고가 발생된 상의 램프는 소등되고, 나머지 두 상의 램프는 더 밝아진다.

(3) 고압 배전계통의 지락 보호

비 접지 계통에서는 지락 사고 시 발생하는 유효전류가 미약하기 때문에 배전선에서 지락 보호는 영상변류기와 조합한 고감도 전력 형 지락방향계전기를 사용한다. 그런데 이 계전기는 소세력으로 동작하기 때문에 진동, 충격 등으로 인한 오동작 우려가 있으므로 이를 방지하기 위하여 지락과전압 계전기를 고장 검출 계전기로 직렬 접속하여 사용한다.

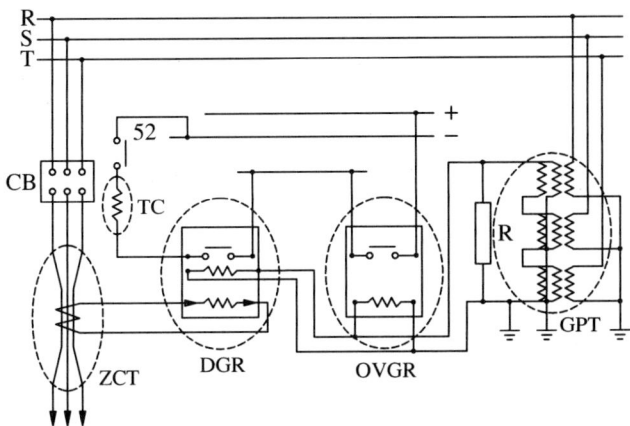

4) 영상변류기 (ZCT)

지락 사고 시 선로 전류 내에 포함되어 있는 영상 분 전류를 검출하여 지락계전기 등에 공급하여 차단기를 동작시키기 위한 전류 변성기로 그 부착 위치는 고압 전로에 지락이 발생했을 때 전로를 자동으로 차단할 수 있도록 전원의 가장 가까운 곳에 설치한다. 또한 3상 선로에서의 불 평형, 단상 2선식에서의 전류 차, 접지선의 전류 등을 검출하여 누전차단기, 지락계전기, 화재경보기 등의 전원으로 사용한다.

① 영상변류기의 정격 : 정격영상 1차 전류 200[mA], 정격영상 2차 전류 1.5[mA]
② 지락차단장치에 시설하는 관통형 영상변류기의 시설법
  ㉮ 영상변류기를 당해 케이블의 부하 측에 설치할 경우의 케이블 차폐층의 접지선은 그림과 같이 영상 변류기를 관통시키지 아니하도록 할 것

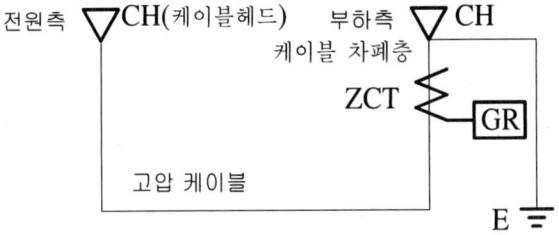

- 부하 측에 설치하는 경우 ZCT 내로 관통시키지 않아야 차폐층을 통해 흐르는 지락전류를 검출할 수 있다.
  ㉯ 영상변류기를 당해 케이블의 전원 측에 시설하는 경우의 케이블 차폐층의 접지선은 그림과 같이 영상 변류기를 관통시킨 후에 접지할 것.

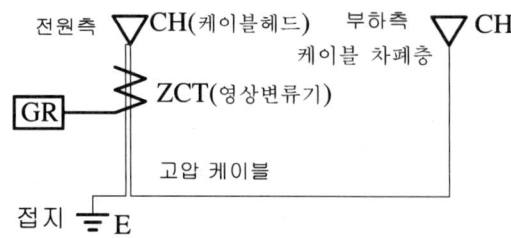

- 전원 측에 설치하는 경우 ZCT 내로 관통시켜야만 차폐층을 통해 귀로하는 지락전류를 검출할 수 있다.

[참고] 영상전류 검출 방법 :
① 비 접지 계통 : 영상변류기(ZCT)
② 접지 계통 : Y결선 잔류회로 이용법, 3권선 CT이용법(영상 분로 방식), 중선선 CT에 의한 검출 방법

5) 단상 전력의 측정

(1) 3전압계법

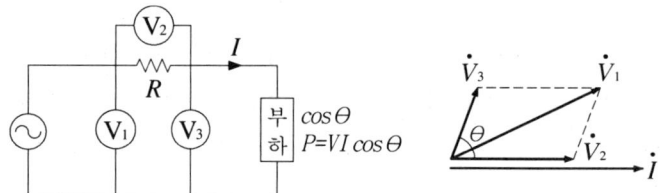

벡터 도에서 $V_1^2 = V_2^2 + V_3^2 + 2V_2V_3\cos\theta$ 이므로

$$V_1^2 - V_2^2 - V_3^2 = 2V_2V_3\cos\theta$$

① 역률 : $\cos\theta = \dfrac{V_1^2 - V_2^2 - V_3^2}{2V_2V_3}$

- 소비전력 $P = V_3 I \cos\theta = V_3 \times \dfrac{V_2}{R} \times \dfrac{V_1^2 - V_2^2 - V_3^2}{2V_2V_3}$ 에서

② 측정 전력 : $P = \dfrac{1}{2R}(V_1^2 - V_2^2 - V_3^2)$

(2) 3전류계법

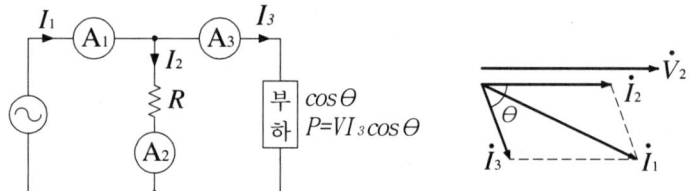

벡터 도에서 $I_1^2 = I_2^2 + I_3^2 + 2I_2I_3\cos\theta$ 이므로

$$I_1^2 - I_2^2 - I_3^2 = 2I_2I_3\cos\theta$$

① 역률 : $\cos\theta = \dfrac{I_1^2 - I_2^2 - I_3^3}{2I_2I_3}$

- 소비전력 $P = VI_3\cos\theta = RI_2I_3\dfrac{I_1^2 - I_2^2 - I_3^2}{2I_2I_3}$ 에서

② 측정 전력 : $P = \dfrac{R}{2}(I_1^2 - I_2^2 - I_3^2)$

6) 전력수급용 계기용변성기(MOF)

계기용변압기(PT)와 계기용 변류기(CT)를 한 탱크 속에 넣은 것으로 회로의 고전압 대 전류를 각각 PT비 및 CT비에 비례하는 낮은 값으로 변성하여 최대수요전력량계(DM ; Demand Meter)에 공급하기 위한 전력수급용 계기용 변성기함(MOF ; Metering Out Fit)으로 MOF 내에는 PT, CT가 3상 4선식으로 결선되어 있고 일반 PT, CT에 비해 그 정밀도가 높아야 하므로 0.5급 계급의 변성기를 채용한다.

(1) MOF의 결선

① 3상 3선식 : V 결선　　② 3상 4선식 : Y 결선

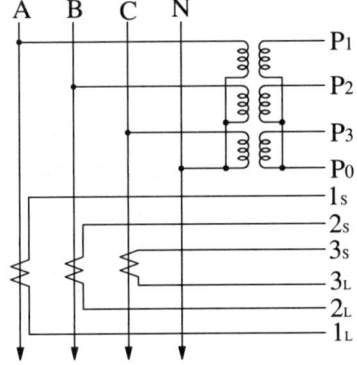

(2) 2전력계법

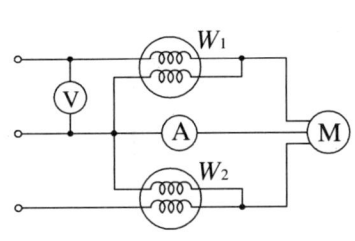 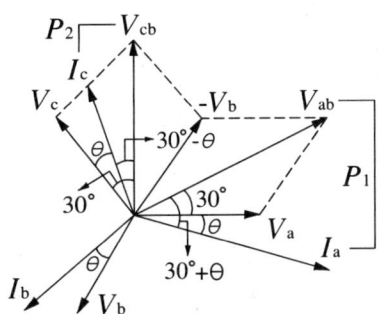

① 3상 유효전력
- 선간전압 : $V_{ab} = V_{bc} = V_{ca} = V_\ell [\text{V}]$
- 선 전류 : $I_a = I_b = I_c = I_\ell [\text{A}]$
- 전력계 W_1 지시값 : $P_1 = V_{ab} I_a \cos(\frac{\pi}{6} + \theta) = V_\ell I_\ell \cos(\frac{\pi}{6} + \theta)[\text{W}]$
- 전력계 W_2 지시값 : $P_2 = V_{cb} I_c \cos(\frac{\pi}{6} - \theta) = V_\ell I_\ell \cos(\frac{\pi}{6} - \theta)[\text{W}]$
- 유효전력 : $P = P_1 + P_2 = V_\ell I_\ell [\cos(\frac{\pi}{6} + \theta) + \cos(\frac{\pi}{6} - \theta)]$
$$= V_\ell I_\ell [2\cos\frac{\pi}{6} \cdot \cos\theta] = \sqrt{3} V_\ell I_\ell \cos\theta$$
- 3상 유효전력 : $P = P_1 + P_2 = \sqrt{3} V_\ell I_\ell \cos\theta [\text{W}]$

② 3상 무효전력 : $P_r = \sqrt{3}(P_1 \sim P_2) = \sqrt{3} V_\ell I_\ell \sin\theta [\text{Var}]$

③ 3상 피상전력 : $P_a = \sqrt{P^2 + P_r^2} = 2\sqrt{P_1^2 + P_2^2 - P_1 P_2} = \sqrt{3} V_\ell I_\ell [\text{VA}]$

④ 역률 : $\cos\theta = \dfrac{P}{P_a} = \dfrac{P_1 + P_2}{2\sqrt{P_1^2 + P_2^2 - P_1 P_2}} = \dfrac{P_1 + P_2}{\sqrt{3} V_\ell I_\ell}$

[참고] 삼각함수 기본공식
- $\sin(\alpha \pm \beta) = \sin\alpha\cos\beta \pm \cos\alpha\sin\beta$
- $\cos(\alpha \pm \beta) = \cos\alpha\cos\beta \mp \sin\alpha\sin\beta$

예제문제

예제 1 평형 3상 회로에 그림과 같이 접속된 전압계의 지시치가 220[V], 전류계의 지시치가 20[A], 전력계의 지시치가 2[kW]일 때 다음 각 물음에 답하시오.

(1) 회로의 소비전력은 몇 [kW]인가?
(2) 부하의 저항은 몇 [Ω]인가?
(3) 부하의 리액턴스는 몇 [Ω]인가?

(1) 1상 전력 $W = 2[\text{kW}]$이므로 3상 전력 $W_3 = 3W = 3 \times 2 = 6[\text{kW}]$
- 정답 : 6[kW]

(2) 1상 전력 $W = I^2 R$에서 저항 $R = \dfrac{W}{I^2} = \dfrac{2 \times 10^3}{20^2} = 5[\Omega]$

• 정답 : 5[Ω]

(3) 임피던스 $Z = \dfrac{E}{I} = \dfrac{\frac{220}{\sqrt{3}}}{20} = \dfrac{11}{\sqrt{3}}$ [Ω]

• 리액턴스 $X = \sqrt{Z^2 - R^2} = \sqrt{\left(\dfrac{11}{\sqrt{3}}\right)^2 - 5^2} = 3.92$ [Ω]

• 정답 : 3.92[Ω]

[참고] 전력계 전압 코일이 a, b선간과 b, c선간에 접속되는 경우 그 지시 값은 다음과 같다.

$$P_{ab} = V_{ab} I_a \cos\left(\dfrac{\pi}{6} + \theta\right) = V_\ell I_\ell \cos\left(\dfrac{\pi}{6} + \theta\right)$$

$$P_{bc} = V_{cb} I_c \cos\left(\dfrac{\pi}{6} - \theta\right) = V_\ell I_\ell \cos\left(\dfrac{\pi}{6} - \theta\right)$$

예제 2 다음 그림과 같은 평형 3상 회로로 운전하는 유도전동기가 있다. 이 회로에 그림과 같이 2개의 전력계 W_1, W_2 및 전압계 Ⓥ, 전류계 Ⓐ를 접속한 후 전동기를 운전하였더니 각각의 계기 지시 값은 $W_1 = 6.4$[kW], $W_2 = 2.5$[kW], $V = 200$[V], $I = 30$[A]이 었다. 다음 각 물음에 답하시오.

(1) 도면에 전압계와 전류계의 표시를 Ⓥ와 Ⓐ를 써서 도면을 완성하시오.

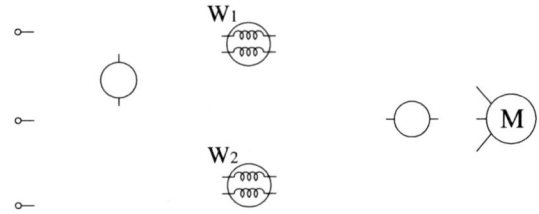

(2) 이 유도 전동기의 역률은 몇 [%]인가?
(3) 역률을 90[%]로 개선시키려면 콘덴서는 몇 [kVA]가 필요한가?
(4) 이 전동기를 운전하여 매분 20[m]의 속도로 물체를 권상한다면 몇 [ton]까지 가능한가? (단, 종합효율을 80[%]로 한다)

해설과 정답

(1) 정답 : 2전력계법 회로도

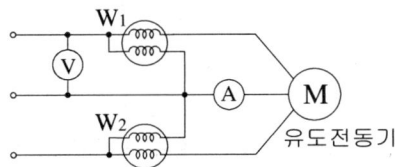

(2) 역률 : $\cos\theta = \dfrac{P_1 + P_2}{\sqrt{3}\, VI} = \dfrac{6.4 + 2.5}{\sqrt{3} \times 200 \times 30 \times 10^{-3}} \times 100 = 85.64$ [%]

• 정답 : 85.64[%]

(3) 콘덴서 용량 : $Q = 8.9\left(\dfrac{\sqrt{1-0.8564^2}}{0.8564} - \dfrac{\sqrt{1-0.9^2}}{0.9}\right) = 1.06\,[\text{kVA}]$

- 정답 : 1.06[kVA]

(4) 권상기 출력 : $P = \dfrac{WV}{6.12\eta}$ 에서 $W = \dfrac{8.9 \times 6.12 \times 0.8}{20} = 2.18\,[\text{ton}]$

- 정답 : 2.18[ton]

예제 3 고압 동력 부하의 사용 전력량을 측정하려고 한다. CT 및 PT 취부 3상 적산 전력량계를 그림과 같이 오결선(1S와 1L 및 P1과 P3가 바뀜) 하였을 경우 어느 기간 동안 사용 전력량이 200[kWh]였다면 그 기간 동안 실제 사용 전력량은 몇 [kWh]이겠는가? (단, 부하 역률은 0.8이라 한다.)

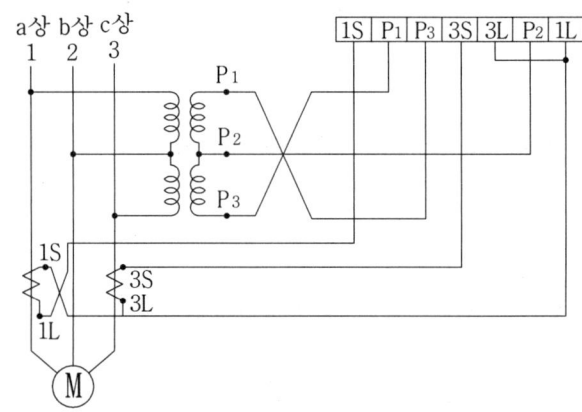

해설과 정답

2전력계법 결선도 및 벡터도

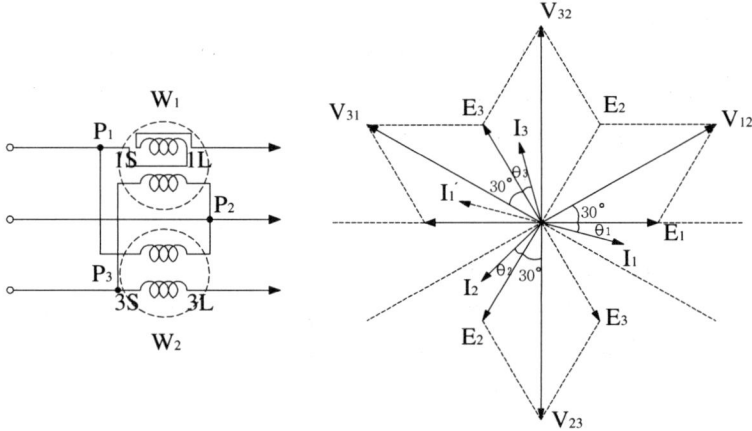

- 전력량계 결선도에서 a상전류 코일과 a상, c상 전압 코일이 위 그림처럼 오 결선되어 있으므로
- W_1의 전력 : $W_1 = V_{32}I_1'\cos(90-\theta) = VI\sin\theta\,[\text{kWh}]$
- W_2의 전력 : $W_2 = V_{12}I_3\cos(90-\theta) = VI\sin\theta\,[\text{kWh}]$
- 전체 전력 : $W_1 + W_2 = 2VI\sin\theta\,[\text{kWh}]$

- $VI = \dfrac{W_1 + W_2}{2\sin\theta} = \dfrac{200}{2 \times 0.6} = \dfrac{100}{0.6}$
- 실제 사용 전력량 : $W = \sqrt{3}\,VI\cos\theta = \sqrt{3} \times \dfrac{100}{0.6} \times 0.8 = 230.94[kWh]$
- 정답 : 230.94[kWh]

7) 적산전력계

(1) 적산전력계의 구비조건
① 부하특성이 좋을 것.
② 옥내 및 옥외 설치가 적당할 것.
③ 과부하내량이 클 것.
④ 기계적 강도 및 내구성이 클 것.
⑤ 온도 및 주파수 보상능력이 클 것.
⑥ 기동전류 및 내부손실이 적을 것.

(2) 잠동 현상
① 잠동 현상 : 전력량계의 원판이 무부하 상태에서 정격주파수 및 정격전압의 110[%] 정도를 인가하여 계기 원판이 1회전 이상 회전하는 현상
② 잠동 현상의 방지대책 : 원판에 작은 구멍을 뚫거나, 원판에 작은 철심을 부착하여 무 부하 시 1회전 이상 원판이 회전하지 않도록 한다.

(3) 계기정수 및 전력의 측정
전력량계에 대한 정격을 표시하는 것으로 어느 선로에 설치된 변성기의 2차 회로를 통하여 전력량계에 흡수되는 구동에너지에 대한 원판의 회전수

① $K = \dfrac{N}{Ph}[Rev/kWh]$: 구동에너지 1[kWh]에 대한 원판의 회전수

$\Rightarrow P = \dfrac{N}{Kh}[kW] = \dfrac{N}{Kh} \times 10^3[W]$

② $K = \dfrac{Ph}{N}[Wh/Rev]$: 원판의 1회전에 대한 전력량

$\Rightarrow P = \dfrac{KN}{h}[W]$

(4) 승률
전력량계에 대한 전력 측정 시 실제 수전전력을 구하기 위하여 그 선로에 설치된 변성기의 변성비와 전력량계의 계기정수 및 치차비 등을 고려하여 전력량계의 계량 치에 곱하는 일정한 배수로 계기정수 및 치차 비를 고려하여 구하는 것이 원칙이나 경우에 따라서는 CT비와 PT비만을 고려하여

다음과 같이 산출할 수 있다.

① 승률 = CT비 × PT비

② PT비, CT비에 의한 3상 전력 측정

㉮ $kW = \dfrac{PT\ 1차\ 정격전압(선간)}{PT\ 2차\ 정격전압(110V)} \times \dfrac{CT\ 1차\ 정격전류}{CT\ 2차\ 정격전류(5A)}$

㉯ $kW = \sqrt{3} \times \dfrac{PT\ 1차\ 정격전압(대지\ 간)}{PT\ 2차\ 정격전압(110V)} \times \dfrac{CT\ 1차\ 정격전류}{CT\ 2차\ 정격전류(5A)}$

③ 적산전력계 선정 : 계기의 상규 치 눈금 선정 시 최대 발생전력의 125~150[%] 정도가 최대 눈금이 되도록 선정한다.

예제 4 100[V], 20[A]용 단상 적산 전력계에 어느 부하를 가할 때 원판의 회전수 20회에 대하여 40.3[초] 걸렸다. 만일 이 계기의 20[A]에 있어서 오차가 +2[%]라 하면 부하 전력은 몇 [kW]인가? 단, 이 계기의 계기 정수는 1000[Rev/kWh]이다.

해설과 정답

- 계기 정수 $K = \dfrac{N}{Ph}[\text{Rev/kWh}]$에서 $P = \dfrac{N}{Kh}[\text{kW}] = \dfrac{N}{Kh} \times 10^3[\text{W}]$

- 적산전력계 측정값 : $P = \dfrac{N}{Kh} = \dfrac{20}{1000 \times \dfrac{40.3}{3600}} = 1.79[\text{kW}]$

- 오차율 = $\dfrac{측정값 - 참값}{참값} \times 100[\%]$에서 $2 = \dfrac{1.79 - P_T}{P_T} \times 100[\%]$이므로

- 참값 : $P_T = \dfrac{1.79}{1.02} = 1.75[\text{kW}]$

- 정답 : 1.75[kW]

8) 적산전력계 결선 법

(1) 단독 계기

① 단상 2선식

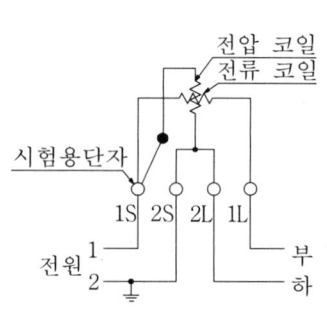

② 3상 4선식 (1,2,3은 상순을 0은 중성선을 표시)

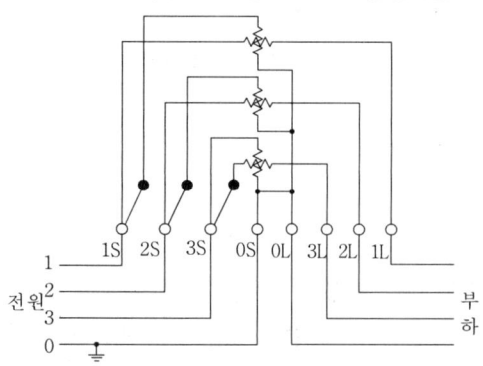

(2) 변성기 사용 계기(변류기만 시설하는 경우)

① 단상 2선식

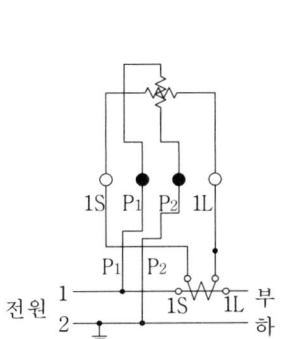

② 3상 4선식 (1,2,3은 상순을 0은 중성선을 표시)

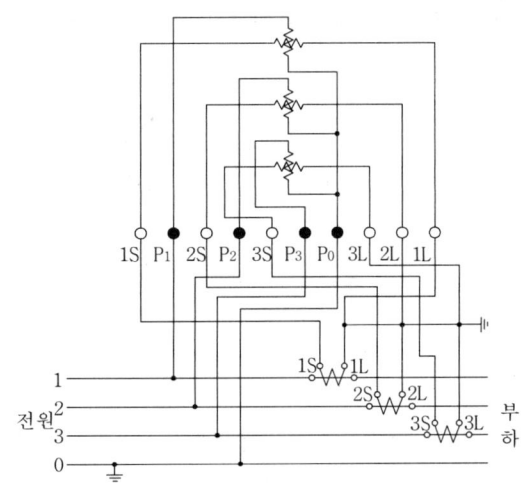

(3) 변성기 사용 계기(계기용변압기 및 변류기를 시설하는 경우)

① 3상3선식, 단상3선식

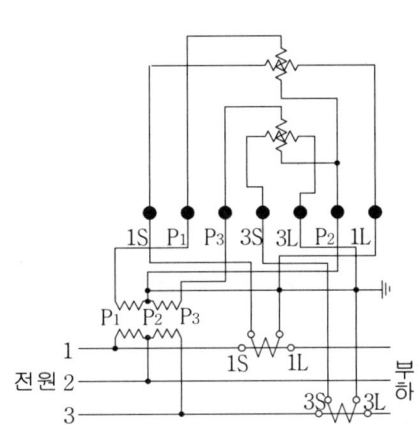

② 3상 4선식 (1,2,3은 상순을 0은 중성선을 표시)

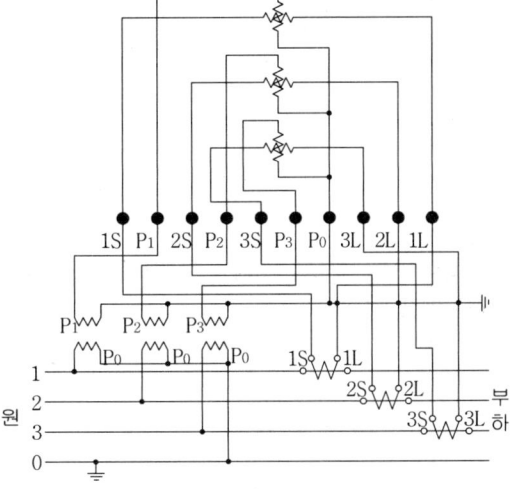

예제문제

예제 1 다음 3상 적산전력계의 미완성 결선도를 완성하시오.

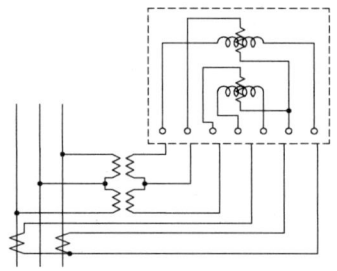

적산전력계 결선 시 계기용변압기(PT)가 있는 경우 반드시 계기용변압기(PT), 계기용변류기(CT) 2차 측을 묶어 접지공사를 실시한다.
[정답]

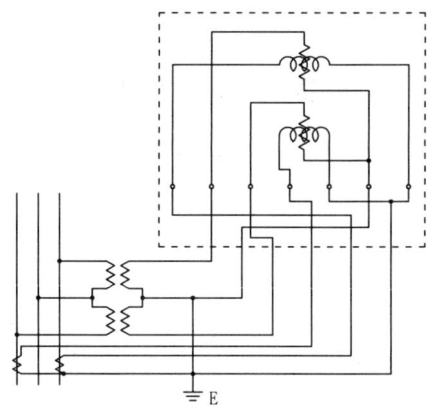

예제 2 그림은 3상 4선식 Line에 WHM을 접속하여 전력량을 적산하기 위한 결선도이다. 다음 물음에 답하시오.

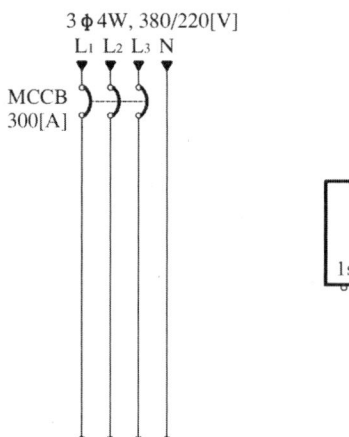

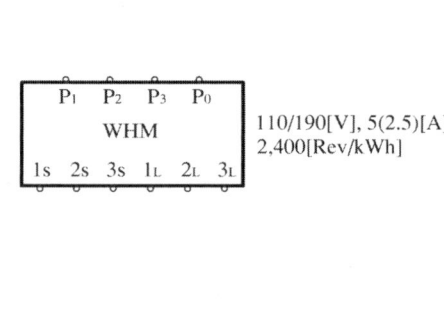

110/190[V], 5(2.5)[A]
2,400[Rev/kWh]

(1) WHM이 정상적으로 적산이 가능하도록 변성기를 추가 결선도를 완성하시오.
(2) 필요한 PT 비율은?
(3) WHM 형식 표기 정수는 2400[Rev/kWh]이다. 지금 부하전류가 150[A]에서 변동 없이 지속되고 있다면 원판의 1분간 회전수는? (단, CT의 CT비는 300/5[A], 역률 cos θ = 1, 50[%] 부하 시 WHM에 흐르는 전류는 2.5[A]이다.)
(4) WHM의 승률은? (단, CT비는 300/5[A], rpm = 계기정수 × 전력 이다.)

해설과 정답

(1) 3상 4선식 : PT, CT Y결선
• 정답 : 적산전력계 결선도

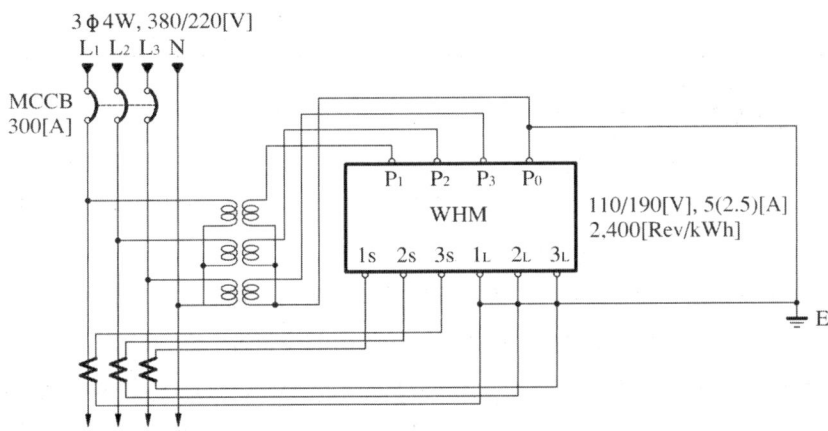

[참고] 적산전력계 5(2.5)[A]의 의미 :
• 5[A]는 정격전류로 최대 부하전류를 5[A]까지 적용할 수 있다는 의미이다.
• 2.5[A]는 KS 규격 상의 기준전류로 KS 규격에 계기를 구분하는 기준이 되는 값이다.
• 5(2.5)[A]는 $\frac{5}{2.5} \times 100 = 200[\%]$ 즉, 정격전류가 기준전류의 2배인 II형 계기로 주어진 오차를 만족 하는 최소전류 범위가 $\frac{1}{20} \times 5 = 0.25[A]$라는 의미이다.

(2) 정답 : 220/110

(3) $N = KPh = 2400 \times (\sqrt{3} \times 190 \times 2.5 \times 10^{-3}) \times \frac{1}{60} = 32.91[회]$
• 정답 : 32.91[회]

(4) 승률 = PT비 × CT비 = $\frac{200}{110} \times \frac{300}{5} = 120$
• 정답 : 120

4 보호용 계전기

1) 보호계전기의 분류

동작 원리	유도형, 전류력계형, 가동철심형, 가동 코일형, 전자형(정지형)	
동작 시간	순한시형, 정한시형, 반한시형, 반한시성 정한시형, 단한시형(계단한시형)	
용도 및 사용 목적	단락보호	OCR(과전류계전기), OVR(과전압계전기), UVR(부족전압계전기), ZR(거리계전기) DSR(단락방향계전기), SSR(선택단락계전기), DZR(방향거리계전기)
	지락보호	OCGR(지락과전류계전기), DGR(지락방향계전기), SGR(선택지락계전기)
	기타보호	SOR(탈조보호계전기), FR(주파수계전기), TLR(한시계전기)

(1) 동작시한에 따른 분류
① 순한시 계전기(고속도 계전기) : 정정된 최소 동작전류 이상이 흐르면 즉시 동작하는 것.
② 정한시 계전기 : 정정된 값 이상의 전류가 흘렀을 때 동작전류의 크기와 관계없이 항상 정해진 일정 시간 후 동작하는 것.
③ 반한시 계전기 : 정정된 값 이상의 동작전류가 흐를 경우, 동작전류가 크면 동작시한이 짧고 동작전류가 작으면 동작시한이 길어지도록 한 것.
④ 반한시성 정한시 계전기 : 정정된 값 이상의 동작전류가 흐를 경우, 어느 일정 동작전류까지는 반한시성이지만, 그 이상일 경우에는 정한시성을 갖는 것.
⑤ 단한시 계전기(계단한시 계전기) : 정정된 값 이상의 동작전류가 흐를 경우, 동작전류의 일정 범위별로 일정 한시에 계단식으로 동작하는 것.

(2) 보호계전기의 동작 요소에 따른 분류
보호계전기의 동작을 결정하는 동작 입력 요소에 따라 다음과 같이 분류할 수 있다.
① 전류형 : 전력 계통에서 발생하는 전류량을 감시하여 동작하는 것.
  • 과전류계전기(OCR)   • 지락과전류계전기(OCGR)
② 전압형 : 전력 계통에서 발생하는 전압량을 감시하여 동작하는 것.
  • 과전압계전기(OVR)   • 부족전압계전기(UVR)   • 결상계전기(OPR)
③ 전력형 : 전력계통에서 발생하는 전압, 전류, 위상 등을 감시하여 동작하는 것.
  • 전력계전기(PR)   • 지락계전기(GR)   • 선택방향지락계전기(SGR)
④ 온도 및 주파수 : 온도 및 주파수 변화 등과 같은 보호 특성에 맞는 동작 요소를 감시하여 동작하는 것.
  • 온도계전기   • 주파수 계전기

2) 과전류계전기(OCR : Over Current Relay)

변류기(CT)의 2차 측에 접속되어 송배전 선로 또는 전기기계기구의 과부하나 단락 사고 시 발생하는 과전류가 계전기 최소동작전류 이상이 되었을 때 동작하여 설비계통을 보호하기 위한 계전기

(1) 과전류계전기의 사용법
① 상시개로식 : 직류 전원이 있는 경우 계전기의 주 코일 회로와 트립 코일 회로가 전기적으로 분리 되어 있어 별도의 직류 전원을 이용하여 트립 코일을 여자 시키는 방식.
② 상시폐로식 : 직류 전원이 없는 경우 계전기 접점에 의한 주 코일과 트립 코일 회로가 전기적으로 접속되어 있어 변류기 2차 측에 흐르는 과전류에 의하여 트립 코일을 직접 트립 시키는 방식.

(2) 과전류계전기의 결선 법(상시개로식)
직류 전원이 있는 경우 계전기의 주 코일 회로와 트립코일 회로가 전기적으로 분리되어 있어 별도의 직류 전원을 이용하여 트립 코일을 여자 시키는 방식
① 단선도

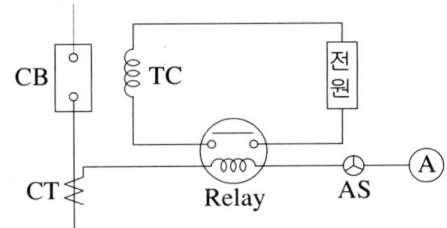

② 복선도

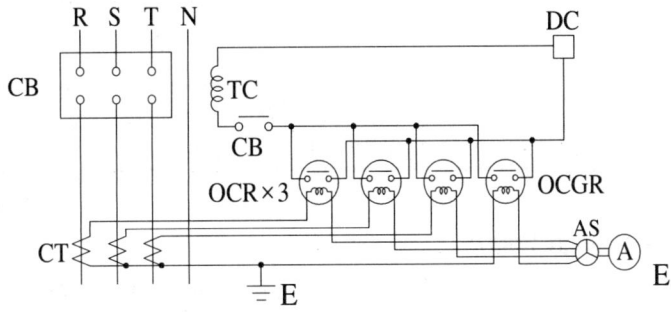

(3) 과전류계전기의 결선 법(상시폐로식)
직류전원이 없는 경우 계전기 접점에 의한 주 코일과 트립 코일 회로가 전기적으로 접속되어 있어 변류기 2차 측에 흐르는 과전류에 의하여 트립 코일을 직접 트립시키는 방식

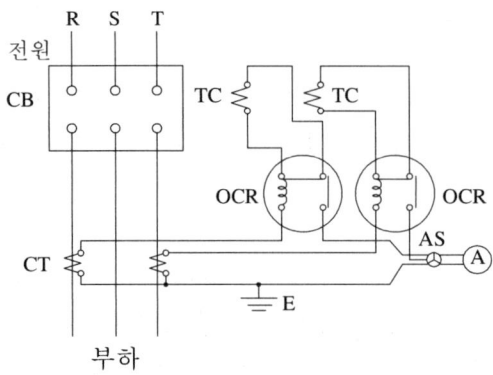

(4) 과전류계전기의 전류 탭 선정

차단기가 투입된 상태에서 위 부하에 흐를 수 있는 전 부하 전류 $I_1 = 60[A]$라 하면 CT의 2차 측에 흐르는 전류 I_2는 CT의 변성비가 100/5라 하면 3[A]가 된다. 그러나 과부하나 단락사고 등에 의한 과전류가 CT에 유입되면 CT의 2차 전류 I_2 또한 3[A]보다 큰 과전류가 OCR에 흐르게 되어 평상시 무 여자 상태에 있던 OCR이 여자 되어 OCR의 접점이 폐로 되므로 직류전원에 의한 트립 코일이 여자 되어 차단기는 동작하게 된다.

① 과전류계전기의 전류탭 = 전 부하전류÷변류비 × 탭설정값(최소동작전류 설정 배수)
② OCR의 동작 탭 : 4, 5, 6, 7, 8, 10, 12[A]

3) 과전압 및 부족전압계전기

(1) 과전압계전기(OVR : Over Voltage Relay)

교류 회로에서 과대한 전압 상승 발생 시 그 전압의 크기가 일정치 이상이 되었을 때 동작하여 회로를 보호하기 위한 차단기를 트립 시키기 위한 계전기로, 계기용변압기 2차 정격 전압의 130[%] 정도에서 동작한다.

정격 전압	110[V], 220[V]
정정 범위	90-100-110-120-130-140-150[V] (110[V])

(2) 부족전압계전기(UVR : Under Voltage Relay)

교류 회로에서 과대한 전압 강하 발생 시 그 전압의 크기가 일정치 이하가 되었을 때 동작하여 회로를 보호하기 위한 차단기를 트립시키기 위한 계전기로 계기용변압기 2차 정격 전압의 80[%]정도에서 정정하여 사용한다.

정격 전압	110[V], 220[V]
정정 범위	65-70-75-80-85[V] (110[V]) 130-140-150-160-170[V] (220[V])

4) 지락계전기(GR : Ground Relay)

회로 또는 기기 내부에 지락 사고가 발생할 경우 회로에 흐르는 지락전류(영상전류)의 크기에 따라 이상전류의 내용을 판단하여 차단기를 동작시키거나 경보, 신호 등을 발생시키기 위한 계전기로 지락 사고 시 발생하는 영상전류를 검출하기 위한 영상변류기와 조합하여 사용한다.

지락 계전기	정격 전압	110[V]
	정격 동작 전류 정정값	220[mA]

5) 기타 지락보호용 계전기

① 지락과전류계전기(OCGR : Over Current Ground Relay) : 지락 사고 시 발생하는 지락전류의 크기가 일정치 이상이 되었을 때 동작하여 차단기를 트립 시키기 위한 계전기
② 지락과전압계전기(OVGR : Over Voltage Ground Relay) : 지락 사고 시 발생하는 영상전압의 크기가 일정치 이상으로 되었을 경우 동작하여 차단기를 트립 시키거나 경보 등을 발생시키기 위한 계전기
③ 선택지락계전기(SGR : Selective Ground Relay) : 병행 2회선 송전 선로 등에서 지락 사고 발생 시 계전기 설치 점에서 나타나는 영상전압과 영상전류를 검출하여 지락 회선만을 선택 차단하기 위한 방향성 계전기
④ 지락방향계전기(DGR : Directional Ground Relay) : 영상 전압 또는 일정 방향의 영상전류를 기준으로 지락 고장전류 방향이 일정 범위 안에 있을 때 동작하는 방향성 계전기
⑤ 거리계전기(ZR : Impedence Relay) : 계전기 설치 점에서 고장 점까지의 전기적 거리를 전압, 전류의 크기 및 위상차를 판별하여 고장을 검출하는 계전기
▷ 거리계전기 정정 임피던스 : 일반적으로 계전기는 PT, CT 2차 측에 접속되므로 각각의 PT비 및 CT비를 고려하여 다음과 같이 구할 수 있다.

- PT비 $= \dfrac{V_1}{V_2}$ 에서 $V_2 = \dfrac{V_1}{PT비}$, CT비 $= \dfrac{I_1}{I_2}$ 에서 $I_2 = \dfrac{I_1}{CT비}$ 에서

- 계전기 정정 임피던스 $Z_{RY} = \dfrac{V_2}{I_2} = \dfrac{V_1}{I_1} \cdot \dfrac{\dfrac{1}{PT비}}{\dfrac{1}{CT비}} = Z_F \cdot \dfrac{CT비}{PT비}\,[\Omega]$

- 계전기 정정 임피던스 Z_{RY}가 고장 점까지의 임피던스 Z_F보다 크면 거리계전기는 동작한다.

예제문제

예제 1 거리계전기의 설치 점에서 고정점까지의 임피던스를 60[Ω]이라면 계전기 측에서 보는 임피던스는 얼마인가? 단, PT 비는 66,000/110[V], CT 비는 600/5[A]이다.

해설과 정답

계전기는 PT, CT 2차 측에 접속되어 있으므로

- 계전기 정정 임피던스 $Z_{Ry} = \dfrac{V_2}{I_2} = \dfrac{V_1 \times \dfrac{110}{154000}}{I_1 \times \dfrac{5}{600}} = 60 \times \dfrac{110}{154000} \times \dfrac{600}{5} = 5.14[\Omega]$

- 정답 : 5.14[Ω]

6) 차동계전기(DFR : Differential Relay)

피 보호설비 또는 보호 구간에 유입하는 어떤 입력의 크기와 유출되는 출력의 크기 간의 차이가 일정치 이상이 되었을 때 동작하는 계전기

(1) 전류차동계전기 (Differential Relay)
- 피 보호 설비에 유입되는 총 전류와 유출되는 총 전류 간의 차이가 일정치 이상으로 되었을 때 동작하는 계전기 (발전기나 변압기 내부고장 검출, 보호용)

(2) 전압차동계전기 (Differential Voltage Relay)
- 여러 개의 전압들 간의 그 차 전압이 일정치 이상이 되었을 때 동작하는 계전기 (모선 보호용)

(3) 비율차동계전기 (Ratio Differential Relay)

발전기나 변압기 등의 내부고장 발생시 CT 2차 측의 억제코일에 흐르는 부하전류와 동작코일에 흐르는 차 전류의 오차가 일정 비율 이상일 경우에 동작하는 계전기로 주변압기의 결선이 Y-Y, Δ-Δ결선인 경우에는 위상의 편차가 존재하지 않지만 Δ-Y인 경우는 변압기 1, 2차 전류 간에 30°의 위상차가 발생하기 때문에 Δ결선 측의 CT는 Y로 결선하고, Y결선 측의 CT는 Δ결선으로 하여 위상각을 맞출 수 있다. 또한 변압기에서는 전압의 변성 시 1, 2차 전압이 다르고, 변압기 1, 2차 측에 설치하는 CT의 결선(변압기 Δ결선 측 CT는 Y결선, 변압기 Y결선 측 CT는 Δ결선) 특성이 다르므로 CT의 2차 전류는 각각 다르게 된다. 따라서 변압기 1,2차 측 결선 특성 및 변압비에 의한 전류 오차를 보상하기 위하여 보상변류기 (Compensating Current Transformer : CCT)를 사용하는 데 특별한 사정이 없는 한 CT의 2차 전류나 계전기의 정격전류는 5[A]이므로 변압기 1, 2차 측 CT의 2차 측에 흐르는 전류가 큰 쪽에 접속하여 전류를 감소시키도록 한다.

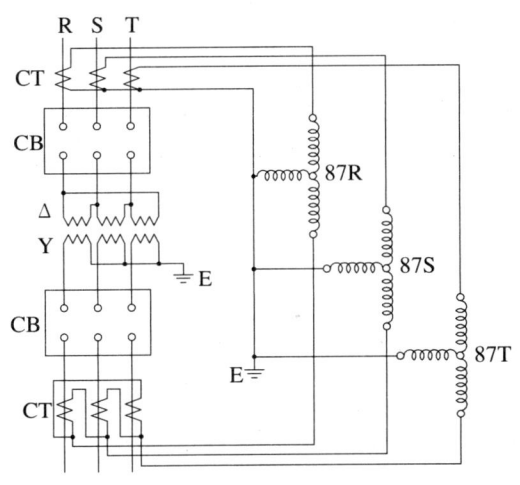
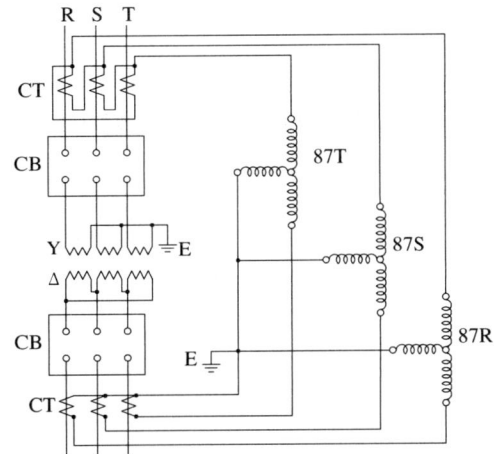

[변압기 Δ-Y 결선인 경우]   [변압기 Y-Δ 결선인 경우]

① 변압기△결선 측 전류 $I_1 = \dfrac{20 \times 10^3}{\sqrt{3} \times 66} = 174.95[A]$ 이므로

    CT 2차 전류 $I_2 = 174.95 \times \dfrac{5}{200} = 4.37[A]$ 가 된다.

② 변압기 Y결선 측 전류 $I_1' = \dfrac{20 \times 10^3}{\sqrt{3} \times 229} = 504.24[A]$ 이고,

    CT 2차 측에 흐르는 전류 I_2'는 △결선의 선 전류이므로 $I_2' = 504.24 \times \dfrac{5}{600} \times \sqrt{3} = 7.27[A]$

③ 변압기 Y결선 측 CT 2차 측에 흐르는 전류가 Δ결선 측 CT 2차 전류보다 크므로 전류가 많은 7.27[A]쪽에 보상 탭을 내장한 보조변류기를 연결한다.

④ 보조변류기에서의 탭 결정은 4.37 : 5 = 7.27 : Tap 전류이므로 Tap 전류 = 8.3[A]가 되어 8.3[A]에 가까운 8[A] 탭에 고정한다.

(4) 여자돌입전류에 대한 오동작 방지 법
① 비율차동계전기   ② 감도저하법
③ 비대칭파저지법   ④ 고조파 억제법

(5) 보호계전기 오동작 원인
① 기계적 충격 및 진동   ② 오결선
③ 고조파   ④ 제어 전원의 전압 변동
⑤ 온도, 습도 및 진애   ⑥ 유해 가스
⑦ 서지 및 노이즈

예제문제

예제 1 다음 그림은 1, 2차 전압이 $66/22$[이고 Y-△ 결선된 전력용 변압기이다. 1, 2차에 CT를 이용하여 변압기의 차동 계전기를 동작시키려고 한다. 주어진 도면을 이용하여 다음 각 물음에 답하시오.

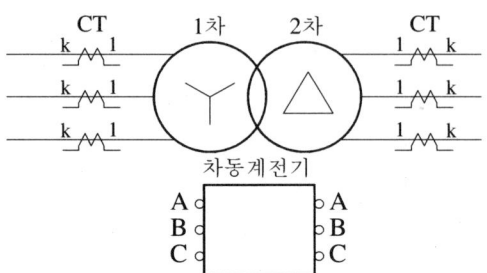

(1) CT와 차동 계전기의 결선을 주어진 도면에 완성하시오.
(2) 1차 측 CT의 권수비를 200/5[A]로 했을 때 2차 측 CT의 권수비는 얼마가 좋은지를 쓰고, 그 이유를 설명하시오.
(3) 변압기를 전력 계통에 투입할 때 여자 돌입전류에 의한 차동계전기의 오동작을 방지하기 위하여 이용되는 차동계전기의 종류(또는 방식)를 한 가지만 쓰시오.

해설과 정답

(1) 변압기 Y 결선 측 CT는 △결선, △결선 측 CT는 Y결선으로 하여 위상차를 보상한다.
  • 정답 : 비율차동계전기 결선도

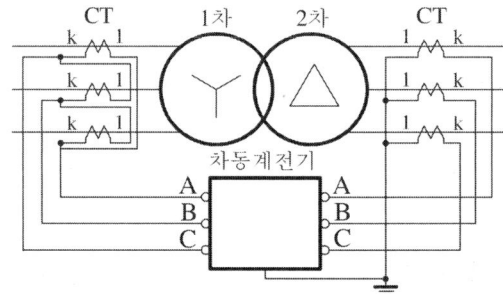

(2) 변압기의 권수비 $a = \dfrac{66}{22} = 3$ 이므로 CT 2차 측 전류가 1차 측의 3배가 된다.
  • 2차 측 CT의 변류비 $= \dfrac{200}{5} \times 3 = \dfrac{600}{5}$
  • 정답 : 600/5선정
(3) 정답 : 비율차동계전기, 감도저하법, 비대칭파 저지법, 고조파 억제법

예제 2 다음과 같이 3상 △-Y결선 30[MVA], 33/11[kV] 변압기가 전류차동계전기에 의하여 보호되고 있다. 고장전류가 정격전류의 200[%] 이상에서 동작하는 계전기의 전류(i_r) 정정 값을 구하시오. (단, 변압기 1차 측 및 2차 측 CT의 변류 비는 각각 500/5[A], 2000/5[A] 이다.)

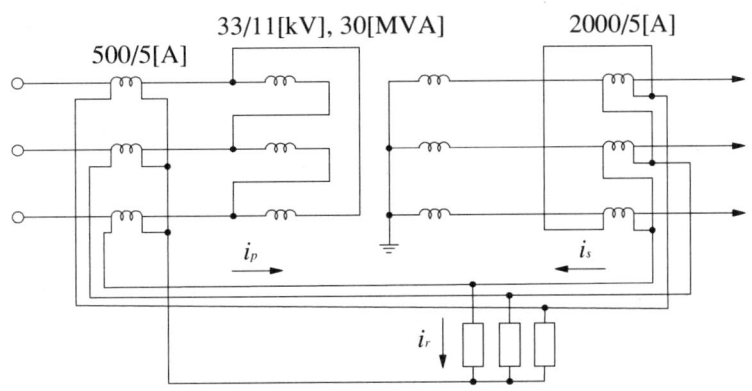

해설과 정답

- 전류차동계전기 차동전류 i_r은 i_p와 i_s 차 전류의 2배(정격전류의 200[%])에서 동작하므로
- 1차 측 전류 : $i_p = \dfrac{30 \times 10^3}{\sqrt{3} \times 33} \times \dfrac{5}{500} = 5.25[\text{A}]$
- 2차 측 전류 : $i_s = \sqrt{3} \times \dfrac{30 \times 10^3}{\sqrt{3} \times 11} \times \dfrac{5}{2000} = 6.82[\text{A}]$
- 계전기 동작 전류 : $i_r = 2 \times (6.82 - 5.25) = 3.14[\text{A}]$
- 정답 : 3.14[A]

7) 디지털계전기

입력된 전기량을 디지털 량으로 변화시켜 설정된 규정 값과 비교하여 CPU의 프로그램에 의해 그 동작 여부를 판단하여 외부에 출력을 발생하는 계전기로 그 구성 및 특성은 다음과 같다.

(1) 디지털계전기의 장점
① 고도의 보호기능 및 다기능화(보호, 계측, 표시, 제어기능)가 가능하다.
② 장치의 소형화가 가능하다.   ③ 신뢰성이 높다.
④ 표준화가 가능하다.   ⑤ 소비전력이 적다. (PT, CT부담이 적다)
⑥ 경제성 및 장래성이 있다.   ⑦ 융통성이 높다.
⑧ 계전기 정정을 원격 제어할 수 있다. ⑨ 무인화 및 자동화가 가능하다.

(2) 디지털계전기의 단점
① 서지에 대한 대책이 필요하다.   ② 온도 및 습도 영향을 쉽게 받는다.
③ 유지, 보수 상의 문제점이 있다. ④ 사용기간 단축 우려가 있다.

8) 발전소, 변전소 모선보호 계전방식

① 전류 차동 계전방식
전기 회로 고장 시 나타나는 2개 이상의 전류 차에 의해 고장을 검출하는 방식으로, 각 모선에 설치된 CT 2차 회로를 차동 접속하여 과전류계전기를 설치한 것으로 모선 고장 시 모선에 유입하는 전류 합과 유출하는 전류 합이 서로 다른 특성을 이용하여 고장을 검출하는 방식

② 전압 차동 계전방식
전기 회로 고장 시 나타나는 2개 이상의 전압 차에 의해 고장을 검출하는 방식으로 각 모선에 설치된 CT 2차 회로를 차동 접속하여 임피던스가 큰 전압 계전기를 설치한 것으로 모선 내 고장 시 계전기에 큰 전압이 인가되는 특성을 이용하여 고장을 검출하는 방식

③ 위상 비교 계전방식
보호 구간 각 회선 전류의 위상을 비교하여 모선 내·외부 사고를 판정하는 방식으로 내부 고장 시 동 위상, 외부 고장 시 역 위상이 되는 특성을 이용하여 고장을 검출, 판단하는 계전 방식

④ 방향 비교 계전방식
보호 구간 각 회선에 전력방향계전기를 설치해 그 접점을 조합하여 사고를 검출하는 방식으로 내부 방향 계전기 동작 시 내부 사고로, 외부 방향 계전기 동작 시 외부 사고로 판단, 검출하는 계전 방식

9) 계전기별 고유번호

기구번호	명칭	설명
1	주제어 개폐기 또는 계전기	중요기기의 기동, 정지 S.W
2	시간지연 계전기	기동 또는 동작에 한시를 주는 것
2Q	유입장치 절환용 한시계전기	
2S	Strairmer용 Timer	
2G	Grease Pump 기동 Timer	
3	조작용 개폐기	기기를 조작함
3-28B	Bell 복귀용 조작 S.W	
3-28Z	Buzzer 복귀용 조작 S.W	
3-29	소화장비용 조작 S.W	
3-30	Indicator 복귀용 조작 S.W	
3-30L	Lamp 복귀용 조작 S.W	
3-41	계자 개폐기용 조작 S.W	
3-52	차단기용 조작개폐기	
3-65L	전기조속기 Lock용 조작개폐기	
3-66F	Fleaker Ry 복귀용 조작개폐기	
3-75	제동장치용 조작 S.W	
3-86	Lock Out Ry 복귀용 조작 S.W	
3-88	보조기용 접촉기	
3-89	단로기용 접촉기 조작 S.W	
3-R	일반 복귀용 조작 S.W	

기구번호	명칭	설명
4 　　4GP	주제어 회로용 접촉기 또는 계전기 발전, 양수용 주제어회로 계전기	주제어회로를 개폐하는 것
5 　　5E 　　5T 　　5B	정지개폐기 또는 계전기 비상정지 개폐기 또는 계전기 Turbine 정지개폐기 Boiler 정지개폐기	기기를 정지하는 것
6 　　6-99	기동차단기, 접속기 또는 계전기 Locator 기동용 Aux Relay	기계를 기동회로에 접속함
7 　　7-24LR 　　7-24PC 　　7-55 　　7-65P 　　7-65JE 　　7-70 　　7-70E 　　7-77 　　7-90R 　　7-IR	조정개폐기 ULTC용 Tap 조정개폐기 P.C용 Tap 조정개폐기 자동역률조정기용 조정개폐기 전기조속기 출력조정용 개폐기 결합운전 주파수 조정기 Generator 계자조정용 조정개폐기 여자기 계자조정용 부하조정장치용 조정개폐기 AVR의 전압조정용 유도전압조정기용 조정개폐기	기기를 조작 조정하는 것
8 　　8A 　　8C 　　8D	제어전원개폐기 교류제어전원 개폐기 공동제어전원 개폐기 직류제어저원 개폐기 계전기전원 개폐기	제어전원을 개폐하는 것
9	계자 극성전환 개폐기	계자 전류 극성을 반대로 함
10 　　10P	순서개폐기 또는 Program 조정기 Program 조정기	2조 이상 기기의 기동 정지 순서를 정함
11 　　11-25 　　11L	시험개폐기 또는 Relay 자동동기장치용 개폐기 Lamp 접점용 개폐기	기기의 동작을 시험하는 것
12	과속도개폐기 또는 계전기	과속도 시에 동작하는 것
13	동기속도개폐기 또는 계전기	동기속도에 동작하는 것
14	저속도개폐기 또는 계전기	저속도에 동작하는 것
15	속도조정 장치	회전기의 속도를 조정하는 것
16 　　16B 　　16BG 　　16BS 　　16G 　　16S	표시선 감시계전기 P/W 단선검출 계전기 P/W 지락용 단선검출 계전기 P/W 단락용 단선검출 계전기 P/W 지락검출 계전기 P/W 단락검출 계전기	표시선의 고장을 검출하는 것
17 　　17G 　　17GI 　　17GO 　　17S	표시선 계전기 지락용 P/W 계전기 지락용 내부고장 Relay 지락용 외부고장 Relay 단락용 P/W 계전기	표시선 계전방식에 사용하는 것

기구번호		명칭	설명
18		가속 또는 감속접촉기	가속 또는 감속 시 다음 단계로 진행하는 것
19		기동 또는 운전절체 계전기	기기를 기동에서 운전으로 절환
20		보조기 Valve	보조기의 Valve
	20WC	냉각수 Valve	
	20WE	비상용 급수 Valve	
	20WB	배수 Valve	
	20V	진공 Pump 저지 Valve	
21		거리계전기(미국, 영국)	단락 또는 지락거리계전기
	21S	단락거리계전기	
	21G	지락거리계전기	
		주기기 Valve(일본)	
22		예비번호	
23		온도조정계전기	온도를 일정범위로 유지함
	23Q	유온조정계전기	
	23R	실내온도 조정계전기	
	23W	냉각수 온도조정계전기	
24		Tap 절환장치	전기기기의 Tap을 절환 하는 것
	24LR	ULTC 전압조정용	
	24PC	PC 전압조정용	
25		동기검출장치	교류회로의 동기를 검출함
26		정지기 온도계전기	변압기, 정지기 온도에 의해 동작
	26T	변압기용 온도계전기	
	26LR	ULTC용 온도계전기	
	26PC	P.C용 온도계전기	
	26SSH	과열증기 온도계전기	
	26R	분로 Reactor 온도계전기	
	26RG	재순환 Gas 온도계전기	
27		교류 부족전압 계전기	교류 전압이 부족할 때 동작 함
	27A	공기압축기 UVR	
	27H	소내전원 UVR	
	27Q	유압 Pump용 UVR	
	27C	제어용 교류전원 UVR	
28		경보장치	
	28B	Belldyd Relay	
	28F	화재검출기	
	28LA	LA 검출기	
	28Z	Surge 검출계전기	
29		소화장치	화재 시 동작하는 것
	29CS	소화장치 Valve Coil	
	29C	29용 투입 Coil	
	29T	29용 개방 Coil	
30		기기상태 또는 고장표시 장치	기기 동작 상태나 고장을 표시

기구번호	명칭	설명
30F 30L 30S	고장표시기 Lamp 표시기 동작표시기	하는 것
31	계자변경 차단기 또는 계전기	계자 권선을 타여자 전원에 접속시키는 것
32	교류 역전력계전기(미국) 직류 역류계전기(일본)	교류회로 전력방향이 반대로 될 때 동작
33 33CO2 33Q 33W 33S	위치검출장치 또는 개폐기 CO2 소화기 개폐기 유면검출장치 수위개폐기 Tap 검출장치	유면 액면의 위치와 관련하여 동작
34	전동순서 제어기	기동 또는 정지 장치의 동작 순서를 정함
35 35LR	Brush 조작 장치 또는 Slip Ring 단락장치 35용 조작개폐기	Brush의 조정 또는 Slip Ring을 단락함
36	극성계전기	극성에 의해 동작하는 것
37 37A 37D 37F 37V	부족전류계전기 교류 부족전류계전기 직류 부족전류계전기 Fuse 용단계전기 전자관 Filament 단선 검출기	전류가 부족할 때 동작하는 것
38	축수온도계전기	회전기 축수 가열 시 동작
39	예비번호	
40	계자상실계전기	계자 상실 시 동작하는 것
41 41C 41T 41A 41D 41R	계자차단기 또는 접촉기 41용 Closing Coil 41용 Trip Coil 계자증폭기 Relay 자동계자 개폐기 조정계자 개폐기	계자회로를 차단 또는 연결하는 것
42	운전차단기 또는 개폐기	기기를 운전회로에 접속함
43 43-17 43-25 43-79 43-87 43-90 43A 43C 43P 43R	제어회로 전환개폐기 P/W 전환개폐기 동기검출회로 전환개폐기 재폐로방식 전환개폐기 모선보호용 전환개폐기 자동전압조정기용 전환개폐기 자동수동 전화개폐기 반송장치 전환개폐기 PT회로 전환개폐기 원방제어 전환개폐기	제어회로를 자동 또는 수동으로 전환함
44	거리계전기(일본)	

기구번호	명칭	설명
44G 44S	지락거리계전기 단락거리계전기 Sequence Starting Relay(미국)	
45	직류 과전압 계전기(일본) 기압 계전기(미국)	
46	역상 또는 불평형계전기	역상, 불 평형전류에 동작하는 것
47 47A 47F 47T	결상 또는 역상전압계전기 공기압축기용 Relay 변압기 냉각 Fan용 차단기 결상 Timer	결상 또는 역상 시에 동작함
48 48-24 48-25	정체검출계전기 Tap 정체 검출 Relay 동기병열 정체 Relay	소정 시간 내 동작치 않을 시 작동할 것
49 49A 49R	회전기 온도계전기 공기냉각용 온도계전기 회전자 온도계전기	회전기 온도가 규정치 이상, 이하에서 동작
50 50G 50S	단락, 지락 선택계전기 지락 선택계전기 단락 선택계전기	단락, 지락회로를 선택하는 것
51 51G 51H 51L 51N 51P 51S 51V	교류과전류 계전기 지락과전류 계전기 고정정 O.C.R 저정정 O.C.R 중성점 O.C.R MTr 1차 OCR MTr 2차 OCR 전압억제부 OCR	과전류에 동작하는 것
52 52C 52T 52H 52P 52S 52K	교류차단기 차단기 Closing Coil 차단기 Trip Coil 소내용 차단기 MTr 1차 차단기 MTr 2차 차단기 MTr 3차 차단기	교류 회로를 차단하는 것
53	여자계전기	여자 예정 상태에서 동작
54 54A 54F	직류고속도 차단기 양극용 DC고속 차단기 전철용 DC고속 차단기	직류 회로를 고속도로 차단하는 것
55	역률계전기 또는 조정기	무효전력이나 역률을 조정함
56 56S	동기탈조검출계전기(일본) 자동여자조정기(미국) 동기기 탈조검출 계전기	

기구번호		명칭	설명
57		자동 전류조정기(일본) 접지 또는 단락장치(미국)	회로를 단락 접지시키는 장치
58		정류기 고장검출기	
59		교류과전압 계전기	교류 전압이 규정치 이상에서 동작
	59H	고정정 O.V.R	
	59L	저정정 O.V.R	
60		전압평형 계전기	2회로의 전압으로 동작
	60C	콘덴서 고장검출 Relay	
	60P	PT 고장검출 Relay	
61		전류평형계전기	2회로의 전류 차로 동작하는 것
	61C	콘덴서 고장검출 전류 Relay	
62		정지 또는 폐로지연용 계전기	
63		압력계전기	유체의 압력에 의해 동작함
	63A	공기압력 계전기	
	63N	질소압력 계전기	
	63Q	유압 계전기	
	63V	진공 계전기	
	63W	수압 계전기	
64		지락과전압 계전기	접지 회로의 전압에 동작함
	64D	직류접지계전기	
	64E	여자회로 지락계전기	
	64H	고정정 64계전기	
	64L	저정정 64계전기	
	64N	중성점 64계전기	
	64Φ	지락 상 판별계전기	
65		고속장치 조속기	속도조정장치
66		단속계전기	교류회로의 전력, 지락방향에 따라 동작함
	66F	Flicker 계전기	
67		지락방향계전기 , 전력방향계전기	교류회로의 전력, 지락방향에 따라 동작함
	67G	지락방향계전기	
	67GA	67G용 O.C.R	
	67GI	지락내부방향 계전기	
	67GO	지락외부방향 계전기	
	67S	단락방향계전기	
68		탈조저지 계전기(미국)	동기탈조 시 회로 동작을 저지함
69		유속계전기(일본) 절연접촉기(미국)	유체의 흐름에 의해 동작
70		가감저항기(Rheostat)	
	70E	주여자 시 계자조정기	
	70M	전동기 계자조정기	
	70S	부여자기 계자조정기	
71		정류소자 고장검출기(일본) Level Switch(미국)	
72		직류차단기	직류회로를 개폐하는 것
73		저항단락용 차단기	전류제한 저항을 단락하는 것

기구번호	명칭	설명
74	경보용 계전기(미국, 영국) 조정변(일본)	수차 조정 면
75	위치변화장치(미국) 제동장치	기기의 제동을 하는 것
76	직류과전류계전기	직류회로 과전류로 동작
77	Pulse 전송기(미국) 부하조정장치	

78
   78G
   78S
	반송보호 위상비교 계전기
	지락위상비교 계전기
	단락위상비교 계전기
		전류의 위상차를 반송파로
		비교 동작하는 것

79
   79T1
   79T2
   79T3
	교류재폐로 계전기
	재폐로 준비용 Timer
	재폐로 무압 시간용 Timer
	재폐로 확인용 Timer
		교류 회로 재 폐로를 제어함

80	유속계전기(미국) 직류 부족전압계전기(일본)	
81 81G	주파수계전기(미국) 조속기구동장치(일본) 조속기구동용 발전기	조속기를 움직이는 장치
82	직류재폐로 계전기	직류회로 재 폐로를 제어함
83	선택접속기	전원을 선택 절환 하는 것
84	일반구동장치(미국) 전압계전기(일본)	

85
   85R
   85R-1
   85R-2
   85RC
   85RP
   85S
   85TA
	신호계전기
	수신용계전기
	수신 Trip용 계전기
	수신 점검용 계전기
	반송보호용 계전기
	표시선용 계전기
	송신용 신호계전기
	신호장치 점검 Timer
		송신, 수신 신호에 동작하는 것

86
   86-1
   86-2
   86-3
   86-5
	폐쇄계전기(Lock Out Relay)
	비상정지용 Lock Out
	급정지용 Lock Out
	무부하용 Lock Out
	고장 완정지용 Lock Out	

87
   87B
   87G
   87T
	전류차동계전기
	모선보호 차동계전기
	발전기용 차동계전기
	주변압기 차동계전기
		단락 또는 지락 차 전류에 의해
		동작하는 것

88
   88A
   88F
   88H
   88Q
   88QT
   88V
   88W
	보조기용 접촉기
	공기압축기용 개폐기
	Fan용 개폐기
	Heater용 개폐기
	유압 Pump용 개폐기
	OT 순환 Pump용 개폐기
	전공 Pump용 개폐기
	냉각수 Pump용 개폐기
		전동장치의 운전용 개폐기

기구번호	명칭	설명
89 　　89C 　　89T 　　89IL	단로기 단로기용 Cilsing Coil 단로기용 Opening Coil 단로기 Lock Magnet	
90	자동전압조정기 또는 조정계전기	전압을 어떤 범위로 조정하는 것
91	전력계전기(일본) 전력방향계전기(미국)	예정된 전력에 동작하는 것
92	전력방향계전기(미국) 문비(일본)	출입구의 Damper
93	여자절환개폐기(미국)	
94	Trip Free 접촉기	Trip Free 계전장치
95 　　95H 　　95L	주파수 계전기 고정정 주파수계전기 저정정 주파수계전기	
96 　　96-1 　　96-2 　　96P	정지기 내부고장 검출장치 Bucholzz 경보계전기 Bucholzz Trip 계전기 순시압력 계전기	변압기 등의 내부고장을 기계적 으로 검출하는 것
98	연결 장치	동력전달을 위해 연결하는 것
99 　　99F 　　99S	자동기록장치 자동고장기록장치 자동동작기록장치	

5 변압기

1) 변압기의 종류 및 특성

(1) 유입변압기

변압기 철심에 감은 코일을 절연유를 이용하여 절연한 A종 절연변압기 (절연물의 최고허용온도 105[℃])로 일반적으로 자가용 수전설비에서는 유입자냉식(OA)이 많이 사용되고 있으며 비교적 보수, 점검이 쉽고 부속장치가 간단하며 내습성, 절연강도, 가격 면에서 유리한 변압기이다.

⇨ 절연유의 구비 조건 :
① 절연내력이 클 것　　　　　　② 인화점이 높을 것
③ 응고점이 낮을 것　　　　　　④ 점도가 낮을 것
⑤ 냉각 효과가 클 것　　　　　　⑥ 화학적으로 안정할 것
⑦ 고온에서 산화되거나 석출물이 발생하지 않을 것

(2) 몰드변압기

변압기 권선을 에폭시수지에 의하여 고진공 침투시키고, 다시 그 주위를 기계적 강도가 큰 에폭시수지로 몰딩 한 변압기로 유입형이나 건식형에 비하여 2배 정도 값이 비싸지만 난연성(화재예방), 에너지 절약(저 손실), 내습성, 보수 점검 면에서 유리한 변압기로 다음과 같은 특성이 있다.

① 난연성이므로 절연의 신뢰성이 높다.　② 내약품성, 내습성, 내진성이 좋다.
③ 소형 경량이다.　④ 손실이 적어 에너지 절약효과가 있다.
⑤ 단시간 과부하 내량이 크다.　⑥ 유지 보수 및 점검이 용이하다.
⑦ 반입, 반출이 용이하다　⑧ 소음이 적고, 무공해 운전이 가능하다.
⑨ 가격이 비싸다.　⑩ 서지에 대한 대책이 필요하다.
⑪ 옥외 설치 및 대용량 제작이 어렵다.　⑫ 접촉 시 감전사고 위험이 있다.

[참고] 몰드변압기 열화 요인
① 열적 열화 : 열이 원인이 되어 열화 되는 것.
② 전계 열화 : 절연물에 전압 인가 시 열화 되는 것.
③ 응력 열화 : 응력을 반복해서 받아 열화 되는 것.
④ 환경 열화 : 자연환경으로 인해 열화 되는 것.

(3) 건식변압기

변압기 코일을 유리섬유 등의 내열성이 높은 절연물을 내열 니스 처리한 H종 절연변압기(허용 최고온도 180[℃])로 특히 절연유가 없으므로 폭발, 화재의 위험이 없는 변압기로 다음과 같은 특징이 있다.

① 절연유를 사용하지 않으므로 폭발, 화재의 위험성이 없다.
② 기름을 사용하지 않기 때문에 보수, 점검이 용이하다.
③ 유입식에 비하여 소형, 경량이다.
④ 큐비클 내에 설치하기가 용이하므로 미관상 좋다.
⑤ 내습성, 내약품성이 우수하다.

(4) 아몰퍼스 변압기

전력변환장치로서 철심 소재를 기존의 방향성 규소 강판 대신 아몰퍼스 합금을 적용하여 무부하손을 기존 변압기에 비해 약 80[%] 정도 감소시킨 절전형 고효율 변압기로 그 장단점은 아래 예시와 같으며, 제작 상 어려움으로 인해 주상용은 전주 하중을 고려하여 100[kVA]까지 적용 가능하며, 수용가용인 수전용은 3상 2,000[kVA]까지 적용 중이다.

① 무 부하손인 철손이 약 80[%] 정도 감소한다.
② 손실이 적어 변압기 운전, 보수비용 절감 및 수명이 길어진다.
③ 전력 절감 효과로 발전소 증설이 억제되어 환경오염을 방지할 수 있다.
④ 고주파 대역에서 우수한 자기적 특성에 의한 고효율 및 콤팩트화를 실현한다.

⑤ 아몰퍼스 합금의 높은 경도 등으로 인해 제작 상 어려움이 있다.
⑥ 낮은 자속 밀도 및 점적률에 의한 원가가 상승한다.
⑦ 유입식에 비하여 소음이 크다.
⑧ 유입식에 비하여 중량과 부피가 크다.

(5) 변압기의 여러 가지 특성에 따른 분류

구분	종류
절연방식	유입형, 건식형, 몰드형, 가스절연 변압기
절연종별 (최고허용온도)	Y종(90[℃]), A종(105[℃]), E종(120[℃]), B종(130[℃]) F종(155[℃]), H종(180[℃]), C종(180[℃] 초과)
냉각방식	• 유입자냉식(ONAN) • 유입풍냉식(ONAF) • 유입수냉식(ONWF), • 송유자냉식(OFAN) • 송유풍냉식(OFAF) • 송유수냉식(OFWF), • 건식자냉식(AN) • 건식풍냉식(AF) • 건식밀폐자냉식(ANAN)
탭 절환 방식	무 전압 탭절환기, 부하 시 탭절환기

2) 변압기의 손실 및 효율

(1) 변압기 손실

① 무부하손 : 철손 P_i[W] = 히스테리시스손(P_h) + 와류손(P_e)
② 부하 손 : 동손 P_c[W] = 1차 동손($I_{1n}^2 r_1$) + 2차 동손($I_{2n}^2 r_2$)
　　　　　여기서, I_{1n}[A]는 변압기 1차 정격전류, I_{2n}[A]는 변압기 2차 정격전류, r_1[Ω]은 변압기 1차 권선의 저항, r_2[Ω]은 변압기 2차 권선의 저항이다.

(2) 변압기 손실 측정

① 무부하손 : 변압기 2차 측을 개방한 상태에서 변압기 1차 측에 정격전압 V_{1n}[V]를 가할 때 전력계에 나타나는 지시 값.
② 임피던스 전압 : 변압기 2차 측을 단락한 상태에서 변압기 1차 측에 전 부하전류인 정격전류 I_{1n}[A]가흐를 수 있도록 인가한 전압(부하손인 임피던스 와트 측정 시 전압계에 나타나는 전압)
• $V_s = I_{1n} z_{12}$[V]
여기서, I_{1n}[A]는 변압기 1차 정격전류, z_{12}[Ω]은 1차로 환산한 변압기 1, 2차 권선의 전체 합성 임피던스이다.
• 임피던스전압의 의미 : 전 부하 시 변압기 1, 2차 권선의 임피던스로 인해 발생하는 전압강하.

③ 임피던스 와트 : 변압기 2차 측을 단락한 상태에서 변압기 1차 측 회로에 흐르는 전류가 전부하전류인 정격 1차 전류 I_{1n}[A]가 되었을 때 전력계에 나타나는 지시 값.

- $P_s = I_{1n}^2 r_{12}$ [W]

여기서, I_{1n}[A]는 변압기 1차 정격전류, r_{12}[Ω]은 1차로 환산한 변압기 1, 2차 권선의 전체 합성 저항이다.

여기서, I_{1n}[A]는 변압기 1차 정격전류, r_{12}[Ω]은 변압기 1, 2차 권선의 전체 합성 저항이다.

- 임피던스 와트 의미 : 변압기 전 부하 시 발생하는 동손

(3) 변압기 효율

① 실측효율 : 실제 부하를 연결한 상태에서의 전력 측정에 의한 효율

- $\eta = \dfrac{2차쪽 \ 전력계에 \ 나타난 \ 전력(출력)}{1차쪽 \ 전력계에 \ 나타난 \ 전력(입력)} \times 100 [\%]$

② 규약효율 : 정격 출력 및 무부하손, 부하 손 측정에 의한 효율

㉮ 전부하의 경우

- $\eta = \dfrac{출력}{출력 + 무부하손(철손) + 부하손(동손)} \times 100 = \dfrac{V_{2n} I_{2n} \cos\theta}{V_{2n} I_{2n} \cos\theta + P_i + P_c} \times 100 [\%]$

㉯ $\dfrac{1}{m}$ 부분 부하의 경우

- $\eta_{\frac{1}{m}} = \dfrac{\dfrac{1}{m} V_{2n} I_{2n} \cos\theta}{\dfrac{1}{m} V_{2n} I_{2n} \cos\theta + P_i + (\dfrac{1}{m})^2 P_c} \times 100 [\%]$

여기서, V_{2n}[V]는 변압기 2차 측 정격전압, I_{2n}[A]는 2차 정격전류이다.

③ 변압기 전 손실

㉮ 전부하의 경우 : $P_\ell = P_i + P_c$

여기서, P_i는 철손, P_c는 전 부하 동손이다.

㉯ $\dfrac{1}{m}$ 부분 부하인 경우 : $P_\ell = P_i + (\dfrac{1}{m})^2 P_c$

㉰ $\dfrac{b}{a}$ 과부하($b > a$)인 경우 : $P_\ell = P_i + (\dfrac{b}{a})^2 P_c$

④ 최대 효율조건

㉮ 전부하의 경우 : $P_i = P_c$

㉯ 전부하의 $\dfrac{1}{m}$ 부하인 경우 : $P_i = (\dfrac{1}{m})^2 P_c$

제4장 전력 설비

예제문제

예제 1 철손이 1.2[kW], 전 부하 시 동손이 2.4[kW]인 변압기가 하루 중 7시간 무 부하 운전, 7시간 $\frac{1}{2}$ 부분 부하 운전, 2시간 $\frac{2}{\sqrt{3}}$ 과부하 운전, 그리고 나머지 전 부하 운전할 때 하루의 총 손실양은 얼마인가?

해설과 정답

전체 손실 량 = 철손 손실 양 + 동손 손실 양[kWh]
- 철손 량 $= P_i \times 24 = 1.2 \times 24 = 28.8 [\text{kWh}]$
- $\frac{1}{m}$ 부분 부하 시 동손 $= (\frac{1}{2})^2 P_c \times 7 = (\frac{1}{2})^2 \times 2.4 \times 7 = 4.2 [\text{kWh}]$
- $\frac{b}{a}$ 과부하 운전 $= (\frac{2}{\sqrt{3}})^2 P_c \times 2 = (\frac{2}{\sqrt{3}})^2 \times 2.4 \times 2 = 6.4 [\text{kWh}]$
- 전 부하 운전 $= P_c \times 8 = 2.4 \times 8 = 19.2 [\text{kWh}]$
- 전체 손실 양 $= 28.8 + 4.2 + 6.4 + 19.2 = 58.6 [\text{kWh}]$
- 정답 : 58.6[kWh]

예제 2 50,000[kVA]의 변압기가 있다. 이 변압기의 손실은 80[%] 부하율 일 때 53.4[kW]이고, 60[%] 부하율일 때 36.6[kW]이다. 다음 각 물음에 답하시오.
(1) 이 변압기의 40[%] 부하율 일 때의 손실을 구하시오.
(2) 최고 효율은 몇 [%] 부하율일 때인가?

 **해설과 정답**

(1) 전체 손실 : $P_\ell = P_i + (\frac{1}{m})^2 P_c$ 이므로
- 부분부하 $\frac{1}{m} = 0.8$ 일 때 손실 $P_{\ell 1} = P_i + 0.8^2 P_c = 53.4 [\text{kW}]$
- 부분부하 $\frac{1}{m} = 0.6$ 일 때 손실 $P_{\ell 2} = P_i + 0.6^2 P_c = 36.6 [\text{kW}]$
- 철손은 부하에 관계없이 발생하는 고정손(무부하손)으로써 일정하므로
  $53.4 - 0.8^2 P_c = 36.6 - 0.6^2 P_c$ 에서 $53.4 - 36.6 = (0.8^2 - 0.6^2) P_c$
- 동손 : $P_c = \frac{53.4 - 36.6}{0.8^2 - 0.6^2} = 60 [\text{kW}]$
- 철손 : $P_i = 53.4 - 0.8^2 \times 60 = 15 [\text{kW}]$
- 부분부하 $\frac{1}{m} = 0.4$ 일 때 전체 손실 : $P_i = 15 + 0.4^2 \times 60 = 24.6 [\text{kW}]$
- 정답 : 24.6[kW]

(2) 최대 효율 조건은 "철손=동손"일 때이므로 $P_i = (\frac{1}{m})^2 P_c$ 일 때 최대효율이 된다
- 부분부하 $\frac{1}{m} = \sqrt{\frac{P_i}{P_c}} \times 100 = \sqrt{\frac{15}{60}} \times 100 = 50 [\%]$
- 정답 : 50[%]

3) 압기의 결선 및 결선특성

(1) △-△ 결선방식
① 제 3고조파 전류가 외부에는 나타나지 않으므로 기전력의 왜곡 및 통신장애 발생이 없다.
② 변압기 1대 고장 시 V결선에 의한 계속적인 3상 전력공급이 가능하다.
③ 각 변압기의 선 전류가 상전류의 $\sqrt{3}$ 배가 되므로 대 전류 부하에 적합하다.
④ 중성점을 접지할 수 없으므로 지락 사고 시 고장전류 검출이 어렵고, 이상전압의 발생 정도가 크다.
⑤ 각 변압기의 권선비가 다를 경우 무부하시에도 순환전류가 흐른다.

(2) Y-Y 결선방식
① 중성점을 접지할 수 있으므로 고장 검출이 용이하다.
② 중성점을 접지할 수 있으므로 단절연 방식의 변압기를 채용할 수 있다.
③ 선간전압이 상 전압의 $\sqrt{3}$ 배가 되므로 고전압의 결선에 적합하다.
④ 변압비, 권선 임피던스가 서로 틀려도 순환전류가 흐르지 않는다.
⑤ 중성점 비접지인 경우 제3고조파 여자전류의 통로가 없으므로 유도기전력이 제3고조파를 포함한 왜형파가 된다.
⑥ 중성점 접지의 경우 제3고조파에 의한 통신선에서의 유도장해가 발생할 수 있다.
⑦ 역 V결선에 의한 변압기 용량 감소로 과부하가 발생할 수 있다.

(3) △-Y 결선방식
① 2차권선의 선간전압이 상 전압의 $\sqrt{3}$ 배가 되므로 승압용에 적당하다.
② △ 결선과 Y결선의 장점을 갖고 있다.
③ 30°의 위상변위가 발생하므로 1대가 고장이 발생하면 전원 공급이 불가능하다.

(4) Y-△ 결선방식
① 2차 권선의 선간전압이 상 전압과 같으므로 강압용에 적합하다.
② △ 결선과 Y 결선의 장점을 갖고 있다.
③ 30°의 위상 변위가 발생하므로 1대가 고장이 발생하면 전원 공급이 불가능하다.

⇨ 역 V결선 :

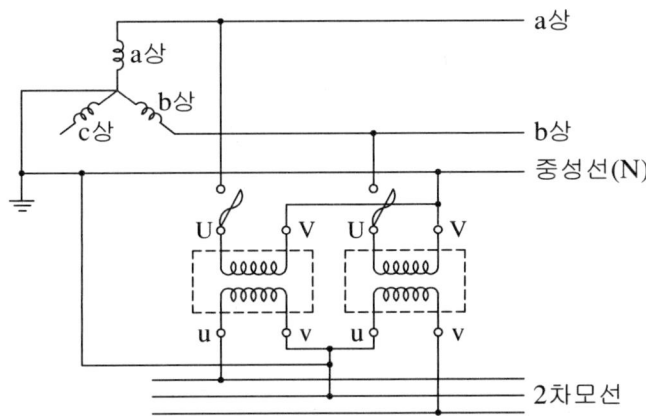

22.9[kV-Y] 다중접지 배전선에서의 변압기 결선을 1단 접지 변압기3대를 사용 Y-Δ로 하고, 1차 측 Y결선의 중성점을 중성선에 연결하거나 또는 단독 접지하여 운전하게 되면 1차 측 변압기 1상의 COS의 개방 또는 전원 측 결상 사고 시 변압기 결선이 역V결선이 되어 과부하 발생에 의한 소손될 우려가 있을 뿐만 아니라 선로의 접지 사고 시 건전 피더의 OCGR이 오동작할 우려가 있으므로 그 시공 시 다음 사항에 주의할 것.

① 신규 수용의 경우
  ㉮ 수용가가 단상 변압기 3대를 사용하는 경우 반드시 2부싱형 절연변압기를 사용하고 1차 측 Y결선 중성점은 접지하지 않고 부동처리(중성점은 잡으나 접지하지 않는 것)한다.
  ㉯ 수용가가 3상 변압기를 설치하는 경우 1차 측 Y결선 중성점을 부동처리 운전한다.
② 기설 수용의 경우
  ㉮ 기설 수용가가 1단 접지 변압기 3대를 이용 1차 Y결선 중성점 접지 사용하고 있는 경우 결상 시 과부하에 의한 변압기 소손 가능성이 있으므로 변압기를 대체하여 비 접지 운전토록 한다.
  ㉯ 3상 변압기나 기타 단상 변압기 사용 시는 중성점을 부동처리 운전토록 한다.

(5) V-V 결선
① 2대의 변압기로 3상 전력을 공급할 수 있다.
② 설치가 간단하고 소 용량이므로 가격이 싸다.
③ 변압기 이용률이 86.6[%](단상변압기 1대 용량의 $\sqrt{3}$ 배)로 감소한다.
④ 변압기 출력비가 57.7[%]로 감소한다.
  ⇨ 전등·동력 공용변압기의 결선(3상4선식 V결선)

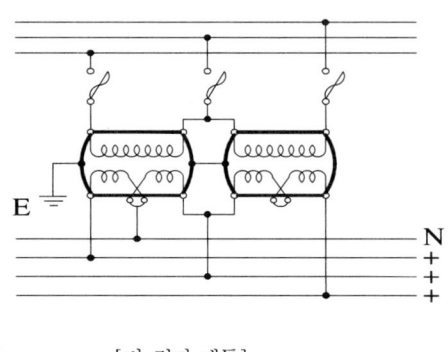

[비 접지 계통]

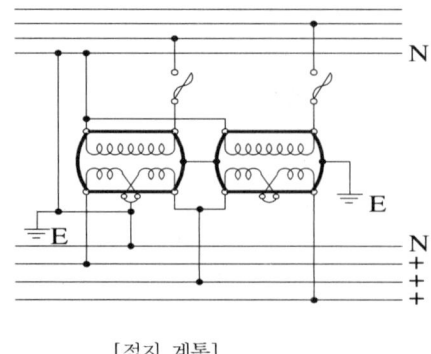

[접지 계통]

(6) 스코트(T) 결선

3상을 2상으로 변성하는 변압기 결선 법으로 용량이 동일한 2대의 변압기에서 T좌 변압기 1차 권선의 $\frac{\sqrt{3}}{2}$ 되는 점에서 탭을 내고, 다른 쪽 단자는 M좌 변압기의 1차 권선의 중점인 $\frac{1}{2}$ 되는 점에 접속한 후 1차 측 3단자 U, V, W에 평형 3상 전압을 공급하면 2차 측 uo, vo 단자 사이에 위상차 90°인 평형 2상 전압을 얻을 수 있는 결선 법으로 전기철도나 전기로에서 이용하고 있다.

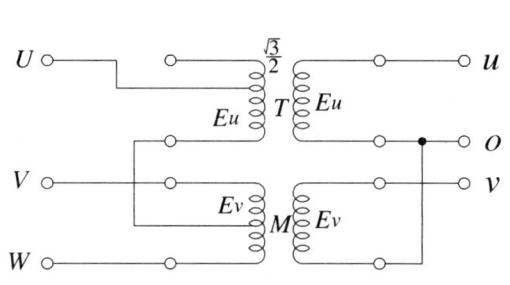
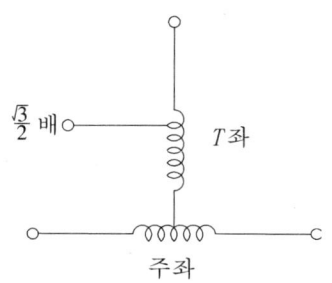

[참고] 3상 전원으로부터 단상 전원을 얻는 방법
    ① 별개의 선간에 단상 부하를 접속　② 보통의 단상 접속
    ③ 스코트(T) 결선에 의한 방법　　　④ 2차 역V 결선에 의한 방법

예제문제

예제 1 22.9[kV-Y] 중성선 다중 접지 전선로에 정격 전압 13.2[kV], 정격 용량 150[kVA]의 단상 변압기 3대를 이용하여 아래 그림과 같이 $Y-\Delta$ 결선하고자 한다. 다음 물음에 답하시오.

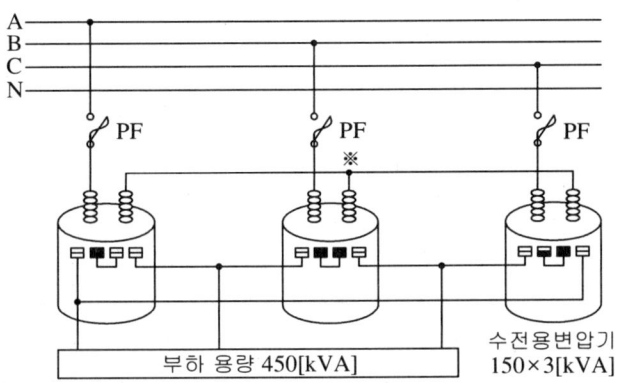

(1) 변압기 1차 측 Y결선 중성점(※표 부분)을 전선로 N선에 연결하여야 하는가? 연결하지 않는가?
(2) 연결하면 연결하는 이유, 연결하지 않으면 안하는 이유를 설명하시오.
(3) PF에 끼워 넣을 퓨즈링크는 몇 [A] 것을 산정하는 것이 좋은지, 계산 과정을 쓰고 답을 아래 예시에서 선택하시오.
[예시] 10[A], 15[A], 20[A], 25[A], 30[A], 40[A], 50[A], 80[A], 100[A]

해설과 정답

22.9[kV-Y] 다중접지 배전선에서의 변압기 결선을 1단 접지 변압기 3대를 사용 Y-△로 하고, 1차 측 Y결선의 중성점을 중성선에 연결하거나 또는 단독 접지하여 운전하게 되면 1차 측 변압기 1상의 PF의 개방 또는 전원 측 결상 사고 시 변압기 결선이 역V결선이 되어 과부하 발생에 의한 소손될 우려가 있을 뿐만 아니라 선로의 지락 사고 시 건전 피더의 OCGR이 오동작할 우려가 있다.
(1) 정답 : 연결하지 않는다.
(2) 정답 : 연결하지 않는 이유는 변압기 운전 중 변압기 1대 PF 개방의 경우 역 V 결선이 되어 불 평형 전류 발생 및 과부하 발생에 의한 변압기 소손 우려가 있기 때문이다.
(3) 전 부하전류 $I = \dfrac{150 \times 3}{\sqrt{3} \times 22.9} = 11.34$ [A]에서
- 전력퓨즈(PF)는 전 부하 전류의 2배에 용단되지 않아야 하므로
- $11.34 \times 2 = 22.68$ [A]
- 정답 : 25 [A] 선정

예제 2 변압비가 6600/220[V]이고, 정격용량이 50[kVA]인 변압기 3대를 그림과 같이 △결선하여 100[kVA]인 3상 평형부하에 전력을 공급하고 있을 때 변압기 1대가 소손되어 V결선하여 운전하려고 한다. 이 때 다음 각 물음에 답하시오. 단, 변압기 1대 당 정격 부하 시의 동손은 500[W], 철손은 150[W]이며, 각 변압기는 120[%]까지 과부하 운전할 수 있다고 한다.

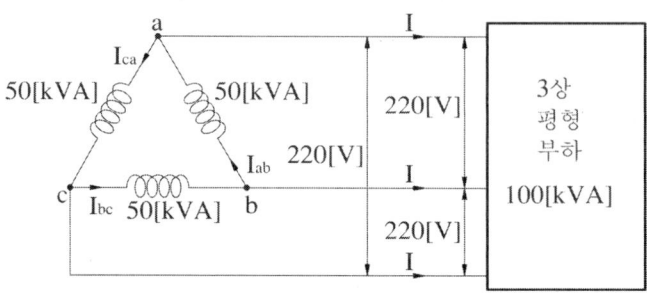

(1) 소손이 되기 전의 부하 전류와 변압기의 상전류는 몇 [A]인가?
(2) △결선할 때 전체 변압기의 동손과 철손은 각각 몇 [A]인가?
(3) 소손 후의 부하 전류와 변압기의 상전류는 각각 몇 [A]인가?
(4) 변압기의 V결선 운전이 가능한지의 여부를 그 근거를 밝혀 설명하시오.
(5) V결선할 때 변압기의 동손과 철손은 각각 몇 [A]인가?

(1) 선 전류 $I_\ell = \dfrac{100 \times 10^3}{\sqrt{3} \times 220} = 262.43\,[\text{A}]$, 상전류 $I_P = \dfrac{262.43}{\sqrt{3}} = 151.51\,[\text{A}]$

- 정답 : 선 전류 262.43[A], 상전류 151.51[A]

(2) $P_c = I^2 R$에서 $P_c \propto I^2$ 이고, 부하전류 ∝ 부하율이므로 $P_c \propto$ 부하율^2 관계가 성립한다.
- 변압기 부하율 $\text{TR}_F = \dfrac{100}{150} = \dfrac{2}{3}$이므로
- 동손 $P_c = \left(\dfrac{2}{3}\right)^2 \times 500 \times 3 = 666.73\,[\text{W}]$, 철손 $P_i = 150 \times 3 = 450\,[\text{W}]$
- 정답 : 동손 666.73[W], 철손 450[W]

(3) 부하전류(선 전류) = 상전류 $I_\ell = \dfrac{100 \times 10^3}{\sqrt{3} \times 220} = 262.43\,[\text{A}]$
- 정답 : 부하전류 262.43[A], 상전류 262.43[A]

(4) 정답 : 120[%] 과부하 시 V결선 출력 : $P_V = \sqrt{3} \times 50 \times 1.2 = 103.92\,[\text{kVA}]$이므로 100[kVA] 부하에 전력 공급이 가능하다. 따라서 V 결선 운전이 가능하다

(5) 철손 $P_i = 150 \times 2 = 300\,[\text{W}]$, 동손 $P_c = \left(\dfrac{2}{\sqrt{3}}\right)^2 \times 500 \times 2 = 1333.33\,[\text{W}]$
- 정답 : 철손 300[W], 철손 1333.33[W]

예제 3 210[V], 10[kW], 역률 $\sqrt{3}/2$(지상)인 3상 부하와 210[V], 5[kW], 역률 1.0인 단상 부하가 있다. 그림과 같이 단상 변압기 2대를 V 결선하여 이들 부하에 전력을 공급하고자 한다.

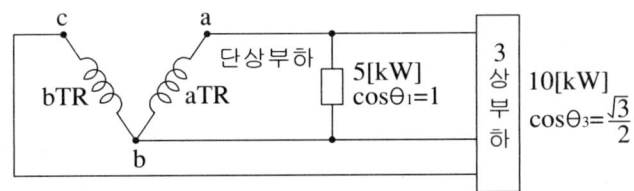

(1) 공용 상과 전용 상을 동일 용량의 것으로 하는 경우 변압기 용량을 선택하시오.
(2) 공용상과 전용 상을 각각 다른 용량의 것으로 하는 경우 변압기의 용량을 선택하시오.
단, 변압기의 표준 용량은 표와 같다.

변압기의 표준 용량 [kVA]								
5	7.5	10	15	20	25	50	75	100

해설과 정답

(1) 공용 상과 전용 상을 동일 용량의 것으로 선정하기 위해서는 더 큰 부하가 걸려있는 변압기 즉, 단상 부하와 3상 부하가 모두 접속되어 있는 TR_a 변압기를 기준으로 선택하여야 한다.
- TR_a 변압기는 역률이 다른 단상 부하와 3상 부하가 접속되어 있으므로 유효분과 무효분으로 분류하여 그 용량을 구하여야 한다. 또한 3상 부하 역률 $\cos\theta = \dfrac{\sqrt{3}}{2}$ 이면 무효율 $\sin\theta = \dfrac{1}{2}$ 이 된다.
- 3상 부하 분담 변압기 1대 용량 : $VI = \dfrac{P}{\cos\theta} \times \dfrac{1}{\sqrt{3}} = \dfrac{10}{\dfrac{\sqrt{3}}{2}} \times \dfrac{1}{\sqrt{3}} = 6.67\,[\mathrm{kVA}]$
- $TR_a = \sqrt{(5 + 6.67 \times \dfrac{\sqrt{3}}{2})^2 + (6.67 \times \dfrac{1}{2})^2} = 11.28\,[\mathrm{kVA}]$
- 정답 : 15[kVA] 선정

(2) 공용 상은 단상과 3상 부하가 모두 접속되어 있는 TR_a 변압기를 의미하고, 전용 상은 3상 부하만 접속되어 있는 TR_b 변압기를 의미한다.
- 정답 : 공용 상 $TR_a = 15$[kVA], 전용 상 $TR_b = 7.5$[kVA]

4) 변압기 병렬운전

(1) 병렬운전 조건
① 각 변압기의 극성이 같을 것.
- 같지 않을 경우 변압기 2차권선 내에 큰 순환전류가 발생하여 권선의 가열 및 소손 우려가 발생할 수 있다.
  [참고] 감극성, 가극성
  - 감극성 : 변압기 1차 전압과 2차 전압이 동상인 경우
  - 가극성 : 변압기 1차 전압과 2차 전압이 위상차 180°인 경우
  - 우리나라 모든 일반 변압기 및 특수변압기는 특별한 조건이 없는 한 감극성을 표준으로

하고 있다.
② 각 변압기의 권수비 및 1, 2차 정격전압이 같을 것.
- 같지 않을 경우 기전력 차로 인한 순환전류가 발생하여 2차권선 내를 순환하므로 권선의 가열이 발생할 수 있다.
- 순환전류의 크기 : $I_c = \dfrac{\dot{E}_{a2} - \dot{E}_{b2}}{\dot{Z}_a + \dot{Z}_b}$ [A]

  여기서, $\dot{Z}_a[\Omega]$, $\dot{Z}_b[\Omega]$은 병렬 운전하는 각각의 변압기 권선의 누설임피던스이다.
③ 각 변압기 권선의 저항과 리액턴스의 비가 같을 것.
- 같지 않을 경우 위상차로 인한 순환전류가 발생하여 2차권선 내를 순환하므로 권선의 가열이 발생할 수 있다.
- 순환전류의 크기 : $I_c = \dfrac{\dot{E}_{a2} - \dot{E}_{b2}}{\dot{Z}_a + \dot{Z}_b}$ [A]

  여기서, $\dot{Z}_a[\Omega]$, $\dot{Z}_b[\Omega]$은 병렬 운전하는 각각의 변압기 권선의 누설임피던스이다.
④ 각 변압기의 백분율 임피던스강하가 같을 것.
- 같지 않을 경우 부하전류가 용량에 비례하지 않으므로 변압기 이용률 저하로 과부하가 발생할 수 있고 변압기 용량의 합만큼 부하전력을 공급할 수 없다.
- 부하 분담 전류 : $\dfrac{I_A}{I_B} = \dfrac{P_A}{P_B} \times \dfrac{\%Z_b}{\%Z_a}$

  여기서, $P_A[\text{kVA}]$, $P_B[\text{kVA}]$는 각각의 병렬 운전하는 변압기 용량이다.
- 부하 분담은 변압기 용량에 비례하고 내부 임피던스에 반비례하여 분배된다.
⑤ 3상 변압기의 경우 각 변압기의 위상 변위가 같을 것
- 같지 않을 경우 가변위로 인한 순환전류가 흘러 병렬 운전할 수 없다.

예제문제

예제 1 두 대의 변압기를 병렬 운전하고 있다. 다른 정격은 모두 같고 1차 환산 누설임피던스만이 $2+j3[\Omega]$과 $3+j2[\Omega]$이다. 이 경우 변압기에 흐르는 부하 전류를 50[A]라면 순환전류[A]는 얼마인가?

해설과 정답

변압기 병렬운전 조건에서 각 변압기 권선의 저항 및 리액턴스 비가 불일치할 경우 위상차에 의한 다음과 같은 순환전류가 발생하여 2차권선 내를 순환하므로 권선의 가열이 발생할 수 있다.

- 순환전류 $I_c = \dfrac{\dot{E}_A - \dot{E}_B}{\dot{Z}_A + \dot{Z}_B} = \dfrac{(3+j2)25 - (2+j3)25}{(3+j2)+(2+j3)} = \dfrac{25-j25}{5+j5}$

$$= \frac{(25-j25)(5-j5)}{(5+j5)(5-j5)} = \frac{-j250}{50} = -j5[\text{A}]$$

- 정답 : 5[A]

 3150/210[V]인 변압기의 용량이 각각 250[kVA], 200[kVA]이고, %임피던스가 2.5[%]와 3[%]일 때 그 병렬 합성용량[kVA]은?

해설과 정답

큰 부하를 분담하는 변압기가 정격용량이 될 때까지 부하를 걸 수 있다.
- 변압기 용량은 같고, %임피던스가 다른 경우 %임피던스가 작은 변압기가 큰 부하를 분담한다.
- 변압기 용량이 다른 경우 용량이 큰 변압기를 기준으로 용량이 작은 변압기 %임피던스를 환산한 후 %임피던스가 작은 변압기가 큰 부하를 분담한다. 즉, %임피던스가 큰 변압기는 정격용량까지 부하를 걸 수 없다.
- 200[kVA]변압기 %Z를 250[kVA]용량으로 환산하면
  200[kVA] : 250[kVA] = 3 : %Z_b에서 200[kVA]변압기 %$Z_b = 3.75[\%]$가 된다.
- 변압기 병렬운전 시 부하분담은 용량에 비례하고, %임피던스에 반비례 분배되므로
  $250[\text{kVA}] : \text{P}_B[\text{kVA}] = 3.75 : 2.5$에서 $\text{P}_B = \frac{2.5}{3.75} \times 250 = 166.67[\text{kVA}]$
- 합성용량 : $P_A + P_B = 250 + 166.67 = 416.67[\text{kVA}]$
- 정답 : 416.67[kVA]

(2) 병렬운전 결선 법

병렬운전이 가능한 경우		병렬운전이 불가능한 경우	
A변압기	B변압기	A변압기	B변압기
△-△	△-△	△-△	△-Y
Y-Y	Y-Y	△-Y	Y-Y
△-Y	△-Y		
Y-△	Y-△		
△-△	Y-Y		
△-Y	Y-△		

5) 배전용변압기 탭 변환에 의한 2차 전압의 조정

변압기 2차 측에서 과부하가 발생하면 2차 측에 큰 전류가 흘러 전압강하가 커지므로 부하에 인가되는 전압은 일반적으로 감소한다. 따라서 변압기 2차 측 전압을 조정하기 위해 1차 측에 1차 측 권수 N_1을 조절할 수 있는 약 5[%] 간격의 탭을 만들어 2차 측 전압을 조정할 수 있다.

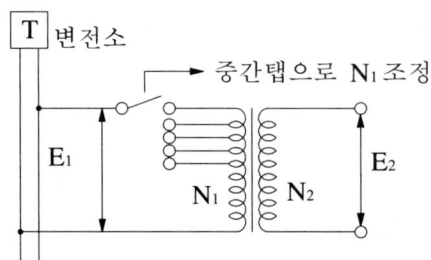

변압기에서는 $\dfrac{E_1}{E_2}=\dfrac{N_1}{N_2}$이 성립하므로 $E_1 N_2 = N_1 E_2$도 성립하여야 한다. 그런데 변압기에서 E_1과 N_2는 탭 변환과 무관하게 항상 일정이므로 즉, 『$E_1 \cdot N_2$ = 일정』이면 변압기에서 고장이 발생하지 않는 한 『$N_1 \cdot E_2$ = 일정』인 특성을 가져야 한다.

① $\dfrac{E_1}{E_2}=\dfrac{N_1}{N_2}$에서 E_1, N_2는 일정하므로 「$N_1 \cdot E_2$ = 일정」이다.

② 배전용 변압기의 탭
  ㉮ 3300[V] : 3450, 3300, 3150, 3000, 2850[V]
  ㉯ 6600[V] : 6900, 6600, 6300, 6000, 5700[V]
  ㉰ 13200[V] : 13800, 13200, 12600, 12000, 11400[V]

예제문제

예제 1 22.9[kV-Y] 배전용 주상 변압기의 1차 측 탭 전압이 22900[V]의 경우에 저압 측의 전압이 220[V]이다. 저압 측의 전압을 약 210[V]로 하자면 1차 측의 어느 탭 전압에 접속해야 하는가? (단, 탭은 20000[V], 21000[V], 22000[V], 23000[V], 24000[V]가 있다.)

해설 및 정답

변압기 탭 변환
- $E_1 N_2 = N_1 E_2$에서 E_1, N_2가 일정이므로 가변인 $N_1 E_2$도 일정이어야 한다.
- $N_1 E_2 = N_1' E_2'$로부터 $22900 \times 220 = N_1' \times 210$이므로 $N_1' = 23990.48$
- 정답 : 24,000[V] 탭 전압 선정

6) 단권변압기(승압기)

(1) 단상전압 승압

1차 권선과 2차 권선의 일부가 공통으로 되어 있는 구조의 변압기로 1, 2차 공통인 부분의 권선을 분로권선, 공통이 아닌 2차 부분의 권선을 직렬권선이라고 한다.

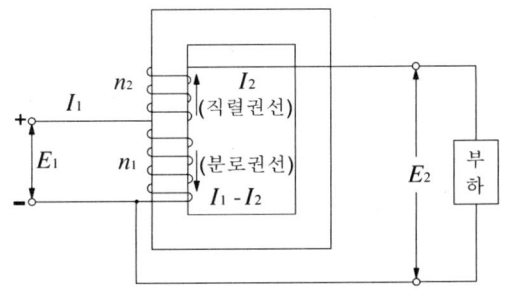 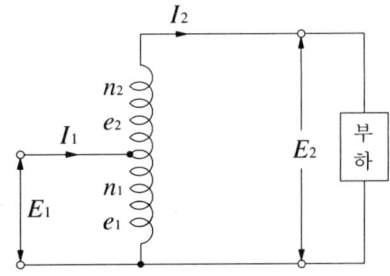

여기서, e_1[V]은 승압기 1차 정격전압, e_2[V]는 승압기 2차 정격전압,
n_1은 분로권선의 권수, n_2는 직렬권선의 권수이다.

- 권수 비 : $a = \dfrac{E_1}{E_2} = \dfrac{n_1}{n_1 + n_2}$

- 승압 후 전압 : $E_2 = E_1(1 + \dfrac{n_2}{n_1}) = E_1(1 + \dfrac{e_2}{e_1})[\text{V}]$

- 부하용량(2차 출력) : $W = E_2 I_2 [\text{kVA}]$

- 승압기 용량(자기용량) : $\omega = e_2 I_2 = e_2 \times \dfrac{W}{E_2}[\text{kVA}]$

① 장점
  ㉮ 동량이 적어지므로 중량이 감소하고, 값이 싸지므로 경제적이다.
  ㉯ 동손이 적으므로 효율이 높다.
  ㉰ 누설자속이 적으므로 전압변동이 적고, 계통의 안정도가 증가한다.
  ㉱ 변압기 자기용량보다 부하용량이 크므로 소 용량으로 큰 부하를 걸 수 있다.

② 단점
  ㉮ 누설 임피던스가 적으므로 단락 사고 시 단락전류가 크다.
  ㉯ 1,2차 권선이 전기적으로 공통이므로 절연이 어렵다.
  ㉰ 1,2차가 직접접지 계통에서만 적용되는 변압기이다
  ㉱ 충격전압이 거의 직렬권선에 가해지므로 이에 대한 절연설계가 필요하다.

③ 용도
  ㉮ 전력계통에서의 전압조정용 승, 강압기
  ㉯ 동기기나 유도기에서의 기동보상기

(2) 3상 전압 승압(V 결선)

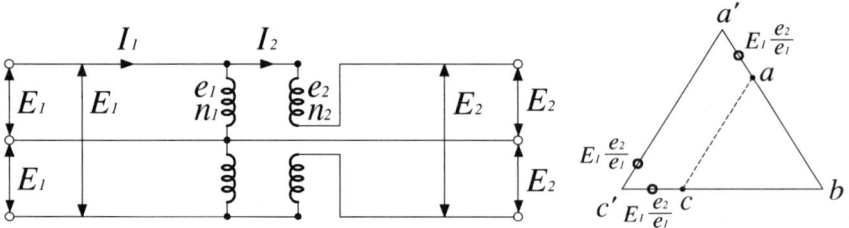

여기서, e_1[V]은 승압기 1차 정격전압, e_2[V]는 승압기 2차 정격전압, n_1은 분로권선의 권수, n_2는 직렬권선의 권수이다.

① 승압 후 전압 : $E_2 = E_1(1 + \dfrac{n_2}{n_1}) = E_1(1 + \dfrac{e_2}{e_1})$[V]

② 부하용량 : $W = \sqrt{3}\,E_2 I_2$ [kVA]

③ 승압기 용량(자기용량) : $\omega = e_2 I_2 = e_2 \times \dfrac{W}{\sqrt{3}\,E_2}$ [kVA]

⇨ ω는 승압기 1대 용량이므로 승압기 총 용량은 2ω[kVA]를 필요로 한다.

(3) 3상 전압 승압(△ 결선)

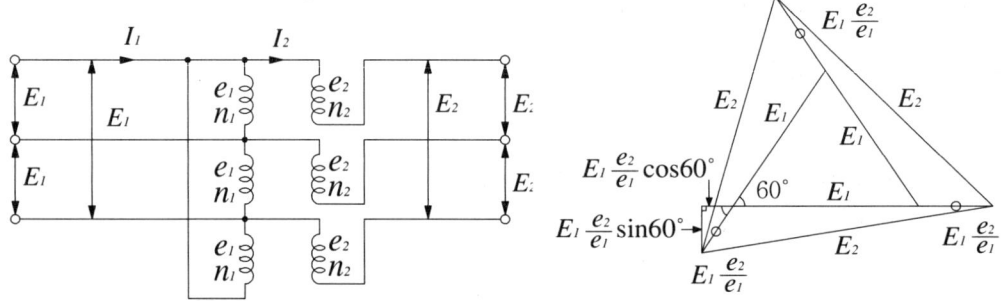

여기서, e_1[V]은 승압기 1차 정격전압, e_2[V]는 승압기 2차 정격전압, n_1은 분로권선의 권수, n_2는 직렬권선의 권수이다.

• $E_2 = \sqrt{\left(E_1 + E_1\dfrac{e_2}{e_1} + \dfrac{1}{2}E_1\dfrac{e_2}{e_1}\right)^2 + \left(\dfrac{\sqrt{3}}{2}E_1\dfrac{e_2}{e_1}\right)^2} = E_1\left(1 + \dfrac{3}{2}\dfrac{e_2}{e_1}\right)$

① 승압 후 전압 : $E_2 = E_1(1 + \dfrac{3}{2}\dfrac{n_2}{n_1}) = E_1(1 + \dfrac{3}{2}\dfrac{e_2}{e_1})$[V]

② 부하용량 : $W = \sqrt{3}\,E_2 I_2$ [kVA]

③ 승압기 용량(자기용량) : $\omega = e_2 I_2 = e_2 \times \dfrac{W}{\sqrt{3}\,E_2}$ [kVA]

⇨ ω는 승압기 1대 용량이므로 승압기 총 용량은 3ω[kVA]를 필요로 한다.

예제문제

예제 1) 단상 교류회로에 3150/210[V]의 승압기를 80[kW], 역률 0.8인 부하에 접속하여 전압을 상승시키는 경우에 다음 중 몇 [kVA]의 승압기를 사용하여야 적당한가? 단, 전원 전압은 2900[V]이다.

[해설과 정답]

[해설] 승압기 용량

- 승압 전압 : $E_2 = E_1\left(1 + \dfrac{n_2}{n_1}\right) = 2900\left(1 + \dfrac{210}{3150}\right) = 3093.33\,[\text{V}]$
- 부하 전류 : $I_2 = \dfrac{P}{E_2 \cos\theta} = \dfrac{80 \times 10^3}{3093.33 \times 0.8} = 32.33\,[\text{A}]$
- 승압기 용량 : $\omega = e_2 I_2 = 210 \times 32.33 \times 10^{-3} = 6.79\,[\text{kVA}]$
- 정답 : $7.5\,[\text{kVA}]$ 선정

예제 2) 정격전압 1차 6600[V], 2차 210[V], P=10[kVA]의 단상변압기 2대를 승압기로 V결선하여 6300[V]의 3상 전원에 접속하였다. 다음 물음에 답하시오.
(1) 승압된 전압[V]은?
(2) 3상 V결선 승압기 결선도를 완성하시오.

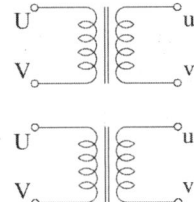

[해설과 정답]

(1) $V_2 = \left(1 + \dfrac{n_2}{n_1}\right)V_1 = \left(1 + \dfrac{210}{6600}\right) \times 6300 = 6500.45\,[\text{V}]$

- 정답 : 6500.45[V]

(2) 정답 : V결선 승압기 결선도

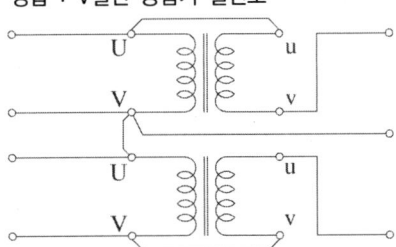

예제 3) 3상 3선식 3000[V], 200[kVA]의 배전선로 전압을 3100[V]로 승압하기 위하여 단상 변압기 3대를 그림과 같이 접속하였다. 이 변압기의 1, 2차 전압과 정격용량을 구하시오. (단, 변압기 손실은 무시한다.)

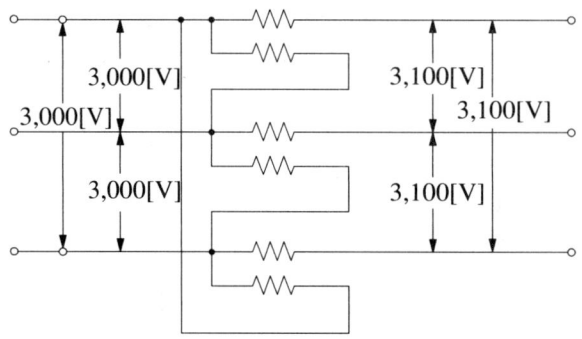

해설과 정답

- 승압기 1차 전압 : $e_1 = 3000[\text{V}]$
- 승압기 2차 전압 :
  - $E_2 = E_1\left(1 + \dfrac{3}{2}\dfrac{e_2}{e_1}\right)$에서 $\dfrac{E_2}{E_1} - 1 = \dfrac{3}{2}\dfrac{e_2}{e_1}$ 이므로
  - $e_2 = \dfrac{2}{3}\left(\dfrac{E_2}{E_1} - 1\right)e_1 = \dfrac{2}{3}\left(\dfrac{3100}{3000} - 1\right) \times 3000 = 66.67[\text{V}]$
  - 승압기 2차 전압 : $e_2 = 66.67[\text{V}]$
- 승압기 용량 :
  - 승압기 1대의 자기용량 $\omega = e_2 I_2 = e_2 \times \dfrac{W}{\sqrt{3}\,E_2}[\text{kVA}]$ 이므로
  - 승압기 3대 전체 용량 $\omega_3 = 3 \times 66.67 \times \dfrac{200 \times 10^3}{\sqrt{3} \times 3100} \times 10^{-3} = 7.45[\text{kVA}]$
- 정답 : 승압기 용량 $7.5[\text{kVA}]$

7) 전압조정장치

(1) 무 부하 탭 절환 장치(N.L.T.C)

변압기 운전을 정지하고 방전 작업 후 무 부하 상태에서 전력용 변압기의 탭 절환을 통해 변압기 2차 전압을 조정하기 위한 전압 조정 장치

(2) 부하 시 전압조정장치

① 부하 시 탭 절환 장치(ULTC) : 부하전류가 흐르고 있는 상태에서 탭 절환을 통해 변압기 2차 전압을 조정하기 위한 전압 조정 장치.

변환기 구조 상 분류	• 병렬회로 식	• 단일회로 식
임피던스 종류에 따른 분류	• 저항 식	• 리액터 식

② 부하 시 전압위상조정기 : 송전선로의 루프(Loop)운전 및 전력 조류제어에 이용
③ 유도전압조정기(IVR) : 전압변동이 심한 변전소 등에서 3 ~ 6[kV]급에서 이용
④ 부하 시 전압조정기(OLTC) : 인가되는 부하 량에 의거 수전단 전압을 일정하게 할 수 있도록 전압조정을 하는 것

(3) 배전선로의 전압조정
① 자동전압조정기
② 직렬콘덴서
③ 병렬콘덴서
④ 배전용 변압기의 탭 조정
⑤ 고정 승압기

8) 변압기 용량 결정

(1) 변압기 용량 결정 시 고려 사항
① 부하 조사
② 급전 방식 및 변압기 대수
③ 전압 변동이나 전압강하 및 순시 정전 시 대책
④ 변압기 발열량 및 냉각 방식
⑤ 단락 사고 보호 방식
⑥ 단락전류 추정 및 차단기 용량
⑦ 부하 밸런스 시간 정격 및 과부하율
⑧ 접지 보호 및 서지 보호
⑨ 여자 돌입전류 및 플리커 경감 대책

(2) 부하설비용량의 추정
- 부하설비용량$[kVA]$ = 부하밀도의총합$[VA/m^2] \times$ 총면적$[m^2] \times 10^{-3}$

(3) 수용률
임의의 수용가에서 "전력 발생 부하가 동시에 사용되는 정도"를 나타내는 값으로 수용 장소에 설비된 모든 부하설비용량의 합에 대한 실제 사용되고 있는 최대수용전력과의 비율을 나타낸 것으로 단독수용가에 대한 변압기 용량의 결정은 최대수용전력에 의하여 산정할 수 있다.

① 수용률 $= \dfrac{최대수용전력[kW]}{수용설비용량[kW]} \times 100[\%]$

② 변압기용량$[kVA] = \dfrac{최대수용전력[kW]}{역률} = \dfrac{수용설비용량 \times 수용율}{역률 \times 효율}$

③ 수용률이 크다 :
　㉮ 공급 설비 이용률이 크다
　㉯ 변압기 용량이 크다.

(4) 부등률

다수의 수용가가 존재할 때 어느 임의의 시점에서 동시에 사용되고 있는 합성 최대수용전력에 대한 각 수용가의 최대수용전력의 합에 대한 비율을 나타낸 것으로, 그 의미는 "최대 수용 전력의 발생 시기나 시각의 분산 지표"를 나타낸 값으로 "부등률이 크다"라는 것은 어느 다수의 수용가에서의 합성최대수용전력이 일정할 때 각각의 수용가에서의 다른 시간대 별 최대수용전력이 큰 경우이므로 "변압기 용량의 감소효과는 있지만 전체 설비계통의 이용률이 낮아진다."라는 의미를 가지는 상수로 다수의 수용가에서의 변압기 용량을 산정할 수 있다.

① 부등률 = $\dfrac{\text{수용설비 각각의 최대수용전력의 합[kW]}}{\text{합성최대수용전력[kW]}} \geq 1$

② 변압기용량[kVA] = $\dfrac{\text{합성최대수용전력[kW]}}{\text{역률}}$ = $\dfrac{\Sigma[\text{수용률} \times \text{부하설비용량[kW]}]}{\text{부등률} \times \text{역률} \times \text{효율}}$

③ 부등률이 크다 :
   ㉮ 다수의 수용가에서 동일 시간대 전력소비가 작다.
   ㉯ 공급설비이용률이 낮다.
   ㉰ 변압기 용량이 감소한다.

(5) 부하율

부하율이란 임의의 수용가에서 "어느 일정 기간 중의 부하 변동의 정도"를 나타내는 것으로서 어떤 임의의 기간 중의 합성최대수용전력에 대한 그 기간 중의 평균 수용전력과의 비를 나타낸 것으로 어느 수용가의 공급설비가 어느 정도 유효하게 사용되고 있는가를 알 수 있다.

① 부하율 = $\dfrac{\text{평균수용전력}}{\text{최대수용전력}} \times 100[\%]$

② 평균수용전력 = $\dfrac{\text{전력량[kWh]}}{\text{기준시간[h]}}$

③ 부하율이 크다 :
   ㉮ 공급 설비에 대한 설비 이용률이 크다.
   ㉮ 전력변동은 작다.

【참고】 최대전력 억제법
① 설비부하의 피크 컷 및 피크 시프트 : 특정 시간대에 집중하는 부하를 타시간대로 분산하는 것.
② 자가 발전기 가동에 의한 피크제어 : 특정 시간, 특정 계절에 집중되는 부하를 자가용 발전기를 가동시켜 억제시키는 것.
③ 디멘드 콘트롤러를 이용한 프로그램 제어 : 최대수요전력 감시장치를 설치하여 사용전력이 목표치보다 높을 경우 잠시 운전을 정지해도 되는 부하를 단시간 정지 등을 통해 최대전력을 억제하는 것.

예제문제

예제 1 어떤 변전소의 공급 구역 내의 총 부하용량은 전등 600[kW], 동력 800[kW]이다. 각 수용률은 전등 60[%], 동력 80[%]이고, 각 수용가 간의 부등률은 전등 1.2, 동력 1.6이며, 또한 변전소에서 전등부하와 동력부하 간의 부등률을 1.4라 하고, 배전선(주상변압기 포함)의 전력손실을 전등부하, 동력부하 각각 10[%]라 할 때 다음 각 물음에 답하시오.
(1) 전등의 종합 최대 수용전력은 몇 [kW]인가?
(2) 동력의 종합 최대 수용전력은 몇 [kW]인가?
(3) 변전소에 공급하는 최대 전력은 몇 [kW]인가?

해설과 정답

(1) 전등부하 합성최대수용전력 = $\dfrac{600 \times 0.6}{1.2} = 300\,[\mathrm{kW}]$

- 정답 : 300[kW]

(2) 동력부하 합성최대수용전력 = $\dfrac{800 \times 0.8}{1.6} = 400\,[\mathrm{kW}]$

- 정답 : 400[kW]

(3) 합성최대수용전력 = $\dfrac{300 + 400}{1.4} \times 1.1 = 550\,[\mathrm{kW}]$

- 정답 : 550[kW]

예제 2 어느 변전소에서 그림과 같은 일부하 곡선을 지닌 3개의 부하 A, B, C를 공급하고 있을 때, 이 변전소의 종합 부하에 대해 다음 값을 구하여라. (단, 부하 A, B, C의 평균 전력은 각각 4500[kW], 2400[kW] 및 900[kW]라 하고 역률은 각각 100[%], 80[%] 및 60[%]라 한다.

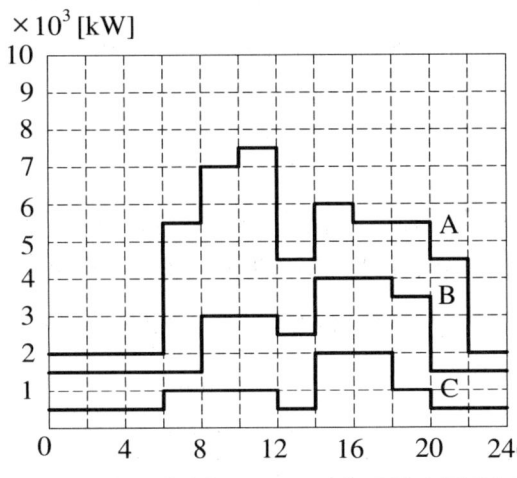

부하전력은 부하곡선의 수치에 10^3을 한다는 의미임.
즉 수직측의 5는 $5 \times 10^3 [\mathrm{kW}]$라는 의미임.

(1) 합성 최대 수용전력[kW]   (2) 종합 부하율[%]
(3) 부등률   (4) 최대 부하시의 종합 역률[%]

해설과 정답

최대 부하가 발생하는 시간대는 14 ~16시이다.
(1) 합성 최대 수용전력 = 6,000+4,000+2,000=12,000[kW]
- 정답 : 12,000[kW]

(2) 종합부하율 = $\dfrac{4500+2400+900}{12000} \times 100 = 65\,[\%]$
- 정답 : 65[%]

(3) 부등률 = $\dfrac{7500+4000+2000}{12000} = 1.125$
- 정답 : 1.125

(4) 최대 부하 시 종합 역률
- 최대 부하 시 유효전력 $P = 12000\,[\mathrm{kW}]$
- 최대 부하 시 무효전력 $P_r = 0 + \dfrac{4000}{0.8} \times 0.6 + \dfrac{2000}{0.6} \times 0.8 = 5666.67\,[\mathrm{kVar}]$
- 역률 : $\cos\theta = \dfrac{12000}{\sqrt{12000^2+5666.67^2}} \times 100 = 90.32\,[\%]$
- 정답 : 90.32[%]

(6) 손실계수

어떤 임의의 기간 중의 최대손실전력에 대한 평균손실전력의 비율을 나타낸 것으로 그 기간에 따라서 일, 월, 년 손실 계수 등이 있으며, 이 값이 클수록 선로손실이 큰 것을 의미한다.

① 손실계수(H) = $\dfrac{평균손실전력[\mathrm{kW}]}{최대손실전력[\mathrm{kW}]}$

② 부하율과 손실계수의 관계
  ㉮ $1 \geq F \geq H \geq F^2 \geq 0$
  ㉯ $H = \alpha F + (1-\alpha)F^2$ (α : 부하율 F에 따른 계수로 배전선로인 경우 0.2 ~ 0.4 적용)

③ 분산 부하에서의 전압강하 및 전력손실 : 부하를 균등하게 분산시킨 분포부하의 경우 전압강하 및 전력손실은 부하를 말단에 집중시킨 집중부하에 비해 전압강하는 $\dfrac{1}{2}$배로, 전력손실은 $\dfrac{1}{3}$배로 감소한다.

예제 3 20개의 가로등이 500[m] 거리에 균등하게 배치되어 있다. 한등의 소요 전류 4[A], 전선의 단면적 35[mm²] 도전율 97[%]]라면 한쪽 끝에서 단상 220[V]로 급전할 때 최종 전등에 가해지는 전압을 구하시오. (단, 표준 연동선의 고유 저항은 $\dfrac{1}{58}[\Omega \cdot \mathrm{mm}^2/\mathrm{m}]$이다.)

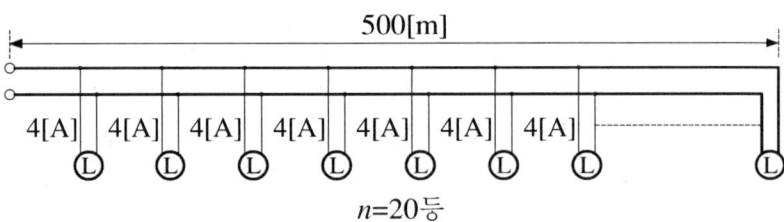

해설과 정답

부하를 균등하게 분산시킨 분포부하의 경우 전압강하는 부하를 말단에 집중시킨 집중부하에 비해 전압강하는 $\frac{1}{2}$배로 감소한다.

- 집중 부하 시 전압 강하 :
  - 전등부하이므로 역률은 1 취급하며, $\%\sigma = 97[\%]$이므로 전선의 저항은 $\frac{100}{97}$배 만큼 증가한다.
  - 전압강하

  $$e = 2IR = 2 \times nI_1 \times \rho \frac{\ell}{A} \times \frac{100}{\%\sigma} = 2 \times (4 \times 20) \times \left(\frac{1}{58} \times \frac{500}{35}\right) \times \frac{100}{97} = 40.63[V]$$

- 최종 전등에 걸리는 전압 : $V = 220 - \frac{1}{2}e = 220 - \frac{40.63}{2} = 199.69[V]$
- 정답 : 199.69[V]

예제 4 어떤 인텔리전트 빌딩에 대한 등급별 추정 전원 용량에 대한 다음 표를 이용하여 각 물음에 답하시오.

내용 \ 등급별	0등급	1등급	2등급	3등급
조 명	32	22	22	30
콘센트	–	13	5	5
사무자동화(OA)기기	–	–	34	36
일반동력	38	45	45	45
냉방동력	40	43	43	43
사무자동화(OA)동력	–	2	8	8
합 계	105	127	157	167

등급별 추정 전원 용량(VA/㎡)

(1) 연면적 10,000[㎡]인 인텔리전트 빌딩 2등급인 사무실 빌딩의 전력설비 부하용량을 다음 표에 의하여 구하시오.

부하내용	면적을 적용한 부하용량[kVA]	
	계산 과정	부하용량[kVA]
조명		
콘센트		
OA기기		
일반동력		
냉방동력		
OA동력		
합계		

(2) 물음 "(1)"에서 조명, 콘센트, 사무자동화기기의 적정 수용률은 0.75, 일반동력 및 사무자동화 동력의 적정 수용률은 0.5, 냉방동력의 적정 수용률은 0.9이고, 주변압기 부등률은 1.3으로 적용한다. 이때 전압방식을 2단 강압방식으로 채택할 경우 변압기의 용량에 따른 변전설비의 용량을 산출하시오.(단, 조명, 콘센트, 사무자동화 기기를 3상 변압기 1대로, 일반 동력 및 사무자동화 동력을 3상 변압기 1대로, 냉방 동력을 3상 변압기 1대로 구성하고, 상기 부하에 대한 주변압기 1대를 사용하도록 하며, 변압기 용량은 아래 표의 표준용량을 활용하여 선정한다.)

변압기표준용량 [kVA]	10, 15, 20, 30, 50, 75, 100, 150, 200, 300, 500, 750, 1000

① 조명, 콘센트, 사무자동화 기기에 필요한 변압기 용량 산정
② 일반 동력, 사무자동화동력에 필요한 변압기 용량 산정
③ 냉방 동력에 필요한 변압기 용량 산정
④ 주변압기 용량 산정

(3) 주변압기에서부터 각 부하에 이르는 변전설비의 단선 계통도를 간략하게 그리시오.

(1) 정답 : 전력설비 부하용량 표

부하내용	면적을 적용한 부하용량[kVA]	
	계산 과정	부하용량[kVA]
조명	$22 \times 10,000 \times 10^{-3} = 220 [\text{kVA}]$	$220 [\text{kVA}]$
콘센트	$5 \times 10,000 \times 10^{-3} = 50 [\text{kVA}]$	$50 [\text{kVA}]$
OA기기	$34 \times 10,000 \times 10^{-3} = 340 [\text{kVA}]$	$340 [\text{kVA}]$
일반동력	$45 \times 10,000 \times 10^{-3} = 450 [\text{kVA}]$	$450 [\text{kVA}]$
냉방동력	$43 \times 10,000 \times 10^{-3} = 430 [\text{kVA}]$	$430 [\text{kVA}]$
OA동력	$8 \times 10,000 \times 10^{-3} = 80 [\text{kVA}]$	$80 [\text{kVA}]$
합계	$157 \times 10,000 \times 10^{-3} = 1,570 [\text{kVA}]$	$1,570 [\text{kVA}]$

(2) 변압기 용량 산정

① 조명, 콘센트, 사무자동화기기용 변압기 :
$$TR_1 = (220 + 50 + 340) \times 0.75 = 457.5 [\text{kVA}]$$
• 정답 : 500[kVA]
② 일반동력, 사무자동화 동력용 변압기 : $TR_2 = (450 + 80) \times 0.5 = 265 [\text{kVA}]$
• 정답 : 300[kVA]
③ 냉방동력용 변압기 : $TR_3 = 430 \times 0.9 = 387 [\text{kVA}]$
• 정답 : 500[kVA]
④ 주변압기 : $STr = \dfrac{457.5 + 265 + 387}{1.3} = 853.46 [\text{kVA}]$
• 정답 : 1000[kVA]

(3) 변전설비 단선 계통도

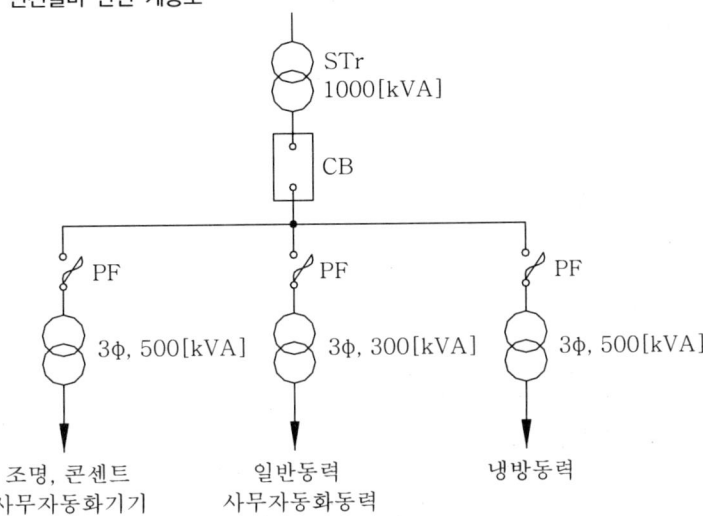

예제 5 다음과 같은 규모의 아파트단지를 계획하고 있다. 주어진 조건을 이용하여 다음 각 물음에 답하시오.

[규모]
- 아파트 동 수 및 세대 수는 2개 동, 300 세대이며, 세대 당 면적과 세대수는 다음과 같다.
- 계단, 복도, 지하실 등의 공용면적은 1동 1700[m^2], 2동 1700[m^2]이다.

동별	세대 당 면적[㎡]	세대 수	동 별	세대 당 면적[㎡]	세대 수
1동	50	30	2동	50	50
	70	40		70	30
	90	50		90	40
	110	30		110	30

[조건]
- 면적의 [m^2]인 상정부하는 다음과 같다
  아파트 : 30[VA/m^2], 공용면적부분 : 7[VA/m^2]
- 세대 당 추가로 가산하여야 할 피상전력[VA]은 다음과 같다.
  ◦ 80[m^2]이하의 세대 : 750[VA],   ◦ 150[m^2] 이하인 경우 : 1000[VA]
- 아파트 동별 수용률은 다음과 같다.
  ◦ 70세대 이하인 경우 : 65[%],   ◦ 100세대 이하인 경우 : 60[%]
  ◦ 150세대 이하인 경우 : 55[%],   ◦ 200세대 이하인 경우 : 50[%]
- 공용 부분의 수용률은 100[%]로 한다.
- 모든 계산은 피상전력을 기준으로 한다.
- 역률은 100[%]로 계산한다.
- 주변전실로부터 1동까지는 150[m]이며, 동 내부의 전압강하는 무시한다.
- 각 세대의 공급방식은 110/220[V]의 단상 3선식으로 한다.
- 변전실의 변압기는 단상 변압기 3대로 구성한다.
- 동간 부등률은 1.4로 한다.

- 주 변전실에서 각 동까지의 전압강하는 3[%]로 한다.
- 이 아파트 단지의 수전은 13200/22900V-Y의 3상4선식 계통에서 수전한다.
- 사용설비에 의한 계약전력은 사용설비의 개별 입력의 합계에 대하여 다음 표의 계약전력 환산율을 곱한 것으로 한다.

구분	계약전력 환산율	비고
처음 75[kW]에 대하여	100[%]	계산의 합계치 단수가 1[kW] 미만일 경우 소수점 이하 첫째 자리에서 반올림할 것.
다음 75[kW]에 대하여	85[%]	
다음 75[kW]에 대하여	75[%]	
다음 75[kW]에 대하여	65[%]	
300[kW] 초과분에 대하여	60[%]	

(1) 1동의 상정부하는 몇[VA]인가?
(2) 2동의 수용부하는 몇[VA]인가?
(3) 1, 2동에 전기를 공급하는 변압기 용량을 계산하기 위한 부하는 몇 [kVA]인가?
(4) 이 단지의 변압기는 단상 몇[kVA]짜리 3대를 설치하여야 하는가? 단, 변압기 용량은 10[%]의 여유를 주도록 하며, 단상 변압기의 표준용량은 50, 75, 100, 150, 200, 300[kVA] 등이다.
(5) 한국전력공사와 변압기 설비에 의하여 계약한다면 몇 [kW]로 계약하여야 하는가?
(6) 한국전력공사와 사용설비에 의하여 계약한다면 몇 [kW]로 계약하여야 하는가?

[해설] 아파트 부하 조사표

동	세대면적	세대수	표 준 부 하[VA]	가 산 부 하[VA]	공용부하[VA]
1동	50	30	50×30×30=45000	30×750=22500	7×1700= 11,900
	70	40	70×30×40=84000	40×750=30000	
	90	50	90×30×50=135000	50×1000=50000	
	110	30	110×30×30=99000	30×1000=30000	
	총합	150	363000	132500	
2동	50	50	50×30×50=75000	50×750=37500	7×1700= 11,900
	70	30	70×30×30=63000	30×750=22500	
	90	40	90×30×40=108000	40×1000=40000	
	110	30	110×30×30=99000	30×1000=30000	
	총합	150	345000	130000	

(1) 1동 상정부하 = 363000+132500+11900 = 507,400[VA]
  2동 상정부하 = 345,000+130,000+11900 = 486,900[VA]
(2) 1동 수용부하 = (363000+132500)×0.55+11900=284,425[VA]
  2동 수용부하 = (345000+130000)×0.55+11900=273,150[VA]

[정답]
(1) 1동 상정부하[VA]=
(50×30×30+70×30×40+90×30×50+110×30×30)+(30×750+40×750
  +50×1000+30×1000)+(7×1700)=507,400[VA]
 • 정답 : 507,400[VA]
(2) 2동 상정 부하[VA]=
(50×30×50+70×30×30+90×30×40+110×30×30)+(50×750+30×750
  +40×1000+30×1000)+(7×1700)=486,900[VA]

2동 수용 부하[VA]= (345000+130000)×0.55+11900=273,150[VA]
- 정답 : 273,150[VA]

(3) 1동 수용부하 = (363000+132500)×0.55+11900=284,425[VA]

$$합성부하용량 = \frac{\sum 최대수용전력}{부등률} = \frac{284,425+273,150}{1.4} \times 10^{-3} = 398.27 [kVA]$$

- 정답 : 398.27[kVA]

(4) 단상변압기 용량 = $\frac{398.27}{3} \times 1.1 = 146.03 [kVA]$

- 정답 : 150[kVA]

(5) 변압기 설비에 의한 계약 최대 전력 = 150×3=450[kW]
- 정답 : 450[kW]

(6) 부하 사용설비에 의한 계약 최대 전력
  ① 설비용량= $(507,400 + 486,900) \times 10^{-3} = 994.3 [kVA]$
  ② 계약전력 = 75+75×0.85+75×0.75+75×0.65+694.3×0.6=660.33[kW]
- 정답 : 660[kW]

9) 변압기 고장 및 원인

(1) 변압기 사고

구분	고장 종류
내부 고장	권선의 상간·층간 단락, 고·저압 간 혼촉 발생, 부싱 리드선 단락이나 지락·단선 발생, 탭 절환기의 단락이나 지락 발생, 접촉부의 과열, 절연유 열화 및 누설, 온도 이상 상승.
외부 고장	부싱의 절연 파괴, 기계적 파손, 단자의 과열.
부속설비 고장	송유펌프 고장, 냉각팬 고장.

(2) 온도 상승

① 과부하
② 주위온도 상승
③ 유량 저하
④ 냉각팬, 송유펌프 고장
⑤ 온도계 불량
⑥ 내부 이상 발생

(3) 이상 음, 진동 발생

① 과전압, 주파수 변동
② 조임부의 이완
③ 고조파 전류
④ 철심의 조임 불량
⑤ 탭 절환기의 이상
⑥ 외함, 방열기의 공진, 공명
⑦ 냉각장치의 이상

(4) 변압기 권선의 소손

① 변압기의 상간 단락 및 층간 단락
② 변압기 권선의 지락 고장

③ 변압기 철심 사고   ④ 절연물 및 절연유의 열화에 의한 절연내력 저하

(5) 변압기 과부하 운전 조건
① 주위온도가 저하된 경우   ② 온도 상승 시험치가 규정 값보다 낮은 경우
③ 단시간 운전하는 경우   ④ 부하율이 저하된 경우
⑤ 냉각방식의 변화

(6) 변압기의 호흡 작용
유입형 변압기에서 절연유가 부하 변동에 따른 온도 변화로 실제 유온이 상승하여 절연유가 팽창하여 내부 압력이 상승하면 변압기 내부의 공기가 외부로 배출되고, 유온이 하강하여 절연유가 수축하면 변압기 외부의 습한 공기를 내부로 흡입하는 반복 현상

① 발생 결과
  ㉮ 절연내력 저하
  ㉯ 산화작용에 의한 슬러지 발생
  ㉰ 냉각 효과 감소

② 방지 대책
  ㉮ 콘서베이터 설치 : 변압기 본체 상부에 원통형의 작은 탱크 설치, 파이프로 연결한 것
  ㉯ 브리더 설치 : 실리카겔이나 활성알루미나 같은 흡습제 삽입
  ㉰ 질소 봉입 : 콘서베이터 유면 위에 질소 가스를 봉입 공기와의 접촉 차단.

10) 변압기 보호 장치의 분류

고장 구분	보호장치
권선의 보호	① 과전류계전기 ② 차동계전기 ③ 비율차동계전기
권선의 지락보호	① 영상차동 계전방식 ② 영상전압 계전방식 ③ 방향지락 계전방식
과부하 보호	① 과부하보호계전기(OCR-한시계전기, 반한시계전기)
과열 보호	① 등가온도계전기 ② 저항온도계 ③ 다이얼온도계

(1) 대용량 유입형 변압기 내부 고장 검출

구분	보호장치
전기적 보호장치	비율차동계전기
기계적 보호장치	부흐홀츠계전기, 충격압력계전기, 방압안전장치, 온도계, 유면계

① 비율차동계전기
② 부흐홀츠계전기

③ 충격압력계전기 : 변압기 내부사고 시 분해 가스가 발생하여 충격성의 이상 압력이 발생할 때 이 압력 상승을 검출하여 차단기를 동작시키는 기계적 보호 장치.
④ 방압안전장치 : 변압기 내부 고장 시 이상 압력에 의한 이동막이 동작하여 차단기를 동작시키는 기계적 보호 장치.
⑤ 온도계 : 온도 상승 값이 일정 값 이상 시 경보를 발생.
⑥ 유면계 : 유면 저하 시 경보를 발생.

6 진상용 콘덴서(전력용 콘덴서)

1) 진상용 콘덴서(전력용 콘덴서)

부하와 병렬로 접속하여 부하의 역률을 개선하기 위한 병렬 콘덴서로 그 접속 시 콘덴서를 Δ결선으로 하면 Y결선으로 할 때에 비하여 동일 정전용량으로 3배의 충전용량을 얻을 수 있다.

(1) 역률개선의 필요성
부하 역률이 감소하면 전압에 비하여 90° 늦은 위상차를 갖는 지상 무효 전류가 증가하므로 다음과 같은 문제점이 발생한다.

① 전력손실이 커진다. ($P_\ell \propto \dfrac{1}{\cos^2\theta}$)
② 전압강하가 커진다.
③ 전기설비용량(변압기 용량)이 증가한다.
④ 전기요금이 증가한다.
⑤ 변압기 동손이 증가한다.

(2) 역률개선의 원리 및 콘덴서용량
부하와 병렬로 접속한 콘덴서에 흐르는 전류가 전압보다 90° 앞선 위상차를 갖는 진상 전류가 흐르게 되는 원리를 이용하여, 부하에 흐르는 90° 뒤진 위상차를 갖는 지상전류를 감소시킴으로써 부하 임피던스에 의해 결정되어지는 전 전류의 크기 및 위상차를 감소시켜 부하의 역률을 개선할 수 있다.

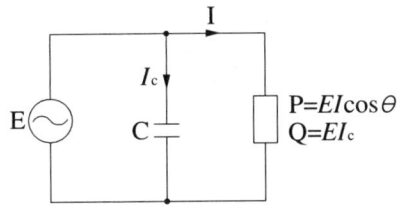
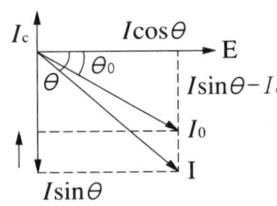

$$\tan\theta_0 = \frac{I\sin\theta - I_c}{I\cos\theta} = \frac{I\sin\theta}{I\cos\theta} - \frac{I_c}{I\cos\theta} \times \frac{E}{E} = \tan\theta - \frac{Q}{P}$$

- 콘덴서 용량 : $Q = P(\tan\theta - \tan\theta_0) = P(\frac{\sin\theta}{\cos\theta} - \frac{\sin\theta_0}{\cos\theta_0})[kVA]$

(3) 유효전력, 무효전력, 피상전력, 콘덴서 용량의 관계

역률 개선의 원리는 90° 뒤진 지상전류에 의한 무효전력을 90° 앞선 진상전류에 의한 무효전력을 감소시키는 것이므로 다음과 같은 전력 삼각형을 통해서 해석할 수 있다.

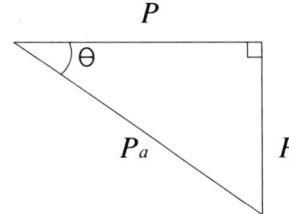
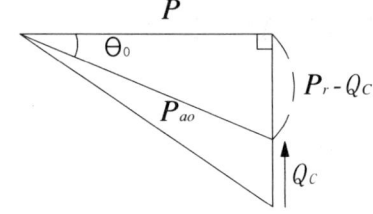

① 개선 전 역률 : $\cos\theta = \dfrac{P}{\sqrt{P^2 + P_r^2}}$

② 개선 후 역률 : $\cos\theta_0 = \dfrac{P}{\sqrt{P^2 + (P_r - Q_c)^2}}$

⇨ 콘덴서 투입시의 과도전류 : $I = I_C\left(1 + \sqrt{\dfrac{X_C}{X_L}}\right)[A]$

- $I_C[A]$: 콘덴서의 정상전류
- $X_L[\Omega]$: 콘덴서 회로의 전체 유도성 리액턴스

예제문제

예제 1 제3고조파의 유입으로 인한 사고를 방지하기 위해 콘덴서 회로에 콘덴서 용량의 11[%]인 직렬리액터를 설치하였다. 이 경우 콘덴서 정격전류(정상 시 전류)가 10[A]라면 콘덴서 투입시의 전류는 몇 [A]가 되겠는가?

콘덴서 투입 시 돌입 전류 : $I = I_C(1 + \sqrt{\dfrac{X_C}{X_L}}) = 10(1 + \sqrt{\dfrac{X_C}{0.11X_C}}) = 40.15[A]$

- 정답 : 40.15[A]

(4) 진상콘덴서의 설치효과

부하의 역률개선용 진상콘덴서 설치에 의한 수용가의 역률은 한국 전력의 전기공급 규정에 의하면 수용가 기기 역률은 90[%]를 초과하는 경우 95[%]까지는 매 1[%]에 대하여 기본요금을 감하여 주고, 또 90[%]에 미달할 때에는 매 1[%]에 대하여 추가 징수하는 것으로 되어 있으나 그 외에 다음과 같은 효과가 있다.

① 전력손실이 감소한다.
② 전압강하가 작아진다.
③ 전기설비용량(변압기용량)의 여유도가 증가한다.
④ 전력요금이 감소한다.
⑤ 변압기 동손이 경감된다.

(5) 진상콘덴서에 의한 과보상시 발생하는 문제점(역효과)

① 모선 전압의 과대한 상승(전압변동의 증가)
② 전력손실의 증가
③ 고조파에 의한 왜곡의 증가
④ 계전기의 오동작

(6) 진상용 콘덴서의 자동제어 방식

① 특정부하의 개폐신호에 의한 제어
② 프로그램에 의한 제어
③ 수전점의 무효전력에 의한 제어
④ 수전점의 역률에 의한 제어
⑤ 모선의 전압에 의한 제어
⑥ 부하 전류에 의한 제어

예제 2 정격용량 200[kVA]인 변압기에서 지상 역률 60[%]인 부하에 200[kVA]를 공급하고 있다. 역률 90[%]로 개선하여 변압기 전용량까지 부하에 전력을 공급하고자 한다. 다음 물음에 답하시오.
(1) 소요되는 전력용 콘덴서의 용량은 몇 [kVA]인가?
(2) 역률 개선에 따른 유효전력의 증가분은 몇 [kW]인가?

역률 개선 전·후 전력 변환 관계

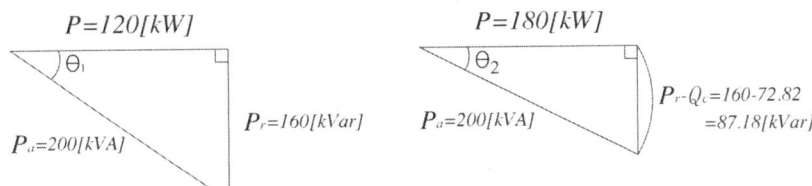

[정답]
(1) 콘덴서 용량
- $\cos\theta = 0.6$인 경우 무효전력 $P_{r1} = P_a \sin\theta_1 = 200 \times 0.8 = 160 [\text{kVar}]$
- $\cos\theta = 0.9$인 경우 무효전력 $P_{r2} = P_a \sin\theta_2 = 200 \times \sqrt{1-0.9^2} = 87.18 [\text{kVar}]$
- 콘덴서 용량 $Q_c = 160 - 87.18 = 72.82 [\text{kVA}]$

- 정답 : 72.82[kVA]
(2) 유효전력 증가분
- $\Delta P = P_a(\cos\theta_1 - \cos\theta_2) = 200(0.9 - 0.6) = 60\,[\text{kW}]$
- 정답 : 60[kW]

예제 3 3상 6,600[V], 역률 80[%], 8,000[kW] 3상 부하를 가진 변전소에 2,000[kVA]의 역률 개선용 진상용 콘덴서를 설치하여 역률을 개선시키면 변압기 용량은 몇 [kVA]까지 감소시킬 수 있는가? 또한 콘덴서 용량을 추가로 증가시켜 부하의 역률을 1로 개선시켰을 때 전류의 감소분은 얼마인가?

해설과 정답

(1) 변압기 용량
- 유효전력 : $P = 8000\,[\text{kW}]$
- 피상전력 : $P_a = \dfrac{P}{\cos\theta} = \dfrac{8000}{0.8} = 10000\,[\text{kVA}]$
- 무효전력 : $P_r = P_a \sin\theta = 10000 \times 0.6 = 6000\,[\text{kVar}]$
- 콘덴서 용량 : $Q = 2000\,[\text{kVA}]$

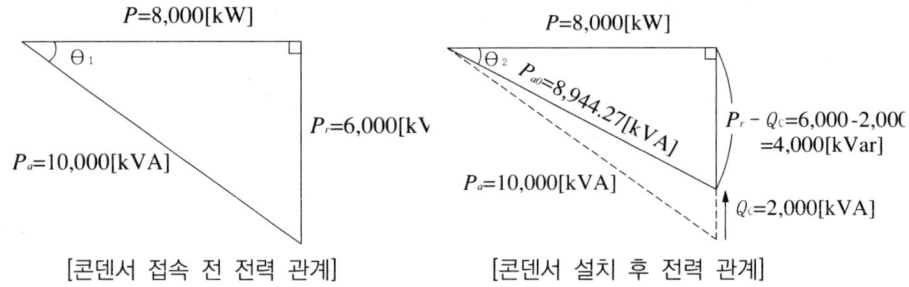

[콘덴서 접속 전 전력 관계]   [콘덴서 설치 후 전력 관계]

- 변압기 용량 : $Q = \sqrt{8000^2 + (6000 - 2000)^2} = 8944.27\,[\text{kVA}]$
- 정답 : 8944.27[kVA]

(2) 전류 감소분 : 역률이 다른 경우이므로 유효분과 무효분으로 분류하여 구한다. 즉, $\cos\theta = 0.8$인 부하의 역률을 $\cos\theta = 1$로 개선하면 부하에 흐르는 유효분 전류는 변하지 않지만 무효분 전류는 전혀 존재하지 않는 경우이므로 전류의 감소분은 무효분만 존재한다.

- $\cos\theta = 0.8$: $I_1 = \dfrac{8000 \times 10^3}{\sqrt{3} \times 6600 \times 0.8}(0.8 - j0.6) = 699.82 - j524.86\,[\text{A}]$
- $\cos\theta = 1$: $I_2 = \dfrac{8000 \times 10^3}{\sqrt{3} \times 6600 \times 1} = 699.82\,[\text{A}]$
- 정답 : 전류의 감소분 : 무효 분 전류 524.86[A]

예제 4 수전단 전압이 3000[V]인 3상 3선식 배전 선로의 수전단에 역률 0.8(지상)인 520[kW]의 부하가 접속되어 있다. 이 부하에 동일 역률의 부하 80[kW]를 추가하여 600[kW]로 증가시키되 부하와 병렬로 콘덴서를 설치하여 수전단 전압 및 선로 전류를 일정하게 불변으로 유지하고자 한다. 이 경우에 필요한 소요 콘덴서 용량 및 부하 증가 전후의 송전단 전압을 구하시오. (단, 전선의 1선당 저항 및 리액턴스는 각각 1.78[Ω], 1.17[Ω]이다.)

(1) 콘덴서 용량
- 부하 증가 전 전력
  - 유효전력 $P = 520\,[\text{kW}]$ 　　　· 피상전력 $P_a = 650\,[\text{kVA}]$
  - 무효전력 $P_r = 390\,[\text{kvar}]$
- 부하 증가 후 전력
  - 유효전력 $P = 600\,[\text{kW}]$ 　　　· 피상전력 $P_a' = 750\,[\text{kVA}]$
  - 무효전력 $P_r = 450\,[\text{kvar}]$
- 수전단 전압 및 선로 전류를 일정, 불변이려면 $600\,[\text{kW}]$ 합성부하의 역률은 상승하지만, 부하 증가 전 후의 피상전력은 같은 것을 의미한다.

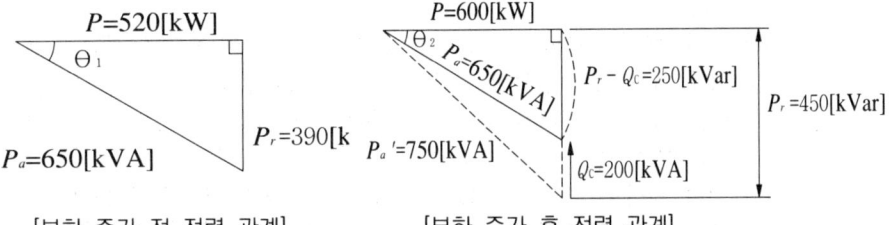

[부하 증가 전 전력 관계]　　　[부하 증가 후 전력 관계]

- 전력 관계 식 : $650 = \sqrt{600^2 + (450-200)^2}\,[\text{kVA}]$ 에서 콘덴서 용량 $Q_c = 200\,[\text{kVA}]$
- 정답 : 200[kVA]

(2) 부하 증가 전 송전단 전압
- 콘덴서 접속 전 부하전류 : $I = \dfrac{520 \times 10^3}{\sqrt{3} \times 3000 \times 0.8}\,[\text{A}],\ \cos\theta = 0.8,\ \sin\theta = 0.6$
- 송전단 전압 :
  $V_s = V_r + \sqrt{3}\,I(R\cos\theta + X\sin\theta)$
  $= 3000 + \sqrt{3} \times \dfrac{520 \times 10^3}{\sqrt{3} \times 3000 \times 0.8} \times (1.78 \times 0.8 + 1.17 \times 0.6) = 3460.63\,[\text{V}]$
- 정답 : 3460.63[V]

(3) 부하 증가 후 송전단 전압
- 콘덴서 접속 후 부하전류는 동일, $\cos\theta = \dfrac{600}{650}$
- 송전단 전압 :
  $V_s = V_r + \sqrt{3}\,I(R\cos\theta + X\sin\theta)$

  $= 3000 + \sqrt{3} \times \dfrac{600 \times 10^3}{\sqrt{3} \times 3000 \times \dfrac{600}{650}} \times \left(1.78 \times \dfrac{600}{650} + 1.17 \times \sqrt{1 - \left(\dfrac{600}{650}\right)^2}\right) = 3453.5\,[\text{V}]$
- 정답 : 3453.5[V]

예제 5 정격 용량 500[kVA] 변압기에서 배전선의 전력손실을 40[kW]로 유지하면서 부하 L_1, L_2에 전력을 공급하고 있다. 지금 그림과 같이 전력용 콘덴서를 기존 부하와 병렬로 연결하여 합성 역률을 90[%]로 개선하고 새로운 부하를 증설하려고 할 때 다음 물음에 답하시오. (단, 여기서 부하 L_1은 역률 60[%], 180[kW]이고, 부하 L_2의 전력은 120[kW], 160[kVar]이다.)

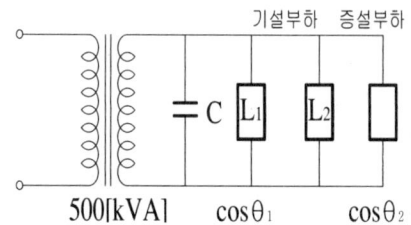

(1) 부하 L_1와 L_2의 합성용량[kVA]과 합성역률은?
 ① 합성용량 :
 ② 합성역률 :
(2) 합성역률을 90[%]로 개선하는 데 필요한 콘덴서 용량(Q_c)는 몇 [kVA]인가?
(3) 역률 개선 시 배전선의 전력손실은 몇 [kW]인가?
(4) 역률 개선 시 변압기 용량의 한도까지 부하설비를 증설하고자 할 때 증설부하용량은 몇 [kVA]인가? (단, 증설부하 역률은 기존 부하의 개선된 합성역률과 같은 것으로 한다)
(5) 역률 개선 시 변압기 용량의 한도까지 부하설비를 증설하고자 할 때 증설부하용량은 최대 몇 [kW]까지 증설할 수 있는가?(단, 부하 증설 시 전력손실은 역률 개선 후 손실과 동일한 것으로 한다.)

해설 및 정답

(1) 합성용량과 합성역률 계산
 • 합성용량 :
  ◦ 유효전력 $P = P_1 + P_2 = 180 + 120 = 300 \, [\text{kW}]$
  ◦ 무효전력 $P_r = P_{r1} + P_{r2} = \dfrac{P_1}{\cos\theta_1} \times \sin\theta_1 + P_{r2} = \dfrac{180}{0.6} \times 0.8 + 160 = 400 \, [\text{kVar}]$
  ◦ 합성용량 $P_a = \sqrt{P^2 + P_r^2} = \sqrt{300^2 + 400^2} = 500 \, [\text{kVA}]$
 • 합성역률 : $\cos\theta = \dfrac{P}{P_a} = \dfrac{300}{500} \times 100 = 60 \, [\%]$
 • 정답 : 합성용량 500[kVA], 합성역률 60[%]

(2) $Q_c = P\left(\dfrac{\sin\theta}{\cos\theta} - \dfrac{\sin\theta_0}{\cos\theta_0}\right) = 300\left(\dfrac{0.8}{0.6} - \dfrac{\sqrt{1-0.9^2}}{0.9}\right) = 254.7 \, [\text{kVA}]$

[별해]
$\cos\theta = 0.9$인 경우
무효전력 : $P_{r2} = P_{a0}\sin\theta_2 = \dfrac{300}{0.9} \times \sqrt{1-0.9^2} = 145.30 \, [\text{kVar}]$
진상용 콘덴서 용량 : $Q_c = P_r - P_{r2} = 400 - 145.30 = 254.7 \, [\text{kVA}]$

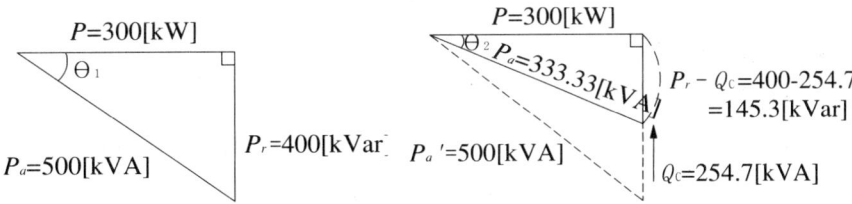

[콘덴서 접속 전 전력 관계]   [콘덴서 설치 후 전력 관계]

- 정답 : 254.7[kVA]

(3) $P_\ell \propto \dfrac{1}{\cos^2\theta}$ 이므로 $40 : P_\ell' = \dfrac{1}{0.6^2} : \dfrac{1}{0.9^2}$

- 전력손실 : $P_\ell' = \left(\dfrac{0.6}{0.9}\right)^2 \times 40 = 17.78[\mathrm{kW}]$

- 정답 : 17.78[kW]

(4) 역률 개선 후 증설 부하 용량
- 역률 개선 후 변압기에 인가되는 부하
  $\circ P_a = \sqrt{(P+P_\ell)^2 + (P_r - Q_c)^2} = \sqrt{(300+17.78)^2 + (400-254.7)^2} = 349.42[\mathrm{kVA}]$
- 증설부하 용량 : $P_a' = 500 - 349.42 = 150.58[\mathrm{kVA}]$

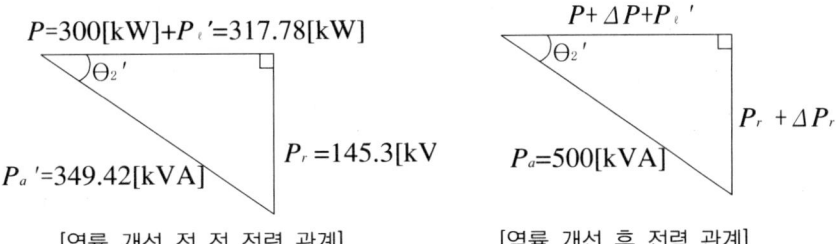

[역률 개선 전 전 전력 관계]   [역률 개선 후 전력 관계]

- 정답 : 150.58[kVA]

(5) 역률 개선 후 증설 부하 용량
- 역률 개선 후 변압기에 인가되는 부하
  $P_a = \sqrt{(P+P_\ell)^2 + (P_r - Q_c)^2} = \sqrt{(300+17.78)^2 + (400-254.7)^2} = 349.42[\mathrm{kVA}]$

- 변압기 용량의 한도까지 부하 증설의 경우 증설 부하 역률이 모두 1일 때 최대 [kW]부하를 증설할 수 있다.
  $500[\mathrm{kVA}] = \sqrt{(317.78 + \Delta\mathrm{P})^2 + (400-254.7)^2}$ 에서 $\Delta P = 160.64[\mathrm{kW}]$

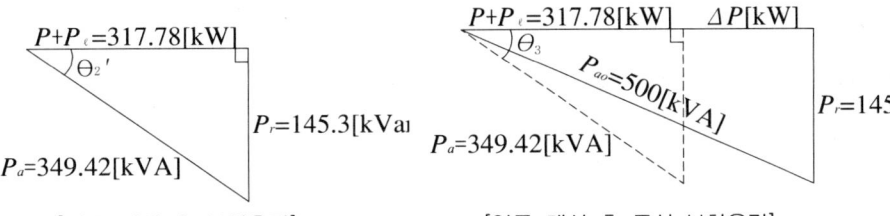

[역률 개선 후 부하용량]   [역률 개선 후 증설 부하용량]

- 정답 : 160.64[kW]

2) 콘덴서의 충전용량 비교

(1) 단상 콘덴서용량

① 충전전류 : $I_c = \omega CE \,[\text{A}]$

② 충전용량 : $Q_c = EI_c \,[\text{VA}]$

$\qquad\qquad\quad = \omega CE^2 \times 10^{-6} \,[\text{VA}]$

$\qquad\qquad\quad = \omega CE^2 \times 10^{-9} \,[\text{kVA}]$

단, 정전용량 C는 [μF] 단위이고, 용량도 [kVA]로 환산한 값이다.

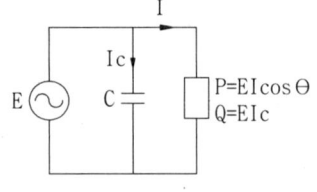

(2) 3상 콘덴서용량

3상에서 부하와 병렬로 접속하여 역률을 개선하기 위한 콘덴서의 결선은 △결선으로 하면 Y결선으로 할 때보다 동일 정전용량으로 3배의 충전 용량을 얻을 수 있다.

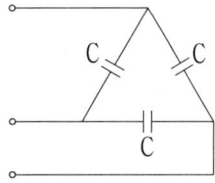 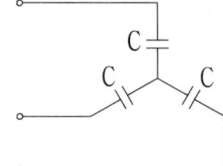

① △결선의 경우
- $Q_1 = \omega CE^2 \times 10^{-9} \,[\text{kVA}] \;\Rightarrow\; Q_\triangle = 3Q_1 = 3\omega CE^2 \times 10^{-9} \,[\text{kVA}]$

② Y결선인 경우
- $Q_1 = \omega C \left(\dfrac{E^2}{\sqrt{3}}\right) \times 10^{-9} \,[\text{kVA}] \;\Rightarrow\; Q_Y = 3Q_1 = \omega CE^2 \times 10^{-9} \,[\text{kVA}]$

③ 동일 정전용량을 가진 콘덴서를 △결선하면 Y 결선에 비하여 3배의 충전용량을 얻을 수 있다.

3) 역률 개선용 콘덴서 용량 계산표

부하 역률 개선을 위한 콘덴서 용량 계산은 ①-(2) 콘덴서 용량 계산 식 $Q = P\left(\dfrac{\sin\theta_1}{\cos\theta_1} - \dfrac{\sin\theta_2}{\cos\theta_2}\right)[\text{kVA}]$에 의하여 계산하는 것이 원칙이지만 경우에 따라 콘덴서 용량 계산식의 $\left(\dfrac{\sin\theta_1}{\cos\theta_1} - \dfrac{\sin\theta_2}{\cos\theta_2}\right)$부분에 대한 계산 결과 값을 정리해 놓은 다음과 같은 콘덴서 용량 계산표에 의하여 쉽게 구할 수 있다.

[표 1] 역률 개선용 콘덴서 용량 계산표

		개선 후 역률 $\cos\theta_2$										
		1.0	0.99	0.98	0.97	0.96	0.95	0.94	0.93	0.92	0.91	0.9
개선 전 역률 $\cos\theta_1$	0.5	173	159	153	148	144	140	137	134	131	128	125
	0.6	133	119	113	108	104	100	97	94	91	88	85
	0.65	117	103	97	92	88	84	81	77	74	71	69
	0.7	102	88	82	77	73	69	66	63	59	56	54
	0.75	88	74	68	63	59	55	52	49	45	43	40
	0.8	75	61	55	50	46	42	39	36	32	29	27
	0.81	72	58	52	47	43	40	36	33	30	27	24
	0.82	70	56	50	45	41	37	34	30	27	24	21
	0.83	67	53	47	42	38	34	31	28	25	22	19
	0.84	65	50	44	40	35	32	28	25	22	19	16
	0.85	62	48	42	37	33	29	25	23	19	16	14
	0.86	59	45	39	34	30	28	23	20	17	14	11
	0.87	57	42	36	32	28	24	20	17	14	11	8
	0.88	54	40	34	29	25	21	18	15	11	8	6
	0.89	51	37	31	26	22	18	15	12	9	6	2.8
	0.9	48	34	28	23	19	16	12	9	6	2.8	
	0.91	46	31	25	21	16	13	9	8	3		
	0.92	43	28	22	18	13	10	8	3.1			
	0.93	40	25	19	14	10	7	3.2				
	0.94	36	22	16	11	7	3.4					
	0.95	33	19	13	8	3.7						
	0.96	29	15	9	4.1							
	0.97	25	11	4.8								
	0.98	20	8									
	0.99	14										

		개선 후 역률 $\cos\theta_2$									
		0.89	0.88	0.87	0.86	0.85	0.84	0.83	0.82	0.81	0.80
개선 전 역률 $\cos\theta_1$	0.5	122	119	117	114	111	109	106	103	101	98
	0.6	82	79	77	74	71	69	66	64	61	58
	0.65	66	63	60	58	55	52	50	47	45	42
	0.7	51	48	45	43	40	37	35	32	30	27
	0.75	37	34	32	29	26	24	21	18	16	13
	0.8	24	21	18	16	13	10	8	5	2.6	
	0.81	21	18	16	13	10	8	5	2.6		
	0.82	19	16	13	11	8	5	2.6			
	0.83	16	13	11	8	5	2.6				
	0.84	13	11	8	5	2.6					
	0.85	11	8	5	2.7						
	0.86	8	5	2.6							
	0.87	6	2.7								
	0.88	2.8									
	0.89										
	0.9										
	0.91										
	0.92										
	0.93										
	0.94										
	0.95										
	0.96										
	0.97										
	0.98										
	0.99										

[비고 1] [kVA]용량과 [μF]용량간의 환산은 다음의 계산식이나 환산표를 이용한다.

- $C = \dfrac{kVA \times 10^9}{\omega E^2} = \dfrac{kVA \times 10^9}{2\pi f E^2} = \dfrac{kVA \times 10^9}{376.98 \times E^2}$

- $[kVA] = \dfrac{CE^2 \times 376.98}{10^9} = 376.98 \times CE^2 \times 10^{-9}$

[비고 2] [kVA]용량과 [μF]용량간의 환산표

전압[V]	주파수	1[kVA]당 [μF]용량	1[μF]당 [kVA]용량
110	60	219.22815	0.00456146
200	60	66.31652	0.0150792
220	60	54.80704	0.01824583
380	60	18.37023	0.05443591
440	60	13.70176	0.07298333
460	60	12.53620	0.07976897
3,300	60	0.243587	4.1053122
6,600	60	0.0608967	16.4212488
22,900	60	0.00505837	197.6920818

[표 2] 콘덴서 설치 용량 기준(200[V] 3상 유도전동기 역률 90[%] 개선 경우)

출력[kW]	설치 용량		출력[kW]	설치 용량	
	μF	kVA		μF	kVA
0.4	20	0.3016	7.5	200	3.016
0.75	30	0.4524	11	300	4.524
1.5	50	0.754	15	400	6.032
2.2	75	1.131	22	500	7.54
3.7	100	1.508	30	800	12.064
5.5	175	2.639	37	900	13.572

예제문제

예제 1 전동기 부하를 사용하는 곳의 역률개선을 위하여 회로에 병렬로 역률개선용 저압콘덴서를 설치하여 전동기의 역률을 개선하여 $92[\%]$ 이상으로 유지하려고 한다. 주어진 참고 자료를 이용하여 다음 물음에 답하시오.

[참고자료]
[표 1] 역률 개선용 콘덴서 용량 계산표
[표 2] 저압(220[V])용 콘덴서 규격 표(정격 주파수 60[Hz])

상 수	단상 및 3상								
정격용량[μF]	10	20	30	40	50	75	100	125	150

(1) 정격전압 220[V], 정격출력 7.5[kW], 역률 80[%]인 전동기의 역률을 93[%]로 개선하고자 하는 경우 필요한 3상 콘덴서의 용량[kVA]을 구하시오.
(2) 물음 "(1)"에서 구한 3상 콘덴서의 용량 [kVA]을 [μF]로 환산한 용량으로 구하고, "[표 2] 저압(220[V] 용) 콘덴서 규격 표"를 이용하여 적합한 콘덴서를 선정하시오.

해설과 정답

(1) 표 1에서 계수 $K = 36[\%]$ 이므로 콘덴서 용량 $Q_c = 0.36 \times 7.5 = 2.7[kVA]$
- 정답 : $2.7[kVA]$

(2) [μF]환산에 의한 콘덴서 용량 선정
- [비고 1] 이용 : $C = \dfrac{kVA \times 10^9}{376.98 \times E^2} = \dfrac{2.7 \times 10^9}{376.98 \times 220^2} = 147.98[kVA]$
- [비고 2] 이용 : $C = 54.80704 \times 2.7 = 147.98[\mu F]$
- 표 2에서 $150[\mu F]$ 선정
- 정답 : $150[\mu F]$

예제 2 3층 사무실용 건물에 3상 3선식의 6,000[V]를 200[V]로 강압하여 수전하는 설비를 하였다. 각종 부하 설비가 표와 같을 때 다음 참고 자료를 이용하여 각 물음에 답하시오.

[표 1] 동력부하 설비 표

사 용 목 적	용량[kW]	대수	상용동력[kW]	하계동력[kW]	동계동력[kW]
난방관계 • 보일러 펌프 • 오일 기어 펌프 • 온수 순환 펌프	6.0 0.4 3.0	1 1 1			6.0 0.4 3.0
공기 조화 관계 • 1,2,3 중 패키지 콤프레서 • 콤프레서 팬 • 냉각수 펌프 • 쿨링 타워	7.5 5.5 5.5 1.5	6 3 1 1	16.5	45.0 5.5 1.5	
급수·배수 관계 • 양수 펌프	3.0	1	3.0		
기타 • 소화 펌프 • 셔터	5.5 0.4	1 1	5.5 0.8		
합 계			25.8	52.0	9.4

[표 2] 조명 및 콘센트 부하 설비 표

사 용 목 적	와트수[W]	설치수량	환산용량[VA]	총용량[VA]	비 고
전등관계					
• 수은등A	200	4	260	1,040	200[V] 고역률
• 수은등 B	100	8	140	1,120	100[V] 고역률
• 형광등	40	820	55	45,100	200[V] 고역률
• 백열전등	60	10	60	600	
콘센트 관계					
• 일반콘센트		80	150	12,000	2P 15A
• 환기팬용 콘센트		8	55	440	
• 히터용 콘센트	1500	2		3,000	
• 복사기용 콘센트		4		3,600	
• 텔레타이프용 콘센트		2		2,400	
• 룸 쿨러용 콘센트		6		7,200	
기타					
• 전화교환용 정류기		1		800	
계				77,300	

[참고자료 1] 역률 개선용 콘덴서 용량 계산표
[참고자료 2] 배전용 변압기의 정격

항 목			소형 6[kV] 유입 변압기								중형 6[kV] 유입 변압기					
정격 용량 [kVA]			3	5	7.5	10	15	20	30	50	75	100	150	200	300	500
정격 2차 전류[A]	단상	105V	28.6	47.6	71.4	95.2	143	190	286	476	714	952	1430	1904	2857	4762
		210V	14.3	23.8	35.7	47.6	71.4	95.2	143	238	357	476	714	952	1429	2381
	3상	210V	8.3	13.7	20.6	27.5	41.2	52	82.5	137	206	275	412	550	825	1376
정격 전압	정격 1차 전압		6300[V] 6/3[kV] 공용 : 6300[V]/3150[V]								6300[V] 6/3[kV] 공용 : 6300[V]/3150[V]					
	정격 2차전압	단상	210[V] 및 105[V]								200[kVA]이하의 것 : 210V 및 105[V] 200[kVA] 이상의 것 : 210[V]					
		3상	210[V]								210[V]					
탭전압	전용량 탭전압	단상	6900[V], 6600[V] 6/3[kV] 공용 : 6900[V]/3450[V], 6600[V]/3300[V]								6900[V], 6600[V]					
		3상	6600[V] 6/3[kV] 공용 : 6600[V]/3300[V]								6/3[kV] 공용 : 6900[V]/3450[V], 6600[V]/3300[V]					
	저감용량 탭전압	단상	6000[V], 5700[V] 6/3[kV] 공용 : 6000[V]/3000[V], 5700[V]/2850[V]								6000[V], 5700[V]					
		3상	6600[V] 6/3[kV] 공용 : 6600[V]/3300[V]								6/3[kV] 공용 : 6000[V]/3000[V], 5700[V]/2850[V]					
변압기의 결선	단상		2차 권선 : 분할 권선								3상	1차 권선 : 성형 권선 2차 권선 : 삼각 권선				
	3상		1차 권선 : 성형 권선 2차 권선 : 성형 권선													

[참고자료 3] 전력 퓨즈의 정격 전류

변압기용량 [kVA]	단상 변압기(6600[V])		3상 변압기(6600[V])	
	변압기 정격 전류[A]	정격 전류[A]	변압기 정격 전류[A]	정격 전류[A]
5	0.76	1.5	–	–
10	1.52	3	0.88	1.5
15	2.28	3	1.30	1.5
20	3.03	7.5	–	–
30	4.56	7.5	2.63	3
50	7.60	15	4.38	7.5
75	11.40	15	6.55	7.5
100	15.20	20	8.75	15
150	22.70	30	13.10	15
200	30.30	50	17.50	20
300	45.50	50	26.30	30
400	60.70	75	35.0	50
500	75.80	100	43.80	50

(1) 동계 난방 때 온수 순환펌프는 상시 운전하고, 보일러용과 오일 기어 펌프의 수용률이 50[%]일 때 난방동력 수용부하는 몇 [kW]인가?
(2) 동력부하 역률이 전부 80[%]라고 한다면 피상전력은 각각 몇 [kVA]인가? (단, 상용동력, 하계동력, 동계동력별로 각각 계산하시오.)
(3) 총 전기 설비용량은 몇 [kVA]를 기준으로 하여야 하는가?
(4) 전등의 수용률은 60[%] 콘센트 설비의 수용률은 70[%]라고 한다면 몇 [kVA] 단상 변압기에 연결하여야 하는가?(단, 전화교환용 정류기는 100[%] 수용률로서 계산 결과에 포함시키며 변압기 예비율(여유)은 무시한다.)
(5) 동력설비 부하의 수용률이 모두 65[%]라면 동력부하용 3상 변압기 용량은 몇 [kVA]인가? (단, 동력 부하의 역률은 80[%]로 하며 변압기의 예비율은 무시한다.)
(6) 상기 건물에 시설된 변압기 총 용량은 몇 [kVA]인가?
(7) 단상 변압기와 3상 변압기의 1차 측의 전력퓨즈 값은 각각 정격 전류 몇 [A]를 선정하여야 하는가?
(8) 단상과 3상 변압기의 200[V]의 전류계용으로 사용되는 변류기의 1차 측 정격전류는 각각 몇 [A]인가? (단, 정격전류는 75, 100, 150, 200, 300, 400, 500[A]이고, 최대 전류비 값의 1.2배로 결정한다.)
(9) 선정된 동력용 변압기 용량에서 역률을 95[%]로 올리려면 콘덴서 용량은 몇 [kVA]인가?

(1) 난방동력 수용부하 = $3+(6.0+0.4)\times 0.5 = 6.2\,[\text{kW}]$
- 정답 : $6.2\,[\text{kW}]$

(2) 동력부하 피상전력

구분	계산	정답
상용동력	$\dfrac{25.8}{0.8} = 32.25\,[\text{kVA}]$	$32.25\,[\text{kVA}]$
하계동력	$\dfrac{52.0}{0.8} = 65\,[\text{kVA}]$	$65\,[\text{kVA}]$
동계동력	$\dfrac{9.4}{0.8} = 11.75\,[\text{kVA}]$	$11.75\,[\text{kVA}]$

- 정답 : 상용동력 $32.25[\text{kVA}]$, 하계동력 $65[\text{kVA}]$, 동계동력 $11.75[\text{kVA}]$

(3) 문제에서 "총 전기설비용량은 몇 [kVA]를 기준으로 하는가?"이므로 위 수용가에서 실제 동력부하 운전 시 발생할 수 있는 최대전력을 기준으로 한다. 즉, 하계 동력부하와 동계 동력부하는 동시에 발생할 수 없으므로 설비용량이 큰 하계동력만 고려한다.
- 총 전기설비용량 = $32.25 + 65 + 77.3 = 174.55[\text{kVA}]$
- 정답 : $174.55[\text{kVA}]$

(4) 조명 및 콘센트 부하설비용량 = 전등관계 + 콘센트 관계 + 기타
- 변압기 용량 = $[(1040+1120+45100+600)\times 10^{-3}\times 0.6]$
$+ [(12000+440+3000+3600+2400+7200)\times 10^{-3}\times 0.7]$
$+ [800\times 10^{-3}\times 1] = 49.56[\text{kVA}]$
- 정답 : $50[\text{kVA}]$ 용량 단상변압기 선정

(5) [부하설비 표2] 동력 부하설비에 전력을 공급하는 변압기 용량을 산정할 때 주의할 점은 하계 동력과 동계 동력이 동시에 발생할 수가 없으므로 계절부하를 적용, 그 큰 값인 하계 동력만 고려하여 변압기 용량을 선정한다.
- 3상변압기 용량

$$[\text{kVA}] = \frac{\text{수용설비용량} \times \text{수용률}}{\cos\theta} = \frac{(25.8+52.0)\times 0.65}{0.8} = 63.21[\text{kVA}]$$

- 정답 : $75[\text{kVA}]$ 용량 3상변압기 선정

(6) 변압기 총용량 $[\text{kVA}] = 50+75 = 125[\text{kVA}]$
- 정답 : $125[\text{kVA}]$

(7) [참고자료 2] 전력퓨즈 정격전류에서
- 단상변압기 $50[\text{kVA}]$에서 15[A]
- 3상변압기 $75[\text{kVA}]$에서 7.5[A]
- 정답 : 단상변압기 15[A], 3상변압기 7.5[A]

(8) 변류기 정격 선정
- 단상 변압기 : $I = \dfrac{50\times 10^3}{200}\times 1.2 = 300[\text{A}]$
- 정답 : 300[A] 선정
- 정답 :3상 변압기 : $I = \dfrac{75\times 10^3}{\sqrt{3}\times 200}\times 1.2 = 259.81[\text{A}]$
- 정답 : 300[A] 선정

(9) 콘덴서 용량$[\text{kVA}] = (75\times 0.8)\times 0.42 = 25.2[\text{kVA}]$
- 정답 : $25.2[\text{kVA}]$ 선정

4) 진상용 콘덴서 시설원칙

(1) 각 부하에 고압 및 특고압 진상용 콘덴서를 시설하는 경우
현장조작개폐기보다도 부하 측에 접속하면서 다음 각 사항에 따를 것.
① 콘덴서의 용량은 부하의 무효 분보다 크게 하지 말 것.
② 콘덴서는 본선에 직접 접속하고 전용의 개폐기 또는 퓨즈, 유입차단기 등을 설치하지 않도록 할 것.
③ 콘덴서에 이르는 분기선은 본선의 최소 굵기보다 적게 하지 말 것.
  ⇨ 예외사항 : 개폐기 등을 설치할 수 있는 경우
  ① 방전장치가 있는 콘덴서에는 개폐기(차단기 포함)를 설치하면서 평상 시 개폐하지 않도록 할 것.
  ② COS를 설치하는 경우는 다음에 의할 것.
    • 고압 : 퓨즈를 삽입하지 않고 $6[\text{mm}^2]$ 이상의 나동선으로 직결
    • 특고압 : 퓨즈를 삽입하며 그 정격은 콘덴서 정격전류 200[%] 이내 것을 사용할 것.

(2) 각 부하에 공용의 고압 및 특고압 진상용 콘덴서를 시설하는 경우
① 콘덴서는 그 총 용량이 300[kVA]이하의 경우 1군, 300[kVA] 초과, 600[kVA] 이하의 경우에는 2군 이상, 600[kVA]를 초과할 때에는 3군 이상으로 분할하고 또한 부하의 변동에 따라서 접속 콘덴서의 용량을 변화시킬 수 있도록 시설할 것.
② 콘덴서 회로에는 전용의 과전류 트립 코일이 있는 차단기를 설치할 것. 단, 콘덴서의 용량이 100[kVA] 이하인 경우에는 유입개폐기 또는 이와 유사한 것(인터럽터 스위치 등)을, 50[kVA] 미만인 경우에는 컷아웃스위치(직결)를 사용할 것.

(3) 콘덴서의 설치 방식별 특성
① 수전단 모선에서 일괄(공동) 설치하는 경우
  ㉮ 장점 : 유지, 관리가 용이하며, 무효전력에 신속한 대응이 가능하다고 경제적이다
  ㉯ 단점 : 역률개선 효과가 콘덴서 설치 전원 측이므로 선로 및 부하기기의 역률 개선 효과가 낮다.
② 고압 측과 부하에 일괄(공동) 및 개별 설치
  ㉮ 장점 : 일괄(공동)설치 경우보다 역률 개선 효과가 크다.
  ㉯ 단점 : 일괄(공동)설치 경우보다 설치비가 증가한다.
③ 부하 말단에 개별적으로 분산 설치하는 경우
  ㉮ 장점 : 역률개선 효과가 가장 크다.
  ㉯ 단점 : 경제적 부담이 증가한다.

(4) 전력용 콘덴서의 보호
① 콘덴서 내부고장에 대한 보호방식
  ㉮ 과전류 검출방식   ㉯ 콘덴서 내의 압력검출방식

㉰ 차 전압 검출방식 ㉱ 중성점 전위검출 방식
② 중성점 전위 검출 방식
㉮ NCS(Neutral Current Sensor) 방식 : Y결선한 콘덴서 2조를 병렬로 결선하여 콘덴서 1개 소자 고장 시 중성점에 흐르는 불 평형 전류를 감지하여 고장전류를 제거하는 방식.
㉯ NVS(Neutral Voltage Sensor) 방식 : 단일 Y결선한 콘덴서 회로에 대한 보조 저항을 Y결선 병렬로 설치 보호 중성점을 만들어 중성점의 불 평형 전압을 검출하는 방식

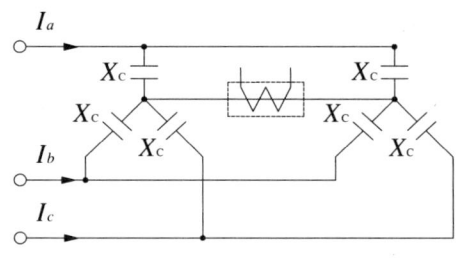

[NCS 방식]

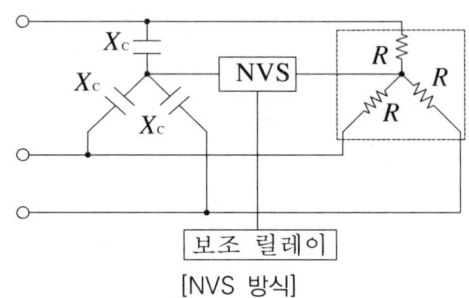

[NVS 방식]

③ 콘덴서 보호용 계전기
㉮ 과전류계전기 ㉯ 과전압계전기
㉰ 부족전압계전기 ㉱ 지락과전류계전기
㉲ 전류평형계전기

(5) 콘덴서설비의 주요 사고 원인
① 콘덴서설비 외부 모선의 단락 및 지락 ② 콘덴서 직렬 소체의 파괴 및 층간 절연 파괴
③ 콘덴서 설비 내의 배선 단락 ④ 고조파의 유입
⑤ 돌입 전류 과대 ⑥ 외부 충격에 의한 케이스 등의 손상
⑦ 절연유 열화 및 유량의 과부족 ⑧ 전압 과대

(6) 진상용 콘덴서의 정기검사 항목
① 외함의 변형 여부 확인
② 모선의 접속 상태 확인
③ 직렬리액터 설치 상태 및 용량의 적정 여부 확인
④ 콘덴서 간 이격 거리 적정 여부 확인
⑤ 차단기 및 개폐기의 적정 여부 확인
⑥ 용량에 따른 뱅크 수 적정 여부 확인
⑦ 접지 시공 상태 확인

5) 방전장치, 방전코일(Discharging Coil : DC)

(1) 방전장치의 시설
고압 및 특고압 진상용 콘덴서 회로에는 콘덴서회로 개로 후 콘덴서의 잔류전하를 방전시켜 인체 접촉 등에 의한 감전 사고를 방지하기 위하여 적당한 방전장치를 시설할 것.
⇨ 예외사항 : 방전장치를 생략하는 경우
① 콘덴서가 현장조작개폐기보다도 부하 측에 직접 접속되어 있는 경우.
② 콘덴서가 변압기의 1차 측에 개폐기, 퓨즈, 유입차단기 등을 경유하지 아니하고 직접 접속되어 있는 경우.

(2) 방전코일의 구비조건
① 고압 및 특고압 진상용 콘덴서의 회로에는 방전코일 기타 개로 후 5초 이내에 콘덴서의 잔류전하를 50[V]이하로 저하시킬 능력이 있는 것으로 할 것.
② 저압용 콘덴서의 경우는 개로 후 3분 이내에 75[V]이하로 방전시키는 것으로 할 것.

6) 직렬리액터(Series Reactor : SR)

(1) 직렬리액터 시설
고압 및 특고압 진상용 콘덴서를 시설함으로 인하여 공급회로의 고조파전류가 현저하게 증대하여 유해할 경우에는 콘덴서 회로에 유효한 직렬리액터를 삽입하여 고조파 제거에 의한 파형을 개선할 수 있으면서 특히, 제5고조파 제거를 위한 그 용량은 이론상 4[%]로 하지만 실제로는 주파수의 변동이나 경제적인 측면을 고려하여 6[%]가량을 표준으로 하고 있다. 단, 제3고조파가 존재하는 경우에는 직렬공진을 피하기 위해 13[%] 가량의 용량을 설치할 수 있다.

(2) 리액터의 기능
① 콘덴서 투입 시 발생하는 돌입전류 방지
② 콘덴서 개방 시 발생하는 이상 현상 억제
③ 제5고조파 제거에 의한 파형의 개선
④ 보호계전기 오동작 방지

예제문제

예제 1 다음 그림을 보고 각각의 물음에 답하시오

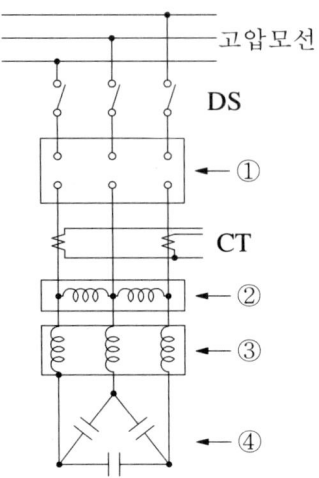

(1) 계통도에서 ①, ②, ③, ④의 명칭을 쓰고 그 역할을 간단히 설명하시오.

(2) 콘덴서 용량의 13[%]인 ③을 설치하였다. 이 경우 콘덴서 투입 시 전류는 콘덴서 정격전류의 몇 배의 전류가 흐르게 되는지 구하시오.

해설 정답

(1) 계통도 기기류 역할
 ① 교류 차단기 : 콘덴서회로의 개폐 및 과전류, 지락전류 등의 차단
 ② 방전 코일 : 콘덴서에 축적된 잔류전하를 방전하여 감전사고 방지
 ③ 직렬 리액터 : 제5고조파 제거에 의한 파형 개선
 ④ 진상용(전력용) 콘덴서 : 역률개선

(2) 콘덴서 투입 시 과도전류

- $I = I_C \left(1 + \sqrt{\dfrac{X_C}{X_L}}\right)$ [A]에서 $X_L = 0.13 X_C$ 이므로

- $I = I_C \left(1 + \sqrt{\dfrac{X_C}{0.13 X_C}}\right) = I_C \left(1 + \sqrt{\dfrac{1}{0.13}}\right) = 3.77 I_C$ [A]

- 정답 : 3.77배

[참고] 콘덴서 투입 시 주파수 배수 : $n = f \cdot \sqrt{\dfrac{X_C}{X_L}}$ [배]

7) 고조파 전류에 대한 영향과 그 대책

(1) 고조파 전류의 발생원인
① 변압기 포화 특성
② 전력변환장치(정류기, 인버터, 무정전전원장치, 가변전압주파수장치 등)
③ 아크로, 전기로 등
④ 형광등
⑤ 회전기기
⑥ 과도현상에 의한 것

(2) 고조파 전류의 영향
① 통신선에 대한 유도장해
② 기기에의 악영향
③ 고조파 공진 현상 유발
④ 위상제어기기의 오동작

(3) 고조파 발생 억제 대책

발생원 측	계통 측	수용가 측
① 리액터 설치 ② 변환기의 다수 펄스 화 ③ 필터설치 ④ 콘덴서 설치	① 계통분리 ② 전원단락 용량 증대 ③ 고조파 부하용 변압기 및 배전선의 분리 전용화 ④ 필터 설치	① 변환기의 다펄스화 ② PWM 방식 채용 ③ 리액터 설치 ④ 필터 설치 ⑤ 변압기 Δ결선 채용

(4) 종합 고조파 왜형률

① 종합고조파 왜형률(THD : Total Hamonics Distortion) : 파형의 일그러진 정도로서 기본파가 기준이 되므로 기본파에 대한 고조파의 비율로 계산된다.

- $V_{THD} = \dfrac{\text{전고조파의 실효값}}{\text{기본파의 실효값}} = \dfrac{\sqrt{V_2^2 + V_3^2 + \cdots + V_n^2}}{V_1} \times 100 [\%]$

② 제3고조파 특성 : 3상 Y결선 시 제3고조파 전압은 동 위상 특성을 가지므로 상에만 존재하고 선간에는 나타날 수 없다.

- 상 전압 : $v_P = \sqrt{2}\, V_1 \sin\omega t + \sqrt{2}\, V_3 \sin 3\omega t + \sqrt{2}\, V_5 \sin 5\omega t\, [\text{V}]$
- 상 전압 실효 값 : $V_P = \sqrt{V_1^2 + V_3^2 + V_5^2}\, [\text{V}]$
- 선간전압 실효 값 : $V_L = \sqrt{3} \times \sqrt{V_1^2 + V_5^2}\, [\text{V}]$

③ 중성선에 흐르는 제3고조파 전류 : 제3고조파 전류는 동위상의 특성을 가지므로 3상 4선식 전로의 경우 각 상에 흐르는 3고조파 전류의 3배가 중성선에 흐르게 된다.

- 중성선 전류 : $I_N = 3 K_m I_1\, [\text{A}]$

여기서, K_m은 기본파 대비 고조파 성분 포함 비율, I_1은 기본파 전류이다.

④ 고조파 전류 환산 계수를 적용한 중성선 전류 크기 : 각 상전류의 제3고조파 성분 비율[%]에 따라 고조파 전류 저감계수를 고려한 크기로 그 성분 포함 비율에 따라 달라진다.

- 중성선 전류 : $I_N' = \dfrac{3\,K_m I_1}{k}[\text{A}]$

예제문제

예제 1 3상4선식에서 부하전류가 $39[\text{A}]$가 흐르고 있다. 이 회로에서 제3고조파 성분이 $40[\%]$ 존재할 경우 중성선에 흐르는 전류는 (①)[A]이며, 케이블 고조파 전류의 저감 계수를 적용한 설계부하전류는 (②)[A]인가 구하시오. 단, 제3고조파 전류 환산 계수는 0.86이다.

해설과 정답

- 중성선 전류 : $I_N = 3\,K_m I_1 = 3 \times (39 \times 0.4) = 46.8[\text{A}]$
- 고조파 전류 환산 계수를 적용한 설계부하전류 크기 : $I_N' = \dfrac{46.8}{0.86} = 54.4[\text{A}]$
- 정답 : 54.4[A]

7 피뢰기

뇌 또는 회로 개폐로 인하여 발생하는 이상전압을 제한하여 선로와 전기설비 절연을 보호하기 위한 것.

1) 피뢰기의 구성

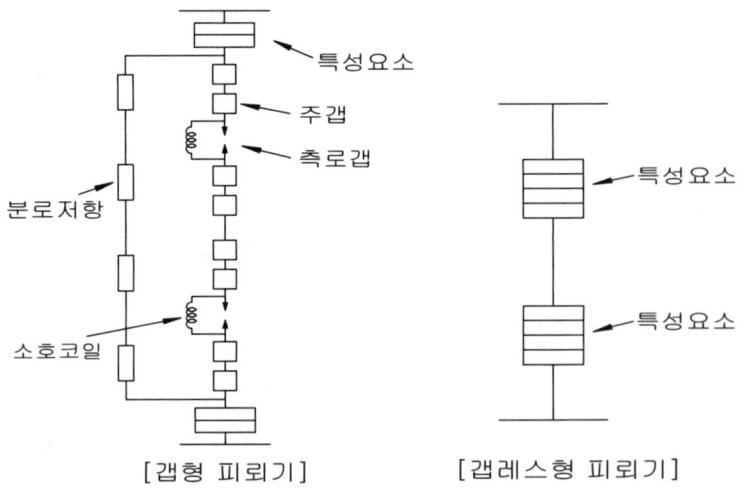

[갭형 피뢰기]   [갭레스형 피뢰기]

① 직렬 갭 : 이상전압 발생 시 서지 전류를 신속하게 대지로 방전함과 동시에 속류를 신속하게 차단시키는 것으로 그 구비 조건은 다음과 같다.
   ㉮ 방전 개시 시간의 지연이 없을 것
   ㉯ 소호 특성이 좋을 것
   ㉰ 상용주파수 전압은 과도하게 높은 것을 제외하고는 방전하지 말 것.
   ㉱ 방습 및 기계적 강도가 클 것.
② 특성요소 : 비저항특성을 갖는 SiC(탄화규소)를 이용한 것으로 뇌 서지 등에 의한 이상전압 내습 시 이상전압 진행파의 파고 값을 저감하여 다른 기기를 보호함과 동시에 직렬 갭과 협조하여 속류를 차단하는 작용을 하는 것.
⇨ 속류 : 방전현상이 실질적으로 끝난 후 계속하여 전력계통에서 공급되어 피뢰기에 흐르는 상용주파수의 전류.

2) 피뢰기의 종류

① 갭저항형 : 직선형 저항과 직렬 갭이 직렬로 된 구조의 것.
② 밸브형 : 특성요소가 일정한 임계전압 특성을 갖고 있어 과전압 방전의 단시간 동안만 방전전류가 흐르고, 기압에 의한 속류는 거의 흐르지 않는 특성을 가진 것.
③ 밸브저항형 : 비 직선 저항 특성의 탄화규소(SiC)를 주성분으로 하는 특성요소에 직렬 갭을 접속한 구조의 것.
④ 갭레스형 : 산화아연(ZnO)을 주성분으로 한 비직선 저항체를 특성요소로 사용한 것

방전 갭이 없으므로	속류가 없으므로	직렬갭이 없으므로
• 내 오손 특성이 우수하다 (방전전압이 낮아지지 않는다) • 구조가 간단하고 소형, 경량이다. • 급준파 방전특성이 우수하다. • 제한전압이 낮다.	• 빈번한 동작에 잘 견딘다. • 속류에 따른 특성요소 변화가 적다	• 특성요소에는 항상 회로 전압이 인가되어 있다. • 특성요소만으로 절연되어 있으므로 특성요소 사고 시 지락사고가 된다.

3) 피뢰기의 정격전압

(1) 피뢰기의 제한전압

피뢰기가 동작할 때 피뢰기의 단자 간에 계속해서 남아있는 단자전압의 충격파 전압(파고값)

- $e_0 = \dfrac{2z_2}{z_1 + z_2} e - \dfrac{z_1 z_2}{z_1 + z_2} i_g [\text{V}]$

여기서, $z_1[\Omega]$, $z_2[\Omega]$은 전로의 임피던스, $i_g[\text{A}]$는 피뢰기 방전전류DLEK

(2) 피뢰기의 정격전압

그 전압을 선로단자와 접지단자에 인가한 상태에서 소정의 단위동작책무를 소정의 회수로 반복수행할 수 있는 정격주파수의 상용주파전압최고한도를 규정한 실효치, 즉 속류를 차단할 수 있는 최고 허용 교류전압으로 그 선정법은 다음과 같다.

① 피뢰기 정격전압 = 공칭전압 $\times \dfrac{1.4}{1.1}$ [kV]

② 피뢰 정격전압 : $E_R = \alpha \beta V_m = k \cdot V_m$ [kV]

 ㉮ α : 접지계수(= $\dfrac{\text{고장 중 건전상의 최대 대지전압}}{\text{최대 선간전압}}$)

 ㉯ β : 여유도(대부분 1.15적용)

 ㉰ V_m [kV] : 최고 허용 전압

 ㉱ k : 최고 허용전압에 대한 상수

③ 직접 접지 및 저항, 소호리액터 접지계통의 정격전압 : 선로의 공칭전압을 V [kV]라 할 경우

 ㉮ 직접 접지 계통 : [0.8 ~ 1.0] V [kV]

 ㉯ 저항, 소호리액터 접지 계통 : [1.4 ~ 1.6] V [kV]

④ 내선 규정에 의한 표준 정격전압

전력 계통		피뢰기 정격전압(kV)	
전압(kV)	중성점 접지방식	변전소	배전 선로
345	유효접지	288	
154	유효접지	144	
66	PC접지 또는 비접지	72	
22	PC접지 또는 비접지	24	
22.9	3상4선 다중접지	21	18

예제문제

예제 1   154[kV] 중성점 직접 접지 계통의 피뢰기 설치 시 피뢰기의 정격전압은 다음 표에서 어떤 것을 선택해야 하는가를 계산식에 의하여 구하시오. 단, 접지계수는 0.75이고, 여유도가 1.1이며 피뢰기의 정격전압은 표와 같다.

피뢰기의 정격 전압(표준값[kV])					
126	144	154	168	182	196

해설과 정답

- 피뢰기 정격전압 : $E_R = \alpha \beta V_m = 0.75 \times 1.1 \times 170 = 140.25$ [kV]
- 정답 : 144 [kV] 선정

4) 피뢰기의 공칭방전전류

피뢰기의 보호성능 및 자동복귀성능을 표현하기 위하여 쓰이는 방전전류의 규정치

공칭방전전류[A]	설치장소	적용 조건
10,000	변전소	① 154kV이상 계통 ② 66[kV] 및 그 이하 계통으로 뱅크용량 3000[kVA]초과 장소 ③ 장거리 송전선 케이블 및 정전 축전기 뱅크를 개폐하는 곳 ④ 배전선로 인출 측
5,000	변전소	66[kV] 및 그 이하 계통으로 뱅크 용량 3,000[kVA]이하인 곳
2,500	선로	배전 선로

[주] 전압 22.9[kV-Y]이하(22[kV]이하 비접지 제외)의 배전선로에서 수전하는 설비의 피뢰기 공칭방전 전류는 일반적으로 2500[A]의 것을 사용한다.

5) 피뢰기의 구비 조건

① 속류(기류)차단 능력이 있을 것 ② 제한 전압이 낮을 것
③ 충격 방전개시전압이 낮을 것 ④ 상용주파 방전개시전압은 높을 것
⑤ 방전 내량이 클 것 ⑥ 내구성, 경제성이 있을 것

[참고] 상용주파 방전개시 전압 : 피뢰기 양 단자 간에 상용주파수의 전압을 인가할 경우 방전을 개시하는 전압(피뢰기 정격전압의 1.5배 정도)

6) 피뢰기의 설치장소

① 발, 변전소 또는 이에 준하는 장소의 가공전선 인입구 및 인출구.
② 가공전선로에 접속되는 특고압용 옥외 배전용 변압기의 고압 및 특고압 측.
③ 고압 및 특고압 가공 전선로로부터 공급을 받은 수용장소의 인입구.
④ 가공전선로와 지중전선로가 접속되는 곳.

[참고] 피뢰기 설치 시 점검 사항
　　　① 애자 부분의 손상 여부 확인
　　　② 1, 2차 측 절연저항 측정
　　　③ 1, 2차 측 터미널 이상 여부 확인

예제문제

예제 1 다음 그림에서 피뢰기 시설이 의무화되어 있는 장소를 도면에 ⊗로 표시하시오.

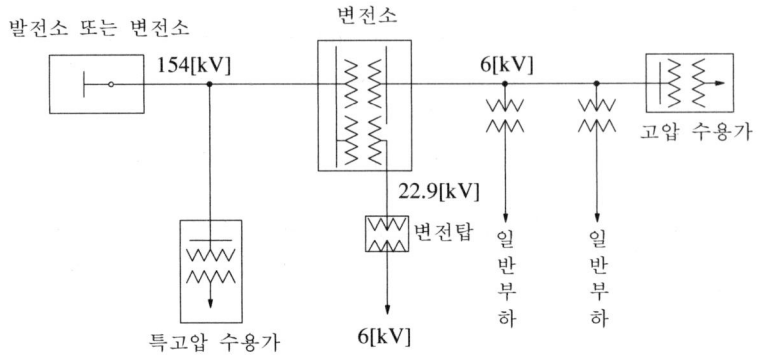

[정답]

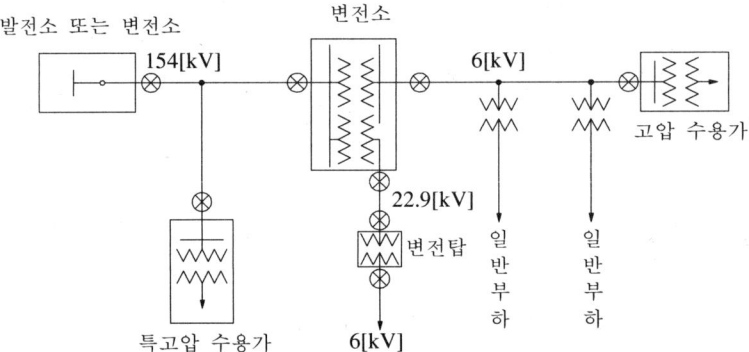

7) 피뢰기와 피 보호기기의 최대유효이격거리

피뢰기는 변압기 같은 전력기기를 보호하는 것이 주 목적이므로 최대한 가깝게 설치하는 것이 좋으며 피뢰기를 통해 보호하고자 하는 피 보호기기와의 최대 유효 이격거리는 다음과 같다.

선로전압[kV]	유효이격거리[m]
345	85
154	65
66	45
22, 22.9	20

8) 피뢰기의 접지

(1) 접지저항
① 접지저항 : 10[Ω] 이하일 것.
② 단독 전용접지인 경우 30[Ω] 이하일 것.

(2) 정격전압 별 접지선의 굵기
전력기기 보호용 피뢰기 설치 시 2차 측 접지선의 굵기 산정은 다음과 같다.

피뢰기 정격전압[kV]	도체의 굵기[mm^2]
144	95 ~ 150
72	35 ~ 70
24 및 21	25 ~ 35
18	16 ~ 25

9) 절연협조 및 기준충격절연강도(BIL)

(1) 절연협조
계통 내의 각 기기, 기구, 애자 등의 상호간에 적정한 절연강도를 갖게 하여, 계통 설계를 합리적, 경제적으로 할 수 있게 한 것
① 절연협조 요건
  ㉮ 뇌 서지 이외의 서지에는 플레시오버, 절연 파괴가 없을 것
  ㉯ 직격뢰를 받아도 피해를 최소화할 수 있을 것
② 피뢰기를 통한 절연협조
  • 변압기 절연강도 > 피뢰기의 제한전압+피뢰기 접지저항의 저항 강하

(2) 기준충격절연강도(BIL ; basic impulse insulation level)
전력계통에서 절연협조 시 사용전압 등급별로 피뢰기의 제한전압보다 높은 충격파전압을 기준으로 하여 정한 최소 절연 값으로 일반적으로 피뢰기의 제한전압보다 약 20 ~ 50[%] 정도의 여유를 지니도록 하고 있다.

① 기기의 여유도 = $\dfrac{\text{기기의 기준충격절연강도(BIL)} - \text{제한전압}}{\text{제한전압}} \times 100[\%]$

② 절연강도 계산
  ㉮ $BIL = 5 \times \text{절연계급} + 50 = 5 \times \dfrac{\text{공칭전압}}{1.1} + 50 [\text{kV}]$
  ㉯ 공칭전압 $= \dfrac{(BIL - 50) \times 1.1}{5} [\text{kV}]$
  ㉰ 절연강도 비교표

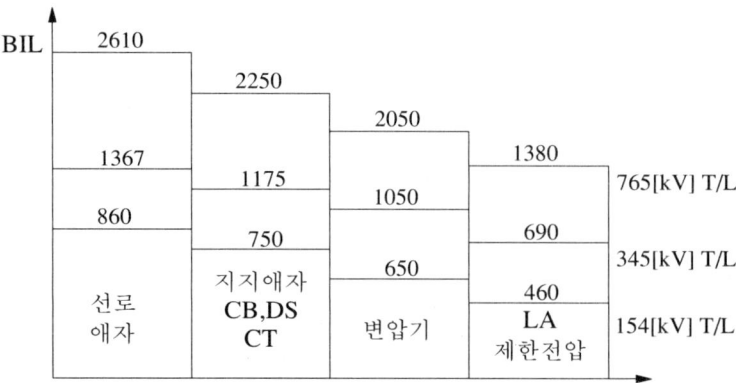

③ 차단기의 정격전압 별 기준충격절연강도

차단기 정격전압[kV]	기준충격절연강도[kV]
362	1300
170	750
72.5	350
25.8	150
7.2	60

예제문제

예제 1 차단기 명판에 BIL 150[kV], 정격차단전류 20[kA], 차단시간 8[sec]라고 기재되어 있는 차단기의 정격전압을 계산한 후 그 정격차단용량을 구하시오. 단, BIL은 절연계급 20호 이상의 비 유효 접지 계에서 계산하는 것으로 한다.

해설과 정답

- 기준충격절연강도 : $BIL = 5 \times 절연계급 + 50 = 5 \times \dfrac{공칭전압}{1.1} + 50 [kV]$
- 공칭전압 $= \dfrac{(BIL-50) \times 1.1}{5} = \dfrac{(150-50) \times 1.1}{5} = 22 [kV]$
- 차단기 정격전압 $= \dfrac{1.2}{1.1} \times 공칭전압 = \dfrac{1.2}{1.1} \times 22 = 24 [kV]$
- 차단기 정격차단용량 : $P_s = \sqrt{3} \times 24 \times 20 = 831.38 [MVA]$
- 정답 : 831.38[MVA]

10) 피뢰기와 피뢰침

피뢰기는 구내의 전력기기를 이상전압으로부터 보호하는 것이고 피뢰침은 낙뢰로 인한 뇌 전류를 대지로 방전하여 건축물 등을 보호하는 것으로 외부에 설치한다.

구분	피뢰기	피뢰침
사용목적	• 상시 전기가 사용되고 있는 전기기기의 뇌해 방지 목적	• 건축물, 인화성 물질 저장 창고 등의 낙뢰로 인한 인화 방지 목적
접지	• 방전된 경우만 접지 된다	• 언제든 직접 접지되어 있다
취부위치	• 보호하고자 하는 전기기기에 대해 가능한 한 가까운 위치에 설치	• 보호하는 물체의 상단에 보호 가능한 높이에 설치한다.

(1) 수뢰 부 시스템
수뢰 부 시스템은 다음 요소의 조합으로 구성된다.
① 돌침(지지하는 구조물 없이 세워진 지지대)
② 수평도체
③ 메시도체

(2) 인하도선 시스템
피뢰 시스템에 흐르는 뇌격전류에 의한 손상 확률을 감소시키기 위해서 뇌격 점과 대지 사이에 설치하는 인하도선의 레벨에 따른 설치 간격은 다음과 같다.

피뢰 시스템 레벨	간격[m]
I	10
II	10
III	15
IV	20

8 서지에 대한 보호

구내 선로에서 발생할 수 있는 개폐서지, 순간과도전압 등으로 이상전압이 2차기기에 악영향을 주는 것을 방지하기 위해 설치하는 보호 장치로 그 설치 위치 및 적용범위는 다음과 같다.

1) 서지흡수기(SA)

(1) 설치위치

서지흡수기는 보호하고자 하는 기기 전단으로, 개폐 서지를 발생하는 차단기 후단과 부하 측 사이에 설치 운용한다.

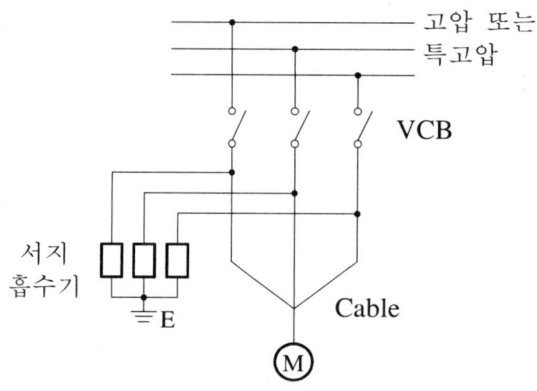

(2) 적용범위

차단기종류		VCB				
전압등급		3[kV]	6[kV]	10[kV]	20[kV]	30[kV]
2차보호기기						
전동기		적용	적용	적용	-	-
변압기	유입식	불필요	불필요	불필요	불필요	불필요
	몰드식	적용	적용	적용	적용	적용
	건식	적용	적용	적용	적용	적용
콘덴서		불필요	불필요	불필요	불필요	불필요
변압기, 유도기 혼용 사용		적용	적용			

(3) 서지흡수기의 정격

공칭전압	3.3[kV]	6.6[kV]	22.9[kV-Y]
정격전압	4.5[kV]	7.5[kV]	18[kV]
공칭방전전류	5[kA]	5[kA]	5[kA]

2) 서지보호장치(SPD)

서지보호 장치(SPD, Surge Protective Device)는 과도 과전압을 제한하고 서지전류를 분류하기 위한 장치로 그 기능과 구조에 따라 다음과 같이 분류할 수 있다.

(1) SPD의 종류
SPD는 그 기능에 따라 다음과 같이 분류할 수 있다.

SPD 종류	기능
전압스위치형	서지가 인가되지 않은 경우는 높은 임피던스 상태에 있으며 전압서지에 응답하여 급격하게 낮은 임피던스 값으로 변화하는 기능을 갖는 SPD
전압제한형	서지가 인가되지 않는 경우는 높은 임피던스 상태에 있으며 전압서지에 응답한 경우에는 임피던스가 연속적으로 낮아지는 기능을 갖는 SPD
복합형	전압스위치형과 전압제한형 소자의 모든 기능을 갖는 SPD

(2) SPD의 구조
SPD는 회로에 접속한 단자 형태에 따라 다음과 같이 분류할 수 있다.

구분	특징
1포트 SPD	1단자 대 (또는 2단자)를 갖는 SPD로 보호할 기기에 대해 서지를 분류하도록 접속하는 것.
2포트 SPD	2단자 대 (또는 4단자)를 갖는 SPD로 입력단자 대와 출력단자 대 간에 직렬임피던스가 있다. 주로 통신·신호 계통에서 사용되며 전원회로에 사용되는 경우는 드물다.

⇨1포트 SPD는 전압스위치형, 전압제한형, 복합형이 있고, 2포트 SPD는 복합형이 있다.

(3) SPD 설치
① SPD의 연결 전선은 과전압에 대한 보호 효율성을 증대시키기 위해 가능한 한 짧게 시설하는데 전체 전선 길이가 0.5[m]를 초과하지 않아야 한다.
② 설비의 인입구 또는 그 부근에서 SPD의 접지선은 단면적 4[mm^2] 이상의 동선으로 한다. 단 낙뢰에 대한 보호 계통이 있다면 단면적 16[mm^2] 이상의 동선이어야 한다.

PART **05** 수전설비 계통도

1. 수변전설비의 개요
2. 수변전설비 표준결선도

수전설비 계통도

1. 수변전설비의 개요

1) 수전방식

전력회사로부터 공급 받는 수전전압 저압인 경우에는 대부분 1회선 수전방식을 사용하지만 고압이나 특고압의 경우 "1회선 수전방식, 2회선 수전방식(예비선 절체방식, 평형2회선 방식), 루프 수전방식, 스폿네트워크 수전방식" 등을 채용하고 있다.

(1) 1회선 수전방식
- 전력회사 변전소로부터 1회선만 수전하는 방식.
① 가장 간단하고 경제적이다.
② 선로 사고의 경우 전력공급이 불가능하다.
③ 공급 신뢰도가 가장 나쁘다
④ 소규모 및 중규모 빌딩에서 채용한다.

(2) 예비선 절체 방식
- 평상 시 전력회사 상용회선으로 수전하다가 정전 시에는 예비회선을 통해 수전하는 방식으로 실질적으로는 1회선 수전방식이지만 선로 사고 시에 예비회선으로 절체 함으로써 정전 시간을 단축할 수 있다.
① 상용회선에서 사고 발생 시 예비회선으로 절체 하여 무 정전으로 전력을 공급할 수 있다.
② 공급 신뢰도가 높다.
③ 초기 설비 투자비가 비싸다.

(3) 평행 2회선 수전방식
- 동일 변전소에서 별도의 전선로를 통해 2회선을 수전하는 방식.
① 한 회선에서 사고가 발생하여도 무 정전으로 전력을 공급할 수 있다.
② 선로 보수, 점검 시에도 한 회선씩 정전이 발생하고, 전반적인 정전 발생은 없다.
③ 공급 신뢰도가 높다
④ 보호계전방식이 복잡하다.
⑤ 초기 설비 투자비가 비싸다.

⑥ 동일변전소에서 수전하므로 변전소의 사고에는 정전을 피할 수 없다.

(4) 루프 수전방식
- 전력회사 변전소로부터의 전력 공급을 루프를 형성하여 양 방향에서 전력을 수전하는 방식.
① 선로 사고 시에도 무 정전으로 전력을 공급받을 수 있다.
② 전압변동률이 감소하므로 전력손실이 감소한다.
③ 공급 신뢰도가 높다.
④ 보호계전방식이 복잡하다
⑤ 초기 설비 투자비가 비싸다.

(5) 스폿네트워크 수전방식
- 변전소로부터 2회선 이상의 배전선로를 가설하여 한 회선에서 고장이 발생할 경우 그 고장 회선의 변전소 측 차단기와 변압기 2차 측 네트워크 프로텍터를 이용 고장 회선을 완전 분리한 후 나머지 회선을 통해 무 정전으로 전력을 공급할 수 있는 방식.
① 무 정전 전력 공급이 가능하다. ② 기기의 이용률이 향상된다.
③ 전압변동률이 낮다.   ④ 부하 증가에 대한 적응성이 좋다
⑤ 전등, 동력의 일원화가 가능하다.
⑥ 스폿네트워크 변압기 용량$[kVA] = \dfrac{\text{최대 수용전력}[kVA]}{\text{수 전 회 선 수}-1} \times \dfrac{100}{\text{과부하율}[\%]}$

⇨ 과 부하율은 일반적으로 130[%]를 취한다.

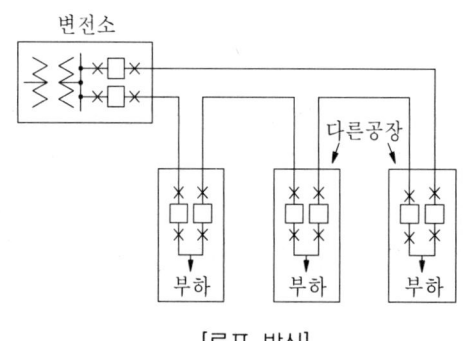

[루프 방식]

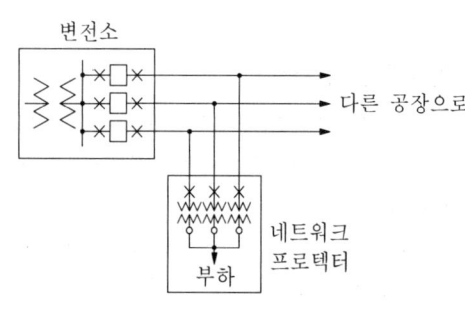

[스폿네트워크 방식]

예제문제

예제 1 스포트 네트워크 시스템을 채용한 경우, 다음 조건일 때 변압기 용량[kVA]은?
[조건]
최대수용전력 7000[kW], 부하 역률 92[%], 수전 회선 수 3회선, 네트워크변압기 부하율 130[%], 변압비 $22/3.3$[kV]라 한다.

해설 정답

- 변압기 용량

$$[kVA] = \frac{\text{최대 수용 전력}[kVA]}{\text{수전 회선 수}-1} \times \frac{100}{\text{과부하율}[\%]} = \frac{\frac{7000}{0.92}}{3-1} \times \frac{100}{130} = 2926.42$$

- 정답 : 2926.42[kVA]

2) 변압기 모선방식

변전소에서는 다수의 송배전선로 전선을 접속하여 전력의 연계 또는 집중, 배분을 하는데 이들 송배전선로의 접속 방식은 모선에 따라 결정되어진다. 이때 모선이란 주변압기, 조상설비, 각 종 개폐설비, 기타 부속설비와 접속되는 공통 도체로서 그 접속방식과 보호 방식에 따라 크게 "단일모선 방식, 2중모선 방식, 환상 모선방식"으로 분류할 수 있다.

① 단일모선 방식 : 선로를 1개 모선을 채용하여 단로기, 차단기, 변압기 등이 일렬로 배치된 방식.
② 2중모선 방식 : 선로를 2개의 모선을 채용하여 구성한 방식.
③ 환상(루프) 모선 방식 : 2계통 이상에서 수전하는 경우 모선을 환상으로 배치한 방식.

[참고] 2중모선 방식은 차단기를 채용하는 방식에 따라 "2중모선 1차단 방식, 2중모선 1.5차단 방식, 2중모선
2차단 방식, 2중모선 2 Bus Tie CB 방식, 2중모선 4 Bus Tie CB 방식, 절환모선 방식"이 있다.

예제문제

예제 1 다음 그림은 2중모선 방식으로 평상시에 No.1 T/L은 A모선에서 No.2 T/L은 B모선에서 전력을 공급받고 있으며 모선 연락용 CB는 개방되어 있다. 물음에 답하시오.

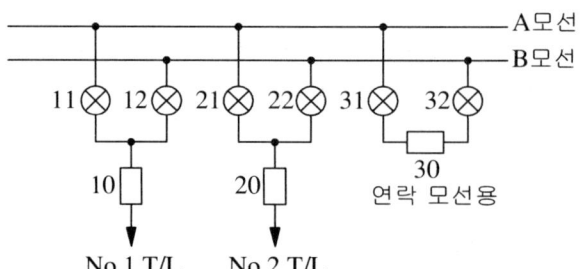

(1) B모선을 점검하기 위한 절체 하는 순서는? (단, 10-OFF, 20-ON 등으로 표시.)
(2) B모선 점검 후 원상 복구하는 조작 순서는? (단, 10-OFF, 20-ON 등으로 표시.)
(3) 10, 20, 30 및 11. 21에 대한 기기 명칭은?
(4) 이중 모선의 장점은?

해설과 정답

[정답]
(1) 31 ON - 32 ON - 30 ON - 21 ON - 22 OFF - 30 OFF - 31 OFF - 32 OFF
(2) 31 ON - 32 ON - 30 ON - 22 ON - 21 OFF - 30 OFF - 31 OFF - 32 OFF
(3) 10, 20, 30 : 차단기   11, 21 : 단로기
(4) 모선의 사고나 점검 보수 시 절체에 의한 무 정전 전력공급 가능

예제 2 절환 모선에 대한 다음 물음에 답하시오.

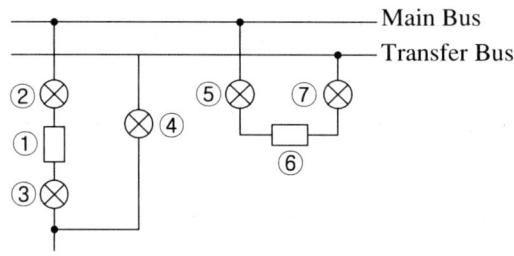

(1) 평상시에 절환 모선이 가압되어 있는가?
(2) 절환 모선을 설치한 이유는?
(3) ①번 CB를 점검하기 위한 조작 순서는? (단, 기기 번호를 이용 ON, OFF로 표시할 것.)
(4) ①번 CB점검 후 복귀 순서는? (단 기기의 번호를 이용하여 ON, OFF로 표시.)
(5) ⑥번 기기의 명칭은?

해설과 정답

[정답]
(1) 가압되어 있지 않다.

(2) 메인 모선의 점검이나 고장 시 절환 모선을 통해 무 정전 전력공급 가능
(3) ⑦ ON - ⑤ ON - ⑥ ON - ④ ON - ① OFF - ③ OFF - ② OFF
(4) ③ ON - ② ON - ① ON - ④ OFF - ⑥ OFF - ⑦ OFF - ⑤ OFF
(5) 모선 연락용 차단기

예제 3 그림과 같은 전력계통의 모선 도면을 보고 다음 각 물음에 답하시오.

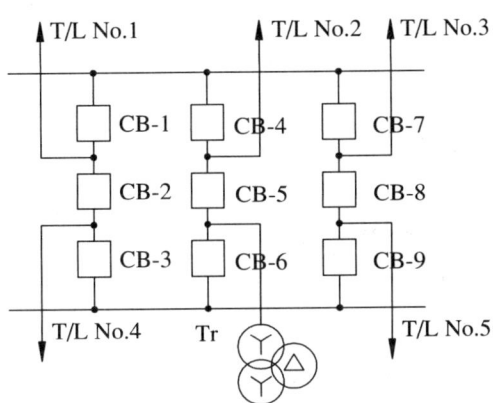

T/L : 송전 선로, CB : 차단기, Tr : 변압기

(1) 이 모선 방식의 명칭을 구체적으로 쓰시오.
(2) T/L No.4에서 지락 사고가 발생하였을 때 차단되는 차단기 2개를 쓰시오.
(3) T/L No.1이 고장일 때 CB-1이 고장 상태이어서 고장을 차단하지 못하였다. 이 때 차단기 고장보호(Breaker Failure Protection)를 채택한 경우라면 차단되는 차단기는 어느 것인지 2개를 쓰시오.
(4) 유입변압기 Tr은 어떤 종류의 변압기인가?

[정답]
(1) 2중모선 1.5 차단방식
(2) CB-2, CB-3
(3) CB-4, CB-7
(4) 3권선 변압기

3) 수변전설비의 설계

전력을 공급하는 전력 회사의 시설에는 발전소, 변전소 및 송배전 선로가 있는데 여기서 변전소란 "구외에서 전송되는 전기를 구내에 시설한 변압기, 전동발전기, 정류기 그 밖의 기계 기구에 의하여 변성하는 곳으로서 변성한 전기를 다시 구외로 전송하는 곳"을 말한다. 이에 대해 수용가가 그 구내에만 전력을 수전하고 변전하는 설비를 시설하여 배전하면서 구외로 전송하지 않을 경우의 설비를 수변전설비 또는 자가용 수변전설비라고 한다. 그런데 "구내 이외 장소로부터 전송되는 5만[V] 이상의 전압을 변성하기 위하여 설치하는 변압기, 기타의 전기 설비를 설치한 장소" 또한 변전소로 취급한다.

(1) 변전소 역할
① 변압 기능(전압의 변성 조정)
② 전력의 집중과 배분 기능
③ 송배선 선로 및 변전소 보호, 제어 기능
④ 전력조류(전기의 흐름) 제어 기능

(2) 수변전설비 설계 시 검토 사항
① 부하설비용량
② 수전 전압 및 수전 방식
③ 주회로의 결선 방식
④ 감시 제어방식
⑤ 변전설비의 형식
⑥ 수전용량 및 계약전력의 추정
⑦ 주요 기기 선정 및 기기 배치 ⑧ 배전방식

(3) 수변전실의 위치 선정 시 고려 사항
① 부하 중심에 가깝고 배전에 편리한 장소일 것.
② 외부로부터의 전원 인입이 편리할 것.
③ 기기류를 반입, 반출하는 데 지장이 없을 것.
④ 지반이 튼튼하고 침수 등의 재해가 발생할 염려가 없을 것.
⑤ 천장 높이는 4[m](보 아래 기준) 이상으로 할 것.
⑥ 발전기실, 축전지실과 인접한 장소일 것.
⑦ 습기나 먼지의 발생이 적은 장소일 것.
⑧ 염해, 유독 가스의 발생이 적은 장소일 것.
⑨ 주위에 화재, 폭발 등의 위험성이 적은 장소일 것.
⑩ 장래의 부하 증설을 고려할 것.
⑪ 환기 및 채광이 용이할 것.
⑫ 보수에 편리하고 경제적일 것.

(4) 수변전실의 높이 및 면적 산출
변전실의 크기는 수전전압, 설비 형식, 변압기 용량, 콘덴서 용량 및 배전반의 면 수 및 보수, 점검을 위한 공간 등을 고려하여 다음과 같이 구할 수 있다.
① 변전실 유효 높이는 4.5[m] 이상일 것.
② 변전실 면적 $= K \times \text{TR용량}[kVA]^{0.7} \, [m^2]$
  여기서, 추정계수 K는 특고압에서 고압으로 변성할 때 1.7
            특고압에서 저압으로 변성할 때 1.4
            고압에서 저압으로 변성할 때 0.98이다
③ 변전실 면적 $= 3.3 \sqrt{\text{TR용량}[kVA]} \times a \, [m^2]$
  여기서, 건물 면적이 6,000[m^2] 미만일 때 2.66
            건물 면적이 10,000[m^2] 미만일 때 3.55

건물 면적이 10,000[m²] 이상의 큐비클 방식일 때 4.3
형식에 구별이 없는 경우 5.5이다.

예제문제

예제 1 변압기 용량 1,000[kVA], 22.9[kV]인 변전실이 있다. 이 변전실에 대한 다음 물음에 답하시오.
(1) 이 변전실의 높이는 몇 [m] 이상이 적합한가?
(2) 이 변전실의 면적을 구하시오. 단, 추정 계수는 1.4이다.

해설과 정답

(2) 변압기 용량에 따른 변전실 면적 $= K \times TR 용량 [kVA]^{0.7} [m^2]$
[정답]
(1) 4.5[m]
(2) 변전실 면적 $= 1.4 \times 1,000^{0.7} = 176.25 [m^2]$
- 정답 : 176.25[m²]

4) 수변전실의 에너지 절감 대책

① 고효율 변압기의 채용
- 무부하손 및 부하 손 감소를 위해 고효율 변압기를 채용하는 것.

② One-Step 강압 방식의 채용
- 계통의 구성을 간단하게 하여 변압기 무부하손 등을 감소시키는 것.

③ 변압기 적정 용량 산정 및 대수 제어 :
- 부하 증가나 감소 시 전력수요에 따라 변압기 운전 대수를 제어하거나 구분하여 변압기 손실을 저감 시키는 것.

④ 설비 부하의 프로그램 제어
- 최대수요전력의 초과 방지와 전력설비의 효율적인 이용을 위해 프로그램을 미리 설정하여 최대발생전력이 목표 값을 초과 상승할 경우 단시간 불필요한 부하부터 순차적으로 차단하여 최대수요전력을 억제시키는 것으로 Demand Control이 이에 해당된다.

⑤ 역률 개선 제어
- 진상용 콘덴서를 부하에 병렬로 접속하여 부하의 역률을 개선시키는 것.

⑥ 적정부하 관리 제어
- 수용가에서의 실제 사용 전력량이 계약 전력량을 초과하지 않도록 피크전력 발생 시의 부하를 제한함으로써 계약전력량의 저감을 이루는 것.

⑦ Cogeneration(열병합 발전) System 채용

• 대형빌딩이나 초고층 복합 빌딩 등에서 폐열의 이용률을 높여 에너지를 절감하는 것.

5) 수전실 등의 시설

배전반, 변압기 등 수전설비 주요 부분이 유지하여야 할 거리 기준은 다음 표에서 정한 값 이상일 것.

위치별 기기별	앞면 또는 조작, 계측 면	뒷면 또는 점검 면	열상호간 (점검하는 면)[주]	기타의 면
특고압배전반	1.7	0.8	1.4	-
고압배전반	1.5	0.6	1.2	-
저압배전반	1.5	0.6	1.2	-
변압기 등	0.6	0.6	1.2	0.3

① 앞면 또는 조작 계측 면은 배전반 앞에서 계측기를 판독할 수 있거나 필요 조작을 할 수 있는 최소 거리임.

② 뒷면 또는 점검 면은 사람이 통행할 수 있는 최소 거리임. 무리 없이 편안히 통행하기 위하여 0.9[m] 이상으로 함이 좋다.

③ 열상호간(점검하는 면)은 기기류를 2열 이상 설치하는 경우를 말하며 배전반류의 내부에 기기가 설치되는 경우 이의 인출을 대비하여 내장기기의 최대 폭에 적절한 안전거리(통상 0.3[m] 이상)를 가산한 거리를 확보하는 것이 좋다.

④ 기타 면은 변압기 등을 벽 등에 연하여 설치하는 경우 최소 확보거리이다. 이 경우도 사람의 통행이 필요할 경우는 0.6[m] 이상으로 함이 바람직하다.

2 수변전설비 표준결선도

1) 수변전설비의 구성

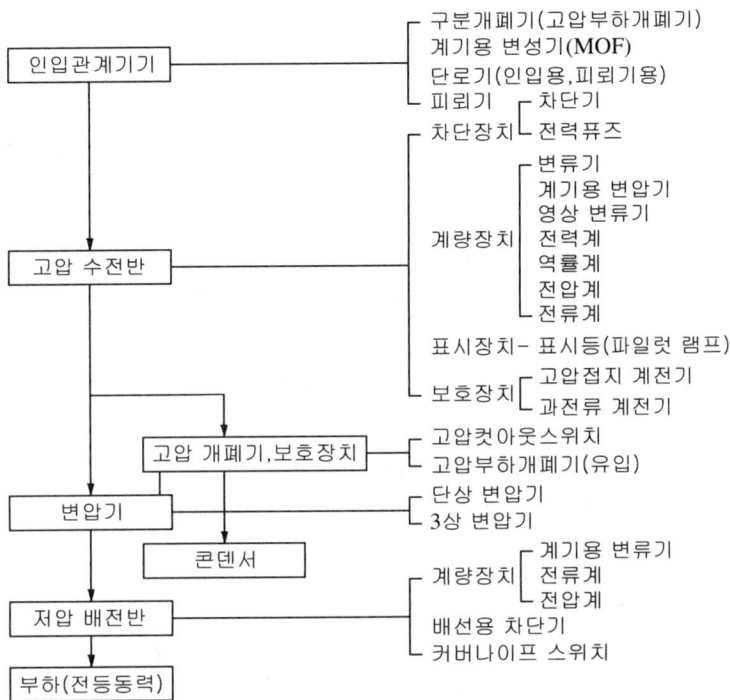

2) 수변전설비의 기기 명칭 및 약호, 심벌, 용도

명칭	약호	심벌(단선도)	용도 및 기능
전류계	A	Ⓐ	전류 측정용 계기
전류계용 전환개폐기	AS		상회로의 각 상전류를 1대의 전류계를 이용하여 순차적으로 측정하는데 사용하는 절환 스위치
차단기	CB		부하 전류 및 과부하 전류, 단락 전류, 지락전류 등을 차단하여 전로의 기기 및 전선을 보호하기 위한 장치
케이블헤드	CH		케이블과 절연 전선을 접속하기 위한 기구
컷아웃스위치	COS		변압기 및 주요기기의 1차 측에 부착하여 과부하전류로부터 변압기 및 기기류를 보호하기 위한 장치
변류기	CT		대 전류를 소 전류로 변성하여 측정 계기나 계전기의 전원으로 사용하기 위한 전류변성기
방전코일	DC	DC / SC	콘덴서에 존재하는 잔류 전하를 방전하여 인촉에 의한 감전사고의 방지 및 콘덴서 회로의 재 투입 시 콘덴서에 걸리는 과전압의 발생을 방지하기 위한 장치

명칭	약호	심벌(단선도)	용도 및 기능
단로기	DS		무 부하 상태의 전로를 개방, 분리하기 위한 개폐기 (부하 전류의 개폐 능력이 없다.)
지락계전기	GR	GR	영상변류기에서 검출한 지락전류(영상전류)가 흐를 때 여자 되어 차단기를 동작시키기 위한 계전기
피뢰기	LA		뇌 또는 회로의 개폐로 인하여 발생하는 과전압을 제한하여 전기설비의 절연을 보호하고 그 속류를 차단하는 보호 장치
전력수급용 계기용변성기	MOF (PCT)		PT와 CT를 한 탱크 속에 넣은 것으로 회로의 고전압 대 전류를 각각 PT비 및 CT 비에 비례하는 낮은 값으로 변성하여 전력량계에 공급하기 위한 변성기
과전류 계전기	OCR	OCR	과부하나 단락사고 시 발생하는 과전류가 흐를 때 여자 되어 부하설비 계통을 보호하기 위한 차단기를 개방, 동작시키기 위한 보호계전기
유입개폐기	OS		부하전류를 개폐하기 위한 개폐기 (고장 전류의 차단 능력이 없다.)
전력퓨즈	PF		설비계통에서의 단락전류에 대한 보호 및 차단기의 부족 차단 용량을 보완하기 위한 퓨즈
계기용 변압기	PT		회로의 고 전압을 저 전압으로 변성하여 측정계기나 계전기의 전압원으로 사용하기 위한 전압변성기
진상용 콘덴서	SC		부하 설비 계통의 역률 개선용 콘덴서
직렬리액터	SR	SR	제5고조파의 제거(3상)에 의한 파형의 개선
트립 코일	TC		과전류나 지락 전류가 흐를 때 여자 되어 차단기를 개방시키기 위한 코일
변압기	Tr		수전 전압으로부터 필요한 전압을 변성하기 위한 전압 변성기
전압계	V	V	전압 측정용 계기
전압계용 전환개폐기	VS	⊕	3상회로의 각 상 전압을 1대의 전압계를 이용하여 순차적으로 측정하는데 사용하는 전환스위치
전력량계	WH	WH	전력량 측정용 계기
영상변류기	ZCT		지락사고 시 발생하는 영상전류를 검출하여 지락계전기(GR)에 공급하기 위한 변성기

3) 고압 수전설비 표준결선도(舊.내선규정)

(1) 고압수전설비 표준결선도

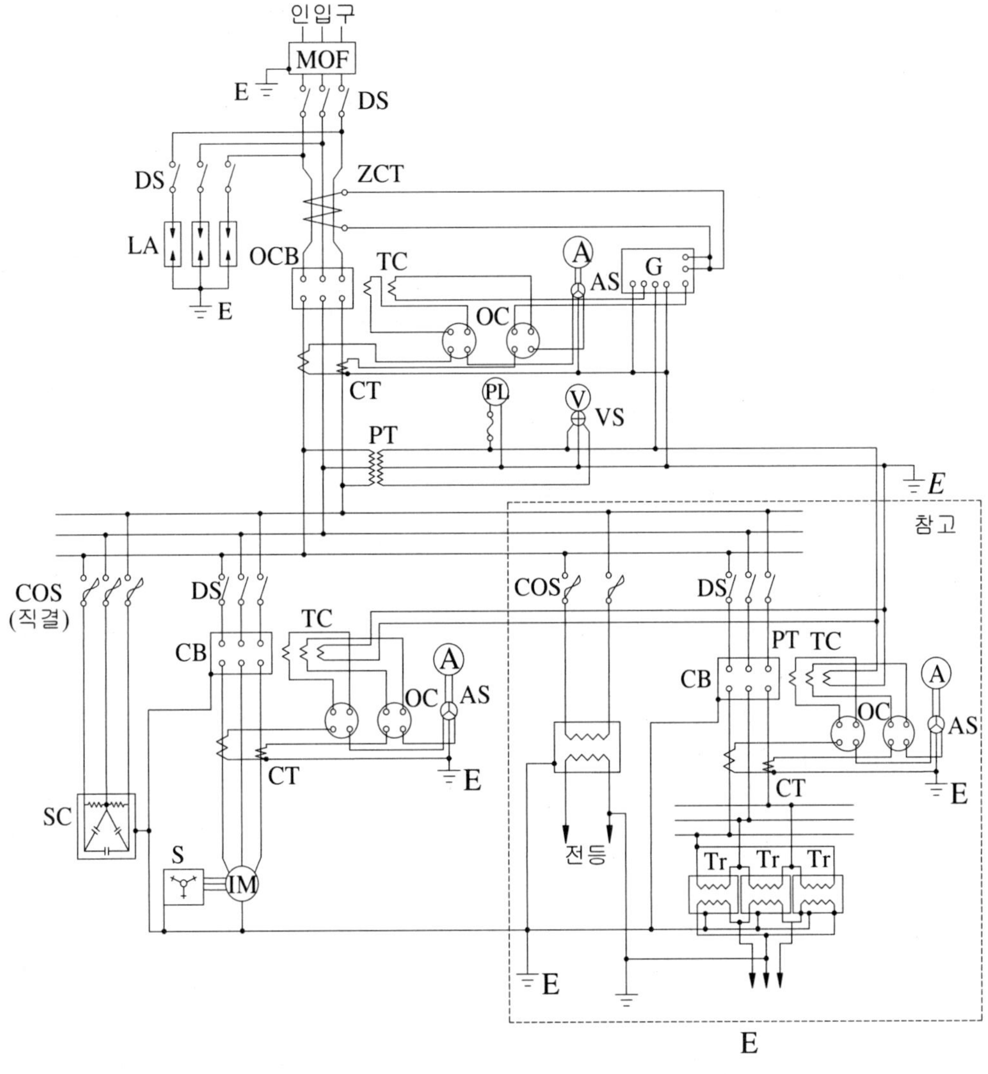

[주1] 고압전동기 조작용 배전반에는 과부족 전압계전기 및 결상계전기를 설치할 것.
[주2] 계기용변압기(PT) 1차 측에는 보호 장치를 필요로 하는 경우 전력퓨즈(PF)나 컷아웃스위치(COS)를 사용할 것.
[주3] 계기용 변류기(CT) 2차 측에는 퓨즈를 삽입하지 않도록 할 것.
[주4] 계기용변성기(PT)는 몰드형의 것을 설치할 것.
[주5] 계전기용 변류기는 보호 범위 확대를 위해 차단기 전원 측에 설치할 것.
[주6] 차단기 트립방식은 DC(직류트립방식) 또는 CTD(콘덴서트립방식) 방식도 가능하다.
[주7] 계기용변압기는 주차단기의 부하 측에 시설하는 것을 표준으로 하지만 지락 보호 계전기용 변성기, 주 차단장치 개폐 상태 표시용 변성기, 주 차단장치 조작용 변성기, 전력수급 계기용변성기의 경우에는 전원 측에 시설할 것.
[주8] LA용 DS는 생략 가능.

(2) 고압수전설비 표준결선도 [주] 해설

① 고압전동기 조작용 배전반의 보호계전기 : 과부족전압계전기, 결상계전기
  ㉮ 과전압계전기(OVR) : 전압의 크기가 일정치 이상이 되었을 때 동작하는 계전기.
  ㉯ 부족전압계전기(UVR) : 전압의 크기가 일정치 이하로 되었을 때 동작하는 계전기.
  ㉰ 결상계전기(OPR) : 3상 회로에 설치된 기기에 3상 입력이 가해지지 않는 경우 (3상 중 1상의 입력이 가해지지 않는 경우)에 기기 또는 회로를 보호하기 위해 결상 상태를 검출하여 차단 또는 경보토록 하는 계전기.

② 계기용변압기(PT)의 보호 :
  ㉮ 1차 측 채용 퓨즈(PF, COS) : PT의 고장이 선로에 파급, 확산되는 것을 방지
  ㉯ 2차 측 채용 퓨즈 : PT의 오 접속이나 부하 고장 등으로 인한 2차 측 단락 발생 시 PT로 사고가 파급, 확산되는 것을 방지

③ 계기용 변류기(CT)의 보호 :
  ㉮ 주의 사항 : 계기용 변류기 2차 측에는 절대로 퓨즈를 삽입하지 않는다.
  ㉯ 이유 : 계기용 변류기 2차 측의 퓨즈가 용단되어 2차 측이 개방되면 변류기 1차 측에 흐르는 부하 전류가 모두 여자전류로 변화하여 2차 단자 간에 대단히 큰 고전압이 유기되어 절연이 파괴되고, 권선이 소손될 위험이 있다.

④ 계기용변성기의 시설 :
  ㉮ 보호계전기용 변성기는 관통형 영상변류기를 제외하고는 고압회로에는 몰드형(옥내용), 특고압 회로에는 몰드형 또는 유입형을 사용할 것.
  ㉯ 옥내 수전실 또는 큐비클 등 밀폐된 공간에 설치하는 전력수급 계기용 변압변류기(MOF)는 난연성 제품을 사용할 것.

⑤ 계전기용 변류기의 시설 :
  지락사고 시 발생하는 영상전류를 검출하여 지락계전기에 공급하기 위한 영상변류기(ZCT)는 그 보호 범위 확대를 위해 차단기 전원 측에 설치할 것.

⑥ 차단기의 트립 방식 :
  ㉮ 직류(DC) 트립 방식 : 변전소에서 별도로 설치된 축전지 등의 제어용 직류전원의 직류를 차단기 트립 코일에 흘려 차단기를 트립시키는 방식.
  ㉯ 콘덴서 트립(CTD) 방식 : 고장 발생 시 보호계전기의 동작에 의해 정류기를 통하여 항상 충전 상태를 유지하고 있는 콘덴서의 방전전류를 이용하여 차단기를 트립시키는 방식.

⑦ 단순히 피뢰기 접속 및 분리 용도의 단로기는 생략 가능.

예제문제

예제 1 다음 고압 수전설비 복선결선도를 보고 물음에 답하시오.

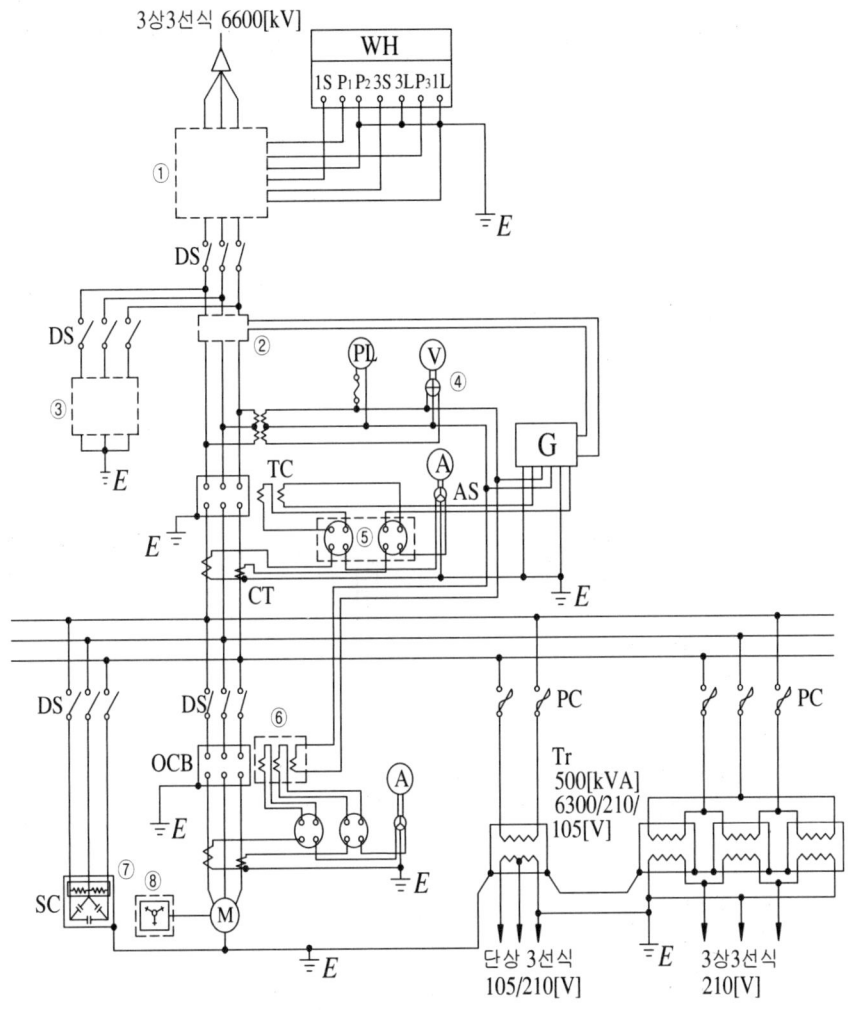

(1) 도면에서 ①~③까지의 부분은 복선도가 생략 되어 있다. 각각의 기기 심벌을 이용 복선 도를 그려 넣고 그 기기 명칭을 약호로 써 넣으시오.
(2) ④~⑧까지의 부분에 대한 명칭은?
(3) 고압전동기 조작용 배전반에는 어떤 계전기를 설치하는 것이 바람직한가?
(4) 계기용변성기는 어떤 형의 것을 사용하는 것이 바람직한가?
(5) 위 수전설비 계통에 시설되는 CT의 정격 2차 전류는 5[A]이다. 그 정격부담[VA]은?
(6) 본 도면에서 생략할 수 있는 부분은?
(7) 계전기용 변류기는 차단기 전원 측 설치가 바람직하다. 그 이유를 간단하게 쓰시오.
(8) 그림 중 접지공사 표시가 잘못된 부분이 있다. 여기에 해당되는 기기의 명칭과 올바로 수정된 내용을 간단히 설명하시오.
(9) 진상용 콘덴서에 연결하는 ⑦의 사용 목적 및 그 구비 조건(방전 능력)을 간단히 쓰시오.

(10) 진상용 콘덴서에서 직렬리액터를 설치할 경우 그 설치 목적과 이론 상 용량과 실제 용량을 비교하여 간단하게 설명하시오.
(11) 지락을 검출하기 위한 ZCT는 1선 지락 사고 시 불 평형 전류에 의한 영상 1차 전류와 2차 전류로 지락계전기를 동작시키게 되는데 영상 1차 전류와 2차 전류는 각각 몇 [mA]인가?
(12) 위 수전설비 계통에서 수전용 차단기의 차단 용량이 부족할 경우 대비하기 위한 설비는?
(13) GR의 조작 전압은?
(14) 고압용 전동기 1차 측 차단기 트립 방식의 종류 2가지를 쓰시오.
(15) 수전용 차단기 정격전류가 500[A]일 때의 접지선의 굵기는 몇 $[\text{mm}^2]$ 인가?

해설과 정답

[정답]
(1) 복선도 완성

　① MOF(전력수급용 계기용 변성기)　② ZCT(영상변류기)　③ LA(피뢰기)

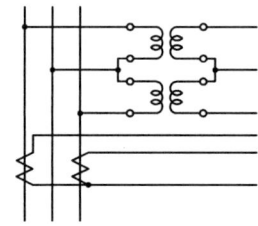
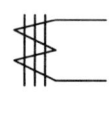
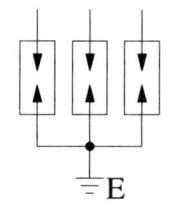

(2) 기기 류 명칭
　④ 전압계용전환개폐기　⑤ 과전류계전기　⑥ TC(트립코일)
　⑦ 방전코일　⑧ 가변다이얼 저항기
(3) 과전압계전기, 부족전압계전기, 결상계전기
(4) 몰드형
(5) 40[VA]
(6) 피뢰기용 단로기
(7) 보호범위 확대
(8) 단상변압기 단상 3선식 중성선 : 전압 측 전선의 접지를 중성 선에 실시한다.
(9) 방전코일 사용 목적 및 구비 조건
　① 사용 목적 : 잔류 전하 방전
　② 구비 조건 : 5초 이내에 잔류전하를 50[V] 이하로 저하시킬 능력이 있을 것.
(10) 직렬리액터 설치 목적 및 설치 용량
　① 사용 목적 : 제5고조파 제거에 의한 파형의 개선
　② 설치 용량 : 이론 상 4[%], 실제 5~6[%]
(11) 영상변류기 1, 2차 전류 : 1차 전류 : $200\,[\text{mA}]$, 2차 전류 : $1.5\,[\text{mA}]$
(12) 전력퓨즈
(13) 110[V]
(14) 과전류트립방식, 부족전압트립방식
(15) 접지선의 굵기 $A = 0.0496 \times 500 = 24.8\,[\text{mm}^2]$
　• 정답 : $25\,[\text{mm}^2]$

예제 2 다음 수변전 설비 결선도를 이해하고, 각 물음에 답하시오.

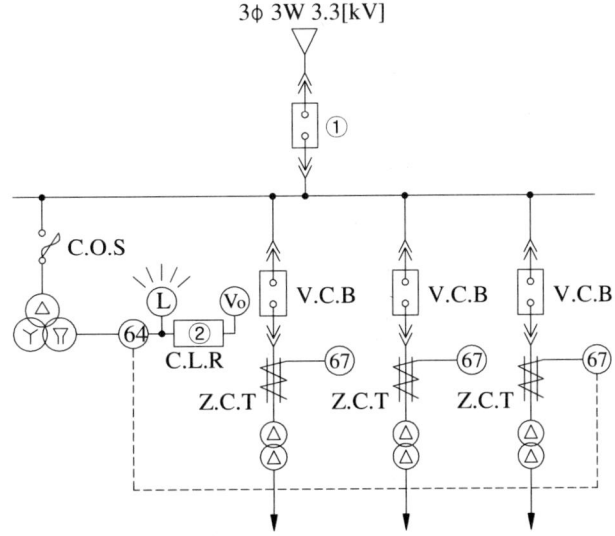

(1) ①의 기호는 어떤 명칭의 차단기인가?
(2) 도면과 같은 배전 계통의 접지방식은?
(3) 전압계 V_0에서 검출하는 전압은 어떤 종류의 전압인가?
(4) 지락 과전압 계전기(OVGR : 64)의 사용 목적은?

해설 및 정답

[정답]
(1) 인출형 차단기   (2) 비접지 방식   (3) 영상전압
(4) 지락사고 시 발생하는 과전압을 검출하여 경보 및 차단기 동작

예제 3 회로도는 펌프용 3.3[kV] 모터 및 GPT 단선 결선도이다. 회로도를 보고 다음 물음에 답하시오.

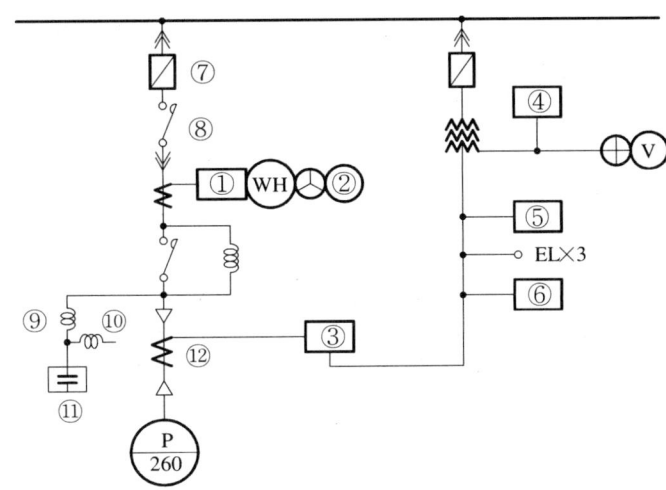

(1) ①~⑥으로 표시된 보호 계전기 및 기기의 명칭을 쓰시오.
  ①   ②   ③
  ④   ⑤   ⑥

(2) ⑦~⑪로 표시된 전기기계 기구의 명칭과 용도를 간단히 기술하시오.
  ⑦ 명칭 :   용도 :
  ⑧ 명칭 :   용도 :
  ⑨ 명칭 :   용도 :
  ⑩ 명칭 :   용도 :
  ⑪ 명칭 :   용도 :
  ⑫ 명칭 :   용도 :

[정답]
(1) ① 과전류계전기   ② 전류계   ③ 지락방향계전기
    ④ 부족전압계전기   ⑤ 지락과전압계전기   ⑥ 영상전압계
(2) ⑦ 명칭 : 전력퓨즈   용도 : 단락전류 차단
    ⑧ 명칭 : 개폐기   용도 : 전동기 기동 및 정지
    ⑨ 명칭 : 직렬리액터   용도 : 제5고조파 제거
    ⑩ 명칭 : 방전코일   용도 : 잔류전하 방전
    ⑪ 명칭 : 전력용콘덴서 용도 : 전동기 역률 개선
    ⑫ 명칭 : 영상변류기   용도 : 지락 사고 시 지락전류 검출

예제 3 다음 수전설비의 단선결선도를 보고 다음 각 물음에 답하시오.

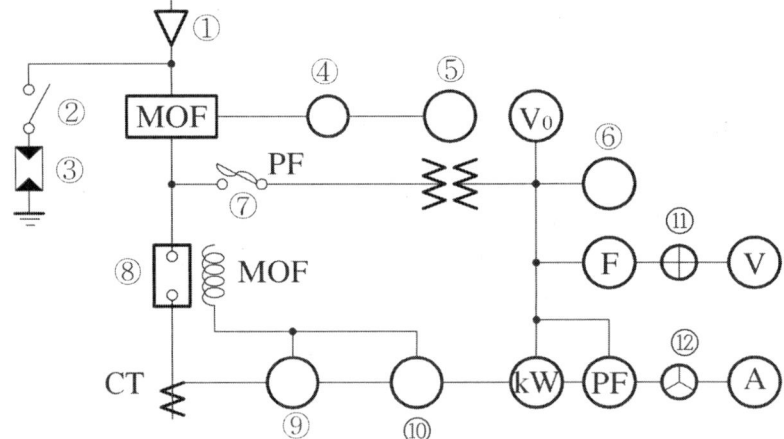

(1) ①의 용도를 간단히 설명하시오.
(2) ②로 표시된 전기기계 기구의 명칭과 용도를 간단히 설명하시오.
(3) ③으로 표시된 전기기계 기구의 명칭과 용도를 간단히 설명하시오.
(4) ④ ~ ⑫로 표시된 전기기계 기구의 명칭을 쓰시오.

해설과 정답

[정답]
(1) 가공 전선과 케이블 단말 접속
(2) • 명칭 : 단로기　　• 용도 : 피뢰기의 접속 및 분리
(3) • 명칭 : 피뢰기　　• 용도 : 이상 전압 내습 시 이를 대지로 방전하고 속류를 차단
(4) ④ 최대수요전력량계　　⑤ 무효전력량계　　⑥ 지락과전압계전기
　　⑦ 전력퓨즈(또는 컷아웃스위치)　⑧ 차단기　　⑨ 과전류계전기
　　⑩ 지락과전류계전기　　⑪ 전압계용 전환개폐기　⑫ 전류계용 전환개폐기

3) 특고압 수전설비 표준결선도

특고압 수전설비 계통도는 주 보호장치가 무엇인가에 따라 CB형, PF-CB형, PF-S형으로 분류할 수 있다.

(1) CB형 특고압수전설비 결선도

CB 1차 측에 CT를, CB 2차 측에 PT를 시설하는 경우로 주 차단장치로서 수전점에 있어서 단락 용량 이상의 차단용량을 갖는 차단기를 사용하는 방식으로 주로 1,000[kVA]를 초과하는 정식 수전 설비에 사용되며 OCB, OCGR 등을 조합하여 단락 및 지락 사고에 대한 보호를 한다.

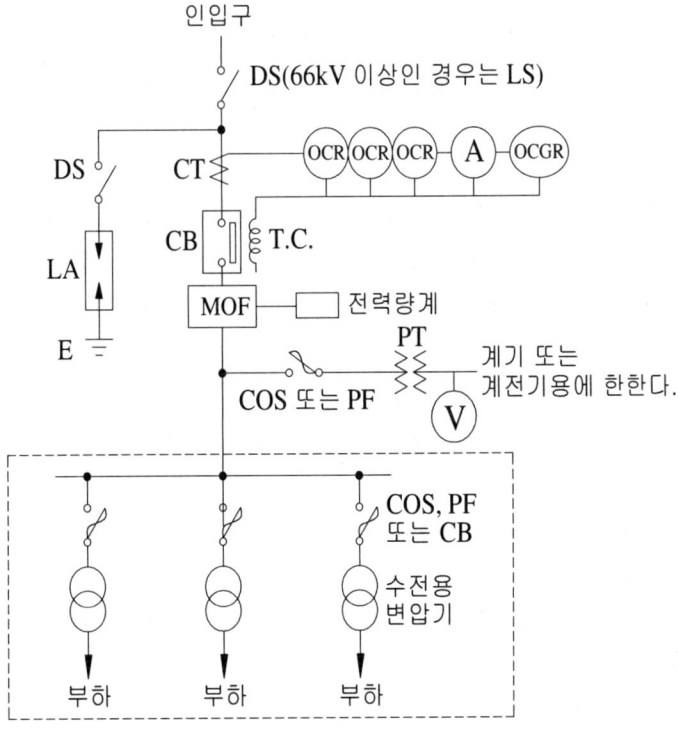

[주1] 22.9[kV-Y] 1000[kVA]이하인 경우에는 간이 수전결선도에 의할 수 있다.

[주2] 차단기 트립 전원은 직류방식(DC) 또는 콘덴서방식(CTD)이 바람직하며 66[kV]이상의 수전설비는 직류(DC) 방식일 것.
[주3] LA용 DS(피뢰기 접속 및 분리 목적)는 생략할 수 있으며 22.9[kV-Y]용의 LA는 Disconnector(또는 Isolator) 붙임 형을 사용할 것.
[주4] 인입 선을 지중으로 시설하는 경우로서 공동주택 등 사고 시 정전 피해가 큰 수전 설비 인인 선은 예비선을 포함하여 2회선으로 시설할 것.
[주5] 지중인입선의 경우 22.9[kV-Y] 계통에서는 CNCV-W케이블(동심중성선 수밀형 전력 케이블) 또는 TR CNCV-W케이블(트리 억제형)을 사용할 것. (단, 전력구, 공동구, 덕트, 건물 구내 등 화재 우려가 있는 장소에서는 FR CNCO-W(난연)케이블을 사용하는 것이 바람직하다.)
[주6] DS대신 자동 고장 구분개폐기(7,000[kVA] 초과 시에는 Sectionalizer)를 사용할 수 있으며, 66[kV] 이상의 경우에는 LS를 사용할 것.

【특고압 수전설비 표준 결선도 해설】
① CNCV케이블(동심중성선 차수형 전력케이블)
- 한국전력 표준 규격에서 정한 중성선 층을 수밀 처리하지 않은 동심중성선 CV케이블
  ㉮ 도체 : 원형압축 연동연선
  ㉯ 절연 층 : 가교폴리에틸렌(XLPE)
  ㉰ 시스 : PVC시스
  ㉱ 용도 : 22.9[kV-Y] 3상4선식 중성선 다중접지 배전선로
② CNCV-W케이블(동심중성선 수밀형 전력케이블)
- CNCV 케이블의 중성선 층 및 도체 부분까지 수밀 처리한 케이블
  ㉮ 도체 : 수밀혼합물 충전 원형압축 연동연선
  ㉯ 절연 층 : 가교폴리에틸렌(XLPE)
  ㉰ 시스 : PVC시스
  ㉱ 용도 : 22.9[kV-Y] 3상4선식 중성선 다중접지 배전선로의 지중인입선, 옥외 수직 입상부 장소
③ TR CNCV-W케이블(트리억제형 동심중성선 수밀형 전력케이블)
- CNCV-W케이블에서 절연체로 사용되는 가교폴리에틸렌을 수트리 억제형 가교폴리에틸렌으로 대체한 것.
  ㉮ 도체 : 수밀혼합물 충전 원형압축 연동연선
  ㉯ 절연 층 : 수트리억제용 가교폴리에틸렌 컴파운드(TR-XLPE)
  ㉰ 시스 : PVC시스
  ㉱ 용도 : 22.9[kV-Y] 3상4선식 중성선 다중접지 배전선로의 지중인입선, 직매 및 관로 등의 수분과 접촉되는 장소
    ⇨ 케이블의 트리 현상 : 고체 절연물 속에서 발생하는 나뭇가지 모양의 방전 흔적을 남기는 절연 열화 현상
  ⓐ 수 트리 : 절연체에 수분이 침투하면 수분이 이온화되고, 이 이온에 교번전계가 가해져 진동하면 절연체에 틈이 발생하고, 그 틈을 통해 수분이 침투하면서 점차 수지상으로 발전되는 현상

ⓑ 전기적 트리 : 절연체 내부 또는 절연체와 도체가 인접한 틈에 국부적인 고전계가 가해져 발생 되는 트리 현상
ⓒ 화학적 트리 : 케이블이 설치되어 있는 주위 환경물에 함유된 화학적 성분이 케이블 외장이나 절연물을 투과하여 도달할 경우 도체와 반응하여 발생되는 트리 현상.

④ FR CNCO-W(난연)케이블(동심중성선 수밀형 저독성 난연 전력케이블)
- CNCV-W 케이블에서 시즈를 PVC 대신 할로겐프리폴리올레핀으로 대체한 것.
  ㉮ 도체 : 수밀혼합물 충전 원형압축 연동연선
  ㉯ 절연 층 : 가교폴리에틸렌(XLPE)
  ㉰ 시스 : 저독성난연폴리올레핀시스(NOn Halogen Free Flame Retardant Polyolepin)
  ㉱ 용도 : 22.9[kV-Y] 3상4선식 중성선 다중접지 배전선로에서 전력구, 공동구, 덕트, 건물 구내 등 화재 우려가 있는 장소

(2) PF-CB형 특고압 수전설비 결선도

CB 1차 측에 10[kVA]이하 변압기를 설치한 경우로 주 차단장치로서 수전점에 있어서 단락용량 이상의 차단용량을 갖는 전력퓨즈(한류형)와 차단용량이 적은 차단기를 조합하여 사용하는 방식으로 큰 단락전류는 전력퓨즈로 비교적 적은 단락전류, 지락전류의 차단 및 회로 개폐는 차단기로 행하는 방식으로 OCB, OCGR 등을 조합하여 단락 및 지락 사고에 대한 보호를 한다.

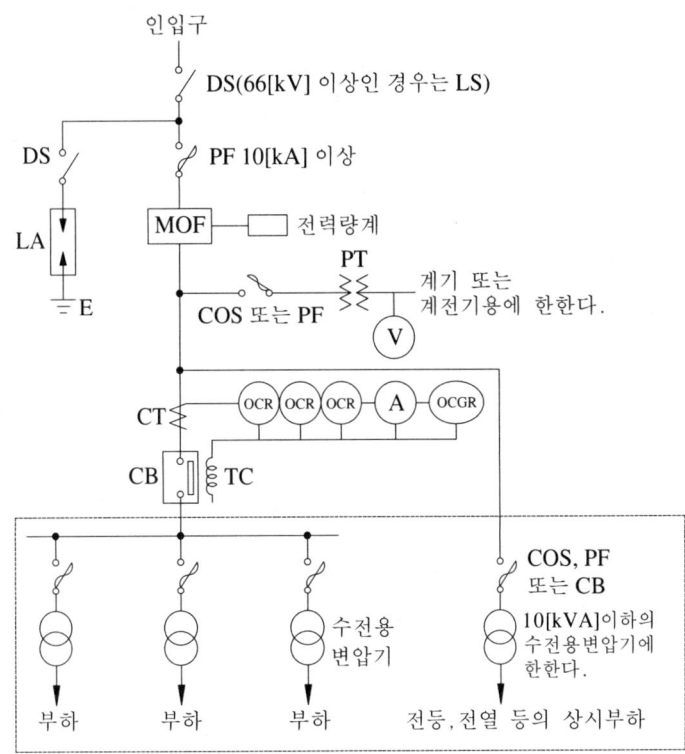

[주1] 22.9[kV-Y] 1000[kVA]이하인 경우에는 간이 수전결선도에 의할 수 있다.
[주2] 차단기의 트립 전원은 직류방식(DC) 또는 콘덴서방식(CTD)이 바람직하며 66[kV]이상의 수전설비에는 직류(DC) 방식일 것.
[주3] 피뢰기(LA)용 DS는 생략할 수 있으며 22.9[kV-Y]용의 LA는 Disconnector(또는 Isolator) 붙임 형을 사용할 것.
[주4] 인입 선을 지중으로 시설하는 경우로서 공동주택 등 사고 시 정전 피해가 큰 수전 설비 인입 선은 예비선을 포함하여 2회선으로 시설할 것.
[주5] 지중인입선의 경우 22.9[kV-Y] 계통에서는 CNCV-W케이블(동심 중성선 수밀형 전력케이블) 또는 TR CNCV-W케이블(트리 억제형)을 사용할 것. (단, 전력구, 공동구, 덕트, 건물 구내 등 화재 우려가 있는 장소에서는 FR CNCO-W(난연)케이블을 사용하는 것이 바람직하다.)
[주6] DS대신 자동고장구분개폐기(7,000[kVA] 초과 시에는 Sectionalizer)를 사용할 수 있으며, 66[kV] 이상의 경우에는 LS를 사용할 것.

(3) PF-CB형 특고압 수전설비 표준결선도

CB 1차 측에 PT를 CB 2차 측에 CT를 설치하는 경우로 주 차단장치로서 수전점에 있어서 단락용량 이상의 차단용량을 갖는 전력퓨즈(한류형)와 차단용량이 적은 차단기를 조합하여 사용하는 방식으로 큰 단락전류는 전력퓨즈로 비교적 적은 단락전류, 지락전류의 차단 및 회로 개폐는 차단기로 행하는 방식으로 OCB, OCGR 등을 조합하여 단락 및 지락 사고에 대한 보호를 한다. 또한 이 방식은 신설의 경우 채용하는 방식보다는 신설의 경우 CB형으로 하였다가 후에 부하 증설 등의 이유로 수전용 차단기 차단용량이 부족한 경우 그 대비책으로 PF를 차단기 1차 측에 추가로 설치하는 경우에 주로 채용한다.

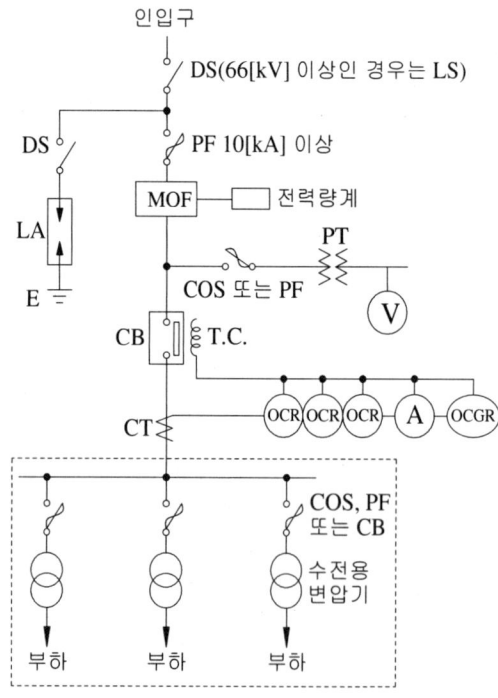

[주1] 22.9[kV-Y] 1000[kVA]이하인 경우에는 간이 수전결선도에 의할 수 있다.
[주2] 차단기의 트립 전원은 직류방식(DC) 또는 콘덴서방식(CTD)이 바람직하며 66[kV]이상의 수전설비에는 직류(DC) 방식일 것.
[주3] 피뢰기(LA)용 DS는 생략할 수 있으며 22.9[kV-Y]용의 LA는 Disconnector(또는 Isolator) 붙임 형을 사용할 것.
[주4] 인입 선을 지중으로 시설하는 경우로서 공동주택 등 사고 시 정전 피해가 큰 수전 설비 인입 선은 예비선을 포함하여 2회선으로 시설할 것.
[주5] 지중인입선의 경우 22.9[kV-Y] 계통에서는 CNCV-W케이블(동심 중성선 수밀형 전력케이블) 또는 TR CNCV-W케이블(트리 억제형)을 사용할 것. (단, 전력구, 공동구, 덕트, 건물 구내 등 화재 우려가 있는 장소에서는 FR CNCO-W(난연)케이블을 사용하는 것이 바람직하다.)
[주6] DS대신 자동고장구분개폐기(7,000[kVA] 초과 시에는 Sectionalizer)를 사용할 수 있으며, 66[kV] 이상의 경우에는 LS를 사용할 것.

(4) 22.9[kV-Y] 1000[kVA]이하 적용 특고압 간이 수전설비 표준결선도

주 차단장치로서 수전점에 있어서 단락용량 이상의 차단용량을 갖는 전력퓨즈(한류형)와 개폐기를 조합하여 사용하는 방식으로 주 차단장치의 보호 기능을 갖는 전력퓨즈에 의한 단락보호만 하고 다른 보호 기능은 생략한 방식으로 주로 22.9[kV-Y] 1,000[kVA]이하 간이수전설비 계통에서 사용하고 있으며, 인입구 개폐기로 사용하는 자동고장 구분개폐기로 과부하전류 및 지락전류 같은 고장전류를 차단한다.

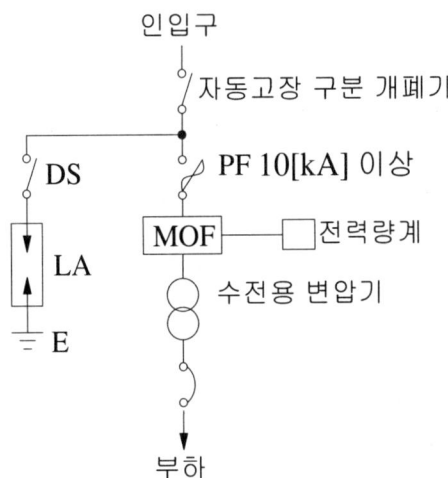

[주1] 피뢰기(LA)용 DS는 생략할 수 있으며 22.9[kV-Y]용의 LA는 Disconnector(또는 Isolator) 붙임형을 사용할 것.
[주2] 인입 선을 지중으로 시설하는 경우로서 공동 주택 등 사고 시 정전 피해가 큰 수전 설비 인입 선은 예비선을 포함하여 2회선으로 시설할 것.
[주3] 지중인입선의 경우 22.9[kV-Y] 계통에서는 CNCV-W케이블(동심 중성선 수밀형 전력케이블) 또는 TR CNCV-W케이블(트리 억제형)을 사용할 것.(단, 전력 구, 공동구, 덕트, 건물 구내 등 화재 우려가 있는 장소에서는 FR CNCO-W(난연)케이블을 사용하는 것이 바람직하다.)

[주4] 300[kVA]이하 경우 PF대신 COS(비대칭 차단전류 10[kA] 이상인 것)를 사용할 것.
[주5] 간이수전설비는 PF 용단 등의 결상사고에 대한 대책이 없으므로 변압기 2차 측에 설치되는 주차단기에는 결상계전기를 설치 결상사고에 대한 보호능력이 있도록 할 것.

⇨ 자동고장 구분개폐기(ASS : Automatic Sectionalizing Switch)

22.9[kV-Y] 3상 4선식 중성점 다중접지방식에서는 지락 사고 시 지락전류가 너무 커서 지락사고 시에도 단락사고와 같이 배전선로에 설치된 리클로저나 차단기가 동작하여 1 수용가의 사고가 다수의 수용가에 파급, 확산될 수 있으므로 건전 수용가의 피해를 최소화하기 위해 1 수용가에서 고장 발생 시 전기사업자 측 공급선로의 타보호기기인 리클로저나 차단기 등과 협조하여 1회 순간 정전 후 고장구간을 자동으로 개방, 분리하여 사고가 파급 확산되는 것을 방지하는 보호 장치로 전부하 상태에서 자동 또는 수동 투입 및 개방이 가능한 개폐기이다.

(5) 22.9[kV-Y] 3상 4선식 수변전설비 계통도

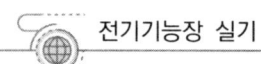

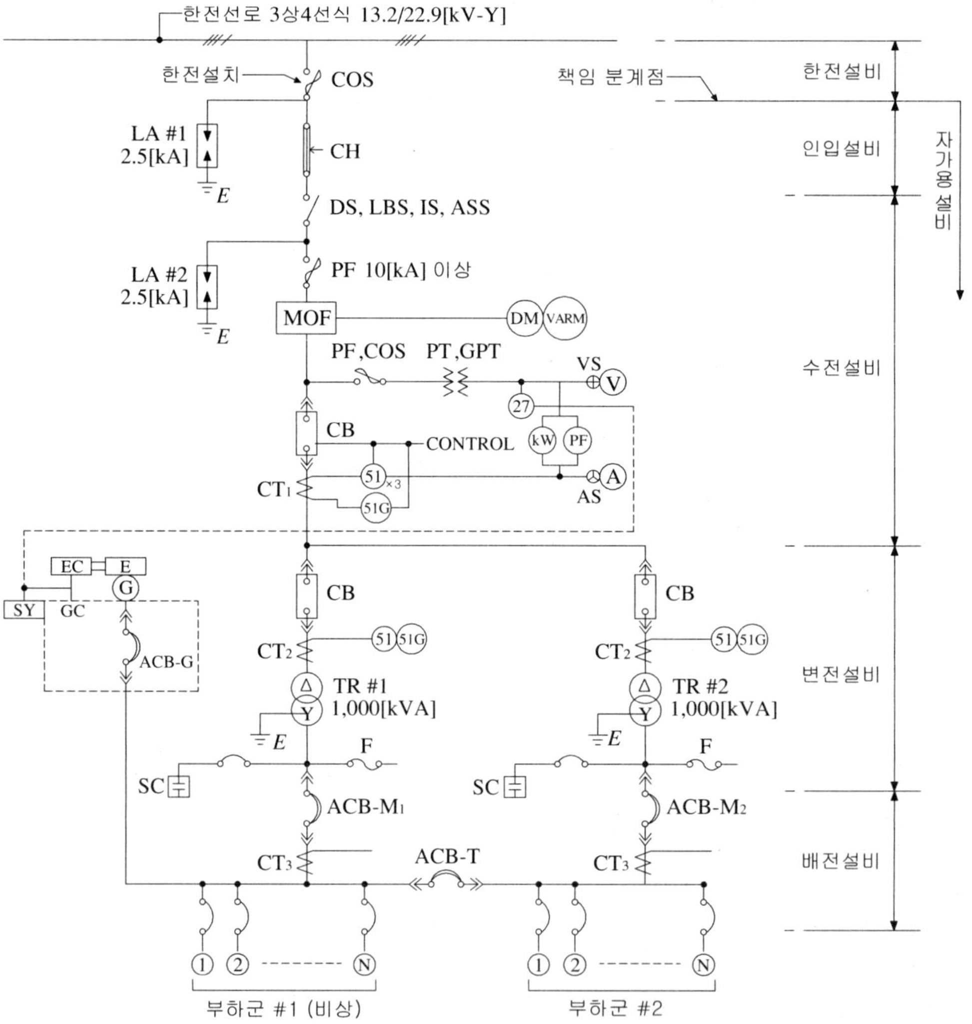

4) 특고압용 기기의 일반적인 특성

기기명칭	정격전압 [kV]	정격전류 [A]	특성 및 설치장소
선로개폐기 라인스위치 (LS)	24 36, 72	200~4000 400~4,000 400~2,000	• 정격전압에서 전로의 충전전류 개폐가능 • 부하전류를 개폐하지 않는 장소에 사용 • 3상을 동시 개폐(원방 수동 및 동력 조작) • 66[kV] 이상 수전실 구내 입구
단로기(DS)	24 36, 72	200~400 400~4,000 400~2,000	• 차단기와 조합하여 사용하며 전류가 통하고 있지 않은 상태에서 개폐가능 • 부하전류를 개폐하지 않는 장소에 사용 • 각 상별로 개폐 가능 • 수전실 구내 인입구 및 수전실 내 LA 1차 측
전력퓨즈 (PF)	25.8 72.5	100~200 200	• 전로의 단락보호용으로 사용 • 타보호기기와의 협조 가능 • 3상 회로에서 1선 용단 시 결상 운전 • 차단기 대용으로 사용
컷아웃 스위치 (COS)	25	30, 50, 100, 200	• 변압기 및 주요 기기 1차 측에 부착하여 과부하로 인한 과전류로부터 기기보호 • 단상분기선에 사용하여 과전류 보호 • 변압기 등 기기 1차 측 및 부하가 적은 단상 분기선
피뢰기 (LA)	75(72) 24, 21, 18	5,000 2,500	• 뇌, 회로 개폐 시 발생하는 과전압을 제한하여 전기설비의 절연을 보호하고 그 속류를 차단하는 보호 장치 • 수전실 구내 인입구 또는 케이블 인입의 경우 전기사업자 측 공급선로 분기점
부하개폐기 (LBS)			• 부하전류는 개폐 가능, 고장전류는 차단할 수 없음 • 수전실 구내 인입구
기중 부하개폐기 (IS)	25.8	600	• 부하전류는 개폐 가능하지만 고장전류는 차단할 수 없음 • 수전실 구내 인입구 또는 부하전류만의 개폐를 필요로 하는 장소 (구내 선로 간선 및 분기선)
자동부하 전환개폐기 (ALTS)	25.8	600	• 이중전원을 확보하여 주전원 정전 시 또는 전압이 기준치 이하로 떨어질 경우 예비전원으로 자동절환 함으로서 수용가가 항상 일정한 전원을 공급받기 위한 전환 장치 • 자동 또는 수동 전환이 가능하여 배전반 내에서 원방조작 가능 • 중요 국가기관, 공공기관, 병원, 빌딩, 공장, 군사시설 등 정전 시 큰 피해를 입을 우려가 있는 장소의 선로 또는 수전실 구내
고장구간 자동개폐기 (ASS)	25.8	200	• 22.9[kV-Y] 전기사업자 배전계통에서 부하용량 4,000[kVA] 이하의 분기점 또는 7,000[kVA]이하 수전실 인입구에 설치하여 과부하 또는 고장전류 발생 시 전기사업자 측 공급선로의 타보호기기(Recloser, CB)와 협조하여 고장구간을 자동개방하여 고장이 계통에 파급·확산되는 것을 방지. • 전 부하 상태에서 자동 또는 수동 투입 및 개방 가능 • 과부하 보호 기능 • 전기사업자 측 공급선로 분기점 • 수전실 구내 인입구 및 자가용 선로

기기명칭	정격전압 [kV]	정격전류 [A]	특성 및 설치장소
		400	• 22.9[kV-Y] 전기사업자 배전계통에서 부하용량 8,000[kVA] 이하의 분기점 또는 7,000[kVA]이하 수전실 인입구에 설치하여 과부하 또는 고장전류 발생 시 전기사업자 측 공급선로의 타 보호기기(Recloser, CB)와 협조하여 고장구간을 자동 개방하여 고장이 계통에 파급·확산되는 것을 방지 • 전 부하 상태에서 자동 또는 수동 투입 및 개방 가능 • 과부하 보호 기능 • 낙뢰 빈번한 지역, 공단선로, 수용가 선로 등에 사용 가능 • 전기사업자 측 공급선로 분기점 • 수전실 구내 인입구 및 자가용 선로
	• 고장구간 자동개폐기는 제작회사 및 특성에 따라 명칭이 서로 다르게 사용되고 있으며 다음과 같다. • 고장구간 자동개폐기(ASS ; Automatic Section Switch) • 고장구간 자동개폐기(ASBS ; Automatic Section Breaking Switch) • 고장구간 자동개폐기(ASBRS ; Automatic Sectionalizing Breaking Reclosing Switch) • 고장구간 자동개폐기(ASFS ; Automatic Sectionalizing Fault Switch) • 고장구간 자동개폐기(GASS ; Gas Automatic Section Switch)			

예제문제

예제 1 3φ 4W 22.9[kV] 수전 설비 단선 결선도이다. ①~⑩번까지 표준 심벌을 사용하여 도면을 완성하고 ①~⑩까지의 표를 완성하시오

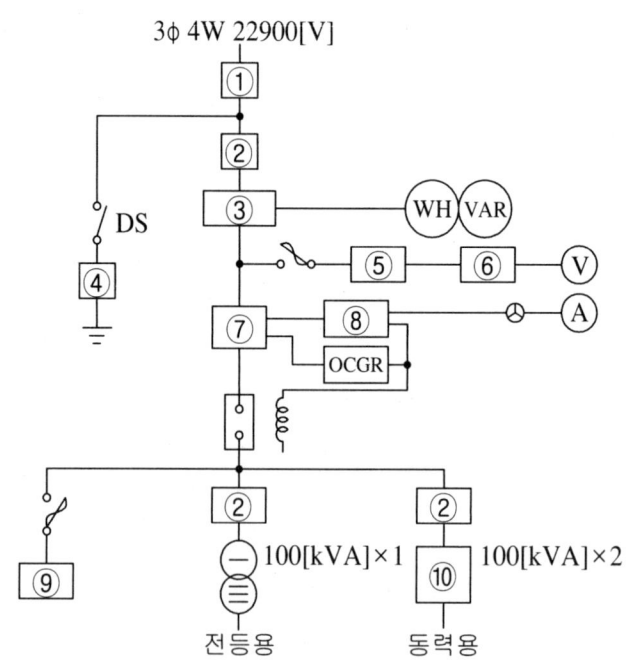

번호	약호	심벌	명칭	기능
①	DS		단로기	차단기를 개방한 후 전로를 완전히 개방, 분리하기 위한 입입구 개폐기
②	PF		전력퓨즈	설비계통에서의 단락전류에 대한 보호 및 차단기의 부족 차단 용량을 보완하기 위한 퓨즈
③	MOF		전력수급용 계기용변성기	PT와 CT를 한 탱크 속에 넣은 것으로 회로의 고 전압 및 대 전류를 각각 PT비 및 CT비에 비례하는 낮은 값으로 변성하여 전력량계에 공급하기 위한 변성기
④	LA		피뢰기	뇌 또는 회로의 개폐로 인하여 발생하는 과전압을 제한하여 전기설비의 절연을 보호하고 그 속류를 차단하는 보호 장치
⑤	PT		계기용 변압기	회로의 고전압을 저 전압으로 변성하여 측정 계기나 계전기의 전압원으로 사용하기 위한 전압변성기
⑥	VS		전압계용 전환개폐기	3상회로의 각 상 전압을 1대의 전압계를 이용하여 순차적으로 측정하는데 사용하는 전환스위치
⑦	CT		계기용 변류기	대전류를 소전류로 변성하여 측정 계기나 계전기의 전류원으로 사용하기 위한 전류변성기
⑧	OCR	(OCR)	과전류계전기	과전류 발생 시 여자 되어 부하설비 계통을 보호하기 위한 차단기를 개방, 동작시키기 위한 보호 계전기
⑨	SC		전력용콘덴서	부하 설비 계통의 역률 개선용 콘덴서
⑩	TR		변압기	수전 전압으로부터 부하에 필요한 전압을 변성하기 위한 전압 변성기

예제 2 22.9[kV-Y]선로 수전 방식 중 1000[kVA]이하의 수전설비 단선 결선도 중 하나이다. 그림을 보고 물음에 답하시오.

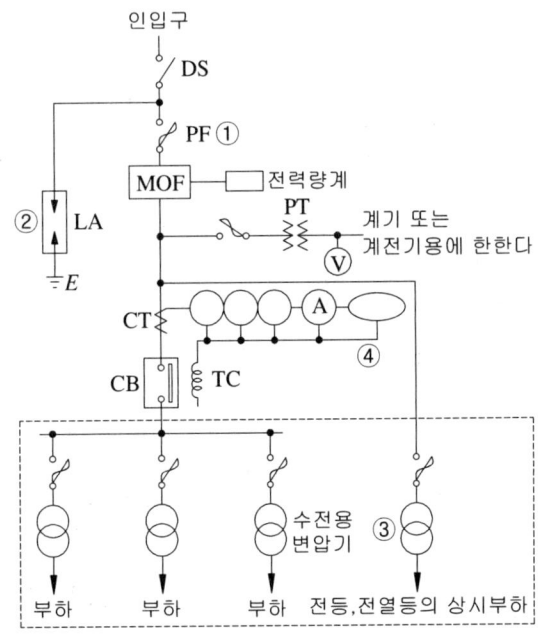

(1) 수전단 PF (①)의 정격차단전류를 쓰시오.

341

(2) 피뢰기(②)의 정격을 쓰시오. (정격 전압, 공칭 방전 전류)
(3) 소 내용 변압기(③)의 용량 [kVA]은?
(4) 보호 계전기 (④)의 종류 2가지를 쓰시오.
(5) 차단기의 트립 전원은 어떤 방식이 바람직한지 2가지를 쓰시오.
(6) 인입선을 지중선으로 시설하는 경우로서 공동 주택 등 사고 시 정전피해가 큰 수전설비 인입선은 몇 회선으로 시설하는 것이 바람직한가?
(7) 지중인입선의 경우 22.9[kV-Y] 계통에서는 어떤 종류의 케이블을 사용하는지 약호와 명칭을 쓰시오.
(8) DS대신 ASS나 섹셔널라이저(Sectionalizer)를 사용할 수 있는데 섹셔널라이저는 몇 [kVA] 초과 시 사용할 수 있는가?

해설과 정답

[정답]
(1) 10 [kA]
(2) 18 [kV], 2500 [A]
(3) 10 [kVA]
(4) 과전류 계전기(OCR), 지락과전류 계전기(OCGR)
(5) 직류방식, 콘덴서방식
(6) 2회선
(7) • 약호 : CNCV-W케이블,   • 명칭 : 동심 중성선 수밀형 전력케이블
(8) 7,000[kVA]

예제 3 그림과 같은 간이 수전 설비에 대한 결선도를 보고 다음 각 물음에 답하시오.

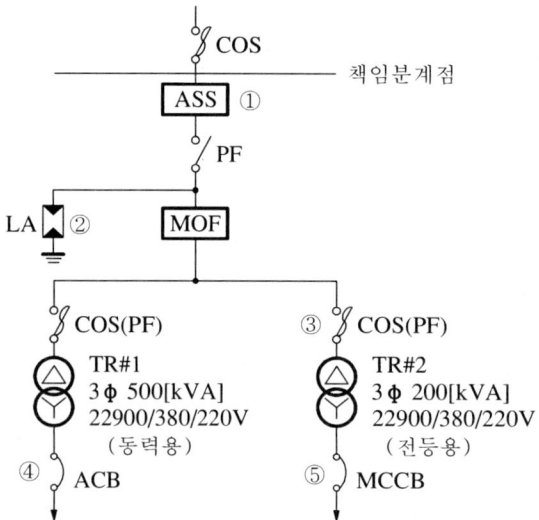

(1) 수전실의 형태 Cubicle Type으로 할 경우 고압반(HV ; High voltage) 4면과 저압반(LV ; Low voltage)은 2개의 면으로 구성되어 있다. 수용되는 기기의 명칭을 쓰시오)
(2) 도면에 표시된 ①, ②, ③ 기기의 최대 설계전압과 정격전류를 구하시오.
  ① ASS :
  ② LA :
  ③ COS :
(3) ④, ⑤ 차단기 용량(AF, AT)은 어느 것을 선정하면 되겠는가? (단, 역률은 100[%]로

계산한다.)

해설과 정답

- ASS에 흐르는 전류 $I = \dfrac{P_a}{\sqrt{3}\,V} = \dfrac{500+200}{\sqrt{3}\times 22.9} = 17.65[A]$ ∴ 200[A] 선정
- 내선규정 표 3220-4 비한류형 파워퓨즈(방출형)의 정격전류 선정에서
  3ϕ 200[kVA] 변압기 전 부하 전류 5.04[A], 퓨즈 정격전류 8[A] 선정

[정답]
(1) 큐비클 타입
  - 고압반 4면 : 피뢰기 + 전력퓨즈, 전력수급용 계기용변성기, 컷아웃스위치 + 동력용 변압기, 컷아웃스위치 + 전등용 변압기
  - 저압반 2면 : TR#1용 기중차단기, TR#2용 배선용차단기
(2) 최대설계전압, 정격전류
  ① ASS : 최대설계전압 25.8[kV], 정격전류 200[A]
  ② LA : 최대설계전압 18[kV], 정격전류 2,500[A]
  ③ COS : 최대설계전압 25[kV], 정격전류 100[AF], 8[A]
(3) 차단기 용량
(4) ACB : ACB에 흐르는 전류 $I = \dfrac{P_a}{\sqrt{3}\,V} = \dfrac{500\times 10^3}{\sqrt{3}\times 380} = 759.67[A]$
  - 정답 : AF 800[A], AT 800[A] 선정
(5) MCCB : MCCB에 흐르는 전류 $I = \dfrac{P_a}{\sqrt{3}\,V} = \dfrac{200\times 10^3}{\sqrt{3}\times 380} = 303.87[A]$
  - 정답 : AF 400[A], AT 350[A] 선정

예제 4 다음 수전설비 단선도를 보고 각 물음에 답하시오.

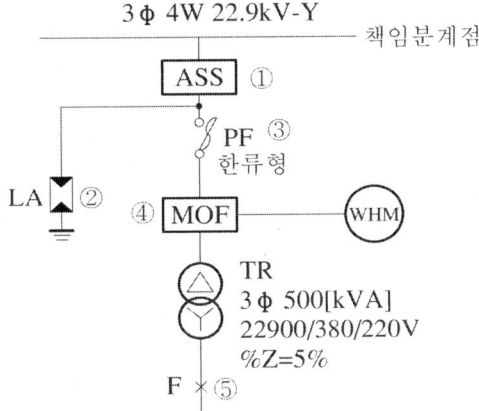

(1) 단선도에 표시된 ① ASS의 최대 과전류 Lock 전류값과 과전류 Lock 기능을 설명하시오.
 ① 최대 과전류 Lock 전류 [A]
 ② 과전류 Lock 기능
(2) 단선도에 표시된 ② 피뢰기의 정격전압 [kV]과 제1보호대상을 쓰시오.
 ① 피뢰기의 정격전압 [kV]
 ② 제1보호 대상

(3) 단선도에 표시된 ③ 한류형 PF의 단점을 두 가지만 쓰시오.
(4) 단선도에 표시된 ④ MOF에 대한 과전류 강도 적용기준으로 다음의 (   )에 들어갈 내용을 답란에 작성하시오.

> MOF의 과전류 강도는 기기 설치 점에서 단락 전류에 의하여 계산 적용하되, 22.9[kV]급으로 60[A]이하의 MOF 최소 과전류 강도는 전기사업자 규격에 의한 (①)배로 하고, 계산한 값이 75배 이상인 경우에는 (②)배를 적용하며 60[A] 초과 시 MOF의 의 과전류 강도는 (③)배로 적용한다.

(5) 단선도에 표시된 ⑤ 변압기 2차 F점에서의 3상 단락전류와 선간(2상) 단락전류를 각각 구하시오. (단, 변압기 임피던스만 고려하고 기타 정수는 무시한다.)
  ① 3상 단락 전류
  ② 선간(2상) 단락전류

 해설과 정답

(1) 22.9[kV-Y] 부하용량 4,000[kVA]이하 분기점 또는 7,000[kVA] 수전실 인입구 설치 ASS의 정격

정격전압	25.8[kV]
정격전류	200[A]
정격차단전류	900[A]
과전류 LOCK전류	800[A] ± 10[%]

(5) 단락전류 계산
  ① 3상 단락전류 :

• 옴 법 : $I_s = \dfrac{E}{Z} = \dfrac{\frac{V}{\sqrt{3}}}{Z}[\mathrm{A}]$ • %Z 법 : $I_s = \dfrac{100}{\%Z} \cdot I_n = \dfrac{100}{\%Z} \times \dfrac{P_a}{\sqrt{3}\,V}[\mathrm{A}]$

  ② 선간 단락전류 : $I_s = \dfrac{V}{2Z} = \dfrac{\sqrt{3}\,E}{2Z} = \dfrac{\sqrt{3}}{2} \times \dfrac{E}{Z} = \dfrac{\sqrt{3}}{2} \times 3$상 단락전류[A]

여기서, $E\,[\mathrm{V}]$는 상 전압, $V\,[\mathrm{V}]$는 선간전압이다.

[정답]
(1) ① 880[A]
    ② 정격 LOCK 전류(800[A]) 이상 발생의 경우 개폐기(ASS)는 LOCK 되어 차단되지 않고, 후비 보호 장치에 의해 고장 전류 제거 후 개폐기(ASS)가 개방되어 고장 구간을 자동, 분리하는 기능
(2) ① 18[kV]   ② 전력용 변압기
(3) ① 재투입이 불가능하다.   ② 차단 시 과전압이 발생할 수 있다.
(4) ① 75   ② 150   ③ 40
(5) 단락전류

  ① 3상 단락전류 : $I_s = \dfrac{100}{\%Z} \cdot I_n = \dfrac{100}{5} \times \dfrac{500 \times 10^3}{\sqrt{3} \times 380} = 15{,}193.43[\mathrm{A}]$

  • 정답 : 15,193.43[A]

  ② 선간 단락전류 : $I_s = \dfrac{\sqrt{3}}{2} \times 15{,}193.43 = 13{,}157.90[\mathrm{A}]$

  • 정답 : 13,157.90[A]

제5장 수전설비 계통도

예제 5 다음 그림은 어느 수용가의 수전설비 계통도이다. 다음 각 물음에 답하시오.

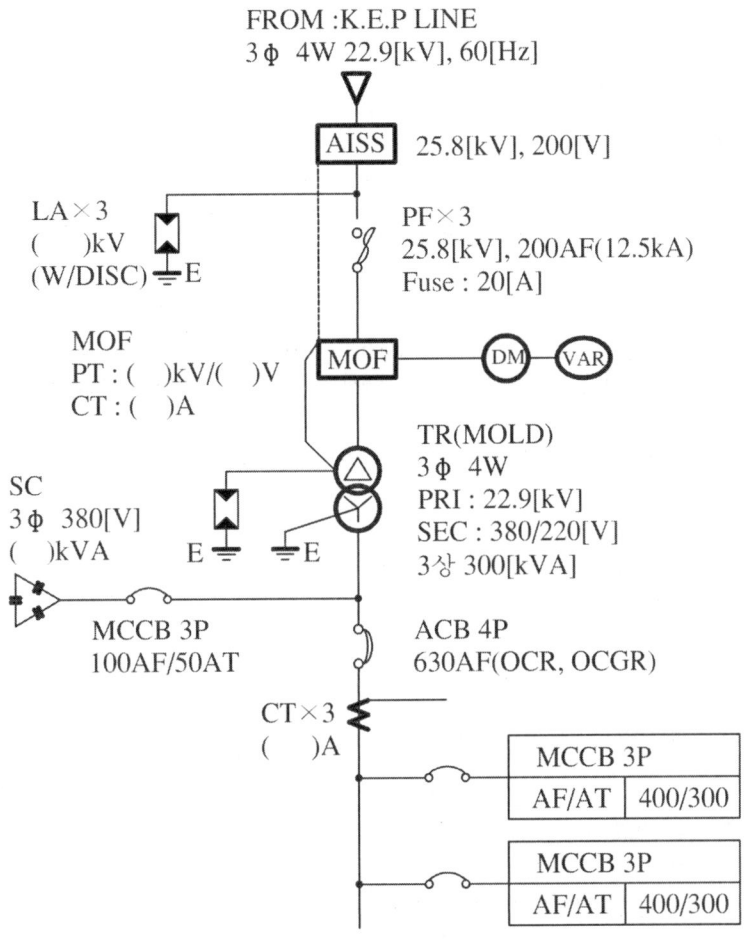

(1) AISS의 명칭을 쓰고 기능을 2가지 쓰시오.
(2) 피뢰기 정격 전압 및 공칭 방전전류를 쓰고 그림에서의 DISC의 기능을 간단히 설명하시오.
(3) MOF에 있어서 PT 및 CT 비를 구하시오.
(4) MOLD TR의 장점 및 단점을 각각 2가지만 쓰시오.
(5) ACB의 명칭을 쓰시오.
(6) CT의 정격(변류비)을 구하시오.

(2) W/DISC : 단로기 붙임 형.
(3) 피뢰기 정격전압 및 공칭 방전전류
　① 피뢰기 정격전압

345

전력 계통		피뢰기 정격전압(kV)	
전압(kV)	중성점 접지방식	변전소	배전 선로
345	유효접지	288	
154	유효접지	144	
66	PC접지 또는 비접지	72	
22	PC접지 또는 비접지	24	
22.9	3상4선 다중접지	21	18

② 전압 22.9[kV-Y]이하 (22[kV]이하 비접지 제외)의 배전선로에서 수전하는 설비의 피뢰기 공칭방전 전류는 일반적으로 2500[A]의 것을 사용한다.

[정답]
(1) 기중 절연 자동 고장 구분 개폐기 (Air-Insulated Auto-Sectionalizing Switches)
  ① 고장 사고 발생 시 무 전압 상태에서 고장구간 만을 자동으로 개방·분리하여 고장의 파급·확산 방지 기능.
  ② 전 부하 상태에서 자동 또는 수동으로 개방하여 과부하 보호 기능.
(2) 피뢰기
  ① 정격전압 : $18[kV]$ ② 공칭방전전류 : $2.5[kA]$
  ③ DISC 기능 : 피뢰기 접속 및 분리
(3) MOF PT 비 및 CT 비
  ① PT비 : $\dfrac{22,900}{\sqrt{3}}[V] \Big/ 110[V]$

  ② CT비 : CT 1차 측 전류 $I_1 = \dfrac{300 \times 10^3}{\sqrt{3} \times 22.9 \times 10^3} \times (1.25 \ 1.5) = 9.45 \sim 11.35[A]$

  • 정답 : 10/5[A]
(4) 몰드형 변압기 특성
[장점]
  ① 난연성이므로 절연의 신뢰성이 높다.
  ② 손실이 적어 에너지 절약효과가 있다.
  ③ 단시간 과부하 내량이 크다.
[단점]
  ① 서지에 대한 대책이 필요하다.
  ② 옥외 설치 및 대용량 제작이 어렵다.
  ③ 가격이 비싸고, 소음 방지에 별도 대책이 필요하다.
(5) 기중차단기

(7) CT 1차 측 전류 $I_1 = \dfrac{300 \times 10^3}{\sqrt{3} \times 380} \times (1.25 \ 1.5) = 569.75 \sim 683.70[A]$

  • 정답 : 600/5[A]

예제 6 그림은 인입변대에 22.9[kV] 수전설비를 설치하여 380/220[V]를 사용하고자 한다. 다음 각 물음에 답하시오.

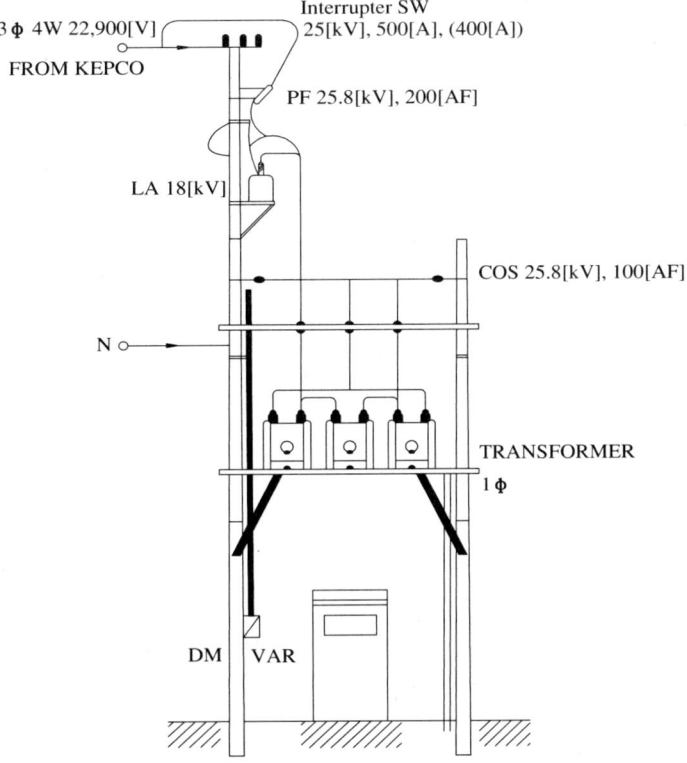

(1) DM 및 VAR의 명칭을 쓰시오.
(2) 도면에 사용된 LA의 수량은 몇 개이며 정격 전압은 몇 [kV]인가?
(3) 22.9[kV-Y] 계통에 사용하는 것은 주로 어떤 케이블이 사용되는가?
(4) 주어진 도면을 단선도로 그리시오.

[정답]

(1) DM 및 VAR의 명칭
 • DM : 최대수요전력량계
 • VAR : 무효전력계
(2) LA의 수량 및 정격전압
 • LA 수량 : 3개
 • 정격전압 : 18[kV]
(3) 22.9[kV-Y] 계통 케이블
 • 동심중성선 수밀형 전력케이블 (CNCV-W 케이블)
 • 트리억제형 동심중성선 수밀형 전력 케이블 (TR CNCV-W 케이블)

(4) 단선도

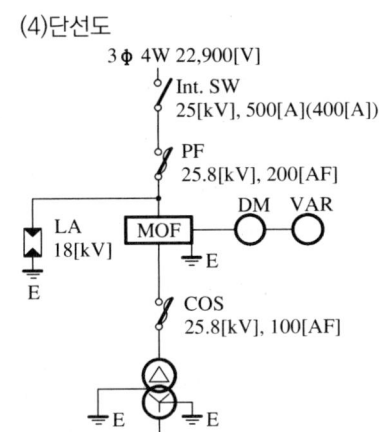

예제 7 다음 그림은 어느 생산 공장의 수전 설비 계통도이다. 계통도를 보고 다음 물음에 답하시오.

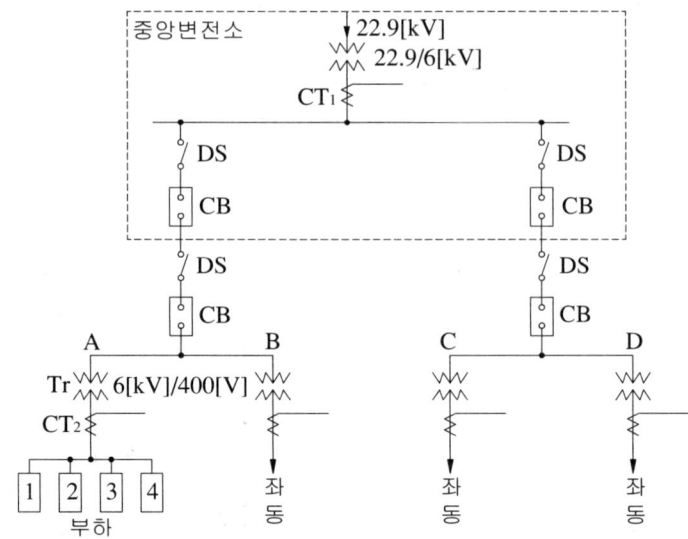

(1) A, B, C, D 각 뱅크에 같은 용량의 부하가 설치되어 있으며, 각 뱅크 부등률은 1.1이고, 전 부하 합성 역률은 0.8이다. 중앙 변전소의 변압기 용량을 구하시오.
(2) 변류기 CT_1, CT_2의 변류 비를 구하시오. (단, 변류기 1차 전류의 예비 비율은 약 25[%] 정도를 반영하여 구할 것.)

[뱅크의 부하 용량 표]

Feeder	부하설비용량[kW]	수용률[%]
1	125	80
2	125	80
3	500	60
4	600	84

[변류기 규격 표]

항목	변류기[A]
정격 1차 전류	200, 300, 400, 500, 600, 750, 1000, 1500, 2000, 2500, 3000
정격 2차 전류	5

해설과 정답

(1) A 변압기 용량

$$[kVA] = \frac{125 \times 0.8 + 125 \times 0.8 + 500 \times 0.6 + 60 \times 0.84}{1.1 \times 0.8} = 1140.91 \,[kVA]$$

주변압기 $[kVA] = 1140.91 \times 4 = 4563.64 \,[kVA]$

- 정답 : 4563.64[kVA]

(2) CT의 변류비
- CT_1 변류비
- CT_1 1차 전류 $I_1 = \dfrac{4563.64 \times 10^3}{\sqrt{3} \times 6 \times 10^3} = 439.14 \,[A]$ $439.14 \times 1.25 = 548.93[A]$
- 정답 : 600/5[A]
- CT_2의 변류비

- CT_2 1차 전류 $I_1 = \dfrac{1140.91 \times 10^3}{\sqrt{3} \times 400} = 1646.76\,[A]$

$1646.76 \times 1.25 = 2058.45\,[A]$

- 정답 : 2,000/5[A]

예제 8 다음 도면을 보고 물음에 답하시오.

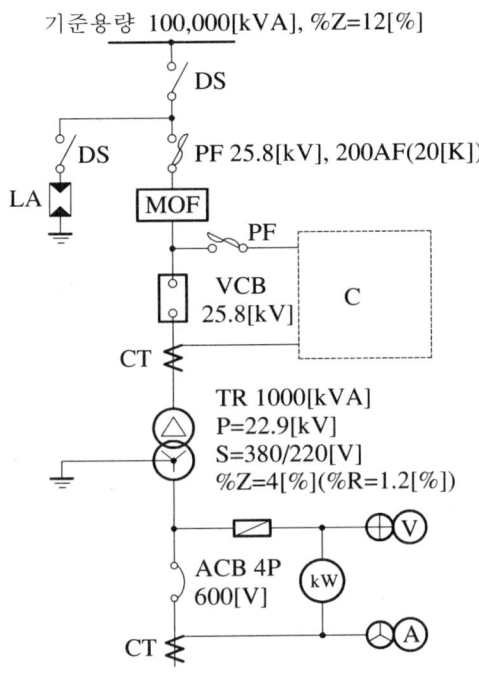

(1) LA의 명칭과 그 기능을 설명하시오.
(2) VCB의 필요한 최소 차단 용량 [MVA]을 구하시오.
(3) 도면 C 부분의 계통도를 그려져야 할 것들 중에서 그 종류를 5가지만 쓰시오.
(4) ACB의 최소 차단전류[kA]를 구하시오.
(5) 최대부하 $800\,[[kVA]$, 역률 80[%]인 경우 변압기에 의한 전압변동률[%]을 구하시오.

해설과 정답

(1) CB 1차 측에 PT를 CB 2차 측에 CT를 설치하는 경우의 특고압 수전설비 표준 결선도
(2) 전압변동률 : $\varepsilon = p\cos\theta + q\sin\theta\,[\%]$ 여기서, p는 %저항강하, q는 %리액턴스 강하이다.

[정답]
(1) LA 명칭과 기능
- 명칭 : 피뢰기
- 기능 : 이상 전압 내습 시 이를 신속하게 대지로 방전한 후, 속류를 차단.
(2) VCB 차단 용량 [MVA]
- 단락용량 $P_s = \dfrac{100}{\%Z}P_n = \dfrac{100}{12} \times 100,000 \times 10^{-3} = 833.33\,[MVA]$

- 정답 : 833.33[MVA]
(3) ① 계기용 변압기 ② 전압계 ③ 전류계
    ④ 과전류계전기 ⑤ 지락과전류계전기
(4) ACB 최소 차단전류[kA]

- 기준용량 100,000[kVA]로 환산한 변압기 $\%Z = \dfrac{100,000}{1,000} \times 4 = 400[\%]$
- 합성 $\%Z = 12 + 400 = 412[\%]$
- 단락전류 $I_s = \dfrac{100}{\%Z} \times I_n = \dfrac{100}{412} \times \dfrac{100,000 \times 10^3}{\sqrt{3} \times 380} \times 10^{-3} = 36.88[kA]$
- 정답 : 36.88[kA]

(5) 전압변동률

- $800[kVA]$ 부하 시 %저항 강하 $p = 1.2 \times \dfrac{800}{1,000} = 0.96[\%]$
- $800[kVA]$ 부하 시 %리액턴스 강하 $q = \sqrt{4^2 - 1.2^2} \times \dfrac{800}{1,000} = 3.05[\%]$
- 전압 변동률 $\varepsilon = p\cos\theta + q\sin\theta = 0.96 \times 0.8 + 3.05 \times 0.6 = 2.6[\%]$

- 정답 : 2.6[%]

예제 9 다음 그림은 어느 수전설비의 단선 계통도이다. 각 물음에 답하시오.(단, KEPCO(한국전력) 측의 전원용량은 500,000[kVA]이고, 선로 손실 등 제시 되지 않은 조건은 무시한다.)

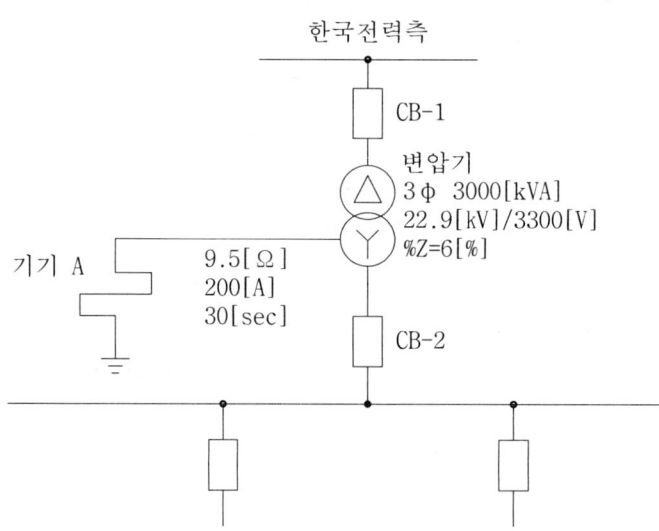

(1) CB-2의 정격을 구하시오. (단, 차단용량은 [MVA]로 계산한다.)
(2) 기기 A의 명칭과 그 기능을 쓰시오.

저항접지방식 : 접지저항 값이 너무 작으면 지락 고장 발생 시 지락전류의 크기가 커져 통신선에의 유도장해가 커지고 반대로 너무 크면 지락계전기 동작이 곤란해짐과 동시에 건전 상의 대지 전압 상승을 일으킬 수 있다. 따라서 단일 저항접지보다는 2개소 이상의 중성점을 동시에 접지하여 유도전압을 감소시키고, 접지계전기의 동작을 쉽게 할 수 있다.

① 저 저항 접지 방식 : $R = 30[\Omega]$
② 고 저항 접지 방식 : $R = 100 \sim 1,000[\Omega]$

[정답]
(1) 차단기 정격 선정
- 기준 용량을 3,000[kVA]로 환산한 전원 측 $\%Z_L = \dfrac{P_n}{P_s} \times 100 = \dfrac{3000}{500000} \times 100 = 0.6[\%]$
- CB-2 1차 측 합성 임피던스 $\%Z = 0.6 + 6 = 6.6[\%]$
- 단락용량 $P_s = \dfrac{100}{\%Z} \times P_n = \dfrac{100}{6.6} \times 3000 \times 10^{-3} = 45.45[\text{MVA}]$
- 정답 : $50[\text{MVA}]$ 선정

(2) 저항접지 방식
① 명칭 : 중성점 저항기(저 저항 접지방식)
② 기능 : 지락 사고 시 건전상의 전위 상승을 억제 및 지락전류의 크기 제한

예제 10 다음 도면은 어떤 배전용 변전소의 단선 결선도이다. 이 도면에서 주어진 조건과 참고 자료를 이용하여 다음 각 물음에 답하시오.

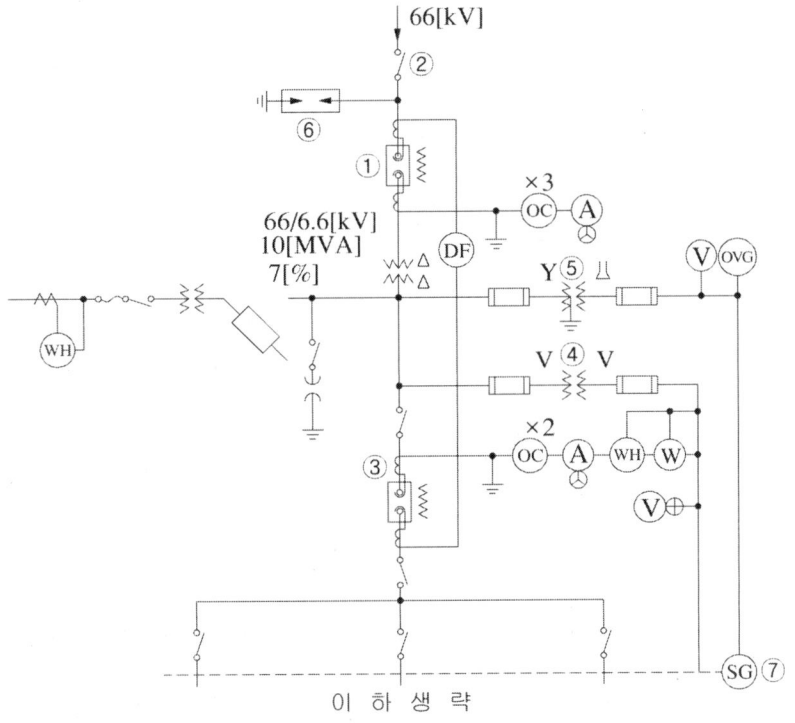

[조건]
① 주변압기 정격은 1차 정격전압 66[kV], 2차 정격전압 6.6[kV], 정격용량은 3상 10[MVA]라고 한다.
② 각 Feeder에 연결된 부하는 거의 동일하다고 한다.
③ 주변압기의 1차 측(즉, 1차모선)에서 본 전원 측 등가 임피던스는 100[MVA]기준 16[%]이고, 변압기의 내부 임피던스는 자기 용량 기준으로 7[%]라고 한다.

[단로기(선로개폐기)의 정격전류 표준규격]
- 69[kV] : 600[A], 1200[A]
- 7.2[kV] 이하 : 400[A], 600[A], 1200[A], 2000[A]

[차단기의 정격 차단용량, 정격전류 표준규격]

정격전압[kV]	공칭전압[kV]	정격차단용량[MVA]	정격전류[A]	정격차단시간[사이클]
7.2	6.6	25 50 100 150 200 250	200 400, 600 400, 600, 800, 1200 400, 600, 800, 1200 600, 800, 1200 600, 800, 1200, 2000	5 5 5 5 5 5
72	66	1,000 1,500 2,500 3,500	600, 800 600, 800, 1200 600, 800, 1200 800, 1200	3 3 3 3

[CT의 정격전류 표준규격](단위 : [A])
- 1차 정격전류 : 50, 75, 100, 150, 200, 300, 400, 600, 800, 1200, 1500, 2000
- 2차 정격 전류 : 5

[PT의 2차 정격 전압] 110[V]

(1) 차단기 ①의 대한 정격차단용량과 정격전류를 산정하시오.
(2) 선로개폐기 ②의 대한 정격전류를 산정하시오.
(3) 변류기 ③에 대한 1차 정격전류를 산정하시오.
(4) PT ④에 대한 1차 정격전압은 얼마인가?
(5) ⑤로 표시된 기기는 무엇의 대용으로 사용한 기기인지 그 명칭을 쓰시오.
(6) 피뢰기 ⑥에 대한 정격전압은 얼마인가?
(7) ⑦의 역할을 간단히 설명하시오.
(8) 변전소 모선 보호방식을 열거하시오.

해설과 정답

(1) 차단기 정격전류, 정격차단전류
- 정격전류 : 정격전압 및 정격주파수 하에서 일정한 온도 상승 한도를 초과하지 않고 그 차단기에 흘릴 수 있는 전류의 한도.(사용상 기준 전류)
- 정격차단전류 : 정격전압 하에서 규정된 표준 동작 책무 및 그 동작 상태에 따라 차단할 수 있는 차단 전류의 한도.(단락 전류)

(4) PT비는 상 전압 비를 의미한다.
(5) ⑤로 표시된 기기는 비접지식 전로에서 지락 사고 시 발생하는 영상전압을 검출하기 위하여 단상 계기용변압기 3대를 이용하여 1차 측은 Y결선 중성점 접지하고, 2차 측은 개방 △결선한 것을 나타낸 것이다.

[정답]
(1) 차단기 정격차단용량, 정격전류

- 단락용량 : $P_s = \dfrac{100}{\%Z}P_n = \dfrac{100}{16} \times 100 = 625\,[\text{MVA}]$
- 정답 : 정격차단용량 $1,000\,[\text{MVA}]$ 선정
- 전 부하전류 : $I_n = \dfrac{10 \times 10^3}{\sqrt{3} \times 66} = 87.48\,[\text{A}]$
- 정답 : 정격전류 $600\,[\text{A}]$ 선정

(2) 선로개폐기 정격전류

- 전 부하전류 : $I_n = \dfrac{10 \times 10^3}{\sqrt{3} \times 66} = 87.48\,[\text{A}]$
- 정답 : 정격전류 $600\,[\text{A}]$ 선정

(3) 변류기 선정

- 변류기 1차 전류 : $I_1 = \dfrac{10 \times 10^3}{\sqrt{3} \times 6.6} = 874.77\,[\text{A}]$
- 여유 계수 적용 전류 : $874.77 \times (1.25 \sim 1.5) = 1093.46 \sim 1312.16[\text{A}]$
- 정답 : 변류기 정격 1차 전류 $1200[\text{A}]$ 선정

(4) 6,600[V]
(5) 접지형 계기용변압기(GPT)
(6) 72[kV]
(7) 지락 사고 시 지락 회선만을 선택 차단하기 위한 계전기
(8) 전압차동방식, 전류비율차동방식, Linear couple 방식, 위상비교방식, 방향비교방식, 차폐모선방식

예제 11 다음은 어느 154[kV] 수용가 수전설비 단선도의 일부분이다. 다음 물음에 답하시오.

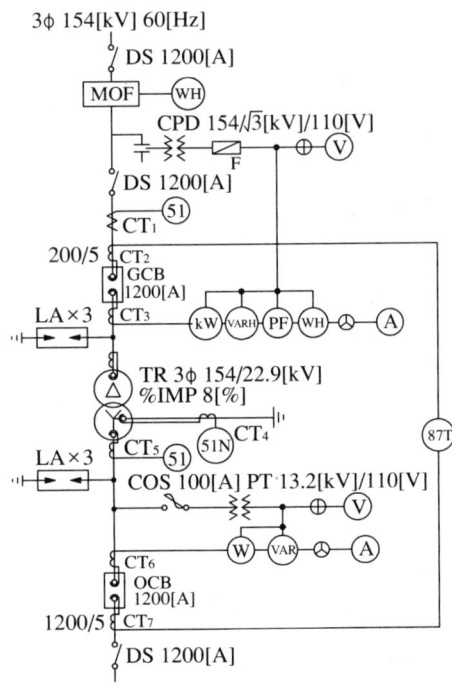

(1) 변압기 2차 부하 설비용량이 51[MW], 수용률 70[%], 부하 역률 90[%]일 때 도면의 변압기 용량은 몇 [MVA]가 되는지 그 정격을 선정하시오.
(2) 변압기 1차 측 DS와 GCB의 정격전압은 몇 [kV]인가?

(3) 22.9[kV] 측 LA의 정격 전압은 몇 [kV]인가?
(4) CT_1의 변류 비는 얼마인지를 계산하고 표에서 선정하시오.
(5) CT_1에 접속된 과전류 계전기 51의 적당한 Tap은? (단, 154[kV] 측 OCR의 Tap은 전 부하 전류의 135[%]로 하여 선정한다.)
(6) 전원 측 전원 등가 Impedance는 2.5[%]일 경우 GCB의 차단용량은 몇 [MVA]인가?
(7) OCB의 정격 차단전류가 23[kA]일 때, 이 차단기의 차단용량은 몇 [MVA]인가?
(8) 과전류 계전기의 정격부담이 9[VA]일 때 이 계전기의 임피던스는 몇 [Ω]인가?
(9) CT_7 1차 전류가 600[A]일 때 CT_7의 2차에서 비율 차동 계전기의 단자에 흐르는 전류는 몇 [A]인가?
(10) 51/51N 계전기의 명칭을 쓰고, 3상 결선도를 주어진 답란에 완성하시오.
(11) 다음 미완성된 87계전기의 3상 결선도를 완성하시오.

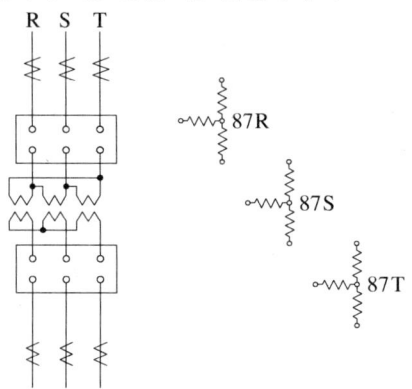

해설과 정답

(2) 같은 계통 내에 설치한 단로기는 차단기가 동작(개방)하기 전에 단로기가 동작(개방)하면 안 되므로 특별한 조건이 없는 한 그 정격전압은 차단기 정격전압과 같다.
(5) OCR 전류 탭 선정이란 OCR의 최소 동작전류를 선정하는 것이다.
 • OCR 탭 전류 : I_{TAP} = 전 부하전류 ÷ 변류 비 × 탭 설정 값(최소 동작전류 설정 배수)[A]
(8) 차단기 정격차단용량 : $P_s = \sqrt{3} \times$ 차단기 정격전압 $\times$ 정격차단전류 [MVA]
(10) 변압기 1, 2차 결선이 다를 경우 보호계전기를 접속하기 위해 각각 변압기 1, 2차 측에 설치하는 변류기는 그 위상차를 보상할 목적으로 Δ결선 측 변류기는 Y 결선, Y 결선 측 변류기는 Δ결선을 한다. CT_7은 주변압기 Y 결선 측에 설치되었으므로 그 위상차를 보상하기 위해서 Δ결선을 한다. 따라서 CT_7 2차 측 비율차동계전기에 흐르는 전류는 Δ결선 선 전류이므로 $\sqrt{3}$ 배한 전류가 흐른다.

[정답]
(1) 변압기 정격용량
 • 변압기

$$용량[MVA] = \frac{수용(부하)설비용량 \times 수용률}{역률} = \frac{51 \times 0.7}{0.9} = 39.67 [MVA]$$

 • 정답 : 40[MVA] 선정
(2) 단로기, GCB 정격전압 : • 단로기 170[kV] • GCB 차단기 : 170[kV]
(3) LA 정격전압 : 21[kV]
(4) CT 변류비 선정

 • CT에 흐르는 최대 부하전류 : $I = \dfrac{39.67 \times 10^3}{\sqrt{3} \times 154} = 148.72 [A]$
 • 여유계수 적용 전류 : $148.72 \times (1.25 \sim 1.5) = 185.9 \sim 223.08 [A]$
 • 정답 : 200/5[A] 선정
(5) OCR 전류 탭 선정

- OCR 동작 전류 : $I_{\text{Tap}} = 148.72 \times \dfrac{5}{200} \times 1.35 = 5.02\,[\text{A}]$

- 정답 : 5 [A] 선정

(6) GCB 차단용량

- 단락용량 : $P_s = \dfrac{100}{\%Z} \cdot P_n = \dfrac{100}{2.5} \times 40 = 1600\,[\text{MVA}]$
- 정답 : 1,600[MVA]

(8) OCB 차단용량

- 차단용량 : $P_s = \sqrt{3} \times 25.8 \times 23 = 1027.80\,[\text{MVA}]$
- 정답 : 1027.80[MVA]

(9) OCR의 정격부담

- 정격부담 : $P = I_n^2 Z\,[\text{VA}]$에서 계전기 정격전류 $I_n = 5\,[\text{A}]$이므로

- 정격부담 : $P = 5^2 \times Z = 25Z\,[\text{VA}]$에서 $Z = \dfrac{9}{25} = 0.36\,[\Omega]$

- 정답 : $Z = 0.36\,[\Omega]$

(10) CT_7 2차 전류

- CT 2차 측 전류 : $I_2 = 600 \times \dfrac{5}{1200} \times \sqrt{3}\,(\text{선 전류}) = 4.33\,[\text{A}]$

- 정답 : 4.33[A] 선정

(11) 과전류계전기 명칭 및 결선
- 51 : 과전류계전기
- 51N : 중성점과전류계전기
- OCR 복선 결선도

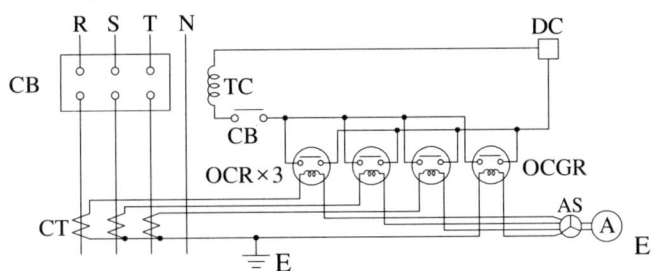

(12) 비율차동계전기 결선도

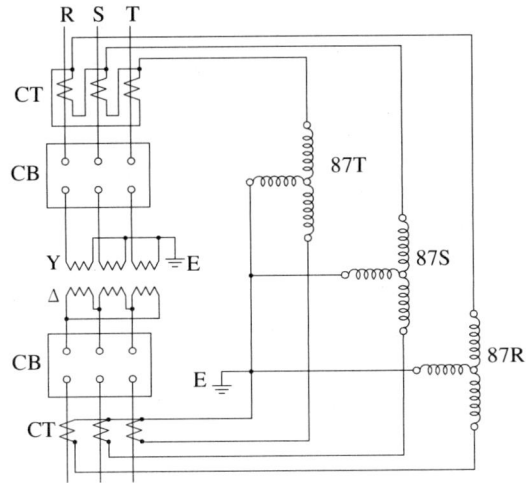

예제 12 그림은 통상적인 단락, 지락 보호에 쓰이는 방식으로서 주 보호와 후비 보호의 기능을 지니고 있다, 도면을 보고 다음 각 물음에 답하시오.

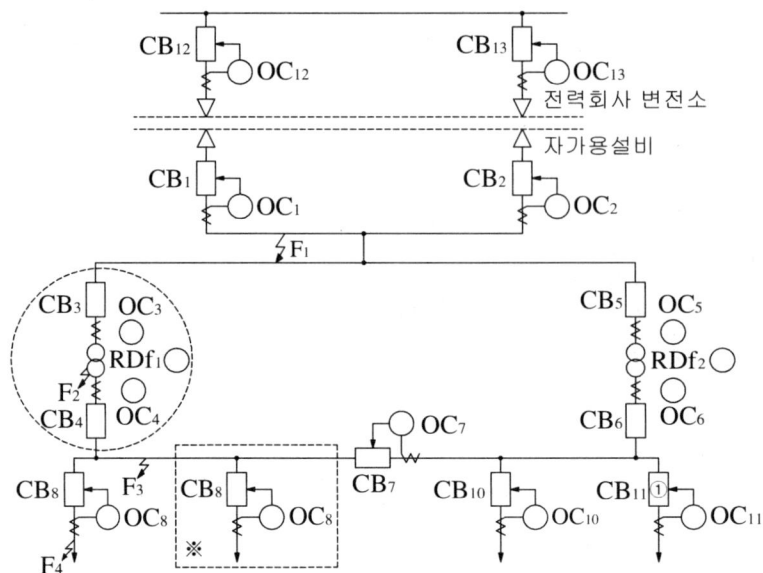

(1) 사고점이 다음과 같은 F_1, F_2, F_3, F_4라고 할 때 주 보호와 후비보호에 대한 다음 표의 ( )안을 채우시오.

사고 점	주 보 호	후 비 보 호
F_1	$OC_1 + CB_1$ And $OC_2 + CB_2$	①
F_2	②	$OC_1 + CB_1$ And $OC_2 + CB_2$
F_3	$OC_4 + CB_4$ And $OC_7 + CB_7$	$OC_3 + CB_3$ And $OC_6 + CB_6$
F_4	$OC_8 + CB_8$	$OC_4 + CB_4$ And $OC_7 + CB_7$

(2) 그림은 도면의 ※ 표시한 부분을 좀 더 상세하게 나타낸 도면이다. 각 부분 ① ~ ④ 에 대한 명칭을 쓰고, 보호기능 구성상 ⑤ ~ ⑦ 부분을 검출부, 판정부, 동작부로 나누어 표현하시오.

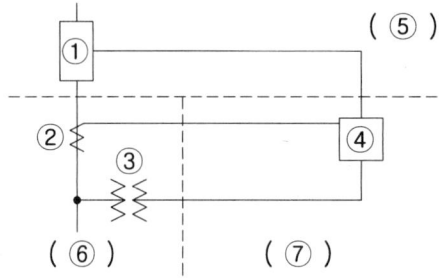

(3) 위 (2)의 도면을 참고하여 그림에 표시된 F_2에서의 사고 발생에 관련된 검출부, 판정부, 동작부의 도면을 완성하시오
(4) 자가용 설비에 변전 시설이 구비되어 있을 경우 자가용 수용가에 설치되어야 할 계전기는 무엇인가?
(5) 자가용 전기 설비의 중요 검사(시험) 사항을 3가지만 쓰시오.

해설과 정답

- 후비보호 : 주 보호 장치의 실패 또는 작동 정지 시 2차적인 보호 장치가 Back-up 동작하여 계통을 보호하는 것.
- F_1 지점에서 고장 발생의 경우 $OC_1 + CB_1$ And $OC_2 + CB_2$가 고장을 검출, 동작하여야 한다. 그런데 $OC_1 + CB_1$ And $OC_2 + CB_2$가 동작하지 않으면 2차적인 보호 장치인
  $OC_{12} + CB_{12}$ AND $OC_{13} + CB_{13}$가 동작하여 계통을 보호할 수 있다.

[정답]
(1) ① $OC_{12} + CB_{12}$ AND $OC_{13} + CB_{13}$ ② $RDf_1 + OC_3 + CB_3$ AND $OC_4 + CB_4$
(2) 보호계전 시스템의 구성
　① 교류차단기　　　　　② 계기용 변류기　　　　③ 계기용변압기
　④ 과전류계전기　　　　⑤ 동작부　　　　　　　⑥ 검출부
　⑦ 판정부
(3) 비율차동계전기 결선

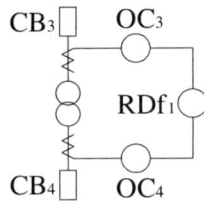

(4) 과전압계전기, 부족전압계전기, 과전류계전기, 비율차동계전기, 주파수계전기
(5) 접지저항측정, 절연저항측정, 절연내력시험

예제 13 다음 도면은 154[kV] 2회선으로 수전하는 어느 공장의 단선도이다. 모든 부하의 역률은 80[%]이고, 각 부하간의 부등률은 1.2이며, 2차 변압기간의 부등률은 1.1이다. 또한, 각 부하의 수용률은 No.A, No.B가 80[%], No.C, No.D가 85[%]이며 No.E, No.F가 90[%]일 때, 다음 물음에 답하시오.

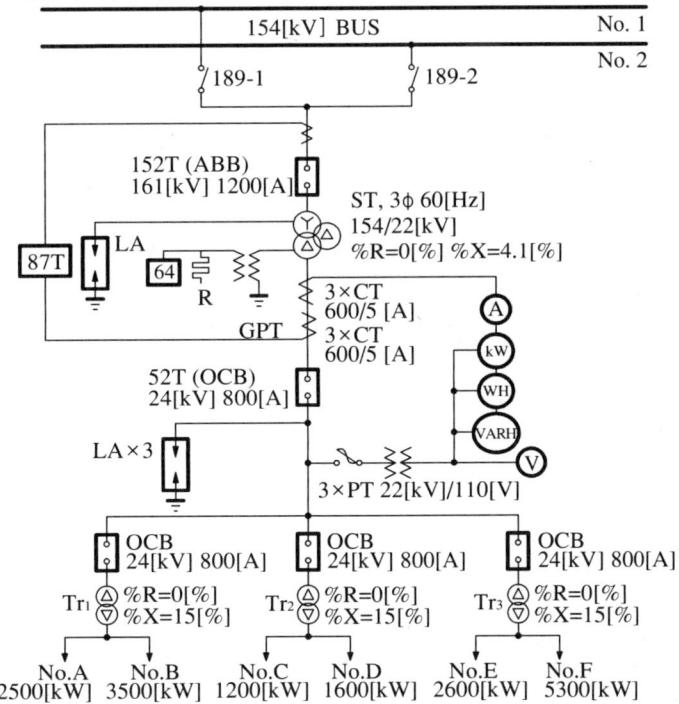

(1) 변압기 TR_1, TR_2, TR_3, 주변압기의 용량 [kVA]를 구하시오.
(2) 차단기 152T, 52T의 정격 차단용량을 구하시오. (단, [MVA]단위로 표시할 것.)
   (단, 154[kV] BUS의 %R=0[%], %X=0.23[%]이다.)
(3) $\boxed{kW}$ 의 최대 눈금은 얼마인가?
(4) 87T, 64, GPT의 명칭 및 기능은?
(5) GPT에서 오픈 델타 결선에 연결된 $\boxed{R}$의 명칭과 용도는?
(6) 피뢰기의 정격 전압[kV]을 쓰시오.
   ① 154[kV] 측 :   ② 22[kV] 측 :

[변압기, 차단기의 정격용량]

구분		전압	용량
변압기	정격용량 [kVA]	22[kV]	1500, 2000, 3000, 4000, 5000, 6000, 7500
		154[kV]	10,000, 15,000, 20,000, 30,000, 40,000, 50,000
차단기	정격차단용량 [MVA]	22[kV]	500, 750, 1,000, 1,500, 2,000, 3,000
		154[kV]	2,500, 3,500, 5,000, 7,500, 10,000

해설 정답

(1) 다수의 수용가에 전력을 공급하는 변압기 용량 선정 시에는 부등률을 고려한다.

$$\text{변압기용량}[kVA] = \frac{\text{합성최대수용전력}[kW]}{\text{역률}} = \frac{\Sigma[\text{수용률} \times \text{부하설비용량}[kW]]}{\text{부등률} \times \text{역률}}$$

(3) 전력계(kW) 선정 시 여유 율은 일반적으로 최대 발생 전력의 1.2배에서 1.5배 정도를 적용한다.

[정답]
(1) 변압기 용량

- $TR_1 [kVA] = \dfrac{(2500+3500) \times 0.8}{1.2 \times 0.8} = 5,000$
- 정답 : 5,000 [kVA]
- $TR_2 [kVA] = \dfrac{(1200+1600) \times 0.85}{1.2 \times 0.8} = 2,479.17$
- 정답 : 3,000 [kVA]
- $TR_3 [kVA] = \dfrac{(2600+5300) \times 0.9}{1.2 \times 0.8} = 7,406.25$
- 정답 : 7,500 [kVA]
- 주변압기 $STR [kVA] = \dfrac{5000+2479.17+7406.25}{1.1} = 13,532.2$
- 정답 : 15,000 [kVA]

(2) 차단기 용량

- ABB : $P_s = \dfrac{100}{\%Z} P_n = \dfrac{100}{0.23} \times 15000 \times 10^{-3} = 6,521.74$
- 정답 : 7,500 [MVA]
- OCB : $P_s = \dfrac{100}{\%Z} P_n = \dfrac{100}{0.23+4.1} \times 15000 \times 10^{-3} = 346.42$
- 정답 : 500 [MVA]

(3) 전력계 최대 눈금 선정
- 여유 계수 적용 전력 : $13532.2 \times 0.8 \times (1.2 \sim 1.5) = 12,990.91 \sim 16,238.64 [kW]$

358

• 정답 : $15,000[\text{kW}]$ 선정
(4) 기기 류 명칭 및 기능
① 87T(주변압기 차동계전기) : 변압기 내부 고장 시 발생하는 1, 2차 전류차를 검출하여 차단기 등을 동작시키기 위한 계전기
② 64(지락과전압계전기) : 지락 사고 시 발생하는 과전압을 검출하여 경보 및 차단기 동작
③ GPT(접지형 계기용변압기) : 비접지식 계통에서 지락 사고 시 발생하는 영상전압 검출
(5) 전류제한저항기
① 개방삼각결선 2차 측에 연결되는 SGR을 동작시키기 위한 유효전류 발생
② 개방삼각결선 각 상에서 발생하는 제3고조파 발생을 방지하여 중성점 이상전위 및 진동을 방지하여 중성점 불안정 현상 제거
(6) 피뢰기 정격전압
① 154[kV] 측 : 144[kV]
② 22[kV] 측 : 24[kV]

예제 14 주어진 345[kV] 변전소 단선도와 변전소에 사용되는 주요 제원을 이용하여 다음 물음에 답하시오.

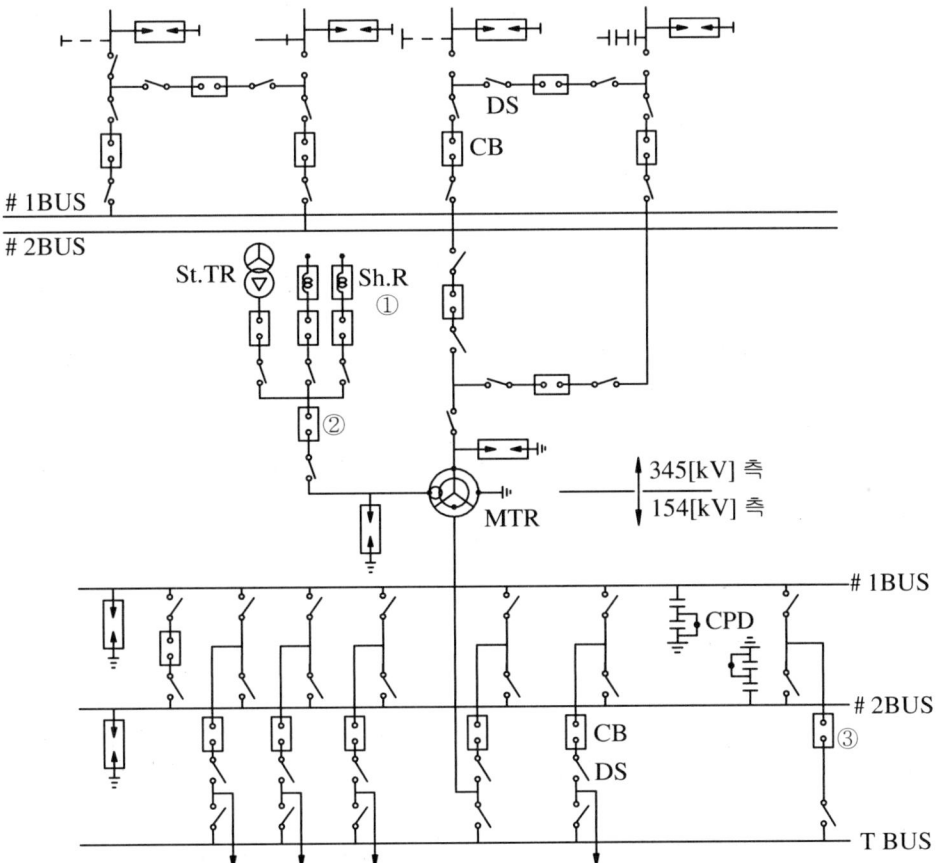

[주요 제원]
① 주변압기 : 단권변압기 345[kV]/154[kV]/23[kV](Y-Y-△) 166.7[MVA]×3대 = 500[MVA]
② OLTC부 M-TR %Z(500[MVA] 기준) : 1차 ~ 2차 : 10[%], 1차 ~ 3차 : 78[%], 2차

~ 3차 : 67[%]
③ 차단기 : 362[kV] GCB 25[GVA], 4000 ~ 200[A],
170[kV] GCB 15[GVA], 4000 ~ 200[A]
25.8[kV]( )[MVA], 2500 ~ 1200[A]
④ 단로기 : 362[kV] DS 4,000 ~ 2,000[A]
170[kV] DS 4,000 ~ 2,000[A]
25.8[kV] DS 2,500 ~ 1,200[A]
⑤ 피뢰기 : 288[kV] LA 10[kA]
144[kV] LA 10[kA]
21[kV] LA 10[kA]
⑥ 분로 리액터 : 23[kV], SH.R 30[MVAR]
⑦ 주모선 : AL-TUBE 200φ

(1) 도면의 345[kV] 측 모선 방식은?
(2) 도면의 ①번 기기의 설치 목적은?
(3) 도면과 주어진 제원을 참조하여 주변압기에 대한 등가 %임피던스를 구하고 ②번 회로 23[kV] VCB 차단용량을 계산하시오. (단, 그림과 같은 임피던스 회로는 100[MVA] 기준 임.)

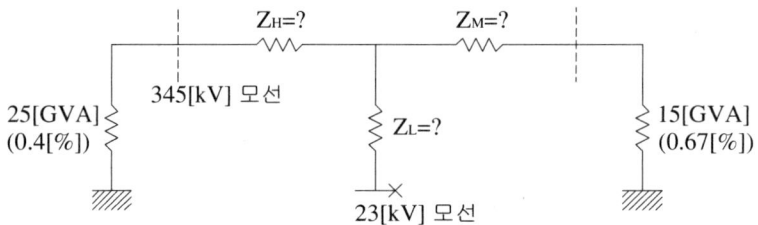

(4) 도면의 345[kV] GCB에 내장된 계전기용 BCT의 오차 계급은 C800이다. 그 부담은 몇 [VA]인가?
(5) 도면 ③번 차단기의 설치 목적은?
(6) 주변압기 1 bank(1단×3대)를 증설하여 병렬 운전하고자 한다. 병렬운전조건 4가지를 쓰시오.

해설과 정답

[해설] ULTC, OLTC, NLTC
① 부하 시 탭 절환장치 (ULTC ; Under Load Tap Changer) : 부하가 걸린 상태에서 전압을 조정하는 장치.
② 부하 시 전압조정기(OLTC ; On Load Tap Changer) : 부하에 전력을 공급하면서 전압을 조정하는 장치로 권선 전압의 지정된 범위를 자동적으로 조정할 수 있는 기능을 가지고 있는 변압기에 설치된 것.
③ 부하 시 전압조정 변압기 : 부하 시 전압조정기가 설치된 변압기.
④ 무 부하 전압조정기(NLTC ; No Load Tap Changer) : 무전압 상태에서 탭을 바꿔 전압을 조정하는 장치.

[정답]
(1) 2중모선 방식
(2) 분로리액터 : 페란티현상 방지

(3) VCB 차단용량
- 500[MVA] 기준 ⇨ 100[MVA] 기준으로 환산

  ○ $Z_H + Z_M = 10\,[\%]$에서 $Z_H + Z_M = 10 \times \dfrac{100}{500} = 2\,[\%]$ ~ ⓐ

  ○ $Z_H + Z_L = 78\,[\%]$에서 $Z_H + Z_L = 78 \times \dfrac{100}{500} = 15.6\,[\%]$ ~ ⓑ

  ○ $Z_M + Z_L = 67\,[\%]$에서 $Z_M + Z_L = 67 \times \dfrac{100}{500} = 13.4\,[\%]$ ~ ⓒ

  ○ 500[MVA] 기준 값을 100[MVA] 기준으로 환산한 3개식 ⓐ, ⓑ, ⓒ를 연립방정식을 세워 각각의 %임피던스 값을 구하면
  $Z_H = 2.1\,[\%]$ $Z_M = -0.1\,[\%]$ $Z_L = 13.5\,[\%]$

- 합성 $\%Z = 13.5 + \dfrac{(0.4+2.1)\times(0.67-0.1)}{(0.4+2.1)+(0.67-0.1)} = 13.96$

- VCB의 차단용량 : $P_s = \dfrac{100}{13.96} \times 100 = 716.33\,[\text{MVA}]$

(4) CT 부담
- 부담 $VI = I^2 Z = 5^2 Z = 25 \times 8 = 200\,[\text{VA}]$

(5) 모선의 절체 또는 모선 절환 용(무 정전 점검 목적)

(6) 병렬운전조건
  ① 극성이 같을 것   ② 권수비 및 정격전압이 같을 것
  ③ 저항과 리액턴스 비가 같을 것   ④ %임피던스 강하가 같을 것

예제 15 다음은 3φ 4W, 22.9kV 수전설비 단선결선도이다. 도면의 내용을 보고 다음 각 물음에 답하시오.

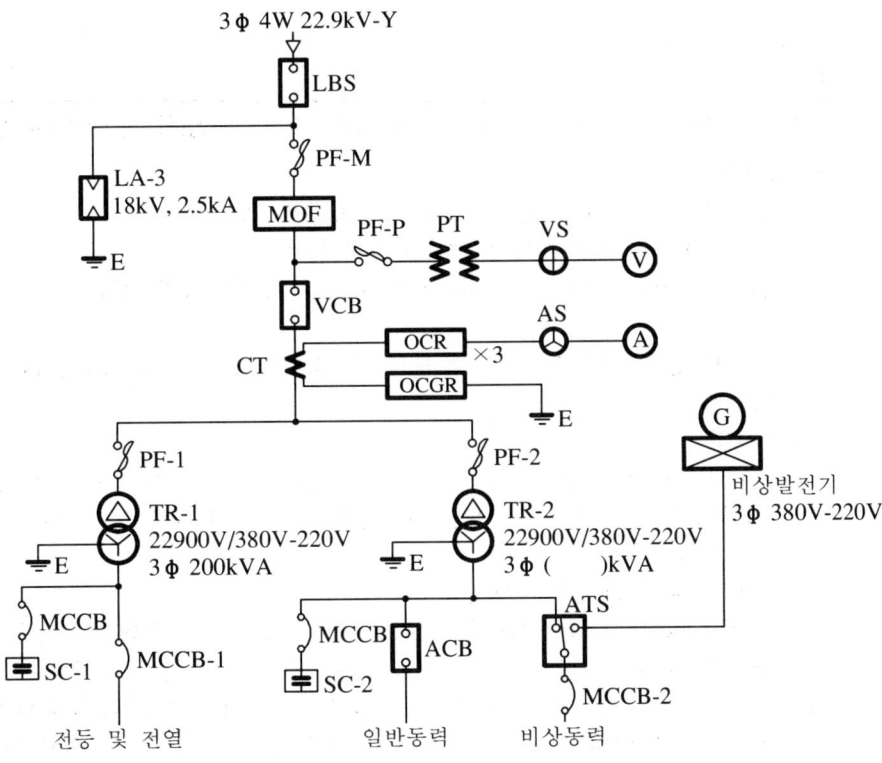

구 분	전등 및 전열	일반 동력	비상동력
설비용량 및 효율	합계 350[kW] 100[%]	합계 635[kW] 85[%]	유도전동기1 7.5[kW] 2대 85[%] 유도전동기2 11[kW] 1대 85[%] 유도전동기3 15[kW] 1대 85[%] 비상조명 8[kW] 100[%]
평균(종합)역률	80[%]	90[%]	90[%]
수용률	45[%]	45[%]	100[%]

(1) 수전설비 단선결선도에서 LBS에 대하여 답하시오.
 ① 우리말의 명칭을 쓰시오.
 ② 기능과 역할에 대해 간단히 설명하시오.
 ③ 같은 용도로 사용되는 기기를 2종류만 쓰시오.

(2) 위 수전설비 단선결선도의 LA에 대하여 다음 물음에 답하시오.
 ① 우리말의 명칭은 무엇인가?
 ② 기능과 역할에 대해 간단히 설명하시오.
 ③ 요구되는 성능 조건 4가지만 쓰시오.

(3) 부하집계 및 입력 환산표를 완성하시오.(단, 입력 환산[kVA]의 계산에서 소수점 둘째 자리에서 반올림한다.)

구 분		설비용량[kW]	효율[%]	역률[%]	입력 환산[kVA]
전등 및 전열		350			
일반동력		635			
비상동력	유도전동기1	7.5×2			
	유도전동기2	11			
	유도전동기3	15			
	비상조명	8			
	소계	—	—	—	

(4) 단선결선도와 "(3)"항의 부하집계 표에 의한 TR-2의 적정용량은 몇 [kVA]인지 구하시오.

[참고 사항]
 ① 일반 동력 군과 비상 동력 군 간의 부등률은 1.3로 본다.
 ② 변압기 용량은 15[%]정도의 여유를 갖게 한다.
 ③ 변압기의 표준규격[kVA]은 200, 300, 400, 500, 600으로 한다.

(5) 단선결선도에서 TR-2의 2차 측 중성점의 제2종 접지공사의 접지선 굵기[mm^2]를 구하시오.

[참고 사항]
 ① 접지선은 GV를 사용하고 표준 굵기[mm^2]는 6, 10, 16, 25, 35, 50, 70으로 한다.
 ② GV전선의 허용최고온도는 160[℃]이고 고장전류가 흐르기 전의 접지선의 온도는 30[℃]로 한다.
 ③ 고장전류는 정격전류의 20배로 본다.
 ④ 변압기 2차의 과전류 보호 차단기는 고장전류에서 0.1초 이내에 차단되는 것이다.
 ⑤ 변압기 2차의 과전류 차단기의 정격전류는 변압기 정격전류의 1.5배로 한다.

(6) 위의 수전설비 단선결선도에서 비상동력부하 중에서 [기동(kW)-입력(kW)]의 값이 최대로 되는 전동기를 최후에 기동하는데 필요한 발전기 용량은 몇 [kVA]인지 구하시오.

[참고 사항]
① 유도전동기의 출력 1[kW] 당 기동 [kVA]는 7.2로 한다.
② 유도전동기의 기동방식은 모두 직입기동방식이다. 따라서 기동방식에 따른 계수는 1로 한다.
③ 부하의 종합효율은 0.85를 적용한다.
④ 발전기의 역률은 0.9로 한다.
⑤ 전동기의 기동 시 역률은 0.4로 한다.

(7) 위의 수전설비 단선결선도에서 VCB의 개폐 시 발생하는 이상전압으로부터 TR-1과 TR-2를 보호하기 위한 보완 대책을 도면에 그리시오.(단, 보호대책은 변압기 별로 각각 시행하고 시행해야 할 접지의 종류까지 기재하여야 함)

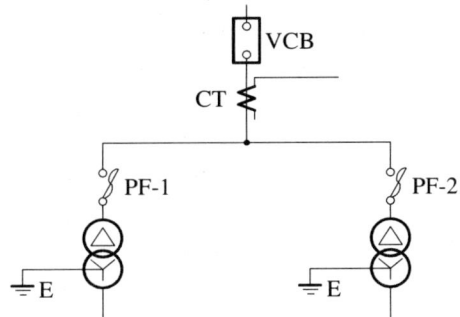

- 부하 중에서 [기동(kW)-입력(kW)]의 값이 최대로 되는 전동기 군을 최후에 기동할 때의 발전기 용량

$$PG \geq (\frac{\sum P_L - P_m}{\eta_L} + P_m \times \beta \times C \times \cos\theta_m) \times \frac{1}{\cos\theta_G} [\text{kVA}]$$

여기서, $\sum P_L [\text{kW}]$: 부하의 출력 합계

$P_m [\text{kW}]$: [기동(kW)-입력(kW)]의 값이 최대로 되는 전동기 또는 전동기 군의 출력

η_L : 부하의 종합 효율 (불 분명 시 0.85)

β : 전동기 출력 l[kW] 당 기동 용량[kVA] (불 분명 시 7.2)

C : 기동방식에 따른 계수 (직입기동 1, $Y-\Delta$ 기동 0.67)

$\cos\theta_m$: $P_m [\text{kW}]$ 전동기 기동 시 역률(불 분명 시 0.4)

$\cos\theta_G$: 발전기 역률(불 분명 시 0.8)

[정답]
(1) LBS
① 부하개폐기
② 기능 및 역할
- 무 부하 전류 및 정상적인 부하전류의 개폐(과부하 및 단락전류 차단 기능은 없음)
- 개폐 빈도가 낮은 부하의 개폐 및 전력퓨즈와 조합하여 결상 방지 목적으로 채용.
③ 기중 부하 개폐기(IS), 자동 고장 구분 개폐기(ASS)
(2) LA
① 피뢰기
② 기능 및 역할
- 전력설비의 기기를 뇌 서지나 개폐 서지 같은 이상전압 내습 시 그 파고 값을 저감시켜 보호.
- 이상전압 내습 시 단자전압이 일정 값 이상으로 상승하면 즉시 방전하여 전압상승을 억제하고, 이상전압 소멸에 의한 단자전압이 일정 값 이하가 되면 즉시 방전을 종료한 후 송전 상태로 복귀.

③ 구비조건
- 제한 전압이 낮을 것
- 충격 방전개시전압이 낮을 것
- 방전 내량이 클 것.
- 속류(기류)차단 능력이 있을 것
- 상용주파방전개시전압은 높을 것

(3) 부하 집계 및 입력 환산

구 분		설비용량[kW]	효율[%]	역률[%]	입력 환산[kVA]
전등 및 전열		350	100[%]	80[%]	$\frac{350}{1 \times 0.8} = 437.5 [\mathrm{kVA}]$
일반 동력		635	85[%]	90[%]	$\frac{635}{0.85 \times 0.9} = 830.1 [\mathrm{kVA}]$
비상동력	유도전동기1	7.5×2	85[%]	90[%]	$\frac{7.5 \times 2}{0.85 \times 0.9} = 19.6 [\mathrm{kVA}]$
	유도전동기2	11	85[%]	90[%]	$\frac{11}{0.85 \times 0.9} = 14.4 [\mathrm{kVA}]$
	유도전동기3	15	85[%]	90[%]	$\frac{15}{0.85 \times 0.9} = 19.6 [\mathrm{kVA}]$
	비상조명	8	100[%]	90[%]	$\frac{8}{1 \times 0.9} = 8.9 [\mathrm{kVA}]$
	소계	—	—	—	62.5[kVA]

(4) 변압기 용량

- $\mathrm{TR}-2[\mathrm{kVA}] = \dfrac{\text{입력 환산 용량} \times \text{수용률}}{\text{부등률}} \times \text{여유율}$

  $= \dfrac{830.1 \times 0.45 + 62.5 \times 1}{1.3} \times 1.15 = 385.73 [\mathrm{kVA}]$

- 정답 : 400[kVA]

(5) 접지선 굵기

- 변압기 정격전류 : $I_n = \dfrac{P_a}{\sqrt{3}\,V} = \dfrac{400 \times 10^3}{\sqrt{3} \times 380} = 607.74 [\mathrm{A}]$

- 접지선의 온도 상승 : $\theta = 0.008 \left(\dfrac{I}{A}\right)^2 t$ 에서

  동선의 온도 상승 $\theta = 160 - 30 = 130[\text{℃}]$, 고장(지락) 전류 $I = 20 I_n [\mathrm{A}]$,
  전류 통전 시간 $t = 0.1 [\mathrm{sec}]$를 위 온도 상승 식에 대입하면

  $130 = 0.008 \times \left(\dfrac{20 I_n}{A}\right)^2 \times 0.1$ 이므로 $A = 0.0496 \, I_n \, [\mathrm{mm}^2]$

- 접지선의 굵기 : $A = 0.0496 \, I_n \, [\mathrm{mm}^2]$ 에서

  변압기 2차 측 과전류차단기 정격전류는 변압기 정격전류 1.5배이므로
  접지선의 굵기 $A = 0.0496 \, I_n = 0.0496 \times (607.74 \times 1.5) = 45.22 [\mathrm{mm}^2]$

- 정답 : 50 $[\mathrm{mm}^2]$

(6) 발전기 용량

- 부하 출력 합계 $\Sigma P_L = 7.5 \times 2 + 11 + 15 + 8 = 49 [\mathrm{kW}]$, $P_m = 15 [\mathrm{kW}]$, $\beta = 7.2$이므로

- 발전기 용량 $PG \geq \left(\dfrac{\Sigma P_L - P_m}{\eta_L} + P_m \times \beta \times C \times \cos\theta_m\right) \times \dfrac{1}{\cos\theta_G}[\text{kVA}]$

$\qquad\qquad\quad\geq \left(\dfrac{49-15}{0.85} + 15 \times 7.2 \times 1 \times 0.4\right) \times \dfrac{1}{0.9} = 92.44[\text{kVA}]$

- 정답 : $92.44[\text{kVA}]$

(7) 서지흡수기 설치

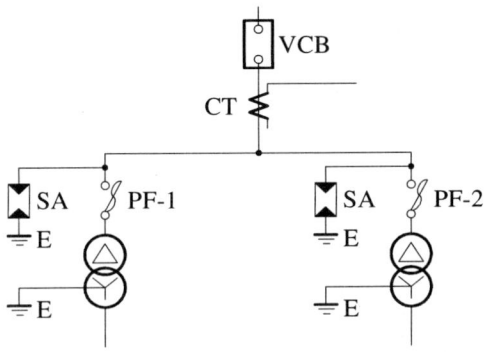

PART 06 전선 및 저압배선공사

1. 전선
2. 저압배선의 시설

전선 및 저압배선공사

1 전선

1) 전선의 종류

(1) 절연전선 및 다심형전선
① 옥외용 비닐절연전선(OW전선)
② 인입용 비닐절연전선(DV전선)
③ 450/750[V] 염화비닐절연전선
④ 450/750[V] 고무절연전선
⑤ 1000[V] 형광방전등전선
⑥ 네온관용 전선
⑦ 6/10[kV] 고압인하용 가교폴리에틸렌절연전선
⑧ 6/10[kV] 고압인하용 가교EP고무절연전선
⑨ 450/750[V] 저독성 난연 폴리올레핀 절연전선
⑩ 450/750[V] 저독성 난연 가교폴리올레핀 절연전선
⑪ 고압 절연전선
⑫ 특고압 절연전선(22.9[kV] 이하)

(2) 저압용 캡타이어케이블
① 0.6/10[kV] EP고무절연 클로로프렌 캡타이어케이블
② 0.6/10[kV] 비닐절연 비닐캡타이어케이블

(3) 고압용 캡타이어케이블
① 2종 클로로프렌 캡타이어케이블
② 3종 클로로프렌 캡타이어케이블
③ 2종 클로로설폰화 폴리에틸렌 캡타이어케이블
④ 3종 클로로설폰화 폴리에틸렌 캡타이어케이블

(4) 저압용 케이블
① 알루미늄피 케이블
② 비닐절연 비닐시스 케이블
③ 가교폴리에틸렌절연 비닐시스 케이블
④ 가교폴리에틸렌절연 폴리에틸렌시스 케이블
⑤ 가교폴리에틸렌절연 저독성 난연 폴리올레핀시스 케이블
⑥ EP고무절연 비닐시스 케이블
⑦ EP고무절연 클로로프렌시스 케이블
⑧ 미네랄인슈레이션(MI) 케이블
⑨ 연질 비닐시스 케이블
⑩ 수저 케이블
⑪ 선박용 케이블
⑫ 리프트 케이블
⑬ 통신용 케이블
⑭ 아크용접용 케이블
⑮ 내마모성 케이블

(5) 고압 및 특고압용 케이블
① 알루미늄케이블
② 가교폴리에틸렌절연 비닐시스 케이블
③ 가교폴리에틸렌절연 폴리에틸렌시스 케이블
④ 가교폴리에틸렌절연 저독성 난연 폴리올레핀시스 케이블
⑤ 콤바인덕트(CD) 케이블
⑥ 비행장 등화용 고압 케이블
⑥ 수밀형 케이블
⑦ 수저 케이블
⑧ 상기의 케이블에 보호피복을 한 것.

(6) 나전선
① 경동선(지름 12[mm] 이하의 것)
② 연동선
③ 동합금선(단면적 25[mm^2] 이하의 것)
④ 경알루미늄선(단면적 35[mm^2] 이하의 것)
⑤ 알루미늄합금선(단면적 35[mm^2] 이하 것)
⑥ 아연도강선
⑦ 아연도철선(기타 방청 도금을 한 철선 포함)

2) 전선의 접속

① 전선 접속부분의 전기저항을 증가시키지 않도록 할 것.
② 전선 접속부분의 강도(인장하중)는 20[%]이상 감소시키지 않도록 할 것.(80[%] 이상의 세기를 유지할 것)
③ 접속 슬리브, 전선 접속기를 사용하여 접속할 것.
   ⇨ 절연테이프에 의한 피복방법
   ㉮ 염화비닐 점착테이프를 사용하는 경우 : 테이프를 반폭 이상 겹쳐서 2번(4겹) 이상 감을 것.
   ㉯ 면 고무 점착테이프를 사용하는 경우 : 테이프를 반폭 이상 겹쳐서 2번(4겹) 이상 감을 것.

3) 저압옥내배선의 사용 전선

① 저압 옥내배선의 전선은 다음 중 어느 하나에 적합한 것을 사용할 것.
   ㉮ 단면적 2.5[mm²] 이상의 연동선 또는 이와 동등 이상의 강도 및 굵기의 것.
   ㉯ 단면적이 1[mm²] 이상의 MI(미네럴인슈레이션)케이블일 것.
② 옥내배선의 사용 전압이 400[V] 미만인 경우로 다음 중 어느 하나에 해당하는 경우에는 제①을 적용하지 않는다.
   ㉮ 전광표시 장치, 출·퇴 표시등 기타 이와 유사한 장치 또는 제어 회로 등에 사용 하는 배선에 단면적 1.5[mm²] 이상의 연동선을 사용하고 이를 합성수지관공사, 금속관공사, 금속몰드공사, 금속덕트공사, 플로어덕트공사 또는 셀룰러덕트공사에 의하여 시설하는 경우
   ㉯ 전광표시 장치, 출·퇴 표시등 기타 이와 유사한 장치 또는 제어회로 등의 배선에 단면적 0.75[mm²] 이상 다심케이블 또는 다심 캡타이어케이블을 사용하고 또한 과전류가 생겼을 때 자동적으로 전로에서 차단하는 장치를 시설하는 경우
   ㉰ 진열장 또는 이와 유사한 것의 내부 회로 및 1[kV] 이하 관등회로 배선은 단면적 0.75[mm²] 이상인 코드 또는 캡타이어케이블을 사용하는 경우
   ㉱ 엘리베이터, 덤웨이터 등의 승강로 안의 배선 시 리프트 케이블을 사용하는 경우

4) 전선 약호

약 호		품 명
A	A	연동선
	A-A1	연알루미늄선
	ABC-W	특고압 수밀형 가공케이블
	ACSR	강심알루미늄 연선
	ACSR-DV	인입용 강심알루미늄도체 비닐절연전선
	ACSR-OC	옥외용 강심알루미늄도체 가교 폴리에틸렌 절연전선
	ACSR-OE	옥외용 강심알루미늄도체 폴리에틸렌 절연전선
	Al-OC	옥외용 알루미늄도체 가교폴리에틸렌 절연전선
	Al-OE	옥외용 알루미늄도체 폴리에틸렌 절연전선
	Al-OW	옥외용 알루미늄도체 비닐 절연전선
	AWP	클로로프렌, 천연합성고무시스 용접용 케이블
	AWR	고무시스 용접용 케이블
B	BL	300/500[V] 편조 리프트 케이블
	BRC	300/300[V] 편조 고무코드
C	CA	강복알루미늄선
	CB-EV	콘크리트 직매용 폴리에틸렌절연 비닐시스 케이블(환형)
	CB-EVF	콘크리트 직매용 폴리에틸렌절연 비닐시스 케이블(평형)
	CCE	0.6/1[kV] 제어용 가교폴리에틸렌절연 폴리에틸렌시스 케이블
	CCV	0.6/1[kV] 제어용 가교폴리에틸렌절연 비닐시스 케이블
	CD-C	가교폴리에틸렌절연 CD케이블
	CE1	0.6/1[kV] 가교 폴리에틸렌절연 폴리에틸렌시스 케이블
	CE10	6/10[kV] 가교 폴리에틸렌절연 폴리에틸렌시스 케이블
	CET	6/10[kV] 트리플렉스형 가교폴리에틸렌절연 폴리에틸렌시스 케이블
	CLF	300/300[V] 유연성 가교비닐절연 가교비닐시스 코드
	CN-CV	동심중성선 차수형 전력케이블
	CN-CV-W	동심중성선 수밀형 전력케이블
	CSL	원형 비닐시스 리프트 케이블
	CV1	0.6/1[kV] 가교폴리에틸렌절연 비닐시스 케이블
	CV10	6/10[kV] 가교폴리에틸렌절연 비닐시스 케이블
	CVV	0.6/1[kV] 비닐절연 비닐시스 제어케이블
	CVT	6/10[kV] 트리플렉스형 가교폴리에틸렌절연 비닐시스 케이블

	약 호	품 명
D	DV	인입용 비닐절연전선
E	EE	폴리에틸렌절연 폴리에틸렌시스 케이블
	EV	폴리에틸렌절연 비닐시스 케이블
F	FL	형광방전등용 비닐전선
	FNC	300/300[V] 평형 비닐 코드
	FR CNCO-W	동심중성선 수밀형 저독성 난연 전력케이블
	FSC	평형 비닐시스 리프트 케이블
	FTC	300/300[V] 평형 금사 코드
H	H	경동선
	HA	반경동선
	HAL	경알루미늄선
	HFCCO	0.6/1[kV] 가교폴리에틸렌절연 저독성 난연 폴리올레핀시스 제어케이블
	HFCO	0.6/1[kV] 가교폴리에틸렌절연 저독성 난연 폴리올레핀시스 전력케이블
	HLPC	300/300[V] 내열성 연질 비닐시스 코드(90℃)
	HOPC	300/500[V] 내열성 범용 비닐시스 코드(90℃)
	HPSC	450/750[V] 경질 클로로프렌, 합성고무시스 유연성 케이블
	HR(0.5)	500[V] 내열성 고무절연전선(110℃)
	HR(0.75)	750[V] 내열성 고무절연전선(110℃)
	HRF(0.5)	500[V] 내열성 유연성 고무절연전선(110℃)
	HRF(0.75)	750[V] 내열성 유연성 고무절연전선(110℃)
	HRS	300/500[V] 내열 실리콘 고무절연전선(180℃)
I	IACSR	강심알루미늄 합금연선
	IDC	300/300[V] 실내장식 전등기구용 코드
L	LPS	300/500[V] 연질 비닐시스 케이블
	LPC	300/300[V] 연질 비닐시스 코드
M	MI	미네랄인슈레이션 케이블
N	NEV	폴리에틸렌절연 비닐시스 네온전선
	NF	450/750[V] 일반용 유연성 단심 비닐절연전선
	NFI(70)	300/500[V] 기기 배선용 유연성 단심 비닐절연전선(70℃)
	NFI(90)	300/500[V] 기기 배선용 유연성 단심 절연전선(90℃)
	NR	450/750[V] 일반용 단심 비닐절연전선
	NRC	고무절연 클로로프렌시스 네온전선
	NRI(70)	300/500[V] 기기 배선용 단심 비닐절연전선(70℃)
	NRI(90)	300/500[V] 기기 배선용 단심 비닐절연전선(90℃)
	NRV	고무절연 비닐시스 네온전선
	NV	비닐절연 네온전선
O	OC	옥외용 가교폴리에틸렌 절연전선
	OE	옥외용 폴리에틸렌 절연전선
	OPC	300/500[V] 범용 비닐시스 코드
	OPSC	300/500[V] 범용 클로로프렌, 합성고무시스 코드
	ORPSF	300/500[V] 오일내성 비닐절연 비닐시스 차폐 유연성 케이블
	ORPUF	300/500[V] 오일내성 비닐절연 비닐시스 비차폐 유연성 케이블
	ORSC	300/500[V] 범용 고무시스 코드
	OW	옥외용 비닐절연전선

약 호		품 명
P	PCSC	300/500[V] 장식 전등 기구용 클로로프렌, 합성고무시스 케이블(원형)
	PCSCF	300/500[V] 장식 전등 기구용 클로로프렌, 합성고무시스 케이블(평면)
	PDC	6/10[kV] 고압 인하용 가교폴리에틸렌 절연전선
	PDP	6/10[kV] 고압 인하용 가교EP고무 절연전선
	PL	300/500[V] 폴리클로로프렌, 합성고무시스 리프트 케이블
	PN	0.6/1[kV] EP 고무절연 클로로프렌시스 케이블
	PNCT	0.6/1[kV] EP 고무절연 클로로프렌 캡타이어 케이블
	PV	0.6/1[kV] EP 고무절연 비닐시스 케이블
R	RIF	300/300[V] 유연성 고무절연 고무시스 코드
	RICLF	300/300[V] 유연성 고무 절연 가교폴리에틸렌 비닐시스 코드
	RL	300/500[V] 고무시스 리프트 케이블
V	VCT	0.6/1[kV] 비닐절연 비닐 캡타이어 케이블
	VV	0.6/1[kV] 비닐절연 비닐시스 케이블

2 저압배선의 시설

1) 배선설비 공사의 종류

① 사용하는 전선 또는 케이블의 종류에 따른 배선설비의 설치 방법(버스 바 트렁킹 시스템 및 파워 트랙 시스템은 제외)은 다음 [표]에 따르며, 외부적인 영향을 고려할 것.

전선 및 케이블		공사방법							
		케이블 공사			전선관 시스템	케이블트 렁킹 시스템	케이블 덕팅 시스템	케이블 트레이 시스템	애자 공사
		비 고정	직접 고정	지지 선					
나전선		-	-	-	-	-	-	-	+
절연전선[b]		-	-	-	+	+[a]	+	-	+
케이블	다심	+	+	+	+	+	+	+	0
	단심	0	+	+	+	+	=	=	0

- 공사 방법에서 케이블 트렁킹 시스템은 몰드형, 바닥 매입형 포함의 경우이다.
- 공사 방법에서 케이블 트레이 시스템은 래더, 브래킷 등 포함의 경우이다.

+ : 사용할 수 있다.
- : 사용할 수 없다.
0 : 적용할 수 없거나 실용상 일반적으로 사용할 수 없다.

② ①의 설치 방법에는 아래와 같은 배선 방법이 있다.

종류	공사방법
전선관시스템	합성수지관공사, 금속관공사, 가요전선관공사
케이블트렁킹시스템	합성수지몰드공사, 금속몰드공사, 금속트렁킹공사[a]
케이블덕팅시스템	플로어덕트공사, 셀룰러덕트공사, 금속덕트공사[b]
애자공사	애자공사
케이블트레이시스템	케이블트레이공사
케이블공사	고정하지 않는 방법, 직접 고정하는 방법, 지지선 방법
a : 금속본체와 커버가 별도로 구성되어 커버를 개폐할 수 있는 금속덕트공사를 말한다.		
b : 본체와 커버 구분 없이 하나로 구성된 금속덕트공사를 말한다.		

2) 저압배선의 시설 장소 별 공사분류(내선규정)

옥내, 옥측 및 옥외 배선은 그 시설 장소에 따라 사용전압이 400[V] 미만의 경우는 [표1]에 의하고 사용전압 400[V] 이상의 경우는 [표 2]에 의한다.

[표 1] 시설장소와 배선방법(400 V 미만)

배선방법		옥 내						옥측 옥외	
		노출 장소		은폐 장소					
				점검 가능		점검 불가능			
		건조한 장소	습기, 물기 있는 장소	건조한 장소	습기, 물기 있는 장소	건조한 장소	습기, 물기 있는 장소	우선 내	우선 외
애자사용 배선		○	○	○	○	×	×	①	①
금속관 배선		○	○	○	○	○	○	○	○
합성 수지관 배선	합성수지관 (CD관 제외)	○	○	○	○	○	○	○	○
	CD관	②	②	②	②	②	②	②	②
가요 전선관 배선	1종 가요전선관	○	×	○	×	×	×	×	×
	2종 가요전선관	○	○	○	○	○	○	○	○
금속몰드 배선		○	×	○	×	×	×	×	×
합성수지몰드 배선		○	×	○	×	×	×	×	×
플로어덕트 배선		×	×	×	×	③	×	×	×
셀룰러덕트 배선		×	×	○	×	③	×	×	×
금속덕트 배선		○	×	○	×	×	×	×	×
라이팅덕트 배선		○	×	○	×	×	×	×	×
버스덕트 배선		○	×	○	×	×	×	④	④
케이블 배선		○	○	○	○	○	○	○	○
케이블트레이 배선		○	○	○	○	○	○	○	○

[비고] 기호의 뜻은 다음과 같다.
- ○ : 시설할 수 있다.   × : 시설할 수 없다.
- CD관은 내연성이 없는 것으로 노출장소 및 점검할 수 있는 은폐장소에 한하여 시설할 수 있다.

[표 2] 시설장소와 배선방법(400 V 이상)

배선방법		옥 내						옥측 옥외	
		노출 장소		은폐 장소					
				점검 가능		점검 불가능			
		건조한 장소	습기, 물기 있는 장소	건조한 장소	습기, 물기 있는 장소	건조한 장소	습기, 물기 있는 장소	우선 내	우선 외
애자사용 배선		○	○	○	○	×	×	①	①
금속관 배선		○	○	○	○	○	○	○	○
합성수지관 배선	합성수지관 (CD관 제외)	○	○	○	○	○	○	○	○
	CD관	②	②	②	②	②	②	②	②
가요전선관 배선	1종 가요전선관	③	×	③	×	×	×	×	×
	2종 가요전선관	○	○	○	○	○	○	○	○
금속덕트 배선		○	×	○	×	×	×	○	×
버스덕트 배선		○	×	○	×	×	×	×	×
케이블 배선		○	○	○	○	○	○	○	○
케이블트레이 배선		○	○	○	○	○	○	○	○

[비고] 기호의 뜻은 다음과 같다.
- ○ : 시설할 수 있다.   × : 시설할 수 없다.
- CD관은 내연성이 없는 것으로 노출장소에 한하여 시설할 수 있다.

3) 애자사용 공사

절연성, 난연성 및 내수성이 있는 애자에 전선을 지지하여 전선의 조영재, 기타 물질에 접촉할 우려가 없도록 배선하는 것.

(1) 사용전선
전선을 절연전선일 것 (단, OW, DV전선은 제외)

(2) 전선 이격거리
① 전선 상호간 간격은 6[cm]이상일 것.
② 전선과 조영재 사이의 이격거리는 사용전압이 400[V] 미만인 경우에는 2.5[cm] 이상 400[V] 이상인 경우 4.5[cm](단, 건조한 장소에 시설하는 경우는 2.5[cm]) 이상일 것.
③ 전선의 지지점간 거리는 전선을 조영재의 윗면 또는 옆면에 따라 붙일 경우에는 2[m]이하일 것 (단, 400[V]를 넘으면서 조영재를 따르지 않을 경우 6[m] 이하도 가능)

4) 금속관 공사

(1) 금속관의 크기 및 호칭
① 후강 전선관 : 두께 2.3[mm]이상(2.3, 2.5, 2.8, 3.5[mm])의 두꺼운 전선관.
　㉮ 관의 호칭 : 관 안지름의 크기에 가까운 짝수
　㉯ 관의 종류(10종류) : 16, 22, 28, 36, 42, 54, 70, 82, 92, 104[mm]
　㉰ 관의 표준길이 : 3.6[m]
② 박강 전선관 : 두께 1.2[mm]이상(1.2, 1.6, 2.0[mm])의 얇은 전선관.
　㉮ 관의 호칭 : 관 바깥지름의 크기에 가까운 홀수.
　㉯ 관의 종류(7종류) : 19, 25, 31, 39, 51, 63, 75[mm]
　㉰ 관의 표준길이 : 3.6[m]

(2) 시설원칙
① 전선은 절연전선일 것.(단, OW전선은 제외)
② 전선은 단면적 $10[\mathrm{mm}^2]$(알루미늄은 $16[\mathrm{mm}^2]$)을 초과하는 경우에는 연선일 것.
③ 관 안에는 전선의 접속점이 없도록 할 것.
④ 교류회로는 1회로의 전선 전부를 동일 관내에 넣어 전자적 불 평형을 방지할 것.
⑤ 금속관을 콘크리트 등에 매입하는 경우 두께는 1.2[mm] 이상일 것 (단, 기타의 경우 1[mm] 이상이지만 이음매가 없는 길이 4[m] 이하 전선관을 건조한 노출장소에 시설하는 경우는 0.5[mm] 이상도 가능)

(3) 금속관 접속 및 관의 굴곡
① 금속관 상호간의 접속은 커플링으로 접속할 것.(단, 금속관이 고정되어 있어 금속관을 회전시킬 수 없는 경우에는 유니온 커플링이나 보내기 커플링 등을 이용하여 접속할 것.)
② 금속관과 박스, 기타 이와 유사한 것 등을 접속할 때에는 로크너트 2개를 사용하여 박스나 캐비닛 양쪽 접속부분을 단단히 고정할 것.
③ 커플링에 들어가는 관의 삽입길이는 관 바깥지름의 1.2배 이상으로 할 것.
④ 금속관 굴곡반경 : 구부러진 금속관의 굴곡반지름은 관 안지름의 6배 이상으로 할 것.
⑤ 아웃렛박스 사이 또는 전선인입구를 가지는 기구 사이의 금속관에는 3개소를 초과하는 직각 또는 직각에 가까운 굴곡개소를 만들지 않도록 할 것.
⑥ 굴곡개소가 많거나 관 길이 30[m]를 초과하는 경우에는 풀 박스를 설치할 것.
⑦ 풀 박스에 설치하는 배선 회로 수가 2회로 이상인 경우에는 풀 박스 내에서 회로 확인이 용이하도록 로 표시를 할 것.

(4) 금속관 공사 시 필요한 부속자재

부품 명	용도 및 특징
로크너트 (lock nut)	박스나 캐비닛에 금속관을 접속, 고정시킬 때 사용하는 강철제 접속 기구로 6각형과 기어 형이 있다.
부싱 (bushing)	전선관 끝단에 설치하여 전선의 인입이나 인출 시 전선의 피복을 보호하기 위한 기구로 금속제와 합성수지제 2가지가 있다.
커플링 (coupling)	금속관 상호 간이나 금속관과 노멀 밴드와의 접속 시 사용하며, 금속관이 고정되어 있어 회전시킬 수 없는 경우는 유니언커플링을 사용하여 접속한다.
새들 (saddle)	노출 배관 공사 시 관을 지지, 고정하기 위한 것으로 금속관 공사분만 아니라 합성수지관 공사, 가용전선관 공사에서도 이용한다.
노멀밴드 (normal bend)	매입이나 노출 배관에서 금속관의 굴곡부에서의 관 상호간을 접속하기 위한 접속 기구로 양단에 나사가 있어 관과의 접속 시 커플링을 이용한다.
링리듀서 (ring reducer)	박스나 캐비닛에 금속관 고정 시 노크아웃 지름이 금속관의 지름보다 클 경우 박스나 캐비닛 양측에 부착하여 사용하는 보조 접속기구이다.
스위치 박스 (switch box)	노출 형 배관 공사 시 스위치나 콘센트를 설치, 고정할 때 사용하는 주철 제 함으로 1개용, 2개용이 있다.
아우트렛박스 (outlet box)	전선관 공사에서 조명 기구나 콘센트, 스위치 등의 취부분만 아니라 접선 접속함으로도 사용하는 것으로 4각형과 8각형이 있다.

(5) 금속관 내 전선 넣기 및 전선 단면적

① 박스간의 거리가 짧고 관의 굴곡이 적은 경우에는 직접 전선을 밀어 넣어 뽑아내지만 일반적으로 피시테이프나 마닐라로프 등을 이용하여 그 끝에 전선을 묶은 다음 잡아 당겨 인출할 것.
 ⇨ 피시테이프 : 폭 3.2 ~ 6.4[mm], 두께 0.8 ~ 1.5[mm]정 도의 평각 강철선
② 금속관공사 시 전선관 굵기는 서로 다른 굵기의 절연전선을 동일 관내에 삽입하는 경우 전선 절연물을 포함한 전선이 차지하는 단면적은 관내 총 단면적의 32[%] 이하가 되도록 할 것.
③ 관의 굴곡이 적어 쉽게 전선을 인입 및 교체가 가능하면서, 전선 굵기가 10[mm^2] 이하로서 동일한 굵기인 경우는 48[%] 이하까지도 가능.

(6) 수직배관 내의 전선 굵기와 지지점간의 거리

도체의 단면적[mm^2]	지지점의 간격[m]
50 이하	30
100 이하	25
150 이하	20
200 이하	15
250 초과	12

(7) 금속관 굵기의 선정

① 동일 굵기의 절연 전선을 동일 관내에 넣는 경우의 금속관 굵기는 [표2], [표4], [표5]에 따라 선정하여야 한다.

② 10[mm²] 이하의 동일 굵기 전선으로 관의 굴곡이 적어 쉽게 전선을 끌어낼 수 있는 경우에는 전항의 규정에 관계없이 다음 [표 3], 기타의 경우는 [표 6]부터 [표 9]에 따라 전선의 절연피복물을 포함한 단면적의 총합계가 관내 단면적의 48[%] 이하가 되도록 할 수 있다.
③ 굵기가 서로 다른 절연전선을 동일 관내에 넣는 경우의 금속관 굵기는 [표 6, 7, 8, 9]에 따라 전선의 피복 절연물을 포함한 단면적의 총합계가 관 내 단면적의 32[%]이하가 되도록 선정한다.

[표 1] 전선관의 규격

종류	관의 호칭	바깥지름[mm]	두께[mm]	안지름[mm]
후강전선관	16	21.0	2.3	16.4
	22	26.5	2.3	21.9
	28	33.3	2.5	28.3
	36	41.9	2.5	36.9
	42	47.8	2.5	42.8
	54	59.6	2.8	54.0
	70	75.2	2.8	69.6
	82	87.9	2.8	82.3
	92	100.7	3.5	93.7
	104	113.4	3.5	106.4
박강전선관	19	19.1	1.6	15.9
	25	25.4	1.6	22.2
	31	31.8	1.6	28.6
	39	38.1	1.6	34.9
	51	50.8	1.6	47.6
	63	63.5	2.0	59.5
	75	76.2	2.0	72.2

[비고] 안지름(바깥지름-두께×2)은 환산한 계산 값이다.

[표 2] 최대 전선 본수(10본을 초과하는 전선을 넣는 경우)

| 도체 단면적 [mm²] | 전선 본수 ||||||||
| | 후강 전선관(본) |||| 박강 전선관(본) ||||
	28호	36호	42호	54호	31호	39호	51호	63호
2.5	12	21	28	45	12	19	35	55
4		17	23	36		15	28	44
6		14	19	30		12	23	37
10			13	21			16	26

[표 3] 관 굴곡이 적어 쉽게 전선을 끌어낼 수 있는 경우 최대 전선 본수
(450/750[V] 일반용 단심 비닐절연전선)

| 도체 단면적 [mm²] | 전선 본수 ||||
| | 후강 전선관(본) || 박강 전선관(본) ||
	16호	22호	19호	25호
2.5	6	11	5	11
4	5	9	4	9
6	4	7	3	7
10	3	5	2	5

[표 4] 후강 전선관 굵기의 선정

도체 단면적 [mm²]	전선 본수									
	1	2	3	4	5	6	7	8	9	10
	전선관의 최소 굵기[mm]									
2.5	16	16	16	16	22	22	22	28	28	28
4	16	16	16	22	22	22	28	28	28	28
6	16	16	22	22	22	28	28	28	36	36
10	16	22	22	28	28	36	36	36	36	36
16	16	22	28	28	36	36	36	42	42	42
25	22	28	28	36	36	42	54	54	54	54
35	22	28	36	42	54	54	54	70	70	70
50	22	36	54	54	70	70	70	82	82	82
70	28	42	54	54	70	70	70	82	82	82
95	28	54	54	70	70	82	82	92	92	104
120	36	54	54	70	70	82	82	92		
150	36	70	70	82	92	92	104	104		
185	36	70	70	82	92	104				
240	42	82	82	92	104					

[비고 1] 전선 1본수는 접지선 및 직류회로의 전선에도 적용한다.
[비고 2] 이 표는 KS C IEC 60227-3의 450/750[V] 일반용 단심 비닐절연전선을 기준한 것이다.

[표 5] 박강 전선관 굵기의 선정

도체 단면적 [mm²]	전선 본수									
	1	2	3	4	5	6	7	8	9	10
	전선관의 최소 굵기[mm]									
2.5	19	19	19	25	25	25	25	31	31	31
4	19	19	19	25	25	25	31	31	31	31
6	19	19	25	25	31	31	31	31	39	39
10	19	25	25	31	31	31	39	39	39	51
16	19	25	31	31	39	39	51	51	51	51
25	25	31	31	39	51	51	51	51	63	63
35	25	31	39	51	51	63	63	63	75	75
50	25	39	51	51	51	63	63	75	75	
70	31	51	51	63	63	75	75	75		
95	31	51	63	75	75	75				
120	39	63	75	75	75					
150	39	63	75	75						
185	51	75	75							
240	51	75	75							

[비고 1] 전선 1본수는 접지선 및 직류회로의 전선에도 적용한다.
[비고 2] 이 표는 KS C IEC 60227-3의 450/750[V] 일반용 단심 비닐절연전선을 기준한 것이다.

[표 6] 전선의 단면적(피복 절연물을 포함)

도체 단면적[mm^2]	절연체 두께[mm]	평균완성 바깥지름[mm]	전선의 단면적[mm^2]
2.5	0.8	4.0	13
4	0.8	4.6	17
6	0.8	5.2	21
10	1.0	6.7	35
16	1.0	7.8	48
25	1.2	9.7	74
35	1.2	10.9	93
50	1.4	12.8	128
70	1.4	14.6	167
95	1.6	17.1	230
120	1.6	18.8	277
150	1.8	20.9	343

[비고 1] 전선의 단면적은 평균완성 바깥지름의 상한 값을 환산한 값이다.
[비고 2] KS C IEC 60227-3의 450/750[V] 일반용 단심 비닐절연전선(연선)을 기준한 것이다.

[표 7] 절연전선을 금속관내에 넣을 경우의 보정계수

도체 단면적[mm^2]	보정계수
2.5, 4	2.0
6, 10	1.2
16 이상	1.0

[표 8] 후강 전선관의 내 단면적의 32[%] 및 48[%]

관의 호칭	내 단면적의 32[%][mm^2]	내 단면적의 48[%][mm^2]
16	67	101
22	120	180
28	201	301
36	342	513
42	460	690
54	732	1,098
70	1,216	1,825
82	1,701	2,552
92	2,205	3,308
104	2,843	4,265

[표 9] 박강 전선관의 내 단면적의 32[%] 및 48[%]

관의 호칭	내 단면적의 32[%][mm^2]	내 단면적의 48[%][mm^2]
19	63	95
25	123	185
31	205	308
39	305	458
51	569	853
63	889	1,333
75	1,309	1,964

【보기】 [표 6]부터 [표 9]까지의 사용 예를 표시하면 다음과 같다.

전선 4[mm^2] 3본, 10[mm^2] 3본을 넣을 수 있는 전선관의 굵기

① [표 6]에서 전선단면적의 합계를 구하면 다음과 같다.
- 전선 4[mm²] 3본 ----- 17[mm²]×3 = 51[mm²]
- 전선 10[mm²] 3본 ---- 35[mm²]×3 = 105[mm²]

② 산출한 전선의 단면적의 합계에 [표 7]에서 정한 보정계수를 곱하여 단면적을 구한다.
- 51[mm²](단면적의 합계) × 2.0(보정계수) = 102[mm²]
- 105[mm²](단면적의 합계) × 1.2(보정계수) = 126[mm²]

③ 보정계수를 고려하여 구한 전선의 계산 단면적의 총합이 228[mm²]가 된다.

④ 후강전선관의 굵기 : [표 8]에서 전선 단면적의 총합 228[mm²]을 만족할 수 있는 굵기를 32[%]란에서 선택하면 36호 후강전선관이 된다.

⑤ 박강전선관의 굵기 : [표 9]에서 전선 단면적의 총합 228[mm²]을 만족할 수 있는 굵기를 32[%]란에서 선택하면 39호 후강전선관이 된다.

5) 합성수지관 공사

(1) 합성수지관의 크기 및 호칭
① 합성수지관의 크기 : 관의 안지름(내경)에 가까운 짝수로 호칭.
14, 16, 22, 28, 36, 42, 54, 70, 82[mm]
② 표준길이 : 4[m]

(2) 시설원칙
① 전선은 절연전선일 것.(단, OW전선은 제외)
② 전선은 단면적 10[mm²](알루미늄은 16[mm²])을 초과하는 경우에는 연선일 것.
③ 관 안에는 전선의 접속점이 없을 것.
④ 습기나 물기가 많은 장소 등에서는 방습장치를 할 것.

(3) 합성수지관의 접속
① 관 상호간 접속은 박스 또는 커플링 등을 사용하고 직접 접속할 것.(단, 경질비닐관 상호간 접속은 예외로 한다) .
② 합성수지관 상호 및 관과 박스 접속 시 관 삽입 깊이는 관 바깥지름의 1.2배 이상으로 하고 견고하게 접속할 것. (단, 접착제를 사용할 경우에는 0.8배까지도 가능)

(4) 합성수지관의 지지
새들을 이용하여 지지하는 경우 지지점간의 거리는 1.5[m]이하이지만 관 끝이나 박스 부근에서는 0.3[m]정도에서 지지할 것.

(5) 합성수지관내 전선단면적
① 서로 다른 굵기의 절연전선을 동일 관내에 삽입하는 경우 전선 절연물을 포함한 전선이 차지하는 단면적은 관내 총 단면적의 32[%] 이하가 되도록 할 것.
② 관의 굴곡이 적어 쉽게 전선을 인입 및 교체가 가능하면서, 전선 굵기가 10[mm²] 이하로서 동일한 굵기인 경우는 48[%] 이하까지도 가능.

(6) 합성수지관 전선관 굵기 선정
① 동일 굵기의 절연 전선을 동일 관내에 넣는 경우의 관의 굵기는 관에 넣는 절연전선의 본수가 10본 이하의 경우에는 [표 5, 6]에 따르고, 10본 초과의 경우 [표 3]에 따라 선정하여야 한다.
② 10[mm²] 이하의 동일 굵기의 전선으로 관의 굴곡이 적어 쉽게 전선을 인입 및 교체할 수 있는 경우에는 전항의 규정에 관계없이 [표 4]에 따르고, 기타의 경우 금속관공사 [표 6]과 다음 [표 7, 8, 9]에 따라 전선의 피복 절연물을 포함한 단면적의 총합계가 관내 단면적의 48[%] 이하로 할 수 있다.
③ 서로 다른 굵기의 절연전선을 동일 관내에 넣는 경우 합성수지관의 굵기는 금속관공사에서의 [표 6]과 다음 [표 7, 8, 9]에 따라 전선의 절연 피복물을 포함한 단면적의 총합계가 관내 단면적의 32[%]이하가 되도록 선정한다.

[표 1] 경질비닐관의 규격

관의 호칭	바깥지름[mm]	두께[mm]	안지름[mm]
14	18	2.0	14
16	22	2.0	18
22	26	2.0	22
28	34	3.0	28
36	42	3.5	35
42	48	4.0	40
54	60	4.5	51
70	76	4.5	67
82	89	5.9	77.2

[표 2] 합성수지제 가요전선관의 규격

관의 호칭	바깥지름[mm]		안지름[mm]	
	PF관	CD관	PF관	CD관
14	21.5	19.0	14.0	14.0
16	23.0	21.0	16.0	16.0
22	30.5	27.5	22.0	22.0
28	36.5	34.0	28.0	28.0
36	45.5	42.0	36.0	36.0
42	52.0	48.0	42.0	42.0

[표 3] 최대 전선 본수(10본을 초과하는 전선을 넣는 경우)

도체 단면적 [mm²]	전선 본수					
	경질비닐전선관				합성수지제가요관 (PF관, CD관)	
	28호	36호	42호	54호	22호	28
2.5	12	19	25	40	11	18
4		15	20	32		18
6		12	16	27		
10			11	19		

[표 4] 관 굴곡이 적어 쉽게 전선을 끌어낼 수 있는 경우 최대 전선 본수 (450/750[V] 일반용 단심 비닐절연전선)

도체 단면적 [mm²]	전선 본수				
	경질비닐전선관			합성수지제 가요관(PF관, CD관)	
	14호	16호	22호	16호	22호
2.5	4	7	11	9	17
4	3	6	9	7	14
6	3	5	7	4	9
10	2	3	5	3	6

[표 5] 경질비닐전선관의 굵기 선정

도체 단면적 [mm²]	전선 본수									
	1	2	3	4	5	6	7	8	9	10
	경질 비닐전선관의 최소 굵기(호칭)									
2.5	14	14	16	16	16	22	28	28	28	36
4	14	16	16	22	22	28	28	28	36	36
6	14	16	22	28	28	36	36	36	36	42
10	14	22	28	28	36	36	42	42	54	54
16	16	28	28	36	42	42	54	54	54	54
25	16	28	42	42	54	54	54	54	70	70
35	16	36	42	54	54	54	70	70	70	70
50	22	42	54	54	70	70	70	82	82	
70	28	54	54	70	70	70	82	82		
95	28	54	70	70	82	82				
120	36	54	70	82	82					
150	36	70	70	82						
185	42	70	82							
240	54	82	82							

[비고 1] 전선 1본에 대한 숫자는 접지선 및 직류회로의 전선에도 적용한다.
[비고 2] 이 표는 KSC IEC 60227-3의 450/750[V] 일반용 단심 비닐절연전선을 기준한 것이다.

제6장 전선 및 저압배선공사

[표 6] 합성수지제 가요관(PF관 및 CD관)의 굵기 선정

도체 단면적 [mm²]	전선 본수									
	1	2	3	4	5	6	7	8	9	10
	합성수지제제 가요관의 최소 굵기(호칭)									
2.5	14	14	14	14	16	16	22	22	22	22
4	14	16	14	16	22	22	22	22	22	28
6	14	16	16	22	22	22	28	28	28	36
10	14	22	22	28	28	28	28	36	36	36
16	16	22	28	28	36	36	42	42		
25	16	28	36	36	42	42				
35	22	36	42							
50	22	42								
70	28	42								
95	28									

[표 7] 절연전선을 합성수지관내에 넣을 경우의 보정계수

도체 단면적[mm²]	보정계수	
	경질비닐전선관	합성수지제가요관(PF관, CD관)
2.5, 4	2.0	2.0
6, 10	1.2	1.2
16 이상	1.0	1.0

[표 8] 경질비닐 전선관의 내 단면적의 32[%] 및 48[%]

관 호칭	내 단면적의 32[%][mm²]	내 단면적의 48[%][mm²]	관 호칭	내 단면적의 32[%][mm²]	내 단면적의 48[%][mm²]
14	49	74	42	402	603
16	81	122	54	653	980
22	121	182	70	1,128	1,692
28	197	295	82	1,497	2,245
36	308	462			

[표 9] 합성수지제 가요관 (PF관, CD관) 내 단면적의 32[%] 및 48[%]

관의 호칭	내 단면적의 32[%][mm²]	내 단면적의 48[%][mm²]
14	49	74
16	64	96
22	121	182
28	196	295
36	325	488
42	443	665

【보기】 450/750[V] 일반용 단심비닐절연전선 10[mm²] 4본과 16[mm²] 3본을 동시에 넣을 수 있는 합성수지관(경질 비닐관)의 굵기를 선정하시오

해설과 정답

① 금속관공사 [표 6]에서 전선단면적의 합계를 구하면 다음과 같다.
- 전선 10[mm²] 4본 ----- 35[mm²]×4 = 140[mm²]
- 전선 16[mm²] 3본 ----- 48[mm²]×3 = 144[mm²]

② 산출한 전선의 단면적의 합계에 [표 7]에서 정한 보정계수를 곱하여 단면적을 구한다.
- 140[mm²](단면적의 합계) × 1.2(보정계수) = 168[mm²]
- 144[mm²](단면적의 합계) × 1.0(보정계수) = 144[mm²]

③ 보정계수를 고려하여 구한 전선의 계산 단면적의 총합이 312[mm²]가 된다.

④ 합성수지전선관의 굵기 : [표 8]에서 전선 단면적의 총합 312[mm²]을 만족할 수 있는 굵기를 32[%]란에서 선택하면 36호 합성수지전선관이 된다.

6) 가요전선관 공사

(1) 가요관의 종류

① 제1종 가요전선관 : 두께 0.8[mm] 이상 연 강대에 아연 도금을 한 다음, 이것을 약 반폭씩 겹쳐서 나선 모양으로 감아 만들어 자유로이 구부러지게 한 전선관

② 제2종 가요전선관 : 테이프 모양의 금속편과 파이버를 조합하여 내수성 및 가요성을 가지도록 제작한 전선관

③ 가요전선관의 크기(12종) : 관 안지름에 가까운 크기

10, 12, 15, 17, 24, 30, 38, 50, 63, 76, 83, 101[mm]

(2) 시설원칙

① 전선은 절연전선일 것 (단, OW전선은 제외)

② 전선은 단면적 10[mm²](알루미늄은 16[mm²])을 초과하는 경우에는 연선일 것.

③ 전선관은 제2종 가요전선관으로 관 안에서는 전선의 접속점이 없도록 할 것.

④ 외상을 받을 우려가 있는 장소에서는 적당한 방호장치를 이용하여 시설할 것

(3) 가요전선관의 지지

① 조영재의 측면 또는 하면에 수평방향으로 시설하는 경우 1[m] 이하일 것.

② 사람이 접촉될 우려가 있는 경우 1[m] 이하일 것.

③ 금속제 가요전선관 상호 및 금속제 가요전선관과 박스 기구와의 접속 시 접속 개소로부터 0.3[m] 이하일 것.

④ 기타의 경우 : 2[m]이하일 것.

(4) 가요전선관 내 전선단면적

① 서로 다른 굵기의 절연전선을 동일 관내에 삽입하는 경우 관 굵기는 전선의 절연물을 포함한

단면적의 총 합계가 관내 단면적의 32[%] 이하가 되도록 할 것.
② 관의 굴곡이 적어 쉽게 전선을 인입 및 교체가 가능하면서, 전선 굵기가 10[mm²] 이하로서 동일한 굵기인 경우는 48[%] 이하까지도 가능.

7) 금속덕트 공사

(1) 금속덕트 크기 및 구성

폭 5[cm]를 넣고 두께 1.2[mm] 이상인 강판 또는 동등이상의 세기를 금속제로 제작한 함으로 산화 방지를 위해 아연도금이나 에나멜 등으로 피복한 것일 것.

(2) 시설원칙

① 전선은 절연전선일 것.(단, OW전선은 제외)
② 덕트 내에서는 전선의 접속점이 없도록 할 것.(단, 전선을 분기하는 경우 그 접속점을 쉽게 점검 가능한 경우에는 접속 가능)
③ 덕트에 넣는 전선은 절연물을 포함한 단면적의 총합이 덕트 내부 단면적의 20[%] 이하가 되도록 하며, 동일 덕트 내에 넣는 전선은 30본 이하로 할 것.
④ 전광표시장치, 출퇴표시등, 기타 이와 유사한 장치 또는 제어회로 등의 배선에 사용하는 전선만을 넣는 경우는 50[%] 이하도 가능.
⑤ 덕트 지지점간 거리는 3[m]이하로 할 것.(단, 취급자 이외에는 출입할 수 없는 곳에서 수직으로 설치하는 경우 6[m] 이하까지도 가능)

8) 버스덕트 공사

(1) 버스덕트의 선정

① 도체는 단면적 20[mm²] 이상의 띠 모양, 지름 5[mm] 이상의 관모양이나 둥글고 긴 막대 모양의 동 또는 단면적 30[mm²] 이상의 띠 모양의 알루미늄을 사용한 것일 것.
② 도체 지지물은 절연성, 난연성 및 내수성이 있는 견고한 것일 것.
③ 덕트는 다음 [표]의 두께 이상의 강판 또는 알루미늄판으로 견고히 제작한 것일 것.

덕트의 최대 폭[mm]	덕트의 판 두께[mm]		
	강판	알루미늄판	합성수지관
150 이하	1.0	1.6	2.5
150 초과 300 이하	1.4	2.0	5.0
300 초과 500 이하	1.6	2.3	-
500 초과 700 이하	2.0	2.9	-
700 초과하는 것	2.3	3.2	-

(2) 시설 원칙

① 덕트 상호 간 및 전선 상호 간은 견고하고 또한 전기적으로 완전하게 접속할 것.
② 덕트를 조영재에 붙이는 경우에는 덕트의 지지 점 간의 거리를 3[m](취급자 이외의 자가 출입할 수 없도록 설비한 곳에서 수직으로 붙이는 경우는 6[m]) 이하로 하고 또한 견고하게 붙일 것.
③ 덕트(환기형의 것은 제외)의 끝부분은 막고, 덕트 내부에 먼지가 침입하지 아니하도록 할 것.
④ 덕트는 감전에 대한 보호 및 접지시스템 규정에 준하여 접지공사를 할 것.

9) 케이블 배선

(1) 시설조건

① 전선은 케이블 및 캡타이어케이블일 것.
② 중량물의 압력 또는 기계적 충격을 받을 우려가 있는 곳에 포설하는 케이블은 적당한 방호장치를 할 것.
  ㉮ 케이블을 금속관 등에 넣어 시설하는 경우 관 안지름은 케이블의 바깥지름의 1.5배 이상으로 할 것.
  ㉯ 옥측 및 옥외에서의 방호장치는 구내에서는 지표상 1.5[m], 구외에서는 지표상 2[m]높이까지 시설할 것.
③ 전선을 조영재의 아랫면 또는 옆면에 따라 붙이는 경우에는 전선의지지 점간의 거리를 케이블은 2[m](사람이 접촉할 우려가 없는 곳에서 수직으로 붙이는 경우에는 6[m]) 이하, 캡타이어케이블은 1[m] 이하로 하고 또한 그 피복을 손상하지 아니하도록 붙일 것.
④ 케이블을 구부리는 경우 그 굴곡부의 곡률 반경은 케이블 완성품 외경의 6배 이하일 것.(단, 단심 케이블은 8배 이하일 것.)
⑤ 수직케이블 및 그 지지 부분의 안전율은 4 이상일 것.

(2) 캡타이어케이블 배선공사

① 케이블은 단면적 2.5[mm²]이상의 것으로 다음 규정에 준하여 시설할 것. (단, 길이 2[m]이하인 부분에 사용할 경우에는 2.5[mm²]이하도 가능)

시설 장소 전선의 종류 / 사용전압	옥 내 400[V] 미만	옥 내 400[V] 이상	옥측, 옥외 400[V] 미만	옥측, 옥외 400[V] 이상
비닐절연 비닐캡타이어케이블	△	×	△	×
고무절연 클로로프렌캡타이어케이블	○	○	○	○

[기호의 뜻]

- ○ : 사용할 수 있다.
- △ : 노출장소 또는 점검할 수 있는 은폐장소에서만 사용할 수 있다.
- × : 사용할 수 없다.

② 케이블을 금속관 등에 넣어 시설하는 경우 관안지름은 케이블 바깥지름의 1.5배 이상으로 할 것.
③ 캡타이어 케이블을 구부리는 경우에는 피복이 손상되지 않도록 할 것.

10) 전기방폭설비

전기설비가 원인이 되어 가연성 가스나 증기, 분진이 인화되거나 폭발되어 폭발 사고가 발생하는 것을 방지하기 위한 설비로 다음과 같이 구별된다.

【예】 방폭형 전동기 : 폭발성 가스가 있는 곳에서의 사용이 적합하도록 설계된 전동기.

(1) 방폭구조의 종류

① 내압(耐壓) 방폭구조(d) : 전폐구조로서 용기내부에서 가스가 폭발하여도 용기가 그 압력에 견디고 또한 외부의 폭발성 가스에 인화될 우려가 없는 구조.

② 내압(內壓) 방폭구조(f) : 용기내부에 보호 기체, 예를 들어 신선한 공기 또는 불연성 가스를 압입하여 내압(內壓)압력을 유지함으로써 폭발성 가스가 침입하는 것을 방지하는 구조.

③ 유입 방폭구조(o) : 전기기기의 불꽃, 아크 또는 고온이 발생하는 부분을 기름 속에 넣어 기름 면 위에 존재하는 폭발성 가스나 증기에 의해 인화될 우려가 없도록 한 구조.

④ 안전증가 방폭구조(e) : 정상 운전 중 폭발성 가스나 증기의 점화원이 될 수 있는 전기 불꽃, 아크의 발생을 방지하기 위하여 기계적, 전기적 구조 상 또는 온도상승에 대하여 특히 안전도를 증가시킨 구조.

⑤ 본질안전 방폭구조(i) : 정상 상태나 단락, 지락 사고 시 발생하는 전기 불꽃, 아크 또는 고온에 의하여 폭발성 가스 또는 증기에 점화되지 않는 것이 점화 시험이나 기타 방법에 의하여 확인된 방폭 구조.

⑥ 특수 방폭구조(s) : 기타 구조(ⓐ ~ ⓔ 이외)로서 폭발성 가스의 인화를 방지할 수 있다는 것이 시험 또는 기타 방법에 의하여 확인된 구조

⑦ 분진 방폭방진구조 : 분진 위험장소에서 사용에 적합하도록 특히 고려한 방진구조로서 외부의 분진에 점화되지 아니하도록 한 구조.

(2) 방폭 대책
① 위험 분위기 생성 방지
② 전기 설비의 점화원 억제
③ 전기 설비의 방폭화

11) 전기적인 재해의 분류

(1) 전기 재해
① 전격 재해 : 감전사고, 아크로 인한 화상 발생
② 화재 : 단락, 소손, 누전 등으로 인한 화재 발생

③ 폭발 : 전기 불꽃이나 단락에 의한 폭발
④ 정전 재해 : 정전 사고로 인해 발생하는 제반 장해

(2) 정전기 재해
① 전격 재해 : 쇼크로 인한 추락 및 전도에 의한 상해 발생
② 화재 폭발 : 정전기 방전으로 인한 화재 및 폭발
③ 생산 장해 : 정전기 흡인력, 반발력으로 인한 설비 기능 저하

(3) 낙뢰 재해
① 전격 재해 : 직격뢰로 인한 사망, 실신 발생
② 화재 폭발 : 낙뢰 화재 발생
③ 파손, 소손 : 직격뢰로 인한 설비 파손, 소손

(4) 전자파 장해
① 오동작 재해 : 전자파로 인한 설비 오동작
② 전자파 질환 : 유해 전자파로 인한 인체 질환
③ 파손 재해 : 정전기 방전 전자파로 인한 전자 제품의 파손

(5) 전기화재 발생원인
① 단락
② 누전 및 지락
③ 전기 불꽃 방전
④ 정전기 방전
⑤ 낙뢰(자연 현상)
⑥ 과전류

(6) 정전기 대전
① 마찰대전 : 두 물질 사이의 마찰에 의해 대전되는 것.
② 박리대전 : 서로 밀착되어 있는 물체가 분리하는 과정에서 대전되는 것.
③ 유동대전 : 관내에서 흐르는 액체류로 인해 대전되는 것.
④ 분출대전 : 액체, 기체 등이 단면적이 작은 분출구에서 공기로 분출할 때 대전되는 것.
⑤ 충돌대전 : 분체류 입자가 고체와의 충돌에 의해 대전되는 것.
⑥ 파괴대전 : 고체 등이 파괴될 때 대전되는 것.
⑦ 교반대전 : 액체가 교반에 의해 진동할 때 대전되는 것.
⑧ 침강대전 : 액체 속에 혼합되어 있는 불순물이 침강하면서 대전되는 것.

(7) 정전기 발생 억제 대책
① 접지와 본딩(도체 사이를 낮은 저항 값의 도체로 연결하는 것)
② 도전성 향상
③ 습도 증가
④ 대전 물체의 차폐
⑤ 배관 내 액체의 유속 제한

PART 07 송배전공학 핵심 정리

1. 전선로
2. 중성점 접지 방식
3. 유도장해
4. 안정도
5. 지중전선로
6. 배전방식
7. 분산형 전원
8. 기타 사항

송배전공학 핵심 정리

1 전선로

1) 전선의 이도(Dip)

전선 자체의 중량으로 인해 전선의 밑으로 쳐진 정도를 나타내는 곡선(→ 커티너리곡선)의 수직거리

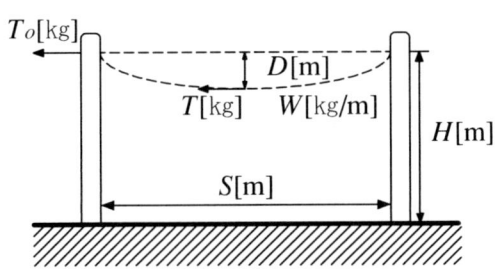

- D [m] : 이도
- W [kg/m] : 합성하중
- S [m] : 경간
- T [kg] : 최저점에서의 수평장력
- H [m] : 전선 지지 점 높이

① 이도 : $D = \dfrac{WS^2}{8T}$ [m] (T : 최저점에서의 수평장력)

여기서, 최저점에서의 수평장력 $T = \dfrac{인장하중}{안전률}$ 이다.

② 전선의 실제 길이 : $L = S + \dfrac{8D^2}{3S}$ [m] ($\dfrac{8D^2}{3S}$: S의 약 0.1[%]정도)

③ 이도가 너무 크거나 너무 작을 시 전선로에 미치는 영향
- 이도의 대소는 지지물의 높이를 좌우한다.
- 이도가 너무 크면 전선이 좌우로 크게 진동해서 다른 상의 전선과 접촉하거나 수목과 접촉할 수 있다.
- 이도가 너무 작으면 전선의 장력이 증가하여 심하면 전선이 단선 될 수도 있다.

2) 전선의 합성하중

① 고온계 : 빙설하중을 고려하지 않는다.

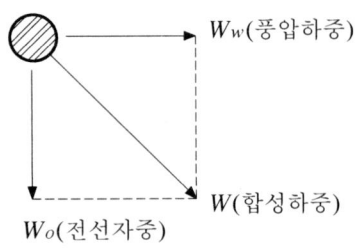

- 합성하중 : $W = \sqrt{W_0^2 + W_w^2}$
- 전선의 부하 계수 $= \dfrac{합성하중}{전선하중} = \dfrac{\sqrt{W_0^2 + W_w^2}}{W_0}$

② 저온계 : 빙설하중을 고려한다.

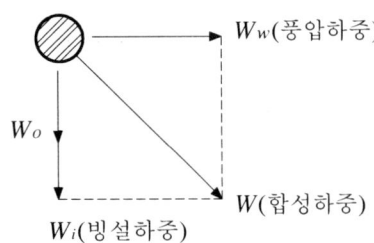

- 합성하중 : $W = \sqrt{(W_0 + W_i)^2 + W_w^2}$
- 전선의 부하계수
$= \dfrac{합성하중}{전선하중} = \dfrac{\sqrt{(W_0 + W_i)^2 + W_w^2}}{W_0}$

예제문제

【예제 1】 공칭 단면적 200[mm^2], 전선 무게 1.838[kg/m], 전선의 바깥지름 18.5[mm]인 경동연선을 경간 200[m]로 가설하는 경우 이도[m]는? (단, 경동 연선의 인장 하중은 7,910[kg], 빙설 하중은 0.416[kg/m], 풍압 하중은 1.525[kg/m]이고, 안전율은 2.2라 한다.)

해설과 정답

- 저온계 합성하중
$W = \sqrt{(W_c + W_i)^2 + W_w^2} = \sqrt{(1.838 + 0.416)^2 + 1.525^2} = 2.72\,[\text{kg/m}]$
- 최저점에서의 수평장력 $T = \dfrac{인장하중}{안전률} = \dfrac{7910}{2.2}$
- 이도 $D = \dfrac{WS^2}{8T} = \dfrac{2.72 \times 200^2}{8 \times \dfrac{7910}{2.2}} = 3.78\,[\text{m}]$
- 정답 : 3.78[m]

3) 전선의 보호

① 전선의 진동 방지 : 댐퍼 (damper)
- stock bridge damper : 전선의 좌·우 진동방지용 댐퍼.

- torsional damper : 전선의 상·하 도약 현상 방지용 댐퍼.
- bate damper : 클램프 전후에 첨선을 감아 진동을 방지하는 것.

② 아머로드(armor rod) : 전선의 지지 부분을 전선과 같은 재질의 금속선으로 감아서 보강하는 설비로 전선 진동 시 전선 지지 점에서의 단선 방지 목적으로 채용.

③ 오프셋(off-set) : 전선의 도약에 의한 단락 사고를 방지하기 위하여 전선의 배열을 위, 아래 전선 간에 수평으로 간격을 두어 설치하는 것.

4) 코로나 현상

초고압 송전선로 계통에서 전선 표면의 전위 경도가 높아질 경우 전선 주위 공기 절연이 부분적으로 파괴되면서 낮은 소리나 엷은 빛을 발생하는 일종의 부분적인 방전 현상

(1) 코로나 현상의 발생 결과

① 코로나 손실의 발생.

⇨ Peek의 식 : $P_\ell = \dfrac{241}{\delta}(f+25)\sqrt{\dfrac{d}{2D}}(E-E_0)^2 \times 10^{-5}$ [kW/km/line]

- δ : 상대 공기밀도
- d : 전선의 지름[cm]
- E : 전선의 대지전압[kV]
- E_0 : 코로나 임계전압[kV]

② 코로나 잡음(노이즈 장해) 발생
③ 통신선에 대한 유도장해(고조파 장해) 발생.
④ 전선의 부식 발생.
⑤ 소호리액터 접지방식에서의 소호능력의 저하.
⑥ 전선의 코로나 진동 발생
⑦ 이상 전압(서지)의 파고치 감소.

(2) 코로나 임계전압

코로나가 발생하기 시작하는 최저한도 전압으로 그 식은 다음과 같으며, 전선의 굵기, 선간 거리, 표고, 기온에 의한 코로나 임계전압이 받는 영향은 다음과 같다.

① 코로나 임계전압 : $E_o = 24.3\, m_o m_1 \delta d \log_{10} \dfrac{D}{r}$ [kV]

- m_o : 전선표면 계수
- m_1 : 날씨 계수 (청명 1, 비 0.8)
- δ : 상대공기밀도 ($\delta \propto \dfrac{기압}{온도}$)
- d[m] : 전선의 직경
- D[cm] : 선간거리

- $r[\text{cm}]$: 전선의 반지름

② 임계전압이 받는 영향

구분	임계전압이 받는 영향
전선의 굵기	전선의 굵기가 굵을수록 임계전압이 높아진다.
선간거리	선간거리가 클수록 임계전압이 높아진다.
표고[m]	표고가 높아질수록 기압이 낮아지므로 기압에 비례하는 임계전압은 낮아진다.
기온[℃]	기온이 올라갈수록 상대공기밀도가 낮아지므로 임계전압은 낮아진다.

(3) 코로나 현상의 방지대책

① 굵은 전선을 사용하여 코로나 임계전압을 상승시킨다.(ACSR, 중공연선 채용)
② 다도체(복도체)를 채용한다.
③ 가선 금구류를 개량한다.(국부적인 코로나 방지)
④ 매끈한 전선 표면을 유지한다.

5) 선로정수

(1) 전선의 저항

① 전선의 저항 : $R = \rho \dfrac{\ell}{S}[\Omega]$

② 도선의 온도변화에 의한 저항의 변화
- 금속 도선(Al, Cu)은 온도가 상승하면 저항이 다음과 같이 증가한다.
- 저항 증가 산출 식 : $R_T = R_t[1 + \alpha_t(T - t)][\Omega]$
- $R_t[\Omega]$: 기준 온도 $t[℃]$에서의 저항
- $\alpha_t = \dfrac{1}{234.5 + t}$: 기준 온도 $t[℃]$에서의 저항 온도 계수

(2) 작용 인덕턴스

① 전선 1가닥에 대한 작용 인덕턴스 : $L = L_i - L_m[\text{H}]$
- 여기서, $L_i[\text{H}]$는 자기인덕턴스, $L_m[\text{H}]$는 상호인덕턴스이다.

② 단도체 : $L = 0.05 + 0.4605\log_{10}\dfrac{D}{r}[\text{mH/km}]$
- 여기서, $r[\text{m}]$는 단도체 전선의 반지름, $D[\text{m}]$는 전선의 등가선간거리이다.

③ n복도체 : $L = \dfrac{0.05}{n} + 0.4605\log_{10}\dfrac{D}{r_e}[\text{mH/km}]$
- 여기서, $r_e[\text{m}]$는 복도체 전선의 등가반지름, $D[\text{m}]$는 전선의 등가선간거리이다.

(3) 작용정전용량

① 단상 작용정전용량(1선 분) : $C = C_s + 2C_m\,[\mu\text{F}/\text{km}]$

여기서, $C_s\,[\mu\text{F}/\text{km}]$는 대지정전용량, $C_m\,[\mu\text{F}/\text{km}]$은 상호정전용량이다.

② 3상 작용정전용량(1상 분) : $C = C_s + 3C_m\,[\mu\text{F}/\text{km}]$

③ 단도체 : $C = \dfrac{0.02413}{\log_{10}\dfrac{D}{r}}\,[\mu\text{F}/\text{km}]$

- 여기서, $r\,[\text{m}]$는 단도체 전선의 반지름, $D\,[\text{m}]$는 전선의 등가선간거리이다.

④ n 복도체 : $C = \dfrac{0.02413}{\log_{10}\dfrac{D}{r_e}}\,[\mu\text{F}/\text{km}]$

- 여기서, $r_e\,[\text{m}]$는 복도체 전선의 등가반지름, $D\,[\text{m}]$는 전선의 등가선간거리이다.

⑤ 전선로 무 부하 충전전류(1상) : $I_c = \omega C \dfrac{V}{\sqrt{3}} \ell \times 10^{-6}\,[\text{A}]$

- 여기서, $C = C_s + 3C_m\,[\mu\text{F}/\text{km}]$으로 한 상에 작용하는 작용정전용량이다.

⑥ 전선로 3상 전체 충전용량 : $Q = \omega C V^2 \ell \times 10^{-9}\,[\text{kVA}]$

- 여기서, $C\,[\mu\text{F}/\text{km}]$는 작용정전용량, $V\,[\text{V}]$는 선간전압, $\ell\,[\text{km}]$는 선로 길이를 의미한다.

[참고] 충전전류, 지락전류 계산 시 고려하는 정전용량
- 충전전류, 충전용량 : 작용 정전용량
- 지락전류 : 대지 정전용량

예제문제

예제 1 전압 22,900[V], 주파수 60[Hz], 선로 길이 7[km] 1회선의 3상 지중 송전선로가 있다. 이 선로의 3상 무 부하 충전전류 및 충전용량을 구하시오.(단, 케이블의 1선당 작용 정전용량은 0.4[μF/km]라고 한다.)

해설과 정답

- 충전전류 :
$$I_c = \omega C \dfrac{V}{\sqrt{3}} \ell \times 10^{-6} = 2\pi \times 60 \times 0.4 \times \dfrac{22900}{\sqrt{3}} \times 7 \times 10^{-6} = 13.96\,[\text{A}]$$

- 충전용량 :
$$Q = \omega C V^2 \ell \times 10^{-9} = 2\pi \times 60 \times 0.4 \times 22900^2 \times 7 \times 10^{-9} = 553.55\,[\text{kVA}]$$

- 정답 : 충전전류 13.96[A], 충전용량 553.55[kVA]

(4) 누설컨덕턴스

- 누설컨덕턴스 : $G = \dfrac{1}{절연저항}[\mho]$

6) 등가선간거리 및 등가반지름

(1) 등가선간거리

임의의 송배전선로에서 각 상 도체 간에 성립되는 기하학적 평균거리를 등가선간거리라 하며 다음과 같은 식으로 수할 수 있다.

- 등가 선간거리 : $D_o = \sqrt[n]{D_1 \times D_2 \times D_3 \cdots D_n}\ [\text{m}]$

① 직선 배열 : $D_o = \sqrt[3]{D \times D \times 2D} = \sqrt[3]{2}\,D[\text{m}]$

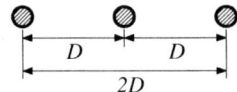

② 정삼각형 배열 : $D_o = \sqrt[3]{D \times D \times D} = D[\text{m}]$

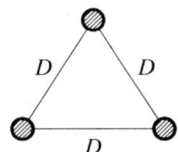

③ 정사각형 배열 : $D_o = \sqrt[6]{D \times D \times D \times D \times \sqrt{2}\,D \times \sqrt{2}\,D} = \sqrt[6]{2}\,D[\text{m}]$

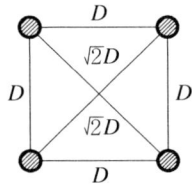

(2) 등가반지름

1상의 도체를 2~4개 정도로 분할하여 시설하는 전선으로, 전선의 직경이 커지는 효과를 얻을 수 있으며 소도체 간 간격을 일정하게 유지하기 위해 스페이서가 필요하다.

[참고] 스페이서 댐퍼 : 소도체 간 간격을 유지함과 동시에 전선의 진동 방지 역할까지 하는 것.

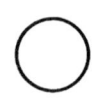
$1000[\text{mm}^2]$

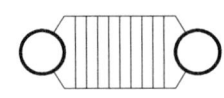
$500[\text{mm}^2] \times 2$

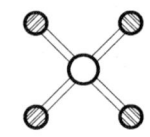
$250[\text{mm}^2] \times 4$

⇨ 등가반지름 : $r_e = r^{\frac{1}{n}} s^{\frac{n-1}{n}}$ [m]

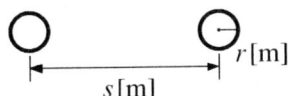

- r[m] : 소도체의 반지름
- n[가닥] : 소도체의 가닥 수
- s[m] : 소도체 간 간격

예제문제

예제 1 다음 문제를 읽고 물음에 답하시오.
(1) 그림과 같은 송전 철탑에서 등가 선간 거리 [cm]는?

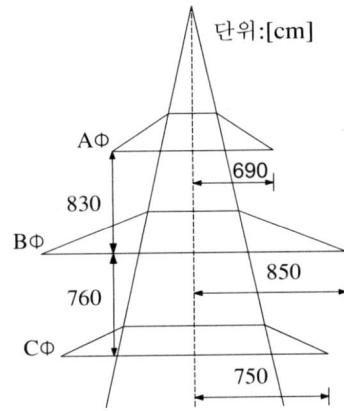

(2) 간격 400[mm]인 정사각형 배치의 4도체에서 소선 상호간의 기하학적 평균거리[m]는?

해설과 정답

(1) 각 상간 전선 배치도

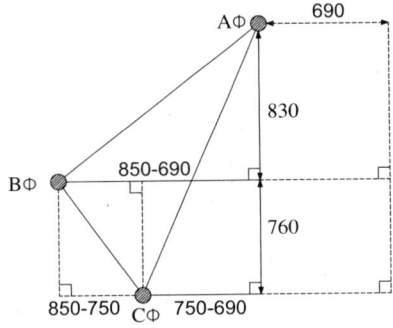

- $D_{AB} = \sqrt{830^2 + (850-690)^2} = 845.28$ [cm]
- $D_{BC} = \sqrt{760^2 + (850-750)^2} = 766.55$ [cm]

- $D_{CA} = \sqrt{(830+760)^2 + (750-690)^2} = 1591.13[\text{cm}]$
- 등가선간 거리

  $:D = \sqrt[3]{D_{AB} \cdot D_{BC} \cdot D_{CA}} = \sqrt[3]{845.28 \times 766.55 \times 1591.13} = 1010.22[\text{cm}]$
- 정답 : $1010.22[\text{cm}]$

(2) 기하학적 평균거리
- $D_o = \sqrt[6]{2}\,D = \sqrt[6]{2} \times 400 \times 10^{-3} = 0.45[\text{m}]$
- 정답 : $0.45[\text{m}]$

7) 복도체(다도체) 채용 시 특성

(1) 다도체 채용 시 장점
① 선로 리액턴스 감소
② 송전용량 증가(안정도 향상)
③ 코로나 임계전압 상승(코로나 방지 효과)
④ 정전용량 증가, 인덕턴스 감소
⑤ 허용전류 증가

(2) 다도체 채용 시 단점
① 페란티 효과 증가
② 충전전류 증가
③ 스틱킹 발생(방지 대책 : 스페이서 설치)
④ 전선 진동의 증가

8) 페란티 현상

경부하나 무 부하로 운전하는 장거리 송전선로 등에서 선로 상에 존재하는 정전용량 등으로 인하여 선로에 90° 앞선 충전전류(진상전류)가 흘러 수전단 전압이 송전단 전압보다 더 높아지는 현상.

(1) 발생 원인
선로 상에 존재하는 정전용량으로 인한 90° 앞선 충전전류(진상전류)

(2) 방지 대책
① 분로리액터 : 페란티현상에 의한 수전단 전압상승을 방지하기 위하여 변전소 모선 등에서 부하와 병렬로 접속하여 90° 뒤진 지상전류를 흘려줌으로써 수전단의 전압 상승을 방지하는 병렬리액터.
② 동기조상기 : 무 부하로 운전하는 동기전동기의 여자전류를 변화시켜 선로에 90° 뒤진 지상전류나 90° 앞선 진상전류를 공급할 수 있는 V 곡선 특성을 이용한 조상설비.

9) 자기여자 현상

(1) 동기발전기 자기 여자현상
무 여자, 동기속도로 운전하는 동기 발전기를 무 부하 장거리 송전선로 등에 접속한 경우 무 부하 동기 발전기의 잔류자기로 인한 미소 전압 발생 시 송전선로의 정전용량 때문에 흐르는 진상전류로 인하여 증자작용을 하는 전기자 반작용에 의해 발전기가 스스로 여자가 되어 전압이 상승하는 현상.
① 발생원인 : 정전용량으로 인한 90° 앞선 진상전류.
② 방지대책 : 90° 앞선 진상전류를 제거, 감소하기 위한 90° 뒤진 지상전류를 공급할 것.
- 동기조상기를 부족여자로 하여 90° 뒤진 지상전류를 공급할 것.
- 분로리액터를 병렬로 접속하여 90° 뒤진 지상전류를 공급할 것.
- 발전기 및 변압기를 병렬 운전하여 유도성 리액턴스를 감소시킬 것.
- 단락 비를 크게 할 것(동기리액턴스를 작게 할 것)

(2) 유도전동기 자기여자 현상
역률 개선용 콘덴서를 병렬로 설치, 운전하고 있는 유도전동기에서 전동기 전원이 개방된 직후 전동기의 기계적 관성 때문에 전동기는 계속 회전을 하게 되고, 이때 전동기의 잔류자기에 의해 기전력이 유기되어 병렬로 설치된 콘덴서를 부하로 하는 유도발전기로 작용하면서 콘덴서에 흐르는 90° 앞선 진상전류로 인해 전동기 단자전압이 일시적으로 정격전압을 초과 상승하는 현상.
① 발생원인 : 콘덴서에 흐르는 전류가 전동기 무 부하 여자전류보다 큰 경우.
② 방지 대책 : 콘덴서 용량을 전동기 여자용량 보다 적은 것으로 할 것.

10) 4단자 회로

(1) 4단자 기본 방정식
① 4단자 기본방정식
   송전단 전압과 송전단 전류를 수전단 전압과 수전단 전류로 표현 한 식.
   - $E_s = AE_r + BI_r$
   - $I_s = CE_r + DI_r$
   여기서, E_s[V]는 송전단 대지전압, E_r[V]는 수전단 대지전압이고
   I_s[A]는 송전단 전류, I_r[A]는 수전단 전류이다.
② 4단자 정수 A, B, C, D
   송전단 전압과 전류를 수전단 전압과 전류로 표현하기 위한 매개 변수
   ▷ 4단자정수 구하는 법
   ㉮ $A = \dfrac{E_s}{E_r} \bigg|_{I_r = 0}$: 단위 차원이 없는 상수

㉯ $B = \dfrac{E_s}{I_r} \bigg|_{E_r = 0}$: 임피던스 차원

㉰ $C = \dfrac{I_s}{E_r} \bigg|_{I_r = 0}$: 어드미턴스 차원

㉱ $D = \dfrac{I_s}{I_r} \bigg|_{E_r = 0}$: 단위 차원이 없는 상수

③ 4단자 정수의 특성 : $AD - BC = 1$

(2) 송전선로의 특성

① 특성(파동)임피던스 : 송전선을 이동하는 진행파에 대한 전압과 전류의 비
- 특성임피던스 : $\dot{Z}_o = \sqrt{\dfrac{Z}{Y}}\,[\Omega]$
- 일반적인 전선로인 경우 보통 300[Ω] ~ 500[Ω] 정도이다.

② 전파정수 : 전압 전류가 선로의 끝 송전단에서부터 멀어져감에 따라 그 진폭과 위상이 변해가는 특성
- 전파정수 : $\gamma = \sqrt{\dot{Z}\dot{Y}} = j\omega\sqrt{LC}$

③ 전파속도 : $v = \dfrac{1}{\sqrt{LC}} = 3 \times 10^5 [\text{km/sec}] = 3 \times 10^8 [\text{m/s}]$

[참고] L과 C의 특성
- $L = \sqrt{\dfrac{L}{C}} \times \sqrt{LC} = Z_0 \times \dfrac{1}{v} = \dfrac{Z_0}{v}$
- $C = \sqrt{\dfrac{C}{L}} \times \sqrt{LC} = \dfrac{1}{Z_0} \times \dfrac{1}{v} = \dfrac{1}{Z_0 v}$

예제문제

예제 1 공칭전압 140[kV]의 송전선이 있다. 이 송전선의 4단자정수는 A=0.9, B=$j70.7$, C=$j0.52 \times 10^{-3}$, D=0.9이고, 무 부하 시 송전단에 154[kV]를 인가하였을 때 다음 각 물음에 답하시오.
(1) 수전단 전압[kV] 및 송전단 전류[A]를 구하시오.
(2) 수전단 전압을 140[kV]로 유지하려고 한다. 이때 수전단에서 필요로 하는 조상설비 용량[kVA]은 얼마인지 구하시오.

(1) 수전단 전압 : 무 부하의 경우 $I_r = 0$이므로

- 수전단 선간전압 $V_r = \dfrac{V_s}{A} = \dfrac{154}{0.9} = 171.11\,[\text{kV}]$
- 송전단 전류 $I_s = C \cdot E_r = C \cdot \dfrac{V_r}{\sqrt{3}} = j0.52 \times 10^{-3} \times \dfrac{171.11}{\sqrt{3}} = j51.37\,[\text{A}]$
- 정답 : 수전단 선간전압 171.11[kV], 송전단 전류 $j51.37\,[\text{A}]$

(2) 조상설비용량 : 수전단 전압을 140[kV]로 유지하기 위한 조상기 전류를 $I_c\,[\text{A}]$라 하면

- 4단자 기본방정식 $E_s = AE_r + BI_r$에서 $\dfrac{V_s}{\sqrt{3}} = A \cdot \dfrac{V_r}{\sqrt{3}} + B \cdot I_c$이므로

  양변에 $\sqrt{3}$을 곱하여 식을 정리하면 $V_s = A \cdot V_r + \sqrt{3}\,B \cdot I_c$가 된다.

- 조상기 전류 $I_c = \dfrac{V_s - A \cdot V_r}{\sqrt{3}\,B} = \dfrac{154 \times 10^3 - 0.9 \times 140 \times 10^3}{\sqrt{3} \times j70.7} = -j228.65\,[\text{A}]$

- 조상설비용량
  $Q = \sqrt{3}\,V_r I_c \times 10^{-3} = \sqrt{3} \times 140 \times 10^{-3} \times 228.65 \times 10^{-3} = 55444.68\,[\text{kVA}]$

- 정답 : 55,444.68[kVA]

2 중성점 접지 방식

1) 중성점 접지(계통접지)의 목적

① 이상 전압의 억제
② 대지전압의 저하
③ 전로의 보호장치의 확실한 동작 확보

2) 비접지 방식(Δ결선)

중성점을 접지하지 않는 방식으로 고전압, 장경간 계통에 적용 시 전압이 높고, 선로 길이가 길어지기 때문에 대지정전용량이 증가하여 1선 지락사고 등 시 충전전류에 의한 간헐 아크 지락으로 이상전압을 발생하므로 주로 저전압 (3.3, 6.6, 22[kV]), 단거리 선로(20~30[km])에서 적용한다.

(1) 비접지 방식의 장점

① 변압기 1대 고장 시 V결선에 의한 계속적인 3상 전력공급이 가능하다.
  ⇨ V 결선 시 특성

  - 이용률 $= \dfrac{\sqrt{3}\,VI}{2\,VI} = 0.866$
  - 출력비 $= \dfrac{\sqrt{3}\,VI}{3\,VI} = 0.577$

② 선로에 제 3고조파가 나타나지 않으므로 선로에 정현파가 발생한다.

③ 선로에 3고조파가 나타나지 않으므로 통신선에 대한 유도장해가 없다.

(2) 비접지 방식의 단점
① 1선 지락고장 시 건전 상 전압상승이 크다.
② 건전 상 전압상승에 따른 다음 고장으로의 진행 확률이 높다.
③ 계통 기기류의 절연레벨을 높게 하여야 한다.

3) 직접접지 방식

Y결선 방식에서 변압기의 중성점을 굵고 짧은 도선을 이용하여 직접 접지전극에 접속하는 방식으로, 변압기 중성점 단자가 0전위 부근에 유지되므로 1선 지락사고 등 시 건전 상 대지전압 상승이 거의 없어 단절연 변압기 채용이 가능하고, 선로 및 기기류의 절연레벨을 경감시킬 수 있는 접지방식으로 주로 154, 345[kV] 선로 등에서 적용한다.

(1) 직접접지 방식의 장점
① 1선 지락사고 등 시 건전 상 대지전압 상승이 거의 없으므로 선로 및 기기류의 절연이 용이하다.
② 1선 지락 사고 시 지락전류가 매우 크므로 보호계전기의 동작이 확실하다.
③ 중성점이 0전위 부근에 유지되므로 단절연변압기 사용이 가능하므로 변압기 중량 및 가격이 절감된다.
④ 개폐 서지 값을 저하시킬 수 있으므로 피뢰기 책무를 경감시킬 수 있다.

(2) 직접접지 방식의 단점
① 1선 지락고장 시 고장전류가 매우 크므로 통신선에 대한 유도장해가 커진다.
② 지락전류가 저 역률의 대 전류이므로 과도안정도(→고장 발생 시 전력 공급의 한도)가 나쁘다.
③ 큰 지락전류를 차단하므로 차단기 등의 수명이 짧다.
④ 고장전류가 크므로 지락고장 점의 기기 손상 우려가 있다.

4) 유효접지 방식

전력계통에서 1선 지락사고 시 건전상의 전압이 상규 대지전압의 1.3배를 넘지 않도록 중성점 임피던스를 조절하여 접지하는 접지방식으로 저항접지방식과 비교 시 다음과 같은 장점과 단점이 있다.

⇨ 저항접지 방식 : 중성점 직접접지 방식에서 1선 지락 사고 시 발생하는 매우 큰 지락전류에 의한 인접 통신선에 대한 유도장해 등을 방지하기 위해 변압기 중성점을 저항을 통하여 접지하는 방식으로 보통 지락전류의 크기를 100~300[A] 정도로 억제할 수 있는 저항을 삽입하여 접지하는 방식

(1) 유효접지 방식의 장점
① 1선 지락사고 시 건전 상 전위 상승이 작다.
② 선로 및 기기류의 절연이 용이하다(저감 절연 가능)
③ 지락전류가 크므로 보호계전기 동작이 확실하다.
④ 변압기 중성점이 0전위 부근에 유지되므로 단절연 변압기의 채용이 가능하다.

(2) 유효접지 방식의 단점
① 지락전류가 크므로 과도안정도가 나쁘다.
② 1선 지락사고 시 지락전류가 크므로 인접통신선에 대한 유도장해가 크다.
③ 차단기가 대 전류를 차단하므로 차단기 용량이 커진다.
④ 차단기가 대 전류를 차단하므로 차단기 수명이 짧다.

5) 소호리액터접지 방식

선로에 존재하는 대지정전용량 $3C_s$와 병렬로 공진하는 인덕턴스 L을 가지는 리액터를 이용하여 중성점을 접지하는 방식으로, 병렬공진의 경우, 지락사고 시 발생하는 지락전류 크기를 "0"으로 하여 지락 점에서 발생하는 아크를 소호할 수 있고, 인접통신선에 대한 유도장해를 경감할 수 있는 방식으로 주로 66[kV] 계통에서 적용한다.

(1) 소호리액터 접지방식의 장점
① 고장 발생 중에도 계속적인 전력 공급이 가능하다.
② 과도안정도가 좋다.
③ 지락전류가 적으므로(병렬공진 시 $I_g = 0$) 인접 통신선에 대한 유도장해가 작다.
④ 고장 발생이 스스로 복귀되는 경우가 있다.

(2) 소호리액터 접지방식의 단점
① 고장 전류가 적으므로 보호계전기 동작이 불확실하다.
② 단선 사고 시 직렬공진에 의한 이상전압이 발생할 수 있다.
③ 접지 장치의 설치 가격이 비싸다.

(3) 소호리액터의 최대 탭 전류 및 리액터 용량
① 탭 전류 : $I_L = 3\omega C \dfrac{V}{\sqrt{3}} \ell \times 10^{-6} [\text{A}]$

② 리액터용량 : $P = \omega C V^2 \ell \times 10^{-9} [\text{kVA}]$

　여기서, $C\,[\mu\text{F}/\text{km}]$는 대지정전용량, $V\,[\text{V}]$는 선간전압, $\ell\,[\text{km}]$는 선로 길이를 의미한다.

⇨ 중성점 접지방식 별 고장전류와 전압상승

	1선 지락 사고 시 전압상승	1선 지락 사고 시 고장전류	유도 장해	계통의 절연	과도 안정도
비접지 방식	최 대	-	-	최 고	-
직접접지 방식	최 소	최 대	최 대	최 저	가장 나쁘다
소호리액터 접지 방식	-	최 소	최 소	-	가장 좋다

⇨ 각 종 리액터의 설치 목적
① 분로리액터 : 페란티 현상의 방지
② 직렬리액터 : 고조파 제거에 의한 파형의 개선
③ 한류리액터 : 단락전류의 크기 제한
④ 소호리액터 : 지락전류 크기 제한에 의한 아크 소호

예제문제

예제 1 154[kV], 60[Hz], 선로 길이 200[km]인 3상 4선식 송전선에 설치한 소호리액터의 공진 탭의 용량은 몇 [kVA]인가? (단, 1선당 대지 정전용량은 $0.0043[\mu F/km]$이다.)

병렬공진 원리를 이용한 것이므로 대지정전용량 $3C_s$에 흐르는 전류를 통해 구할 수 있다.
- 소호리액터 용량 : $P = 2\pi f C V^2 \ell \times 10^{-9} [kVA]$ 에서
$$= 2\pi \times 60 \times 0.0043 \times (154 \times 10^3)^2 \times 200 \times 10^{-9}$$
$$= 7689.02 [kVA]$$
- 정답 : 7689.02[kVA]

6) 중성점다중접지 방식

현재 우리나라 배전계통에서 적용하는 방식으로 22.9[kV-Y] 계통에서 변압기 중성점에서 별도의 중성선을 설치한 후 150~300[m] 이하 간격으로 계속적으로 중성선을 접지해가는 방식으로 비 접지 3상 3선식(6.6[kV], 22[kV])으로 배전하는 경우와 비교 다음과 같은 장점과 단점이 있다.

(1) 중성점다중접지 방식의 장점
① 1선 지락 사고 시 건전 상 대지전압이 거의 상승하지 않으므로, 선로 및 기기류의 절연이 용이하다.
② 1선 지락사고 시 지락전류가 크므로 접지계전기의 동작이 확실하다.
③ 중성점 전위가 0전위 부근에 유지되므로, 단절연 변압기 채용이 가능하여 변압기 중량 및 가

격이 절감된다.
④ 개폐 서지 값을 저하시킬 수 있으므로 피뢰기 책무를 경감시킬 수 있다.

(2) 중성점다중접지 방식의 단점
① 1선 지락고장 시 발생하는 영상분 전류가 크므로 통신선에 대한 유도장해가 커진다.
② 지락전류가 크므로 과도안정도(→고장 발생 시 전력 공급의 한도)가 나쁘다.
③ 큰 지락전류를 차단하므로 차단기 등의 수명이 짧다.
④ 고장전류가 크므로 지락고장 점의 기기 손상 우려가 있다.
⑤ 차단기 용량이 커진다.
 ⇨ 1선 지락 고장 시 고장전류 경로

구분	고장전류 경로
단일 접지	선로 → 지락 점 → 대지 → 접지 점 → 중성점 → 선로
중성점접지 계통	선로 → 지락 점 → 대지 → 접지 점 → 중성점 → 선로
다중접지 계통	선로 → 지락 점 → 대지 → 다중접지 접지극 접지점 → 중성선 → 선로

3 유도장해

송전선로에 흐르는 부하전류에 의한 정전유도나 전자유도에 의하여 전력선 주위를 지나는 통신선에 여러 가지 장해를 발생시키는 현상.

1) 정전유도

(1) 정전유도전압
송전선로와 통신선로가 근접하여 나란히 지나는 경우 양자 간에 존재하는 상호정전용량 C에 의하여 통신선로에 유도전압이 발생하는 현상

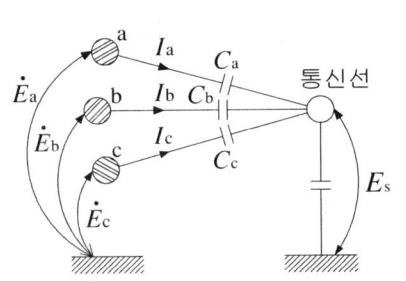

여기서, $\dot{E}_a, \dot{E}_b, \dot{E}_c$는 각 상 대지전압,
C_a, C_b, C_c는 전력선과 통신선 간의 상호정전용량
C_s는 대지정전용량,
V [V]는 전력선의 선간전압이다.

- 정전유도전압 : $E_s = \dfrac{\sqrt{C_a(C_a-C_b)+C_b(C_b-C_c)+C_c(C_c-C_a)}}{C_a+C_b+C_c+C_s} \times \dfrac{V}{\sqrt{3}}\,[\mathrm{V}]$

예제문제

예제 1 154[kV] 2회선 송전선로가 있다. 1회선만이 운전 중일 때, 휴전 회선에 대한 정전유도전압[V]을 구하시오. 단, 송전 중의 회선과 휴전 중인 회선과의 상호 정전용량은 $C_a = 0.001\,[\mu\mathrm{F/km}]$, $C_b = 0.0006\,[\mu\mathrm{F/km}]$, $C_c = 0.0004\,[\mu\mathrm{F/km}]$이고 휴전 회선의 1선 대지정전용량은 $C_s = 0.0052\,[\mu\mathrm{F/km}]$이다

해설과 정답

- $E_s = \dfrac{\sqrt{C_a(C_a-C_b)+C_b(C_b-C_c)+C_c(C_c-C_a)}}{C_a+C_b+C_c+C_s} \times \dfrac{V}{\sqrt{3}}$

  $= \dfrac{\sqrt{0.001(0.001-0.0006)+0.0006(0.0006-0.0004)+0.0004(0.0004-0.001)}}{0.001+0.0006+0.0004+0.0052} \times \dfrac{154000}{\sqrt{3}}$

  $= 6,534.41\,[\mathrm{V}]$

- 정답 : 6,534.41[V]

(2) 정전유도 방지 대책
① 전력선과 통신선 간의 이격거리를 증가시킨다.
② 충분한 연가를 실시한다.
③ 전력선 측 및 통신선에 적절한 차폐선을 시설한다.
④ 통신선을 케이블화 하여 외피를 접지한다.
⑤ 피 유도 회선에 적당한 접지를 실시한다.

(3) 중성점 잔류전압 (비접지식)

전선로에서 각 상 전선과 대지 간에 존재하는 대지정전용량의 크기가 각 상 전선의 높이 차로 인하여 일치할 수 없으므로 Y결선 비접지방식에서 중성점 전위는 0이 될 수 없다. 따라서 다음과 같은 중성점 잔류전압이 존재한다.

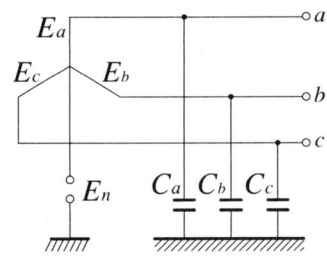

여기서, $\dot{E}_a$, $\dot{E}_b$, $\dot{E}_c$는 각 상 전압, C_a, C_b, C_c는 전력선과 대지 간의 대지정전용량 E_n은 중성점 잔류전압, V [V]는 전력선의 선간전압이다.

① 대지정전용량 : $C_a \neq C_b \neq C_c$
② 중성점 비접지방식 : $\dot{I}_a + \dot{I}_b + \dot{I}_c = 0$
③ 중성점 잔류전압 : $E_n = \dfrac{\sqrt{C_a(C_a-C_b)+C_b(C_b-C_c)+C_c(C_c-C_a)}}{C_a+C_b+C_c} \times \dfrac{V}{\sqrt{3}}$ [V]

예제 2 154[kV]의 송전선이 그림과 같이 연가 되어 있을 경우 중성점과 대지 간에 나타나는 잔류전압을 구하시오.(단, 전선 1[km]당의 대지 정전용량은 맨 윗선 0.004[μF], 가운데 선 0.0045[μF], 맨 아래선 0.005[μF]라고 하고 다른 선로정수는 무시한다.)

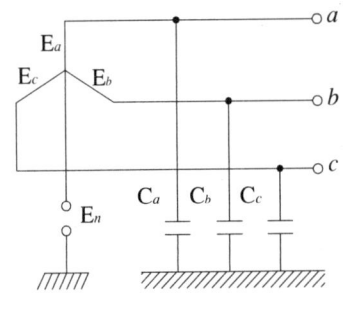
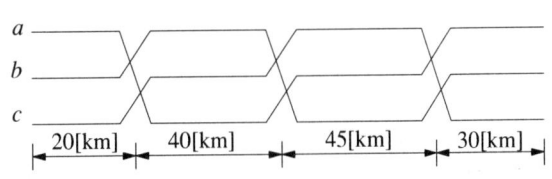

해설과 정답

- 연가(철탑) : 전력선에 근접한 통신선에 대한 유도장해를 방지하기위하여 전선로 전 구간을 3등분한 후 전선 각 상 배치를 상호 변경함으로써 전선로 전 구간에 걸쳐 발생하는 전선로 인덕턴스나 정전용량과 같은 선로정수를 평형 시켜 인접 통신선에 대한 유도장해를 방지 및 소호리액터 접지방식에서 직렬공진을 방지하는 것.
- 중성점 잔류전압 :

$$E_n = \dfrac{\sqrt{C_a(C_a-C_b)+C_b(C_b-C_c)+C_c(C_c-C_a)}}{C_a+C_b+C_c} \times \dfrac{V}{\sqrt{3}} \text{ [V]}$$

  ∘a상 : C_a=0.004×20+0.005×40+0.0045×45+0.004×30=0.6025[μF]
  ∘b상 : C_b=0.0045×20+0.004×40+0.005×45+0.0045×30=0.61[μF]
  ∘c상 : C_c=0.005×20+0.0045×40+0.004×45+0.005×30=0.61[μF]

- 중성점 잔류전압

$$E_n = \dfrac{\sqrt{0.6025(0.6025-0.61)+0.61(0.61-0.61)+0.61(0.61-0.6025)}}{0.6025+0.61+0.61} \times \dfrac{154 \times 10^3}{\sqrt{3}} = 365.89 \text{[V]}$$

- 정답 : 365.89[V]

2) 전자유도 장해

3상 송전선로에서 각 상에 흐르고 있는 전류와 주위를 지나고 있는 통신선로 간에 존재하는 상호 인덕턴스 M에 의하여 통신선로에 유도전압이 발생하는 현상

(1) 전자유도전압

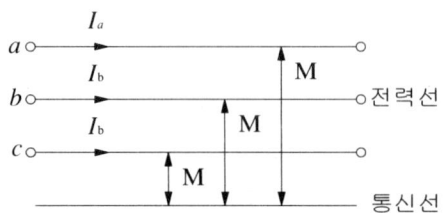

- 통신선 유도전압 : $V_{통신선} = \omega M \dot{I}_a + \omega M \dot{I}_b + \omega M \dot{I}_c = \omega M(\dot{I}_a + \dot{I}_b + \dot{I}_c)$[V]
- 선로 길이를 고려한 통신선 유도전압 : $V_{통신선} = \omega M \cdot \ell \cdot (\dot{I}_a + \dot{I}_b + \dot{I}_c)$[V]
  ① 3상평형인 경우 : $V_0 = 0$
  ② 3상 불평형인 경우 : $V_0 = \omega M \ell \times 3I_0$ ($3I_0$: 起유도전류)

(2) 근본 대책

- 중성점 직접접지 계통에 통신선이 인접한 경우 통신선을 지중 광통신 케이블화 한다.

(3) 전력선 측 전자유도 장해 방지대책

① 상호인덕턴스 M을 저감시킨다.
  ㉮ 차폐선을 설치한다.
  ㉯ 전력선을 지중화 한다.
  ㉰ 전력선과 통신선의 상호 이격거리를 증가시킨다.
② 전력선과 통신선 간의 병행거리를 단축시킨다.
  ㉮ 통신선과의 병행거리를 단축시킨다.
  ㉯ 전통신선과 접근 시 가능한 한 직각 교차 시설한다.
  ㉰ 전력선의 경과지를 변경시킨다.
③ 기유도전류의 발생을 억제시킨다.
  ㉮ 중성점의 접지 저항을 크게 한다.
  ㉯ 지락전류 감소를 위해 소호리액터 접지방식을 채용한다.
  ㉰ 고장 지속시간 단축을 위해 고속차단기를 채용한다.
  ㉱ 직접접지일 경우 기유도전류의 분포를 조절한다.

(4) 통신선 측 전자유도 장해 방지 대책

① 상호인덕턴스 M을 저감시킨다.

㉮ 통신선에 차폐선 및 차폐선륜을 설치한다.
㉯ 통신선에 유도억압 선륜 유도중화 트랜스를 설치로 통신유도 잡음을 저감시킨다.
② 전력선과 통신선 간의 병행거리를 단축시킨다.
㉮ 통신선 도중에 중계코일을 넣어 구간을 분할한다.
㉯ 통신선의 경과지를 변경한다.
③ 기유도전류의 발생을 억제시킨다.
㉮ 통신선에 성능이 우수한 피뢰기를 설치한다.
㉯ 통신선을 광통신 케이블화 한다.

3) 연가

(1) 연가(철탑)

전력선에 근접한 통신선에 대한 유도장해를 방지하기위하여 전선로 전 구간을 3등분한 후 전선 각 상 배치를 상호 변경함으로써 전선로 전 구간에 걸쳐 발생하는 전선로 인덕턴스나 정전용량과 같은 선로정수를 평형 시키는 것.

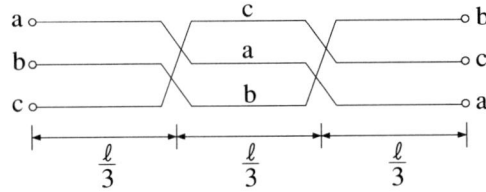

(2) 연가 효과

① 선로정수 평형으로 수전단 전압의 평형 유지.
② 유도장해 방지.
③ 소호리액터 접지방식에서 직렬공진 방지(중성점 잔류전압 $E_n = 0$).

4 안정도

계통의 주어진 운전 조건하에서 전력계통의 이상 현상을 발생시키지 않으면서 안정되게 운전하여 공급할 수 있는 전력의 한도.

1) 안정도 종류

① 정태안정도 : 정상적인 운전 상태에서 서서히 부하를 조금씩 증가했을 때 안정 운전을 지속적

으로 할 수 있는가를 나타내는 전력 공급 능력.
② 과도안정도 : 정상 운전 중 갑자기 부하가 급변하거나, 뜻하지 않은 사고 발생 시 계속적으로 전력을 공급할 수 있는가를 나타내는 능력.
③ 동태안정도 : 정태나 과도 시 AVR(자동전압조정기) 효과 등을 고려한 상태에서의 전력 공급 능력을 나타내는 것.

2) 안정도 향상 대책

(1) 최대 송전용량

① 송전전력 : $P = \dfrac{V_s V_r}{X} \sin\delta\,[\text{MVA}]$

여기서, $V_s\,[\text{kV}]$는 송전단 선간전압, $V_r\,[\text{kV}]$은 수전단 선간전압
$X\,[\Omega]$ 전달리액턴스, $\delta\,[°]$는 부하 각이다.

② 이론상 최대공급전력 : $\delta = 90°$
③ 실제상 최대공급전력 : $\delta = 80 \sim 85°$

(2) 안정도 향상대책

① 계통의 전달리액턴스를 적게 한다.
  ㉮ 발전기, 변압기의 리액턴스 감소   ㉯ 선로의 병행 회선의 증가.
  ㉰ 직렬콘덴서 설치   ㉱ 복도체 방식 채용
  ㉲ 단락비가 큰 기기 채용   ㉳ 상위 전압 계급으로의 승압
② 전압 변동을 적게 한다.
  ㉮ 속응여자방식의 채용   ㉯ 계통의 연계
  ㉰ 중간조상방식의 채용
③ 계통에 주는 충격을 감소시킨다.
  ㉮ 소호리액터 접지방식의 채용(고장전류의 감소)
  ㉯ 고속 재폐로 방식 및 고속차단기 채용(고장 구간의 신속한 제거 분)
④ 고장 발생 시 발전기 입출력의 불 평형을 감소시킨다.
  ㉮ 조속기의 성능 개선 ㉯ 제동저항기의 설치
  ⇨ 무한대 모선 : 내부 임피던스가 영이고 전압은 그 크기와 위상이 부하의 증감에 관계없이 전혀
                변화하지 않고, 또 극히 큰 관성 정수를 가지고 있다고 생각되는 용량 무한대 모선

(3) 가장 경제적인 송전전압 식(A. Still의 식)

• 송전전압 : $[\text{kV}] = 5.5\sqrt{0.6\ell + \dfrac{P}{100}}$

여기서, $\ell\,[\text{km}]$는 송전거리, $P\,[\text{kW}]$는 수전전력이다.

예제문제

예제 1 초고압 송전전압이 345[kV], 선로거리가 200[km]인 경우 1회선 당 가능한 송전전력[kW]을 Still의 식을 이용하여 구하시오.

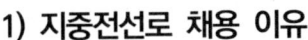

[해설] 송전전압 $V = 5.5\sqrt{0.6\ell + \dfrac{P}{100}}$ [kV] 양변을 제곱하여 전력 P로 정리한다.

- $V^2 = 5.5^2\left(0.6\ell + \dfrac{P}{100}\right)$ 에서 $\dfrac{V^2}{5.5^2} = 0.6\ell + \dfrac{P}{100}$ 이므로

- $\dfrac{V^2}{5.5^2} - 0.6\ell = \dfrac{P}{100}$ 에서 $P = \left(\dfrac{V^2}{5.5^2} - 0.6\ell\right)100$ 가 된다.

- 송전전력 $P = \left(\dfrac{V^2}{5.5^2} - 0.6\ell\right)100 = \left(\dfrac{345^2}{5.5^2} - 0.6 \times 200\right) \times 100 = 381,471.07$ [kW]

- 정답 : 381,471.07[kW]

5 지중전선로

1) 지중전선로 채용 이유

① 도시의 미관을 고려한 경우
② 고밀도 부하 지역에 전력을 공급할 경우
③ 자연재해 사고에 대해 높은 공급 신뢰도를 요구할 경우
④ 보안상 제한으로 가공 전선로를 시설할 수 없는 경우

2) 지중전선로의 장단점

① 도시의 미관상 좋다.
② 기상조건(뇌, 풍수해)에 의한 영향이 거의 없다.
③ 통신선에 대한 유도장해가 경감된다.
④ 전선로 통과지(경과지)의 확보가 용이하다.
⑤ 감전사고 우려가 적다.
⑥ 건설비가 비싸고, 건설 기간이 길어진다.
⑦ 고장 점 발견이 어렵고, 고장 복구가 어렵다.
⑧ 발생열의 구조적 냉각장해로 가공전선에 비해 송전용량이 낮다.

3) 가공선과 지중선의 비교

구분	지중전선로	가공전선로
공급능력	다회선 공급이 가능하므로 도시 지역에 적합하다.	4회선 이상이 곤란하므로 전력 공급에 한계가 있다.
고장형태	외상 사고 및 접속 개소 시공 불량에 의한 영구 고장이 발생한다.	수목 접촉과 같은 순간 고장 또는 영구 사고가 발생할 수 있다.
유지보수	설비의 단순화, 고도화로 보수 업무가 비교적 적어진다.	설비의 지상 노출로 보수 업무가 많아진다.
안전도	충전부의 절연으로 안전성 확보가 용이하다.	충전부의 노출로 적정 이격거리를 확보하여야 한다.
신규수용	설비 구성 상 신규 수용에 대한 탄력성이 떨어진다.	신규 수용에 대한 신속한 대처가 가능하다.
설비보안	지하 시설이므로 설비보안 유지가 용이하다.	지상 노출이므로 설비보안 유지가 어렵다.
계통 구성	환상식, 망상식	가지식, 연계(Tie-Line)식

4) 매설방식

① 직접매설식 : 케이블을 매설할 만큼 땅을 판 후, 케이블을 넣은 다음 케이블 주위에 모래를 채우고 콘크리트 트러프를 덮어 매설하는 방식으로 그 매설 깊이는 다음과 같다.
 ㉮ 차량이나 기타 중량물의 압력을 받는 장소 : 1.0[m] 이상일 것.
 ㉮ 차량이나 기타 중량물의 압력을 받지 않는 장소 : 0.6[m] 이상일 것.
② 관로식 : 케이블 통과지역을 굴착 후 케이블을 수용할 철관, 철근콘크리트관, 경질비닐관등을 필요한 수만큼 부설하고 약 250 ~ 300[m] 간격으로 맨홀(Manhole)이라는 콘크리트 구조물을 만들어 상호 연결한 후 이 맨홀을 통하여 관내에 케이블을 인입하는 방식으로 그 매설 깊이는 다음과 같다.
 ㉮ 차량이나 기타 중량물의 압력을 받는 장소 : 1.0[m] 이상일 것.
 ㉯ 차량이나 기타 중량물의 압력을 받지 않는 장소 : 0.6[m] 이상일 것.
③ 전력구식(암거식) : 터널과 같은 콘크리트 구조물을 설치한 다음 이 터널내의 내부 벽 측을 여러 층으로 만들어 많은 회선의 케이블을 수용하는 방식

5) 지중전선의 종류

전압 종류	케이블의 종류	
저압	① 알루미늄피케이블 ③ 비닐외장케이블 ⑤ 미네랄인슐레이션(MI) 케이블	② 클로로프렌 외장케이블 ④ 폴리에틸렌 외장케이블
고압	① 알루미늄피케이블 ③ 비닐외장케이블 ⑤ 콤바인덕트(CD) 케이블	② 클로로프렌 외장케이블 ④ 폴리에틸렌 외장케이블
특고압	① 알루미늄피케이블 ③ 폴리에틸렌 혼합물 케이블 ⑤ 파이프형 압력케이블	② 에틸렌프로필렌고무 혼합물 케이블 ④ 가교폴리에틸렌절연 비닐시스케이블

6 배전방식

1) 고압배전선로

(1) 수지식(방사상식)
나무 가지 모양처럼 한 쪽 방향으로만 전력을 공급하는 방식
① 시설이 간단하다.
② 부하 증설이 용이하다.
③ 전압변동(전압강하)이 크다.
④ 전력손실이 크다.
⑤ 정전범위가 넓다.
⑥ 공급신뢰도가 낮다.
⑦ 농어촌지역에 적합하다.

(2) 환상(루프)식
간선을 환상으로 구성하여 두 방향에서 전력을 공급하는 방식
① 전류 통로에 대한 융통성이 있다
② 전압변동(전압강하)이 적다.
③ 전력손실이 적다.
④ 공급신뢰도가 향상된다.
⑤ 시설비가 비싸다.
⑥ 부하증설이 어렵다.
⑦ 부하밀집지역에 적합하다.

예제문제

예제 1 그림과 같이 환상 직류 배전선로에서 각 구간의 왕복저항은 0.1[Ω] 급전 점 A 전압은 100[V], 부하 점 B, D 부하전류는 각각 25, 50[A]일 때 B점의 전압은?

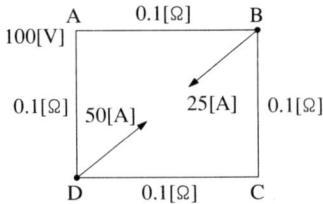

해설과 정답

[정답]
중첩의 원리를 이용
- 50[A]만 있을 때 AB간에 흐르는 전류
$$I_1 = \frac{0.1}{0.1+0.3} \times 50 = 12.5[A]$$
- 25[A] 일 때 AB간에 흐르는 전류
$$I_2 = \frac{0.3}{0.1+0.3} \times 25 = 18.75[A]$$
- AB간에 흐르는 전체 전류 $I = 12.5 + 18.75 = 31.25[A]$
- $V_B = 100 - 31.25 \times 0.1 = 96.88[V]$
- 정답 : 96.88[V]

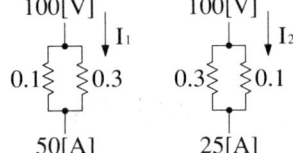

(3) 망상식

환상식 간선을 여러 곳에서 망상으로 접속하고, 그 접속점에 급전선을 접속시켜 전력을 공급하는 방식

① 전압변동(전압강하)이 적다.　　② 전력손실이 경감된다.
③ 환상식보다 공급신뢰도가 높다.　　④ 시설비가 비싸고 복잡하다.
⑤ 보호계전방식 및 전압조정 방식에 고도의 기술을 필요로 한다.
⑥ 부하 밀집지역에 적합하다.

2) 저압배전선로

(1) 방사식

변압기 뱅크 단위로 저압 배전선을 시설해서 그 변압기 용량에 맞는 범위까지의 수요를 공급하는 방식으로 부하의 증설에 따라 나뭇가지 모양으로 간선이나 분기선을 추가하여 전력을 공급하는 것

① 시설이 간단하다.　　② 부하 증설이 용이하다
③ 전압변동(전압강하)이 크다.　　④ 전력손실이 크다.
⑤ 정전범위가 넓다.　　⑥ 공급신뢰도가 낮다.

⑦ 농어촌지역에 적합하다.

(2) 저압 뱅킹방식(선상, 환상)
동일 고압 배전선에 접속되어 있는 2대 이상의 변압기에서 저압 측 선로를 상호 병렬 접속하여 부하의 융통성을 도모한 배전방식

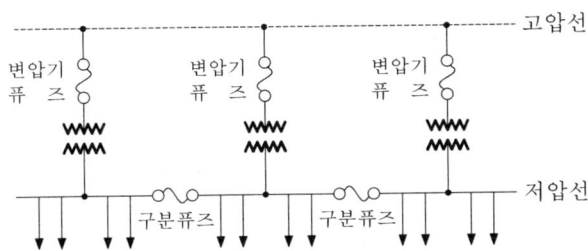

① 전압강하 및 전력손실이 경감된다.
② 플리커 현상이 감소된다.
③ 변압기 용량 및 저압선 동량이 감소한다.
④ 부하 증가에 대한 탄력성이 높다.
⑤ 고장보호 방법이 적당할 경우 공급신뢰도가 향상된다.
⑥ 캐스케이딩 현상이 발생할 우려가 있다.
 ⇨ 캐스케이딩 현상 : 변압기나 2차 측 저압간선의 일부고장으로 인하여, 뱅킹 내의 건전한 변압기의 일부 또는 전부가 변압기 1차 측의 보호 장치에 의하여 연쇄적으로 회로로부터 차단되는 현상

(3) 저압 네트워크방식
동일 변전소의 동일 변압기에서 나온 2회선이상의 고압 배전선에 접속된 변압기의 2차 측을 같은 저압선에 연결하여 부하에 전력을 공급하는 방식

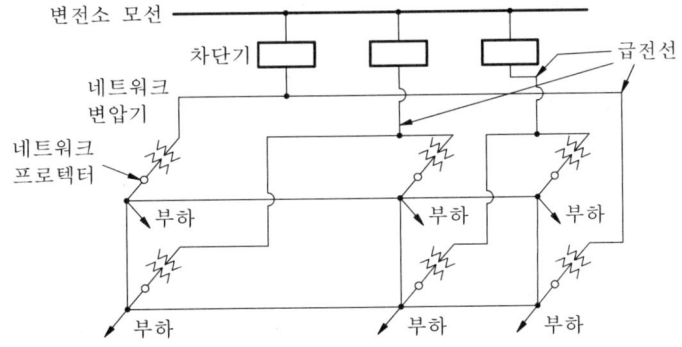

① 무 정전 전력공급이 가능하여 공급 신뢰도가 높다.
② 플리커 및 전압변동이 작다.

③ 전력손실이 경감된다.
④ 기기 이용률이 향상된다.
⑤ 부하 증가에 대한 적응성이 좋다.
⑥ 변전소 수를 줄일 수 있다.
⑦ 네트워크 변압기나 네트워크프로텍터 설치에 따른 시설설비가 비싸다.
⑧ 대형빌딩가와 같은 고밀도부하 밀집지역에 적합하다.
 ⇨ 네트워크프로텍터(역류 개폐장치) : 네트워크방식에서 변압기 2차 측에 고장발생시 흐르는 고장전류가 변압기에 역류하는 것을 방지하기 위하여 설치하는 보호 장치로 보호계전기와 차단기를 조합한 보호설비.

7 분산형 전원

분산형 전원이란 기존 전력회사의 대규모로 집중되어 있는 수력, 화력 원자력이 아닌 비교적 작은 규모의 수요지 부근에 설치되어 계통과 병렬 또는 분리되어 독립적으로 운전되고 있는 태양광, 풍력, 소수력, 지열 발전 같은 신재생에너지 발전설비를 말한다.

1) 분산형전원의 연계

원자력, 대용량 화력 등과 같이 대용량이 아닌 연료전지, 태양광, 풍력, 소수력 소형 열병합 발전 시스템이 계통에 분산 연계되는 것으로 그 장점 및 단점은 다음과 같다.

(1) 분산형 전원의 장점
① 대규모 발전소 및 송변전설비 감소
② 전원 입지 확보가 용이하고 건설비용 절감
③ 유효, 무효전력 손실 감소로 송전 효율 향상.
④ 한쪽 계통 사고 시 타 계통에서의 전력 공급으로 공급 신뢰도 향상
⑤ 계통의 리액턴스 감소로 전압 조정의 용이 및 안정도 향상
⑥ 단위 용량이 작아져서 공급 예비율 절감 및 공급 신뢰도 향상

(2) 분산형 전원의 단점
① 가혹한 사고 시 사고 파급 확산 우려 발생
② 단락 및 지락전류 증가로 기기 충격 및 차단기 용량, 유도장해 증가
③ 사고 발생 시 선로정수 불평형으로 보호계전기 오동작 발생
④ 전력 조류 제어의 어려움 발생

2) 분산형전원의 계통 연계

계통 연계란 전력 계통 상호간에 전력의 수수, 융통을 위해 송전선로, 배전선로, 저압배전선로 등을 전력설비에 상호 연결시키는 것이다.

(1) 연계 용량
① 저압 배전선로 : 20[kW] 이상 100[kW] 이하인 경우 전용선 연결.
② 특고압 배전선로 : 3000[kW] 이상 20000[kW] 이하인 경우 전용선 연결.

(2) 전압 변동
① 저압 배전선로 : 상시 전압변동률 3[%] 이내, 순시 전압변동률 4[%] 이하일 것.
② 특고압 배전선로 : 상시 전압변동률, 순시 전압변동률 2[%] 이하일 것.

(3) 계통전압 이상 시 분산전원 분리
계통에서 비정상 전압 상태가 발생한 경우, 분산전원을 계통에서 분리하며 이때의 기준은 아래와 같다.

전압 범위(기준전압에 대한 범위[%])	고장 제거 시간[sec]
$V < 50$	0.16
$50 \leq V \leq 88$	2.00
$110 < V < 120$	2.00
$V \geq 120$	0.16

(4) 계통 연계를 위한 동기화 변수
분산형 전원 연계 지점의 계통 전압이 ±4[%] 이상 변동되지 않도록 연계하면서 분산전원과 계통 사이의 주요 제한 변수 중 다음 값을 초과하면 계통 병렬장치의 투입은 할 수 없다.

발전용량 합계[kVA]	주파수 차(Δf[Hz])	전압 차(ΔV[%])	위상 각 차($\Delta \theta °$)
0 ~ 500	0.3	10	20
500 ~ 1,500	0.2	5	15
1,500 ~ 10,000	0.1	3	10

3) 태양광 발전의 특징

태양의 빛 에너지를 변환시켜 전기를 생산하는 발전기술로 광전효과에 의해 전기를 발생하는 태양전지를 이용한 발전방식으로 다음과 같은 장점, 단점이 있다.

(1) 태양광 발전의 장점
① 태양에너지는 무한 양이다.
② 태양에너지는 무공해 자원이다.
③ 다양한 장소에 다양한 규모로 설치 가능하다.
④ 유지 보수가 용이하고, 무인화가 가능하다.
⑤ 수명이 길다(약 20년 이상)

(2) 태양광 발전의 단점
① 에너지 밀도가 낮다.
② 태양 에너지가 간헐적이고, 일몰 후에는 발전이 불가능하다.
③ 전력 생산량이 지역별 일사량에 의존한다.
④ 대규모 발전의 경우 넓은 설치 면적이 필요하다.
⑤ 초기 투자비와 발전 단가가 높다.

(3) 태양광 발전소 설치 면적 산출
① 태양전지 모듈 변환효율 : $\eta = \dfrac{\text{태양광 모듈 1장 출력}[W]}{\text{모듈 면적}[m^2] \times \text{일사량}[W/m^2]} \times 100 [\%]$

② 태양전지 모듈 수 $= \dfrac{\text{발전용량}[W]}{\text{태양광 모듈 1장 출력}}$

③ 태양광발전소 설치 면적$[m^2]$ = 태양전지 모듈 수 × 모듈 면적

4) 태양열 발전의 특징

에너지 밀도가 낮은 태양열을 넓은 집광장치로 집광시켜서 고온의 열에너지로 변환시키고 이를 흡수, 저장하는 축열장치로부터 유체 등을 이용한 열전달을 통해 증기를 발생시켜 터빈을 통해 발전하는 방식으로 다음과 같은 장점, 단점이 있다.

(1) 태양열 발전의 장점
① 태양에너지는 무한 양이다.
② 태양에너지는 무공해 자원이다.
③ 축열 기술 발전으로 일몰 후에도 발전이 가능하다.
④ 유지, 보수가 용이하다.
⑤ 수명이 길다.

(2) 태양열 발전의 단점
① 에너지 밀도가 낮다.
② 초기 투자비용이 높다.
③ 에너지 생산이 간헐적이므로 지속적인 수용에 안정적 공급이 어렵다.

④ 사막 등 일사량이 풍부한 지역에만 설치 가능하다.
⑤ 태양광 발전에 비해 대규모 설치 면적이 필요하다.

예제문제

예제 1 태양광모듈 1장의 출력이 300[W], 변환효율이 20[%]일 때 발전용량 12[kW]인 태양광발전소의 최소 설치 면적은 몇 [m²]인지 구하시오. 단, 일사량은 1,000[W/m²], 이격거리는 고려하지 않는다.

해설과 정답

- 태양전지 모듈 변환효율 $\eta = \dfrac{\text{태양광 모듈 1장 출력[W]}}{\text{모듈 면적[m}^2\text{]} \times \text{일사량[W/m}^2\text{]}} \times 100[\%]$ 에서

- 모듈 면적$[m^2] = \dfrac{\text{태양광 모듈 1장 출력[W]}}{\text{모듈 변환 효율}(\eta) \times \text{일사량[W/m}^2\text{]}} \times 100 = \dfrac{300}{20 \times 100} \times 100 = 1.5[m^2]$

- 태양전지 모듈 수 $= \dfrac{\text{발전용량[W]}}{\text{태양광 모듈 1장 출력}} = \dfrac{12 \times 10^3}{300} = 40[개]$

- 태양광발전소 설치 면적 = 태양전지 모듈 수 × 모듈 면적 = $40 \times 1.5 = 60[m^2]$

- 정답 : 60[m²]

8 기타 사항

1) 특고압용 기계기구의 시설

① 울타리, 담 등의 높이는 2[m]이상으로 할 것.
② 지표면과 울타리, 담 등의 하단 사이의 간격은 15[cm]이하로 할 것.
③ 발전소, 변전소 등의 울타리, 담 등의 높이와 울타리, 담 등으로부터 충전부분까지의 거리의 합계는 다음 값 이상으로 할 것.

사용전압의 구분	울타리, 담 등의 높이와 울타리, 담 등으로부터 충전부분까지의 거리의 합계
35[kV] 이하	5[m] 이상일 것
35[kV]넘고 160[kV] 이하	6[m] 이상일 것
160[kV] 초과	160[kV] 넘는 10[kV] 1단수마다 0.12[m]씩 가산할 것 • 높이 및 거리 합계=6 + 단수 × 0.12[m] 이상 • 단수= $\dfrac{\text{사용전압[kV]} - 160[kV]}{10[kV]}$ (단, 소수 점 이하는 절상)

2) 특고압가공전선 상호간 접근 교차 시 이격거리

① 특고압 가공전선이 다른 특고압 가공전선과 접근, 교차하면서 위쪽, 옆쪽에 시설되는 경우 특고압 가공전선로에는 제3종 특고보안공사를 실시할 것.
② 특고압 가공전선 상호 간에 1차 접근상태로 시설되는 경우 그 이격 거리[m]는 다음 값 이상으로 할 것.

사용전압	이격거리[m]
35[kV] 이하	• 특고압 가공전선에 케이블을 사용하고 다른 특고압 가공전선에 특고압 절연전선이나 케이블을 사용하는 경우 0.5[m] 이상일 것. • 각각의 가공전선에 특고압 절연전선을 사용하는 경우 1[m] 이상일 것.
60[kV] 이하	2 [m]
60[kV] 초과	60[kV]넘는 10[kV] 1단수마다 12[cm] 가산할 것 2[m] + $n \times 0.12$[m] 이상

3) 네온방전등 시설

① 네온방전등을 옥내, 옥측 또는 옥외에 시설할 경우 네온방전등에 공급하는 전로 대지전압은 300[V] 이하로 할 것.
② 관등회로의 배선은 애자사용공사로 하면서, 전선은 자기 또는 유리제 등의 애자로 견고하게 지지하여 조영재의 아랫면 또는 옆면에 부착하고 또한 다음과 같이 시설할 것.
　㉮ 전선 상호간의 이격거리는 6[cm] 이상일 것.
　㉯ 전선과 조영재 이격거리는 노출장소에서 다음에 따르고, 점검할 수 있는 은폐장소에서 6[cm] 이상으로 할 것.

6[kV] 이하	6[kV] 초과 9[kV] 이하	9[kV] 초과
2[cm] 이상	3[cm] 이상	4[cm] 이상

　㉰ 전선지지점간의 거리는 1[m] 이하로 할 것.
③ 네온변압기의 외함, 네온변압기를 넣는 금속함 및 관등을 지지하는 금속제프레임 등은 접지공사를 할 것.

PART 08 시험 및 측정

1. 지시계기의 종류
2. 배율기, 분류기
3. 저항의 측정
4. 전로의 보호 절연내력 시험
5. 절연저항 및 접지저항의 측정

시험 및 측정

1 지시계기의 종류

1) 지시계기의 분류

종류	기호	문자 기호	사용 회로	사용 범위 전류[A]	사용 범위 전압[V]	구동토크의 발생
가동코일형		M	직류	$3 \times 10^{-4} \sim 10^1$	$10^{-2} \sim 10^2$	영구자석의 자기장 내에 코일을 두고 이 코일에 전류를 통과시켜 발생되는 힘을 이용
가동철편형		S	교류	$10^{-2} \sim 3 \times 10^1$	$10 \sim 10^2$	전류에 의한 자기장이 연철 편에 작용하는 힘을 사용
유도형		I	교류	$1 \sim 10^2$	$1 \sim 10^2$	회전 자기장 또는 이동 자기장과 이것에 의한 유도전류와의 상호작용을 이용
전류력계형		D	직류 교류	$10^{-2} \sim 20$	$1 \sim 10^2$	전류 상호간에 작용하는 힘을 이용

2) 지시계기의 계급

계기 계급	허용 오차 정격값에 대한[%]	주요용도
0.2급	±0.2	초정밀급(실험실 및 검정실) 정밀 실험 및 교정의 표준(부표준기)으로 사용하는 계기
0.5급	±0.5	정밀급(정밀 측정에 사용할 수 있는 정확도를 가지는 계기), 휴대용 계기
1.0급	±1.0	준정밀급(0.5급에 준하는 정확도를 가지는 계기) 소형 휴대용 계기 및 대형 배전반 계기
1.5급	±1.5	보통급(공업용의 보통 측정을 사용할 수 있는 정확도를 가지는 계기), 배전반용 계기
2.5급	±2.5	준보통급(정도를 중요시 하지 않는 측정에 사용하는 계기) 소형 배전반용 계기

3) 오차와 보정율

① 오차 : ε = 측정 값(M) - 참값(T)

② 보정 : α = 참값(T) - 측정 값(M)

③ 오차율 $= \dfrac{측정값(M) - 참값(T)}{참값(T)} = \dfrac{오차(\varepsilon)}{참값(T)}$

④ 백분율 오차 $= \dfrac{측정값(M) - 참값(T)}{참값(T)} \times 100[\%] = \dfrac{오차(\varepsilon)}{참값(T)} \times 100[\%]$

⑤ 보정율 $= \dfrac{참값(T) - 측정값(M)}{측정값(M)} = \dfrac{보정(\alpha)}{측정값(M)}$

⑥ 백분율 보정 $= \dfrac{참값(T) - 측정값(M)}{측정값(M)} \times 100[\%] = \dfrac{보정(\alpha)}{측정값(M)} \times 100[\%]$

예제문제

예제 1 전압 1.0183[V]를 측정하는데 측정값이 1.0092[V]이었다. 이 경우의 다음 각 물음에 답하시오. (단, 소수점 이하 넷째 자리까지 구하시오.)

(1) 오차   (2) 오차율
(3) 보정(값)   (4) 보정률

해설 · 정답

(1) 오차 = 측정값 − 참값 = 1.0092 − 1.0183 = −0.0091
 • 정답 : −0.0091

(2) 오차율 $= \dfrac{오차}{참값} = \dfrac{-0.0091}{1.0183} = -0.0089$
 • 정답 : −0.0089

(3) 보정(값) = 참값 − 측정값 = 1.0183 − 1.0092 = 0.0091
 • 정답 : 0.0091

(4) 보정률 $= \dfrac{보정값}{측정값} = \dfrac{0.0091}{1.0092} = 0.0090$
 • 정답 : 0.0090

2 배율기, 분류기

(1) 배율기

전압계의 측정범위를 확대하기 위해 내부저항 $r_v[\Omega]$의 전압계에 직렬로 연결 하는 큰 저항으로 전압계 내부에 내장되어 있는 저항($R_m[\Omega]$)을 배율기라 한다.

다음 회로에서 전압계로 분배되는 전압은 전압계 내부저항에 비례 분배되므로 다음과 같이 식이 성립한다.

전압계 전압 $V_v = \dfrac{r_v}{r_v + R_m} V[\mathrm{V}]$ 이므로

배율 $m = \dfrac{V}{V_v} = \dfrac{r_v + R_m}{r_v} = 1 + \dfrac{R_m}{r_v}$

- 배율기 저항 : $R_m = (m-1)r_v [\Omega]$

(2) 분류기

전류계의 측정 범위를 확대하기 위해 내부저항 $r_a[\Omega]$의 전류계에 병렬로 연결하는 저항으로 전류계의 내부에 내장되어 있는 저항($R_s[\Omega]$)을 분류기라 한다.

다음 회로에서 전류계로 분배되는 전류는 저항에 반비례 분배시키면 다음과 같다.

전류계 전류 $I_a = \dfrac{R_s}{R_s + r_a} I[\mathrm{A}]$ 이므로

배율 $m = \dfrac{I}{I_a} = \dfrac{R_s + r_a}{R_s} = 1 + \dfrac{r_a}{R_s}$

- 분류기 저항 $R_s = \dfrac{r_a}{m-1}[\Omega]$

예제문제

예제 1) 최대 눈금 250[V]인 전압계 V_1, V_2를 직렬로 접속하여 전압을 측정하면 몇 [V]까지 측정할 수 있는가? (단, 각각의 전압계 내부 저항은 V_1은 15[kΩ], V_2는 18[kΩ]]으로 한다.)

해설과 정답

- 전압계 직렬접속 시 전류는 일정하므로 내부 저항이 큰 전압계는 최대 눈금까지 측정할 수 있지만, 내부 저항이 작은 전압계는 최대 눈금까지 측정할 수 없다. 각각의 전압계 내부저항을 R_1, R_2라 하면
- 회로에 흐르는 전류 $I = \dfrac{V}{R_1 + R_2} = \dfrac{V}{15000 + 18000} = \dfrac{V}{33000}[A]$
- $R_2 > R_1$이므로 전압계 최대 눈금 시 전류는 $V_2 = IR_2 = 250[V]$에서

$$I = \dfrac{250}{R_2} = \dfrac{250}{18000}[A]$$

- 일정한 전류 $I = \dfrac{250}{18000} = \dfrac{V}{33000}$에서 $V = \dfrac{33000}{18000} \times 250 = 458.33[V]$
- 정답 : 458.33 [V]

예제 2) 다음 그림과 같은 회로에서 최대 눈금 15[A] 직류 전류계 2개를 접속하고 전류 20[A]를 흘리면 각 전류계 지시값은 몇 [A]를 지시하겠는가? 단, 전류계 최대 눈금의 전압강하는 A_1이 60[mV], A_2가 90[mV]임이다.

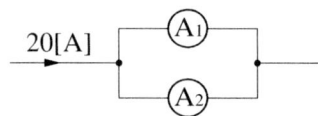

해설과 정답

전류계 최대 눈금 전압강하란 전류계에 흘릴 수 있는 최대 전류인 15[A] 전류가 흐를 때 전류계 내부 저항으로 인해 발생하는 전압강하를 의미한다.

- 전류계 A_1 내부 저항 : $r_1 = \dfrac{e_1}{I_1} = \dfrac{60 \times 10^{-3}}{15} = 4 \times 10^{-3}[\Omega]$
- 전류계 A_2 내부 저항 : $r_2 = \dfrac{e_2}{I_2} = \dfrac{90 \times 10^{-3}}{15} = 6 \times 10^{-3}[\Omega]$
- 전류 분배 법칙에 따라 각 전류계에 흐르는 전류 A_1, A_2는 저항에 반비례 분배되므로
- $A_1 = \dfrac{r_2}{r_1 + r_2} \times I = \dfrac{6 \times 10^{-3}}{4 \times 10^{-3} + 6 \times 10^{-3}} \times 20 = 12[A]$
- $A_2 = I - A_1 = 20 - 12 = 8[A]$
- 정답 : $A_1 = 12[A]$, $A_2 = 8[A]$

3 저항의 측정

1) 저저항(1[Ω]이하)의 측정

① 전압강하법(전압 전류계법)
② 전위차계법
③ 켈빈 더블 브리지법 : 단면적이 균일하며 굵고 짧은 도선의 저항

2) 중저항(1[Ω]~1[MΩ]이하)의 측정

① 전압강하법(전압 전류계법) : 백열전구의 필라멘트 저항, 발전기나 변압기 권선 저항
② 휘스톤 브리지법 : 수천 옴의 가는 전선의 저항
③ 저항계 (ohm meter)
④ 회로계(tester)

3) 고저항 (1[MΩ]이상)의 측정

① 직편법
② 전압계법(감편법)
③ 메거(절연저항계) : 옥내 전등선이나 변압기 등의 절연 저항, 절연 재료의 고유저항

4) 특수저항의 측정

① 검류계의 내부 저항 : 휘스톤 브리지법
② 전지의 내부 저항 측정 : 전압계법, 전류계법, 콜라우슈 브리지법, 맨스법
③ 전해액의 저항 측정 : 콜라우슈 브리지법, 슈트라우스와 헨더슨법
④ 접지 저항의 측정 : 접지저항계, 콜라우슈 브리지법, 비이헤르트법
⑤ 배전선 전류 : 후크온 메터
[참고] 단선인 전선 굵기 측정용 계기 : 와이어 게이지나 마이크로미터, 버니어캘리퍼스

5) 지중케이블의 사고 점 측정 및 절연감시 법

① 사고 점 측정 법
㉮ 머레이루프(Murray Loop)법 : 휘스톤브리지 평형 조건을 이용하여 고장 점까지의 도체 저항으로부터 고장 점까지의 거리를 측정하는 방법으로 "1선 지락 사고 및 선간 단락 사고 시 고장 점 측정"에 이용.
㉯ 정전용량(Capacity Bridge)법 : 정전용량이 선로 길이에 비례하는 특성을 이용하여 고장 점까지의 정전용량으로부터 고장 점까지의 거리를 측정하

는 방법으로 '단선 사고 시 고장 점 측정"에 이용.
- ㉰ 펄스레이더(Pulse Rader)법 : 케이블 한쪽에서 펄스파를 입사시켜 고장 점에서 반사되어 돌아오는 펄스파의 케이블 전파속도를 측정하여 고장 점까지의 거리를 측정하는 방법으로 "지락, 단락 및 단선 사고 시 고장 점 측정"에 이용.
- ㉱ 수색코일법 : 케이블 한쪽에서 600[Hz] 전후의 단속전류를 흘리고 지상에서 수색코일에 증폭기와 수화기를 가지고 케이블을 따라서 고장 점을 수색하는 방법으로 "1선 지락 사고 시 고장 점 측정"에 이용.

② 절연감시법
- ㉮ 메거(Megger)법 : 주어진 온도와 전압 하에서 절연 재료의 저항을 측정하는 장치로 고전압을 절연 재료에 가하고 미소 전류를 측정하여 저항 값으로 환산하여 절연저항을 측정하는 계측장치.
- ㉯ 유전정접(Tan δ) 측정법 : 케이블 도체에 대지전압의 상용주파 교류를 인가하여 절연체의 흡습, 오손 보이드(void) 등 국부적인 섬락의 원인이 되어 발생하는 부분 방전 시 발생하는 유전체 손을 측정하여 절연물의 품질 관리나 열화 판정을 하여 절연체 손상 여부를 진단하는 법.
- ㉰ 부분방전 측정법 : 케이블 사용전압에 근접한 상용주파 교류전압을 인가하여 절연물 중의 보이드(void), 이물질 흡입 등 국부적인 섬락의 원인이 되어 발생하는 부분 방전을 정량적인 방법으로 절연물의 열화 상태를 진단하는 시험법.

예제문제

예제 1 지중 케이블의 고장 점 탐지 법 3가지와 각각의 사용 용도를 쓰시오.

고장 점 탐지 법	사용 용도

[정답]

고장 점 탐지 법	사용용도
머레이루프법	1선 지락사고 및 선간단락 시 정밀하게 고장 점 검출
펄스레이더법	지락사고, 단락사고, 단선사고 시 고장 점 검출
정전용량법	단선 사고 시 고장 점 검출

6) 전압전류계법(전압강하법)

저항 양단에서 발생하는 전압강하를 이용하는 전압계와 전류계를 사용하는 전압전류계법은 다음과 같은 2가지 방법이 있는데 이 측정법은 주로 발전기, 변압기 등의 권선 저항이나 백열전구의 필라멘트 저항 측정에 이용한다.

① 전압계 내부저항이 미지 저항보다 아주 큰 경우   ② 전류계 내부저항이 미지 저항보다 아주 작은 경우

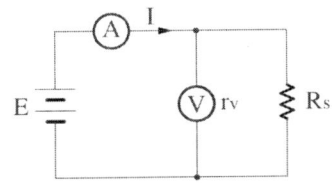
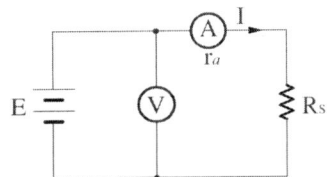

전압계 및 전류계의 내부 저항을 각각 r_v, r_a라 하면 그림 ①, ②에서 각각의 미지 저항은 다음과 같이 구할 수 있으며, 일반적으로 r_v보다 R_s가 매우 작은 경우에는 ①접속을 이용하고, r_a에 비하여 R_s가 매우 클 경우에는 ②접속을 이용한다. 그런데 ①에서는 전압계에 흐르는 전류를 무시하고, ②에서는 전류계 저항을 무시한다면 ①, ② 모두 다음과 같이 구할 수 있는데 계기에 대한 오차는 극히 작다. 전류계 측정 전류를 I[A]라 하면 측정 저항 값은 다음과 같이 구할 수 있다.

① $R_s = \dfrac{E}{I - \dfrac{E}{r_v}}[\Omega]$에서 $r_v \gg R_s$이면 $\dfrac{E}{r_v} = 0$이 되므로 $R_s = \dfrac{E}{I}[\Omega]$ ∴ $R_s = \dfrac{\text{Ⓥ}}{\text{Ⓐ}}[\Omega]$

② $R_s = \dfrac{E}{I} - r_a[\Omega]$에서 $r_a \ll R_s$이면 $R_s = \dfrac{E}{I}[\Omega]$ ∴ $R_s = \dfrac{\text{Ⓥ}}{\text{Ⓐ}}[\Omega]$

예제문제

예제 1 22.9[kV], 10[kVA] 변압기의 2차 측 권선 저항을 측정하기 위한 다음 물음에 답하시오. (단, 전류계의 내부 저항 $r_a[\Omega]$, 전압계의 내부 저항 $r_v[\Omega]$, 권선 저항은 $R_s[\Omega]$이라 한다.)

(1) 전압 전류계법으로 저항 값을 측정하기 위한 회로를 완성하시오.

(2) 변압기 2차권선 저항을 구하는 공식을 계산하시오.

[정답]
(1) 회로도 완성

① 전압계 내부저항이 미지 저항보다 아주 큰 경우

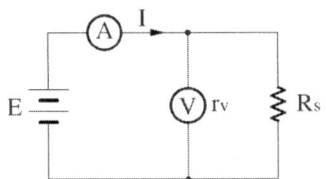

② 전류계 내부저항이 미지 저항보다 아주 작은 경우

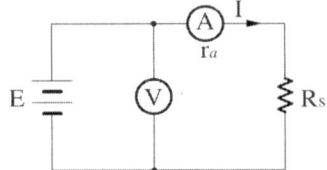

(2) 변압기 2차권선 저항
전류계 측정 전류를 I[A]라 하면

① $R_s = \dfrac{E}{I - \dfrac{E}{r_v}}[\Omega]$에서 $r_v \gg R_s$이면 $\dfrac{E}{r_v} = 0$이 되므로 $R_s = \dfrac{E}{I}[\Omega]$에서

• 정답 : $R_s = \dfrac{\text{Ⓥ}}{\text{Ⓐ}}[\Omega]$

② $R_s = \dfrac{E}{I} - r_a[\Omega]$에서 $r_a \ll R_s$이면 $R_s = \dfrac{E}{I}[\Omega]$

• 정답 : $R_s = \dfrac{\text{Ⓥ}}{\text{Ⓐ}}[\Omega]$

7) 접지저항 측정

(1) 콜라우슈 브리지법(3전극법)

다음과 같이 측정 접지도체 P_1 이외에 서로 10[m] 정도 떨어진 거리에 정삼각형으로 보조 접지도체, P_2, P_3를 설치하고 각각의 접지저항 R_1, R_2, R_3를 측정한 후, 각 접지 도체 P_1, P_2간의 합성 접지저항을 $R_{12}[\Omega]$, P_2, P_3간의 합성 접지저항을 $R_{23}[\Omega]$, P_1, P_3간의 합성 접지저항을 $R_{31}[\Omega]$을 측정하여 다음과 같이 접지저항을 구할 수 있다.

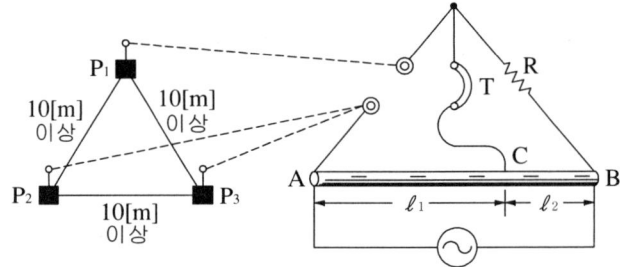

• 합성 접지저항 : $R_{12} = R_1 + R_2 \quad R_{23} = R_2 + R_3 \quad R_{31} = R_3 + R_1$ 에서

• 측정 접지도체 P_1 접지저항 : $R_1 = \dfrac{1}{2}(R_{12} + R_{31} - R_{23})[\Omega]$

예제문제

예제 1 피뢰기 접지 공사를 실시한 후, 접지 저항을 보조 접지 2개(A와 B)를 시설하여 측정하였더니 본 접지와 A사이의 저항은 86[Ω], A와 B사이의 저항은 156[Ω], B와 본 접지 사이의 저항은 80[Ω]이었다. 이때 피뢰기 접지저항을 구한 후 그 적합여부를 판단하고 그 이유를 설명하시오.

해설과 정답

[정답]
- 접지저항 : $R = \dfrac{1}{2}(86+80-156) = 5[\Omega]$
- 적합여부 : 적합하다
- 이유 : 접지저항 5[Ω]이 규정 값 10[Ω]이하이므로 적합하다.

(2) 전위강하법

측정의 대상이 되고 있는 접지전극을 그림과 같이 반지름 $r[m]$의 반구 모양 접지전극으로 하고, 주위의 대지 저항률은 어디서나 같은 $\rho[\Omega\cdot m]$로 하면서 반지름 $r[m]$인 반구 모양의 E 전극의 중심으로부터 $C[m]$인 곳에 전류전극 C를 $P[m]$인 곳에 전위보조전극 P를 박고 E 전극을 통해 전류가 흘러 들어가서 C 전극으로 흘러나온다고 가정하여 그 전위를 계산, 접지저항을 측정하는 방법으로 전위보조전극 P 설치 시 설치 위치를 반구 모양 접지전극 E 와 전류전극 C 사이에 설치하여야 하며 그 위치는 P 의 거리가 C 까지 거리의 61.8[%]인 지점에 설치해야 정확한 반구 접지극의 접지저항 참값을 얻는 방법이다.

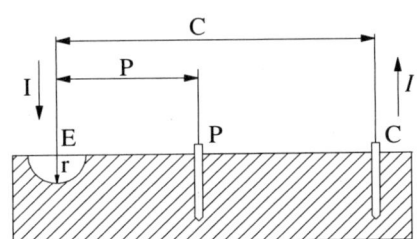

① EP간 전위 차 : $V = \dfrac{\rho}{2\pi}I\left(\dfrac{1}{r} - \dfrac{1}{P} - \dfrac{1}{C} + \dfrac{1}{C-P}\right)[V]$에서

- 접지저항 : $R = \dfrac{V}{I} = \dfrac{\rho}{2\pi}\left(\dfrac{1}{r} - \dfrac{1}{P} - \dfrac{1}{C} + \dfrac{1}{C-P}\right) = \dfrac{\rho}{2\pi r}\left(1 - \dfrac{r}{P} - \dfrac{r}{C} + \dfrac{r}{C-P}\right)[\Omega]$에서

② 반구의 접지저항 참값 : $R = \dfrac{\rho}{2\pi r}[\Omega]$이므로

$-\dfrac{1}{P} - \dfrac{1}{C} + \dfrac{1}{C-P} = 0$ 이 성립하며 P로 정리하면 다음과 같다.

$P^2 + CP - C^2 = 0$

근의 공식에 대입하여 P값을 구하면 다음과 같다.

$$P = \frac{-C \pm \sqrt{C^2 + 4 \times 1 \times C^2}}{2 \times 1} = \frac{-1 \pm \sqrt{5}}{2} C \text{ 에서}$$

$$P_1 = \frac{-1 + \sqrt{5}}{2} = 0.618C, \quad P_2 = \frac{-1 - \sqrt{5}}{2} = -1.618C$$

P 와 C 는 공히 +값이어야 하므로 $P = 0.618C\,[\text{m}]$

③ 전위전극 P를 EC간 거리의 61.8[%] 위치에 매입하여야 정확한 접지저항의 참값을 얻을 수 있다.

예제 2 그림은 전위 강하법에 의한 접지저항 측정 방법이다. E, P, C가 일직선상에 있을 때 다음 물음에 답하시오.(단, E는 반지름 r인 반구 모양 전극(측정 대상 전극)이다.)

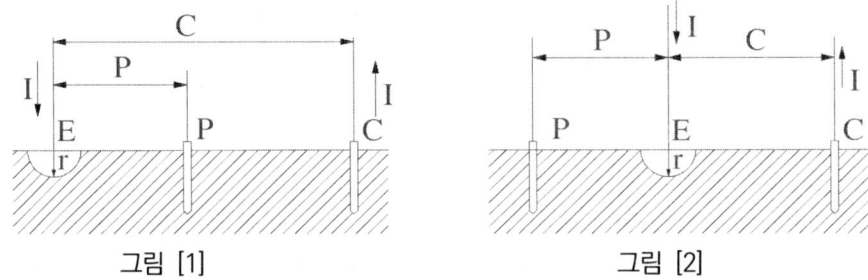

그림 [1]   그림 [2]

(1) 그림 [1]과 그림 [2]의 측정 방법 중 접지 저항 값이 참값에 가까운 측정 방법을 고르시오.
(2) 반구 모양 접지 전극의 접지저항을 측정할 때 $E-C$간 거리의 몇 [%]인 곳에 전위전극을 설치하면 정확한 접지저항 값을 얻을 수 있는지 설명하시오.

[정답]
(1) 그림 [1]
(2) 전위전극 P를 EC간 거리의 61.8[%] 위치에 매입하여야 정확한 접지저항의 참값을 얻을 수 있다.

예제 3 다음 그림은 일반적인 접지저항을 측정하고자 할 때 널리 사용하는 전위차계법의 미완성 접속도이다. 다음 각 물음에 답하시오.

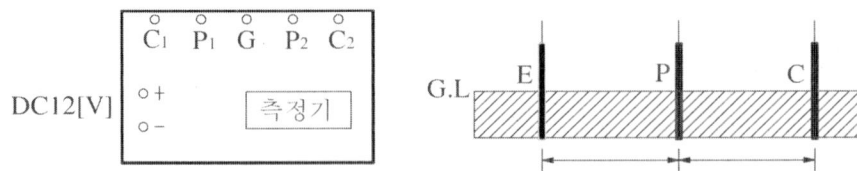

(1) 미완성 접속도를 완성하시오.
(2) 전극간 거리는 몇 [m] 이상으로 하는가?
(3) 전극 매설 깊이는 몇 [cm] 이상으로 하는가?

해설 정답

전위차계식 접지저항 측정 : 측정하고자 하는 접지극과 일직선상 10[m]간격으로 2개의 전위 보조극 P와 전류 보조극 C를 설치하고 피 측정 접지극 E와 먼 곳(20[m])의 보조극 C에 전류를 흘리고, 가까운(10[m]) 보조극 P와 피측정 접지극 E와의 전압을 측정하여 그 비에 의한 접지저항을 측정하는 방법으로 E와 C간에 접지전류를 흘리면 접지전극 E 주위의 전위가 주변 대지에 비해 높아지는데 이때 EP간의 전위차를 접지전류로 나누어 구할 수 있다.

[정답]
(1) 전위차계법 접속 도

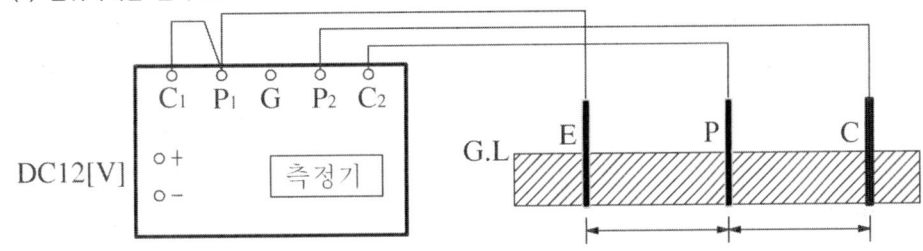

(2) 10[m]
(3) 20[cm]

(3) WENNER의 4전극법

다음 그림과 같이 4개의 전극 (C_1, P_1, P_2, C_2)을 일직선 같은 간격으로 설치하고 C_1, C_2 간에 전원을 접속하여 전극 간에 흐르는 전류 I[A]와 이 때 P_1, P_2 간에 발생하는 전위 차 V[V]를 측정하여 접지저항 $R = \dfrac{\rho}{2\pi a}$[Ω]을 산출한 후 대지 고유저항률 $\rho = 2\pi aR$[Ω·m]을 구한다.

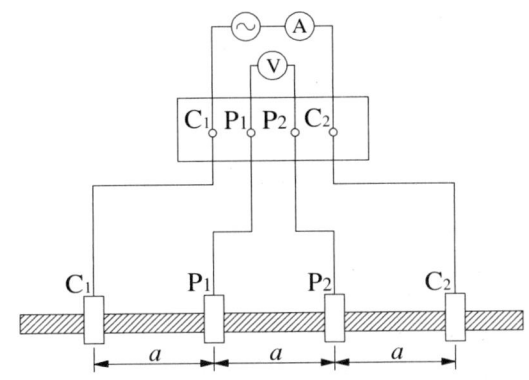

예제 4 Wenner의 4전극 법에 대하여 간단히 설명하시오.

해설 정답

[정답] 4전극 법

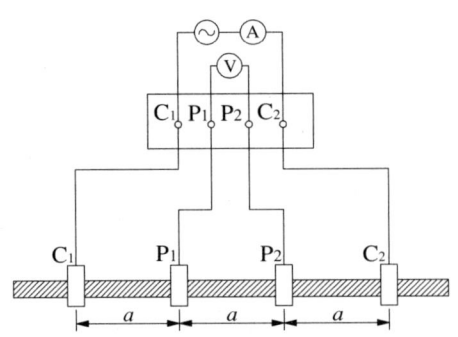

- 그림과 같이 4개의 전극 (C_1, P_1, P_2, C_2)을 일직선 같은 간격으로 설치하고 C_1, C_2 간에 전원을 접속하여 전극 간에 흐르는 전류 $I[\text{A}]$와 이 때 P_1, P_2 간에 발생하는 전위 차 $V[\text{V}]$를 측정하여 접지저항 $R = \dfrac{\rho}{2\pi a}[\Omega]$을 산출한 후 대지 고유저항률 $\rho = 2\pi a R\,[\Omega\cdot\text{m}]$을 구한다.

(4) 접지저항 계산

① 반구 모양의 접지전극 접지저항 : $R = \dfrac{\rho}{2\pi a}[\Omega]$

- $\rho\,[\Omega\cdot\text{m}]$: 대지 고유 저항률
- $a\,[\text{m}]$: 접지구의 반지름

② 원판 모양의 접지전극 접지저항 : $R = \dfrac{\rho}{4r}[\Omega]$

- $\rho\,[\Omega\cdot\text{m}]$: 대지 고유 저항률
- $r\,[\text{m}]$: 원판 접지극의 반지름
- 원판 두께는 무시한다.

③ 원통 모양의 접지전극 접지저항 : $R = \dfrac{\rho}{2\pi \ell}\ln\dfrac{2\ell}{r}[\Omega]$

- $\rho\,[\Omega\cdot\text{m}]$: 대지 고유 저항률
- $r\,[\text{m}]$: 막대모양 접지극의 반지름
- $\ell\,[\text{m}]$: 막대 모양 접지극의 매입 길이

예제 5 대지 고유저항률 $400[\Omega\cdot\text{m}]$, 전선의 직경 $19[\text{mm}]$, 길이 $2400[\text{mm}]$인 접지봉을 전부 매입하였다면 대지의 접지저항은 얼마인가?

해설과 정답

- 원통 모양 접지봉의 접지저항 $R = \dfrac{\rho}{2\pi \ell}\ln\dfrac{2\ell}{r} = \dfrac{400}{2\pi \times 2.4} \times \ln \dfrac{2 \times 2.4}{\dfrac{19}{2} \times 10^{-3}} = 165.13[\Omega]$

- 정답 : $165.13[\Omega]$

8) 머레이 루프(Murray loop)법

휘스톤브리지의 원리를 이용하여 고장이 발생한 케이블의 도체와 건전한 다른 케이블의 도체를 브리지의 두 변으로 해서 고장 난 곳까지의 도체 저항 및 정전용량으로 그 위치를 찾아내는 방법

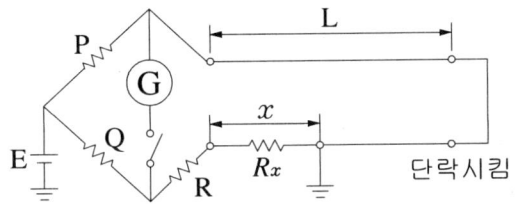

여기서, L[m]는 케이블의 길이, $R_{2L}[\Omega]$은 케이블의 전체 왕복 저항, $R_x[\Omega]$은 고장 점까지의 저항이다.

① $R = 0$인 경우
- 휘스톤브리지 평형조건 : $P \cdot R_x = Q \cdot (R_{2L} - R_x)$에서
- 고장 점까지의 저항 : $R_x = \dfrac{Q}{P+Q} R_{2L}$ [Ω]이 된다.
- 케이블의 저항은 전로 길이에 비례하므로
- 고장 점까지의 거리 : $x = \dfrac{Q}{P+Q} 2L$[m]

② $R \neq 0$인 경우
- 휘스톤브리지 평형조건 : $P \cdot (R + R_x) = Q \cdot (R_{2L} - R_x)$에서
- 고장 점까지의 저항 : $R_x = \dfrac{QR_{2L} - PR}{P+Q}$ [Ω]이 된다.
- 1[Ω]당의 선로 거리= $\dfrac{2L}{R_{2L}}$[km/Ω]을 구한 후 고장 점까지의 저항을 곱하여 구할 수 있으므로
- 고장 점까지의 거리 : $x = \dfrac{2L}{R_{2L}} \times R_x$[m]

예제문제

예제 1 머레이루프법(Murray loop)으로 선로의 고장 지점을 찾고자 한다. 선로의 길이가 4[km] (0.2[Ω/km])인 선로에 그림과 같이 접지 고장이 생겼을 때 고장 점까지의 거리 d는 몇 [km]인가? (단, P=270[Ω], Q=90[Ω]에서 브리지가 평형 되었고, 가변저항 R=0이다)

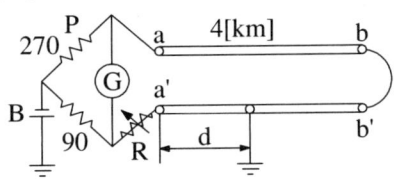

전기기능장 실기

해설 정답

- 고장 점까지의 거리 : $d = \dfrac{Q}{P+Q} 2L = \dfrac{90}{270+90} \times (2 \times 4) = 2[\text{km}]$
- 정답 : 2[km]

【별해 1】

- 케이블 2선의 전체임피던스를 R_{2L}, 고장 점까지의 저항을 R_x라 할 때
- 휘스톤 브리지 평형 조건으로부터 $270 \times R_x = 90 \times (R_{2L} - R_x)$가 성립되므로
- 고장 점까지의 저항 : $R_x = \dfrac{1}{4} R_{2L} [\Omega]$
- 1[Ω]당의 선로 거리 $= \dfrac{2 \times 4}{R_{2L}} = \dfrac{8}{R_{2L}} [\text{km}/\Omega]$
- 고장 점까지의 거리 : $d = \dfrac{8}{R_{2L}} \times \dfrac{1}{4} R_{2L} = 2[\text{km}]$

【별해 2】

- 고장 점까지의 저항 : $R_x = \dfrac{1}{4} R_{2L} [\Omega]$
- 케이블의 저항은 전로 길이에 비례하므로 고장 점까지의 거리는 전체 전로 길이의 $\dfrac{1}{4}$ 지점이 된다.
- 고장 점까지의 거리 : $d = 8 \times \dfrac{1}{4} = 2[\text{km}]$

예제 2 다음 그림의 표시와 같이 AB간 400[m]는 100[mm²], BC간 500[m], 200[mm²], CD간 650[m]는 325[mm²]인 3상 전력 케이블의 지중 전선로가 있다. 지금 전력 케이블에서 1선 지락 사고가 발생하여 A점에서 머레이루프법으로 고장 점을 찾으려고 그림과 같이 휘스톤 브리지의 원리를 이용하였다. A점에서부터 몇 [m] 지점에서 1선 지락 사고가 발생하겠는가? (단, a의 저항이 400[Ω]이고, b의 저항은 600[Ω]이다.)

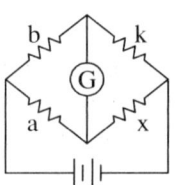

- 전선의 저항 $R = \rho \dfrac{\ell}{A}$ [Ω]에서 전선의 저항 R은 전선의 길이 ℓ에 비례하고, 전선의 단면적 A에는 반비례하는 관계를 이용하여 각각의 단면적과 길이를 가진 케이블 단면적 $100[\mathrm{mm}^2]$, 길이 $1[\mathrm{m}]$인 케이블을 기준으로 하여 환산하여 구한다.
- 단면적 $100[\mathrm{mm}^2]$, 길이 $1[\mathrm{m}]$인 케이블의 저항을 1[Ω]이라 가정하면

$$R_{AB} = \rho \dfrac{400\ell}{A} = 400,$$
$$R_{BC} = \rho \dfrac{500\ell}{2A} = 250,$$
$$R_{CD} = \rho \dfrac{650\ell}{3.25A} = 200$$

등가회로

왕복선 2가닥이므로
(400+250+200)×2

600, 400, G, 1700-R_x, R_x

- 케이블 전체 저항 $R = 400 \times 2 + 250 \times 2 + 200 \times 2 = 1700[\Omega]$이므로
- 고장 점까지의 케이블 저항을 R_x라 하면 휘스톤브리지 평형조건에 의하여
  $600 \times R_x = 400 \times (1700 - R_x)$에서 $R_x = 680[\Omega]$
- 고장 점까지의 저항 680[Ω]에 해당하는 거리는 처음 400[m]까지는 400[Ω]이므로
  B점부터의 저항 $R_B = 680 - 400 = 280[\Omega]$
- B점에서 다음 500[m]까지의 저항은 250[Ω]이므로
  C점부터의 저항 $R_C = 280 - 250 = 30[\Omega]$
- 나머지 CD 부분 저항 30[Ω]에서 1[m] 당 저항 $R = \dfrac{30}{650}[\Omega]$이므로

  C점에서 30[Ω]저항인 점까지의 거리 $x = \dfrac{30}{\frac{200}{650}} = 97.5[\mathrm{m}]$

- A점에서 고장 점까지의 거리 $x = 400 + 500 + 97.5 = 997.5[\mathrm{m}]$
- 정답 : 997.5[m]

4. 전로의 보호 절연내력 시험

1) 고압 및 특고압 전로의 절연내력 시험

고압 및 특고압의 전로는 다음 표에서 정한 시험전압을 전로와 대지 사이(다심케이블은 심선 상호 간 및 심선과 대지 사이)에 연속하여 10분간 가하여 절연내력을 시험하였을 때에 이에 견디는 것으로 할 것. 단, 전선에 케이블을 사용하는 교류 전로로서 직류로 시험할 경우 시험전압은 교류 시험전압의 2배일 것.

전로의 종류	시험전압
1. 최대사용전압 7[kV] 이하인 전로	최대사용전압의 1.5배의 전압
2. 최대사용전압 7[kV] 초과 25[kV] 이하인 중성선 다중 접지식 전로	최대사용전압의 0.92배의 전압
3. 최대사용전압 7[kV] 초과 60[kV] 이하인 전로 (중성선 다중 접지식은 제외)	최대사용전압의 1.25배의 전압 (최저시험전압 10.5[kV])
4. 최대사용전압 60[kV] 초과 중성점 비접지식 전로	최대사용전압의 1.25배의 전압
5. 최대사용전압 60[kV] 초과 중성점 접지식 전로	최대사용전압의 1.1배의 전압 (최저 시험전압 75[kV])
6. 최대사용전압 60[kV] 초과 중성점 직접접지식 전로	최대사용전압의 0.72배의 전압
7. 최대사용전압 170[kV] 초과 중성점 직접 접지식 전로로서 그 중성점이 직접 접지되어 있는 발전소 또는 변전소 혹은 이에 준하는 장소에 시설하는 것.	최대사용전압의 0.64배의 전압
8. 최대사용전압이 60[kV] 초과 정류기 접속 전로	최대사용전압의 1.1배의직류 전압

예제문제

예제 1 사용전압 154,000[V]인 중성점 직접접지식 전로의 절연내력 시험을 하고자 한다. 시험전압[V]과 시험 방법에 대한 다음 물음에 답하시오.
(1) 절연내력 시험 전압
(2) 절연내력 시험 방법

[정답]
(1) 절연내력 시험 전압 $= 154,000 \times 0.72 = 110,880 [V]$
 • 정답 : 110,880[V]
(2) 전로와 대지 사이에 전로 최대사용전압에 의하여 결정되어지는 절연내력시험 전압을 연속적으로 10분간 가할 때 이에 견디는 것으로 할 것.

2) 변압기 전로의 절연내력 시험

권선의 종류	시험전압	시험 방법
1. 최대사용전압 7[kV] 이하	최대사용전압의 1.5배 전압 (최저 시험전압 500[V])	시험되는 권선과 다른 권선, 철심 및 외함 간에 시험전압을 연속하여 10분간 가한다.
2. 최대사용전압 7[kV]초과 25[kV]이하 중선선 다중접지 전로에 접속 하는 것	최대사용전압의 0.92배 전압	
3. 최대사용전압 7 [kV] 초과 60[kV] 이하의 권선(중성선 다중접지식은 제외)	최대사용전압의 1.25배 전압 (최저 시험전압 10.5[kV])	
4. 최대사용전압 60[kV] 초과 중성점 비접지식 전로에 접속하는 것.	최대사용전압의 1.25배의전압	
5. 최대사용전압 60[kV] 초과 중성점 접지식 전로에 접속하는 것.	최대사용전압의 1.1배 전압 (최저 시험전압 75[kV])	시험되는 권선의 중성점단자, 다른 권선의 임의의 1단자, 철심 및 외함을 접지하고 시험되는 권선의 중성점 단자 이외의 임의의 1단자와 대지 사이에 시험전압을 연속하여 10분간 가한다.
6. 최대사용전압 60[kV] 초과 중성점 직접 접지식 전로에 접속하는 것. 단, 170[kV] 초과하는 권선에는 그 중성점에 피뢰기를 시설하는 것.	최대사용전압의 0.72배 전압 (중성점에 피뢰기를 시설하는 경우 중성점 단자와 대지 간에 최대사용전압의 0.3배의 전압)	
7. 최대사용전압 170[kV] 초과 중성점 직접접지식 전로에 접속하는 것.	최대사용전압의 0.64배 전압	
8. 최대 사용전압 60[kV] 초과 정류기에 접속하는 권선	정류기 교류 측 최대사용전압의 1.1배 교류전압 또는 정류기의 직류 측 최대 사용전압의 1.1배 직류전압	시험되는 권선과 다른 권선, 철심 및 외함 간에 시험전압을 연속하여 10분간 가한다.
9. 기타 권선	최대 사용전압의 1.1배의 전압 (최저 시험전압 75[kV])	

3) 회전기 및 정류기 절연내력 시험

종류			시험전압	시험방법
회전기	발전기 전동기 조상기	최대사용전압 7[kV] 이하	최대 사용전압의 1.5배 전압 (최저 시험전압 500[V])	권선과 대지 사이에 연속하여 10분간 가한다.
		최대사용전압 7[kV] 초과	최대사용전압의 1.25배 전압 (최저 시험전압 10.5[kV])	
	회전변류기		직류 측 최대사용전압의 1배 교류전압 (최저 시험전압 500[V])	
정류기	최대사용전압 60[kV] 이하		직류 측 최대 사용전압의 1배 교류전압 (최저 시험전압 500[V])	충전부분과 외함 간에 연속하여 10분간 가한다.
	최대사용전압 60[kV] 초과		교류 측 최대 사용전압의 1.1배 교류전압 또는 직류 측 최대 사용전압의 1.1배의 직류전압	교류 측 및 직류고압 측 단자와 대지 사이에 연속하여 10분간 가한다.

예제문제

예제 1 변압기의 절연내력 시험전압에 대한 ①~⑦의 알맞은 내용을 빈칸에 쓰시오.

구분	종류(최대사용전압을 기준으로)	시험전압
①	최대사용전압 7[kV] 이하인 권선 (단, 시험전압이 500[V] 미만으로 되는 경우에는 500[V])	최대사용전압×( )배
②	7[kV]를 넘고 25[kV] 이하의 권선으로서 중성선 다중접지식에 접속되는 것	최대사용전압×( )배
③	7[kV]를 넘고 60[kV] 이하의 권선(중성선 다중접지 제외) (단, 시험전압이 10,500[V] 미만으로 되는 경우에는 10,500[V])	최대사용전압×( )배
④	60[kV]를 넘는 권선으로서 중성점 비접지식 전로에 접속되는 것	최대사용전압×( )배
⑤	60[kV]를 넘는 권선으로서 중성점 접지식 전로에 접속하고 또한 성형결선의 권선의 경우에는 그 중성점에 T좌 권선과 주좌 권선의 접속점에 피뢰기를 시설하는 것. (단, 시험전압이 75[kV]미만으로 되는 경우에는 75[kV])	최대사용전압×( )배
⑥	60[kV]를 넘는 권선으로서 중성점 직접접지식 전로에 접속하는 것. 단 170[kV]를 초과하는 권선에는 그 중성점에 피뢰기를 시설하는 것	최대사용전압×( )배
⑦	170[kV]를 넘는 권선으로서 중성점 직접접지식 전로에 접속하고 또는 그 중성점을 직접 접지하는 것	최대사용전압×( )배
예시	기타의 권선	최대사용전압×(1.1)배

해설과 정답

[정답]
절연내력 시험전압
① 1.5　　② 0.92　　③ 1.25　　④ 1.25
⑤ 1.1　　⑥ 0.72　　⑦ 0.64

예제 2 다음 그림은 최대사용전압 6900[V] 변압기의 절연내력 시험을 위한 회로도이다. 그림을 보고 다음 물음에 답하시오.

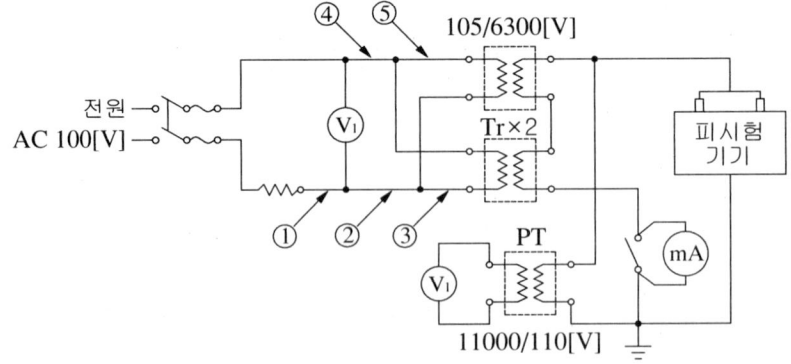

(1) 전원 측 회로에 전류계 Ⓐ를 설치하고자 할 때 ①~⑤번 중 적당한 곳은?
(2) 시험 시 전압계 V_1으로 측정되는 전압[V]은? (소수점 이하는 반올림 할 것.)

(3) 시험 전압계 V_2로 측정되는 전압은 몇 [V]인가?
(4) PT의 설치 목적은?
(5) 전류계 [mA]의 설치 목적은?

해설과 정답

(1) 절연내력 시험 시 시험용 변압기 1대로는 시험에 필요한 전압이 얻어지지 않으므로 시험용 변압기 2대를 사용하여 저압 측은 병렬로, 고압 측은 직렬로 접속하며, 시험 전압은 연속으로 10분 간 가할 때 견디는 것으로 한다.
  - 최대 사용 전압이 7,000[V] 이하인 변압기 권선은 최대 사용 전압의 1.5배인 시험 전압을 가한다.
  - 시험 전압 10,350[V]에서 1개의 시험용 변압기 고압 측 전압은 반이 되므로 저압 측 전압을 구할 때 고압 측 전압이 $\frac{1}{2}$인 것과 전압 변성비를 동시에 고려하여야 한다.
(2) PT는 피시험 기기에 가해지는 고전압의 절연내력 시험 전압을 낮은 전압으로 변성하여 측정할 목적으로 사용하고, mA 전류계의 사용 목적은 피시험 변압기의 누설 전류를 측정하기 위해 사용한다.

[정답]
(1) ①
(2) V_1 전압계 지시값
  - 시험전압 $6900 \times 1.5 = 10,350\,[\text{V}]$
  - 저압 측 전압 $V_1 = 10350 \times \dfrac{105}{6300} \times \dfrac{1}{2} = 86.25\,[\text{V}]$
  - 정답 : 86.25[V]
(3) V_2 전압계 지시값
  - 시험전압 $6900 \times 1.5 = 10,350\,[\text{V}]$
  - 전압계 지시 값 $V_2 = 10350 \times \dfrac{110}{11000} = 103.5\,[\text{V}]$
  - 정답 : 103.5[V]
(4) 고압의 시험전압을 저압으로 변성하여 측정(피 시험 기기의 절연내력 시험전압 측정)
(5) 피시험기기의 누설 전류 측정

예제 3 그림과 같이 변압기 2대를 사용하여 정전용량 $1[\mu F]$인 케이블의 절연내력 시험을 행하였다. 60[Hz]인 시험전압으로 5,000[V]를 가했을 때 전압계 Ⓥ, 전류계 Ⓐ의 지시값은? (단, 여기서 변압기 탭 전압은 저압 측 105[V], 고압 측 3300[V]로 하고 내부 임피던스 및 여자전류는 무시한다.

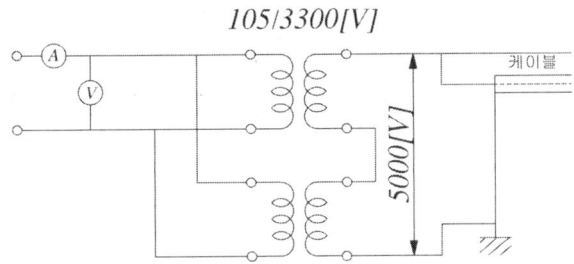

(1) 전압계 Ⓥ 지시 값
(2) 전류계 Ⓐ 지시 값

해설과 정답

(1) 절연내력 시험 시 시험용 변압기 1대로는 시험에 필요한 전압이 얻어지지 않으므로 시험용 변압기 2대를 사용하여 저압 측은 병렬로, 고압 측은 직렬로 접속하며, 시험 전압은 연속으로 10분 간 가할 때 견디는 것으로 한다. 시험 전압 5,000[V]에서 1개의 시험용 변압기 고압 측 전압은 반이 되므로 저압 측 전압을 구할 때 고압 측 전압이 $\frac{1}{2}$인 것과 전압 변성비를 동시에 고려하여야 한다.

(2) 케이블에 흐르는 충전전류가 저압 측 전류계에 흐를 때는 시험용 변압기 2대분이 흐르게 되므로 저압 측 전류에 2배를 함과 동시에 전압 변성비를 동시에 고려하여야 한다.

[정답]
(1) 전압계 Ⓥ 지시 값

- 전압계 Ⓥ = $5000 \times \frac{1}{2} \times \frac{105}{3300} = 79.55[\text{V}]$
- 정답 : 79.55[V]

(2) 전류계 Ⓐ 지시 값

- 케이블에 흐르는 충전전류 $I_C = 2\pi f CE = 2\pi \times 60 \times 1 \times 10^{-6} \times 5000 = 1.88[\text{A}]$
- 전류계에 흐르는 전류 Ⓐ = $1.88 \times \frac{3300}{105} \times 2 = 118.17[\text{A}]$
- 정답 : 118.17[A]

예제 4 그림은 구내에 설치할 3300[V], 220[V], 10[kVA]인 주상변압기의 무 부하 시험 방법이다. 이 도면을 보고 다음 각 물음에 답하시오.

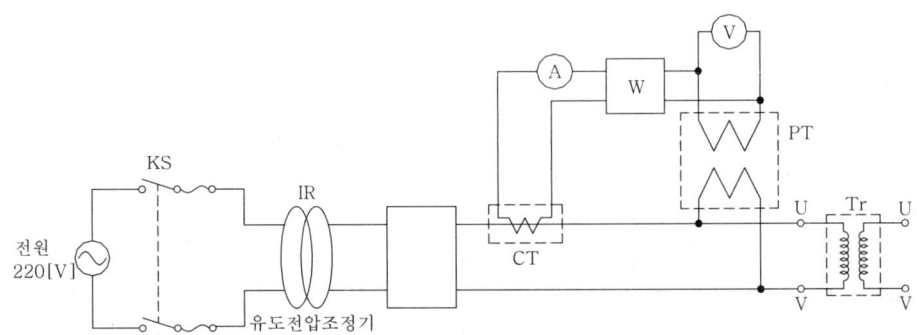

(1) 유도전압조정기의 오른쪽 네모 속에는 무엇이 설치되어야 하는가?
(2) 시험할 주상변압기의 2차 측은 어떤 상태에서 시험을 하여야 하는가?
(3) 시험할 변압기를 사용할 수 있는 상태로 두고 유도전압조정기의 핸들을 서서히 돌려 전압계의 지시 값이 1차 정격전압이 되었을 때 전력계가 지시하는 값은 어떤 값을 지시하는가?

변압기 무부하손 및 무 부하 전류의 측정은 고압 측에 입력을 가하고 저압 측을 개방하여 실험하는 것이 원칙이지만 고압 측을 전원으로 다루는 것은 위험하므로 일반적으로 저압 측 권선에 정격 주파수의 정격 전압을 인가하고 고압 측 권선을 개방한 상태에서 측정한다. 또한 변압기 무부하손 및 무 부하 전류는

전압의 크기 및 파형, 주파수의 변화에 따라 변화하므로 전압은 정격 전압의 125[%] 정도까지, 그리고 주파수는 정격 주파수의 50 ~ 125[%]까지 변화시키면서 측정한다. 따라서 유도전압조정기 2차 측에 설치하는 기기는 주파수변환기를 설치하여야 한다.
- 무 부하 시험(개방 시험) : 철손 측정
- 단락 시험 : 동손 측정

[정답]
(1) 주파수변환기
(2) 개방
(3) 철손

예제 5 변압기 시험용 기자재가 그림과 같을 때 다음 각 물음에 답하시오.

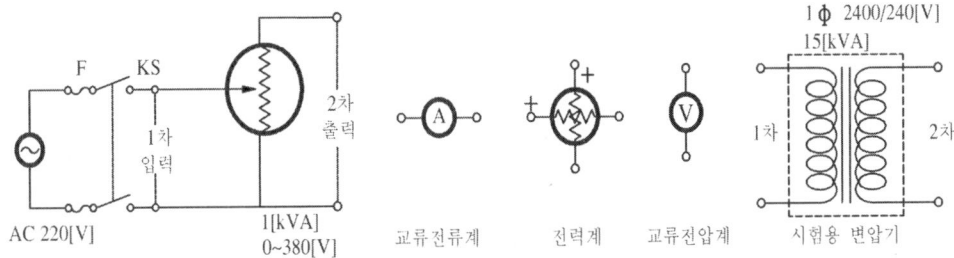

(1) 단락 시험 회로를 구성하시오.
[참고] 회로 구성 시에 주어진 기자재 이외에 필요한 것이 더 있으면 추가하고, 불필요한 것이 있으면 빼내고 회로를 구성하도록 한다.
(2) 단락시험을 했다고 가정하고 임피던스전압, %임피던스, 동손 구하는 방법을 설명하시오.
(3) 무 부하 시험(개방 시험)회로를 변압기 시험 기자재로 구성하시오.
(4) 무 부하 시험으로 철손을 구하는 방법을 설명하시오.
(5) 단락 시험, 무 부하 시험으로 효율을 구하는 방법을 설명하시오.
(6) % 임피던스와 변압기 고장 시 고장 단락전류, 변압기 전압변동률과의 관계를 간단히 설명하시오.

[정답]
(1) 단락시험 회로

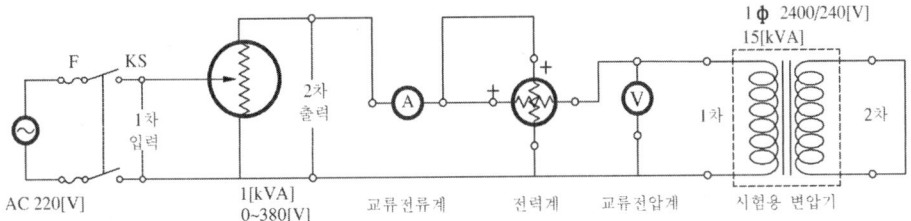

(2) 임피던스전압, %임피던스, 동손
① 임피던스 전압 : 시험용 변압기의 2차 측을 단락한 상태에서 슬라이닥스를 조정하여 변압기 1차 측에 흐르는 전류의 전류계 지시값이 정격전류가 될 때 변압기 1차 측 전압계에 나타나는 지시값을 읽어 구할 수 있다.

② %임피던스 : $\%Z = \dfrac{\text{임피던스 전압(교류전압계 지시값)}}{\text{1차 정격전압}} \times 100[\%]$

③ 동손 : 변압기 2차 측을 단락시키고 KS를 투입하여 변압기 1차 측에 흐르는 전류의 전류계 지시값이 정격전류가 될 때 전력계에 나타나는 지시값을 읽어 구할 수 있다.
(3) 개방시험 회로

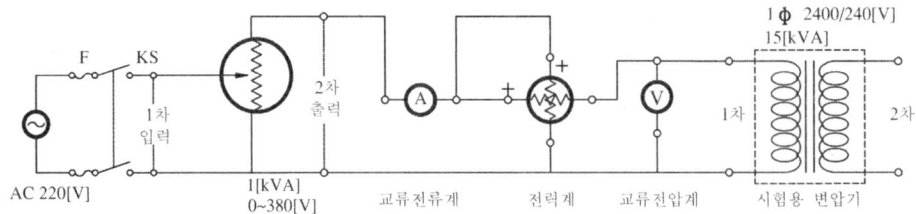

(4) 시험용 변압기의 2차 측을 개방한 상태에서 슬라이닥스를 조정하여 1차 측 교류 전압계의 지시 값이 정격 전압이 될 때 전력계에 나타나는 지시 값을 읽어 구할 수 있다.
(5) 단락시험에서 동손 P_c값과 무부하 시험에서 철손 P_i값을 구한 후 조건이 없을 때는 $\cos\theta = 1$, 온도 75℃를 기준으로 하여 다음과 같이 구한다.

- $\eta = \dfrac{정격출력}{정격출력 + 부하손(동손) + 무부하손(철손)} \times 100\,[\%]$

(6) 단락전류, 변압기 전압변동률

- 단락전류 : $I_s = \dfrac{100}{\%Z} I_n$ 으로부터 단락 고장전류 I_s는 $\%Z$에 반비례한다.
- 전압변동율 : $\varepsilon = p\cos\theta + q\sin\theta$ 로부터 전압변동율 ε은 $\%Z$에 비례한다.

5 절연저항 및 접지저항의 측정

1) 절연저항의 측정

(1) 절연저항의 측정법

절연저항계(메거)에 의한 절연 저항의 측정법 및 그 원리는 측정하고자 하는 피 측정물을 절연저항계의 선로(L : line) 단자 및 접지(E : earth) 단자에 접속한 상태에서 스위치를 넣고 직류전압을 인가할 때 피 측정물의 절연물 표면 및 절연물 내에 흐르는 누설전류에 의한 절연저항 값을 계기에 지시한 것으로 측정 시 부하 및 스위치, 분기 개폐기 등은 반드시 "개방 상태"로 한다. 일반적으로 절연저항계는 직류전압발생 방식에 따라 발전기식과 전지식이 있다.

(2) 절연저항계의 시험

① 영점체크 시험 : 절연저항계의 선로(L) 단자와 접지(E) 단자를 단락한 상태에서 스위치를 넣어 계기의 지시 값이 영이 되는 것을 확인하는 것.
② 개방체크 시험 : 절연 저항계의 선로(L) 단자와 접지(E) 단자를 개방한 상태에서 스위치를 넣어 계기의 지시 값이 ∞가 되는 것을 확인하는 것.

제8장 시험 및 측정

예제문제

예제 1 그림은 자가용 수변전 설비 주회로의 절연저항 측정 시험에 대한 기기 배치도이다. 다음 질문에 맞는 것을 선택하시오.

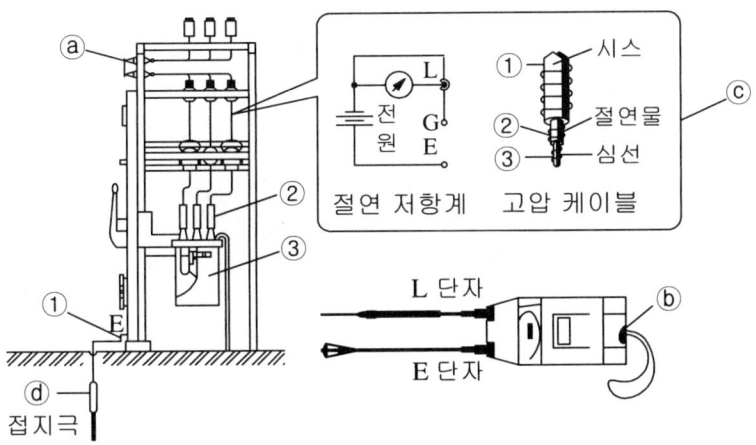

(1) 절연 저항 측정에서 기기 ⓐ의 명칭과 개폐상태는?
(2) 기기 ⓑ의 명칭은?
(3) 절연저항계의 L단자, E단자의 접속은 어느 개소에 하여야 하는가?
(4) 절연 저항계의 지시가 잘 안정되지 않을 때는 어떻게 하는가?
(5) ⓒ의 고압 케이블과 절연 저항계의 접속에서 맞는 것은?
(6) 절연 저항계의 체크 방법에서 영점 체크 방법이란?

해설 및 정답

(1) 자가용 수변전설비 절연저항 측정의 경우 인입구 단로기는 개방 상태로 한 후 고압검전기로 전로의 정전을 확인한 후 실시한다.
(3) 자가용 수변전설비 절연저항 측정 시 절연저항계의 L 단자는 차단기 단자에 E 단자는 접지 단자에 접속한다.
(6) 보호 단자(G)는 피 측정물의 표면 누설전류에 의한 절연저항의 측정 오차를 방지한다.

[정답]
(1) 단로기, 개방 상태   (2) 절연저항계   (3) L-②, E-①
(4) 인가 1분 후 지시값을 읽는다.   (5) L-③, G-②, E-①
(6) 영점체크 : E, L 단자를 단락하여 지침이 0을 지시하는 것을 확인하는 것.

2) 접지저항의 측정(3극법)

접지저항의 측정에는 접지 저항계(어스 테스터)를 이용하고 있으며 보조 접지봉 설치에 의한 접지 저항의 측정법은 먼저 접지저항계의 E, P, C 단자를 각각 피 측정물의 접지극 및 보조접지봉을 10[m]이상 이격시켜 지중에 타설한 제1 보조접지봉 및 제2 보조접지봉에 접속한 후 접지저항계의 전환 스위치를 Battery로 하여 내장 전지의 전압이 정상인가를 확인하고 검류계의 영점 조정기를 통한 검류계의 밸런스를 취한 다음 측정용 버튼을 눌러 접지 저항 값을 측정한다.

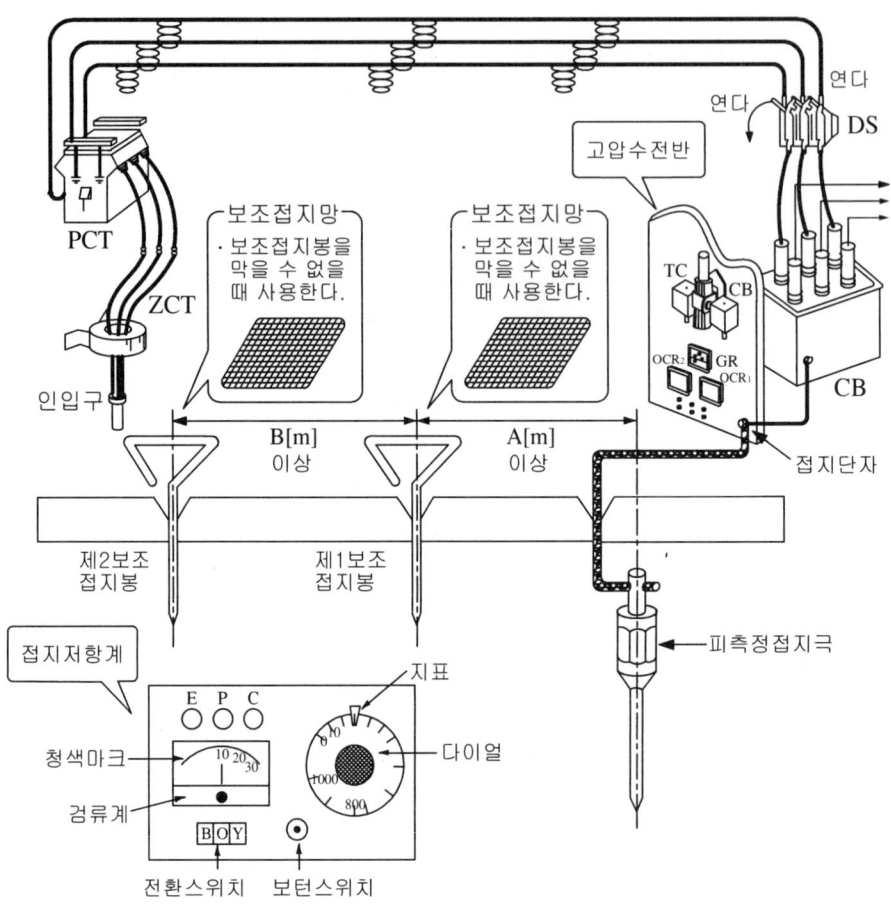

① 보조 접지봉 설치 목적 : 피 측정 접지 극에 시험 전류 인가.
② 접지봉의 연결 : E - 피 측정 접지 극, P - 제1 접지봉, C - 제2 접지봉
③ 접지봉 간 이격 거리 : A, B 각각 10[m]
④ 접지극의 매설 깊이 : 75[cm]
⑤ 전환스위치의 "BATTARY" 전환 : 접지저항계는 건전지를 전원으로 하고 있으므로 접지저항 측정 전에 건전지의 내장 전지 전압이 정상인가를 확인하여야 한다.
⑥ 검류계의 영점조정기 : 접지저항 측정 전 접지저항계의 양부를 확인하는 것으로 측정단자 E, P, C를 모두 단락하여 검류계의 지시가 0일 때 다이얼 지시가 0이면 양으로 한다.
⑦ 접지저항 측정 :

예제문제

예제 1 다음 그림은 전자식 접지 저항계를 사용하여, 접지극의 접지 저항을 측정하기 위한 배치도이다. 물음에 답하시오.

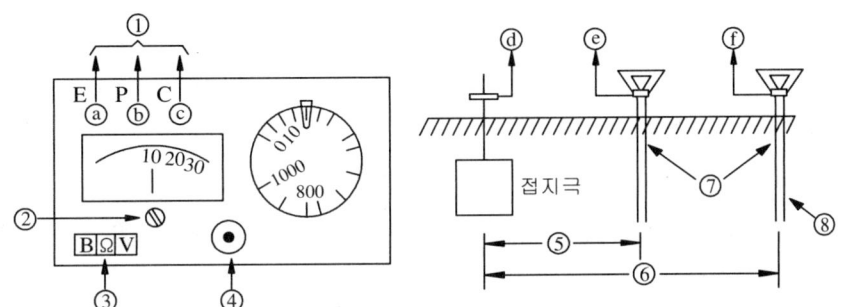

(1) 그림에서 ①의 측정 단자와 각 접지극의 접속은?
(2) 그림에서 ②의 명칭은?
(3) 그림에서 ③의 명칭은?
(4) 그림에서 ④의 명칭은?
(5) 그림에서 ⑤의 거리는 몇 [m] 이상인가?
(6) 그림에서 ⑥의 거리는 몇 [m] 이상인가?
(7) 그림에서 ⑦의 명칭을 쓰고 그 설치 이유를 쓰시오.
(8) 그림에서 ⑦의 매설 깊이는 몇 [m] 이상인가?
(9) 그림과 같은 보조 접지봉 타입에 의한 측정 방법을 무엇이라 하는가?
(10) 그림에서 ⑧의 설치 목적은?

(3) 전환스위치 : 접지저항계의 E(접지), P(전압), C(전류) 단자를 각각 d, e, f 에 접속한 후 다이얼을 돌려 검류계의 밸런스를 취한 다음 누름 버튼스위치를 누르고 다이얼을 돌려 검류계의 지침이 0이 될 때의 다이얼 지시 값을 읽어 측정한다.
(4) 누름버튼스위치 : 건전지를 전원으로 사용하는 전자식 접지저항계에서 접지 저항 측정 전 내장전지의 전압이 정상인가를 확인하기 위한 것으로 접지 저항 측정 전 바테리로 전환하여 정상 유무를 확인한다.

[정답]
(1) ⓐ-ⓓ, ⓑ-ⓔ, ⓒ-ⓕ
(2) 영점조정기
(3) 누름버튼스위치
(4) 전환스위치
(5) 10[m]
(6) 20[m]
(7) 보조접지봉, 전압과 전류를 공급하여 접지저항 측정
(8) 0.75[m]
(9) 3극법
(10) 피측정 접지극에 시험 전류를 흘리기 위한 것

예제 2 전류계전기의 동작시험을 하기 위한 시험기의 배치도를 보고 다음 각 물음에 답하시오.
(단, ○ 안의 숫자는 단자 번호이다.)

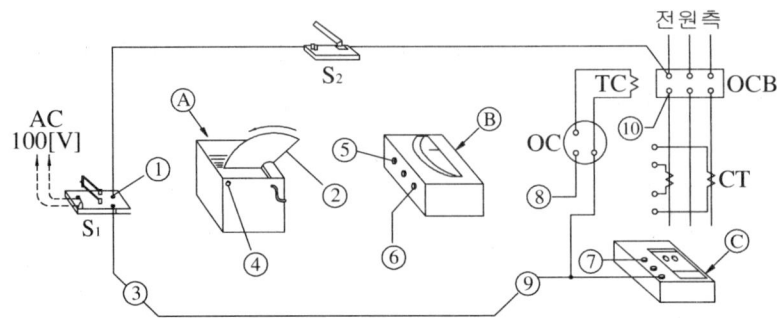

(1) 회로도의 기기를 사용하여 동작 시험을 하기 위한 단자 접속을 ○-○ 안에 기입하시오.
   ① - ○   ② - ○   ③ - ○   ⑥ - ○   ⑦ - ○
(2) Ⓐ, Ⓑ 및 Ⓒ에 표시된 기기의 명칭을 기입하시오.
   Ⓐ 기기 명 :   Ⓑ 기기 명 :   Ⓒ 기기 명 :
(3) 이 결선도에서 스위치 S_2를 투입(ON)하고 행하는 시험 명칭과 개방(OFF)하고 행하는 시험 명칭은 무엇인가?
   • S_2 ON시의 시험 명 :
   • S_2 OFF시의 시험 명 :

• 과전류계전기 동작 시험 회로도

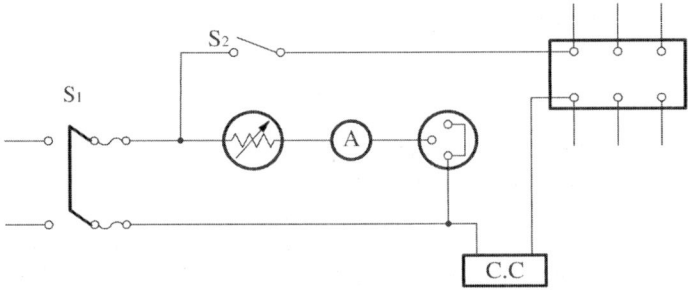

• 물 저항기 : 물속에 전극을 넣고 전극 간의 물을 저항체로 사용하여 전극 간의 거리 및 면적 등에 의한 저항을 조절할 수 있는 가변저항기이다.
• 싸이클카운터 : 계전기나 차단기 동작 시간을 측정하는 것으로 지시값이 사이클이므로 주파수로 나누면 초로 환산된다.

$$\circ 동작시간[초] = \frac{지시\ 싸이클의\ 수}{매초\ 주파수}$$

[정답]
(1) ① - ④   ② - ⑤   ③ - ⑨
    ⑥ - ⑧   ⑦ - ⑩
(2) Ⓐ 물 저항기   Ⓑ 전류계   Ⓒ 사이클카운터
(3) 과전류계전기 시험

- S_2 ON 시 시험 명 : 한시동작특성 시험
- S_2 OFF 시 시험 명 : 최소동작전류 시험

예제 3 CT 400/5[A]이고, 고장전류가 4000[A]이다. 과전류계전기의 동작시간은 몇[sec]로 결정되는가? (단, 전류는 125[%]에 장정되어 있고, 시간표시판 정정은 5이며, 계전기의 동작특성은 그림과 같다.)

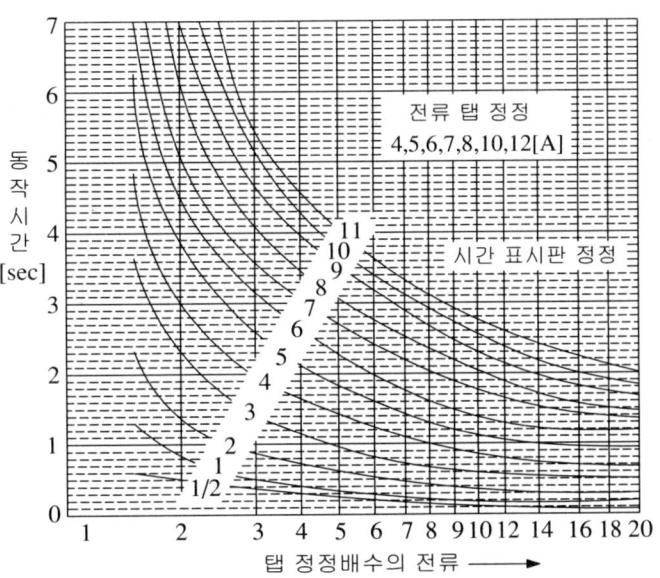

해설과 정답

- 정정 목표치 : 선로에 흐르는 정격전류에 대해 어느 정도 과전류가 흐를 경우 동작할 것인가를 나타내는 것.
  - 정정 목표 치 = 정격전류(부하전류) ÷ 변류비 × 탭 설정 값
- 탭 정정 배수 : 고장전류에 대해서 동작하는 계전기 탭의 비율을 나타내는 것.
  - 탭 정정 배수 = (고장전류 ÷ 변류비) ÷ 계전기 탭 선정값

[정답]

- 정정 목표치 = $400 \times \dfrac{5}{400} \times 1.25 = 6.25\,[\mathrm{A}]$ 에서 7[A] 탭으로 정정
- 탭 정정 배수 = $4,000 \times \dfrac{5}{400} \times \dfrac{1}{7} = 7.14$
- 동작시간은 탭 정정 배수 7.14와 시간 표시판 정정 5가 만나는 1.4초에 동작한다.
- 정답 : 1.4초

예제 4 오실로스코프의 감쇄 probe는 입력전압의 크기를 10배의 배율로 감소시키도록 설계되어 있다. 그림에서 오실로스코프의 입력 임피던스 R_S는 1[MΩ] 이고, probe의 내부 저항 R_P는 9[MΩ]이다.

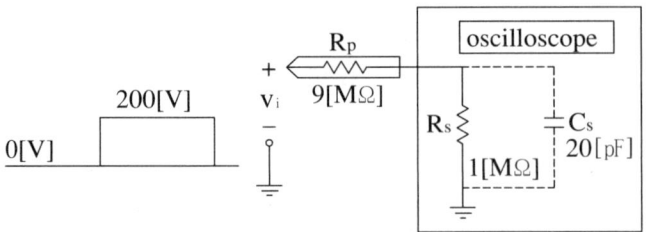

(1) probe의 입력 전압 $v_i = 200[\text{V}]$ 이라면 Oscilloscope에 나타나는 전압[V]은?

(2) 오실로스코프 내부 저항 $R_s = 1[\text{MΩ}]$과 $C_s = 20[\text{pF}]$의 콘덴서가 병렬로 연결되어 있을 때 콘덴서 C_s에 대한 테브닝의 등가회로가 다음과 같다면 시정수 τ와 $v_i = 200[\text{V}]$일 때의 테브난의 등가전압 E_{th}를 구하시오.

(3) 인가 주파수가 5[kHz]일때 주기는 몇 [msec]인가?

해설과 정답

(1) probe : 테스트 지점 또는 시그널 소스를 오실로스코프의 입력에 연결해주는 장치.
(2) $R-C$ 직렬회로의 시정수 : $\tau = RC [\text{sec}]$
(3) 주기와 주파수의 관계 : $T = \dfrac{1}{f}[\text{sec}]$

[정답]

(1) $V_o = \dfrac{200}{10} = 20[\text{V}]$

(2) 시정수, 등가전압
- 시정수 : $\tau = R_{th}C_s = 0.9 \times 10^6 \times 20 \times 10^{-12} = 18 \times 10^{-6}[\text{sec}] = 18[\mu\text{sec}]$
- 등가전압 : $E_{th} = \dfrac{R_s}{R_P + R_s} \times v_i = \dfrac{1}{9+1} \times 200 = 20[\text{V}]$
- 정답 : 시정수 18[μsec], 등가전압 2[V]

(3) 주기
- $T = \dfrac{1}{f} = \dfrac{1}{5 \times 10^3} \times 10^3 = 0.2[\text{msec}]$
- 정답 : 0.2[msec]

PART 09 심벌 및 기타

1. 변압기 결선 심벌과 옥내배선 심벌
2. 기기심벌
3. 전등기구 및 전력설비 심벌
4. 피뢰 설비 심벌

PART 09 심벌 및 기타

1. 변압기 결선 심벌과 옥내배선 심벌

1) 3상 전로에서 단상 부하를 사용하는 경우

접속방법의 종류		No. 1 역(逆) V 접속	No. 2 스코트 접속	No. 3 별개의 선간에 부하를 접속	No. 4 보통의 단상접속
부하의 수		1	2	2	1
결선 (☐ 는 부하)					
부하용량 [kVA]		100	100(50×2)	100(50×2)	100
부하역률 [%]		100	100	100	100
2차	선간전압 [V]	100	100	100	100
	전류 [A]	1,000	500	500	1,000
1차	선간전압[V]	3,300	3,300	3,300	3,300
	전류 [A] I_A	17.5	17.5	15.2	30.3
	I_B	35	17.5	26.2	30.3
	I_C	17.5	17.5	15.2	0
변압기	소요용량[kVA]	115(58×2)	108(주좌 58)T좌50	100(50×2)	100
	2차 단자전압[V]	58	100	100	100
	1차 단자전압[V]	3,300	주좌 3,300 T좌 2,860	3,300	3,300

[비고] 이 표는 부하용량 100[kVA](100[%])에 대하여 1차 및 2차 선간전압, 기타를 가정하여 수치를 비교한 것이다.

2) 변압기 결선

구 분	결선방법
1∅2W 220V 결선	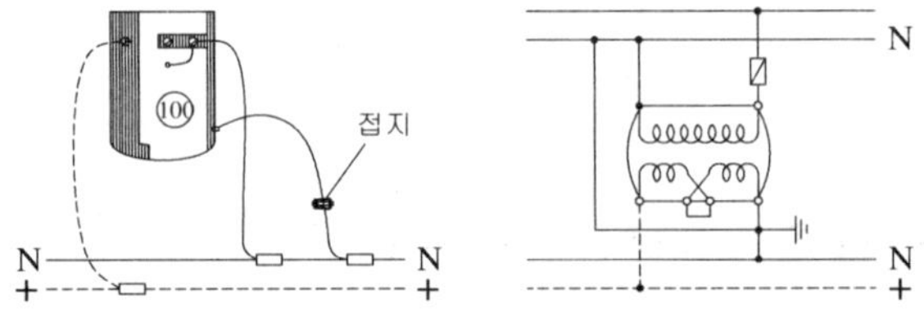 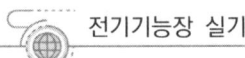 230/115(4단자) 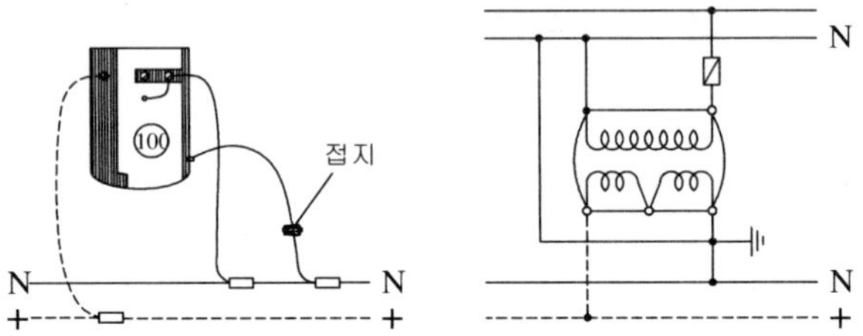 230/115(3단자)
1∅3W 110/220V 결선	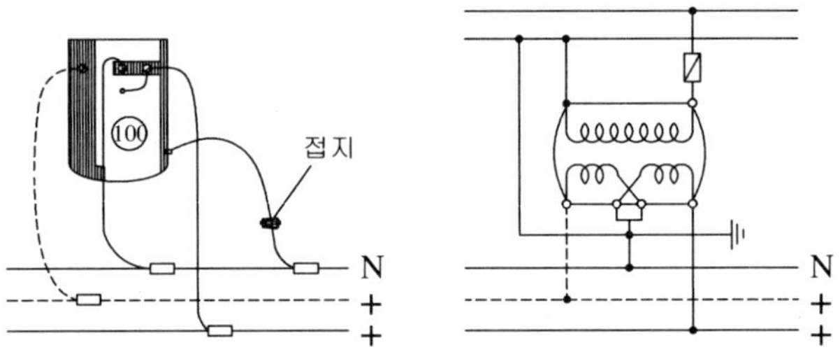 230/115(4단자)
3∅4W 110/220V (V결선)	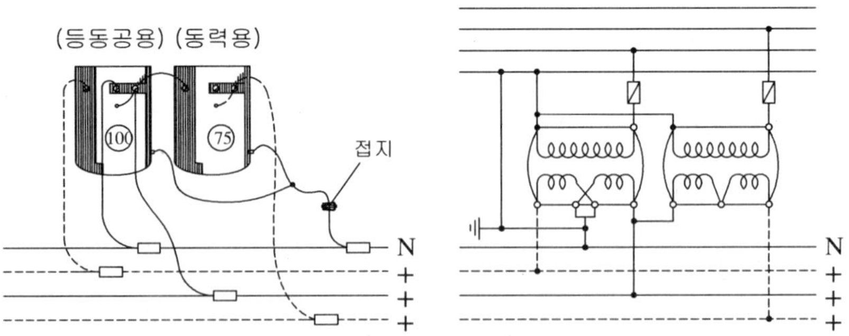 (등동공용) (동력용) 230/115(3단자)

구 분	결선방법	
3∅4W 220/380V (Y결선)	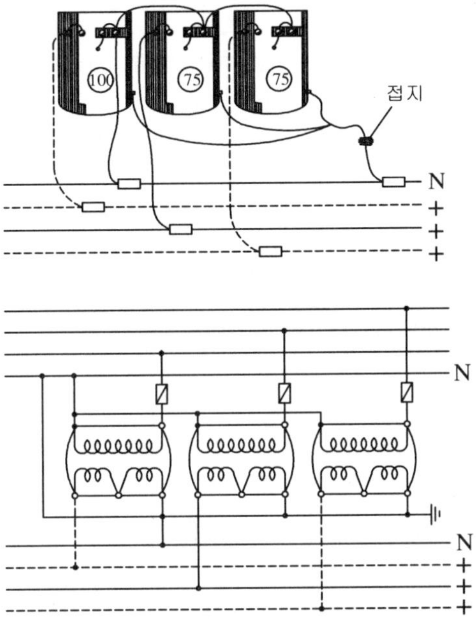 230/115(3단자)	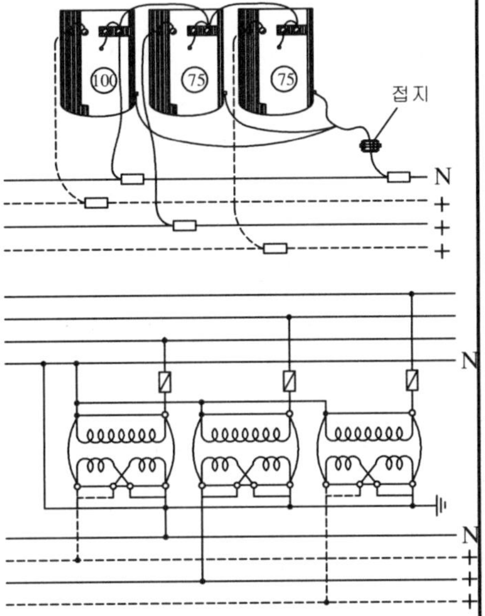 230/115(4단자)

3) 옥내 배선용 그림 기호(KSC 0301)

(1) 일반 배선(배관·덕트·금속선 홈통 등을 포함)

명 칭	그림 기호	적 요
천장 은폐 배선 바닥 은폐 배선 노출 배선	─── ─ ─ ─ ─ ─ ─ ─ ─	① 천장 은폐 배선 중 천장 속의 배선을 구별하는 경우는 천장 속의 배선에 ─ ─ ─ 을 사용하여도 좋다. ② 노출 배선 중 바닥면 노출 배선을 구별하는 경우는 바닥면 노출 배선에 ─ ─ ─ ─ 을 사용하여도 좋다. ③ 전선의 종류를 표시할 필요가 있는 경우는 기호를 기입한다. 【보기】 600[V] 비닐 절연 전선 : IV 　　　　 600[V] 2종 비닐 절연 전선 : HIV 　　　　 가교폴리에틸렌 절연 비닐 시드 케이블 : CV 　　　　 600[V] 비닐 절연 시스 케이블(평형) : VVF 　　　　 내화 케이블 : FP 　　　　 내열 전선 : HP 　　　　 통신용 PVC 옥내선 : TIV ④ 절연 전선의 굵기 및 전선 수는 다음과 같이 기입한다. 【보기】 ─///─　─//─　─///─　─///─ 　　　　　 1.6　　 2　　 2[mm²]　　 8 　　　　　　　　　　　　　1.6×5 　숫자 표기의 보기　　　　5.5×1 　단, 시방서 등에 전선의 굵기 및 전선수가 명백한 경우는 기입하지 않아도 좋다. ⑤ 케이블의 굵기 및 선심 수(또는 쌍수)는 다음과 같이 기입하고 필요에 따라 전압을 기입한다. 【보기】 1.6[mm] 3심인 경우 : 1.6 ~ 3C 　　　　 0.5[mm] 100쌍인 경우 : 0.5 ~ 100P 　단, 시방서 등에 케이블의 굵기 및 선심수가 명백한 경우는 기입하지 않아도 좋다. ⑥ 전선은 접속점은 다음에 따른다.　┬ ⑦ 배관은 다음과 같이 표시한다. 　　　─///─ 　　　1.6 (19)　강제 전선관인 경우 　　　─//─ 　　　1.6 (VE16)　경질 비닐 전선관인 경우 　　　─//─ 　　　1.6 (F₂17)　2종 금속제 가요전선관인 경우 　　　─//─ 　　　1.6 (PF16)　합성수지제 가요관인 경우 　　　　　⌒ 　　　　 (19)　전선이 들어 있지 않은 경우 　단, 시방서 등에 명백한 경우는 기입하지 않아도 좋다. ⑧ 플로어 덕트의 표시는 다음과 같다. 【보기】 (F7)　　(FC6) ⑨ 정크션 박스를 표시하는 경우는 다음과 같다.　─◎─

명 칭	그림 기호	적 요

		⑩ 금속덕트를 표시하는 경우는 다음과 같다. MD
		 ⑪ 금속선 홈통의 표시는 다음과 같다.
		      1종 ----- 2종 -----
		          MM_1 MM_2
		 ⑫ 라이팅 덕트의 표시는 다음과 같다.
		    □---- ----□
		       LD LD
		      □는 피드인 박스를 표시한다.
		      필요에 따라 전압, 극수, 용량을 기입한다.
		 【보기】 □------
		          LD 125 V 2P 15A
		 ⑬ 접지선의 표시는 다음과 같다.
		      【보기】 E 2.0
		 ⑭ 접지선과 배선을 동일 관 내에 넣는 경우는 다음과 같다.
		      【보기】 2.0(25) E 2.0
		      단, 접지선의 표시 E가 명백한 경우는 기입하지 않아도 좋다.
		 ⑮ 케이블의 방화구획 관통 부는 다음과 같이 표시한다.
		      ─⊕─
		 ⑯ 정원등 등에 사용하는 지중 매선 배선은 다음과 같다.
		      ----- 	
		 ⑰ 옥외 배선은 옥내 배선의 그림 기호를 준용한다.
		 ⑱ 구별을 필요로 하지 않는 경우는 실선만으로 표시하여도 좋다.
		 ⑲ 건축도의 선과 명확히 구분한다.

상승 인하 소통	↗ ↙○ ↗○	① 동일 층의 상승, 인하는 특별히 표시하지 않는다. ② 관, 선 등의 굵기를 명기한다. ③ 필요에 따라 공사 종별을 표기한다. ④ 케이블의 방화구획 관통 부는 다음과 같이 표시한다. 상승 ↗ 인하 ↙○ 소통 ↗○
풀박스 및 접속상자	⊠	① 재료의 종류, 치수를 표시한다. ② 박스의 대소 및 모양에 따라 표시한다.
VVF용 조인트 박스	⊘	단자 붙이임을 표시하는 경우는 t를 표기한다. ⊘$_t$
접지단자	⏚	의료용인 것은 H를 표기한다.
접지센터	EC	의료용인 것은 H를 표기한다.
접지극	⏚	① 접지 종별을 다음과 같이 표기한다. 제1종 E_1 , 제2종 E_2 , 제3종 E_3 , 특별 제3종 ES_3 【보기】 ⏚E_1 ② 필요에 따라 재료의 종류, 크기, 필요한 접지 저항치 등을 표기한다.
수전점	⋛	인입구에 이것을 적용하여도 좋다.
점검구	◯	

(2) 버스덕트

명 칭	그림 기호	적 요
버스 덕트	▬	① 필요에 따라 다음 사항을 표시한다. 　(개) 피더 버스덕트 : FBD　　　플러그인 버스덕트 : PBD 　　　트롤리 버스덕트 : TBD 　(내) 방수형인 경우는 WP 　(대) 전기방식, 정격 전압, 정격 전류 【보기】　FBD 3ø 3W 300V 600A ② 익스팬션을 표시하는 경우는 다음과 같다. ▬△▬ ③ 오프셋을 표시하는 경우는 다음과 같다. ▬ ④ 탭 붙이를 표시하는 경우는 다음과 같다. ▬▼
		⑤ 상승, 인하를 표시하는 경우는 다음과 같다. 　　상승 ▬↗　　　인하 ▬↘ ⑥ 필요에 따라 정격 전류에 의해 나비를 바꾸어 표시하여도 좋다.
합성수지선 홈통	▬	① 필요에 따라 전선의 종류, 굵기, 가닥수, 선홈통의 크기 등을 기입한다. 【보기】　IV16×4(PR35×18) (PR 35×18)　전선이 들어있지 않은 경우 ② 회선수를 다음과 같이 표시하여도 좋다. 【보기】 ▬　2회선인경우 ③ 그림기호 ▬ 는 ------ PR ------ 로 표시하여도 좋다. ④ 조인트 박스를 표시하는 경우는 다음과 같다. ▬ ⑤ 콘센트를 표시하는 경우는 다음과 같다. ▬ ⑥ 점멸기를 표시하는 경우는 다음과 같다. ▬ ⑦ 걸림 로제트를 표시하는 경우는 다음과 같다. ▬

(3) 증설

동일 도면에서 증설, 기설을 표시하는 경우 증설은 굵은 선, 기설은 가는 선 또는 점선으로 한다. 또한 증설은 적색, 기설은 흑색 또는 청색으로 하여도 좋다.

(4) 철거

철거인 경우 ×를 붙인다.　　【보기】 ×××⊗×××

2 기기심벌

명 칭	그림 기호	적 요
전동기	Ⓜ	필요에 따라 전기방식, 전압, 용량을 표기한다.
콘덴서	⏉	전동기의 적요를 준용한다.
전열기	Ⓗ	전동기의 적요를 준용한다.
환기팬 (선풍기 포함)	∞	필요에 따라 종류 및 크기를 표기한다.
룸 에어컨	RC	① 옥외 유닛에는 0을, 옥내 유닛에는 1을 표기한다. 　$\boxed{RC}_0$　$\boxed{RC}_1$ ② 필요에 따라 전동기, 전열기의 전기방식, 전압, 용량 들을 표기한다.
소형 변압기	Ⓣ	① 필요에 따라 용량, 2차 전압을 표기한다. ② 필요에 따라 벨 변압기는 B, 리모컨 변압기는 R, 네온 변압기는 N, 형광등용 안정기는 F, HID등(고효율 방전등)용 안정기는 H를 표기 한다. 　Ⓣ$_B$　Ⓣ$_R$　Ⓣ$_N$　Ⓣ$_F$　Ⓣ$_H$ ③ 형광등용 안정기 및 HID등용 안정기로서 기구에 넣는 것은 표기하지 않는다.
정류 장치	▶︎⊦	필요에 따라 종류, 용량, 전압 등을 표기한다.
축전기	⊣⊦	필요에 따라 종류, 용량, 전압 등을 표기한다.
발전기	Ⓖ	전동기의 적요를 준용한다.

3 전등기구 및 전력설비 심벌

(1) 조명기구

명 칭	그림 기호	적 요
일반용 조명 백열등 HID등	○	① 벽 붙이는 벽 옆을 칠한다. ◐ ② 기구 종류를 표시하는 경우는 ○안이나 또는 표기로 글자 명, 숫자 등의 문자 기호를 기입하고 도면의 비고 등에 표시한다. 【보기】 ⓝ ○나 ① ○₁ Ⓐ ○ₐ 등 　　　같은 방에 같은 기구를 여러 개 시설하는 경우는 통합하여 문자 기호와 기구수를 기입하여도 좋다. ③ ②에 따르기 어려운 경우는 다음 보기에 따른다. 　　걸림 로제트만 ⓞ　　　팬던트 ⊖ 　　실링, 직접 부착 ⒸⓁ　샹들리에 ⒸⒽ 　　매입기구 ⒹⓁ ◎로 하여도 좋다. ④ 용량을 표시하는 경우는 와트 수(W)×램프 수로 표시한다. 【보기】 200×3
일반용 조명 백열등 HID등	○	⑤ 옥외등은 ⊗로 하여도 좋다. ⑥ HID등의 종류를 표시하는 경우는 용량 앞에 다음 기호를 붙인다. 　수은등 : H　메탈할라이드등 : M　나트륨등 : N 【보기】 H 400
형광등	▭○▭	① 그림 기호 ▭○▭ 는 ▭○▭ 로 표시하여도 좋다. ② 벽붙이는 벽 옆을 칠한다. 　가로붙이인 경우: ▭○▭　　세로붙이인 경우: ▯ ③ 기구 종류를 표시하는 경우는 ○안이나 또는 표기로 글자명, 숫자 등의 문자기호를 기입하고 도면의 비고 등에 표시한다. 【보기】 ⓝ ○나 ① ○₁ Ⓐ ○ₐ 　　　같은 방에 같은 기구를 여러 개 시설하는 경우는 통합하여 문자 기호와 기구수를 기입하여도 좋다. 또한, 여기에 따르기 어려운 경우는 일반용 조명 백열등, HID등의 적용 ③을 준용한다. ④ 용량을 표시하는 경우는 램프의 크기(형)×램프수로 표시한다. 　또, 용량 앞에 F를 붙인다. 【보기】F 40　　F 40×2 ⑤ 용량 외에 기구수를 표시하는 경우는 램프의

명 칭	그림 기호	적 요
		크기(형)×램프 수-기구 수로 표시한다. 【보기】 F 40-2　　　　F 40×2-3 ⑥ 기구 내 배선의 연결 방법을 표시하는 경우는 다음과 같다. 【보기】 ⊶F 40-2　　⊶F 40-3 ⑦ 기구의 대소 및 모양에 따라 표시하여도 좋다. 【보기】
비상용조명 (건축 기준법에 따르는 것)	백열등 ●	① 일반용 조명 백열등의 적요를 준용한다. 다만, 기구의 종류를 표시하는 경우는 표기한다. ② 일반용 조명 형광등에 조립하는 경우는 다음과 같다.
	형광등	① 일반용 조명 백열등의 적요를 준용한다. 단, 기구의 종류를 표시하는 경우는 표기한다. ② 계단에 설치하는 통로유도등과 겸용인 것은 ▬⊗▬ 로 한다.
유도등 (소방법에 따르는 것)	백열등 ⊗	① 일반용 조명 백열등의 적요를 준용한다. 다만, 기구의 종류를 표시하는 경우는 표기한다. ② 객석 유도등인 경우는 필요에 따라 S를 표기한다. ⊗s
	형광등	① 일반용 조명 백열등의 적요를 준용한다. ② 기구의 종류를 표시하는 경우는 표기한다. 【보기】 ⊶⊗⊶ 중 ③ 통로 유도등인 경우는 필요에 따라 화살표를 기입한다. 【보기】 ④ 계단에 설치하는 비상용 조명과 겸용인 것은 ▬⊗▬ 로 한다.
불멸 또는 비상용등 (건축법, 소방법에 따르지 않는 것)	백열등 ⊗	① 벽 붙이는 벽 옆을 칠한다. ⊗ ② 일반용 조명 백열등의 적요를 준용한다. 다만, 기구의 종류를 표시하는 경우는 표기한다.
	형광등	① 벽 붙이는 벽 옆을 칠한다. ② 일반용 조명 형광등의 적요를 준용한다. 다만, 기구의 종류를 표시 하는 경우는 표기한다.

(2) 콘센트

명 칭	그림 기호	적 요

콘센트	⊙
	⊙
		① 그림 기호는 벽 붙이를 표시하고 벽 옆을 칠한다.
		② 그림 기호는 ⊙는 ⊖로 표시하여도 좋다.
		③ 천장에 부착하는 경우는 다음과 같다. ⊙
		④ 바닥에 부착하는 경우는 다음과 같다. ⊙
		⑤ 용량의 표시 방법은 다음과 같다.
		  (가) 15[A]는 표기하지 않는다.
		  (나) 20[A] 이상은 암페어 수를 표기한다.
		【보기】 ⊙$_{20A}$ ⑥ 2구 이상인 경우는 구수를 표기한다.
		【보기】 ⊙$_2$
		⑦ 3극 이상인 것은 극수를 표기한다.
		【보기】 ⊙$_{3P}$
		⑧ 종류를 표시하는 경우는 다음과 같다.
		  빠짐 방지 형 ⊙$_{LK}$ 걸림 형 ⊙$_T$
		  접지 극 붙이 ⊙$_E$ 접지단자 붙이 ⊙$_{ET}$
		  누전차단기 붙이 ⊙$_{EL}$
		⑨ 방수 형은 WP를 표기한다. ⊙$_{WP}$
		⑩ 방폭형은 EX를 표기한다. ⊙$_{EX}$
		⑪ 타이머붙이, 덮개붙이 등 특수한 것은 표기한다.
		⑫ 의료용은 H를 표기한다. ⊙$_H$
		⑬ 전원 종별을 명확히 하고 싶은 경우는 그 뜻을 표기한다.

비상 콘센트(소방법)	⊙⊙	

명 칭	그림기호	적 요
점멸기	●	① 용량의 표시방법은 다음과 같다. 　(가) 10[A]는 표기하지 않는다. 　(나) 15[A]이상은 전류치를 표기한다. ●15A ② 극수의 표시방법은 다음과 같다. 　(가) 단극은 표기하지 않는다. 　(나) 2극 또는 3로, 4로는 각각 2P 또는 3, 4의 숫자를 표기한다. 　【보기】 ●2P ●3 ③ 플라스틱은 P를 표기한다. ●P ④ 파일럿램프를 내장하는 것은 L을 표기한다. ●L ⑤ 따로 놓여진 파일럿 램프는 ○로 표시한다. ●○ ⑥ 방수형 ●WP　　⑦ 방폭형 ●EX ⑧ 타이머붙이 ●T ⑨ 자동 형, 덮개붙이 등 특수한 것은 표기한다. ⑩ 옥외등 등에 사용하는 자동점멸기는 A 및 용량을 표기 한다. ●A(3A)
조광기	↗	용량을 표시하는 경우는 표기한다. 【보기】 ↗15A
리모콘 스위치	●R	① 파일럿 램프 붙이는 ○을 병기한다.【보기】○●R ② 리모콘 스위치임이 명백한 경우는 R을 생략하여도 좋다.
실렉터 스위치	⊗	① 점멸 회로수를 표기한다. 【보기】 ⊗9 ② 파일럿 램프붙이는 L을 표기한다.【보기】 ⊗9L
리모콘 릴레이	▲	리모콘 릴레이를 집합하여 부착하는 경우는 ▲▲▲ 를 사용하고 릴레이수를 표기한다.【보기】 ▲▲▲10
개폐기	S	① 상자들이인 경우는 상자의 재질 등을 표기한다. ② 극수, 정격전류, 퓨즈 정격전류 등을 표기한다. 【보기】 S 2P 30A f15A ③ 전류계붙이는 Ⓢ 를 사용하고 전류계의 정격전류를 표기한다. 【보기】 Ⓢ 2P 30A f15A A 5
배선용 차단기	B	① 상자들이인 경우는 상자의 재질 등을 표기한다. ② 극수, 정격전류, 퓨즈 정격전류 등을 표기한다. 【보기】 B 3P 225AF 150A ③ 모터브레이커를 표시하는 경우는 Ⓑ 를 사용한다. ④ B 를 S MCB로서 표시하여도 좋다.

명 칭	그림기호	적 요
누전차단기	E	① 상자들이인 경우는 상자의 재질 등을 표기한다. ② 과전류 소자붙이는 극수, 프레임의 크기, 정격 전류, 정격감도전류 등 과전류 소자 없음은 극수, 정격전류, 정격 감도전류 등을 표기한다. 과전류 소자붙이의 보기 : E 2P / 30AF / 15A / 30mA 과전류 소자 없음의 보기 : E 2P / 15A / 30mA ③ 과전류 소자붙이는 BE 를 사용하여도 좋다. ④ E 를 S$_{ELB}$ 로 표시하여도 좋다.
전자 개폐기용 누름 버튼	●B	텀블러 형 등인 경우도 이것을 사용한다. 파일럿램프 붙이인 경우는 L을 표기한다.
압력스위치	●P	
플로트 스위치	●F	
플로트리스 스위치 전극	●LF	전극수를 표기한다. 【보기】 ●LF3
타임스위치	TS	
전력량계	Wh	① 필요에 따라 전기방식, 전압, 전류 등을 표기한다. ② 그림 기호 Wh 는 WH 로 표시하여도 좋다.
전력량계 (상자들이 또는 후드붙이)	Wh	① 전력량계의 적요를 준용한다. ② 집합 계기상자에 넣는 경우는 전력량계의 수를 표기한다. 【보기】 Wh 12
변류기 (상자)	CT	필요에 따라 전류를 표기한다.
전류 제한기	L	① 필요에 따라 전류를 표기한다. ② 상자들이인 경우는 그 뜻을 표기한다.
누전 경보기	⊗G	필요에 따라 종류를 표기한다.
누전 화재 경보기 (소방법)	⊗F	필요에 따라 급별을 표기한다.
지진 감지기	EQ	필요에 따라 작동특성을 표기한다. 【보기】 EQ 100 170[cm/s^2] EQ 100-170 Gal

(3) 배전반 · 분전반 · 제어반

명 칭	그림기호	적 요
배전반, 분전반 및 제어반	▭	① 종류를 구별하는 경우는 다음과 같다. 　배전반 : ⊠　　분전반 : ◩　　제어반 : ⊠ ② 직류용은 그 뜻을 표기한다. ③ 재해방지 전원회로용 배전반 등인 경우는 2중 틀로 하고 필요에 　따라 종별을 표기한다. 【보기】 ⊠ 1종　　◩ 2종

4 피뢰 설비 심벌

명칭	그림기호	적 요
돌침 부	⊙	평면도용
	▮	입면도용
피뢰도선 및 지붕 위 도체	──	① 필요에 따라 재료의 종류, 크기 등을 표기한다. ② 접속점은 다음과 같다. ──●── ──┬──
접지저항 측정용 단자	⊗	접지용 단자 상자에 넣는 경우는 다음과 같다. 　⊠

예제문제

예제 1 그림과 같은 100/200[V] 2종류의 전압을 얻을 수 있는 단상 3선식회로를 보고 다음 각 물음에 답하시오.

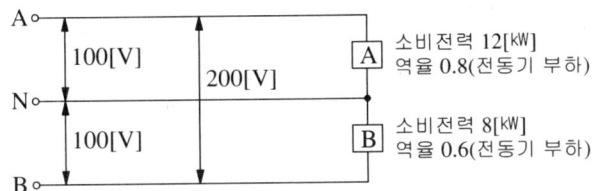

(1) 중성선 N에 흐르는 전류는 몇 [A]인가?

(2) 중성선의 굵기를 결정하는 전류는 몇[A]인가?
(3) 부하는 저압 전동기이다. 이 전동기는 제 몇 종 절연을 하는가?
   (단, 이 전동기의 허용온도는 105[℃]라고 한다.)
(4) A 전동기의 용량으로 양수를 하다면 양정 10[m], 펌프 효율 80[%] 정도에서 매분 당 양수 량[m³]은? (단, 여유 계수는 1.1로 한다)

[해설]
(1) 역률이 다를 경우 : 유효분, 무효분으로 분류하여 해석한다.
- $I_A = 150(0.8 - j0.6) = 120 - j90$
- $I_B = 133.33(0.6 - j0.8) = 80 - j106.67$
- $I_N = (120 - j90) - (80 - j106.67) = 40 + j16.67 = \sqrt{40^2 + 16.67^2} = 43.33$ [A]
- [정답] : 43.33[A]

(2) [정답] : 150[A]
(3) [정답] : A종
(4) $P = \dfrac{9.8QH}{\eta}K$ [kW]에서 $Q = \dfrac{12 \times 0.8}{9.8 \times 10 \times 1.1} \times 60 = 5.34$ [m³]
- [정답] : 5.34[m³]

예제 2 그림과 같은 단상 3선식 배전선 a, b, c 각 선간에 부하가 접속되어 있다. 전선의 저항은 3선이 같고, 각각 0.06[Ω]이라고 한다. ab, bc, ca 간의 전압을 구하시오. (단, 부하 역률은 변압기의 2차 전압에 대한 것으로 하고, 또 선로의 리액턴스는 무시한다.)

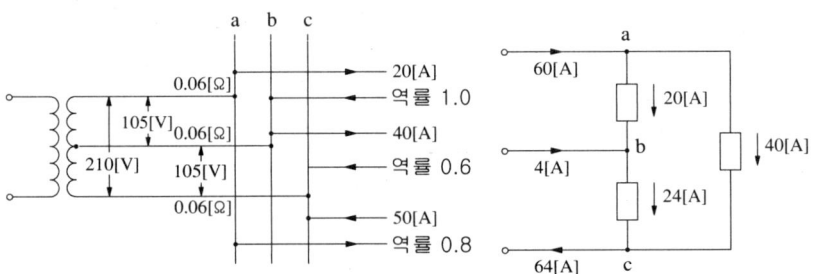

전압강하 $e = I(R\cos\theta + X\sin\theta) = I\cos\theta \cdot R + I\sin\theta \cdot X$ 식에서 전로 리액턴스를 무시하였으므로, 오른편 등가회로는 전로 리액턴스와 전압강하가 성립하는 무효분 전류는 생략하고, 전로 저항 R과 전압강하가 성립하는 유효분 전류 $I\cos\theta$만을 표현한 등가회로이다.

- $V_{ab} = 105 - (60 \times 0.06 + (-4) \times 0.06) = 101.64$ [V] • [정답] : 101.64[V]
- $V_{bc} = 105 - (4 \times 0.06 + 64 \times 0.06) = 100.92$ [V] • [정답] : 100.92[V]
- $V_{ca} = 210 - (60 \times 0.06 + 64 \times 0.06) = 202.56$ [V] • [정답] : 202.56[V]

PART 부록

- 제63회 전기기능장 필답형 복원문제
- 제64회 전기기능장 필답형 복원문제
- 제65회 전기기능장 필답형 복원문제
- 제66회 전기기능장 필답형 복원문제
- 제67회 전기기능장 필답형 복원문제
- 제68회 전기기능장 필답형 복원문제
- 제69회 전기기능장 필답형 복원문제

제63회 전기기능장 필답형 복원 문제

문제 1 고조파 장해대책 5가지를 쓰시오.

해설과 정답

발생원 측	계통 측	수용가 측
㉮ 리액터 설치 ㉯ 변환기의 다수 펄스화 ㉰ 필터설치 ㉱ 콘덴서 설치	㉮ 계통분리 ㉯ 전원단락 용량 증대 ㉰ 고조파 부하용 변압기 및 배전선의 분리 전용화 ㉱ 필터 설치	㉮ 변환기의 다펄스화 ㉯ PWM 방식 채용 ㉰ 리액터 설치 ㉱ 필터 설치 ㉲ 변압기 △결선 채용

문제 2 설비불평형률 공식과 기준을 쓰시오.
① 단상 3선식
- 공식 :
- 기준 :

② 3상 4선식
- 공식 :
- 기준 :

해설과 정답

① 공식 : 설비불평형률 = $\dfrac{\text{중성선과 각 전압측 선간에 접속되는 부하설비용량[VA]의 차}}{\text{총 부하설비용량[VA]의 } \frac{1}{2}} \times 100[\%]$

  기준 : 40[%]

② 공식 : 설비불평형률 = $\dfrac{\text{각 간선에 접속되는 단상부하 총설비용량[VA]의 최대와 최소의 차}}{\text{총 부하설비용량[VA]의 } \frac{1}{3}} \times 100[\%]$

  기준 : 30[%]

문제 3 LPS 회전구체 반경과 메쉬사이즈 표에서 빈칸을 채우시오.

피뢰 시스템 레벨	보호법		보호 각 $\alpha°$
	회전구체 반경 r[m]	메시 치수 W[m]	
I	20		피뢰시스템 레벨 별 보호 대상 지역 기준 평면으로부터의 높이에 따라 달라진다.
II	30		
III	45		
IV	60		

해설과 정답

피뢰 시스템 레벨	보호법		보호 각 $\alpha°$
	회전구체 반경 r[m]	메시 치수 W[m]	
I	20	5×5	피뢰시스템 레벨 별 보호 대상 지역 기준 평면으로부터의 높이에 따라 달라진다.
II	30	10×10	
III	45	15×15	
IV	60	20×20	

문제 4 특고압에서 차단기와 비교하여 PF의 장점 3가지를 쓰시오.

해설과 정답

장점	단점
① 소형 경량이고 가격이 싸다. ② 차단 용량이 크며 고속 차단할 수 있다. ③ 계전기나 변성기가 필요 없다. ④ 보수가 간단하다. ⑤ 현저한 한류 특성을 가진다. ⑥ 스페이스가 작아 장치 전체가 소형이다. ⑦ 한류형은 차단 시, 무 소음, 무 방출 특성을 가진다. ⑧ 후비보호에 완벽하다.	① 재투입할 수 없다. ② 과도전류에서 용단될 수 있다. ③ 동작 시간-전류 특성 조정이 불가능하다. ④ 한류형 퓨즈에서 용단되어도 차단되지 않는 전류범위를 가지는 것이 있다. ⑤ 한류형은 차단 시 과전압이 발생할 수 있다. ⑥ 비보호 영역이 있어 사용 중 열화 해 동작하면 결상을 일으킬 우려가 있다. ⑦ 고임피던스 접지계통 지락보호가 불가능하다.

문제 5 아래 그림을 보고 접지계통을 표기하시오. 단, 기호 설명은 다음과 같다.

기호 설명	
─/─	중성선(N)
─∤─	보호선(PE)
─∤/─	보호선과 중성선 결합(PEN)

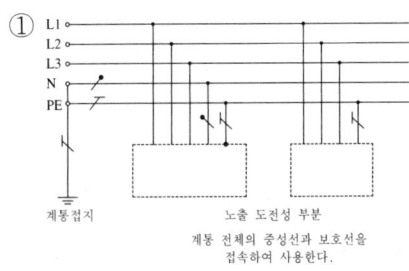
① 계통 전체의 중성선과 보호선을 접속하여 사용한다.

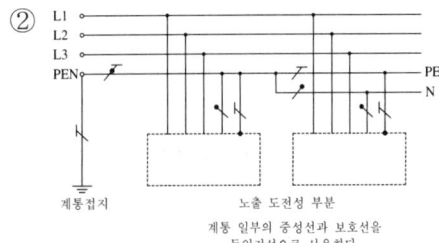
② 계통 일부의 중성선과 보호선을 동일전선으로 사용한다.

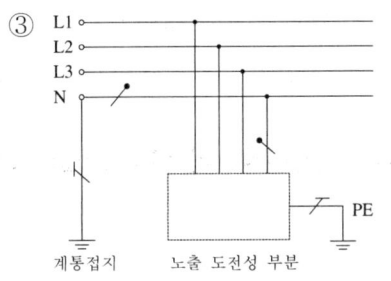
③

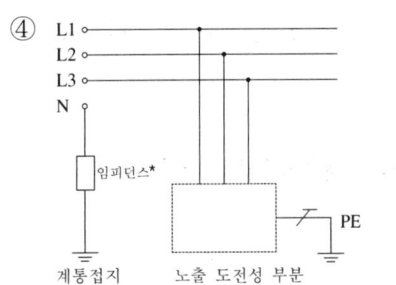
④

해설과 정답

① TN-S계통 ② TN-C-S계통 ③ TT계통 ④ IT계통

문제 6 전압 변성 22.9[kV]/380[V], 변압기용량 500[kVA], %Z=5[%]인 저압 배선용 차단기의 차단 전류을 구하시오. (단, 차단전류 2.5[kA], 5[kA], 10[kA], 20[kA], 30[kA] 중에서 고르시오)

해설과 정답

$$I_s = \frac{100}{\%Z} I_n = \frac{100}{5} \times \frac{500 \times 10^3}{\sqrt{3} \times 380} \times 10^{-3} = 15.19 [\text{kA}]$$

∴ 20[kA]

문제 7 3상 3선식 선로에서 전압 380[V], 부하 전류 250[A], 부하 역률이 0.8인 부하가 있다. 선로의 길이가 200[m]인 CV 케이블의 최고허용온도에 대한 의 저항온도계수가 1.2751이고 직류도체저항이 $0.193[\Omega/km]$, 20[°C]를 기준으로 한 온도계수가 1.2751, 표피효과가 1.005 일 때 부하 측 전압강하를 구하시오. (단 리액턴스는 무시한다.)

교류도체실효저항 $R = R_o \times k_1 \times k_2 [\Omega]$
저항 온도계수 : $k_1 = 1.2751$
교류저항과 직류 저항 비 :
$k_2 = 1 + 표피효과계수비 + 근접효과계수비 = 1 + 1.005 = 2.005$
$R = 0.193 \times \dfrac{200}{1000} \times 1.2751 \times 2.005 = 0.0987[\Omega]$
전압강하 $e = \sqrt{3} I R \cos\theta = \sqrt{3} \times 250 \times 0.0987 \times 0.8 = 34.19[V]$

문제 8 분로리액터, 직렬리액터, 소호리액터, 한류리액터의 설치목적을 쓰시오.

① 분로리액터 : 페란티 현상의 방지
② 직렬리액터 : 고조파 제거에 의한 파형의 개선
③ 한류리액터 : 단락전류의 크기 제한
④ 소호리액터 : 지락전류 크기 제한에 의한 아크 소호

문제 9 분산형 전원의 배전계통 연계기술기준이다. 빈칸을 채우시오.

발전용량 합계[kVA]	주파수 차(Δf[Hz])	전압 차(ΔV[%])	위상 각 차($\Delta \theta °$)
0~500	0.3		
500~1,500	0.2		
1,500~10,000	0.1		

발전용량 합계[kVA]	주파수 차(Δf[Hz])	전압 차(ΔV[%])	위상 각 차($\Delta \theta °$)
0~500	0.3	10	20
500~1,500	0.2	5	15
1,500~10,000	0.1	3	10

문제 10 3상 4선식 선로의 선로전류가 39[A]이고, 제 3고조파 성분이 40%일 경우 중성점 전류 및 전선의 굵기를 선택하시오.

전선 굵기[mm²]	전류 크기[A]
6	41
10	57
16	76

해설과 정답

① 중성선 전류 : $I_N = 3K_m I_1 = 3 \times (39 \times 0.4) = 46.8[\text{A}]$

② 제3고조파 저감계수를 고려한 전류 : $I_{N3} = \dfrac{46.8}{0.86} = 54.41[\text{A}]$

③ 전선의 굵기 : 10[mm²] 선정

제64회 전기기능장 필답형 복원 문제

문제 1 동기발전기의 병렬운전 조건 3가지를 쓰시오.

해설과 정답

① 기전력의 크기가 같을 것   ② 기전력의 위상이 같을 것
③ 기전력의 주파수가 같을 것   ④ 기전력의 파형이 같을 것

문제 2 태양광 모듈 작업 시 감전사고 방지 대책 3가지를 쓰시오.

해설과 정답

① 저압 절연장갑 사용   ② 절연 처리된 공구 사용
③ 강우 시 작업 중단   ④ 차광막으로 태양광 차폐

문제 3 매분 10[m³]의 물을 높이 15[m]인 탱크에 양수하는데 필요한 전력[kW]을 구하시오. 단, 펌프와 전동기의 합성 효율은 65[%]이고, 전동기의 전부하 역률은 90[%]이며, 펌프의 축동력은 15[%]의 여유를 주는 경우이다.

해설과 정답

$$P = \frac{QHK}{6.12\eta} = \frac{10 \times 15 \times 1.15}{6.12 \times 0.65} = 43.36 [\text{kW}]$$

문제 4 수용가 인입구 전압이 22.9[kV], 주차단기의 차단 용량이 250[MVA]이다. 10[MVA], 22.9/3.3[kV]변압기 임피던스가 5.5[%]일 때, 변압기 2차 측에 필요한 차단기 용량을 다음 표에서 산정하시오.

차단기 정격 용량 [MVA]												
10	20	30	50	75	100	150	250	300	400	500	750	1000

해설과 정답

단락 용량 $P_s = \frac{100}{\%Z} P_n = 250 [\text{MVA}]$에서 전원 측 $\%Z = \frac{10}{250} \times 100 = 4 [\%]$

차단기 용량 $P_s = \frac{100}{4+5.5} \times 10 = 105.26 [\text{MVA}]$

∴ 150 [MVA]

문제 5) 변압기 과부하 운전 조건 3가지를 쓰시오.

해설과 정답

① 주위 온도가 저하된 경우
② 온도 상승 시험치가 규정 값보다 낮은 경우
③ 단시간 운전하는 경우
④ 부하율이 저하된 경우
⑤ 냉각 방식의 변화

문제 6) 제1종 또는 제2종 접지공사에 사용하는 접지선을 사람이 접촉할 우려가 있는 경우에는 다음과 같이 시설한다. 다음 ( )에 적합한 사항을 채우시오.

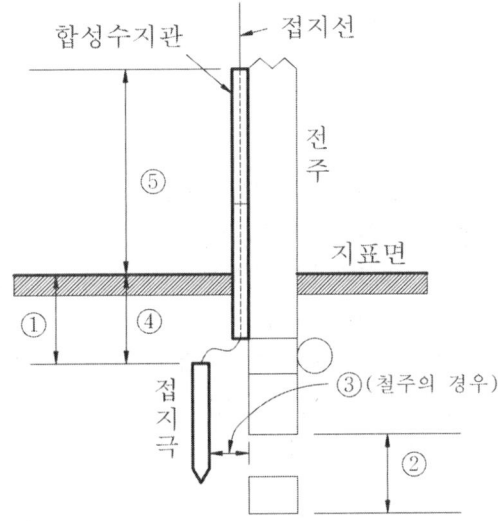

(1) 접지극은 지하 (①) 이상의 깊이에 매설하되 동결 깊이를 감안하여 매설할 것.
(2) 접지선을 철주 기타 금속체를 따라서 시설하는 경우에는 접지극을 철주의 밑면으로부터 (②) 이상 깊이에 매설하는 경우 이외에는 접지극을 지중에서 금속체로부터 (③) 이상 떼어서 매설할 것.
(3) 접지선은 절연전선이나 케이블을 사용할 것.
(4) 접지선은 지하 (④)부터 지표상 (⑤) 부근까지의 부분은 합성수지관 등으로 보호할 것.

해설과 정답

① 75[cm]   ② 30[cm]
③ 1[m]   ④ 75[cm]
⑤ 2[m]

문제 7 다음 그림은 22.9[kV-Y] 1,000[kVA]이하에 적용 가능한 특고압 간이 수전설비 표준 결선도이다. 이 결선도를 보고 다음 각 물음에 답하시오.

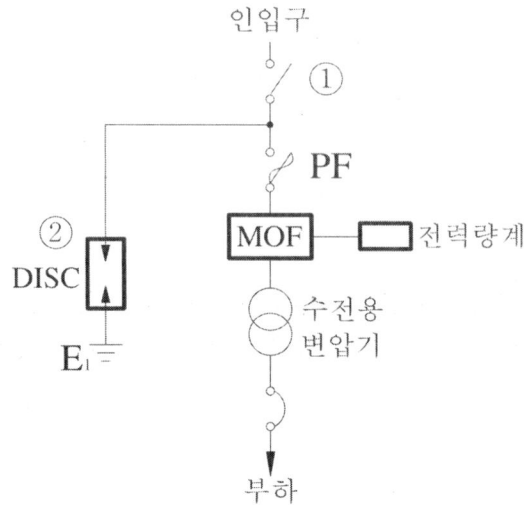

(1) 위 그림에서 ①의 명칭을 쓰시오.
(2) DISC의 의미가 무엇인지를 적으시오.
(3) 지중인입선의 경우 22.9[kV-Y]계통에서 화재 우려가 있는 장소에서는 어떤 종류의 케이블을 사용하는가?
(4) 위와 같은 계통에서는 PF용단 등의 결상 사고에 대한 대책이 없으므로 변압기 2차 측에 설치되는 주차단기에는 어떠한 보호 장치를 설치하여 결상 사고에 대한 보호 능력을 갖도록 하는가?

해설과 정답

(1) 자동고장구분개폐기
(2) Disconnector(단로기) 붙임 형
(3) FR CNCO-W케이블(동심중성선 수밀형 저독성 난연 케이블)
(4) 결상계전기

문제 8 아래 그림을 보고 접지계통을 표기하시오. 단, 기호 설명은 다음과 같다.

기호	설명
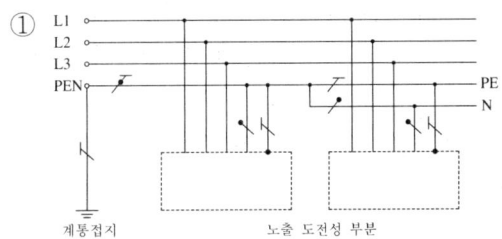	중성선(N)
	보호선(PE)
	보호선과 중성선 결합(PEN)

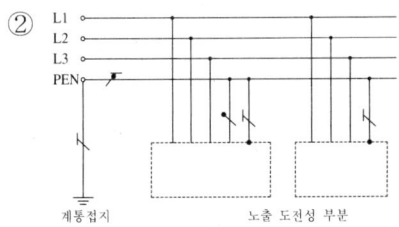

해설과 정답

① TN-C-S계통　　② TN-C계통

문제 9 전등만의 2군 수용가가 각각 1대씩의 변압기를 통해서 전력을 공급받고 있다. 각 군 수용가의 총 설비용량은 각각 A군 30[kW], B군 40[kW]라고 한다. 각 수용가에 사용할 변압기의 용량을 선정하시오. 또한 고압 간선에 걸리는 최대 부하는 얼마인가?

[조건]
① 각 수용가의 수용률 0.5
② 각 군 수용가 상호간의 부등률은 1.2
③ 변압기 상호 간의 부등률은 1.3
④ 변압기 표준 용량[kVA] : 5, 10, 15, 20, 25, 50, 75, 100

해설과 정답

(1) A군 변압기 용량 : $TR_A = \dfrac{30 \times 0.5}{1.2 \times 1} = 12.5 [kVA]$　　정답 : 15[kVA]

(2) B군 변압기 용량 : $TR_B = \dfrac{40 \times 0.5}{1.2 \times 1} = 16.67 [kVA]$　　정답 : 20[kVA]

(3) 최대 부하 $= \dfrac{12.5 + 16.67}{1.3} = 22.44 [kW]$　　정답 : 22.4[kW]

문제 10 저압 옥내배선공사에 대한 다음 문제를 읽고 맞으면 ○, 틀리면 ×를 이용하여 ( ) 안에 적합한 사항을 표시하시오.

(1) 애자 사용 공사 시 전선과 조영재 간의 이격 거리는 400[V] 미만인 경우 4.5[cm] 이상일 것. ( )

(2) 금속관 공사 시 구부러진 금속관의 굴곡 반지름은 관 안지름의 6배 이상으로 할 것. ( )

(3) 합성수지관 공사 시 서로 다른 굵기의 절연전선을 동일 관내에 삽입하는 경우 전선 절연물을 포함한 전선이 차지하는 단면적은 관내 총 단면적의 48[%] 이하기 되도록 할 것. ( )

(4) 가요전선관 공사 시 관내 삽입하는 전선은 단면적 10[mm^2]을 초과하는 연선일 것. ( )

(5) 버스덕트 공사 시 덕트의 지지점 간 거리는 3[m] 이하로 할 것. ( )

해설과 정답

(1) × (2) ○
(3) × (4) ○
(5) ○

제65회 전기기능장 필답형 복원 문제

문제 1 고압 계통의 지락사고에 대한 저압 설비의 보호에 관련된 다음 물음에 답하시오.

(1) 스트레스 전압의 정의를 쓰시오.

(2) 고압 계통의 지락사고로 인하여 수용가 설비의 저압기기에 가해지는 상용주파수 스트레스 전압의 크기와 지속시간은 다음 표의 값을 초과해서는 안 된다. 다음 표의 빈칸을 채우시오.

저압설비의 기기 허용 교류 스트레스전압[V]	차단시간[sec]
$U_0 + (\text{①})$	> 5
$U_0 + (\text{②})$	≤ 5

해설과 정답

(1) 스트레스 전압 : 저압계통에 전력을 공급하는 변전소(변압기)의 고압 부분에서 1선 지락고장으로 저압계통설비의 노출 도전성 부분과 전로 간에 발생하는 전압.

(2) ① 250 ② 1200

문제 2 전류 변성비 600/5[A]인 CT를 사용하여 CT 2차 측 전류를 측정한 결과 4.9[A]가 측정되었다. 이때 비 오차를 계산하시오.

해설과 정답

비 오차 : 공칭 변류비와 측정 변류비 사이에서 얻어진 백분율 오차

$$\text{비 오차} = \frac{\text{공칭변류비} - \text{측정변류비}}{\text{측정변류비}} \times 100 [\%]$$

$$\text{비 오차} = \frac{5 - 4.9}{4.9} \times 100 = 2.04 [\%]$$

문제 3 금속관 공사 시 관내에 수용할 수 있는 전선 단면적에 관련된 다음 물음에 대하여 적합한 값을 백분율[%]로 기입하시오.

(1) 관의 굴곡이 적어 쉽게 전선을 끌어낼 수 있으면서 전선의 굵기가 단면적 10[mm²] 이하의 동일 굵기인 경우 전선의 피복 절연물을 포함한 단면적의 총 합계가 관내 단면적의 (①) 이하가 되도록 선정하여야 한다.

(2) 굵기가 다른 전선을 동일 관내에 넣는 경우 관의 굵기는 전선의 피복 절연물을 포함한 단면적의 총 합계가 관내 단면적의 (②) 이하가 되도록 선정하여야 한다.

① 48[%]   ② 32[%]

문제 4 수전설비에 있어서 계통의 각 점에 사고 시 흐르는 단락전류와 같은 고장 전류의 값을 정확하게 파악하는 것이 수전설비의 보호 방식을 검토하는데 아주 중요하다. 고장전류를 계산하는 그 목적에 대하여 3가지만 쓰시오.

① 계통 차단기 및 퓨즈의 차단 용량 선정
② 계통 기기 류 및 전로의 기계적, 열적 강도 선정
③ 보호계전방식 및 계전기 동작 정정치 선정

문제 5 3상 유도전동기 기동 장치에 관련된 다음 문제를 읽고 빈 칸에 적합한 말을 써 넣으시오.

(1) 정격출력이 수전용 변압기 용량[kVA]의 (①)을 초과하는 3상 유도전동기(2대 이상을 동시에 기동하는 것은 그 합계 출력)는 기동장치를 사용하여 기동전류를 억제하여야 한다. 단, 기동장치 설치가 기술적으로 어려운 경우로 다른 것에 지장을 초래하지 않도록 하는 경우에는 적용하지 않는다.

(2) (1)의 기동장치 중 Y−Δ기동기를 사용하는 경우는 기동기와 전동기 간의 배선은 해당 전동기 분기회로 배선의 (②) 이상의 허용전류를 가지는 전선을 사용하여야 한다.

① $\dfrac{1}{10}$ ② 60[%]

문제 6 다음 그림을 보고 각 물음에 답하시오.

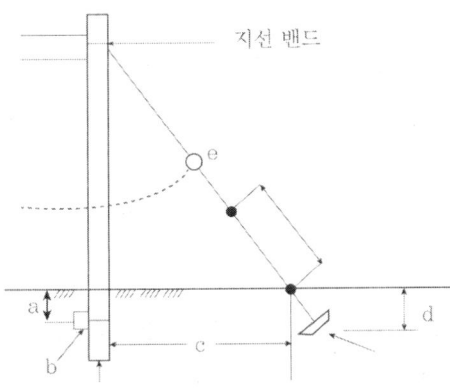

(1) ⓐ의 깊이 및 ⓑ의 명칭을 쓰시오.
(2) ⓒ의 간격을 계산하시오.
(3) ⓓ의 깊이는 최소 몇 [m] 이상인가?
(4) ⓔ의 명칭을 쓰시오.
(5) 콘크리트주의 길이가 10[m]인 경우 그 근입 깊이는 최소 몇 [m]인가?

해설과 정답

(1) ⓐ 0.5[m] ⓑ 근가   (2) 전주 길이 × $\frac{1}{2}$ = 10 × $\frac{1}{2}$ = 5[m]
(3) 1.5[m]   (4) 지선애자
(5) 근입 깊이 = 10 × $\frac{1}{6}$ = 1.67[m] ∴ 1.7[m]

문제 6 200[AT]의 간선을 95[mm^2], 접지선을 16[mm^2]으로 선정하였다. 그런데 전압강하 등의 원인으로 간선 규격을 120[mm^2]으로 굵게 선정할 경우 접지선의 굵기는 얼마로 하여야 하는가?

접지선의 굵기[mm^2]					
6	16	25	35	55	-

해설과 정답

전압강하 등의 이유로 간선 규격을 상위 규격으로 선정하는 경우 이에 비례하여 접지선의 굵기도 상위 규격으로 선정하여야 한다.
[정답]
95 : 16 = 120 : x 에서 $x = \frac{16 \times 120}{95} = 20.21 [mm^2]$
∴ 25[mm^2] 선정

문제 7 피뢰기 설치해야 하는 장소 4곳을 관련 법규에 의거 쓰시오.

① 발전소, 변전소 또는 이에 준하는 장소의 가공전선 인입구 및 인출구
② 가공전선로에 접속되는 특고압용 옥외 배전용 변압기의 고압 및 특고압측
③ 고압 및 특고압 가공전선로로부터 공급을 받는 수용장소 인입구
④ 가공전선로와 지중전선로가 접속되는 곳

문제 8 비접지식 전로에서 지락 사고 시 발생하는 영상전압을 검출하기 위한 헷 3차 측 접속도를 보고 각 물음에 답하시오.

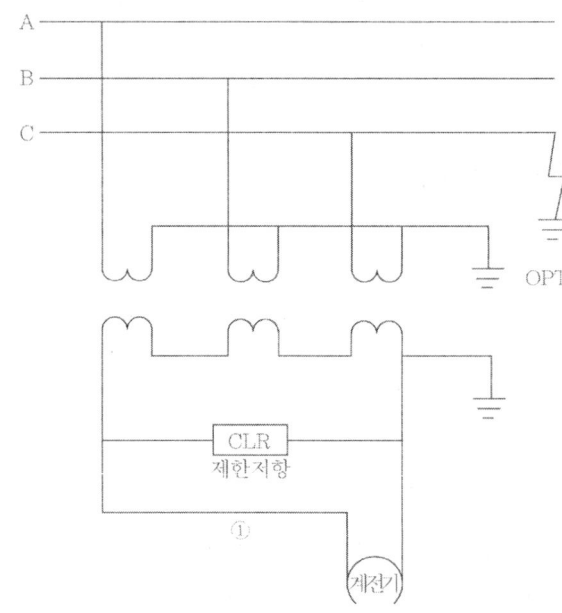

(1) CLR의 설치 목적을 2가지만 쓰시오.
(2) ①번 기기의 명칭을 쓰고 그 사용 목적을 간단히 쓰시오.

(1) ① 계전기를 동작시키기 위한 유효전류의 발생
   ② 개방 삼각 결선 각 상 전압에서의 제3고조파 전압 발생 방지하여 중성점 이상 전위 진동 및 중성점 불안정 현상 등과 같은 이상 현상 방지
(2) ① 지락과전압계전기(OVGR)
   ② 지락 사고 시 발생하는 과전압(영상전압) 검출

문제 9 축전지실 등의 시설에 관련된 다음 문제를 읽고 빈 칸에 적합한 말을 써 넣으시오.

(①)[V]를 초과하는 축전지는 비 접지 측 도체에 쉽게 차단할 수 있는 곳에 (②)를 시설하여야 한다. 옥내전로에 연계되는 축전지는 비 접지 측 도체에 (③)를 시설하여야 한다. 축전지실 등은 폭발성 가스가 축적되지 않도록 (④) 등을 시설하여야 한다.

해설과 정답

① 30 ② 개폐기
③ 과전류차단기 ④ 환기 장치

제66회 전기기능장 필답형 복원 문제

문제 1 전기안전관리자의 직무 범위에 관한 내용 5가지를 쓰시오(5점)

1. 전기설비의 공사·유지 및 운용에 관한 업무 및 이에 종사하는 사람에 대한 안전교육
2. 전기설비의 안전관리를 위한 확인·점검 및 이에 대한 업무의 감독
3. 전기설비의 운전·조작 또는 이에 대한 업무의 감독
4. 산업통상자원부령으로 정하는 바에 따라 전기설비의 안전관리에 관한 기록의 작성·보존 및 비치
5. 공사계획의 인가신청 또는 신고에 필요한 서류의 검토
6. 비상용 예비발전설비의 설치, 변경공사로서 총공사비가 1억원 미만인 공사, 전기수용설비의 증설 또는 변경공사로서 총공사비가 5천만원 미만인 공사의 감리업무
7. 전기설비의 일상점검, 정기점검, 정밀점검의 절차, 방법 및 기준에 대한 안전관리규정의 작성
8. 전기재해의 발생을 예방하거나 그 피해를 줄이기 위하여 필요한 응급조치

문제 2 다음 반가산기에 대한 논리기호이다. 다음 물음에 답하시오. (5점)

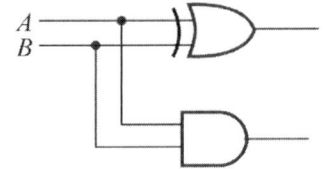

(1) 출력 X, Y에 대한 각각의 논리식을 작성하시오.
(2) 점선 네모 안에 들어간 논리 기호의 논리회로를 AND, OR, NOT 게이트를 사용하여 다시 작성하시오.
(3) 위 반가산기에 대한 유접점 회로도를 작성하시오

(1) $X = A\overline{B} + \overline{A}B$, $Y = AB$

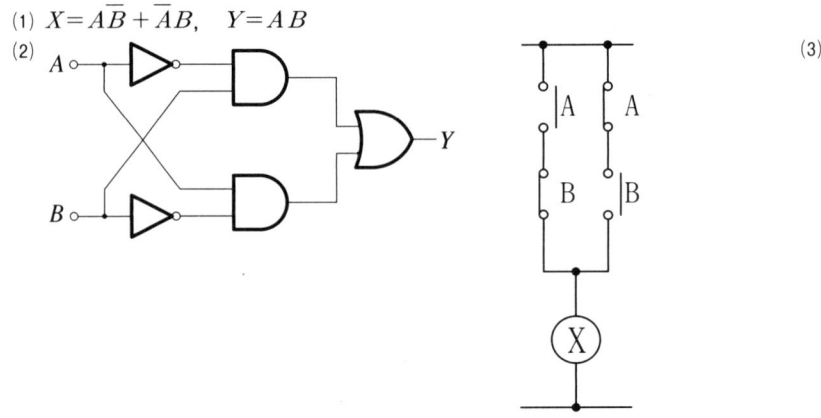

문제 3 비 접지 전력계통에서 지락 사고 발생 시 그 검출 및 보호를 위해 전류제한저항기(CLR)를 사용한다. 다음 물음에 답하시오. (5점)
(1) CLR의 설치 위치는?
(2) CLR의 설치 목적 3가지를 쓰시오.

해설과 정답

(1) 접지형계기용변압기(GPT)에서 개방 △결선한 3차 권선
(2) ① 보호계전기 동작을 위한 유효전류의 발생.
② 개방 △결선 각 상 전압에서의 제3고조파 전압의 발생을 억제.
③ 중성점 이상전위 진동 및 중성점 불안정 현상을 방지.

문제 4 전력케이블에서 발생할 수 있는 손실에 대해 3가지만 쓰시오. (5점)

해설과 정답

전력케이블 손실
① 저항손 : 케이블에서 도체 저항으로 인해 발생하는 손실
$P_c = I^2 R$
② 유전체손 : 케이블에서 절연물로 인해 발생하는 손실
$P_d = \omega C V^2 \tan\delta$
③ 연피손 : 케이블에서 도전성 외피로 인해 발생하는 손실
[정답]
① 저항손　② 유전체손　③ 연피손

문제 5 접지 공사 시 접지극의 접지 저항을 줄이는 방법 3가지를 쓰시오.

해설과 정답

① 접지봉의 길이, 접지 판의 면적과 같은 접지극의 크기를 크게 한다.
② 접지극의 매설 깊이를 깊게 한다.
③ 접지극을 상호 2[m] 이상 이격하여 병렬로 시공한다.
④ 메쉬공법이나 매설지선 공법에 의한 접지극의 형상을 변경한다.
⑤ 화학적 저감제에 의한 토질의 성분을 개량한다.

문제 6 금속덕트에 넣는 전선 단면적에 대한 다음 규정을 읽고 빈칸에 알맞은 답을 쓰시오. (5점)

> 금속 덕트에 넣는 전선의 단면적 총합은 전선 절연물을 포함한 단면적의 총합이 금속덕트 내부 단면적의 (①)[%] 이하가 되도록 하지만, 전광표시장치, 출퇴표시등, 기타 이와 유사한 장치 또는 제어회로 등의 배선에 사용하는 배선만을 금속 덕트에 넣는 경우는 (②)[%] 이하로 할 수 있다.

해설과 정답

① 20   ② 50

문제 7 용량 1,000[kW], 역률 90[%]인 부하가 수전전압 22.9[kV-Y] 계통에 접속되어 있다. 이때 수용가에서 발생하는 전력을 측정하기 위한 MOF에 내장되어 있는 CT 및 PT의 CT비, PT비를 계산하시오. (5점)

CT 전류 크기 [A]							
5	10	15	20	25	30	35	40

해설과 정답

(1) CT비

계산과정 : 최대부하전류 $I = \dfrac{P}{\sqrt{3} \times V \times \cos\theta} = \dfrac{1000 \times 10^3}{\sqrt{3} \times 22900 \times 0.9} = 28.01[\text{A}]$

$28.01 \times (1.25 \sim 1.5) = 35.01 \sim 42.02$

답 : 표에서 40/5[A] 선정

(2) PT 비 : $\dfrac{22,900}{\sqrt{3}} / 110[\text{V}]$

문제 8 전기설비의 접지계통과 건축물의 피뢰설비 및 통신설비 등의 접지극을 공용하는 접지방식을 무엇이라 하는가 (5점)

해설과 정답

접지공사 종류
(1) 개별접지공사 : 전력계통 1종, 2종, 3종, 통신설비, 피뢰설비를 각각 따로 접지하여 5개의 접지로 된 방식
(2) 공통접지공사 : 전력계통을 하나로 묶고 통신설비, 피뢰설비를 각각 따로 접지하여 3개의 접지로 된 방식
(3) 통합접지공사 : 전력계통, 통신설비, 피뢰설비를 모두 등 전위로 묶어 하나의 접지로 사용하는 방식

해설과 정답

통합 접지 공사

문제 9) 수전설비 계통에서 전력용 콘덴서를 이용하여 지상 전류를 보상함으로써 역률을 개선할 수 있다. 이때 발생할 수 있는 문제점에 대한 다음 물음에 답하시오. (5점)

(1) 역률 개선의 필요성에 대하여 5가지만 쓰시오.
(2) 전력용 콘덴서에 의한 역률 과 보상 시 발생할 수 있는 문제점을 3가지만 쓰시오.

(1) ① 전력손실이 커진다.　　② 전압강하가 커진다.
　　③ 전기설비용량(변압기 용량)이 커진다.　　④ 전기요금이 증가한다.
　　⑤ 변압기 동손이 증가한다.
(2) ① 모선 전압의 과대한 상승　　② 전력손실의 증가
　　③ 고조파에 의한 왜곡의 증가　　④ 보호계전기의 오동작

문제 10) 역률 100[%]인 부하전류가 A상에는 200[A], B상에는 160[A], C상에는 180[A]의 전류가 흐르고 있다고 할 때, 중성선에 흐르는 전류의 크기는 얼마인가? (5점)

계산과정 : $I_N = \dot{I}_A + \dot{I}_B + \dot{I}_C = I_A + a^2 I_B + a I_C$
$= 200 + (-\frac{1}{2} - j\frac{\sqrt{3}}{2})160 + (-\frac{1}{2} + j\frac{\sqrt{3}}{2})180$
$= 30 + j10\sqrt{3} = \sqrt{30^2 + (10\sqrt{3})^2} = 34.64[A]$

답 : 34.64[A]

제67회 전기기능장 필답형 복원 문제

문제 1 저압 옥내배선에 관한 다음 문제를 읽고 괄호 안에 적합한 말을 써 넣으시오.
(1) 옥내배선에서 절연 부분의 전선과 대지간 및 전선 심선 상호간의 절연저항은 사용전압에 대한 누설전류가 최대 공급전류의 (   )을 초과하지 않도록 유지하여야 한다.
(2) 단상 2선식의 경우 전선을 일괄한 것과 대지 사이의 절연저항은 사용전압에 대한 누설전류가 최대 공급전류의 (   ) 이하를 유지하여야 한다.
(3) 저압 전로 중 정전이 어려운 경우 등 절연저항 측정이 곤란한 경우 누설전류는 (   ) 이하를 유지하여야 한다.
(4) 사용전압이 380[V]일 때 전로의 절연저항 값은 (   ) 이상이어야 한다.

저압전로의 절연저항
(1) 저압 전로에서 정전이 어려운 경우 등 절연저항 측정이 곤란한 경우 저항성분의 누설전류가 1[mA] 이하일 것.
(2) 저압전로의 절연 성능 : 전기사용장소의 사용전압이 저압인 전선로의 전선 상호간 및 대지 사이의 절연저항은 개폐기 또는 과전류차단기로 구분할 수 있는 전로마다 다음 표에서 정한 값 이상일 것.

전로의 사용전압[V]	DC시험전압[V]	절연저항[MΩ]
SELV 및 PELV	250	0.5
FELV, 500V 이하	500	1.0
500V 초과	1,000	1.0

[주] 특별저압(Extra Low Voltage : 2차 전압이 AC 50[V], DC 120[V] 이하의 전압
 • SELV(비 접지회로 구성) 및 PELV(접지회로 구성) : 1차와 2차가 전기적으로 절연된 회로
 • FELV : 1차와 2차가 전기적으로 절연되지 않은 회로
③ 절연저항 측정 시 서지보호장치(SPD) 또는 기타 기기 등은 측정 전에 분리시켜야 하고, 부득이하게 분리가 어려운 경우는 시험전압을 DC 250[V]로 낮추어 측정할 수 있지만 절연저항 값은 1[MΩ] 이상일 것.
[정답]
(1) $\dfrac{1}{2,000}$ (2) $\dfrac{1}{1,000}$ (3) 1[mA]   (4) 1[MΩ]

문제 2 누전차단기의 감도 별 종류에서 고감도형 종류 3가지를 쓰고, 정격감도전류의 종류 및 각각의 종류 별 그 동작 시간을 쓰시오.

누전차단기의 종류

구 분		정격감도전류[mA]	동 작 시 간
고감도형	고속형	5, 10, 15, 30	• 정격감도전류에서 0.1초 이내, • 인체 감전 보호형은 0.03초 이내
	시연형		• 정격감도전류에서 0.1초를 초과하고 2초 이내
	반한시형		• 정격감도전류에서 0.2초를 초과하고 1초 이내 • 정격감도전류 1.4배 전류에서 0.1초 초과하고 0.5초 이내 • 정격감도전류 4.4배 전류에서 0.05초 이내
중감도형	고속형	50, 100, 200, 500, 1000	• 정격감도전류에서 0.1초 이내
	시연형		• 정격감도전류에서 0.1초를 초과하고 2초 이내
저감도형	고속형	3,000, 5000, 10,000, 20,000	• 정격감도전류에서 0.1초 이내
	시연형		• 정격감도전류에서 0.1초를 초과하고 2초 이내

[비고] 누전차단기의 최소 동작전류는 일반적으로 정격감도전류의 50[%] 이상이므로 선정에 주의할 것. 단 정격감도전류가 10[mA] 이하인 것은 60[%] 이상으로 할 것.

[정답]

구 분		정격감도전류[mA]	동 작 시 간
고감도형	고속형	5, 10, 15, 30	• 정격감도전류에서 0.1초 이내, • 인체 감전 보호형은 0.03초 이내
	시연형		• 정격감도전류에서 0.1초를 초과하고 2초 이내
	반한시형		• 정격감도전류에서 0.2초를 초과하고 1초 이내 • 정격감도전류 1.4배 전류에서 0.1초 초과하고 0.5초 이내 • 정격감도전류 4.4배 전류에서 0.05초 이내

문제 3 다음 각각의 분기회로에 설치하는 옥내 전선의 최소 굵기를 쓰시오. 단, 전선은 연동선이다.

(1) 15[A] 이하 과전류차단기 분기회로
(2) 20[A] 이하 배선용차단기 분기회로
(3) 20[A] 이하 과전류차단기 분기회로
(4) 30[A] 이하 과전류차단기 분기회로
(5) 40[A] 이하 과전류차단기 분기회로
(6) 50[A] 이하 과전류차단기 분기회로

분기회로의 전선 굵기

분기회로의 종류	분기회로 일반 동 전선 굵기[mm²]	라이팅덕트
15[A] 이하 과전류차단기	2.5(1.5)	15[A]
20[A] 이하 배선용차단기	2.5(1.5)	15[A] 또는 20[A]
20[A] 이하 과전류차단기	4(1.5)	20[A]
30[A] 이하 과전류차단기	6(2.5)	30[A]
40[A] 이하 과전류차단기	10(6)	
50[A] 이하 과전류차단기	16(10)	
50[A] 초과 과전류차단기	해당 과전류차단기 정격전류 이상의 허용전류를 가지는 것	

[비고 1] 동선의 ( )는 MI 케이블의 경우를 표시한다.
[비고 2] 라이팅덕트는 덕트 본체에 표시한 정격전류를 말한다.

[정답]
(1) 2.5[mm²]   (2) 2.5[mm²]   (3) 4[mm²]
(4) 6[mm²]   (5) 10[mm²]   (6) 16[mm²]

 **문제 4** UPS 동작 방식 중 상용전원 인가 시 다이오드를 통해 충전하고, 정전 시에는 인버터로 동작하는 방식으로 오프라인 방식이지만 일정 전압이 자동으로 조정되는 기능을 가진 UPS 동작 방식은?

UPS 종류 별 동작 방식
(1) 온 라인(On-Line) 방식 : 정상적인 상용전원 인입 시 충전기와 인버터에 직류(DC)를 공급하는 방식으로, 입력과 관계없이 항시 인버터를 구동하여 부하에 전력을 공급하는 방식
(2) 오프 라인(Off-Line) 방식 : 정상적인 상용전원 인입 시에는 직접 상용전원을 부하에 공급하고 있다가, 정전 시에만 인버터를 구동하여 부하에 전력을 공급하는 방식.
(3) 라인 인터랙티브(Line-Interactive) 방식 : 정상적인 상용전원 인입 시에는 인버터 모듈 내의 IGBT 프리 휠링 다이오드(Free Wheeling Diode)를 통한 풀 브리지(Full Bridge) 정류 방식으로 충전기 기능을 하고, 정전 시에는 인버터를 구동하여 부하에 전력을 공급하는 오프라인(Off-Line) 방식.
[정답] 라인 인터랙티브(Line-Interactive) 방식

문제 5 전력 퓨즈에 대한 다음 문제를 읽고 물음에 답하시오.
(1) 소호 방식에 따른 분류
(2) 전압이 0인 점에서 동작하는 퓨즈
(3) 전류가 0인 점에서 동작하는 퓨즈
(4) 전력용 퓨즈의 가장 중요한 설치 목적 1가지

해설과 정답

소호 방식에 따른 전력 퓨즈의 차이점
(1) 한류형(PF) : 전압 0에서 차단을 하는 퓨즈
(2) 비한류형(COS) : 전류 0에서 차단을 하는 퓨즈
[정답]
(1) 한류형 퓨즈, 비한류형 퓨즈　　　　(2) 한류형
(3) 비한류형　　　　　　　　　　　　(4) 단락전류 차단

문제 6 다음과 같은 전로에서 각각의 차단기 최소 차단용량은?

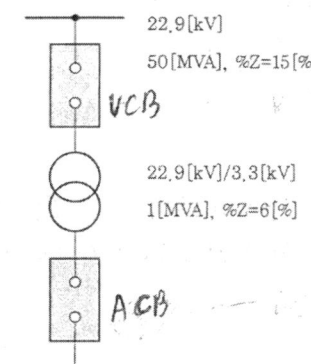

해설과 정답

%임피던스 법에 의한 단락 계산
① 3상 단락 전류(차단 전류) : $I_s = \dfrac{100}{\%Z}I_n = \dfrac{100}{\%Z} \times \dfrac{P_n}{\sqrt{3}\,V}$[A] (단, P_n은 정격용량)

② 3상 단락용량(차단 용량) : $P_s = \sqrt{3}\,VI_s = \sqrt{3}\,V \cdot \dfrac{100}{\%Z}I_n = \dfrac{100}{\%Z}P_n$[kVA]

③ 차단기의 정격차단용량
　㉮ 정격 차단전류(단락전류)에 의한 경우
　　• $P_s = \sqrt{3} \times$ 차단기 정격전압 × 정격차단전류[MVA]
　㉯ 백분율 임피던스 (%Z)에 의한 경우
　　• $P_s = \dfrac{100}{\%Z}P_n$[MVA] (단, $\%Z = \sqrt{(\%R)^2 + (\%X)^2}$)

[정답]

(1) VCB 차단기 차단 용량 : $P_s = \dfrac{100}{\%Z}P_n = \dfrac{100}{15} \times 50 = 333.33[\text{MVA}]$

(2) 변압기 측 %Z를 전원 측 50[MVA] 기준용량으로 환산하면 $\%Z_{TR} = 6 \times \dfrac{50}{1} = 300[\%]$이므로

ACB 차단기 차단 용량 : $P_s = \dfrac{100}{\%Z}P_n = \dfrac{100}{15+300} \times 50 = 15.87[\text{MVA}]$

문제 7) 접지 계통에서 지락사고 시 발생하는 영상전류 검출 방식 3가지를 쓰시오.

영상전류 검출 법
(1) 비접지 계통 : 영상변류기
(2) 접지 계통 : Y결선 잔류회로 이용법, 3권선 CT이용법(영상 분로 방식), 중선선 CT에 의한 검출 방법

[정답]
① Y결선 잔류회로 이용법
② 3권선 CT이용법(영상 분로 방식)
③ 중선선 CT에 의한 검출 방법

문제 8) 뇌 서지와 같은 과도 이상전압으로부터 기기를 보호하기 위해 SPD(Surge Protector Device)를 설치할 때 상 전선과 주 접지단자 사이에 설치되는 최대 길이[m]는?

서지보호 장치(SPD ; Surge Protector Device)의 연결 전선 및 접지선의 단면적
① 연결 전선은 상 전선부터 서지보호 장치까지 그리고 서지보호 장치부터 주 접지단자 또는 보호도체까지의 전선으로 연결전선의 길이가 길어지면 과전압에 대한 보호의 효율성이 감소하기 때문에 최적의 과전압에 대한 보호를 위해서는 SPD의 모든 연결 전선의 길이가 가능한 한 짧으면서 그 길이가 0.5[m]를 초과하지 않아야 한다.
② 설비의 인입구 또는 그 부근에서 SPD의 접지도체는 단면적이 동으로 $4[\text{mm}^2]$ 또는 이와 동등 이상이어야 한다. 만약 낙뢰에 대한 보호 계통이 있다면 단면적이 동으로 $16[\text{mm}^2]$ 또는 이와 동등 이상이어야 한다.

문제 9 피뢰설비에 대한 다음 문제를 읽고 다음 빈 칸을 채우시오.

(1) 낙뢰 우려가 있는 건축물 또는 높이 몇 (　)[m] 이상의 건축물에는 현행법상 반드시 피뢰설비를 할 것.
(2) 피뢰설비는 한국산업규격이 규정하는 보호 등급에 적합한 피뢰설비일 것. 단, 위험물 저장 및 처리 시설에 설치하는 피뢰설비는 한국산업규격이 정하는 보호 등급 (　) 이상일 것.
(3) 돌침은 건축물의 맨 윗부분으로부터 (　)[cm] 이상 돌출시켜 설치하되, 건축물의 구조 기준 등의 규정에 의한 설계하중에 견딜 수 있는 구조의 것일 것.
(4) 피뢰설비 재료는 최소 단면적이 피복이 없는 동선을 기준으로 수뢰부, 인하도선, 접지극은 (　)[mm^2] 이거나 이와 동등 이상의 성능을 가진 것일 것.
(5) 피뢰설비의 인하도선을 대신하여 철골조의 철골 구조물과 철근콘크리트조의 철근 구조체 등을 사용하는 경우에는 전기적 연속성이 보장될 것. 이 경우 전기적 연속성이 있다고 판단하기 위해서는 건축물 금속 구조체의 상단부와 하단부 사이의 전기저항이 (　)[Ω] 이하일 것.
(6) 측면 낙뢰를 방지하기 위하여 높이가 (　)[m]를 초과하는 건축물 등에는 지면에서 건축물 높이의 $\frac{4}{5}$가 되는 지점부터 상단 끝부분까지의 측면에 수뢰부를 설치할 것.

해설과 정답

한국전기설비(KEC) 및 건축물 설비기준 등에 관한 규정
(1) 피뢰설비 적용 범위 : 전기전자설비가 설치된 건축물·구조물로서 낙뢰로부터 보호가 필요한 것 또는 지상으로부터 높이가 20[m] 이상인 것
(2) 피뢰설비는 한국산업표준이 규정하는 피뢰레벨 등급에 적합한 피뢰설비일 것. 단, 위험물 저장 및 처리 시설에 설치하는 피뢰설비는 한국산업표준이 정하는 피뢰시스템 레벨 Ⅱ이상일 것.
(3) 돌침은 건축물의 맨 윗부분으로부터 25[cm] 이상 돌출시켜 설치하되, 건축물의 구조 기준 등에 관한 규칙에 따른 설계하중에 견딜 수 있는 구조의 것일 것.
(4) 피뢰설비 재료는 최소 단면적이 피복 없는 동선을 기준으로 수뢰부, 인하도선, 접지극은 50[mm^2] 이상이거나 이와 동등 이상의 성능을 가진 것일 것.
(5) 피뢰설비의 인하도선을 대신하여 철골조의 철골 구조물과 철근콘크리트조의 철근 구조체 등을 사용하는 경우에는 전기적 연속성이 보장될 것. 이 경우 전기적 연속성이 있다고 판단하기 위해서는 건축물 금속 구조체의 최상단부와 지표 레벨 사이의 전기저항이 0.2[Ω] 이하일 것.
(6) 높이 60[m]를 초과하는 건축물·구조물의 측격뢰 보호용 수뢰부 시스템의 시설 시 상층부와 이 부분에 설치한 설비를 보호할 수 있도록 시설할 것. 단, 상층부의 높이가 60 [m]를 넘는 경우는 최상부로부터 전체 높이의 20[%] 부분에 한할 것.

[정답]
(1) 20[m]　　　　(2) 피뢰시스템 레벨 Ⅱ　　　　(3) 25[cm]
(4) 50[mm^2]　　(5) 0.2[Ω]　　　　　　　　(6) 60 [m]

문제 10 다음 로직 시퀀스 회로를 보고 가장 간단한 논리식을 구한 후 그에 대한 릴레이 시퀀스 회로도를 그리시오.

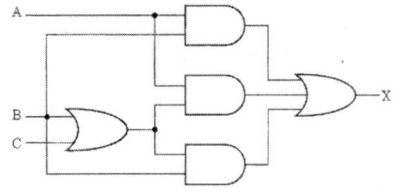

[정답]

(1) 가장 간단한 논리식

$$X = AB + A(B+C) + B(B+C)$$
$$= AB + AB + AC + BB + BC$$
$$= AB + AC + B + BC$$
$$= B(A+1+C) + AC$$
$$= B + AC$$

(2) 릴레이 시퀀스 회로도

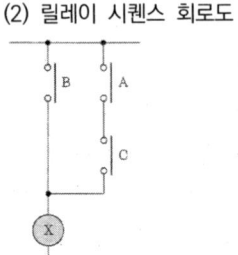

제68회 전기기능장 필답형 복원 문제

문제 1 접지저항 계산 및 접지 전극 수의 계산에 절대적인 토양의 대지저항률 변화에 미치는 요인을 5가지만 쓰시오.

[정답]
(1) 토양의 종류 (2) 수분의 함유량
(3) 전해질 성분 (4) 온도
(5) 광물의 함유량 (6) 계절의 영향

문제 2 다음과 같은 단상 전파 브리지회로에서 인덕터 L과 커패시터 C의 역할을 간단하게 쓰시오.

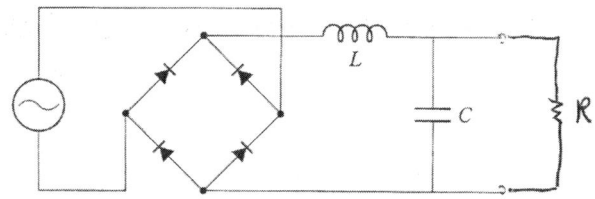

[정답]
(1) 인덕터 L : 교류에서 직류로 변환된 노이즈 제거.
(2) 커패시터 C : 교류에서 직류로 변환된 출력 전압 파형의 평활화.

문제 3) 차단기에 비교한 전력퓨즈(PF)의 기능상 장점 5가지를 쓰시오.

차단기 비교 전력 퓨즈의 장·단점

장점	단점
① 소형 경량이고 가격이 싸다.	① 재투입할 수 없다.
② 차단 용량이 크며 고속 차단할 수 있다.	② 과도전류에서 용단될 수 있다.
③ 계전기나 변성기가 필요 없다.	③ 동작 시간-전류 특성 조정이 불가능하다.
④ 보수가 간단하다.	④ 한류형 퓨즈에서 용단되어도 차단되지 않는 전류 범위를 가지는 것이 있다.
⑤ 현저한 한류 특성을 가진다.	⑤ 한류형은 차단 시 과전압이 발생할 수 있다.
⑥ 스페이스가 작아 장치 전체가 소형이다.	⑥ 비보호 영역이 있어 사용 중 열화 해 동작하면 결상을 일으킬 우려가 있다.
⑦ 한류형은 차단 시, 무소음, 무방출 특성을 가진다.	⑦ 고임피던스 접지계통 지락보호가 불가능하다.
⑧ 후비보호에 완벽하다.	

[정답]
(1) 차단 용량이 크다 (2) 고속 차단이 가능하다
(3) 계전기나 변성기가 필요없다 (4) 현저한 한류 특성을 가진다.
(5) 후비 보호에 완벽하다.

문제 4) 22.9[kV-Y], 용량 500[kVA]의 변압기 2차 측 모선에 접속된 배선용차단기의 차단전류 용량을 선정하시오. 단, 변압기 자체 %Z는 5[%]이고, 2차 전압은 380[V]이다.

[참고 자료] 차단기 차단전류 용량은 2.5[kA], 5[kA], 10[kA], 20[kA], 30[kA]이다.

%임피던스 법에 의한 단락 계산

① 3상 단락 전류(차단 전류) : $I_s = \dfrac{100}{\%Z} I_n = \dfrac{100}{\%Z} \times \dfrac{P_n}{\sqrt{3}\,V}$[A] (단, P_n은 정격용량)

② 3상 단락용량(차단 용량) : $P_s = \sqrt{3}\,VI_s = \sqrt{3}\,V \cdot \dfrac{100}{\%Z} I_n = \dfrac{100}{\%Z} P_n$ [kVA]

③ 차단기의 정격차단용량
 ㉮ 정격 차단전류(단락전류)에 의한 경우
  · $P_s = \sqrt{3} \times$ 차단기 정격전압 $\times$ 정격차단전류 [MVA]
 ㉯ 백분율 임피던스 (%Z)에 의한 경우
  · $P_s = \dfrac{100}{\%Z} P_n$ [MVA] (단, $\%Z = \sqrt{(\%R)^2 + (\%X)^2}$)

[정답]
· 정격전류 $I_n = \dfrac{P_n}{\sqrt{3}\,V} = \dfrac{500 \times 10^3}{\sqrt{3} \times 380} = 759.67$[A]

· 3상 단락 전류(차단 전류) : $I_s = \dfrac{100}{\%Z} I_n = \dfrac{100}{5} \times 759.67 = 15.19$[A]

· 20[kA] 선정

문제 5) 변압기 병렬운전 조건 5가지를 쓰시오.

해설과 정답

변압기 병렬 운전 조건
(1) 각 변압기의 극성이 같을 것.
  • 같지 않을 경우 변압기 2차권선 내에 큰 순환전류가 발생하여 권선의 가열 및 소손 우려가 발생할 수 있다.
(2) 각 변압기의 권수비 및 1, 2차 정격전압이 같을 것.
  • 같지 않을 경우 기전력 차로 인한 순환전류가 발생하여 2차권선 내를 순환하므로 권선의 가열이 발생할 수 있다.
(3) 각 변압기 권선의 저항과 리액턴스의 비가 같을 것.
  • 같지 않을 경우 위상차로 인한 순환전류가 발생하여 2차권선 내를 순환하므로 권선의 가열이 발생할 수 있다.
(4) 각 변압기의 백분율 임피던스강하가 같을 것.
  • 같지 않을 경우 부하전류가 용량에 비례하지 않으므로 변압기 이용률 저하로 과부하가 발생할 수 있고 변압기 용량의 합만큼 부하전력을 공급할 수 없다.
(5) 3상 변압기의 경우 각 변압기의 위상 변위가 같을 것
  • 같지 않을 경우 가변위로 인한 순환전류가 흘러 병렬 운전할 수 없다.

[정답]
(1) 각 변압기의 극성이 같을 것.
(2) 각 변압기의 권수비 및 1, 2차 정격전압이 같을 것.
(3) 각 변압기 권선의 저항과 리액턴스의 비가 같을 것.
(4) 각 변압기의 백분율 임피던스강하가 같을 것.
(5) 3상 변압기의 경우 각 변압기의 위상 변위가 같을 것

문제 6) 어떤 수용가에서 60[kW], 뒤진 역률 80[%]로 부하를 운전하고 있다. 여기에 새로이 40[kW], 뒤진 역률 60[%] 부하를 추가할 경우, 이때 합성 역률을 90[%]로 개선하기 위한 진상용 콘덴서 용량[kVA]을 구하시오.

해설과 정답

유효전력, 무효전력, 피상전력, 콘덴서 용량의 관계
역률 개선의 원리는 90° 뒤진 지상전류에 의한 무효전력을 90° 앞선 진상전류에 의한 무효전력을 감소시키는 것이므로 다음과 같은 전력 삼각형을 통해서 해석할 수 있다.

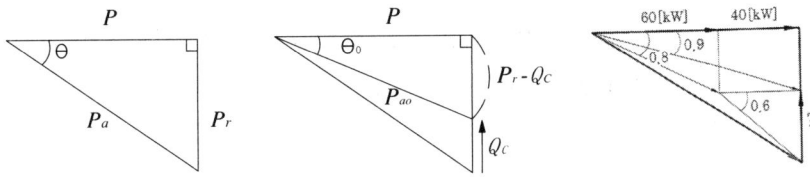

① 개선 전 역률 : $\cos\theta = \dfrac{P}{\sqrt{P^2 + P_r^2}}$

② 개선 후 역률 : $\cos\theta_0 = \dfrac{P}{\sqrt{P^2 + (P_r - Q_c)^2}}$

[정답]

- 역률 80[%] 부하 : 유효전력 60[kW], 무효전력 = $\dfrac{60}{0.8} \times 0.6 = 45$[kVar]
- 역률 60[%] 부하 : 유효전력 40[kW], 무효전력 = $\dfrac{40}{0.6} \times 0.8 = 53.33$[kVar]
- 합성 유효전력 $P = 60 + 40 = 100$[Kw], 합성 무효전력 $P_r = 45 + 53.33 = 98.33$[kVar]
- 합성 역률 90[%]일 경우 무효전력 $P_r' = 100 \times \dfrac{\sqrt{1-0.9^2}}{0.9} = 48.43$[kVar]
- 진상용 콘덴서 용량 $Q = 98.33 - 48.43 = 49.90$[kVA]

문제 7 3상 4선식 선로에서 케이블의 허용전류가 39[A]이고, 제3고조파 성분이 40[%]일 때 다음 참고 자료를 이용하여 물음에 답하시오.

[참고 자료] 전선의 규격 및 허용전류

전선 규격[mm²]	허용전류[A]
6	41
10	67
16	76

(1) 중성선에 흐르는 전류를 구하시오.
(2) 중성선 전선의 굵기를 선정하시오.

(1) 중성선에 흐르는 전류 : 동위상의 특성을 갖는 영상분 전류나 제3고조파 전류 등이 흐를 수 있다.
(2) 고조파 전류 환산 계수를 적용한 중성선 전류 크기 : 각 상전류의 제3고조파 성분 비율[%]에 따라 고조파 전류 저감 계수를 고려한 크기로 그 성분 포함 비율에 따라 달라진다.

- 중성선 전류 : $I_N' = \dfrac{3 K_m I_1}{k}$[A] 여기서, k는 제3고조파 전류 환산 계수로 0.86을 취한다.

[정답]
(1) 중성선 전류 : $I_N = 3 K_m I_1 = 3 \times (39 \times 0.4) = 46.8$[A]
(2) 고조파 전류 환산 계수를 적용한 설계부하전류 크기 : $I_N' = \dfrac{46.8}{0.86} = 54.4$[A]

따라서, 중성선 굵기 : 10[mm²] 선정

문제 8) 다음 표는 분산형 전원의 정격용량 별 배전 계통 연계 기술기준이다. 빈칸에 알맞은 답을 쓰시오.

발전용량 합계[kVA]	주파수 차(Δf[Hz])	전압 차(ΔV[%])	위상 각 차($\Delta \theta °$)
0 ~ 500	0.3	①	②
500 ~ 1,500	③	5	④
1,500 ~ 10,000	⑤	⑥	10

해설과 정답

분산형 전원의 계통 연계를 위한 동기화 변수
• 분산형 전원 연계 지점의 계통 전압이 ±4[%] 이상 변동되지 않도록 연계하면서 분산전원과 계통 사이의 주요 제한 변수 중 다음 값을 초과하면 계통 병렬장치의 투입은 할 수 없다.

발전용량 합계[kVA]	주파수 차(Δf[Hz])	전압 차(ΔV[%])	위상 각 차($\Delta \theta °$)
0 ~ 500	0.3	10	20
500 ~ 1,500	0.2	5	15
1,500 ~ 10,000	0.1	3	10

[정답]
① 10   ② 20   ③ 0.2   ④ 15
⑤ 0.1   ⑥ 3

문제 9) 다음 문제를 읽고 빈 칸에 적합한 답을 쓰시오.
"비상 콘센트 설비에서 비상콘센트 전원은 (①)[V], 공급용량은 (②)[kVA] 이상인 것으로 한다. 하나의 전원 회로에 설치할 수 있는 비상콘센트의 개수는 (③)[개] 이하이어야 한다."

해설과 정답

비상콘센트 설비의 시설(화재안전기준)
(1) 비상콘센트 설비의 전압 및 정격용량

구분	전압	공급용량	플러그 접속기
단상 교류	220[V]	1.5[kVA]	접지형 2극

(2) 하나의 전용회로에 설치하는 비상 콘센트는 10개 이하로 할 것.
(3) 바닥으로부터 0.8 ~ 1.5[m] 이하의 높이에 설치할 것.
[정답]
① 220[V]   ② 1.5[kVA]   ③ 10개

문제 10) 전기설비기술기준(한국전기설비규정) 개정으로 인하여 삭제된 문제입니다.

제69회 전기기능장 필답형 복원 문제

문제 1 다음 접지시스템에 대한 문제를 읽고 해당하는 접지방식을 쓰시오.
(1) 전원 측의 한 점을 직접 접지하고 설비의 노출 도전부를 보호도체로 접속하는 방식
(2) 계통 전체에 걸쳐 중성선과 보호도체가 분리되어 있고, 전원 측의 접지 전극을 공유하는 방식
(3) 불평형 부하의 경우 중성선에 전류가 흐름
(4) 사고전류가 차단기를 통과하지 않고 보호도체에 흐르기 때문에 누전차단기 사용이 가능한 방식

해설과 정답

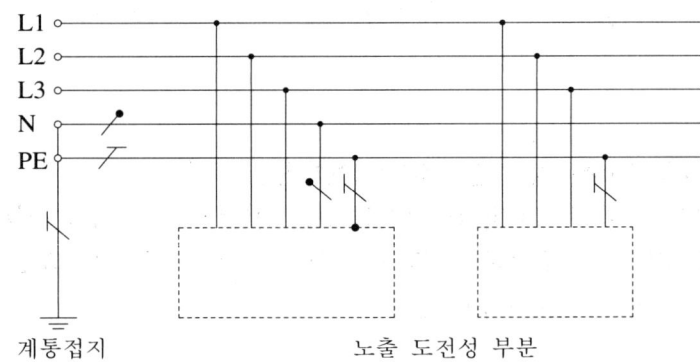

[정답] TN-S 계통

문제 2 동기발전기의 병렬운전 조건 3가지를 쓰시오.

해설 & 정답

동기발전기 병렬운전 조건

병렬운전 조건	불일치 시 순환전류	순환전류 발생 결과
① 기전력의 크기가 같을 것	무효순환전류	• 저항손 증가 • 전기자 권선의 가열 • 역률 변동 • 발전기 전압의 균등화
② 기전력의 위상이 같을 것	동기화전류 (유효횡류)	• 동기화력 작용 • 출력 변동 • 발전기 위상의 일치
③ 기전력의 주파수가 같을 것	동기화전류	• 단자전압의 진동 발생 • 주파수 차가 크면 병렬 운전 불능
④ 기전력의 파형이 같을 것	고조파순환전류	• 전기자 저항손 증가 및 과열

[정답]
(1) 기전력의 크기가 같을 것. (2) 기전력의 위상이 같을 것.
(3) 기전력의 주파수가 같을 것. (4) 기전력의 파형이 같을 것.

문제 3 지표면 상 15[m] 높이에 수조가 설치되어 있다. 이 수조에 분당 10[m³]의 물을 양수한다고 할 때 펌프용 전동기 용량[kW]은? 단, 여유 계수는 1.15이고, 펌프의 효율은 65[%]이다.

해설 & 정답

펌프용 전동기 용량 : $P = \dfrac{9.8QHK}{\eta}$[kW]

여기서, 문자의 의미는 다음과 같다.
- Q[m³/sec] : 양수량
- H[m] : 총 양정
- K : 여유도(손실계수)
- η : 효율

[정답] $P = \dfrac{9.8QHK}{\eta} = \dfrac{9.8 \times \dfrac{10}{60} \times 15 \times 1.15}{0.65} = 43.35$[kW]

문제 4 다음 수변전 계통에서 변압기 2차 측의 차단기 용량을 구하시오.

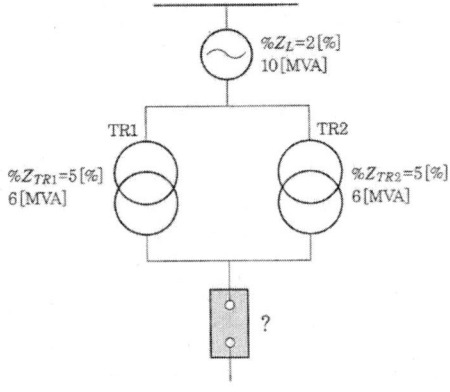

[해설] 전원 측 용량을 기준용량으로 하여 변압기 측 %임피던스를 환산하여 구할 수 있다.

• 기준용량으로 환산한 $\%Z = \dfrac{\text{기준용량}}{\text{자기용량}} \times \text{자기 } \%Z$

[정답]

• 변압기 %임피던스 : $\%Z_{TR1} = \%Z_{TR2} = \dfrac{10}{6} \times 5 = 8.33[\%]$

• 차단기 전원 측 %임피던스 : $\%Z = 2 + \dfrac{8.33 \times 8.33}{8.33 + 8.33}[\%] = 6.165[\%]$

• 차단기 용량 : $P_S = \dfrac{100}{\%Z} P_n = \dfrac{100}{6.165} \times 10 = 162.21[\text{MVA}]$

문제 5 변압기 내부 고장에 대한 보호장치로 기계적 보호장치와 전기적 보호장치가 있다. 이때 각각의 보호장치에 대하여 3가지씩 쓰시오.

대용량 유입형 변압기 내부 고장 검출

구분	보호장치
전기적 보호장치	비율차동계전기, 차동계전기, 과전류계전기
기계적 보호장치	부흐홀츠계전기, 충격압력계전기, 방압안전장치, 온도계, 유면계

① 비율차동계전기 : 내부 고장 발생 시 고, 저압 측에 설치한 CT 2차 측의 억제 코일에 흐르는 부하전류에 대하여 동작코일에 흐르는 전류차가 일정 비율 이상이 되었을 때 동작하는 방식의 계전기
② 부흐홀츠계전기 : 변압기 내부 고장으로 인한 절연유의 온도 상승 시 발생 하는 유증기를 검출하여 경보 및 차단을 하기 위한 계전기
③ 충격압력계전기 : 변압기 내부사고 시 분해 가스가 발생하여 충격성의 이상 압력이 발생할 때 이 압력 상승을 검출하여 차단기를 동작시키는 기계적 보호 장치
④ 방압 안전장치 : 변압기 내부 고장 시 이상 압력에 의한 이동막이 동작하여 차단기를 동작시키는 기계적 보호 장치
⑤ 온도계 : 온도 상승 값이 일정 값 이상 시 경보를 발생
⑥ 유면계 : 유면 저하 시 경보를 발생

[정답] (1) 기계적 보호장치 : ① 부흐홀츠계전기 ② 충격압력계전기 ③ 방압안전장치
       (2) 전기적 보호장치 : ① 비율차동 계전기 ② 차동계전기 ③ 과전류계전기

문제 6
전로에는 이상 현상으로부터 기기 보호를 위하여 서지보호장치(SPD)를 설치한다. 이를 유지 보수하기 위한 점검 시 육안검사 항목 5가지를 쓰시오.

서지보호장치 점검 지침(한국전기안전공사)
[정답]
(1) 부식에 의한 도체와 접속점의 손상 여부
(2) SPD 접속 도체의 굵기 및 길이의 적합성
(3) SPD 설치 위치
(4) SPD 외관상 이상 유무
(5) SPD의 고장표시등의 유무에 따른 상태 검사
(6) SPD의 부착 및 접지 상태

문제 7
전기저장장치의 2차전지에서 자동으로 전로로부터 차단하는 장치를 시설하는 경우 3가지를 쓰시오.

한국전기설비 규정(KEC) 512.2.2 제어 및 보호장치
[정답]
(1) 과전압 또는 과전류가 발생한 경우
(2) 제어장치에 이상이 발생한 경우
(3) 이차전지 모듈의 내부 온도가 급격히 상승할 경우

문제 8
비상전원으로서 유도등의 전원은 다음과 같이 설치하여야 한다. 괄호 안에 적합한 답을 써 넣으시오.
(1) 유도등의 전원은 (   )로 할 것.
(2) 유도등을 (①) 이상 유효하게 작동시킬 수 있는 용량으로 할 것. 단, 다음 각 목의 특정 소방 대상물의 경우 그 부분에서 피난층에 이르는 부분의 유도등을 (②) 이상 유효하게 작동시킬 수 있는 용량으로 할 것.
  ① 지하층을 제외한 층수가 11층 이상인 층
  ② 지하층 또는 무창층으로서 용도가 도매시장, 소매시장, 여객자동차 터미널, 지하 역사 또는 지하상가

유도등의 전원(화재 안전기준)
(1) 유도등의 전원은 축전지, 전기저장장치(외부 전기에너지를 저장해 두었다가 필요한 때 전기를 공급하는 장치) 또는 교류 전압의 옥내간선으로 하고, 전원까지의 배선은 전용으로 하여야 한다.
(2) 비상 전원은 다음 각호의 기준에 적합하게 설치하여야 한다.
 ① 축전지로 할 것
 ② 유도등을 20분 이상 유효하게 작동시킬 수 있는 용량으로 할 것. 다만, 다음 각 목의 특정소방대상물의 경우에는 그 부분에서 피난층에 이르는 부분의 유도등을 60분 이상 유효하게 작동시킬 수 있는 용량으로 하여야 한다.
  가. 지하층을 제외한 층수가 11층 이상의 층
  나. 지하층 또는 무창층으로서 용도가 도매시장·소매시장·여객자동차터미널·지하역사 또는 지하상가
[정답]
(1) 축전지 (2) ① 20분 ② 60분

문제 9 다음은 안전 장구류에 관한 것이다. 권장 교정 및 시험 주기는 각각 얼마인가?
(1) 특고압 COS 조작봉 (2) 저압 검전기
(3) 고압 절연 장갑 (4) 절연 장화
(5) 절연 안전모

전기 안전관리자의 직무(계측 장비)
전기안전 관리자는 전기설비의 유지·운용 업무를 위해 국가표준기본법 및 국가교정기관 지정제도 운영요령에 따라 다음의 계측장비를 주기적으로 교정하고 또한 안전 장구의 성능을 적정하게 유지할 수 있도록 시험을 하여야 한다.

구분		권장 교정 및 시험 주기[년]
계측 장비 교정	계전기 시험기	1
	절연내력 시험기	1
	절연유 내압 시험기	1
	적외선 열화상 카메라	1
	전원 품질 분석기	1
	절연저항 측정기(1,000[V], 2,000[MΩ])	1
	절연저항 측정기(500[V], 1,000[MΩ])	1
	회로 시험기	1
	접지저항 측정기	1
	클램프 미터	1
안전 장구 시험	특고압 COS 조작봉	1
	저압 검전기	1
	고압 및 특고압 검전기	1
	고압 절연장갑	1
	절연 장화	1
	절연 안전모	1

[정답] 1년

문제 10 다음 진리표를 보고 물음에 답하시오.

X_1	X_2	X_3	RL	YL	GL
0	0	0	0	0	1
0	0	1	0	1	0
0	1	0	1	0	0
0	1	1	0	1	0
1	0	0	0	0	1
1	0	1	0	1	0
1	1	0	1	0	0
1	1	1	1	1	1

(1) 각각의 램프에 대한 논리식을 최소로 간소화하여 쓰시오.

(2) 최소 접점을 사용하여 각각의 램프 시퀀스 회로도를 완성하시오.

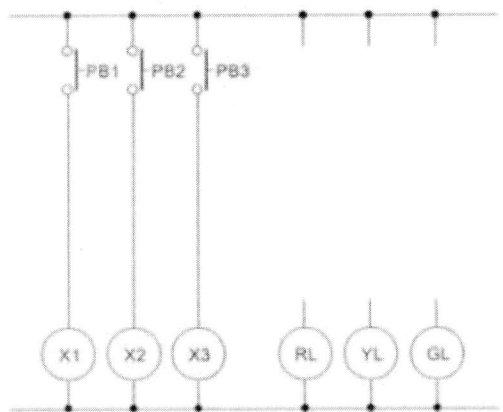

해설과 정답

- 진리표 상에서 출력을 발생할 경우 입력변수 0은 b접점을, 1은 a접점을 의미한다.
- $RL = \overline{X_1}X_2\overline{X_3} + X_1X_2\overline{X_3} + X_1X_2X_3 = X_2\overline{X_3}(\overline{X_1}+X_1) + X_1X_2X_3$
  $= X_2\overline{X_3} + X_1X_2X_3 = X_2(\overline{X_3}+X_1X_3) = X_2(\overline{X_3}+X_1)(\overline{X_3}+X_3)$
  $= X_2(\overline{X_3}+X_1)$
- $YL = \overline{X_1}\overline{X_2}X_3 + \overline{X_1}X_2X_3 + X_1\overline{X_2}X_3 + X_1X_2X_3 = \overline{X_1}X_3(\overline{X_2}+X_2) + X_1X_3((\overline{X_2}+X_2)$
  $= \overline{X_1}X_3 + X_1X_3 = X_3(\overline{X_1}+X_1) = X_3$
- $GL = \overline{X_1}\overline{X_2}\overline{X_3} + X_1\overline{X_2}\overline{X_3} + X_1X_2X_3 = \overline{X_2}\overline{X_3}(\overline{X_1}+X_1) + X_1X_2X_3$
  $= \overline{X_2}\overline{X_3} + X_1X_2X_3$

[정답]
(1) 가장 간단한 논리식
- $RL = X_2(\overline{X_3} + X_1)$
- $YL = X_3$
- $GL = \overline{X_2 X_3} + X_1 X_2 X_3$

(2) 시퀀스 회로도

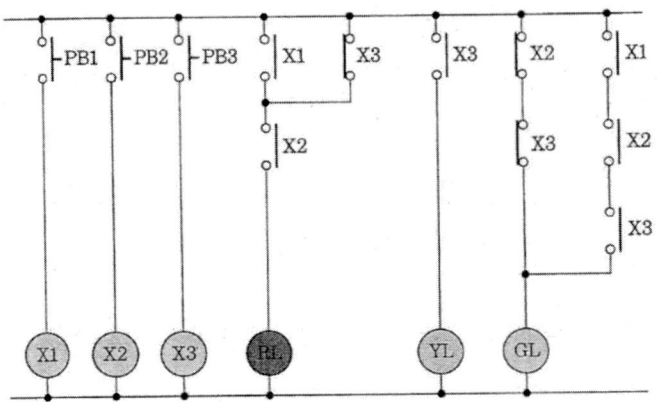

전기기능장 실기 필답형

2019년 3월 20일   1판 1쇄 발행
2020년 2월 6일   개정증보 1판 1쇄 발행
2021년 2월 10일   개정증보 2판 1쇄 발행
2022년 3월 30일   개정증보 3판 1쇄 발행

| 지은이 | 검정연구회
| 펴낸곳 | 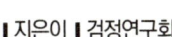이나무
| 펴낸이 | 황선희
| 등 록 | 제2015-31호
| 주 소 | 서울특별시 영등포구 문래동1가 39번지 센터플러스빌딩 911호
| 전화 | 02)995-5122
| FAX | 02)2164-2123
| Mobile | 010-5246-8181
| ISBN | 979-11-91569-05-6 (13560)

정가 35,000원

이 책의 내용은 어느 부분도 이나무의 승인 없이 사용할 경우 향후 발생될 법적 책임을 받습니다.

※ 파본은 구입처에서 교환해 드립니다.